刘能强　刘启国◎编著

实用现代试井解释方法（第六版）

石油工业出版社

内 容 提 要

应用压力和压力导数解释图版进行拟合分析,并结合"常规试井解释",即半对数曲线等分析的现代试井解释方法,已经成为当今世界新的常规试井解释方法。本书的前几版系统地介绍了现代试井解释技术,以及运用这一技术对均质油藏、双重介质油藏各种井(包括垂直裂缝井、水平井等)的试井资料和井间干扰试井资料进行解释的方法,并对试井解释软件的有关问题进行了阐述。为了满足读者的要求,本版在第五版的基础上,新增了试井解释方法的最新成果,并根据近年来解释国内外试井资料的实践,提出了一些新的认识和试井解释注意事项。

本书理论性和实用性均较强,可供油藏地质、油藏工程、油田开发等专业的大学生和工程技术人员参考,也可作为试井技术人员,特别是试井解释人员的培训教材。

图书在版编目(CIP)数据

实用现代试井解释方法/刘能强,刘启国编著. —6版. —北京:石油工业出版社,2025.5.
ISBN 978-7-5183-7441-0

Ⅰ. TE353

中国国家版本馆 CIP 数据核字第 2025YJ2107 号

出版发行:石油工业出版社
(北京安定门外安华里2区1号 100011)
网　址:www.petropub.com
编辑部:(010)64523541　图书营销中心:(010)64523633
经　销:全国新华书店
印　刷:北京中石油彩色印刷有限责任公司

2025年5月第6版　2025年5月第1次印刷
787×1092毫米　开本:1/16　印张:29.5
字数:700千字
定价:180.00元
(如出现印装质量问题,我社图书营销中心负责调换)
版权所有,翻印必究

第六版　序

《实用现代试井解释方法（第六版）》，是刘能强和刘启国两位教授在《实用现代试井解释方法》（第五版）的基础上，修订扩编、胜利出版的。

对于刘能强教授及《实用现代试井解释方法》这部专著，中国石油天然气集团公司及其前身石油工业部的几位领导和专家，在本书前几版的序言中，已经作了详细的介绍。如这些序言所述，1984年，刘能强出国进修期满时，以其满腔爱国心，谢绝了外国公司的高薪聘留，毅然回国；回国后，按照中国石油天然气集团公司和中国海洋石油总公司的安排，举办了几十期试井解释培训班，在全国范围内努力推广、普及在国外所学到的现代试井解释方法，使我国的试井解释技术迅速赶上世界先进水平，取得了很好的成绩，也正是此过程孕育了本书，它的应运而生，又对现代试井解释方法的全面迅速普及起到了很好的作用。

本书是作者学习和实践成果的汇集，既对试井的理论，从其基本假定、微分方程的导出和求解，到一些实用公式的推导和应用，都作了极为严谨的演绎和详细的介绍；在"实用"上面，列举了其本人和其同事们在国内外实践的许多应用实例及所解决的实际问题，使读者既可立足于基本理论的高度，深入了解和认识试井，又可从多种多样的实例中得到启发，学到实际应用的本领。正因为如此，本书深得读者的好评和喜爱，石油工业出版社接连再版，迄今已出版了五版，经15次印刷，印数已超23000册，成为石油天然气行业为数不多发行量超万册的专业图书之一，以致业界内有"凡有试井处，皆知刘能强"之说（见《油气藏工程》"试井大家"之1）。刘能强教授在江汉油田、南海西部石油公司、南方石油勘探开发公司和中油测井公司工作期间，曾参与或主持试井工作，从试井资料的采集到解释，一丝不苟，严格把关；运用试井理论、方法和经验，解释试井资料，发挥试井的特殊功用，解决勘探开发中所出现的实际问题，如江汉王场油田水动力系统的确定和井间连通情况的判定，南海西部石油公司WZX井和WX构造的评价，南方石油勘探开发公司金凤气田、金凤6断块和美台1井的评价、三水气田产气层段的判定等，从而为勘探开发作出了积极的贡献。退休之后，刘能强教授又加入了对外合作的行列，为解决苏丹、伊朗等国试井解释中遇到的一些棘手的疑难问题，以及培训苏丹、伊朗、哈萨克斯坦和阿尔及利亚等十多个国家的试井技术人员，不遗余力，得到了很高的评价；他为各国学员编制的英文版和俄文版学习材料，也很受欢迎。

本版除保留第五版的内容并作必要的修改和补充之外,还增加了西南石油大学刘启国教授编写的《压裂水平井的试井解释方法》(第十章)等内容。刘启国教授一直从事试井和油藏工程的教学和理论研究,在常规和非常规储层水平井试井方面有较高的造诣。衷心希望它能协助我国石油工作者进一步运用好试井这一工具,更准确和精细地认识油气层,提供更多、更为可靠的资料,为我国的油气田勘探开发做出更大的贡献!

2024 年 10 月

第五版　序

　　《实用现代试井解释方法》(第五版)在原第四版的基础上,增加了试井解释理论详细介绍、试井解释最新技术,包括数值试井和反褶积及其应用等很多新内容,也增加了近年来对一些试井实际问题的新认识,还有作者本人和他的同事们从实践中总结出来的宝贵经验。它的出版,是对先前试井技术知识积累的更新和提升,将有助于年轻一代石油人了解试井;有助于石油科技人员,特别是年轻的试井工作者学习和掌握试井解释的理论、方法和技术进展。

　　1982年,刘能强同志作为访问学者赴法国弗洛彼托公司(Flopetrol – Schumberger)及其英国分公司进修试井技术。在国外学习的两年时间里,他除了参加各种培训课程和实习外,还给该公司编制了30多个试井应用程序,受到很高的评价。进修结束前,弗洛彼托公司授予他公司"名誉成员"称号,并以高薪挽留他,希望他出任该公司驻北京办事处代表,但他婉言谢绝。学习结束后,他即刻回国,并全身心投入到祖国石油工业的试井工作中,这代表了我国改革开放早期出国学习的那一批石油科技工作者坚定不移的爱国情操,以及献身于祖国石油工业发展的事业心和责任感。

　　刘能强同志从事试井工作40年,在这期间取得了十分突出的成绩。特别是1984年从英国和法国进修回国以来,为传播国外先进的现代试井解释方法做了许多开拓性的、富有成效的工作。多年来,他为原石油工业部、中国石油天然气集团公司、中国海洋石油总公司等先后举办了几十次试井培训班,讲授现代试井解释方法。后来他将其最初为培训班编写的讲义修订成书,从而成为这部书的第一版,其后,不断修订更新,直到现在的《实用现代试井解释方法》(第五版)。这部书的数次再版,为在全国范围内普及现代试井解释方法,使我国的试井解释技术迅速赶上世界先进水平起到了积极的作用。刘能强同志对试井技术的倾心投入、对业务的精益求精、对知识的执着追求、对所从事工作的热爱,令人赞誉和尊敬,他在长期工作中所表现出的职业精神值得我们学习。

　　刘能强同志退休后,应聘于中油测井技术服务公司,投身到我国石油工业向海外发展的大潮中。他每年在国内外举行多次技术讲座,他为外国的工程师们讲授现代试井解释方法,与他们进行技术交流,给外国同行留下了良好的印象,得到了很高的评价。

相信这部书的再一次修订再版,将会在前面几个版本的基础上发挥更大的作用,使我国的石油工作者进一步运用好试井这一工具,更准确和精细地认识油气层,为我国的油气田勘探开发提供更为可靠的技术支持。

2008 年 4 月

第四版 序

刘能强同志的著作《实用现代试井解释方法(第四版)》出版了。在石油工业出版社出版的石油科技图书中,一再修订再版,出到第四版的图书并不多见,足见这部著作比较适用,符合需要。事实上正是刘能强同志这部著作和姚振年、庄惠农、高锡五、陈元千等同志的几部著作和论文,以及胡湘炯教授和其他几位教授、现场专家的工作为高精度试井在石油勘探开发领域的扩大应用做出了贡献。

刘能强同志,毕业于中山大学数学力学系,基础科学功力比较扎实,多年在江汉油田地质研究院工作,有较丰富的现场实际工作经验。1981年通过国家教委主持的出国留学生考试,应聘于法国弗洛彼托公司(现为斯伦贝谢公司的试井作业部门),先接受该公司的试井技术培训,随即被派往欧洲北海各油田担任试井作业及试井解释工作。1984年回国,继续在江汉油田工作,后被调往中国海洋石油总公司南海西部公司继续从事试井等工作,并且参加过多个油田的试井解释工作,积累了丰富经验。我国石油界从事试井工作的专家中,拥有著名大学数学力学系和数学系毕业学历的还有好几位,但是在国内外的油田都做过实际试井作业和解释工作的,可能他还是第一位。

刘能强同志这部著作的初稿是他在原石油工业部开发司举办的试井培训班讲课的讲义,以后几经修改后成书,于1987年由石油工业出版社出版,是为本书的第一版。由于销售迅速,石油工业出版社又邀请刘能强同志两次修订,出了第二版和第三版。这部第四版,作者对书的结构又做了较大的调整,内容也做了一些补充,主要是增加了不少我国的试井解释实例,便于读者更加贴近我国的油气田实际。这部著作也有助于从事石油勘探工程和开发采油工作的同志了解试井可以解决的问题及其限度。

我国石油界的前辈专家,中国科学院院士童宪章先生生前对刘能强同志的工作倍加爱护,曾经逐字逐句审阅本书的第一版书稿,对一些提法,单个的用词,单个的字,以至标点、符号,做了多处"存疑",一一列成表,交给作者推敲,帮助作者提高了出书质量。童老先生还为本书第一、第二、第三版作序。如今本书第四版出书,童宪章先生已溘然长逝,本书作者和为本书第四版写推荐出版意见的两位试井专家,北京石油勘探开发研究院廊坊分院的庄惠农同志和华北油田研究院的朱亚东同志深切怀念童老先生的严谨治学态度和高度认真的精神,他们的心意是以此书第四版的出版再次表示对童老先生由衷的敬意。

李天相谨识
2002 年 1 月

第三版　序

油气田试井是油藏工程分析及研究工作的关键手段。20 世纪 50 年代开始应用不稳定试井的理论和解释方法，在油气藏动态和油气井的产状分析方面形成了重要的突破。进入 70 年代后，在应用解释图版或样板曲线分析方法方面又有新的跃进，到目前已形成一套相当完善的现代试井解释方法。为了使我国从事油藏工程研究和管理的技术人员及时掌握这一领域的新知识及工作方法，本书作者编写了这本教材和参考资料。在内容方面应用精练的语言，系统扼要地介绍了不稳定试井方法的主要部分，特别着重于新的成就。书中对原理和公式推导只作了简明扼要的介绍，使读者能迅速地掌握和应用。本书于 1987 年出版第一版，颇受读者欢迎，很快销售一空。

1992 年第二版对第一版作了相当多的补充和修改，增添了若干新的内容，包括一些本书第一版出版之后发表的新的研究成果，纠正了第一版中的错误，并全部使用法定计量单位制。

本版为第三版，改正了第二版中的问题，并增加了图幅，还对试井解释软件有关问题进行了阐述。

本书适用于已具有一般常规试井知识和解释方法的油藏地质及工程技术人员，是一本适合广大油田开发工作人员使用的培训教材和参考资料。

1996 年

第二版　序

　　油气田试井是油藏工程分析及研究工作的关键手段。20世纪50年代开始应用不稳定试井的理论和解释方法,在油气藏动态和油气井的产状分析方面形成了重要的突破。进入20世纪70年代后,在应用解释图版或样板曲线分析方法方面又有新的跃进,到目前已形成一套相当完善的现代试井解释方法。为了使我国从事油藏工程研究和管理的技术人员及时掌握这一领域的新知识及工作方法,本书作者编写了这本教材和参考资料。在内容方面应用精练的语言,系统扼要地介绍了不稳定试井方法的主要部分,特别着重于新的成就。书中对原理和公式推导只作了简明扼要的介绍,使读者能迅速地掌握和应用。本书于1987年出版第一版,颇受读者欢迎,很快销售一空。本次修订对第一版作了相当多的补充和修改,增添了若干新的内容,包括一些本书第一版出版之后发表的新的研究成果,纠正了第一版中的错误,并全部使用法定计量单位制。本书适用于已具有一般常规试井知识和解释方法的油藏地质及工程技术人员,是一本适合广大油田开发工作人员使用的培训教材和参考资料。

童宪章

1993 年

第一版 序

油气田试井是油藏工程分析及研究工作的关键手段。20 世纪 50 年代开始应用不稳定试井的理论和解释方法,在油气藏动态和油气井的产状分析方面形成了重要的突破。进入 20 世纪 70 年代后,在应用解释图版或样板曲线分析方法方面又有新的跃进,到目前已形成一套相当完善的现代试井解释方法。为了使我国从事油藏工程研究和管理的技术人员及时掌握这一领域的新知识及工作方法,本书作者编写了这本教材和参考资料。在内容方面应用精练的语言,系统扼要地介绍了不稳定试井方法的主要部分,特别着重于新的成就。书中对原理和公式推导只作了简明扼要的介绍,使读者能迅速地掌握和应用。本书适用于已具有一般常规试井知识和解释方法的油藏地质及工程技术人员,是一本适合广大油田开发工作人员使用的培训教材和参考资料。

1987 年

前　言

1982—1984年，我作为访问学者赴法国斯伦贝谢公司专营试井技术服务的弗洛彼托公司(Flopetrol – Schlumberger)❶进修试井技术，1983年底至1984年初参加了该公司的试井解释培训班。斯伦贝谢-弗洛彼托公司的试井技术在全球享有盛誉，现代试井解释方法的最主要创始人和代表人物格林加登(Alain C. Gringarten)和布德(Dominique Bourdet)等都是当时该公司试井解释中心的专家，他们发明创造的试井解释图版，即格林加登图版和布德图版，以及该公司所首创的石英电子压力计和试井解释软件等，均已在全世界石油工业中普遍使用。所以该公司的水平确实代表了当时世界的最先进水平。1984年，我按照原石油工业部的要求和安排，为全国试井培训班讲授现代试井解释方法，为此根据我在弗洛彼托公司的试井解释培训班所学习的内容，以及后来杂志期刊上所发表的一些新成果，结合自己从事试井工作几十年的一些心得体会，为培训班编写了《现代试井解释方法》讲义，并在反复使用中不断补充和修改成书，书名为《实用现代试井解释方法》，1987年正式出版。这就是本书的第一版，是我国第一本比较全面地介绍现代试井解释方法的专著。编写出版的目的，是向我国试井界介绍现代试井解释方法，希望能在学习外国先进技术、提高我国试井解释水平方面，起到抛砖引玉的作用。令我感到非常欣慰的是，在原石油工业部和中国石油天然气集团公司有关领导和全国试井界同仁的共同努力下，这一目的早已达到了。如今，我们的试井技术，包括资料录取技术和资料解释技术，已经从20世纪中期比较落后的状态，迅速赶上了国际先进水平，在石油技术服务国际市场的激烈竞争中屡屡取胜；中油测井技术服务有限责任公司(简称中油测井公司)每年给外国同行举办的试井技术(包括资料录取和解释)培训班，也屡屡赢得他们的好评和赞扬。作为直接参与其中的一名试井工作者，我和全国同仁一样，为此感到非常骄傲和自豪。

在原石油工业部和中国石油天然气集团公司以及石油工业出版社有关领导、全国试井界的老前辈和朋友们的热情鼓励和大力支持下，本书分别于1987年、1993年、1996年、2003年、2008年出版了第一版、第二版、第三版、第四版和第五版。近20年来，石油技术又有了新

---

❶ 弗洛彼托公司(Flopetrol Technique Services)，旧译"佛罗石油技术服务公司"，是斯伦贝谢公司(Schlumberger)的一个子公司，现已撤销，变为斯伦贝谢公司的试井作业部门。

的突破,特别是页岩气的勘探开发,给试井提供了新的领域,于是对第五版内容作了一些补充和修改,又增加了由刘启国教授撰写的新内容,出版第六版。

现在,计算机早已普及,试井解释软件也已如雨后春笋般涌现出来,各个油田的试井解释人员,都在熟练地使用计算机,运用本书所介绍的现代试井解释方法,进行试井解释;再也没有人进行手工解释(即绘制各种实测试井曲线,用印刷出版的试井解释图版进行手工拟合,再由拟合结果进行分析和计算测试层和测试井的参数)了。因此,印刷的试井解释图版只剩下作为培训工具、使初学者全面了解试井解释原理和方法的用途,也再没有人用作实际解释,也没有人再印刷出版各种试井解释图版了。但当初试井解释图版却真是为手工解释而出版的。本书的基本"立足点",也仍是用手工进行解释。这是因为,如我在第十八章中所说,现在的试井解释软件,基本上都是在计算机上重演手工操作,还不是一个人工智能型专家系统,并不能使只具有一般试井解释常识的人,作出专家水平的解释。试井解释工程师首先学会手工解释,对于透彻地理解程序、指令和操作步骤,自如地用计算机做出最佳解释,会有很大的帮助;哪怕只做一次,也可以得到比较深刻的印象。当年我在弗洛彼托公司的试井解释培训班学习时,其第一阶段,虽然每个学员都配备了一台计算机终端,但一律不准使用,每天半天听课、半天实习,用手工解释一个个难度逐步加大的实例。经过这一阶段的学习和实践,学员们对解释的理论、方法以及手工操作的具体步骤等都有了较深刻的了解。然后进入第二阶段,则一律使用计算机,还是每天上午听课、下午实习,即用计算机解释实例,实例的难度也是逐步加大。我从实践中体会到,这种做法确实是很有道理、很有好处的,因此建议培训班的老师和初学者也能这样做,哪怕是只做一次,就可以得到很大的收获。用手工进行解释,需要可供实际拟合使用的试井解释图版。石油工业出版社1985年出版的《现代试井解释图版》(姚振年、庄惠农编译)包含了本书所介绍的大部分解释图版,可以作为实际拟合的工作用图。这套图版仍保留弗洛彼托公司原图版中的英制单位公式,但在说明中附上了不同单位制(包括实用单位制和法定计量单位制)的公式。在实际解释时,可按本书中所述方法进行拟合,得到各种拟合值,然后用本书中所给出的公式进行计算,得到各项参数在法定计量单位制下的数值。

根据许多读者的意见,在第五版"试井解释的理论基础"中,对试井基本微分方程的导出和求解过程,作了极为详细的演绎。初学者认真读懂它,极有益处。本版除保留第五版的内容外,还增加了如下内容:(1)注入井试井解释方法(第三章);(2)斜井试井解释方法(第九章);(3)压裂水平井的试井解释(第十章);(4)用累计产量—地层压力史估算阶段产量(第十七章)。

另外,本版对书的结构也作了较大的调整。本书中的例子除例5-1和例6-1是假想的之外,所有的例子均是油气田的实例,其中例6-2、例7-1、例7-2和例12-3引自文献[13],例14-2和例14-3引自文献[17],例14-4引自文献[20],其余实例的解释均为本人所完成或本人和中油测井公司的同事合作完成。21世纪初叶,我随中油测井技术服务有限责任公司到苏丹共和国(简称苏丹)、伊朗伊斯兰共和国(简称伊朗)、哈萨克斯坦共和国(简称哈萨克斯坦)等国,帮助做些试井解释工作,也解释过阿尔及利亚民主人民共和国(简称阿尔及利亚)、阿塞拜疆共和国(简称阿塞拜疆)、巴基斯坦伊斯兰共和国(简称巴基斯坦)、缅甸联邦共和国(简称缅甸)、尼日尔共和国(简称尼日尔)、毛里塔尼亚伊斯兰共和国(简称毛里塔尼亚)和阿曼苏丹国(简称阿曼)等国的资料,得到了大量很好的实例,也遇到了一些很新鲜、很有意思的实际问题,这使得我能有机会和同事们一起,在实践过程中继续学习和理解试井理论和方法,解决所遇到的实际问题,并取得了一些新的认识,如多相流问题、双层油藏模型的应用问题,以及对非裂缝井中早期段线性流动问题的认识等。在第五版和本版的修订中,我尽力将这些新的认识,以及一些较精彩的实例编入了本书中。

按照SY/T 6580—2004《石油天然气勘探开发常用量和单位》的规定,渗透率单位使用"达西"(D)和"毫达西"(mD),因此本版中所有公式中的渗透率单位又由第四版的"二次方微米"(μm^2)改成为"毫达西"(mD)。

为了照顾多种不同的需要,本版仍保留了几个附录。其中附录5"单位换算系数表"列出了长度、体(容)积、压力、温度、产量、密度和渗透率等物理量的几种常用单位之间的换算系数。附录2"公式的单位变换"是为满足一些对公式的单位变换(俗称"倒公式")不很熟悉的读者的要求而写的,希望能用这简短的篇幅说清楚"倒公式"的具体做法以及这样做的理由,使这些读者对"倒公式"不再感到棘手。对其理论推导感兴趣的读者可阅读朱亚东教授的《如何在公式中作单位换算》一文[18]。

在本书出版第六版之际,回顾我近40多年来的学习和工作,从出国进修试井技术,到回国后在石油工业部、中国石油天然气集团公司、中国海洋石油总公司举办的几十次培训班上尽力传授现代试井解释方法;从原来对试井解释毫无所知,到后来为外国石油公司举办技术培训班、讲授现代试井解释方法课程,在国外多次成功地举办现代试井解释技术讲座;以及本书编写、出版和几次修订再版的历程,我要特别感谢原石油工业部李天相副部长,我国石油界的老前辈、老专家、中国科学院童宪章院士、原国家外国专家局局长、我国驻英国大使馆教育处原负责人王廼教授,世界著名试井解释专家Alain C. Gringarten博士、原弗洛彼托公司研究发展部经理Edmond Diemer先生、市场部经理Max Tuech先生、原石油科学研究院院长秦同洛教授,以及陈元千教授、庄惠农教授、朱亚东教授、韩永新博士、孙贺东博士等其他许多同仁。

李天相副部长生前对试井工作十分关心,十分重视。他以一个战略家的慧眼和胆识,狠抓试井工作,并让原石油工业部油气田开发司选派专人负责试井工作,使我国的试井技术由此突飞猛进,迅速赶上了世界先进水平。在我出国进修期间,他给了我很多的关心和爱护,在我回国休假时,他特地约见我,指示我特别注意学习现代试井解释方法,并在遵守外国公司保密规定的前提下,尽可能多地收集一些有关资料带回来。我进修结束回国时,他抽出半天时间听了我的汇报,并在我关于改进我国试井工作的汇报报告中,作了多处重要批示,包括引进先进仪表和研制解释软件等,如对于试井解释软件问题,他做了如下批示:"我们也要发展我国自己的试井解释软件系统",然后让原石油工业部油气田开发司组织各石油院校联合攻关,终于研制成功了我国第一套试井解释软件系统。为了规范整个石油系统的试井资料录取和解释,李天相副部长让油气田开发司组织全国各石油院校和各油田的力量,编写出版了一部《试井手册》,他还亲自为之作序。又是李天相副部长鼓励和支持我,将为原石油工业部油气田开发司举办的试井培训班编写的讲义《现代试井解释方法》(油印本)修订成书,并亲自推荐给石油工业出版社出版,这就是本书的第一版。在本书第二版、第三版和第四版的修订出版过程中,也得到了他很多的关怀、鼓励和帮助。他的关心、帮助和严格要求,使本书的整体质量得以逐步提高。在2002年修订本书第四版时,李天相副部长已退休多年,他应我的请求,欣然提笔为之作序。2004年,李天相副部长已身患重病,但仍十分关心着我国在海外的试井服务,嘱咐中油测井公司副总经理徐成才教授、庄惠农教授和我,要特别注意知识更新和总结新的经验。不料就在我修订本书第五版的时候,他竟溘然长逝。我不幸失去了一位良师益友。

童宪章院士生前对后一辈石油科技工作者非常关怀,对试井工作者尤为爱护。我在国外进修期间,曾多次将碰到的问题写信向童老请教,他每次都抽出时间回信给予指点和鼓励,提出意见和希望,指出我应当注意的问题或方向。他和秦同洛教授还鼓励和支持我,将在国外所学到的现代试井解释方法编写成书,应我的请求亲自审校本书第一版、第二版和第三版书稿,并为这几版撰写了序言。他怀着对后一辈科技工作者的无限关怀,以高度负责的工作态度,对本书第一版书稿逐字逐句审阅,连一个标点也不放过,然后用工工整整的笔迹,在热情肯定该书的价值和优点的同时,造表列出了30多处可能的错误或不当之处,或提出具体的修改意见,或要我再仔细推敲斟酌。童老的负责精神和严谨态度,使本书减少了错误,提高了质量,也使我深受感动和教育。本书出版第四版、第五版和第六版时,童老已永远离开了我们。但他那热爱祖国石油事业,尤其是高度重视试井工作,并倾注毕生精力为之奋斗的精神,他那严谨的治学态度,诲人不倦、循循善诱的长者风范,以及他那平易近人、和蔼可亲的音容笑貌,将永远留在我们心中,并将激励后一代试井工作者继续为发展我国试井事业而努力奋斗。

我在英国进修时,王迺教授是我国驻英国大使馆教育处的负责人(卸任回国后任国家外国专家局局长)。在我留英期间以及回国后的30多年里,王迺教授一直给予我很多深情的关怀和殷切的鼓励,帮助我解决了各种各样的困难。特别是在我留英期间,他曾亲自到阿伯丁(Aberdeen)我进修的单位——斯伦贝谢—弗洛彼托公司北海基地,向基地领导人详细了解我进修的情况,和他们商讨我进修的整体计划和近阶段安排,并解决我在工作中遇到的预防汞中毒等一些实际问题。王廼教授以及驻英使馆教育处的其他同志,对留英学子们在政治上、学习上和生活上的无微不至的关怀和竭诚帮助,我等当年在英国留学或进修的同志们,无不为之感动和心存深深的谢忱。

30 多年来,我有幸在国内和国外聆听过 Gringarten 博士许多次技术讲座,接受过他的许多教诲,也曾给他在我国北京、廊坊和青岛等地举办的技术讲座当过课堂翻译。多年来,有时遇到弄不清楚的问题,我常求教于他,他总是有求必应。2006 年 7 月他来华在中国石油大学(华东)青岛校区讲学,我在给他当课堂翻译期间,就向他请教了那几年所遇到的很多疑难问题,他都给了我完满的答案。本书编入的一些内容,如第七章第三节"非裂缝井中早期的线性流动"、第三章第五节之五"调查半径及其应用"等,就是我当时向他请教而得到了他的首肯的。2006 年 10 月他刚发表两篇论文(参考文献[6]和[23]),他就通过 E-mail 传送给我学习和参考。本书再版之际,我要再次向他表示深深的敬意和谢意。

原中国石油天然气集团公司副总工程师刘振武,是和我同批赴英国进修(后来他转为研究生,取得了博士学位)、在留英期间联系最密切的同行之一。他的敬业精神、专业造诣、治学态度,以及娴熟的英语和待人的热情,都令我非常钦佩。他对本书出版第五版给予热情支持,并为之作序,在此也谨致深深的谢忱。

本书第五版由庄惠农教授和朱亚东教授审校,他们逐字逐句审阅了书稿,审查了每一条公式、每一张插图,补充了若干内容。为了确保某些定义、公式的正确性,他们想方设法查阅有关文献,几乎对每一条公式,他们都亲自再推导一遍,更正了若干错误,纠正了一些由"倒公式"造成的偏差。对第三章中微分方程及其解的推导,每一步都加以审核。他们还给我推荐了写作过程中图形处理的经验,寄来了一批有关文献供我参考。孙贺东博士也认真审阅了本书第十五章"反褶积及其应用"等内容,提出了不少修改意见。正是他们以高度认真负责的态度,对拙作进行补充、修改,提出很多很中肯的修改意见,使本版减少了错误,质量得以进一步提高,特别是保证了新增写内容的正确性。

在本版修订过程中,刘启国教授付出了极大努力。他以高度认真负责的精神,多次审阅了第五版全文,对内容和文字作了一些修改和补充,使之更加准确和贴切,并编写了第十章压裂水平井的试井解释,使本版内容更加丰富。

中国石油天然气股份有限公司原副总裁、中国石油勘探开发研究院原院长沈平平教授,把数学运用于石油科学的试井解释和其他许多领域,使之大放异彩,并为石油科技的发展作出了杰出贡献。他不辞辛劳,对本书第六版的出版给予热情勉励和大力支持,并欣然命笔为之作序，使我深受感动和鼓舞。在此谨致以深深的谢忱。

原石油工业部和中国石油天然气集团公司的有关司（局）、石油工业出版社、我原所在单位江汉石油管理局、南海西部石油公司和南方石油勘探开发公司，以及我退休后"发挥余热"的中油测井技术服务有限责任公司的各级领导，以及试井界许多同志，对本书各版的编写和出版给予了很多的鼓励、支持和帮助。在本版修订过程中，刘启国教授撰写了"压裂水平井的试井解释"（第十章）的全部内容，并通读和审核了全书内容。在初版书稿的誊写和插图的清绘等工作中，还曾得到南海西部石油公司黄石追、沈晓红、江汉石油管理局高炳泉、余增援、高纯福、程永茂、杜山高和南方石油勘探开发公司马庆林等同志的大力帮助。

在此谨向他们一并致以衷心的感谢。

虽然几经修订，但由于本人理论水平和实践经验有限，本书可能还会存在不当之处甚至错误，敬请专家、读者批评指正。

人生苦短，在修订出版本版时，我已八十六岁。这是我在试井方面所能做的最后一项工作。我深切希望，正在从事或将要从事试井工作的同仁们继续努力奋斗，把我国的试井事业搞上去，为我国石油工业的发展做出更大的贡献。

刘能强

2025 年 2 月

目 录
CONTENTS

◎ **第一章 试井及其发展简史** ··· 1
 第一节 试井及其目的 ··· 1
 第二节 试井解释方法的发展历程 ································· 4

◎ **第二章 产能试井及其解释方法** ·· 8
 第一节 油井的产能试井及其解释结果的应用 ················ 8
 第二节 气井的产能试井及其解释结果的应用 ·············· 12

◎ **第三章 不稳定试井常规解释方法** ··· 30
 第一节 不稳定试井解释的理论基础 ···························· 30
 第二节 常规试井解释方法——半对数分析法 ·············· 42
 第三节 变产量情形和邻井干扰的处理 ························· 57
 第四节 注水井试井解释 ··· 63
 第五节 一些重要的基本概念 ······································ 66

◎ **第四章 现代试井解释方法及试井解释模型** ······························ 83
 第一节 从系统分析看试井解释 ·································· 84
 第二节 试井解释模型 ··· 89
 第三节 流动阶段的识别 ··· 92
 第四节 识别油（气）藏类型和流动阶段的重要性 ······ 118

◎ **第五章 均质油藏的试井解释** ·· 120
 第一节 压力图版及图版拟合分析方法简介 ··············· 120
 第二节 均质油藏中具有井筒储集效应和表皮效应井的压降分析 ········· 130
 第三节 均质油藏中具有井筒储集效应和表皮效应井的压力恢复分析 ····· 139

第四节　压力导数及其图版拟合分析方法 …………………………………… 151

◎ 第六章　双重孔隙介质油藏的试井解释 …………………………………… 191
　　　第一节　双重孔隙介质油藏的有关概念 …………………………………… 191
　　　第二节　双重孔隙介质油藏介质间拟稳定流动模型 ……………………… 197
　　　第三节　双重孔隙介质油藏介质间不稳定流动模型 ……………………… 216
　　　第四节　几点重要的注释 …………………………………………………… 223

◎ 第七章　均质油藏中垂直裂缝井的试井解释 ……………………………… 225
　　　第一节　无限导流性垂直裂缝模型 ………………………………………… 225
　　　第二节　有限导流性垂直裂缝模型 ………………………………………… 237
　　　第三节　非裂缝井中早期的线性流动 ……………………………………… 245

◎ 第八章　双重渗透介质油藏的试井解释 …………………………………… 247
　　　第一节　双重渗透介质油藏的有关概念 …………………………………… 247
　　　第二节　双层油藏系统中两层均产油的情形 ……………………………… 249
　　　第三节　双层油藏中只有一层产油的情形 ………………………………… 256
　　　第四节　双层油藏模型的应用 ……………………………………………… 259

◎ 第九章　斜井和水平井试井解释 …………………………………………… 265
　　　第一节　斜井试井解释 ……………………………………………………… 265
　　　第二节　水平井试井解释 …………………………………………………… 267

◎ 第十章　压裂水平井的试井解释 …………………………………………… 279
　　　第一节　压裂水平井试井模型的简化 ……………………………………… 279
　　　第二节　常规压裂水平井模型压力动态特征 ……………………………… 282
　　　第三节　三线性流模型压力动态特征 ……………………………………… 289
　　　第四节　压裂水平井试井解释方法 ………………………………………… 295

◎ 第十一章　复合油藏模型及其应用 ………………………………………… 299
　　　第一节　复合油藏解释模型 ………………………………………………… 299
　　　第二节　多相流动情形的试井解释 ………………………………………… 312
　　　第三节　凝析气井的试井解释 ……………………………………………… 317

- ◎ **第十二章　气井的现代试井解释方法** ………………………… 321
  - 第一节　拟压力的计算方法 ………………………… 322
  - 第二节　试井解释方法 ………………………… 323
  - 第三节　拟压力的简化 ………………………… 335

- ◎ **第十三章　井间干扰试井解释** ………………………… 340
  - 第一节　均质油层干扰试井的极值点分析法 ………………………… 341
  - 第二节　均质油层干扰试井的图版拟合分析法 ………………………… 345
  - 第三节　双重孔隙介质油藏干扰试井的图版拟合分析法 ………………………… 347
  - 第四节　脉冲试井和示踪剂试井 ………………………… 353

- ◎ **第十四章　数值试井简介** ………………………… 355

- ◎ **第十五章　反褶积及其应用** ………………………… 365
  - 第一节　应用反褶积方法的意义 ………………………… 365
  - 第二节　褶积和反褶积 ………………………… 367
  - 第三节　Schroeter、Hollaender 和 Gringarten 的反褶积方法 ………………………… 371
  - 第四节　反褶积在试井解释中的应用 ………………………… 373
  - 第五节　反褶积方法的优越性和局限性 ………………………… 379

- ◎ **第十六章　试井资料的诊断方法——压差对时间的导数检验法** ………………………… 381

- ◎ **第十七章　试井资料在油（气）田勘探开发中的应用** ………………………… 386

- ◎ **第十八章　试井解释软件的有关问题及试井解释注意事项** ………………………… 394
  - 第一节　试井解释软件的有关问题 ………………………… 394
  - 第二节　试井解释注意事项 ………………………… 397
  - 第三节　试井解释报告内容提要 ………………………… 402

- ◎ **参考文献** ………………………… 404

- ◎ **附录Ⅰ　双对数复合曲线汇总** ………………………… 405

◎ 附录Ⅱ　公式的单位变换 …………………………………………………… 411

◎ 附录Ⅲ　符号及单位表 ……………………………………………………… 414

◎ 附录Ⅳ　不同单位制下的试井解释常用公式 …………………………… 421

◎ 附录Ⅴ　单位换算系数表 …………………………………………………… 446

第一章
试井及其发展简史

本章将从试井的概念出发,介绍试井的目的、作用和试井解释方法的发展历程。

第一节　试井及其目的

试井是什么?为什么要试井?井怎么试?从试井可以得到哪些结果?它们有什么用处?开篇伊始,首先来谈谈这几个问题。

一、什么是试井

所谓"试井"(Well Test),顾名思义,就是对井(油井、气井或水井)进行测试。测试的内容包括测量井的产量、压力、温度及其变化,以及取样(包括油样、气样和水样)等。试井是一种以渗流力学为基础,以各种测试仪表为手段,通过对油井、气井或水井生产动态的测试来研究和确定油层、气层、水层和测试井的生产能力、物性参数、生产动态,判断测试井附近的边界情况,以及油层、气层、水层之间的连通关系的方法。试井是油藏工程的一个重要分支。

二、为什么要试井

我们知道,对完钻井必须进行测井,测井分析的结果告诉我们:井中哪些层是油(气)层,哪些可能是油(气)层,哪些是油气同层、含水油层、含油水层、水层、干层等。但这些测井解释所判定的油(气)层是否确实产油(气)?如果它们确实产油(气),能产多少?这个问题,只有靠试井才能回答。

还有更深一层的问题:一口新油(气)井,如何开采最为合理?一个新发现的油(气)藏,如何开发才能取得最好的效果或效益?

回答这个问题,需要在如下两个模型的基础上,制订出合理的开发方案:

(1)经济模型。它要综合考虑各方面的经济信息,如油价、利率、国家的经济形势甚至政治形势的要求等。显然,这是规划、决策人员需考虑的问题。

(2)油(气)藏模型。它用于优选油(气)田的开发方案、预测油(气)田开发动态和开发效果。为了能编制出切实可行的、能获取高效益的开发方案,做出可靠的预测,就要建立油(气)藏模型;而这个模型必须尽可能符合油(气)藏的实际。建立油(气)藏模型,要应用包括地质、地球物理、测井、试井和其他一切可能得到的有关资料。试井所提供的油(气)藏类型、油(气)层参数,如油(气)层有效渗透率和地层系数,以及反映油(气)层受伤害程度的表皮系数,还有井间油(气)层的连通性和边界特性等,都是建立油(气)藏模型非常重要的资料。事实上,试井是油(气)田勘探开发过程中认识油(气)层和油(气)井特性、确定油(气)层参数的不可缺少的重要手段。值得特别指出的是:第一,在我们所能取得的各种资料,如岩心分析、电测解释和试井分析等资料当中,许多资料都是在油(气)藏的静态条件下测取的,只有试井资料才是在油(气)藏的动态条件下测得的,由此算得的参数能够较好地表征油(气)藏在动态条件下的实际特征;第二,许多资料只能反映井眼或其附近[油(气)藏中的"一个点"]的地层特性,而只有试井资料可以反映测试井及其周围广大范围(所谓测试"影响范围"或"探测范围")内的地层特性。譬如说,试井所得到的有效渗透率,是在测试影响所及的广大范围内地层的有效渗透率的平均值。各种不同研究结果所能反映出或辨别出地层特性的范围如图 1-1 所示。正因为这个原因,试井资料对于确定油(气)藏类型、进行油(气)藏描述、制订油(气)田开发方案、进行油(气)田动态预测和检验以及优化油(气)田动态等,都有着非常重要的作用。

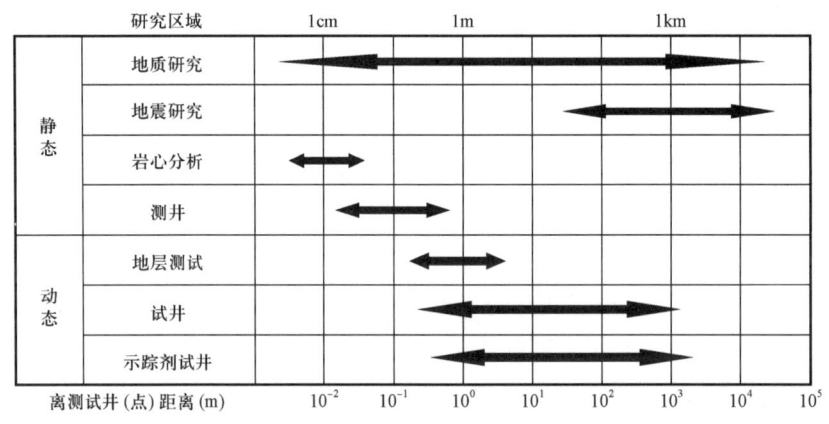

图 1-1　各种不同研究成果所能反映的油藏范围

三、井怎么试,从试井可以得到哪些结果,它们有什么用处

试井可分为产能试井(Deliverability Test)和不稳定试井(Transient Test)两大类。产能试井(包括稳定试井和等时试井等)是改变若干次测试井的工作制度(一般是更换井口用以控制产量的孔径不同的油嘴),测量在各个不同工作制度下的稳定产量及与之相对应的井底压力,从而确定测试井(或测试层)的产能方程(Deliverability Equation)、无阻流量(Absolute Open Flow Potential 或 Open Flow Potential,AOFP 或 AOF)、井底流入动态曲线(Inflow Performance Relationship,IPR)和合理产量(合理工作制度)等。不稳定试井则是改变测试井的产量,从而在油层中形成一个压力扰动或变化,并测量由此所引起的井底压力随时间的不稳定变化过程。这种压力的不稳定变化,同测试过程中的产量有关,也同测试层和测试井以及流体的特性有关。因此,运用试井资料,即测试过程中的产量和井底压力资料,结合其他资料,可以识别测试层的类型,计算测试层和测试井的许多特性参数,从而估算测试井的完井

效率、井底伤害情况,判断是否需要采取增产措施(如酸化、压裂),分析增产措施的效果,计算测试井的地层压力、控制储量、原始地质储量或剩余储量、地层参数(如有效渗透率和弹性储容比等),判断测试井附近的油(气)层边界情况以及井(层)间连通情况等。

试井工作包括试井资料采集(Data Acquisition)和资料解释(Data Interpretation)两个重要组成部分。前者即现场测试,任务是取得足够多的可靠资料;后者即试井解释(Well Test Interpretation),任务是通过分析测得的资料,得到尽可能多且尽可能可靠的关于测试层和测试井的信息。这两个部分是密切相关、相互依存、相辅相成的。得到可靠的试井解释结果是整个试井的目的;而测得准确的试井资料则是得到可靠解释结果的基础或前提。事实上,试井所得结果的多少和质量,正是取决于所采集资料的多少和质量,当然也还取决于所采用的解释方法;而试井解释方法也正是随着试井资料采集的不断进步而不断发展;试井解释方法的不断发展,对资料采集的质量又不断提出更高的要求,反过来促进资料采集手段和方法的不断进步。近年来,在西方,试井解释和地层测试解释等又被统称作"Pressure Transient Analysis",即不稳定压力分析。

40多年来,随着现代科学技术的飞速发展,特别是电子计算机的广泛使用和高精度电子压力计的研制成功及推广应用,试井技术(包括资料采集技术和资料解释技术)有了新的重大突破,在传统的试井技术的基础上,逐步形成了一整套"现代试井技术",它主要包括下列三个方面的内容:

(1)用高精度测试仪表测取准确的试井资料。

现在广泛使用的电子压力计,精确度❶一般可达其全量程(Full Scale,FS)的0.02%~0.05%,分辨率❷一般可达其全量程的0.001%(约0.001MPa),记录速度可达1次/s。用这样的压力计测得的压力和温度数据是很准确、可靠的。

(2)用现代试井解释方法(计算机和试井解释软件)解释试井资料,得到更多、更可靠的有关测试层和测试井的信息。

(3)测试资料采集过程控制、资料解释和试井报告编制的计算机化。

在资料采集过程的控制方面,在测试现场,使用地面直读电子压力计(Surface Read Out,SRO)测试时,可以一边进行资料采集,同时一边进行资料解释,即用计算机对已测得的数据进行实时处理(Real Time Processing)、绘制出各种图件(称为实时曲线,Real Time Plots),进行实时解释(Real Time Interpretation),以了解测试的进程,了解下入井底的测试仪器运转是否正常、是否已经测得了试井设计所要求的足够资料,是否达到了试井的目的,从而确保测试的圆满成功。

在资料解释方面,国内外都已研制成功许多试井解释软件,都在用计算机进行解释,并用计算机绘制各种图件,编制各种数据表和试井解释报告。

本书将对现代试井解释方法做比较详细的说明,而对其中涉及的试井方法则只作简略的介绍。

---

❶ 压力计的精确度(Accuracy)的意义是:测量的压力值偏离其真值的最大范围。常用其全量程的百分之几表示。

❷ 压力计的分辨率(Resolution)的意义是:压力计能测出的最小压力变化值。也常用其全量程的百分之几表示。

第二节　试井解释方法的发展历程

试井作为一个工程项目,作为油(气)藏工程的一个分支,发展的历史并不长。20世纪20年代初,开始用弹簧管压力计测量井底静止压力(俗称"静压点"),用浮子或液面探测仪测量井中液面的深度。工程师们很快发现,测得的"静止"压力与关井时间有密切关系:渗透率越低,关井后井底压力恢复到地层压力所经历的时间就越长;并从而认识到:关井后压力恢复速度的快慢,可以反映出地层渗透率的高低。得到这一认识,是试井发展成为研究油藏动态重要手段的非常重要的一步,正是它,孕育了"不稳定试井"及其解释方法,而这种方法一直广泛使用至今。

油(气)藏工程的发展对压力资料及其分析提出了更高的要求。1929年,Pierce和Rawlins首先研究了井底压力和产能之间的关系。1935年,Theis提出了地下渗滤的数学模型。1936年,Rawlins和Shellhardt创立了气井"回压试井方法""指数式产能曲线"和"指数式产能方程",提出了"无阻流量"的概念,后来以此为基础,出现了等时产能试井方法和修正等时产能试井方法。到1933年已经有十几种连续记录式压力计问世,使连续观察和记录井底压力随时间的变化成为可能。1937年,Muskat首次提出用压力恢复曲线外推地层压力和估算地层参数的方法。但这种方法对流体的压缩性尚未加以考虑,只是一种定性的分析。1949年,Van Everdingen和Hurst首先应用拉普拉斯(Laplace)积分变换方法,求出了试井分析不稳定渗流问题的解析解,确立了试井分析的理论基础。

1950年,Miller、Dyes和Hutchinson提出了考虑流体压缩性影响的压力动态研究方法;1951年,Horner创建了另一种稍有不同的恢复曲线分析方法。他们都注意到:在径向流动情形下,压力变化与时间的对数成直线关系;运用这一关系可以计算测试层的某些参数,包括流动系数、地层系数、有效渗透率、表皮系数、采油指数和泄油半径等,还可以推算测试层的"静止"压力。这就是今天所谓的"半对数分析法"❶,或"MDH法"(取自Miller、Dyes和Hutchinson三人名字的首字母)和"Horner法"(赫诺法)。它们奠定了不稳定试井解释的坚实基础,成为"常规试井解释方法",并一直沿用至今。

为估算井的产能,产能试井也发展起来。1955年,Cullender等提出了用等时试井方法估算气井的无阻流量。

20世纪60年代至70年代初,以Ramey为首的一批大学教授,针对半对数直线段分析所暴露的问题,研究了早期数据的解释。Ramey、Agarwal、Al-Hussainy、Wattenbarger、Earlougher和McKinley等先后研制了多种均质油藏的试井解释图版,创建了图版拟合分析方法。这些图版中,有的是无量纲压力与无量纲时间的关系曲线(如Ramey图版),有的是有量纲的压力变量组合与时间的关系曲线(如McKinley图版)。图版拟合分析方法给出了分辨流动阶段的方法,分辨出哪些数据点可用来绘制半对数直线段,从而使半对数分析变得比过去准确、

---

❶ 其实早在1935年,Theis为研究地下水文学,就提出了半对数分析和图版拟合分析法。

可靠和容易,同时扩大了试井资料的解释范畴,从过去认为无用的某些数据(如早期井筒储集阶段的数据等)中"挖掘"出其中的"内涵",解释得出有用的参数(如井筒储集系数等)。可惜用这些解释图版进行拟合分析相当麻烦,不容易得出唯一的拟合,所以没有得到广泛的应用。

20世纪70年代迎来了科学技术的飞速发展。电子测试仪表和电子计算机的应用,给试井资料的采集和解释带来了前所未有的巨大进步。20世纪70年代末,Gringarten等在Ramey图版的基础上,采用"参数组合"(组成"参数团")的办法,研制成功并出版了多种模型(如均质油藏模型、双重孔隙油藏模型、裂缝井模型等)的压力解释图版,用这些图版进行拟合分析,比用以前各种图版进行拟合分析容易得多,于是图版拟合分析方法引起了人们广泛的兴趣和高度的重视;同时,他们还进一步引用了系统分析(或信号理论)的观点、方法和数值模拟技术,把图版拟合分析方法和一直沿用至今的常规试井解释方法(即半对数分析法)以及其他方法结合起来,形成了一套相当完整的综合的"现代试井解释方法"。这种方法包括试井解释模型的选择、地层参数的计算和解释结果的检验等内容,大大提高了试井解释结果的可靠性。随后,试井解释专家们又研制成功了"试井解释软件",现代试井解释方法开始在全世界普遍使用。

1983年,Bourdet等研制成功了崭新的试井解释图版——压力导数图版,创建了压力导数图版拟合解释方法,使试井解释取得进一步重大发展。由于不同类型(如均质、非均质)的油气藏、不同的流动阶段(如径向流、球形流、拟稳定流)以及各种不同的外边界条件等,均在压力导数曲线上有显著不同的反映,所以压力导数图版的应用,使试井解释模型的识别和选择、流动阶段的划分以至整个图版拟合分析变得更加容易、更加准确,使得试井解释结果更加可靠。有专家指出:压力图版拟合分析方法的应用是现代试井解释方法创立的标志,而压力导数图版拟合分析方法的创立则是试井解释方法发展的"一次突破性的、革命性的飞跃",是试井解释方法发展的"一个里程碑"。这一论断和评价是很中肯的。随后,Bourdet的压力导数图版和Gringarten的压力图版合二为一,形成了今天全球都在使用的"复合解释图版"。至此,现代试井解释方法已经相当完善,它建立在系统分析的理论基础上,把原来互不关联的一系列的方法有机地结合在一起,成为一套很完整的整体综合分析方法。它清楚地回答了以前一直弄不明白的基本问题,如从试井实测资料中,到底能得到些什么样的结果?如何得到这些结果?油气层状态万千,油气井类型各异,在实测资料的分析过程中,可以得到各种各样千变万化甚至千奇百怪的曲线,这些曲线蕴藏或包含了测试层和测试井的哪些信息?如何"挖掘"或"揭示"出这些信息?获取这些信息的最佳方法是什么?和地球物理、地质或岩石学研究等得到的信息相比,试井对油气藏描述到底起什么独特的作用?如此等等。

用各种不同方法进行解释所得结果的可靠程度见表1-1。

在此之后,专家们根据油田勘探开发的发展和实际的需要,除了最简单的单层直井径向流动解释模型之外,又建立了一个又一个新的解释模型,如多层油藏模型、斜井模型、水平井模型、复合油藏模型、不密封断层模型和若干种模型的组合模型等。20年前,又进一步把数值解释法或油藏数值模拟直接运用到试井资料解释的过程之中,从而创建了崭新的"数值试井"方法。于是,试井解释便成为认识测试层和测试井、进行油气藏描述的重要工具,而试井资料的解释和应用,也成为每个油(气)藏工程师和有关科技人员所必备的基本知识和技能。

表 1－1　不同解释方法的可靠程度

时间	解释方法		模型辨别	模型检验	可靠度级别
20 世纪 50 年代	常规方法		无	无	较差
20 世纪 70 年代	压力图版拟合方法	手工拟合	较可靠	较可靠	差
		计算机拟合	较可靠	可靠	较可靠
20 世纪 80 年代	压力导数图版拟合方法	手工拟合	可靠	较可靠	可靠
		计算机拟合	很可靠	很可靠	很可靠
21 世纪初	反褶积方法		更可靠	很可靠	很可靠

2001 年，von Schroeter 和 Gringarten 等把反褶积方法引入试井解释，把不论延续多长时间的变产量情形下的压力变化数据，转换成为同样长时间的恒定产量下的压力变化数据，使得更多更复杂的资料都可以通过反褶积方法化作简单问题而加以解释；在测试时间很短的情形，它能使探测半径增大，从而使得试井解释模型的识别和选择更加准确、更加容易，进一步增强了试井解释的威力。有人把它誉为试井解释的"又一次革命性的飞跃"，"一个新的里程碑"。

我国的试井工作始于 20 世纪 40 年代，当时从国外引进井下压力计，在玉门油田进行测取地层压力的作业。到 50 年代，克拉玛依油田推广应用了不稳定试井方法，计算流动系数、地层系数和有效渗透率，并开展了油藏压力系统的研究。进入 60 年代，在大庆石油会战中，每一口探井和生产井，完井后都要进行压力恢复测试。试井对大庆油田的早期评价起到了很重大的作用。老一辈试井专家童宪章和王德民等曾对常规试井解释方法做过深入的研究，提出了不少结合中国油田实际的试井解释方法，如童宪章提出关于油井完善性的经验性规律"7"的法则、利用压力恢复曲线估算储能系数和测试井控制储量的方法等；王德民发明了试井资料解释的松辽Ⅰ法和松辽Ⅱ法等。童宪章在 20 世纪 60 年代总结了国内外试井研究的进展和我国试井实践的经验，编著了我国第一部试井专著《压力恢复曲线在油气田开发中的应用》，此书在 1977 年才正式出版，但在此前该书稿的油印本却早已在全国各油田广为流传，成为当时我国试井界学习试井方法的唯一教材。本书作者之一的刘能强等也是从学习这个油印的入门教材开始认识试井并步入试井之门的。1965 年，北京大学数学力学系姜礼尚等带领一批偏微分方程专门组毕业班学生，奔赴大庆油田，在大庆油田开发研究院流体力学研究室袁庆峰等的支持和协助下进行实地调研，编写出一本题为《试井中的数学方法》（油印本）的讲义，并为大庆油田开发研究院流体力学研究室讲授这一课程。《试井中的数学方法》（油印本）成了当时我国试井界学习试井基本理论的好教材。后来，此讲义由姜礼尚和陈钟祥两位教授修订成书，题为《试井分析理论基础》，1985 年正式出版。庄惠农教授和胜利油田地质研究院试井室几位同志研制成功了灵敏度和分辨率都相当高的玻璃缸套微差压力计，为我国开展井间干扰试井解决了仪器问题；他和朱亚东教授还研制了双重介质地层干扰试井的解释图版，并在国内外杂志上发表了研究成果。井间干扰测试、脉冲测试和探测油藏边界的测试，在胜利、辽河、大港和江汉等构造非常复杂的油田蓬勃开展，在这些油田的勘探、开发中发挥了很大的作用。但在 20 世纪 80 年代以前，我国一直使用精度很低的国产机械式压力计（井间干扰试井使用的微差压力计例外），一直使用常规试井解释方法。改革开放之后，开始引进和制造先进试井仪器设备，包括高精度电子压力计、流量计和其他配套设备，也开始接触现代试井解释方法。1980年，Flopetrol-Schlumberger应石油工业部的邀请，派出以该公司总裁Freiss先生为首的高级代表团来京，举办了一个为期一周的讲座，给我国试井技术人员介绍了现代试井技术，该公司研究发展部经理、曾经参与研制石英晶体电子压力计的著名专家Diemer先生介绍了先进的试井仪表设备，发明多种试井解释图版进而发明了现代试井解释方法的著名专家Gringarten博士宣讲了现代试井解释方法。这是我国试井技术人员第一次接触现代试井方法。1982年春，刘能强作为访问学者，受教育部和石油工业部派遣，前往Flopetrol-Schlumberger进修试井技术，1984年春回国后，在石油工业部以及后来的中国石油天然气总公司、中国石油天然气集团公司以及中国海洋石油总公司的安排下，他在许多期试井学习班上讲授现代试井解释方法。与此同时，石油工业部以及后来的中国石油天然气集团公司、中国石油化工集团公司、中国海洋石油总公司，以及各石油院校陆续派出一批技术人员出国学习或考察，并多次邀请外国专家来华讲学，如Gringarten博士就曾多次应邀来华讲课；各石油院校和华北测试公司等单位也频频举办试井解释培训班，现代试井解释方法从此在我国迅速推广和普及。1985年我国开始引进试井解释软件；与此同时，各石油院校联合科技攻关，研制国产试井解释软件，中国石油勘探开发科学研究院、华北测试公司、大庆油田和南海东部公司等单位也各自开发了试井解释软件。中国石油勘探开发科学研究院和各石油院校的专家、教授们，如庄惠农、朱亚东、陈元千、李璗、高承泰、刘尉宁、陈钦雷、翟云芳、李仕伦、赵必荣、张义堂和李允等，以及各油田从事试井研究和实际工作的工程师们，深入研究试井理论，不断进行探索和实践，得到了许多成果。中国石油天然气集团公司及其前身石油工业部还责成华北石油管理局主办试井专业期刊《油气井测试》，为全国试井界技术人员进行试井技术交流创建了一个平台。我国的试井专著和论文不断涌现，试井园地里呈现出繁花盛开、百花争艳的景象。就这样，在短短的20多年间，通过引进、消化、研究和实践，我国的试井技术迅速赶上了世界先进水平，一大批年轻的试井技术人员成长起来，试井设备武装起来，试井解释软件也引进、开发并普遍应用起来。我国的试井队伍，包括测试施工队伍和资料解释队伍，终于成为一支能够参与并赢得国际竞争的力量。如今，张义堂、姚军、李治平、李晓平、程时清、林加恩、尹洪军、刘曰武、王晓冬、卢德唐、廖新维、韩永新、刘启国、李道伦、孙贺东等新一代试井专家纷纷崭露头角。他们在我国石油勘探开发中大展身手，推动试井技术大放光彩。同时，诸多反映试井理论与实践新成果的专著不断问世，像庄惠农等人的《气藏动态描述和试井》、卢德唐的《现代试井理论及应用》、杨景海的《试井手册》（第二版）、孙贺东的《实用试井简明手册》等。而且，我们已经走出国门，我们的试井队伍正在苏丹、伊朗、阿塞拜疆、哈萨克斯坦、巴基斯坦、缅甸、阿尔及利亚和委内瑞拉等10多个国家承包试井技术服务，并赢得了普遍的好评。

第二章
产能试井及其解释方法

产能试井是改变油（气）井的工作制度若干次，测量在各个不同工作制度下的稳定产量和相对应的井底压力，从而确定测试井（层）的生产能力，即"产能"。

第一节 油井的产能试井及其解释结果的应用

油井的产能试井一般使用稳定试井（Steady-state Test）方法。稳定试井也称作系统试井（Systematic Test），一般在试采阶段进行。测试方法是：连续以 3~4 个不同的稳定产量生产（自喷井一般通过调节不同的油嘴实现），通常采取由小产量（小油嘴）逐步加大的程序；每个产量（油嘴）生产都要求流动压力达到稳定；测量用每个油嘴 i 生产时的稳定产量 q_i、相对应的稳定流压 p_{wfi}、油压 p_{ti}、气油比 GOR_i（$i=1,2,3$ 或 $1,2,3,4$）和出砂量等，最后关井测量地层压力 p_R［称为终关井（Final Shut-in），但终关井实际上已属不稳定试井的范畴］。此方法要求测取 3~4 个产能点资料（稳定产量和相对应的井底压力），故常称为多点法试井。在探井情形，测试正式开始前需进行清井（Clean up），即把井筒中的脏物喷干净；然后关井测量原始地层压力，称为初关井（Initial Shut-in）。整个测试过程如图 2-1 所示。

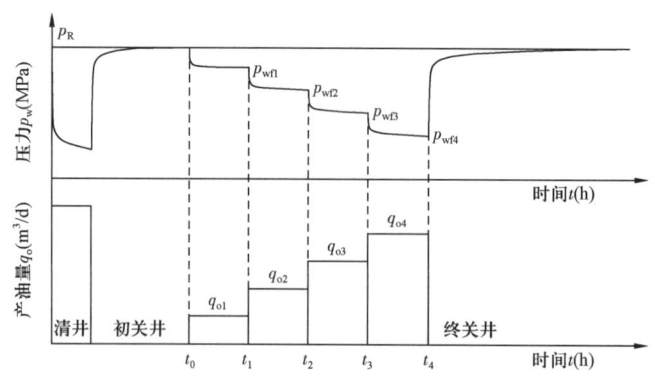

图 2-1 油井的稳定试井测试过程

将测得的各项数据绘制成系统试井曲线（图 2-2）。系统试井曲线的横坐标是油嘴尺寸，纵坐标则是产油量 q_o、井底流压 p_{wf}、井口油压 p_t、套压 p_c、气油比 GOR 和出砂量等（为使它们能在同一张图上更好地展示,应使用各自不同的坐标刻度)。绘制产油量 q_o 和流压 p_{wf} 的关系曲线,即"指示曲线"(图 2-3)。由这两幅图可以得到:

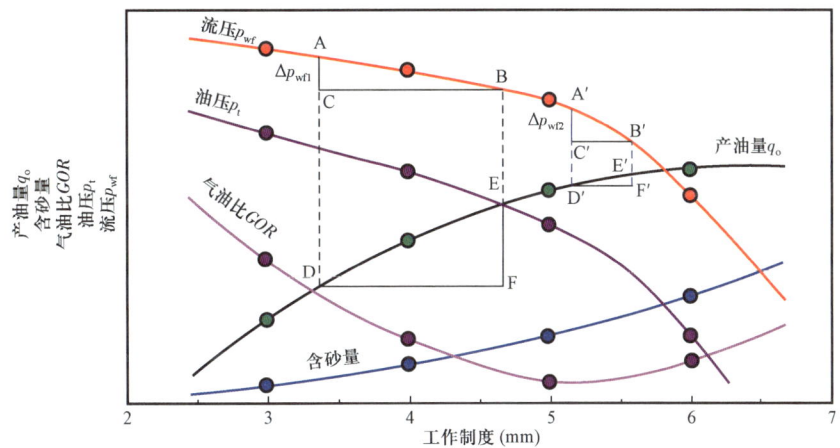

图 2-2 系统试井曲线

(1)合理产量或合理工作制度(合理油嘴)。从系统试井曲线(图 2-2)可以看到,随着油嘴逐渐增大,流压在逐渐降低,产量在逐渐提高;但当油嘴较小,如在 $\phi 4mm$ 以下时,随着流压缓慢降低,产量急剧上升;而当油嘴较大时,流压急剧降低而产量上升缓慢。在图 2-2 中,当油嘴小于 $\phi 5mm$,流压由 A 点下降到 B 点时,下降幅度为 Δp_{wf1} = AC,对应的产量由 D 点上升到 E 点,上升幅度为 Δq_1 = EF;而当油嘴大于 $\phi 5mm$,流压由 A′点下降到 B′点,下降幅度为 Δp_{wf2} = A′C′ = AC = Δp_{wf1},对应的产量由 D′点上升到 E′点,上升幅度为 Δq_2 = E′F′,可是 Δq_2 = E′F′却比 Δq_1 = EF 小很多。所以采用太大的油嘴生产是不经济、不合理的。在系统试井曲线上可以找到这么一个点,在这个点,产量的增加速度已经开始明显减缓,流压的下降速度却已经开始明显加大(如图 2-2 中的 $\phi 5mm$ 油嘴),即在油嘴小于 $\phi 5mm$ 时,单位流压差所对应的产量增加值较大;而在油嘴大于 $\phi 5mm$ 时,单位流压差所对应的产量增加值较小,这表明地层能量的作用得不到充分发挥。如图 2-2 中,对应于相同的流压差 Δp_{wf1} 和 Δp_{wf2},产量的增量 Δq_1 显然大于 Δq_2。所以它所对应的就是最合理的产量或最合理的油嘴:既使单位流压差所对应的产量增加值较大,又得到在这一条件下的最大产量。

(2)采油指数,又称为生产指数(Productivity Index),用 J_O(国外常用 PI)表示。其定义为单位生产压差下的产量:

$$J_O = \frac{q}{p_R - p_{wf}} = \frac{q}{\Delta p}$$

采油指数(生产指数)J_O 除以产层厚度 h,得到

$$J_{OS} = \frac{J_O}{h} = \frac{q}{(p_R - p_{wf})h} = \frac{q}{\Delta p h}$$

(式中的 $\Delta p = p_R - p_{wf}$ 为生产压差),J_{OS} 称为比采油指数(比生产指数)或单位厚度采油指数

(单位厚度生产指数)。

指示曲线(图2-3)有时也叫作流入动态关系曲线(Inflow Performance Relationship)或IPR曲线。

假定油藏是圆形的,其半径为r_e,具有恒压供给边界,供给边界压力为p_R,则在达到稳定流❶后有:

$$q_o = \frac{0.5358Kh}{B\mu\left(\ln\dfrac{r_e}{r_w} + S\right)}(p_R - p_{wf}) = \frac{0.5358Kh}{B\mu\left(\ln\dfrac{r_e}{r_w} + S\right)}\Delta p \qquad (2-1)$$

这就是裘比依(Dupuit)公式。式中的压差为供给边界压力p_R(因为外边界为恒压供给边界,这也就是原始地层压力)与井底流动压力p_{wf}之差:

$$\Delta p = p_R - p_{wf}$$

式中 q_o——油井的产量,m^3/d;
　　　K——油层的渗透率,mD;
　　　h——油层的厚度,m;
　　　B——原油的体积系数(一定质量原油的地下体积与地面体积之比);
　　　μ——原油的黏度,$mPa \cdot s$;
　　　r_e——油井的供给半径,m;
　　　r_w——油井的半径,m;
　　　S——油井的表皮系数(其意义见第三章第五节);
　　　Δp——生产压差(供给边界压力与井底流动压力之差:$\Delta p = p_R - p_{wf}$),MPa。

在圆形封闭边界油藏中心一口井的情形,在达到拟稳定流❷后有:

$$q_o = \frac{0.5358Kh}{B\mu\left(\ln\dfrac{r_e}{r_w} - \dfrac{1}{2} + S\right)}(p_e - p_{wf}) = \frac{0.5358Kh}{B\mu\left(\ln\dfrac{r_e}{r_w} - \dfrac{1}{2} + S\right)}\Delta p \qquad (2-2)$$

式中的压差为油藏边界压力p_e与井底流动压力p_{wf}之差:$\Delta p = p_e - p_{wf}$。如果用的是封闭油藏的平均压力$\bar{p}$,则:

$$q_o = \frac{0.5358Kh}{B\mu\left(\ln\dfrac{r_e}{r_w} - \dfrac{3}{4} + S\right)}(\bar{p} - p_{wf}) = \frac{0.5358Kh}{B\mu\left(\ln\dfrac{r_e}{r_w} - \dfrac{3}{4} + S\right)}\Delta p \qquad (2-3)$$

此时的压差为油藏平均压力$\bar{p}$与井底流动压力之差:$\Delta p = \bar{p} - p_{wf}$。

由上述公式可知:指示曲线是一条直线,其斜率m就是采油指数J_o或生产指数PI的倒数。指示曲线的纵截距(纵轴$q_o = 0$上的截距)必定是p_R,因为当流动压力$p_{wf} = p_R$时,生产

---

❶ 在稳定流动阶段,有$\partial p/\partial t = 0$。

❷ 在拟稳定流动阶段,当以稳定产量生产时,有$\dfrac{\partial p}{\partial t} = C = $常数$(\neq 0)$

压差 $\Delta p = p_R - p_{wf} = 0$，故产量 $q_o = 0$。但事实上，指示曲线只有前一部分(流压高于饱和压力 p_b 而呈单相流动时，即符合达西流动时)成一条直线，而当流压低于饱和压力 p_b 时，由于天然气脱出而产生两相流动的影响，它将偏离直线而变为曲线(图2-3)。

(3) 极限产量(无阻流量)。指示曲线末端与横轴($p_{wf} = 0$)相交的交点对应的产量，即假想井底流动压力(表压)为0时的产量，也就是极限产量，相当于油井的无阻流量(q_{AOF})。此无阻流量只不过是描述产能的一个理论指标，实际上是不可能实现的。

(4) 流动系数。假定流动达到了稳定流或拟稳定流阶段，则还可利用裘比依公式大致估算出流动系数：

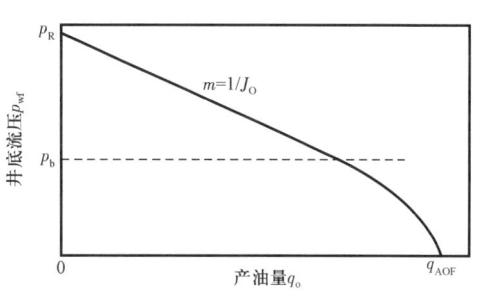

图2-3 指示曲线

稳定流情形

$$\frac{Kh}{\mu} = \frac{1.866 q_o B}{\Delta p}\left(\ln\frac{r_e}{r_w} + S\right) \tag{2-4}$$

拟稳定流情形

$$\frac{Kh}{\mu} = \frac{1.866 q_o B}{\Delta p}\left(\ln\frac{r_e}{r_w} - \frac{3}{4} + S\right) \tag{2-5}$$

式中各符号的意义，除式(2-4)和式(2-5)中的生产压差分别为 $\Delta p = p_R - p_{wf}$ 和 $\Delta p = \bar{p} - p_{wf}$ 外，与式(2-1)和式(2-2)相同。

Vogel 提出：对于饱和油藏和未饱和油藏中的油井，可以只由一对数据(稳定产量 q_o 和稳定流压 p_{wf})计算出无阻流量和指示曲线(IPR 曲线)。

(1) 未饱和油藏($p_R > p_b$)：

$$J_O = \frac{q_o}{p_R - p_{wf}}$$

$$q_{AOF} = q_b + \frac{J_O p_b}{1.8} \tag{2-6}$$

$$q_o = q_b + (q_{AOF} - q_b)\left[1 - 0.2\left(\frac{p_{wf}}{p_R}\right) - 0.8\left(\frac{p_{wf}}{p_R}\right)^2\right] \tag{2-7}$$

(2) 饱和油藏($p_R \leqslant p_b$)：

$$q_{AOF} = \frac{q_o}{1 - 0.2\left(\frac{p_{wf}}{p_R}\right) - 0.8\left(\frac{p_{wf}}{p_R}\right)^2}$$

$$q_o = q_{AOF}\left[1 - 0.2\left(\frac{p_{wf}}{p_R}\right) - 0.8\left(\frac{p_{wf}}{p_R}\right)^2\right] \tag{2-8}$$

式(2-7)和式(2-8)称为 Vogel 方程。普遍使用的一些试井解释软件(如 Saphir)中,都包含了 Vogel 方程,用来计算无阻流量和 IPR 曲线。

陈元千对 Vogel 方程作了一点修改(参见文献[15]):

未饱和油藏($p_R > p_b$)

$$q_{AOF} = q_b + \frac{J_O p_b}{4}$$

$$p_{wf} = p_b \left[1 - 0.25\left(\frac{q_o - q_b}{q_{AOF} - q_b}\right) - 0.75\left(\frac{q_o - q_b}{q_{AOF} - q_b}\right)^2\right]$$

饱和油藏($p_R \leq p_b$)

$$q_{AOF} = \frac{6q_o}{\sqrt{1 + 48\left(1 - \frac{p_{wf}}{p_R}\right)} - 1}$$

$$p_{wf} = p_R \left[1 - 0.25\left(\frac{q_o}{q_{AOF}}\right) - 0.75\left(\frac{q_o}{q_{AOF}}\right)^2\right]$$

第二节 气井的产能试井及其解释结果的应用

产能试井是气井试井的重要内容。常用的有三种方法:回压试井(Back Pressure Test,又称作 Flow-after-Flow Test)、等时试井(Isochronal Test)和修正等时试井[或改进的等时试井(Modified Isochronal Test)]。这些方法也都是多点法试井。

一、回压试井

气井回压试井的做法和油井的系统试井一模一样:连续以 3~4 个稳定产量生产(一般通过调节不同的气嘴实现),通常采取由小产量(小气嘴)逐步加大的程序;每个产量(气嘴)生产都要求流动压力达到稳定;测量其稳定产量和相对应的稳定流压,最后关井测量地层压力(称为终关井)。同油井的系统试井一样,在探井情形,测试正式开始前也需进行清井,即把井筒中的脏物冲洗干净,然后关井测量原始地层压力(初关井)。整个测试过程如图 2-4 所示。

在气井产量的计量中,有一个值得注意的问题:由于气体的体积与该气体所处的条件(压力和温度)密切相关,所以在谈及气井产量时,必须同时说明是在什么条件下的产量。石油工业中普遍使用在标准条件[Standard Condition,即标准压力(Standard Pressure)和标准温度(Standard Temperature)]下的产量。我国的标准条件为:标准压力 $p_{SC} = 1\text{atm} = 0.101\text{MPa}$;标准温度 $T_{SC} = 20℃ = 293.15\text{K}$。但欧美的标准条件却为:标准压力 $p_{SC} = 1\text{atm} = 0.101\text{MPa} = 14.696\text{psi}$;标准温度 $T_{SC} = 60℉ = 288.71\text{K} = 15.56℃$。

就是说:两种标准条件的压力相同,温度各异。因此,我国标准条件下的产量和欧美标准条件下的产量是不一致的。由气体的状态方程:

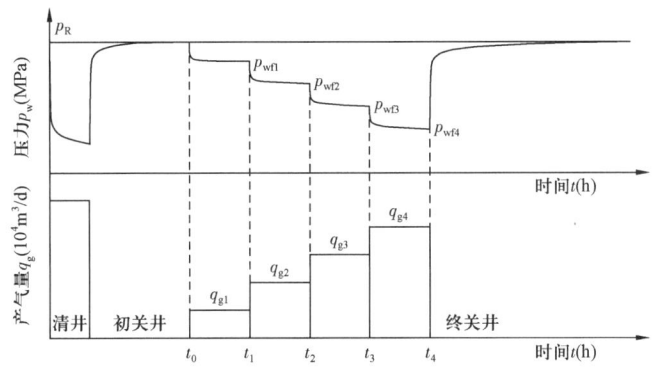

图 2-4　气井的回压试井

$$\frac{(p_{SC})_1 q_1}{(T_{SC})_1} = \frac{(p_{SC})_2 q_2}{(T_{SC})_2}$$

可以得出我国标准条件下的产量 q_{g1}（m^3/d）和欧美标准条件下的产量 q_{g2}（m^3/d）之间的关系（下标 1、2 分别表示我国和欧美的标准条件）如下：

$$\frac{q_2}{q_1} = \frac{(p_{SC})_1 (T_{SC})_2}{(p_{SC})_2 (T_{SC})_1} = \frac{273.15 + 20}{273.15 + 15.56} = 1.0154$$

即欧美标准条件下的产量 q_{g2} 为我国标准条件下的产量 q_{g1} 的 1.0154 倍。如果产量 q_{g2} 以 ft^3/d 为单位，而产量 q_{g1} 仍以 m^3/d 为单位，则：

$$q_{g2}(ft^3/d) = 35.8578\ q_{g1}(m^3/d)$$

$$q_{g2}(m^3/d) = 0.027888\ q_{g1}(ft^3/d)$$

取得回压试井现场测试资料之后，就要进行产能试井解释。其步骤如下：

第一步，绘制产能曲线（Deliverability Plot）。有两种产能曲线，一种叫指数式产能曲线（又称作经验产能曲线），另一种叫二项式产能曲线。

第二步，写出产能方程（Deliverability Equation）。有两种产能方程，一种叫指数式产能方程，因为它源自经验，所以又称为经验方程（Empirical Relationship）；另一种叫二项式产能方程（又叫层流 - 惯性流 - 湍流方程（Laminar - Inertial - Turbulent Flow Relationship））。

第三步，绘制流入动态关系曲线（IPR 曲线）；计算无阻流量 q_{AOF} 和合理产量。

现将有关问题分述如下。

1. 指数式产能方程和指数式产能曲线

世界上许多地方都在用指数式产能方程。它是 Rawlins 和 Schllhardt 在 1936 年提出的气井产量和稳定流压之间的经验关系式：

$$q_g = C(p_R^2 - p_{wf}^2)^n \tag{2-9}$$

式中　q_g——气井产量，$10^4 m^3/d$；

p_R——地层压力(在探井情形为原始压力 p_i),MPa(表);

p_{wf}——气井流压,MPa(表);

C——产能方程系数,$(10^4 m^3/d)/(MPa^{2n})$;

n——渗流指数。

渗流指数 n 反映气体流动的状态,其数值应满足 $0.5 \leqslant n \leqslant 1$。当气体流动为纯层流时,$n=1$;而当气体流动为纯湍流时,$n=0.5$。通常 $0.5<n<1$,表明气体流动有部分呈层流,另外部分呈湍流。

式(2-9)的两边取对数得:

$$\lg q_g = \lg C + n\lg(p_R^2 - p_{wf}^2) \qquad (2-10)$$

$$\lg(p_R^2 - p_{wf}^2) = \frac{1}{n}\lg q_g - \frac{1}{n}\lg C \qquad (2-11)$$

在双对数坐标纸上绘制$(p_R^2 - p_{wf}^2)$和 q_g 的关系曲线,这就是指数式产能曲线(图2-5)。由式(2-11)可知,它是一条斜率为 $1/n$、截距为 $\left(-\frac{1}{n}\lg C\right)$ 的直线。

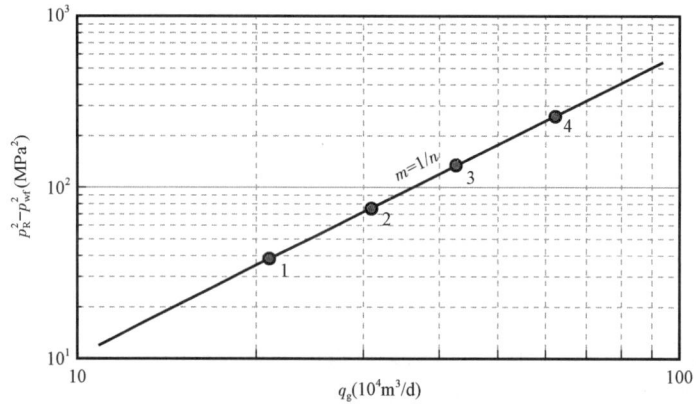

图2-5 指数式产能曲线

在取得回压试井的数据之后,便可画出此指数式产能曲线。量出斜率 m,便可算出 n 值:$n=1/m$;然后在直线上任意找一个点,读出其坐标值 $[q_g,(p_R^2-p_{wf}^2)]$,便可算出 C 值:

$$C = \frac{q_g}{(p_R^2 - p_{wf}^2)^n}$$

从而得出指数式产能方程。

n 值和 C 值也可以通过计算得出。在直线上任取两个点 $[q_{g1},(p_R^2-p_{wf}^2)_1]$ 和 $[q_{g2},(p_R^2-p_{wf}^2)_2]$,把它们的坐标代入下面的式子便得到:

$$n = \frac{\lg q_2 - \lg q_1}{\lg(p_R^2 - p_{wf}^2)_2 - \lg(p_R^2 - p_{wf}^2)_1}$$

$$C = \frac{q_1}{(p_R^2 - p_{wf}^2)_1^n}$$

或

$$C = \frac{q_2}{(p_R^2 - p_{wf}^2)_2^n}$$

有了产能方程,就能很容易求得无阻流量:只需令 $p_{wfg}=0$(此处下标 g 表示"表压"),代入产能方程❶,就得到:

$$q_{AOF} = q_g(p_{wfg} = 0) = C(p_{Rg}^2 - 0)^n = Cp_{Rg}^{2n}$$

这种分析方法也称为 $C-n$ 分析法或 Fetkovich 分析法。

在进行产能试井解释时必须注意:得到的 n 值一定要在合理的范围内,即必须满足 $0.5 \leq n \leq 1$。如果出现 $n<0.5$ 或 $n>1$ 的情况,必须仔细复核原始数据,检查解释过程,找出问题,予以纠正。

2. 二项式产能方程和二项式产能曲线

二项式产能方程是比较严格的理论公式。事实上,如果气藏相当大,当测试井生产所引起的压力变化没有波及边界时(严格地说,应该是气藏边界处由于测试井生产所引起的压力变化尚小而无法测出时),气体的流动符合无限大均质气藏径向流动状态。此时压力和产量之间的关系为[参看第十二章第三节式(12-12b)]:

$$p_{wf}^2 = p_i^2 - 42420 \frac{\bar{\mu}\bar{Z}p_{SC}q_g T_f}{T_{SC}Kh}\left(\lg\frac{Kt}{\phi\mu C_t r_w^2} - 2.0923 + 0.8686 S_a\right) \quad (2-12)$$

其中

$$S_a = S + Dq_g \quad (2-13)$$

式中 T_f——地层温度,K;

C_t——综合压缩系数,MPa^{-1};

S_a——拟表皮系数;

D——惯性-湍流系数或非达西流动系数,见第十二章第二节。

故:

$$p_i^2 - p_{wf}^2 = 42420 \frac{\bar{\mu}\bar{Z}p_{SC}T_f}{T_{SC}Kh}\left(\lg\frac{Kt}{\phi\mu C_t r_w^2} - 2.0923 + 0.8686S\right)q_g + 36846\frac{\bar{\mu}\bar{Z}p_{SC}T_f D}{T_{SC}Kh}q_g^2$$

或

---

❶ 本书中压力取表压,文中凡 p、p_R、p_{wf} 和 p_{Rg}、p_{wfg} 均表示表压。若用绝对压力,则地层压力和流动压力分别用 p_{Ra} 和 p_{wfa} 表示。

使用绝对压力时,产能方程应为 $q = C(p_{Ra}^2 - p_{wfa}^2)^n$,无阻流量则为 $q_{AOF} = C(p_{Ra}^2 - 0.101325^2)^n$。

$$p_R^2 - p_{wf}^2 = aq_g + bq_g^2 \qquad (2-14)$$

其中

$$a = 42420\frac{\bar{\mu}\bar{Z}p_{SC}T_f}{T_{SC}Kh}\left(\lg\frac{Kt}{\phi\mu C_t r_w^2} - 2.0923 + 0.8686S\right) \qquad (2-15)$$

$$b = 36846\frac{\bar{\mu}\bar{Z}p_{SC}T_f D}{T_{SC}Kh} \qquad (2-16)$$

式(2-14)的两边同除以 q_g，得：

$$\frac{p_R^2 - p_{wf}^2}{q_g} = a + bq_g \qquad (2-17)$$

$\dfrac{p_R^2 - p_{wf}^2}{q_g}$ 称为归整化的压力平方差。在直角坐标系中绘制 $\dfrac{p_R^2 - p_{wf}^2}{q_g}$ 与产气量 q_g 的关系曲线，应得到一条直线，此直线的斜率为 b，纵截距为 a。这就是二项式产能曲线(图2-6)。

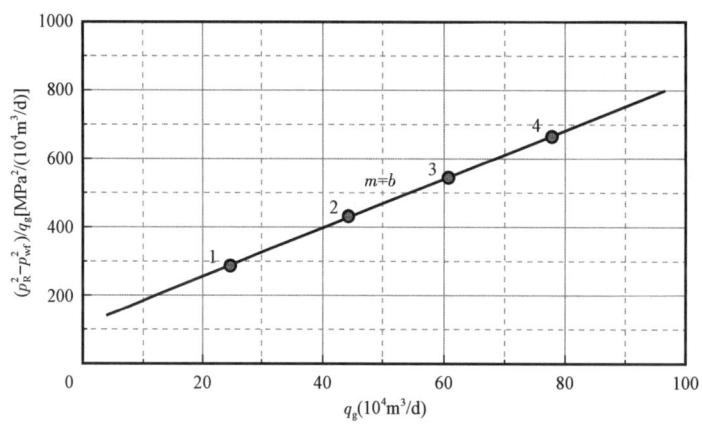

图2-6 二项式产能曲线

b 值和 a 值也可以计算得出：在直线上任取两个点 $\left[q_{g1}, \left(\dfrac{p_R^2 - p_{wf}^2}{q_g}\right)_1\right]$ 和 $\left[q_{g2}, \left(\dfrac{p_R^2 - p_{wf}^2}{q_g}\right)_2\right]$，把它们的坐标代入下式便得到：

$$b = \frac{\left(\dfrac{p_R^2 - p_{wf}^2}{q_g}\right)_1 - \left(\dfrac{p_R^2 - p_{wf}^2}{q_g}\right)_2}{q_{g1} - q_{g2}}$$

$$a = \left(\frac{p_R^2 - p_{wf}^2}{q_g}\right)_1 - bq_{g1}$$

或

$$a = \left(\frac{p_R^2 - p_{wf}^2}{q_g}\right)_2 - bq_{g2}$$

求出了 a 值和 b 值,就可以立即得出二项式产能方程。

把式(2-14)看成 q_g 的二次方程并求解,令 $p_{wf}=0$(表压),便得到无阻流量的计算公式:

$$q_{AOF} = \frac{-a + \sqrt{a^2 + 4bp_{Rg}^2}}{2b} \qquad (2-18)$$

使用绝对压力时,令 $p_{wfa}=0.101325\text{MPa}$,则:

$$q_{AOF} = \frac{-a + \sqrt{a^2 + 4b(p_{Ra}^2 - 0.101325^2)}}{2b} \qquad (2-19)$$

二项式产能分析又称为层流-惯性流-湍流分析(Laminar-Inertial-Turbulent Flow Analysis),简称LIT分析(LIT Analysis)。

3. 流入动态关系曲线

流入动态关系曲线(Inflow Performance Relationship, IPR)是气井井底流动压力和产量的关系曲线(图2-7)。油井的指示曲线实质上就是其流入动态关系曲线。

有了产能方程,很容易算出某一流压 p_{wf} 下对应的产量 q_g。得出若干对数据 (q_{gi}, p_{wfi}) $(i=1,2,3,\cdots)$ 后,便可画出流入动态关系曲线。在流入动态关系曲线上,产量和流压的关系一目了然,无阻流量也可从图上读出:对应于 $p_{wfg}=0$ 的产量就是 q_{AOF}(图2-7)。

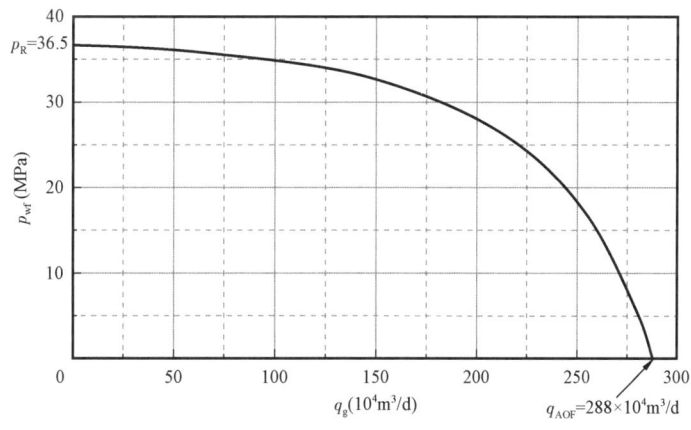

图2-7 流入动态关系曲线(IPR)

4. 无阻流量和合理产量

设想井底流压为0(表压力;绝对压力为1atm=0.101325MPa),此时生产压差放大到了最大极限限度,对应的产量也应该是最大的"畅喷"产量,称作无阻流量(Absolute Open Flow Potential, AOFP 或 AOF),记作 q_{AOF}。显然任何气井都不可能以无阻流量生产,但无阻流量却是衡量气井产能的重要参数。因为我们知道,产量是与生产压差密切相关的;只说某井的产量而不说明对应的生产压差,几乎没有任何意义;只说明某两口井的产量而不说明各自所对应的生产压差,也根本无法对它们的产能做出比较,因为没有任何共同的比较基础。例如,在测试时,A井的产量为 $50 \times 10^4 \text{m}^3/\text{d}$,B井的产量为 $80 \times 10^4 \text{m}^3/\text{d}$,我们并不能得出B井的产能大于 A 井的结论;假如 A 井的生产压差只有 0.01MPa,而 B 井的却高达 5MPa,则 B 井的产能很可能要比 A 井低得多。但无阻流量就不同了,有了共同的比较基础,即井底流压(表压)都设定为 0。

如前所述,无阻流量既可由产能方程算出,也可在流入动态关系曲线上直接读出。

气井的合理产量,尚未有严格的或确定的计算办法;但按照我国某些气田的实践经验,对于无边界影响的砂岩气层,可定为无阻流量的 20%~25%;但对于某些很致密的气层,气井的合理产量可以低至无阻流量的 10%~15% 甚至更低。实际上这只能是供参考的一个限度,真正切合实际的合理产量,应当根据地质研究和试采动态研究的成果,结合其他条件(如市场需求等)决定。

5. 拟压力(Pseudo-pressure)的应用

在用手工进行产能试井解释时,常常应用前面所述的压力的平方 p^2。但实际上压力平方只是拟压力的一种近似;用拟压力才是精确的。在用试井解释软件进行产能试井(包括回压试井和后面将详细介绍的等时试井和改进的等时试井)解释时,一般都应用气体的拟压力。

拟压力又名真实气体的势函数(Real Gas Potential),用 $\psi(p)$ 或 $m(p)$ 表示,其定义为:

$$\psi(p) = 2\int_{p_0}^{p} \frac{p}{\mu(p)Z(p)}\mathrm{d}p$$

其意义详见第十二章。

在应用拟压力进行产能试井解释时,指数式产能方程写作:

$$q_g = C[\psi(p_R) - \psi(p_{wf})]^n$$

这里渗流指数 n 的数值与式(2-9)的相同,但产能方程系数 C 值就不一样了。其指数式产能曲线是在双对数坐标系中绘制的 $[\psi(p_R) - \psi(p_{wf})]$ 和 q_g 的关系曲线,同样是一条斜率为 $1/n$ 的直线(图 2-8)。解释方法和步骤实际上与用 p^2 情形相同,只是无阻流量为:

$$q_{AOF} = C[\psi(p_R) - \psi(0)]^n$$

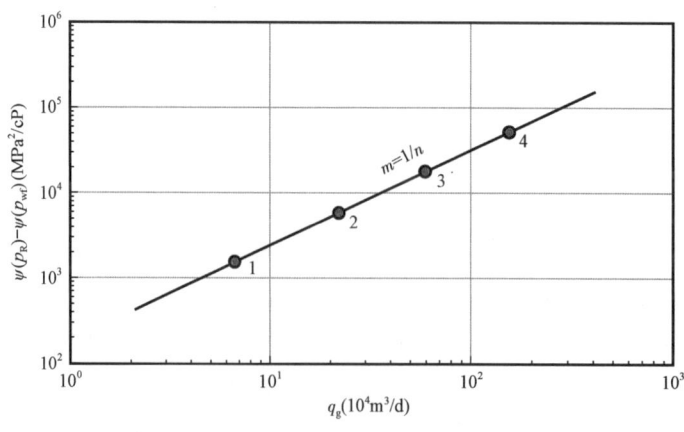

图 2-8 拟压力指数式产能曲线

IPR 曲线则仍如图 2-7 所示,是产量 q_g 和流压 p_{wf} 的关系曲线,而不绘制产量 q_g 和拟压力 $\psi(p_{wf})$ 的关系曲线,因为这样显然更为直观。

二项式产能方程则为:

$$\psi(p_R) - \psi(p_{wf}) = aq_g + bq_g^2$$

此时的 a 和 b 值,当然不同于用 p^2 解释时所得的 a 和 b 值。二项式产能曲线是在直角坐标系中绘制的 q_g 和 $[\psi(p_R) - \psi(p_{wf})]/q_g$ 的关系曲线,同样是一条斜率为 b、截距为 a 的直线(图 2-9),只是无阻流量应为:

$$q_{AOF} = \frac{-a + \sqrt{a^2 + 4b[\psi(p_R) - \psi(0)]}}{2b}$$

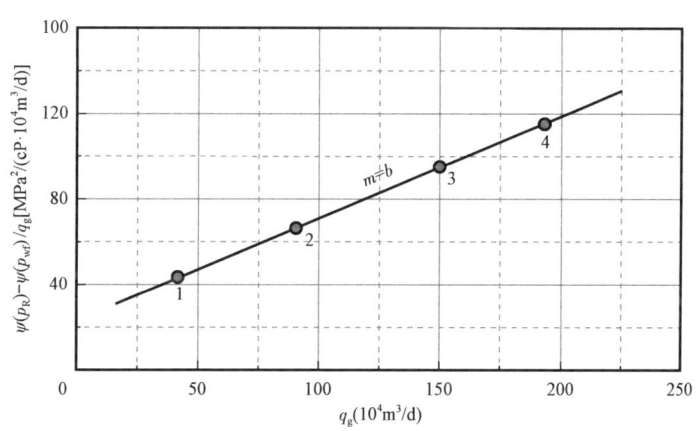

图 2-9 拟压力二项式产能曲线

IPR 曲线也仍如图 2-7 所示。解释方法和步骤实际上与用 p^2 情形相同。

二、等时试井

回压试井要求:分别用 3~4 个气嘴以稳定产量生产;每一个气嘴生产时,流压都必须达到稳定。要达到这一要求,测试往往要进行相当长的时间,要浪费大量的天然气(探井测试时,产出的气一般无法利用,只能就地烧掉),特别是那些渗透性较差的致密气层,以及某些有特殊问题(如高含硫)的气井,测试时间的要求往往长得难以实现;对于海上气井,因平台作业成本格外高昂,更是如此。为了解决这个问题,另一种可以节省测试时间,并可减少测试所耗费的天然气量的产能试井方法——等时试井应运而生。

等时试井是分别以 3~4 个稳定产量 $q_{gi}(i=1,2,3,4)$ 开井生产相同的时间 T(譬如说 $T=2h, T=1.5h, \cdots$),而不管流压是否达到稳定(不过要求一定要进入径向流动阶段),故名"等时"。通常也是采取产量(气嘴)由小逐步加大的程序。在每个不同气嘴开井生产之间都插进一个关井压力恢复,而且每一次关井都要求压力恢复到地层压力(图 2-10)。最后一次生产(设产量为 q_{g4})生产等时长 T 后,还要延续生产较长时间(需要时,可根据实际情况,把产量改变为 q_{g5}),一直到流压达到稳定,这最后一次的生产称为延时测试(Extend Test)。最后常常再实施终关井(图 2-10;但这终关井实际上已属不稳定试井的范畴)。测量每次生产的稳定产量 $q_{gi}(i=1,2,3,4,5)$,末端点的流压 $p_{wfi}(i=1,2,3,4)$(一般来说,它们都是不稳定流压),以及延时测试的稳定流压 p_{wf5}。

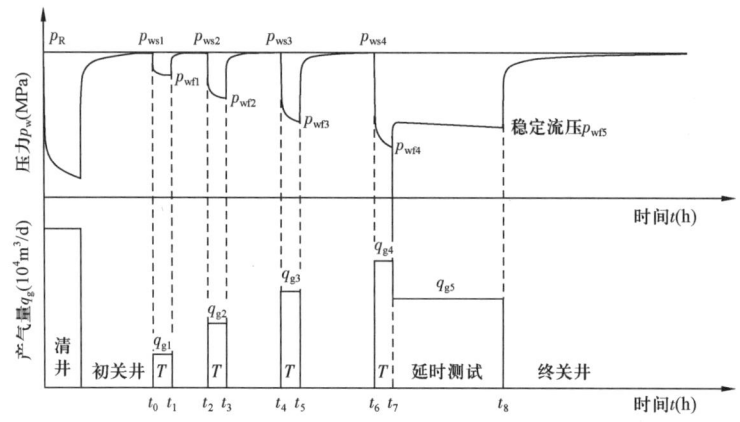

图 2-10 等时试井

在双对数坐标纸上用不稳定产能点 $[q_{gi},(p_R^2-p_{wfi}^2)](i=1,2,3,4)$ 绘制指数式产能曲线,即 $(p_R^2-p_{wf}^2)$ 和 q_g 的关系曲线,应得到一条直线,这是不稳定(指数式)产能曲线(图 2-11 之曲线1)。在延时测试中还得到了一个稳定产能点 $[q_{g5},(p_R^2-p_{wf5}^2)]$,过此点作不稳定产能曲线的平行线(图 2-11 之曲线2),就得到所要的稳定产能曲线。

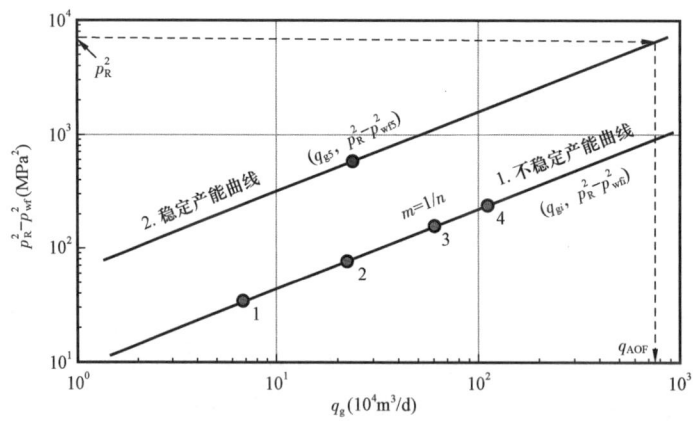

图 2-11 等时试井的指数式产能曲线

在绘制等时试井产能曲线时,实质上是用不稳定产能点确定其斜率 $1/n$,再用延时测试的稳定产能点确定其位置,也就是确定产能方程的系数 C。

在直角坐标系中用不稳定产能点 $\left[q_{gi},\left(\dfrac{p_R^2-p_{wfi}^2}{q_{gi}}\right)\right](i=1,2,3,4)$ 作二项式产能曲线,即

$\left(\dfrac{p_R^2 - p_{wf}^2}{q_g}\right)$ 和 q_g 的关系曲线,也应得到一条直线,这是"不稳定(二项式)产能曲线";再过延时测试的稳定产能点 $\left[q_{g5}, \dfrac{(p_R^2 - p_{wf5}^2)}{q_{g5}}\right]$ 作不稳定产能曲线的平行线,就得到我们所要的稳定产能曲线(图 2-12)。

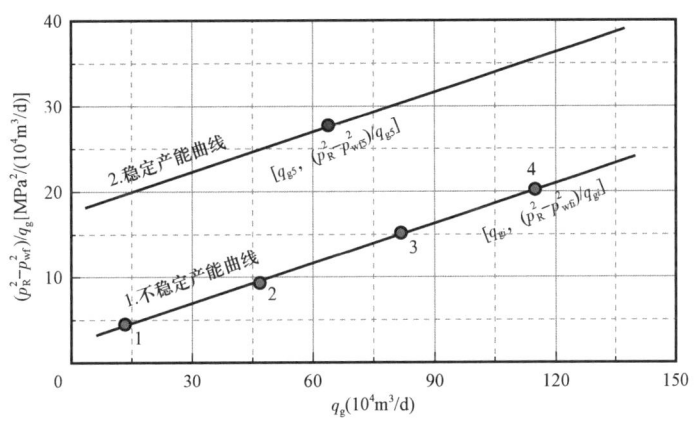

图 2-12　等时试井的二项式产能曲线

由稳定产能曲线得出产能方程,进而得到 IPR 曲线、无阻流量等,与回压试井情形完全相同。

如同回压试井情形一样,等时试井解释也常常用拟压力。

等时试井大大缩短了生产时间,大大减少了测试所耗费的天然气量,而所得结果与回压试井有足够的近似,因而得到了广泛的应用。

也许有读者会考虑:如果测试层的渗透性很好,以致在等时试井的等时生产中,流动压力都已经达到了稳定,情况会是如何?解释结果又会怎样?显然,在这种情形下,不稳定产能曲线和稳定产能曲线基本上彼此重合;换句话说,此时延时测试的稳定产能点也落在不稳定产能曲线上,过此点所作平行线(稳定产能曲线)就是不稳定产能曲线本身;也就是说:不稳定产能曲线其实就是稳定产能曲线。如果流动压力尚未稳定但已接近稳定,则不稳定产能曲线与稳定产能曲线将很靠近;流动压力越接近稳定流压,不稳定产能曲线就越靠近稳定产能曲线。这当然不会影响解释程序和结果。

三、修正等时试井

等时试井虽然大大缩短了开井生产的时间,但每个不同气嘴开井生产之间,都要关井并要求压力恢复到地层压力,这还要耗费很长时间,从而增高测试成本,尤其是在那些渗透性较差的致密气层和海上气井的情形,问题更为突出。于是又在等时试井的基础上,进行等时关井,缩短关井恢复时间,从而进一步节省测试时间,这就是修正等时试井或改进的等时试井(Modified Isochronal Test)。

修正等时试井也是分别以 3~4 个稳定产量 $q_{gi}(i=1,2,3,4)$ 开井生产相同的时间 T(譬如

说 $T=2h, T=1.5h, \cdots\cdots$,同样要求流动进入径向流动阶段),而不管流压是否达到稳定。通常也是采取产量(气嘴)由小逐步加大的程序。在每个不同气嘴开井生产之间插进的关井压力恢复时间相同,如都关井 T_s 时间(譬如说 $T_s=2h, T_s=1.5h, \cdots$),且关井时间常与开井时间相同,即 $T_s=T$(但 T_s 和 T 并不一定要求相同)。这就是说,每一次关井压力并不要求恢复到地层压力(图 2-13)。与等时试井一样,最后进行延时测试,然后再实施终关井(图 2-13)。

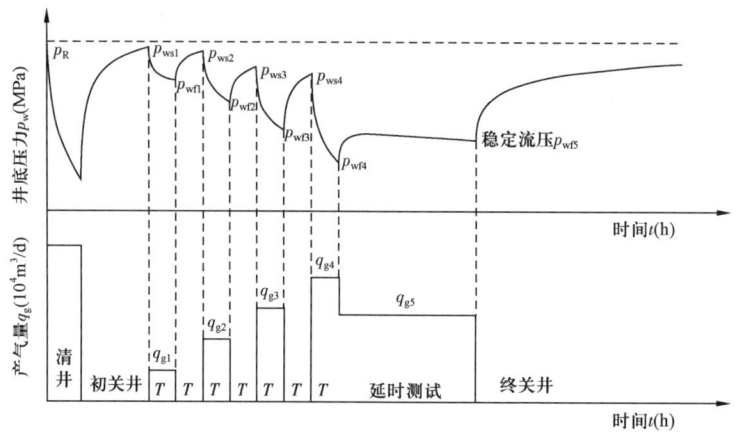

图 2-13 修正等时试井

测量每次生产的稳定产量 $q_{gi}(i=1,2,3,4,5)$,其末端点的流压 $p_{wfi}(i=1,2,3,4)$(一般来说,它们都是不稳定流压),延时测试的产量 q_{g5} 和稳定流压 p_{wf5},以及每次关井末的关井压力 $p_{wsi}(i=1,2,3,4)$(当然,一般来说,它们都是未稳定的关井压力或地层压力)。

在双对数坐标系中用不稳定产能点 $[q_{gi},(p_{wsi}^2-p_{wfi}^2)](i=1,2,3,4)$ 作指数式产能曲线,即 $(p_R^2-p_{wf}^2)$ 和 q_g 的关系曲线,应得到一条直线,这是不稳定(指数式)产能曲线(图 2-14);再过稳定产能点 $[q_{g5},(p_R^2-p_{wf5}^2)]$ 作不稳定产能曲线的平行线,就得到我们所要的稳定产能曲线(图 2-14)。

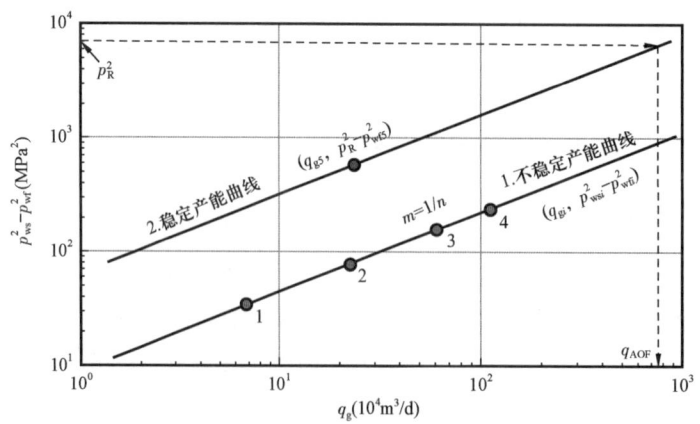

图 2-14 修正等时试井指数式产能曲线

用类似的处理方法可以绘制二项式产能曲线(图2-15)。

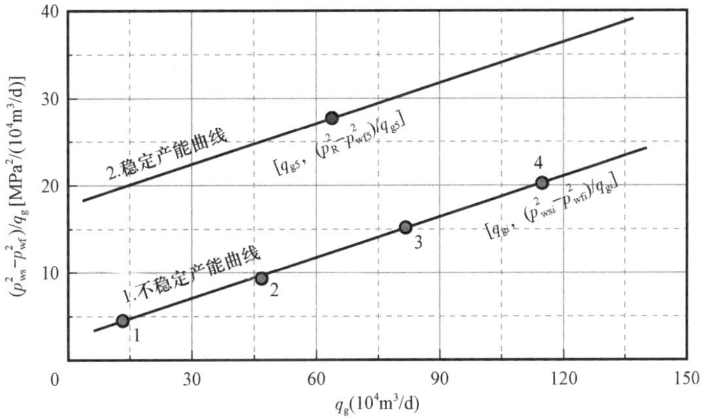

图2-15 修正等时试井二项式产能曲线

由稳定产能曲线得出产能方程,进而得到IPR曲线、无阻流量等,与回压试井或等时试井情形完全相同。

如同回压试井和等时试井情形一样,进行修正等时试井解释也常常使用拟压力。

实践已经证明了修正等时试井方法的有效性。它进一步缩短了生产时间,因而很受欢迎,得到了广泛的应用。

【例2-1】 图2-16、图2-17和图2-18分别是金凤2井的修正等时试井曲线、产能曲线和IPR曲线。解释得 $q_{AOF} = 5.3 \times 10^4 \text{m}^3/\text{d}$。

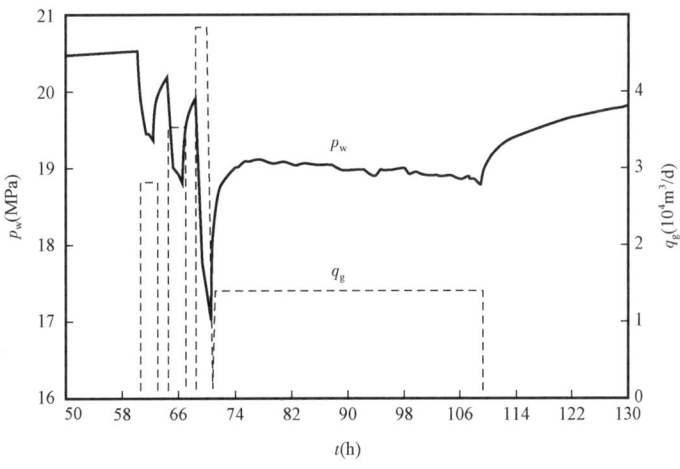

图2-16 金凤2井修正等时试井曲线

四、凝析油的折算处理

如果一口气井在测试过程中既产气又产凝析油,设气产量为 q_g,凝析油产量为 q_o,但这些凝析油在从气层流到井筒中时仍呈气相,只是在沿着井筒流出井口的过程中,由于压力和

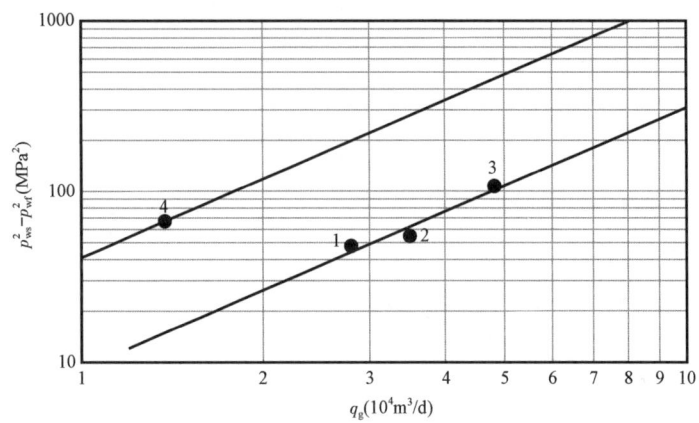

图 2-17 金凤 2 井修正等时试井产能曲线

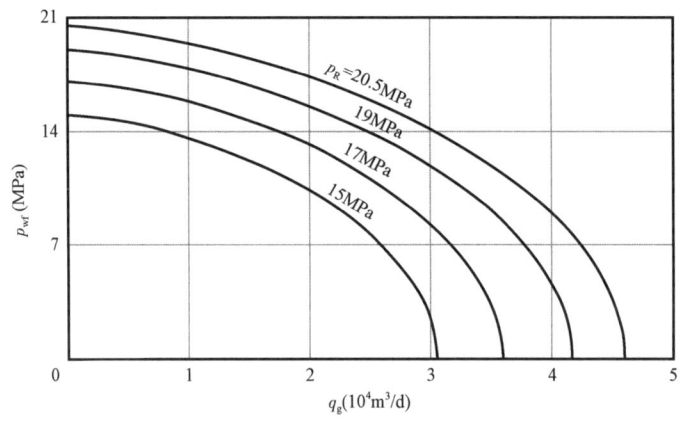

图 2-18 金凤 2 井 IPR 曲线

温度的降低,才凝析成油。在这种情形下,应仍按气体单相流动对待,只是不能只用其气产量 q_g 进行解释,而必须把凝析油产量 q_c 折算成气,得到折算气产量 q_{ge},和测得的气产量 q_g 相加,得到总产气量 q_t,再用于解释:

$$q_t = q_g + q_{ge}$$

如何把凝析油产量 q_c 折算成气产量 q_{ge} 呢?这里介绍一个简单易行的方法。

设凝析油的密度为 ρ_c(g/cm³),摩尔质量为 M_c。把日产凝析油量 q_c(m³)化作物质的量 n:

$$n = \frac{10^6 q_c \rho_c}{M_c}(\text{mol})$$

在标准状态($p=0.101\text{MPa}$,$T=20℃=293.15\text{K}$)下,1000mol 的气体的体积为 24.134m³,故 n mol 的凝析油在气态下的体积应为:

$$q_{ge} = 24134 \frac{\rho_c}{M_c} q_c (\text{m}^3) \tag{2-20}$$

这就是把凝析油折算成气的公式。式（2-20）说明：1m³的凝析油可折算成$\left(24134\dfrac{\rho_c}{M_c}\right)$m³的气。

曾有过这样的情形：一口凝析气井，当只用其气产量q_g进行解释时，指数式产能方程的指数$n>1$；而当加上折算气产量q_{ge}，用总产气量q_t进行解释时，n值就减小至正常范围了，可见凝析油的折算处理不可轻视。

五、用手工方法计算二项式产能方程和无阻流量

如前所述，如果气藏相当大，当测试井生产所引起的压力变化还没有波及边界时（准确地说，测试井生产在边界所引起的压力变化小得可以忽略不计时），气体的流动符合无限大均质气藏径向流动状态。此时压差和产量之间的关系如式（2-14）—式（2-16）所示：

$$p_R^2 - p_{wf}^2 = \frac{4.242 \times 10^4 \bar{\mu}_g \bar{Z} p_{SC} T_f}{T_{SC} Kh}\left(\lg\frac{Kt}{\phi\mu C_t r_w^2} - 2.0923 + 0.8686S\right)q_g + \frac{3.6846 \times 10^4 \bar{\mu}_g \bar{Z} p_{SC} T_f D}{T_{SC} Kh}q_g^2$$

(2-21)

即二项式产能方程［式（2-14）］中，有：

$$a = \frac{4.242 \times 10^4 \bar{\mu}_g \bar{Z} p_{SC} T_f}{T_{SC} Kh}\left(\lg\frac{Kt}{\phi\mu C_t r_w^2} - 2.0923 + 0.8686S\right)$$

$$b = \frac{3.6846 \times 10^4 \bar{\mu}_g \bar{Z} p_{SC} T_f D}{T_{SC} Kh}$$

如果能得到上面两式中的所有参数，则可用它们计算系数a和b，从而得出二项式产能方程。

由二项式产能方程求无阻流量的公式为式（2-18）和式（2-19）。

不难看出，无阻流量q_{AOF}随a值的增大而减小❶；而由式（2-15）知：a值随测试时间t的增加而呈对数方式增加，增加的速度逐步减小。所以测试必须延续一定的时间，否则所得到的无阻流量将偏大；而当测试延续足够长的时间t_p之后，a值随测试时间t的增加幅度会变得很小，用此时的t_p值算得的a值，就可比较准确地计算无阻流量了。

计算非达西流动系数D的数值，一般是通过式（2-13）求出（详见第十二章第二节），为此要求以不同产量进行多次试井，得到不同产量q_g下的拟表皮系数S_a，再在直角坐标系中画出S_a和q_g的关系曲线（图12-2），其直线段的斜率就是非达西流动系数D，而纵截距就是机械表皮系数S。若无法这样做，则可按照Ramey的建议，用以下方式计算：

---

❶ 要证明这一点，令$f(x) = \dfrac{-x + \sqrt{x^2 + 4b(p_R^2 - 0.101^2)}}{2b}$，只要证明$f(x)$是个减函数就行了。事实上，$\sqrt{x^2 + 4b(p_R^2 - 0.101^2)} > x$，$f'(x) = \dfrac{1}{2b}\left[\dfrac{x}{\sqrt{x^2 + 4b(p_R^2 - 0.101^2)}} - 1\right] < 0$，故$f(x)$是个减函数。

$$D = \frac{7.1774 \times 10^{-16} \beta K M p_{SC}}{h \mu_g(p_{wf}) r_w T_{SC}}$$

式中 D——非达西流动系数,$(m^3/d)^{-1}$;
β——湍流系数(由统计方法得出的经验系数,计算公式为 $\beta = 1.88 \times 10^{10} K^{-1.47} \phi^{-0.53}$);
K——气层的渗透率,mD;
M——气体的摩尔质量,$M = 28.96 \gamma_g$,g/mol 或 kg/kmol;
p_{SC}——标准状态的压力,$p_{SC} = 0.1013$MPa;
h——气层的厚度,m;
r_w——井的半径,m;
T_{SC}——标准状态的温度,$T_{SC} = 293.15$K;
$\mu_g(p_{wf})$——气体在流压 p_{wf} 下的黏度,mPa·s;
ϕ——气层的孔隙度。

将 p_{SC}、T_{SC} 和 M 的数值代入得:

$$D = \frac{7.183 \times 10^{-18} \beta K \gamma_g}{h \mu_g(p_{wf}) r_w}$$

再将 β 的表达式:

$$\beta = 1.88 \times 10^{10} K^{-1.47} \phi^{-0.53}$$

代入,最后得到:

$$D = 1.350 \times 10^{-7} \frac{\gamma_g}{K^{0.47} \phi^{0.53} h r_w \mu_g(p_{wf})} \tag{2-22}$$

但 Ramey 指出:这样算得的非达西流动系数具有相当大的误差。

六、一点法试井及其适用性和局限性

一口已经通过上述方法得到产能方程的井,经过一段时间的开采之后,其产能很可能发生了变化。为了进行检验,可以只测取一个稳定产量和相应的稳定流压,据此对其产能方程做出必要的修正。

如果一个气田或气区,在一批为数相当多的探井中进行了产能试井,取得了一大批产能资料,即产量及其相应稳定流动压力的数据,而且通过回归,找到了无阻流量与它们之间关系的统计规律,即经验公式,则此后该气田或气区的新气井测试时,可以只测量一个稳定产量以及相应的稳定流动压力(一个产能点),再由该经验公式估算出其无阻流量。

这种产能试井方法叫作一点法试井或单点法试井。

一般的一点法无阻流量公式都以 q_g 和 $\frac{p_{wf}}{p_R}$ 作为变量,其中 q_g 是稳定产量,$\frac{p_{wf}}{p_R}$ 是无量纲压力(p_{wf} 是稳定流动压力,p_R 是地层压力)。下面是我国一些气田的无阻流量计算公式:

青海涩北气田

$$q_{\text{AOF}} = 1.004 q_{\text{g}} \left[1 - \left(\frac{p_{\text{wf}}}{p_{\text{R}}}\right)^2\right]^{-0.7426} = 1.004 q_{\text{g}} \left(\frac{p_{\text{R}}^2 - p_{\text{wf}}^2}{p_{\text{R}}^2}\right)^{-0.7426} \quad (2-23)$$

青海台南气田

$$q_{\text{AOF}} = 1.0007 q_{\text{g}} \left[1 - \left(\frac{p_{\text{wf}}}{p_{\text{R}}}\right)^2\right]^{-0.6418} = 1.004 q_{\text{g}} \left(\frac{p_{\text{R}}^2 - p_{\text{wf}}^2}{p_{\text{R}}^2}\right)^{-0.6418} \quad (2-24)$$

长庆靖边气田

$$q_{\text{AOF}} = \frac{q_{\text{g}}}{0.007564 + 1.2565 \sqrt{0.9816 - \frac{p_{\text{wf}}}{p_{\text{R}}}}} \quad (2-25)$$

长庆油田上古生界地层

$$q_{\text{AOF}} = \frac{q_{\text{g}}}{1.1613 \sqrt{1.0225 - \left(\frac{p_{\text{wf}}}{p_{\text{R}}}\right)^2} - 0.1743} \quad (2-26)$$

南海崖 13-1 气田

$$q_{\text{AOF}} = \frac{3.6085 q_{\text{g}}}{\sqrt{1 + 20.2385 \left[1 - \left(\frac{p_{\text{wf}}}{p_{\text{R}}}\right)^2\right]} - 1} = \frac{3.6085 q_{\text{g}}}{\sqrt{1 + 20.2385 \left(\frac{p_{\text{R}}^2 - p_{\text{wf}}^2}{p_{\text{R}}^2}\right)} - 1} \quad (2-27)$$

还有被认为比较普遍适用的公式:

$$q_{\text{AOF}} = q_{\text{g}} \left[1 - \left(\frac{p_{\text{wf}}}{p_{\text{R}}}\right)^2\right]^{-0.6594} = q_{\text{g}} \left(\frac{p_{\text{R}}^2 - p_{\text{wf}}^2}{p_{\text{R}}^2}\right)^{-0.6594} \quad (2-28)$$

$$q_{\text{AOF}} = \frac{6 q_{\text{g}}}{\sqrt{1 + 48 \left[1 - \left(\frac{p_{\text{wf}}}{p_{\text{R}}}\right)^2\right]} - 1} = \frac{6 q_{\text{g}}}{\sqrt{1 + 48 \left(\frac{p_{\text{R}}^2 - p_{\text{wf}}^2}{p_{\text{R}}^2}\right)} - 1} \quad (2-29)$$

国外专家根据国外气田资料推导的公式:

$$q_{\text{AOF}} = \frac{0.8 q_{\text{g}}}{1 - 5^{\frac{p_{\text{wf}}}{p_{\text{R}}} - 1}}$$

或

$$q_{\text{AOF}} = \frac{0.8 q_{\text{g}}}{1 - 5^{\frac{m(p_{\text{wf}})}{m(p_{\text{R}})} - 1}}$$

一点法试井只需测量一个稳定流动压力以及相应的稳定产量,即一个产能点,既省时又省气,在一定条件下可以考虑使用。但是,一般来说,一点法的计算结果会有较大的误差。

事实上,上述一点法无阻流量公式[式(2-23)、式(2-24)和式(2-25)]属指数式产能方程,而式(2-27)和式(2-29)则属二项式产能方程。就指数式一点法产能方程而言,其实质就是找出所研究地区产能方程的指数的平均值,并以此作为以后该地区所有测试井(层)的产能方程的指数。以式(2-28)为例,可将其改写成指数式产能方程的形式:

$$q_g = \frac{q_{AOF}}{p_R^{1.3188}}(p_R^2 - p_{wf}^2)^{0.6594} \qquad (2-30)$$

这就是说:对所有一点法测试井(层)的指数式产能方程,其指数 n 通通固定在同一数值:

$$n = 0.6594 \qquad (2-31)$$

而其系数 C 值则表示为:

$$C = \frac{q_{AOF}}{p_R^{1.3188}} \qquad (2-32)$$

就二项式一点法产能方程来说,以式(2-29)为例,它可改写成:

$$p_R^2 - p_{wf}^2 = \frac{p_R^2}{4q_{AOF}}q_g + \frac{3p_R^2}{4q_{AOF}^2}q_g^2 \qquad (2-33)$$

这就是说:对所有一点法测试井(层)的二项式产能方程,其系数 a 值和 b 值用地层压力 p_R 和无阻流量 q_{AOF} 表示为:

$$a = \frac{p_R^2}{4q_{AOF}} \qquad (2-34)$$

$$b = \frac{3p_R^2}{4q_{AOF}^2} \qquad (2-35)$$

显然它们之间的关系为:

$$bq_{AOF} = 3a \qquad (2-36)$$

或

$$\frac{a}{a + bq_{AOF}} = 0.25 \qquad (2-37)$$

一般来说,不同的测试井(层)具有不同的流动状态,即其指数式产能曲线的斜率各不相同,或其产能方程的指数值各不相同;对于不同的气田或气区,更是如此。可是,用一点法试井,却把测试井(层)的产能方程的指数固定在一个数值上,也就是假定所有的测试井(层)都具有相同的流动状态,或它们的产能曲线的斜率都相等;对于不同的测试井(层),其二项式产能曲线的斜率和截距各不相同,它们之间并不一定成立式(2-36)或式(2-37)所示的关系。因此,一点法无阻流量只可能是一种大致的估算,并不可能精确地反映真实情况。这就是一点法试井产生较大误差的原因。

七、经校正的一点法试井

如上所述:如果在一个气田或气区已经取得了足够多的资料,得到了有代表性的一点法无阻流量公式,后来完成的气井使用一点法试井,其计算结果具有较高的准确度;即使是新探区的井,如果因为某些原因,实在无法取得产能资料,也可以借以估算其无阻流量,从而大体上粗略地了解其产能。但是,基于各种原因,一点法试井不能滥用。在新探区,应尽可能在一批新井中取得正规的产能试井资料。如果条件实在不具备,非得进行一点法试井求取无阻流量不可,例如测试层渗透性很差,勉强测得一个产能点的资料之后,再也无法测到其他点的资料,此时不得不用一点法。在此情况下,一定要选用比较符合该井或该井所在地区实际的一点法公式,一定要取得具有代表性的资料,包括选用适当的产量(即合适的气嘴,或合理的生产压差)、稳定生产足够长的时间、测得稳定的流压数据,以尽可能减小计算误差。一个值得推荐的做法是:在新气区或气田的一口或几口井上进行产能试井,用这些实测资料对某个一点法公式进行校正;然后在其他井只进行一点法试井,用校正过的一点法公式计算无阻流量。例如,假定在一个新区的 3 口井进行了回压产能试井,所得到的资料、由这些资料得到的无阻流量和用一点法无阻流量公式[式(2-28)]计算的无阻流量列于表 2-1 中。

表 2-1 一点法公式校正系数计算表

地层压力 (MPa)	稳定流压 (MPa)	产量 ($10^4 m^3/d$)	由回压试井 所得无阻流量 ($10^4 m^3/d$)	由一点法公式[式(2-28)] 计算的无阻流量 ($10^4 m^3/d$)	校正系数 (实测数据计算值/ 一点法公式计算值)
(1)	(2)	(3)	(4)	(5)	(6) = (4) ÷ (5)
30.50	29.1	19.20	76.48	94.15	0.8123
35.80	28.4	54.73	90.66	105.30	0.8610
36.54	31.5	45.77	89.54	112.16	0.7984

于是可以考虑在式(2-28)中增加一个校正系数 $\frac{0.8123 + 0.8610 + 0.7984}{3} = 0.8239$,得:

$$q_{AOF} = 0.8239 q_g \left(\frac{p_R^2 - p_{wf}^2}{p_R^2} \right)^{-0.6594} \tag{2-38}$$

把式(2-38)作为这个新区的经校正的一点法公式。

第三章
不稳定试井常规解释方法

试井解释是渗流理论的延伸和具体应用。本章首先介绍原油在均质油藏中的不稳定渗流理论,然后以此为基础介绍半对数常规试井解释方法和一些重要的基本概念。

第一节 不稳定试井解释的理论基础

不稳定试井解释建立在一整套理论之上,要涉及许多相当复杂的数学问题。本章仅对其中最简单、最重要的情形,详细地、一步一步地讨论试井基本微分方程的推导及其解,供读者学习时参考。了解和掌握本章的内容,无疑会对深入领会和掌握试井解释的方法起到很好的作用,所以希望读者能下决心读懂它。但如果数学基础较差,一时又无法补上,以致阅读本章的理论推导很困难,也可以先承认所推出的结论,跳过本节,直接进入本章第二节,学习试井解释的基本公式和具体方法。

一、基本微分方程

试井解释基础理论的基本微分方程,就是流体在多孔介质中渗流的数学描述。

深入讨论试井理论基础,要用到油层物理的许多重要概念,诸如多孔介质、渗流、地层的渗透率、孔隙度、有效厚度、孔隙体积压缩系数、地层体积系数和压缩系数、流体的黏度、饱和度等等。若了解不够深刻,建议再仔细复习领会,一定要把它们弄个一清二楚。

所谓"多孔介质",指的是这样一种固体:其内部含有大量任意分布的、彼此连通或互不连通的、形状各异、大小不一的孔隙。而"渗流"或"渗滤"就是流体(油、气、水或它们的混合物)在多孔介质中的流动。我们经常考虑的是流体由储层流向井眼(采出),或由井眼流入储层(注入)。

描述流体在多孔介质中渗流的基本微分方程是由以下三个基本定律推导出来的:

(1)达西定律(Darcy's Law);

(2)状态方程(the Equation of State);

(3)连续性方程(the Continuity Equation)。

在本节推导基本微分方程及其解时,为了简便起见,我们运用基本物理单位,其符号意义和单位如下:

v——渗流速度,即单位时间内通过单位横截面积的流体体积,$cm^3/(s \cdot cm^2)$;

q——井的流量(即产量),cm^3/s;

S——横截面积,cm^2;

p——距离井 r(cm)远处、在时刻 t(s)的压力,$p = p(r, t)$,atm;

p_i——原始地层压力,atm;

$p_{wf}(t)$——在时刻 t(s)的井底流动压力,atm;

l——(直线)距离,cm;

L——长度,cm;

K——地层的渗透率,D;

μ——流体的黏度,cP;

r——离井的(径向)距离,cm;

r_w——井的半径,cm;

h——地层的有效厚度,cm;

C——压缩系数,atm^{-1};

C_t——地层及其中流体的综合压缩系数,atm^{-1};

C_f, C_o, C_w, C_g——岩石孔隙体积、油、水和气的压缩系数,atm^{-1};

S_o, S_w, S_g——地层的含油饱和度、含水饱和度和含气饱和度;

V——体积,cm^3;

m——流体的质量,g;

ρ——流体的密度,g/cm^3;

θ——角度,rad;

ϕ——地层的孔隙度;

B——流体的体积系数,cm^3/cm^3;

$t, \Delta t$——时间,s;

S——表皮系数;

Δp_S——由于表皮效应造成的压力损失,atm。

1. 达西定律

达西定律是法国科学家达西(Darcy)在1856年通过实验发现的。它描述这么一个事实:当流体在均质多孔介质中渗滤时,在介质中任何地方,其渗流速度(单位时间内通过单位横截面积的流体体积)$v = \dfrac{q}{S}$ 与流动方向的压力梯度 $\dfrac{dp}{dl}$ 成正比,其比例系数为 $\dfrac{K}{\mu}$;式中 q 为流率,即单位时间内的体积流量,S 为渗流通过的多孔介质的横截面积,p 为压力,l 为距离,K 为孔隙介质的渗透率,它是孔隙介质通过流体能力大小的量度;μ 为介质中流动流体的黏度,是表征流体本身流动难易的物理量。比例系数 $\dfrac{K}{\mu}$ 称作流度,它反映了某种流体在某种多孔介质中渗流的难易程度,是一个很重要的物理量。下面分别叙述一维情形和二维情形(径向流动情形)的达西定律的数学表达式。

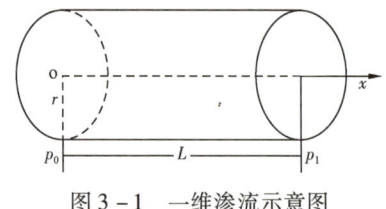

图 3-1 一维渗流示意图

(1)一维情形。假如流体流过一个截面半径为 r、长度为 L 的圆柱形均匀介质(图 3-1),达西定律表达为:

$$v = \frac{q}{S} = -a\frac{\mathrm{d}p}{\mathrm{d}x} = -\frac{K}{\mu}\frac{\mathrm{d}p}{\mathrm{d}x}$$

或

$$q = vS = -\frac{\pi r^2 K}{\mu}\frac{\mathrm{d}p}{\mathrm{d}x} = \frac{\pi r^2 K(p_0 - p_1)}{\mu L}$$

因为在此情形,渗流面积(介质的横截面积)为 $S = \pi r^2$。式中的负号表示流体流动的方向与压力梯度的方向相反。

(2)径向流动的情形。这是最常用的一种情形。假定油层是均质和等厚的(图 3-2),一口井开井生产,则流动是径向的,流速、流量都是时间 t 和位置 r 的二元函数;r 为地层中一点到井轴(井筒的中心线)的距离,达西定律可写作:

$$v_r = \frac{q}{S} = -\frac{K}{\mu}\frac{\partial p}{\partial r} \quad (3-1)$$

或

$$q = v_r S = \frac{2\pi r h K}{\mu}\frac{\mathrm{d}p}{\mathrm{d}r} \quad (3-2)$$

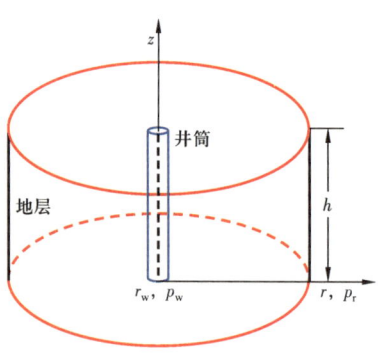

图 3-2 径向(二维)渗流示意图

或对式(3-2)积分:

$$q = \frac{2\pi K h(p_r - p_w)}{\mu \ln \dfrac{r}{r_w}}$$

因为此时渗流的面积 $S = 2\pi r h$(图 3-2),其中 r_w 是井的半径,简称井径。

2. 状态方程

状态方程说明物质的密度 ρ 与其压力 p 和温度 T 的关系。流体在油藏中的渗流可以看作是在等温条件下进行的,因此状态方程只需说明流体密度 ρ 和它所受压力 p 的关系。

我们知道:具有弹性的物质的压缩系数 C 是这样定义的:

$$C = -\frac{1}{V}\frac{\partial V}{\partial p} \quad (3-3)$$

而物质的密度 ρ 的定义是:

$$\rho = \frac{m}{V} \quad (3-4)$$

式中 V——物质的体积;

m——物质的质量;

p——物质所受的压力。

就是说:压缩系数 C 是当压力改变 1 个单位时,物质的体积变化占其原体积的几分之几。

由式(3-4)可得:

$$V = \frac{m}{\rho}$$

$$\frac{\partial V}{\partial \rho} = -\frac{m}{\rho^2}$$

故由式(3-3)有:

$$C = -\frac{1}{V}\frac{\partial V}{\partial p} = -\frac{1}{V}\frac{\partial V}{\partial \rho}\frac{\mathrm{d}\rho}{\mathrm{d}p} = -\frac{\rho}{m}\left(-\frac{m}{\rho^2}\right)\frac{\partial \rho}{\partial p} = \frac{1}{\rho}\frac{\partial \rho}{\partial p}$$

$$C\partial p = \frac{1}{\rho}\partial \rho \tag{3-5}$$

对于弱可压缩液体,可以认为其压缩系数 C 是常数。于是对式(3-5)积分得:

$$\int_{p_0}^{p} C\mathrm{d}p = \int_{\rho_0}^{\rho} \frac{1}{\rho}\mathrm{d}\rho$$

$$C(p - p_0) = \ln\rho - \ln\rho_0 = \ln\frac{\rho}{\rho_0}$$

$$\rho = \rho_0 \mathrm{e}^{C(p-p_0)} \tag{3-6}$$

式中的 ρ_0 是 ρ 在 $p = p_0$ 时的数值:

$$\rho_0 = \rho \mid_{p = p_0}$$

式(3-6)就是液体的状态方程。

我们所考虑的是油在油藏中的渗流。在考虑油在油藏中渗流过程中受到压缩性的影响时,除了考虑油本身的压缩性之外,还应当考虑岩石的、孔隙中其他流体(如水和气)的压缩性。所以我们使用的压缩系数应该是包含了岩石及其中所有各占一定份额(用"饱和度"表示)的流体的压缩系数,即所谓综合弹性压缩系数(或简称综合压缩系数),又称为总压缩系数(Total Compressibility),用 C_t 表示:

$$C_\mathrm{t} = C_\mathrm{f} + S_\mathrm{o}C_\mathrm{o} + S_\mathrm{w}C_\mathrm{w} + S_\mathrm{g}C_\mathrm{g} \tag{3-7}$$

式中:S_o,S_g 和 S_w 分别为含油饱和度、含气饱和度、含水饱和度;C_f,C_o,C_w,C_g 分别为岩石孔隙、原油、地层水、天然气的压缩系数,MPa^{-1}。

3. 连续性方程

连续性方程的实质就是物质守恒定律或物质不灭定律(Conservation Principle)。即任何物质既不能凭空产生,也不会凭空消失,物质只能运动、转化或变换;物质在运动过程中,其质量既不能减少,也不能增加,始终保持恒定。

在我们所考虑的液体在多孔介质中流动的情形,连续性方程就是:在没有"源"和"汇"的均匀孔隙介质的任何一个单元中,有:

流入该单元的液体总量 − 流出该单元的液体总量 = 该单元内液体的增量

在液体径向流情形,在孔隙介质的任何一个单元中(图3−3),单元外壁的面积 S_o 为:

$$S_o = \frac{2\pi(r + \Delta r)\theta h}{2\pi} = (r + \Delta r)\theta h \qquad (3-8)$$

单元内壁的面积 S_i 为:

$$S_i = \frac{2\pi r\theta h}{2\pi} = r\theta h \qquad (3-9)$$

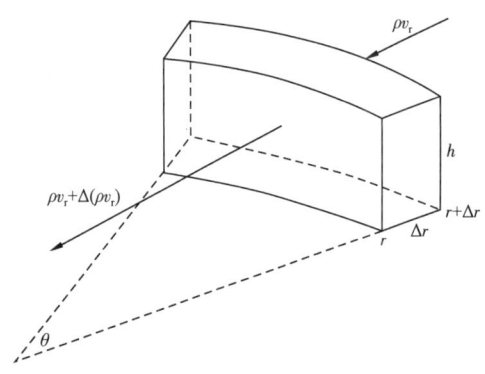

图3−3 推导径向流情形连续性方程的体积单元示意图

假定流入单元的径向渗滤体积速度为 v_r,那么流入单元的径向渗滤质量速度应为 $(v_r\rho)$;又假定渗滤质量速度的增量为 $\Delta(v_r\rho)$,则流出单元的径向渗滤质量速度为 $v_r\rho + \Delta(v_r\rho)$。

由式(3−2)和式(3−8),在时间 Δt 内,流入单元的液体质量应为:

$$-(r + \Delta r)\theta h v_r\rho\Delta t$$

同样,由式(3−2)和式(3−9),从单元流出的液体质量应为:

$$-r\theta h[v_r\rho + \Delta(v_r\rho)]\Delta t$$

单元中液体质量的增量使得其中液体的密度 ρ 发生变化。事实上,单元的体积为:

$$\frac{\pi(r + \Delta r)^2\theta h}{2\pi} - \frac{\pi r^2\theta h}{2\pi} = \frac{\theta h}{2}[(r + \Delta r)^2 - r^2] \approx \theta h r\Delta r$$

所以其中的液体的质量为 $\theta h r\Delta r\phi\rho$。其中的液体的质量增量应为:

$$(\theta h r\Delta r\phi\rho)_{t+\Delta t} - (\theta h r\Delta r\phi\rho)_t$$

因此,由

流入液体质量 − 流出液体质量 = 液体的增量

便得到:

$$-(r + \Delta r)\theta h v_r\rho\Delta t - \{-r\theta h[v_r\rho + \Delta(v_r\rho)]\Delta t\}$$

$$= (\theta h r\Delta r\phi\rho)_{t+\Delta t} - (\theta h r\Delta r\phi\rho)_t$$

整理后,两边除以 $r\theta h\Delta r\Delta t$,得:

$$-\frac{v_r \rho}{r} + \frac{\Delta(v_r \rho)}{\Delta r} = \frac{\Delta(\phi \rho)}{\Delta t}$$

由于

$$\lim_{\Delta r \to 0} \frac{\Delta(v_r \rho)}{\Delta r} = -\frac{\partial(v_r \rho)}{\partial r}$$

$$\lim_{\Delta t \to 0} \frac{\Delta(\phi \rho)}{\Delta t} = \frac{\partial(\phi \rho)}{\partial t}$$

便得到偏微分方程：

$$\frac{v_r \rho}{r} + \frac{\partial(v_r \rho)}{\partial r} = -\frac{\partial(\phi \rho)}{\partial t}$$

即：

$$\frac{1}{r}\frac{\partial}{\partial r}(rv_r \rho) = -\frac{\partial(\phi \rho)}{\partial t} \tag{3-10}$$

这就是径向流动的连续性方程。

4. 基本微分方程的推导

首先对地层、流体和井做如下假设：

(1) 假设地层是水平、无限大、均质、等厚、各向同性的，其压缩系数很小且为常数，孔隙度为常数（即不随压力变化而变化）。

(2) 假设流体是单相、弱可压缩的，其压缩系数以及黏度也为常数；流动是水平的和等温的。

(3) 假设井是垂直的，完全钻穿产层。

(4) 假设压力梯度很小。

在前面推导径向流动情形的达西定律和状态方程时，已经用到了上述假设。

在这样的假设下，可以将径向流动情形下的达西定律和状态方程代入连续性方程式(3-10)，就可以推导出描述液体在孔隙介质中流动的基本微分方程。

首先将达西定律公式[式(3-1)]代入式(3-10)，得：

$$\frac{1}{r}\frac{\partial}{\partial r}\left[r\left(\frac{K}{\mu}\frac{\partial p}{\partial r}\right)\rho\right] = \frac{\partial(\phi \rho)}{\partial t}$$

由于 ϕ、μ 和 K 都是常数（基本假设），所以：

$$\frac{1}{r}\frac{K}{\mu}\frac{\partial}{\partial r}\left(r\rho\frac{\partial p}{\partial r}\right) = \phi\frac{\partial \rho}{\partial t}$$

$$\frac{1}{r}\left(\frac{\rho K}{\mu}\frac{\partial p}{\partial r} + \frac{rK}{\mu}\frac{\partial \rho}{\partial r}\frac{\partial p}{\partial r} + \frac{r\rho K}{\mu}\frac{\partial^2 p}{\partial r^2}\right) = \phi\frac{\partial \rho}{\partial t} \tag{3-11}$$

下一步是将液体的状态方程代入。由式(3-5)得到：

$$\partial\rho = C\rho\partial p \qquad (3-12)$$

$$\frac{\partial\rho}{\partial t} = C\rho\frac{\partial p}{\partial t} \qquad (3-13)$$

$$\frac{\partial\rho}{\partial r} = C\rho\frac{\partial p}{\partial r} \qquad (3-14)$$

把式(3-13)和式(3-14)代入式(3-11),注意到 C、ϕ、K 和 μ 都是常数的假定,故得:

$$\frac{1}{r}\left[\frac{\rho K}{\mu}\frac{\partial p}{\partial r} + \frac{rK}{\mu}\left(\rho C\frac{\partial p}{\partial r}\right)\frac{\partial p}{\partial r} + \frac{r\rho K}{\mu}\frac{\partial^2 p}{\partial r^2}\right] = \phi C\rho\frac{\partial p}{\partial t}$$

即:

$$\frac{1}{r}\frac{K}{\mu}\frac{\partial p}{\partial r} + \frac{KC}{\mu}\left(\frac{\partial p}{\partial r}\right)^2 + \frac{K}{\mu}\frac{\partial^2 p}{\partial r^2} = \phi C\frac{\partial p}{\partial t}$$

在我们考虑的情形,多孔介质和流体都是可压缩的,压缩系数 C 应为综合弹性压缩系数 C_t;将上式中压力梯度的平方项舍去,就得到试井解释的基本微分方程:

$$\frac{\partial^2 p}{\partial r^2} + \frac{1}{r}\frac{\partial p}{\partial r} = \frac{\phi\mu C_t}{K}\frac{\partial p}{\partial t} \qquad (3-15)$$

注意:式(3-15)并不能适用于多相流动。式(3-15)还可写成:

$$\frac{\partial^2 p}{\partial r^2} + \frac{1}{r}\frac{\partial p}{\partial r} = \frac{1}{\eta}\frac{\partial p}{\partial t} \qquad [3-16(a)]❶$$

其中

$$\eta = \frac{K}{\phi\mu C_t}$$

称为导压系数。导压系数是一个表征地层和流体传导压力难易程度的物理量。假定一口井以某一固定产量 q 开井生产,在离这口井一定距离(譬如说 1000m)的地方,压力下降到某一数值(譬如说 10^{-8} MPa)所需的时间,将因导压系数的不同而不同:导压系数越大,所需时间就越短;导压系数越小,所需时间就越长❷。

导压系数包含了两个因子:一个是流度 $\frac{K}{\mu}$;另一个是 ϕC_t,它被称为弹性储能系数,表征油(气)藏这种弹性孔隙介质靠其本身的弹性储存(或驱排)油(气)能力的大小。

二、弱可压缩且压缩系数为常数的液体在多孔介质中径向流动情形下基本微分方程的解

微分方程式(3-15)或式(3-16)描述了弱可压缩且压缩系数为常数的液体在多孔介

---

❶ 本书式号在当前页面只看见"a"式的,表示后文还有与此式有关的其他式子,标为"b"式,依此类推。

❷ 有人根据导压系数的量纲 $[L^2T^{-1}]$,把导压系数的物理意义理解为"压力在单位时间内传播的面积",这是不正确的。实际上,压力不是波,不存在"单位时间内传播多大面积"的问题。

质中的径向流动,或者说在此情形下,油藏中的压力分布 $p = p(r, t)$,即距离井 r(cm)远处 t(s)时刻的压力(atm)。假定在无限大均质油藏中有一口井,这口井在 $t = 0$(s)时刻开井,以恒定产量 q (cm³/s)生产;开井前整个油藏的地层压力相同,比如保持其原始地层压力 p_i。这些条件可以用下列初始条件和边界条件表示:

$$\begin{cases} p(t = 0) = p_i & (初始条件) \\ \left(r \dfrac{\partial p}{\partial r}\right)_{r = r_w} = \dfrac{q\mu B}{2\pi Kh} & (内边界条件) \\ p(r = \infty) = p_i & (外边界条件) \end{cases} \quad [3 - 17(a)]$$

事实上,内边界条件就是达西定律。由于 $r = r_w$ 为井的半径,相对于无限大地层,可将 r_w 近似看成 $r_w \approx 0$,从而使问题简化,此时求出的解称为点源解或线源解。于是内边界条件可写为:

$$\lim_{r \to 0} \left(r \frac{\partial p}{\partial r}\right) = \frac{q\mu B}{2\pi Kh}$$

解这个问题,有多种方法。这里介绍的是简明易懂的 Polubarinova - Kochina 方法。其解题思路或技巧是:设法把二阶偏微分方程变为二阶常微分方程,再把二阶常微分方程降阶,使求解变得相当容易。

第一步:把偏微分方程变为常微分方程。为此,进行 Boltzmann(波兹曼)变换,即令:

$$y = \frac{\phi \mu C_t r^2}{4Kt} = \frac{r^2}{4\eta t} \tag{3 - 18}$$

可得:

$$\frac{\partial y}{\partial r} = \frac{r}{2\eta t}$$

$$\frac{\partial y}{\partial t} = -\frac{r^2}{4\eta t^2}$$

$$\frac{\partial p}{\partial r} = \frac{\partial p}{\partial y} \frac{\partial y}{\partial r} = \frac{r}{2\eta t} \frac{\partial p}{\partial y}$$

$$\frac{\partial^2 p}{\partial r^2} = \frac{\partial}{\partial r}\left(\frac{r}{2\eta t} \frac{\partial p}{\partial y}\right) = \frac{1}{2\eta t} \frac{\partial p}{\partial y} + \frac{r}{2\eta t} \frac{\partial}{\partial y}\left(\frac{\partial p}{\partial y}\right) \frac{\partial y}{\partial r}$$

$$= \frac{1}{2\eta t} \frac{\partial p}{\partial y} + \frac{r}{2\eta t} \frac{r}{2\eta t} \frac{\partial^2 p}{\partial y^2}$$

$$= \frac{1}{2\eta t} \frac{\partial p}{\partial y} + \left(\frac{r}{2\eta t}\right)^2 \frac{\partial^2 p}{\partial y^2}$$

$$\frac{\partial p}{\partial t} = \frac{\partial p}{\partial y} \frac{\partial y}{\partial t} = -\frac{r^2}{4\eta t^2} \frac{\partial p}{\partial y}$$

把这些式子代入基本微分方程式(3-15),得到：

$$\frac{1}{2\eta t}\frac{\partial p}{\partial y} + \frac{r^2}{4\eta t}\frac{1}{\eta t}\frac{\partial^2 p}{\partial y^2} + \frac{1}{r}\frac{r}{2\eta t}\frac{\partial p}{\partial y} = \frac{1}{\eta}\left(-\frac{r^2}{4\eta t^2}\right)\frac{\partial p}{\partial y}$$

$$\frac{r^2}{4\eta t}\frac{1}{\eta t}\frac{\partial^2 p}{\partial y^2} + 2 \cdot \frac{1}{2\eta t}\frac{\partial p}{\partial y} + \frac{1}{\eta t}\frac{r^2}{4\eta t}\frac{\partial p}{\partial y} = 0$$

即 $\left(\text{注意}: y = \frac{r^2}{4\eta t}\right)$：

$$y\frac{d^2 p}{dy^2} + \frac{dp}{dy}(1+y) = 0 \tag{3-19}$$

式(3-19)是常微分方程。式(3-17)的三个定解条件可合并为二：

$$\left. \begin{array}{l} \lim\limits_{y\to\infty} p = p_i \\ \lim\limits_{y\to 0} 2y\frac{dp}{dy} = \frac{q\mu B}{2\pi Kh} \end{array} \right\} \tag{3-20}\tag{3-21}$$

第二步：把二阶微分方程式(3-19)降阶。为此，令：

$$p' = \frac{dp}{dy}$$

式(3-19)便变成：

$$y\frac{dp'}{dy} + (1+y)p' = 0 \tag{3-22}$$

上式中并不出现函数 p。在形式上，式(3-22)是 y 的未知函数 p' 的一阶常微分方程。

第三步：求解所得到的一阶常微分方程。用分离变量法积分：

$$y\frac{dp'}{dy} = -(1+y)p'$$

$$\frac{dp'}{p'} = \frac{-1-y}{y}dy$$

$$\int \frac{1}{p'}dp' = \int\left(-1 - \frac{1}{y}\right)dy$$

$$\ln p' = -y - \ln y + C$$

$$\ln(p'y) = -y + C$$

$$p' = \frac{e^{-y+C}}{y} = \frac{C_1 e^{-y}}{y} \tag{3-23}$$

式中 C, C_1——积分常数。

第四步：确定积分常数。由于

$$\lim_{y\to 0} 2y \frac{\mathrm{d}p}{\mathrm{d}y} = \frac{q\mu B}{2\pi Kh}$$

而

$$2y\frac{\mathrm{d}p}{\mathrm{d}y} = 2yp' = 2C_1 \mathrm{e}^{-y}$$

故：

$$\lim_{y\to 0} 2y \frac{\mathrm{d}p}{\mathrm{d}y} = \lim_{y\to 0} 2C_1 \mathrm{e}^{-y} = 2C_1 = \frac{q\mu B}{2\pi Kh}$$

$$C_1 = \frac{q\mu B}{4\pi Kh}$$

于是式(3-23)变为：

$$\frac{\mathrm{d}p}{\mathrm{d}y} = \frac{q\mu B}{4\pi Kh} \frac{\mathrm{e}^{-y}}{y}$$

积分得：

$$p = \frac{q\mu B}{4\pi Kh} \int_{y_0}^{y} \frac{\mathrm{e}^{-y}}{y} \mathrm{d}y + C_2 \tag{3-24}$$

y_0 可取任意数值。由于定解条件式(3-20)，我们选 $y_0 = \infty$，可得：

$$p = \frac{q\mu B}{4\pi Kh} \int_{\infty}^{y} \frac{\mathrm{e}^{-y}}{y} \mathrm{d}y + C_2$$

或

$$p = -\frac{q\mu B}{4\pi Kh} \int_{y}^{\infty} \frac{\mathrm{e}^{-u}}{u} \mathrm{d}u + C_2 = \frac{q\mu B}{4\pi Kh} \mathrm{Ei}(-y) + C_2 \tag{3-25}$$

式中 Ei(-y) 是指数积分函数 (Exponential Integral Function)：

$$\mathrm{Ei}(-y) = -\int_{y}^{\infty} \frac{\mathrm{e}^{-u}}{u} \mathrm{d}u \quad (y > 0)$$

由式(3-20)

$$\lim_{y\to\infty} p = p_\mathrm{i}$$

可得：

$$\lim_{y\to\infty} p = \lim_{y\to\infty} \left(-\frac{q\mu B}{4\pi Kh} \int_{y}^{\infty} \frac{\mathrm{e}^{-u}}{u} \mathrm{d}u + C_2 \right) = C_2 = p_\mathrm{i}$$

把

$$C_2 = p_\mathrm{i}$$

和

$$y = \frac{\phi \mu C_t r^2}{4Kt}$$

代入式(3-25),最后得到:

$$p(r,t) = \frac{q\mu B}{4\pi Kh} \int_{\infty}^{y} \frac{e^{-y}}{y} dy + C_2 = p_i - \frac{q\mu B}{4\pi Kh} [-\text{Ei}(-y)]$$

即:

$$p(r,t) = p_i - \frac{q\mu B}{4\pi Kh}\left[-\text{Ei}\left(-\frac{\phi \mu C_t r^2}{4Kt}\right)\right] \tag{3-26}$$

这就是弱可压缩且压缩系数为常数的液体在多孔介质中径向流动情形下基本微分方程的幂积分解(Exponential Integral Solution),或者说在此情形下无限大均质油藏中的压力分布。

由式(3-26)可知,地层中的压力 p 是离井的距离 r 和时间 t 的函数。在离井的径向距离相同的地方,在同一时刻,压力的数值相等。因此,在地层中任何一个与井筒相垂直的平面上,任何一个以井轴为圆心的圆都是等压线,而其流线与等压线正交,则是指向井筒并向井筒汇集的直线。这表明:地层中的原油(或水)从井的四面八方沿水平面的半径方向流向井筒,如图3-4所示。这种流动称为平面径向流动。因为这是在地层是无限大的(当然还有地层是水平、均质、等厚、各向同性的等)假设条件下得出的解,所以还常称为无限作用径向流动(Infinite Acting Radial Flow,IARF),简称径向流。

人们很自然地会提出这么一个问题:世界上没有一个油田是无限大的,也没有一个油田是完全均质、等厚的;可是基本方程及其解是在多孔介质为无限大、均质、等厚以及其他一系列的假设下推导出来的,这些假设与实际情况有相当大的出入,所得到的结果能符合实际吗?

在一系列的假设条件下推导基本方程及其解是一种必要的近似,而且这种近似是合理的。油气田的大量生产实践和经验证明:由此所得到的结果,在一定的条件下,在相当精确的程度上,足以描述实际情况。但在某些情形,假设条件明显不符,则要考虑使用与之相适应的特殊模型,而这些特殊模型正是上述基本模型(基本方程及其解)的扩充。

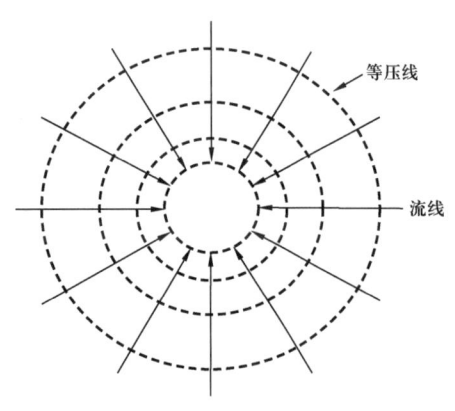

图3-4 径向流动示意图

下面对几个主要的假设加以简单的说明:

(1)关于无限大油藏的假设。事实上,在油藏中离井最近的一条边界的影响到达测试井之前,或者说得更严格一些:当油藏中离井最近的一条边界对测试井压力变化的影响还小到无法测出的流动阶段,测试井的井底压力变化与无限大油藏情形是一致的。但在外边界已经影响到测试井的压力变化之后,压力分布当然不会再遵从无限大油藏的规律,而会遵从另外的规律,而这些规律却也是由上述基本方程,附加上一些条件进一步推导出来的,本书后面的章节(第四章、第十一章等)中将会对此专门讨论。

(2)关于均质的假设。可以说,没有一个油藏是绝对均质的,例如渗透率,任何一个油藏的渗透率都不可能处处完全相同。但试井中均质油藏的意义是指油藏的流动系数 $\frac{Kh}{\mu}$ 和储能系数 $\phi C_t h$ 处处相同,或者说:整个油藏中 $\frac{Kh}{\mu}$ 和 $\phi C_t h$ 的变化非常小,小到试井无法加以区分,无法检测出来。这就是说,只要整个油藏中 $\frac{Kh}{\mu}$ 和 $\phi C_t h$ 的变化不大,就可以当作均质油藏对待;而通过解释得到的参数,则是测试影响范围内(与测试井距离小于调查半径的范围内)的参数的平均值,如渗透率就是测试影响范围内的渗透率的平均值。当然,如果 $\frac{Kh}{\mu}$ 或 $\phi C_t h$ 变化很大,比如在平面上形成了相差悬殊的两个甚至多个区域,均质的假设只能分别在两个或多个区域各自成立,而此时我们就需要采用其他的解释模型(如复合油藏模型)了,本书第十一章将会对此作专门讨论。

(3)关于"单层"的假设。实际测试常常是多层合试。如果同时测试若干层,而各层的物性大体一致或相差不大,测得的压力变化与单层很相似,把它们视为单层进行解释是可行的,所得结果也是可以接受的,但计算出的特征参数(如流动系数 $\frac{Kh}{\mu}$、地层系数 Kh 和渗透率 K 等)应是各层的总和。但如果各层的物性明显不同,则应当改用多层解释模型进行解释;事实上,就是单层测试,如果此层包含物性悬殊的若干部分,也得使用多层解释模型进行解释。本书第八章将会对此做专门讨论。

(4)关于流体为单相的假设。在典型的低饱和油藏中,当井底流动压力高于饱和压力时,这一假设是成立的。但当井底流压或地层压力(静压)低于饱和压力时,井底或地层中便会出现游离气,流体不再是单相,流动不再是单相流动。此时应当考虑运用多相流的模型进行解释。有人认为:当井底流饱压差值不超过饱和压力值的10%~15%时,仍可用单相流进行试井解释。虽然这样做并不会造成较大的误差,但最好还是运用多相流的模型进行解释。多相流的模型将在本书第十一章第二节专门讨论。

实际上,地质现象是很复杂的,地下地层情况千变万化。因此,在许多情况下,试井解释又必须结合其他研究成果,进行综合分析,以增加可靠性。而在处理更加复杂的地层情况(如各种非均质、双重介质、断层、油水界面等)和井况(如井筒储存、裂缝、部分射开等)时,则要修改方程和添加定解条件以相适应,从而得到各种各样的解释模型,因此,定解问题就复杂得多,求解也困难得多,甚至无法求得解析解,而只能用计算机求得数值解。近年来,迅速发展的数值试井就是解决此类问题的手段,详见本书第十四章。

第二节 常规试井解释方法——半对数分析法

从20世纪50年代至今,全世界石油试井界都使用半对数分析方法,这种半对数分析法被称作"常规试井解释方法"(Conventional Well Test Interpretation Methods)[❶]。

式(3-26)告诉我们:如果无限大均质油藏中的一口井,从 $t=0(\text{s})$ 时刻开井,以稳定产量 $q(\text{cm}^3/\text{d})$ 生产,则在油藏中任一离井 $r(\text{cm})$ 远处,在开井后 $t(\text{s})$ 时刻的压力 $p(\text{atm})$ 是距离 r 和时间 t 的函数:

$$p(r,t) = p_\text{i} - \frac{q\mu B}{4\pi Kh}\left[-\text{Ei}\left(-\frac{\phi\mu C_\text{t} r^2}{4Kt}\right)\right] \qquad [3-26(\text{a})]$$

式中的指数积分函数 $\text{Ei}(-x)$ 有如下近似公式:

$$\text{Ei}(-x) = -\frac{e^{-x}}{x}\frac{a_0+a_1 x+a_2 x^2+a_3 x^3+x^4}{b_0+b_1 x+b_2 x^2+b_3 x^3+x^4} \qquad (1 \leqslant x < \infty) \qquad (3-27)$$

其中

$$a_0 = 0.2677737343, b_0 = 3.9584969228$$

$$a_1 = 8.6347608925, b_1 = 21.0996530827$$

$$a_2 = 18.0590169730, b_2 = 25.6329561486$$

$$a_3 = 8.5733287401, b_3 = 9.5733223454$$

当 $0<x<1$ 时,还具有如下用对数加上一个五次多项式表示的近似表达式:

$$\text{Ei}(-x) = \ln x + 0.57721566 - 0.99999193 x + 0.24991055 x^2$$
$$- 0.05519968 x^3 + 0.00976004 x^4 - 0.00107857 x^5 \qquad (3-28)$$

而当 $x<0.01$ 时,只取其前两项就已经足够精确了:

$$\text{Ei}(-x) \approx \ln x + 0.5772 \approx \ln(1.781 x) \qquad (3-29)$$

近似式(3-29)非常有用。事实上,就是靠这个式子,把指数积分函数转化为半对数公式,从而导出半对数分析法。

一、压力降落分析

我们最关心的是测试井的井底压力,即 $r=r_\text{w}$(井筒半径)处的压力,即井底压力 p_w。因为 r 已经固定,所以井底压力 $p_\text{w}(t)=p(r_\text{w},t)$ 成为时间 t 的(一元)函数;在开井生产情形,它是流动压力,以 p_wf 表示,由式(3-26)可得:

[❶] 目前使用的现代试井解释方法已经成为新的"常规"方法,但"常规试井解释方法"常常仍指半对数分析法。

$$p_{wf}(t) = p(r_w,t) = p_i + \frac{q\mu B}{4\pi Kh}\text{Ei}\left(-\frac{\phi\mu C_t r_w^2}{4Kt}\right) \tag{3-30}$$

用近似式(3-29)替换式(3-30)中的指数积分函数,即得:

$$p_{wf}(t) = p_i - \frac{q\mu B}{4\pi Kh}\left(\ln\frac{Kt}{\phi\mu C_t r_w^2} + 0.80907\right) \tag{3-31}$$

再把自然对数换作常用对数,得:

$$p_{wf}(t) = p_i - \frac{q\mu B}{4\pi Kh}\left(2.303\lg\frac{Kt}{\phi\mu C_t r_w^2} + 0.80907\right) \tag{3-32}$$

如果考虑表皮效应(其意义见本章第五节),在式(3-32)中添加上一个由它所造成的附加压力损失 Δp_S:

$$\Delta p_S = \frac{q\mu B}{2\pi Kh}S \tag{3-33}$$

则得到压力降落公式:

$$p_{wf}(t) = p_i - \frac{q\mu B}{4\pi Kh}\left(\ln\frac{Kt}{\phi\mu C_t r_w^2} + 0.80907 + 2S\right) \tag{3-34(a)}$$

或

$$p_{wf}(t) = p_i - \frac{q\mu B}{4\pi Kh}\left(2.303\lg\frac{Kt}{\phi\mu C_t r_w^2} + 0.80907 + 2S\right) \tag{3-34(b)}$$

在上文中,我们一直使用基本物理单位。从现在开始,为了实用起见,除了特别说明的情形之外,我们改用法定单位制,所用符号的意义和单位如下(详见附录Ⅲ):

q——井的流量(产量),m^3/d;
p——距离井 r(m)处在时刻 t(h)的压力,MPa;
p_i——原始地层压力,MPa;
$p_{wf}(t)$——在时刻 t(h)的井底流动压力,MPa;
K——地层的渗透率,mD;
μ——流体的黏度,mPa·s;
r_w——井径,m;
h——地层的厚度,m;
C_t——地层及其中流体的综合压缩系数,MPa^{-1};
ϕ——地层的孔隙度;
B——流体的体积系数;
t——时间,h;
t_p——生产时间,h;
S——表皮系数。

在法定单位制下,式(3-30)和式(3-34b)分别变为:

$$p_{wf}(t) = p_i + \frac{0.9210q\mu B}{Kh}\text{Ei}\left(-\frac{r_w^2}{0.0144\eta t}\right) = p_i + \frac{0.9210q\mu B}{Kh}\text{Ei}\left(-\frac{\phi \mu C_t r_w^2}{0.0144Kt}\right)$$

(3-35)

$$p_{wf}(t) = p_i - \frac{2.121q\mu B}{Kh}\left(\lg\frac{Kt}{\phi\mu C_t r_w^2} - 2.0923 + 0.8686S\right)❶$$ 　[3-36(a)]

或

$$p_{wf}(t) = -\frac{2.121q\mu B}{Kh}\lg t + \left[p_i - \frac{2.121q\mu B}{Kh}\left(\frac{K}{\phi\mu C_t r_w^2} - 2.0923 + 0.8686S\right)\right]$$

[3-36(b)]

如果在直角坐标系上画出井底流动压力 $p_{wf}(t)$ 与开井生产时间 t 的对数 $\lg t$ 的关系曲线,或在半对数坐标系上画出 $p_{wf}(t)$ 与 t 的关系曲线(t 在对数坐标上),就得到压力降落曲线或简称压降曲线[图3-5(a)];显然它应该是一条直线,而且这条直线的斜率是(只考虑其数值而不考虑其符号,换句话说取其绝对值):

$$m = \frac{2.121q\mu B}{Kh}$$

(3-37)

量出直线的斜率 m 后,流动系数 $\frac{Kh}{\mu}$、流度 $\frac{K}{\mu}$、地层系数 Kh、渗透率 K 和表皮系数 S 便可计算出来:

$$\frac{Kh}{\mu} = \frac{2.121qB}{m}$$

(3-38)

$$\frac{K}{\mu} = \frac{2.121qB}{mh}$$

(3-39)

$$Kh = \frac{2.121q\mu B}{m}$$

(3-40)

$$K = \frac{2.121q\mu B}{mh}$$

(3-41)

---

❶ 式(3-36a)本应为(见附录Ⅱ)

$$p_{wf}(t) = p_i - \frac{2.1489q\mu B}{Kh}\left(\lg\frac{Kt}{\phi\mu C_t r_w^2} - 2.0977 + 0.8686S\right)$$

(3-36b)

但因渗透率的法定单位曾规定为 μm^2,此时本式写作

$$p_{wf}(t) = p_i - \frac{2.121\times 10^{-3}q\mu B}{Kh}\left(\lg\frac{Kt}{\phi\mu C_t r_w^2} + 0.9077 + 0.8686S\right)$$

(3-36c)

然后又按 SY/T 6580—2004《石油天然气勘探开发常用量和单位》的规定,渗透率的单位改用 mD,并用近似式 1mD = $0.001\mu m^2$,便由上式导出了近似公式(3-36)。此近似公式已广泛使用,本书不做变更。因此,本书中的渗透率的单位事实上是 $10^{-3}\mu m^2$,并近似地认为 $10^{-3}\mu m^2 = 1.01325\text{mD} \approx 1\text{mD}$。

$$S = 1.1513\left[\frac{p_i - p_{wf}(t_0)}{m} - \lg\frac{Kt_0}{\phi\mu C_t r_w^2} + 2.0923\right] \qquad [3-42(a)]$$

式[3-42(a)]中 $p_{wf}(t_0)$ 是 t_0 时刻所对应的压力值，它必须在半对数直线段或其延长线上取值。时间 t_0 可以是半对数直线段或其延长线上任何一点所对应的时间；但为了简单起见，常取 $t_0 = 1h$，于是式[3-42(a)]变成：

$$S = 1.1513\left[\frac{p_i - p_{wf}(1h)}{m} - \lg\frac{K}{\phi\mu C_t r_w^2} + 2.0923\right] \qquad [3-42(b)]$$

但必须指出：并不是一定要取 $t_0 = 1h$，这样做只不过是为了使计算稍为简单一点而已（对数的真数中因 $t_0 = 1$ 而省去了乘以 t_0）。

由于井筒储集和表皮效应的原因，压降曲线早期会偏离半对数直线[图3-5(a)]，详见本章第五节。

通过绘制压降曲线，量出其斜率，计算上述各个参数，这就是所谓压降分析。

采用半对数坐标系绘制压降曲线，除了在此坐标系中，径向流动阶段成一直线之外，还有一个优越之处。一开井，压力就马上开始迅速下降，在短时间里，压降的速度非常快，然后逐步减慢，而且越来越慢；若在普通直角坐标系里绘制压降曲线，根本显示不出其早期变化的详情和所隐含的信息，如图3-5(b)直角坐标系中的 $(10^{-3}, t_1)$ 时段，只见压力迅速降低，别无印象。而采用半对数坐标系，可大大放大早期的时间尺度，从而拉大早期压降数据之间的距离，图3-5(a)与图3-5(b)相对应的 $(\lg 0.001, \lg t_1)$ 时段，压力数据点的距离就放大了很多，清楚反映出井筒储集和表皮效应；同时压缩了晚期 (t_1, t_2) 时间段压降数据之间的距离，使其变化全貌一目了然。

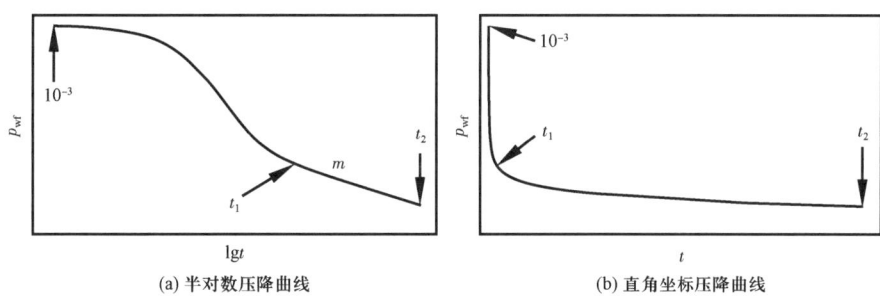

(a) 半对数压降曲线　　　　　　(b) 直角坐标压降曲线

图3-5　压降曲线

二、叠加原理

所谓叠加原理就是：如果某一定解问题由线性微分方程和线性定解条件组成，并且它可以分解成若干个定解问题，而这几个定解问题的微分方程和定解条件相应的线性组合，正好分别是原来的微分方程和定解条件，那么，这几个定解问题的解相应的线性组合就是原定解问题的解。举个最简单的例子：

定解问题

$$\begin{cases} \dfrac{\partial y}{\partial x} + \dfrac{\partial y}{\partial t} = 0 \\ y(t = 0) = x \\ y(x = 0) = -t \end{cases} \qquad (3-43)$$

可以分解为以下两个定解问题,即:

$$\begin{cases} \dfrac{\partial y_1}{\partial x} + \dfrac{\partial y_1}{\partial t} = 1 \\ y_1(t = 0) = x \\ y_1(x = 0) = 0 \end{cases} \qquad (3-44)$$

和

$$\begin{cases} \dfrac{\partial y_2}{\partial x} + \dfrac{\partial y_2}{\partial t} = -1 \\ y_2(t = 0) = 0 \\ y_2(x = 0) = -t \end{cases} \qquad (3-45)$$

容易验证:定解问题式(3-44)和式(3-45)的微分方程的线性组合为:

$$\left(\dfrac{\partial y_1}{\partial x} + \dfrac{\partial y_1}{\partial t}\right) + \left(\dfrac{\partial y_2}{\partial x} + \dfrac{\partial y_2}{\partial t}\right) = 1 + (-1) = 0$$

即:

$$\dfrac{\partial(y_1 + y_2)}{\partial x} + \dfrac{\partial(y_1 + y_2)}{\partial t} = 0$$

它们的定解条件的同一线性组合为:

$$y_1(t = 0) + y_2(t = 0) = (y_1 + y_2)_{t=0} = x + 0 = x$$

$$y_1(x = 0) + y_2(x = 0) = (y_1 + y_2)_{x=0} = 0 - t = -t$$

恰与定解问题式(3-43)完全一样。也很容易验证:

$$y_1 = x$$

和

$$y_2 = -t$$

分别是定解问题式(3-44)和式(3-45)的解。由叠加原理知:

$$y = y_1 + y_2 = x - t$$

就是定解问题式(3-43)的解。这一点在上面已经得到验证。

把叠加原理应用到试井解释中,就是:油藏中任何一个地方的压力变化,等于油藏中所有各井的产量变化在该处引起的压力变化的总和。应用叠加原理,可以得到多井情形和变产量情形(包括下面讨论的关井,即压力恢复情形)的各种压力变化公式。多井情形相当于平面上的叠加,变产量情形则相当于时间上的叠加。

三、压力恢复分析

实际上,我们最常进行的还是关井压力恢复测试,即测量关井后井底压力随时间的变化。这是因为在关井过程中产量恒为0,最为稳定。

假定一口井A以稳定产量q(m^3/d)生产了t_p(h)时间,然后关井进行压力恢复测试。我们想要知道关井后井底压力如何变化,即关井Δt(h)后[也就是在$(t_p + \Delta t)$时刻,$\Delta t > 0$]的井底压力。

下面应用叠加原理来推导压力恢复公式。把关井时刻的时间定为0,关井时间用Δt(h)表示[图3-6(a)]。显然,这时的定解问题是:

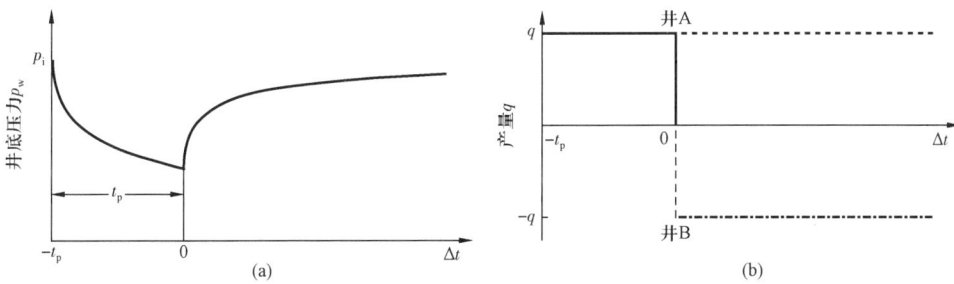

图3-6 压力恢复示意图

$$\begin{cases} \dfrac{\partial^2 p}{\partial r^2} + \dfrac{1}{r}\dfrac{\partial p}{\partial r} = \dfrac{10^3}{3.6\eta}\dfrac{\partial p}{\partial (\Delta t)} \\ p(\Delta t = -t_p) = p_i \\ p(r = \infty) = p_i \\ \left(r\dfrac{\partial p}{\partial r}\right)_{r=r_w} = \begin{cases} \dfrac{1.842q\mu B}{Kh} & (-t_p \leqslant \Delta t \leqslant 0) \\ 0 & (\Delta t > 0) \end{cases} \end{cases} \quad (3-46)$$

我们设想:

(1)井A在关井后继续以恒定产量q一直生产下去(设想井A并没有关闭)[图3-6(b)];

(2)有一口井B,它与井A同井眼,从井A关井时刻开始,以恒定的注入量q注入,或以恒定产量$-q$生产[图3-6(b)]。

那么,从井A关井的时刻开始,井A和井B的产量之代数和为$q + (-q) = 0$,即相当于

关井(图3-7)。这就是说,我们可以把定解问题式(3-46)分解为下面两个定解问题式(3-47)和式(3-48):

$$\begin{cases} \dfrac{\partial^2 p_1}{\partial r^2} + \dfrac{1}{r}\dfrac{\partial p_1}{\partial r} = \dfrac{10^3}{3.6\eta}\dfrac{\partial p_1}{\partial(\Delta t)} \\ p_1(\Delta t = -t_p) = p_i \\ p_1(r = \infty) = p_i \\ \left(r\dfrac{\partial p_1}{\partial r}\right)_{r=r_w} = \dfrac{1.842q\mu B}{Kh} \end{cases} \quad (\Delta t > -t_p) \quad (3-47)$$

和

$$\begin{cases} \dfrac{\partial^2 p_2}{\partial r^2} + \dfrac{1}{r}\dfrac{\partial p_2}{\partial r} = \dfrac{10^3}{3.6\eta}\dfrac{\partial p_2}{\partial(\Delta t)} \\ p_2(\Delta t = 0) = 0 \\ p_2(r = \infty) = 0 \\ \left(r\dfrac{\partial p}{\partial r}\right)_{r=r_w} = -\dfrac{1.842q\mu B}{Kh} \end{cases} \quad (\Delta t > 0) \quad (3-48)$$

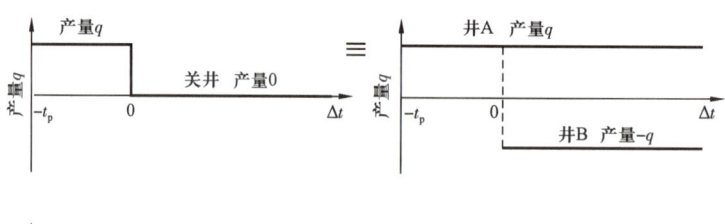

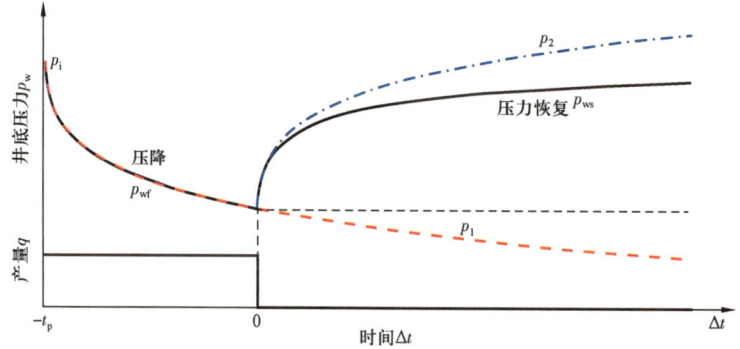

图3-7 叠加原理示意图

由前述可知,定解问题式(3-47)的解为:

$$p_1(\Delta t) = p_i + \dfrac{0.9210 q\mu B}{Kh}\text{Ei}\left[-\dfrac{r_w^2}{0.0144\eta(t_p + \Delta t)}\right] \quad (\text{井 A})$$

而定解问题式(3-48)的解为：

$$p_2(\Delta t) = \frac{0.9210(-q)\mu B}{Kh}\text{Ei}\left(-\frac{r_w^2}{0.0144\eta\Delta t}\right) \qquad (\text{井 B})$$

故定解问题式(3-46)的解应为(用 p_{ws} 表示井底关井压力)：

$$p_{ws}(\Delta t) = p_1 + p_2 = p_i + \frac{0.9210q\mu B}{Kh}\left\{\text{Ei}\left[-\frac{r_w^2}{0.0144\eta(t_p+\Delta t)}\right] - \text{Ei}\left(-\frac{r_w^2}{0.0144\eta\Delta t}\right)\right\}$$

(3-49)

或

$$\Delta p = p_i - p_{ws}(\Delta t) = \frac{0.9210q\mu B}{Kh}\left\{-\text{Ei}\left[-\frac{r_w^2}{0.0144\eta(t_p+\Delta t)}\right] + \text{Ei}\left(-\frac{r_w^2}{0.0144\eta\Delta t}\right)\right\}$$

(3-50)

如果时刻 Δt、t_p 和 $t_p+\Delta t$ 均在径向流动阶段内,且均可用对数表达式(3-29)近似表示上式中的指数积分函数,则有：

$$p_{ws}(\Delta t) = p_i - \frac{2.121q\mu B}{Kh}\lg\frac{t_p+\Delta t}{\Delta t} \qquad [3-51(\text{a})]$$

或

$$p_{ws}(\Delta t) = p_i + \frac{2.121q\mu B}{Kh}\lg\frac{\Delta t}{t_p+\Delta t} \qquad [3-51(\text{b})]$$

写成压差的形式,则是：

$$\Delta p = p_i - p_{ws}(\Delta t) = \frac{2.121q\mu B}{Kh}\lg\frac{t_p+\Delta t}{\Delta t} \qquad [3-52(\text{a})]$$

或

$$\Delta p = p_i - p_{ws}(\Delta t) = -\frac{2.121q\mu B}{Kh}\lg\frac{\Delta t}{t_p+\Delta t} \qquad [3-52(\text{b})]$$

式(3-49)至式[3-52(b)]就是压力恢复公式。式[3-51(a)]至式[3-52(b)]又称为赫诺(Horner)公式。

由式(3-36)还可得到关井时刻的井底压力(常称作关井前流压)：

$$p_{ws}(\Delta t=0) = p_{wf}(t=t_p) = p_i - \frac{2.121q\mu B}{Kh}\left(\lg\frac{Kt_p}{\phi\mu C_t r_w^2} - 2.0923 + 0.8686S\right)$$

式[3-51(a)]与上式相减得：

$$p_{ws}(\Delta t) = p_{wf}(t_p) + \frac{2.121q\mu B}{Kh}\left(-\lg\frac{t_p+\Delta t}{\Delta t} + \lg\frac{Kt_p}{\phi\mu C_t r_w^2} - 2.0923 + 0.8686S\right)$$

或

$$p_{ws}(\Delta t) = p_{wf}(t_p) + \frac{2.121q\mu B}{Kh}\left[\lg\left(\frac{K\Delta t}{\phi\mu C_t r_w^2} \cdot \frac{t_p}{t_p + \Delta t}\right) - 2.0923 + 0.8686S\right]$$

(3 − 53)

式中的 $\left(\dfrac{t_p \cdot \Delta t}{t_p + \Delta t}\right)$ 称为阿格沃尔(Agarwal)有效时间或叠加时间。如果关井前生产时间 t_p 比最大关井时间 Δt_{max} 长得多，即 $t_p \gg \Delta t_{max}$，则：

$$t_p + \Delta t \approx t_p$$

$$\frac{t_p + \Delta t}{t_p} \approx 1$$

此时有：

$$p_{ws}(\Delta t) \approx p_{wf}(t_p) + \frac{2.121q\mu B}{Kh}\left(\lg\frac{K\Delta t}{\phi\mu C_t r_w^2} - 2.0923 + 0.8686S\right) \quad [3-54(a)]$$

或

$$p_{ws}(\Delta t) \approx \frac{2.121q\mu B}{Kh}\lg\Delta t + \left[p_{wf}(t_p) + \frac{2.121q\mu B}{Kh}\left(\lg\frac{K\Delta t}{\phi\mu C_t r_w^2} - 2.0923 + 0.8686S\right)\right]$$

[3 − 54(b)]

有人称式[3 − 54(a)]为简化的压力恢复公式。它在形式上与压降公式{[式[3 − 36(a)]]}非常相似，称为 Miller − Dyes − Hutchinson 公式，简称 MDH 公式。显然，它只是 Horner 公式的近似，其精确程度，或它和 Horner 公式之间的差别的大小，与关井前生产时间 t_p 的长短有密切的关系：t_p 越长，精确度就越高，与 Horner 公式之间的差别就越小。

如果在直角坐标系上画出 $p_{ws}(\Delta t)$ 与 $\lg\dfrac{t_p + \Delta t}{\Delta t}$[或 $p_{ws}(\Delta t)$ 与 $\lg\dfrac{\Delta t}{t_p + \Delta t}$]的关系曲线，或当 $t_p \gg \Delta t_{max}$ 时，画出 $p_{ws}(\Delta t)$ 与 $\lg\Delta t$ 的关系曲线；或者，如我们通常所做的，在半对数坐标系上画出 $p_{ws}(\Delta t)$ 与 $\dfrac{t_p + \Delta t}{\Delta t}$[或 $p_{ws}(\Delta t)$ 与 $\dfrac{t_p + \Delta t}{\Delta t}$]的关系曲线$\left(\dfrac{t_p + \Delta t}{\Delta t}\right.$ 或 $\left.\dfrac{\Delta t}{t_p + \Delta t}\right.$ 在对数坐标上$\left.\right)$，或画出 $p_{ws}(\Delta t)$ 与 Δt 的关系曲线（Δt 在对数坐标上），所得到的便是压力恢复曲线（图 3 − 8），$p_{ws}(\Delta t)$ 与 $\lg\dfrac{t_p + \Delta t}{\Delta t}$（或与 $\lg\dfrac{\Delta t}{t_p + \Delta t}$）的关系曲线称为赫诺(Horner)压力恢复曲线，或简称作赫诺曲线，而 $p_{ws}(\Delta t)$ 与 $\lg\Delta t$ 的关系曲线称为 MDH 压力恢复曲线或简称作 MDH 曲线。显然，压力恢复曲线也应是一条直线，直线的斜率和压力降落曲线情形相同[同样，只考虑其绝对值；参看式(3 − 37)]：

$$m = \frac{2.121q\mu B}{Kh}$$

(3 − 55)

同样,量出压力恢复直线段的斜率 m 后,流动系数 $\dfrac{Kh}{\mu}$、流度 $\dfrac{K}{\mu}$、地层系数 Kh、渗透率 K 和表皮系数 S 便可计算出来:

$$\frac{Kh}{\mu} = \frac{2.121qB}{m} \qquad (3-56)$$

$$\frac{K}{\mu} = \frac{2.121qB}{mh} \qquad (3-57)$$

$$Kh = \frac{2.121q\mu B}{m} \qquad (3-58)$$

$$K = \frac{2.121q\mu B}{mh} \qquad (3-59)$$

$$S = 1.151\left[\frac{p_{ws}(\Delta t_0) - p_{wf}(t_p)}{m} - \lg\frac{K\Delta t_0}{\phi\mu C_t r_w^2} + 2.0923\right] \qquad [3-60(a)]$$

式(3-60)中 $p_{wf}(\Delta t_0)$ 是 Δt_0 时刻所对应的关井压力值,和压降情形一样,它也必须在半对数直线段或其延长线上取值。时间 Δt_0 可以是半对数直线段或其延长线上任何一点所对应的时间;但为了简单起见,也和压降情形一样,常取 $\Delta t_0 = 1\text{h}$,于是式(3-60)变成:

$$S = 1.151\left[\frac{p_{ws}(1\text{h}) - p_{wf}(t_p)}{m} - \lg\frac{K}{\phi\mu C_t r_w^2} + 2.0923\right] \qquad [3-60(b)]$$

同压降情形一样,并不是一定要取 $\Delta t_0 = 1\text{h}$,这样做只不过是为了使计算稍为简单一点而已。

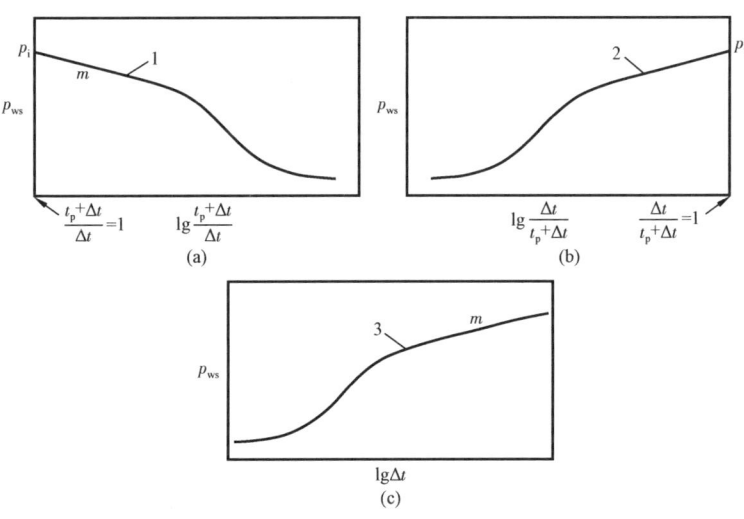

图 3-8 压力恢复曲线

1,2—Horner 曲线;3—MDH 曲线

前面曾说明:MDH 公式只是 Horner 公式的近似,其精确程度与关井前生产时间 t_p 的长短有密切的关系:t_p 越长,精确度越高,与 Horner 公式之间的差别越小。MDH 曲线和 Horner 曲线的关系当然也是如此。图 3-9(a) 是 MDH 曲线,图 3-9(b) 是 Horner 曲线。关井测压力恢复时间为 720h,在 $\Delta t \approx 5h$ 时,开始进入径向流动阶段,此后一直到测试结束都在径向流动阶段之中;半对数曲线在 $\Delta t \approx 5h$ 开始出现直线段,但当关井前生产时间分别为 720h、36h 和 12h 时,半对数直线段的长度却有显著的不同:关井前生产时间越短,MDH 曲线就越早偏离半对数直线,而 Horner 曲线则越"晚"$\left(\Delta t \approx 5h \text{ 所对应的} \dfrac{t_p+\Delta t}{\Delta t} \text{值越小}\right)$出现半对数直线,从而使得半对数直线段越短(但它并不偏离半对数直线)。

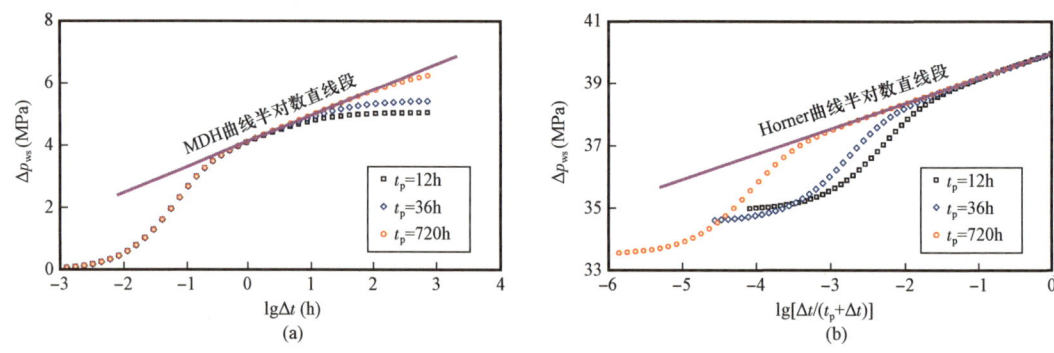

图 3-9 t_p 不同时 MDH 曲线(a)和 Horner 曲线(b)的比较

此外,从 Horner 公式[式(3-51)]可以看到,当关井时间 Δt 趋于 ∞ 时,$\dfrac{t_p+\Delta t}{\Delta t}$ 趋于 1,$\lg\dfrac{t_p+\Delta t}{\Delta t}$ 趋于 0,关井压力 $p_{ws}(\Delta t)$ 趋于原始地层压力 p_i。如果把 Horner 压力恢复曲线的直线段延长,让它与 $\dfrac{t_p+\Delta t}{\Delta t}=1$ 相交,交点对应的压力称为外推压力,用 p^* 表示。对尚未投入开发的油藏,它就是原始地层压力;而对已投入开发的油藏,则是油藏的视平均压力。如此外推得到地层压力(原始地层压力或视平均压力),是 Horner 压力恢复曲线的一个重要应用。

这就是所谓压力恢复分析。

压降分析和压力恢复分析都是通过半对数曲线进行的,统称为半对数分析方法,也称为常规试井解释方法。

除了计算流动系数 $\dfrac{Kh}{\mu}$、地层系数 Kh、流度 $\dfrac{K}{\mu}$、有效渗透率 K、表皮系数 S 和原始地层压力 p_i 之外,试井资料还有许多用处,我们将在以后的章节中予以介绍。

四、相态重新分布问题

在解释压力恢复资料时,有时会遇到相态重新分布所引起的问题,应该予以注意。在录取资料时,由于某些原因,压力计无法下放到测试层中部,而只下放到测试层上方某一深处,假定压力计下入 A 处和测试层中部 B 之间的距离为 hm(图 3 – 10)。关井前,井筒中充满了油气两相的流体;关井后,由于重力的作用,在井筒中的油逐步下沉而气体逐步上升,使得压力计下入深度和测试层之间的流体的相对密度发生变化,这 hm 流体柱的重量随之越来越重;可能导致出现这样的现象:虽然测试层的压力在随时间不断地恢复,但压力计所测得的压力(压力计下入深度处的压力)却局部地随时间下降。

例如:假定 $h=300\mathrm{m}$(图 3 – 10),刚关井不久,井筒中充满了油和气(甚至可能气很多而油很少),其密度很小,假定为 $0.3\mathrm{g/cm^3}$;此时,压力计下入深度处的压力为 35.0MPa,而测试层中部压力则为 $p_\mathrm{B}=35.0\mathrm{MPa}+0.003\mathrm{MPa/m}\times300\mathrm{m}=35.0\mathrm{MPa}+0.9\mathrm{MPa}=35.9\mathrm{MPa}$。

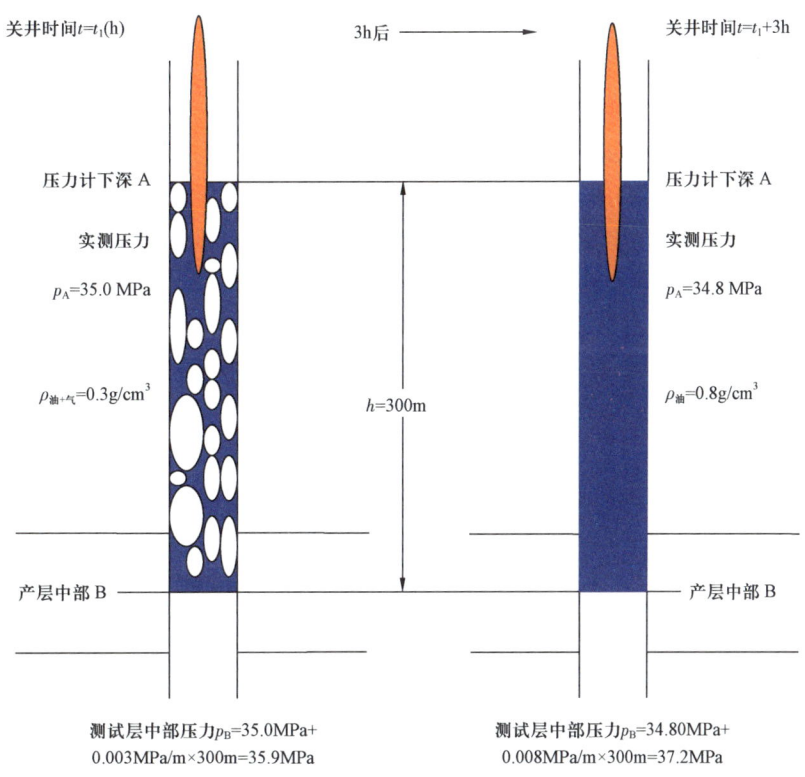

图 3 – 10 相态重新分布示意图

随着 AB 段中的气逐步移到井筒的上部,其中气越来越少(甚至最后只剩下油,即成了纯油柱),流体的密度越来越大,关井 3h 后,假定其密度变成 $0.8\mathrm{g/cm^3}$。此时压力计下入深度处的压力为 34.8MPa,而测试层中部压力 $p_\mathrm{B}=34.8\mathrm{MPa}+0.008\mathrm{MPa/m}\times300\mathrm{m}=34.8\mathrm{MPa}+2.4\mathrm{MPa}=37.2\mathrm{MPa}$。

所以,虽然压力计所测压力由 35.0MPa 降低到 34.8 MPa,但产层中部压力却由 35.9MPa 上升到 37.2MPa。此时,用实测数据画出的半对数压力恢复曲线就出现向下凹的反常现象,而压力导数曲线则在这一段出现缺失,因为压力下降,导数值为负数,而负数是没有对数的。

为了避免出现这种问题(以及避免将压力计下入深度压力折算到测试层压力带来的误差等),在测试中常常要求把压力计下放至测试层的中部;实在无法做到时,应当下放至尽可能接近测试层中部的深度,并测量下入深度处的压力梯度。

五、长时间的压力恢复能不能比关井前短时间的压降探测到更大范围的信息

长期以来,人们一直在探讨这么一个问题:油井生产一段时间 t_p 后关井测压力恢复,假设恢复时间 Δt 比关井前的压降时间 t_p 长,甚至有意识地尽量把它延长,那么长时间的压力恢复能不能比关井前短时间的压降探测到更大范围的信息?对于这个问题,历来有下面两种不同的观点:

第一种观点,油井一开井,油层中所有地方,不管离井有多远,立刻就收到了由生产引起的压力扰动而形成了一定的压力降[式(3-26)]。因此,只要关井足够长时间,油层的所有信息,包括在关井前压降测试过程中所没有测得的信息,都应该可以探测到。

第二种观点,在关井前压降测试过程中没有测得的信息,压力恢复根本不可能测得;哪怕关井测试时间再长也无济于事。虽然理论上确实可以认为:油层中任何地方,不管离井有多远,从一开井就会收到由此引起的压力扰动[式(3-26)],但是实际上,在离井比较远的地方,收到的扰动信号非常非常小,小到根本显现不出来,就是分辨率非常高的电子压力计也测量不到,所以等于没有收到任何扰动(参看本章第五节"调查半径"部分)。

这两种看法似乎都有道理。前些年,Gringarten 等对这个问题进行了深入研究,从理论和实践上作出了回答。

他们以"用压力导数曲线❶能够解释调查半径以内地层特性(包括外边界,以断层为例)"为标准,以压力导数曲线上已经有了相当明显的断层反映,即拟合0.5线的第一水平直线段已经完全出现,并且已经开始向上升高,即向第二水平直线段过渡;以不同的升高幅度,重新定义了两个调查半径(参看本章第五节"调查半径"部分)。同时考虑了在测试资料分析中必须加以考虑的另一个问题:压力计等测试仪表的分辨率以及噪声的影响,然后给出了如下的公式,计算可以比较可靠地做出解释的压力恢复时段的最大长度:

$$\Delta t = t_p \frac{\exp\left(2d - \dfrac{21.46 A_{\text{noise}} Kh}{q\mu B}\right) - 1}{e^d \left[1 - \exp\left(-\dfrac{21.46 A_{\text{noise}} Kh}{q\mu B}\right)\right]} \quad [3-61(a)]$$

即

$$\Delta t = t_p \frac{e^{2d - \frac{21.46 A_{\text{noise}} Kh}{q\muب}} - 1}{e^d \left(1 - e^{-\frac{21.46 A_{\text{noise}} Kh}{q\mu B}}\right)} \quad [3-61(b)]$$

式中 Δt——可以比较可靠地做出解释的压力恢复时间,h;

---

❶ 压力导数曲线及其解释方法见本书第五章第四节。建议读者在阅读该章节后再回头重读本节。

t_p——关井前生产时间,h;

d——半窗长;

A_{noise}——最大噪声幅度,MPa;

K——测试层的渗透率,mD;

h——测试层的厚度,m;

q——测试井的产量,m^3/d;

μ——流体的黏度,$mPa \cdot s$;

B——流体的体积系数。

显然,按照这一公式,能做出解释的压力恢复时段长度 Δt 与关井前压降测试时间 t_p 密切相关,也与窗长有关。所谓窗长,是表示计算压力导数时,所采用的时间取值间隔大小的一个量。假如要计算$(\Delta p_i, t_i)$点的导数(图3-11),所采用的时间取值间隔(窗长)为$2d$,即其左边和右边各为d。我们用离求导点t_i两边d远处最左边(t_i-d)的数据点$(\Delta p_1, t_1)$和最右边(t_i+d)的数据点$(\Delta p_2, t_2)$来计算其左导数和右导数;即若t_1右边的邻点为t_1',t_2左边的邻点为t_2',则有(图3-11):

$$t_i - t_1 \leq d, \quad t_i - t_1' > d$$
$$t_2 - t_i \leq d, \quad t_2' - t_i > d$$

然后再进行加权平均:

$$\left(\frac{dp}{d\ln t}\right)_i = \frac{\frac{\Delta p_i - \Delta p_1}{\ln t_i - \ln t_1}(\ln t_2 - \ln t_i) + \frac{\Delta p_2 - \Delta p_i}{\ln t_2 - \ln t_i}(\ln t_i - \ln t_1)}{\ln t_2 - \ln t_1} \quad (3-62)$$

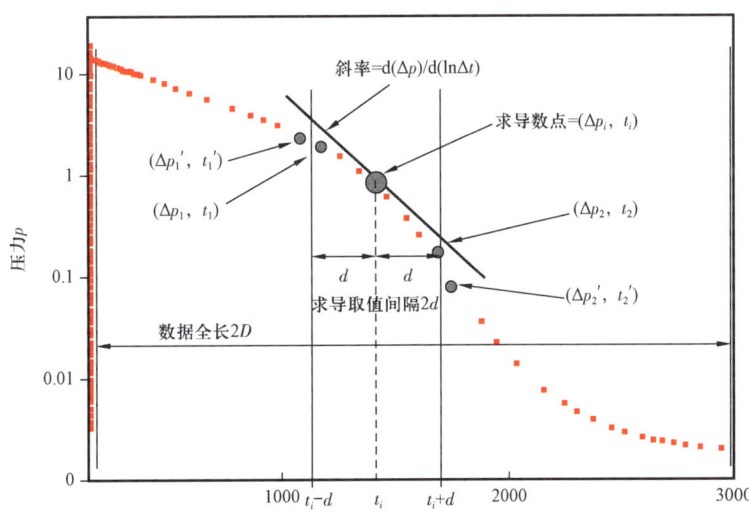

图3-11 压力导数曲线光滑化和窗长示意图

窗长($2d$)占数据总长度($2D$)的比例d/D称为光滑化系数。光滑化系数越大,即窗长取得越大,曲线将越光滑,但却有可能掩盖某些较细微的变化,使曲线失真甚至严重变形。

Bourdet 等认为:光滑化系数不能超过 0.2~0.3。

还有一个问题值得注意:在数据的末端,当求导点与最后一个压力值对应的时间间隔已经小于半窗长时,取值间隔受到了限制,光滑化已无法依照所规定的法则进行,端点的数据将会在计算所有剩下的点的导数中重复使用;如果端点的数据误差较大,则将使这些点的导数值受到影响,因而出现所谓末端效应(End Effect),从而使得曲线的末端失真或变形;光滑系数越大(窗长越宽),末端效应的影响范围就越大。比如说,如果最后几个点(哪怕是只有最后一个点)的数值偏高(图 3-12),导数曲线的"尾巴"就会上翘;反之,如果最后几个点(哪怕是只有最后一个点)的数值偏低,导数曲线的"尾巴"就会下滑,造成"出现边界效应"的假象。

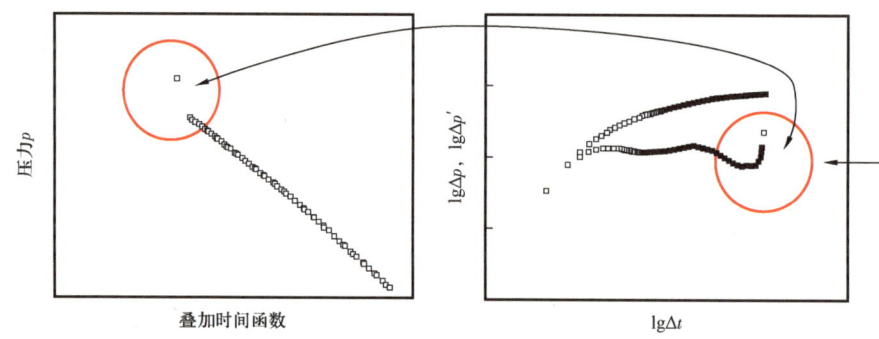

图 3-12 压力导数曲线的末端效应示意图

【**实例**】 计算可以比较可靠地做出解释的压力恢复时段的最大长度。假定某井关井恢复测试之前,以 397.5m³/d 的产量开井生产了 10h(1 个对数周期),油层的地层系数为 1524mD·m,原油黏度为 1mPa·s,体积系数为 1.0m³/m³,压力计的最大噪声幅度为 0.00138MPa,时间取值间隔取作 0.3 对数周期,则窗长为 0.3/1 = 0.3。代入式[3-61(b)]便得到:

$$\Delta t = 10 \times \frac{e^{0.3 - \frac{21.46 \times 0.00138 \times 1524}{397.5 \times 1 \times 1}} - 1}{e^{0.15} \left(1 - e^{-\frac{21.46 \times 0.00138 \times 1524}{397.5 \times 1 \times 1}}\right)} = 16.5(h)$$

这就是说:在这一情形,哪怕关井时间再长,也只有前 16.5h 的关井压力数据可供进行比较可靠的分析。

于是得到了这样的结论:压力恢复探测的范围,可比关井前的压降探测范围稍大一些,但其扩大的范围是很有限的。压力恢复测得信息的范围可以这样求出:

(1) 由式(3-61)计算"测得能够作出解释的压力恢复资料的最大关井时间"Δt;
(2) 由 Δt 算出所对应的无量纲调查半径 r_{iD};
(3) 由 r_{iD} 转换成调查半径 r_i。

这一调查半径以内的圆形区域,就是压力恢复测得信息的范围。这一范围在很大程度上取决于关井前的压降测试时间 t_p 的长短,也取决于测试仪表的分辨率和噪声的影响,以及计算压力导数时的时间取值间隔(窗长)。

另外,关井前的生产时间至少要进入到并经历一段时间的径向流动;不能设想,一次井筒储集阶段尚未结束的压降测试,之后的压力恢复可以探测到地层的任何特性。

第三节 变产量情形和邻井干扰的处理

一、变产量情形的处理

上面讨论的压降曲线,是在井以稳定产量生产的过程中测得的;压力恢复曲线,也是在井以稳定产量生产一段时间 t_p 之后关井期间测得的。实际上,在许多情形,产量是随时间变化的,有时为了一定的目的,还要人为地改变井的产量,如进行产能试井就是这样。

在变产量情形,可依据不同情况作出不同的处理,处理的原则是:越临近资料用来解释的阶段(如在压力恢复中越接近关井),产量必须越准确。如果解释段的时间长为 T,在离解释段开始 $2T$ 以前的产量就可以简化。具体做法如下:

(1)如果在整个生产期间,产量只是略有波动,可取产量的平均值作为产量,取实际生产时间作为生产时间进行解释。

(2)如果在压力恢复情形,在关井前的一段时间,产量比较稳定[设为 $q(\mathrm{m}^3/\mathrm{d})$],而在此之前产量却不稳定,则可把关井前的稳定产量 $q(\mathrm{m}^3/\mathrm{d})$ 作为整个生产期间的产量,而取 $t_p = \dfrac{24Q}{q}(\mathrm{h})$ 作为关井前的生产时间,称为"折算生产时间"[或"等效生产时间","等效 Horner 时间"(Equivalent Horner Time)],其中 $Q(\mathrm{m}^3)$ 是关井前整个生产阶段的累计产量。

当然,这两种方法都只是近似处理的办法,肯定会带来一定的误差。在用计算机进行解释时,应尽可能采用下面的第三种做法。

(3)如果产量一直在变化,且变化幅度相当大,则必须采用变产量的解释方法,即通过叠加的方法进行处理。通常把变化的产量划分成若干个"台阶",即把生产过程分成若干个时间段,在每一个时间段中,产量变化不大,近似地看作是个常数,如图 3-13(a)中,把生产过程分成 $n+1$ 个时间段,在第 i 个时间段中产量为 $q_i(i=1,2,\cdots,n)$,即:

$$q = q_1 \quad 0 = t_0 \leqslant t < t_1$$

$$q = q_2 \quad t_1 \leqslant t < t_2$$

$$q = q_3 \quad t_2 \leqslant t < t_3$$

$$\vdots$$

$$q = q_{n-1} \quad t_{n-1} \leqslant t < t_n$$

$$q = q_n \quad t \geqslant t_n$$

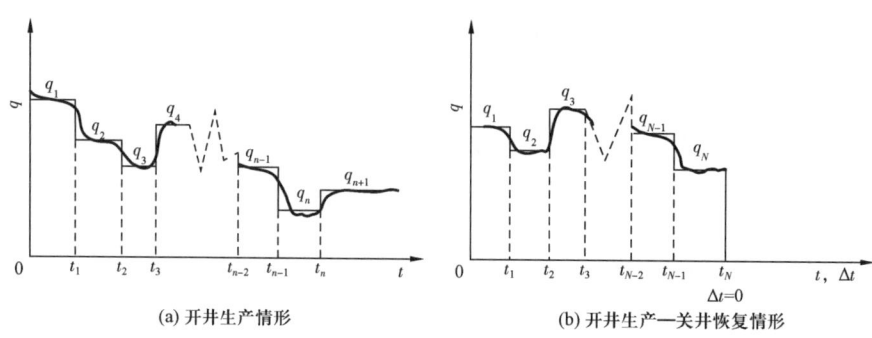

(a) 开井生产情形　　　　　　(b) 开井生产—关井恢复情形

图 3 - 13　产量变化处理示意图

在第一个时间段($t_0 \leqslant t < t_1$)，由式(3 - 36)有：

$$p_{wf}(t) = p_i - \frac{2.121 q_1 \mu B}{Kh}\left(\lg \frac{Kt}{\phi \mu C_t r_w^2} - 2.0923 + 0.8686S\right)$$

$$= p_i - \frac{2.121 q_1 \mu B}{Kh}\left[\frac{q_1 - q_0}{q_1}\lg(t - t_0) + \left(\lg \frac{K}{\phi \mu C_t r_w^2} - 2.0923 + 0.8686S\right)\right]$$

$$(t_0 \leqslant t < t_1)$$

上式及下列各式中 $t_0 = 0$，$q_0 = 0$。

在第二阶段($t_1 < t \leqslant t_2$)，由叠加原理可导出：

$$p_{wf}(t) = p_i - \frac{2.121 q_1 \mu B}{Kh}\left(\lg \frac{Kt}{\phi \mu C_t r_w^2} - 2.0923 + 0.8686S\right) -$$

$$\frac{2.121(q_2 - q_1)\mu B}{Kh}\left[\lg \frac{K(t - t_1)}{\phi \mu C_t r_w^2} - 2.0923 + 0.8686S\right]$$

$$= p_i - \frac{2.121 \mu B}{Kh}\left[q_1 \lg t + (q_2 - q_1)\lg(t - t_1) + q_2\left(\lg \frac{K}{\phi \mu C_t r_w^2} - 2.0923 + 0.8686S\right)\right]$$

$$(t_1 < t \leqslant t_2)$$

即：

$$p_{wf}(t) = p_i - \frac{2.121 q_2 \mu B}{Kh}\left[\frac{q_1 - q_0}{q_2}\lg(t - t_0) + \frac{q_2 - q_1}{q_2}\lg(t - t_1) + \right.$$

$$\left. q_2\left(\lg \frac{K}{\phi \mu C_t r_w^2} - 2.0923 + 0.8686S\right)\right]$$

$$(t_1 < t \leqslant t_2)$$

同理，在第三个时间段($t_2 < t \leqslant t_3$)，有：

$$p_{wf}(t) = p_i - \frac{2.121q_1\mu B}{Kh}\left(\lg\frac{Kt}{\phi\mu C_t r_w^2} - 2.0923 + 0.8686S\right) -$$

$$\frac{2.121(q_2 - q_1)\mu B}{Kh}\left[\lg\frac{K(t-t_1)}{\phi\mu C_t r_w^2} - 2.0923 + 0.8686S\right] -$$

$$\frac{2.121(q_3 - q_2)\mu B}{Kh}\left[\lg\frac{K(t-t_2)}{\phi\mu C_t r_w^2} - 2.0923 + 0.8686S\right]$$

$$= p_i - \frac{2.121q_3\mu B}{Kh}\left[\frac{q_1-q_0}{q_3}\lg(t-t_0) + \frac{q_2-q_1}{q_3}\lg(t-t_1) + \right.$$

$$\left.\frac{q_3-q_2}{q_3}\lg(t-t_2) + \left(\lg\frac{K}{\phi\mu C_t r_w^2} - 2.0923 + 0.8686S\right)\right]$$

$$(t_2 < t \leq t_3)$$

在第 n 个时间段 $(t_{n-1} < t \leq t_n)$，有：

$$p_{wf}(t) = p_i - \frac{2.121q_n\mu B}{Kh}\left[\frac{q_1-q_0}{q_n}\lg(t-t_0) + \frac{q_2-q_1}{q_n}\lg(t-t_1) + \frac{q_3-q_2}{q_n}\lg(t-t_2) + \cdots + \right.$$

$$\left.\frac{q_{n-1}-q_{n-2}}{q_n}\lg(t-t_{n-2}) + q_{n-1}\left(\lg\frac{K}{\phi\mu C_t r_w^2} - 2.0923 + 0.8686S\right)\right]$$

$$= p_i - \frac{2.121q_n\mu B}{Kh}\left[\sum_{j=1}^n \frac{q_j-q_{j-1}}{q_n}\lg(t-t_{j-1}) + \left(\lg\frac{K}{\phi\mu C_t r_w^2} - 2.0923 + 0.8686S\right)\right]$$

$$(t_{n-1} < t \leq t_n)$$

最后，当 $t > t_n$ 时，即在最后一个阶段（或称作第 $n+1$ 个时间段），$q = q_{n+1}$，有：

$$p_{wf}(t) = p_i - \frac{2.121q_{n+1}\mu B}{Kh}\left[\sum_{j}^{n+1}\frac{q_j-q_{j-1}}{q_{n+1}}\lg(t-t_{j-1}) + \left(\lg\frac{K}{\Phi\mu C_t r_w^2} - 2.0923 + 0.8686S\right)\right]$$

可见：在直角坐标系中，$p_{wf}(t)$ 与 $\sum_{j=1}^{n+1}\frac{q_j-q_{j-1}}{q_{n+1}}\lg(t-t_{j-1})$ 成一直线，其斜率（取绝对值）为：

$$m' = \frac{2.121q_{n+1}\mu B}{Kh} \tag{3-63}$$

纵截距为：

$$a = p_i - \frac{2.121q_{n+1}\mu B}{Kh}\left(\lg\frac{K}{\phi\mu C_t r_w^2} - 2.0923 + 0.8686S\right) \tag{3-64}$$

如果画出 $p_{wf}(t)$ 与 $\sum_{j=1}^{n+1}\frac{q_j-q_{j-1}}{q_{n+1}}\lg(t-t_{j-1})$ 的关系曲线（称为产量叠加曲线或时间叠加曲

线),量出直线段的斜率 m' 和截距 a[图 3 – 14(a)],便可算出:

$$\frac{Kh}{\mu} = \frac{2.121 q_{n+1} B}{m'} \tag{3-65}$$

$$Kh = \frac{2.121 q_{n+1} \mu B}{m'} \tag{3-66}$$

$$K = \frac{2.121 q_{n+1} \mu B}{m'h} \tag{3-67}$$

$$S = 1.151 \left(\frac{p_i - a}{m'} - \lg \frac{K}{\phi \mu C_t r_w^2} + 2.0923 \right) \tag{3-68}$$

如果油井以变产量生产后关井进行压力恢复测试,关井前的产量可分成 N 个台阶,即设想成把全部产量分成 $N+1$ 个时间段,其中第 $N+1$ 段为关井压力恢复段,井的产量为 0 [图 3 – 14(b)],则关井后的井底压力为:

$$p_{ws}(\Delta t) = p_i - \frac{2.121 q_N \mu B}{Kh} \left[\sum_{j=1}^{N} \frac{q_j - q_{j-1}}{q_N} \lg(t_N - t_{j-1} + \Delta t) - \lg \Delta t \right]$$

或

$$p_{ws}(\Delta t) = p_{wf}(t_N) - \frac{2.121 q_N \mu B}{Kh} \left[\sum_{j=1}^{N} \frac{q_j - q_{j-1}}{q_N} \lg \frac{t_N - t_{j-1} + \Delta t}{t_N - t_{j-1}} - \lg \Delta t - \left(\lg \frac{K}{\phi \mu C_t r_w^2} - 2.0923 + 0.8686 S \right) \right] \tag{3-69}$$

式中 Δt 为关井时间。

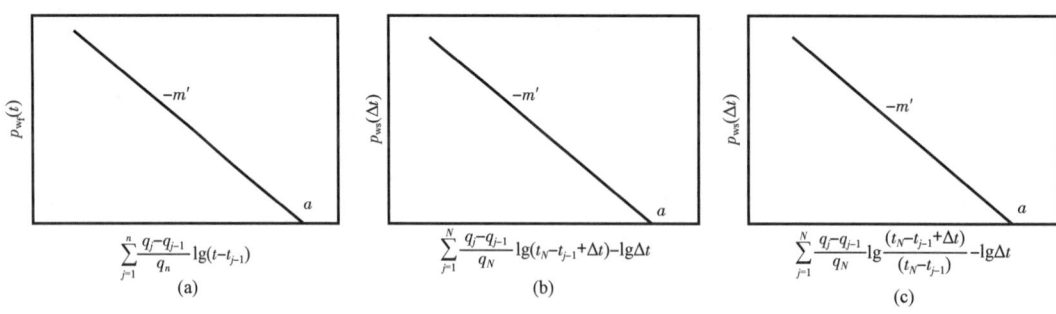

图 3 – 14　产量叠加曲线(或时间叠加曲线)

因此,在直角坐标系中,画出关井压力 $p_{ws}(\Delta t)$ 与 $\left[\sum_{j=1}^{N} \frac{q_j - q_{j-1}}{q_N} \lg(t_N - t_{j-1} + \Delta t) - \lg \Delta t \right]$ 的关系曲线(称为产量叠加曲线,或时间叠加曲线,或叠加函数曲线),应得到一条直线[图 3 – 14 (b)],其斜率为:

$$m' = \frac{2.121 q_N \mu B}{Kh} \tag{3-70}$$

而纵截距为 p_i。所以，若延长直线段与 p_{ws} 轴相交，交点相应的压力就是 p_i（实际解释时为 p^*）；量出斜率 m'，便可算出 $\frac{Kh}{\mu}$、Kh 和 K。

也可以在直角坐标系中画出 $p_{ws}(\Delta t)$ 与 $\left[\sum_{j=1}^{N}\frac{q_j - q_{j-1}}{q_N}\lg(t_N - t_{j-1} + \Delta t) - \lg\Delta t\right]$ 的关系曲线[图 3-14(c)]。其直线段斜率也为：

$$m' = \frac{2.121 q_N \mu B}{Kh} \tag{3-71}$$

纵截距为：

$$a = p_{wf}(t_N) + \frac{2.121 q_N \mu B}{Kh}\left(\lg\frac{K}{\phi\mu C_t r_w^2} - 2.0923 + 0.8686S\right) \tag{3-72}$$

量出斜率 m' 和截距 a，便可以计算 $\frac{Kh}{\mu}$、Kh 和 K（公式同上文）以及 S：

$$S = 1.151\left(\frac{a - p_{wf}(t_N)}{m'} - \lg\frac{K}{\phi\mu C_t r_w^2} + 2.0923\right) \tag{3-73}$$

处理变产量情形的最好方法是运用著名的杜哈美(Duhamel)原理，请参看本书第十五章第二节"褶积和反褶积"的"褶积"部分。

二、"二开二关"测试

油田常常进行所谓"二开二关"测试，即整个测试过程采取初开井—初关井—二开井（终开井）—二关井（终关井）的步骤（图3-15）。初开井常以"清井"（喷干净井筒中原来的积存物）为目的，俗语叫作"把井喷活"，开井生产时间一般不长。初关井则是为了测取地层压力（新区勘探初期测得的是原始地层压力）。二开是重要的生产阶段，务必尽量保持产量稳定，并使探测半径（影响半径）达到一定范围，有人建议开井生产时间至少为 $t(h) = 12231.72\phi\mu_o r_e^2/K$。二关井所测得的压力恢复曲线是用作试井解释的资料，更必须测准测好，并持续相当长时间，至少比二开井生产时间稍长。

"二开二关"测试，只不过是最简单的"变产量情形"，也是变产量生产后进行压力恢复测试的最简单的一个特例。如上所述，在以 N 个变产量生产后关井进行压力恢复测试的情形，第 $N+1$ 段为产量为0的关井压力恢复段，井底压力为（关井时间为 Δt）：

$$p_{ws}(\Delta t) = p_i - \frac{2.121 q_N \mu B}{Kh}\left[\sum_{j=1}^{N}\frac{q_j - q_{j-1}}{q_N}\lg(t_N - t_{j-1} + \Delta t) - \lg\Delta t\right]$$

而第 N 段末的流压 $p_{wf}(t_N)$，即终关井（第 $N+1$ 段）恢复的起始关井压力 $p_{ws}(\Delta t = 0)$ 为：

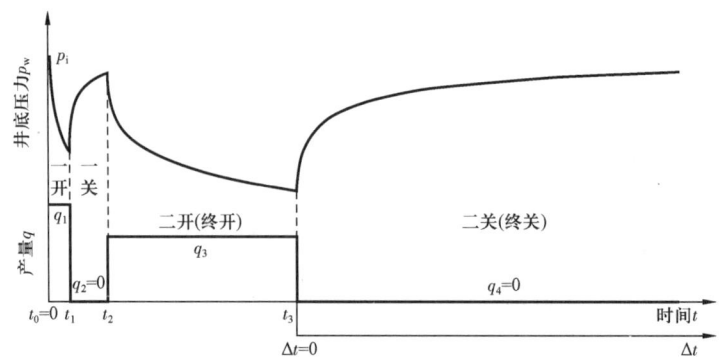

图 3-15 二开二关测试示意图

$$p_{ws}(\Delta t = 0) = p_{wf}(t_N)$$

$$= p_i - \frac{2.121 q_N \mu B}{Kh} \left[\sum_{j=1}^{N} \frac{q_j - q_{j-1}}{q_N} \lg(t_N - t_{j-1}) + \left(\lg \frac{k}{\phi \mu C_t r_w^2} - 2.0923 + 0.8686 S \right) \right]$$

在"二开二关"测试情形，$N = 3$（图 3-15），分别简化为：

$$p_{ws}(\Delta t) = p_i - \frac{2.121 q_3 \mu B}{Kh} \left\{ \frac{q_1}{q_3} [\lg(t_3 + \Delta t) - \lg(t_3 - t_1 + \Delta t)] + \right.$$

$$\left. [\lg(t_3 - t_2 + \Delta t) - \lg \Delta t] \right\}$$

$$p_{ws}(\Delta t = 0) = p_{wf}(t_3) = p_i - \frac{2.121 \mu B}{Kh} \left(q_1 \lg \frac{t_3}{t_3 - t_1} + q_3 \lg \frac{K(t_3 - t_2)}{\phi \mu C_t r_w^2} - 2.0923 + 0.8686 S \right)$$

因此，在直角坐标系中，画出关井压力 $p_{ws}(\Delta t)$ 与 $\frac{q_1}{q_3}[\lg(t_3 + \Delta t) - \lg(t_3 - t_1 + \Delta t)] + [\lg(t_3 - t_2 + \Delta t) - \lg \Delta t]$ 的关系曲线，应得到一条直线（形同图 3-14），其纵截距为 p_i，斜率为 $\frac{2.121 q_3 \mu B}{Kh}$。由此，依同样的方法，可算出 $\frac{Kh}{\mu}$、Kh 和 K，进而算出 S。

三、邻井干扰的处理

在已投入开发的油田中进行测试时，测试井周围生产井的生产情况，肯定要对测试井的压力变化产生影响或干扰。在此情形，最理想的处理方法是进行多井数值模拟（数值试井解释），即将油田的实际形状、大小和参数，以及各口井的实际生产历史等输入计算机，计算它们的生产情况对测试井所造成的影响，再叠加到测试井本身的压力变化之中去。这样做当然比较麻烦。最好能在测试某一口井时，保持所有邻井原本的工作制度不变（关井的保持关井不变、开井生产的保持产量不变），解释时可忽略邻井的干扰，只按单井测试进行解释，就不会产生太大的误差。这是因为，当测试前邻井的生产时间 t 相当长时，对测试井的干扰压力的变化率：

$$\frac{d(\Delta p)}{dt} \approx \frac{2.121q\mu B}{Kh} \frac{1}{t}$$

已经非常小[参见式(3-26);注意上式使用了对数近似表达式,并使用了法定计量单位制]。但如果邻井是在测试井测试开始前不久或在测试过程中改变工作制度,则邻井的干扰就不能忽略了。

第四节 注水井试井解释

注水井的试井解释,因为储层中流体流动涉及油水两相流,所以比较复杂。为了简化,常假定流度比 MR = 1,即:

$$\mathrm{MR} = \frac{K_w/\mu_w}{K_o/\mu_o} = \frac{K_w\mu_o}{K_o\mu_w} = 1$$

并采用压力回落测试(Pressure Fall-off Test)方法,即在注入井以稳定注入量 q 注入了一段时间 t_p 之后,停止注入(即关井),测量关井后井底压力随时间的变化(图3-16)。

类似第二节生产井的压力降落试井(Pressure Drawdown Test),注水井可进行压力上升试井。设自 $t=0$ 时刻开始注入,稳定注入量为 $q(\mathrm{m}^3/\mathrm{d})$,井底压力由注入前的稳定压力 p_{w0} 逐渐上升(图3-17)。

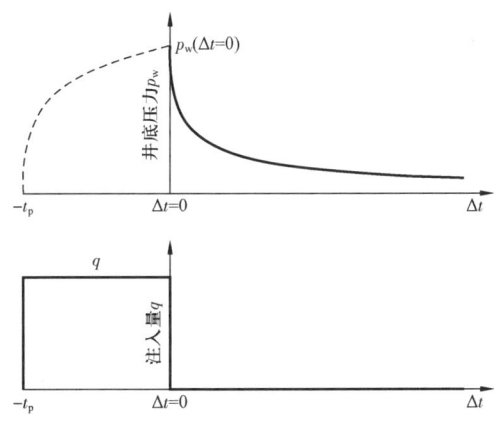

图3-16 注水井压力回落试井曲线   图3-17 注水井压力上升试井曲线

生产井的压力降落公式[式3-36(b)]为:

$$p_{wf}(t) = -\frac{2.121q\mu B}{Kh}\lg t + \left[p_i - \frac{2.121q\mu B}{Kh}\left(\lg\frac{K}{\phi\mu C_t r_w^2} - 2.0923 + 0.8686S\right)\right]$$

把产量 q 换作注入量,并把其符号由正改为负(视注入量为负的产量),把原始地层压力 p_i 改为注入前的稳定地层压力 p_{w0},假设流度 $\frac{Kh}{\mu}$ 为常数,便可得到:

$$p_{wf}(t) = p_{w0} - \frac{2.121(-q)\mu B}{Kh}\left(\lg\frac{Kt}{\phi\mu C_t r_w^2} - 2.0923 + 0.8686S\right)$$

或

$$p_{wf}(t) = \frac{2.121q\mu B}{Kh}\lg t + \left[p_{w0} + \frac{2.121q\mu B}{Kh}\left(\lg\frac{K}{\phi\mu C_t r_w^2} - 2.0923 + 0.8686S\right)\right]$$

(3-74)

这就是注入井的压力上升公式。

在第二节生产井的恢复分析的讨论中，我们运用叠加原理推导出了压力恢复公式。生产井关井前以稳定产量 q 生产了时间 t_p，把关井时刻的时间定为 0，用 $\Delta t(h)$ 表示关井时间（图3-18），生产井的关井压力恢复过程可以看成是井 A 和井 B 两口井井底压力变化的叠加[图3-18(b)]。

设想井 A 在测试井的开井和关井过程中一直以恒定产量 q 生产[图3-18(b)]；井 B 在与井 A 同井眼的位置从测试井关井的时刻开始，以恒定的注入量 q 注入，或以恒定产量 $-q$ 生产[图3-18(b)]。那么，从测试井关井的时刻开始，井 A 和井 B 的产量的代数和为 $q+(-q)=0$，即相当于测试井关井。井 A 和井 B 压力变化的叠加就是测试井关井后的压力变化。

在注入井压力回落情形，设测试井在以稳定产量 $-q(m^3/d)$ 生产[即以稳定注入量 $q(m^3/d)$ 注入] $t_p(h)$ 时间后，在 $\Delta t=0$ 时刻关井。设想井 A 在测试井的注入和关井过程中一直以稳定产量 $-q(m^3/d)$ 生产[以恒定注入量 $q(m^3/d)$ 注入]；井 B 在与井 A 同井眼的位置，从测试井关井时刻（$\Delta t=0$）开始，以恒定的产量 $q(m^3/d)$ 生产（图3-19）。那么，从测试井关井的时刻开始，井 A 和井 B 的产量的代数和为 $q+(-q)=0$，即相当于测试井关井（即停注）。井 A 和井 B 压力变化的叠加也就是测试井停注（关井）后的压力变化。

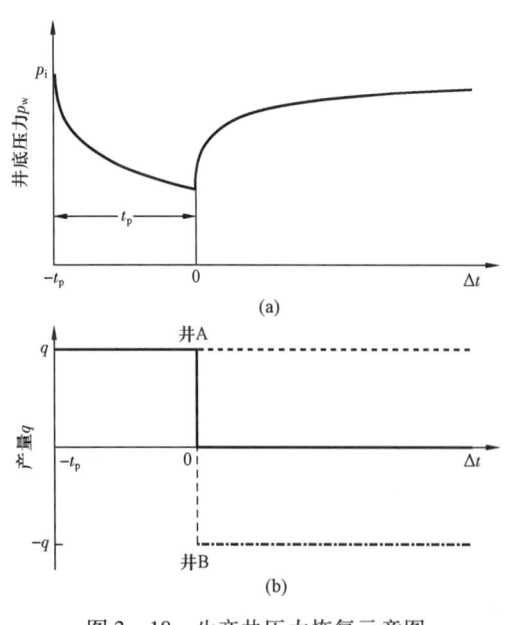

图3-18 生产井压力恢复示意图

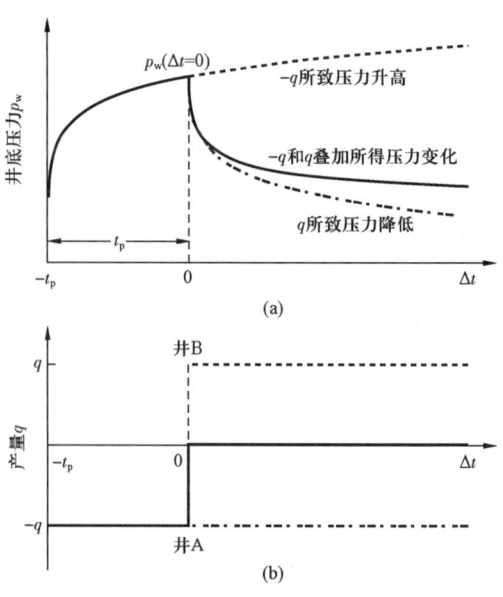

图3-19 注水井压力回落示意图

在生产井的压力恢复(图 3-18)分析中,得到的压力恢复公式(Horner 公式)为:

$$p_{ws}(\Delta t) = p_i - \frac{2.121q\mu B}{Kh}\lg\frac{t_p + \Delta t}{\Delta t} \qquad [3-51(a)]$$

当 $t_p \gg \Delta t_{max}$(Δt_{max} 为最大关井时间)时,此式可简化为如下的 MDH 公式:

$$p_{ws}(\Delta t) \approx p_{wf}(t_p) + \frac{2.121q\mu B}{Kh}\left(\lg\frac{K\Delta t}{\phi\mu C_t r_w^2} - 2.0923 + 0.8686S\right) \qquad [3-54(a)]$$

同样,在注入井的压力回落情形(图 3-19),则应有:

$$p_w(\Delta t) = p_{w0} + \frac{2.121q\mu B}{Kh}\lg\frac{t_p + \Delta t}{\Delta t} \qquad (3-75)$$

当 $t_p \gg \Delta t_{max}$ 时:

$$p_w(\Delta t) \approx p_w(0) - \frac{2.121q\mu B}{Kh}\left(\lg\frac{K\Delta t}{\phi\mu C_t r_w^2} - 2.0923 + 0.8686S\right) \qquad (3-76)$$

式中 q——注入量,m^3/d。

进一步的半对数解释,就与生产井一样了:画出半对数曲线,量出径向流动半对数直线段的斜率 m:

$$m = \frac{2.121q\mu B}{Kh}$$

从而算得:

$$\frac{Kh}{\mu} = \frac{2.121qB}{m}$$

$$Kh = \frac{2.121q\mu B}{m}$$

$$K = \frac{2.121q\mu B}{mh}$$

$$S = 1.1513\left[\frac{p_w(\Delta t_0) - p_w(\Delta t = 0)}{m} - \lg\frac{K\Delta t_0}{\phi\mu C_t r_w^2} + 2.0923\right]$$

式中的 Δt_0 是在半对数直线段上或此直线段的延长线上的一点,常取 $\Delta t_0 = 1h$,此时上式变为:

$$S = 1.1513\left[\frac{p_w(1h) - p_w(\Delta t = 0)}{m} - \lg\frac{K}{\phi\mu C_t r_w^2} + 2.0923\right]$$

第五节　一些重要的基本概念

一、无量纲量(Dimensionless quantities)

度量任何一个物理量,首先必须引入一定的计量单位系,如厘米－克－秒制(CGS制),或我国的法定计量单位制,或别的什么单位制。一般来说,被度量的物理量的数值与计量单位制有关。如一段距离的长度,若在我国标准计量单位制下为1m(米),则在英制下为3.28084ft(英尺)。这种物理量称为"是具有量纲的",而且其量纲可用基本量纲(如长度L、时间t、温度T、质量m等)表示出来。例如:厚度、宽度、距离和半径等具有长度[L]的量纲,面积和渗透率具有长度平方[L^2]的量纲,产量(流率)的量纲为[L^3t^{-1}],压力(实际上是压强)的量纲为[$mL^{-1}t^{-2}$],黏度的量纲为[$mL^{-1}t^{-1}$],压缩系数的量纲为[$m^{-1}Lt^2$],导压系数的量纲为[L^2t^{-1}]等。量纲和单位是完全不同的概念。量纲表示物理量的特征;而单位却是其计量尺度。在不同单位制下,单位各不相同,同一物理量具有不同的数值。

但是也有一些量却不具有量纲,或者常常说其"量纲为1"。例如原油体积系数、含油饱和度、孔隙度、相对渗透率、表皮系数、赫诺公式中的$\frac{t_p + \Delta t}{\Delta t}$等,都是无量纲量。无量纲量的单位是所谓"指示单位",即小数(f)或百分数(%),它们的量值与计量单位制无关。

为了一定的目的,我们常常要把某些具有量纲的物理量无量纲化,即引进新的无量纲量。我们用下标D(Dimensionless 的首字母)表示"无量纲",如用p_D表示无量纲压力,t_D表示无量纲时间。一般来说,引进的无量纲物理量是这些物理量与别的一些物理量的组合,组合的结果恰好使其量纲成为1,并且无量纲量与这些物理量本身成正比。比如,我们进行试井解释常用的无量纲量中,无量纲压力p_D与压差Δp成正比❶:

$$p_D = \frac{Kh}{1.842q\mu B}\Delta p \tag{3-77}$$

无量纲时间t_D与开井时间t(或关井时间Δt)成正比,有:

$$t_D = \frac{3.6 \times 10^{-3}K}{\phi\mu C_t r_w^2}t = \frac{3.6 \times 10^{-3}\eta}{r_w^2}t \tag{3-78}$$

或

$$t_D = \frac{3.6 \times 10^{-3}K}{\phi\mu C_t r_w^2}\Delta t = \frac{3.6 \times 10^{-3}\eta}{r_w^2}\Delta t \tag{3-79}$$

无量纲井筒储集系数C_D与井筒储集系数C成正比:

---

❶　无量纲压力实际上是无量纲压差。但鉴于英文原文为Dimensionless Pressure,并已据此译成无量纲压力,我们也不改用无量纲压差,而沿用无量纲压力。但应记住其实质是无量纲压差。

$$C_D = \frac{C}{2\pi\phi C_t h r_w^2} \quad (3-80)$$

无量纲距离 r_D 与距离 r 成正比,有:

$$r_D = \frac{r}{r_w} \quad (3-81)$$

如此等等。上列各式中:

p_D——无量纲压力;

Δp——压差,MPa;

t_D——无量纲时间;

t——开井生产时间,h;

Δt——关井时间,h;

C——井筒储集系数,m³/MPa(定义见下一段);

C_D——无量纲井筒储集系数;

r_D——无量纲距离。

其余符号的意义和单位同前文。

无量纲化的方法不是唯一的。人们往往根据不同的需要,用不同的方法来定义同一个无量纲量。例如,我们将在不同的场合,使用不同的无量纲时间,有用井的半径 r_w 定义的:

$$t_D = \frac{3.6 \times 10^{-3} K}{\phi \mu C_t r_w^2} t \quad (3-82)$$

有用井的有效半径或折算半径 r_{we} 定义的(有效半径或折算半径 $r_{we} = r_w e^{-S}$):

$$t_{De} = \frac{3.6 \times 10^{-3} K}{\phi \mu C_t r_{we}^2} t \quad (3-83)$$

有用油藏面积 A 定义的:

$$t_{DA} = \frac{3.6 \times 10^{-3} K}{\phi \mu C_t A} t \quad (3-84)$$

还有用裂缝半长 x_f 定义的:

$$t_{Df} = \frac{3.6 \times 10^{-3} K}{\phi \mu C_t x_f^2} t \quad (3-85)$$

如此等等。上列各式中:

r_{we}——井的有效半径(或称折算半径),m;

A——油藏面积,m²;

x_f——裂缝半长,m。

用无量纲量来讨论问题有许多好处,例如:

(1)由于若干有关的因子(物理量)已经包含在无量纲量的定义之中,因而减少了变量的

数目,使得关系式变得很简洁,易于推导、记忆和应用。譬如,在无量纲形式下,式[3-16(a)]可以写为:

$$\frac{\partial^2 p_D}{\partial r_D^2} + \frac{1}{r_D}\frac{\partial p_D}{\partial r_D} = \frac{\partial p_D}{\partial t_D} \qquad [3-16(b)]$$

式[3-17(a)]可以写为:

$$\begin{cases} p_D(t_D = 0) = 0 \\ \left(\frac{\partial p_D}{\partial r_D}\right)_{r_D = 1} = -1 \\ p_D(r_D \to \infty) = 0 \end{cases} \qquad [3-17(b)]$$

式[3-26(a)]可以写为:

$$p_D = \frac{1}{2}\left[-\text{Ei}\left(-\frac{r_D^2}{4t_D}\right)\right] \qquad [3-26(b)]$$

式[3-36(a)]可以写为:

$$p_D = \frac{1}{2}(\ln t_D + 0.80907 + 2S) \qquad [3-36(d)]$$

可以看到,这些式子与油藏和油井的实际物理参数如 K、h、μ、q 和 ϕ 等都没有直接关系,实际上,它们之间的关系已经隐含在无量纲量的定义之中了。

(2)由于使用的是无量纲量,所以导出公式时避开了所有的单位,所得到的结果不受单位制的影响和限制,避免了使用有量纲量时所遇到的麻烦,因而更为方便。

(3)可以使得在某种前提下进行的讨论具有普遍的意义。这就是说,使得讨论的结果可以适用于满足该前提的任何实际场合。譬如,某种物理或数学模型的无量纲解,可以适用于符合这种物理或数学模型的任何油藏中的任何一口井,而不管它的特性参数如 K、ϕ、μ、h 或 q 等为何值。在得到最后结果后,再由无量纲量与实际物理量之间的关系,换算成需要的实际数值,而这是非常容易的。

现代试井解释中所使用的解释图版,几乎全都是无量纲量的关系曲线,即无量纲曲线。正是因为这个原因,使得这些解释图版可以普遍使用,使我们可以用有限的试井解释图版,解决无限多个实际问题,获得无限多个分析结果。

二、井筒储集效应和井筒储集系数(Wellbore Storage Coefficient)

油井刚开井或刚关井时,由于原油具有压缩性等原因,地面产量 q_1 与井底产量 q_2 并不相等。以井筒充满单相原油的情形为例,当油井一打开,从井口采出的原油(产量 q)完全是靠充满井筒的压缩原油的膨胀(井筒卸压)而采出的,还没有原油从地层流入井筒(图3-20)。这时,井底产量 $q_2 = 0$,地面产量 $q_1 = q$。然后,随着井筒中原油弹性能量的释放,井底产量逐渐增加,过渡到与地面产量相等,即 $q_1 = q_2 = q$。对于地层来说,这就好像开井生产出现了一个"滞后"(图3-20 和图3-21)。

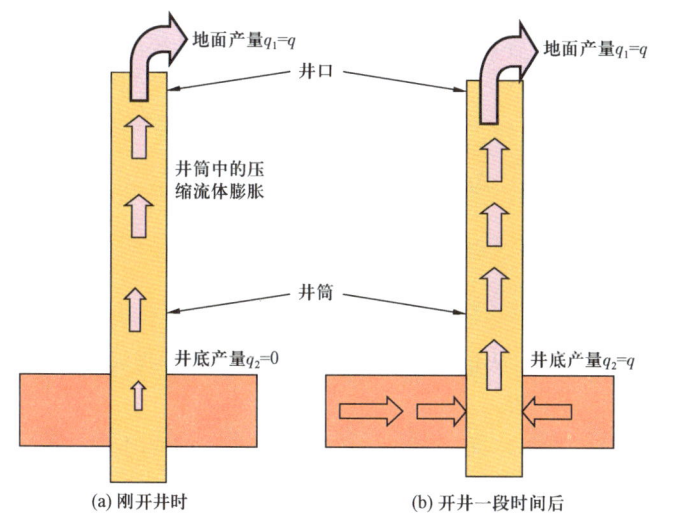

图 3-20 井筒储集效应示意图
（开井情形）

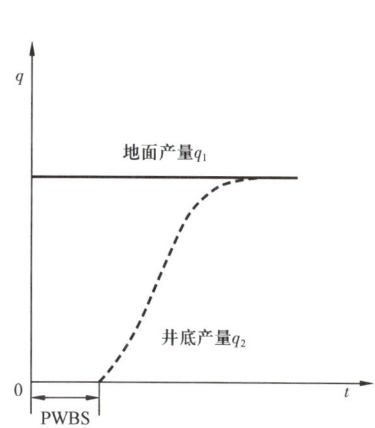

图 3-21 井筒储集效应造成的
井底产量变化示意图（开井情形）

在关井情形，当油井一关闭，地面产量 q_1 立即由 q 变为 0，但在井底，由于井筒周围地层和井底的压力尚未平衡，或者说它们之间还存在着压差，原油仍然源源不断地由地层流入井筒，使井筒压力逐渐增加（载压），直到最后与井筒周围地层的压力达到平衡（图 3-22）。到了这个时候，井底产量才变为 0，即 $q_1 = q_2 = 0$，真正实现了井底关井。对于地层来说，好像关井停产出现了一个"滞后"。显然，这就是我们所熟悉的"续流效应"（图 3-22 和图 3-23）。

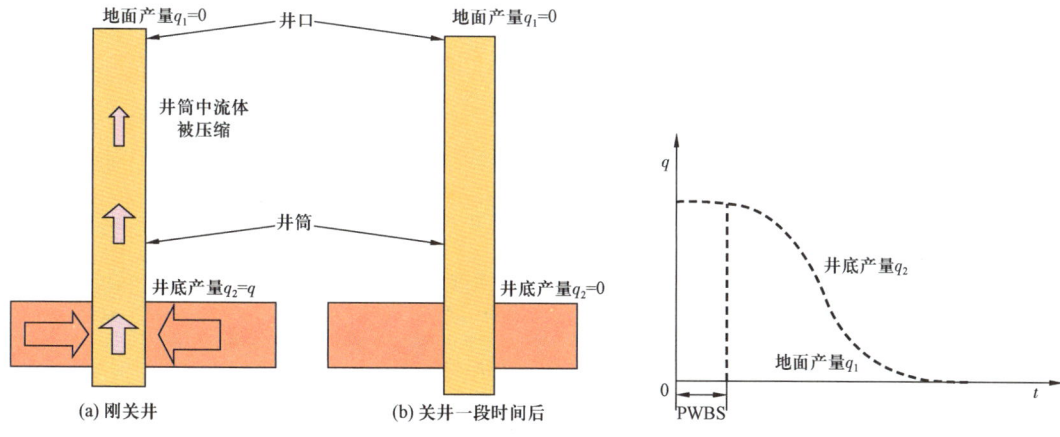

图 3-22 井筒储集效应示意图（关井情形）　　图 3-23 井筒储集效应造成的续流示意图

当油井刚开井或刚关井时所出现的上述现象，就叫作井筒储存效应或井筒储集效应（Wellbore Storage Effect）。开井情形的 $q_2 = 0$ 和关井情形的 $q_2 = q$ 的那一段时间，称为纯井筒储集（Pure Wellbore Storage）阶段，简写作 PWBS。纯井筒储集阶段一般可历时几秒钟至几分钟。

我们用井筒储集系数(Wellbore Storage Coefficient)来描述井筒储集效应的强弱程度,即井筒靠其中原油的压缩等原因储存原油或靠释放井筒中压缩原油的弹性能量等原因排出原油的能力,并用 C 表示:

$$C = \frac{dV}{dp} \approx \frac{\Delta V}{\Delta p} \tag{3-86}$$

式中　ΔV——井筒中所储原油体积的变化;

　　　Δp——井底压力的变化。

显然,井筒储集系数 C 的物理意义是:

在关井情形,要使井底压力升高 1MPa,必须从地层中流进井筒 $C\text{m}^3$ 原油[或者说:从地层中流进井筒 $C\text{m}^3$ 原油,井底压力就能升高 1MPa]。

在开井情形,当井底压力降低 1MPa 时,靠井筒中原油的弹性能量可以排出 $C\text{m}^3$ 原油[或者说:靠井筒中原油的弹性能量排出 $C\text{m}^3$ 原油,井底压力就能下降 1 MPa]。

一般情形,井筒储集系数是个常数,故常称为井筒储集常数(Wellbore Storage Constant)。

纯井筒储集阶段的压力变化与测试层的性质毫无关系,不反映测试层任何特性,因此从这一阶段得不到测试层的任何信息。只有待井筒储集效应结束之后,它对井底压力不再有任何影响,压力变化才描述测试层的性质。

显然,我们希望能尽量消除或减弱井筒储集效应的影响。于是提出了"井底关井"的方法,"井底关井器"也就应运而生,并且已经得到了广泛的应用。

我们仍假定原油充满整个井筒。在开井或关井 t(h)时间内,井筒中原油体积的变化为:

$$\Delta V = \frac{|q_1 - q_2| t}{24} (\text{m}^3)$$

式中　q_1——地面产量(折算到井底),m^3/d;

　　　q_2——井底产量,m^3/d。

因此:

$$C = \frac{\Delta V}{\Delta p} = \frac{|q_1 - q_2| t}{24 \Delta p}$$

在纯井筒储集阶段,有 $q_2=0$、$q_1=q$(开井情形)或 $q_1=0$、$q_2=q$(关井情形),故:

$$|q_1 - q_2| = \begin{cases} q_1 = q & \text{开井情形} \\ q_2 = q & \text{关井情形} \end{cases}$$

这就是说:在开井情形,$|q_1-q_2|$ 为油井的稳定产量 q,在关井情形,$|q_1-q_2|$ 为关井前的稳定产量 q。所以,在纯井筒储集阶段有:

$$\Delta V = \frac{qt}{24}$$

故

$$C = \frac{\Delta V}{\Delta p} = \frac{qt}{24\Delta p} \tag{3-87}$$

$$\Delta p = \frac{qt}{24C} \tag{3-88}$$

注意：为了方便起见，在本书这一段里对井底产量与地面产量不加区别，都以 q 表示。但在实际测试中，我们测得的是地面产量。在本书的其他部分，q 用来代表地面产量，井底产量应为 qB，B 为原油的体积系数，即原油的地下体积与地面体积之比，单位为 m^3（地下）/m^3（地面）。

如果原油是单相的（譬如在井口压力高于饱和压力的情况下），则：

$$\Delta V = VC_o\Delta p$$

$$C = \frac{\Delta V}{\Delta p} = \frac{VC_o\Delta p}{\Delta p} = VC_o \tag{3-89}$$

式中 V——井筒容积，m^3；

C_o——井筒中原油的压缩系数，MPa^{-1}。

由式（3-89）计算的井筒储集系数称为由完井资料计算的井筒储集系数，记作 $C_{完井}$。它是在井筒充满单相原油、封隔器（如果有的话）密封、井筒周围没有与井筒相连通的裂缝等条件下算得的，因此是井筒储集系数的最小值。由于下列原因，实际井筒储集系数往往大于这个数值：

（1）井筒中有自由气时，由于气体的压缩系数比油大得多，所以 C 值将增大。

（2）如果封隔器不密封，井筒容积将大大增加，因而使得 C 值增大。

（3）在双重孔隙介质油藏情形和压裂井情形，有效井筒容积将由于与井筒相连通的裂缝的影响而增大，因而使 C 值增大。

最后，对于液面不到井口（井筒不充满）的情形，C 值将会更大。假设每米油管的容积为 V_u（m^3）[也就是说，油管内横截面面积为 V_u（m^2）]，油管中原油的密度为 ρ（g/cm^3），液面高度变化（上升或下降）值为 l（m），而相应的压力变化值为 Δp（MPa），则：

$$\Delta V = V_u l \, (m^3)$$

$$\Delta p = 9.80665 \times 10^{-3} l\rho$$

故

$$C = \frac{\Delta V}{\Delta p} = \frac{V_u l}{9.80665 \times 10^{-3} l\rho} = \frac{V_u}{9.80665 \times 10^{-3} \rho} \, (m^3/MPa) \tag{3-90}$$

在均质油藏情形，油井的井筒储集系数 C 的数值，其数量级一般为 $10^{-1} m^3/MPa$ 甚至更小。但在双重孔隙油藏情形，C 值却常大于 $1 m^3/MPa$，比均质油藏情形高 10~100 倍。井筒储集系数 C 的数值范围见表 3-1。

表 3-1　井筒储集系数 C 的数值范围

井况及测试工艺	C 值的数量级（m^3/MPa）	级别
极深气井，井口开关井	>10	特高
深气井或高含气油井，井口开关井	1~10	高
浅气井或含气柱油井，井口开关井	0.1~1	较高
油井，井口开关井	0.05~0.1	中等
油井，井口开关井；或井底开关井，口袋较长	0.01~0.05	较低
井底开关井	0.001~0.01	低
井底开关井，口袋特短	<0.001	很低

如果在井筒储集效应阶段，井筒中发生相态改变的现象，则井筒储集系数也将发生变化。假如在压降测试中，开始时井口压力稍高于饱和压力，井筒中原油呈单相状态。此时井筒储集系数 C 与原油的压缩系数成正比。开井后，井筒中的压力很快下降到低于饱和压力，其中的原油开始脱气。此时，由于流体（原油和自由气）的压缩系数增大，井筒储集系数 C 也随之增大。反之，如果在压力恢复的井筒储集阶段，井口压力由稍低于饱和压力迅速上升到高于饱和压力，井筒储集系数 C 则将变小。

最后还要说明的是，当井的流动条件发生任何改变（如产量明显增大或减小）时，都会出现井筒储集效应，井底产量 q_2 的变化都会滞后于地面产量 q_1 的变化，并对压力的变化产生影响。

三、表皮效应（Skin Effect）与表皮系数（Skin Factor）

假设一口井裸眼完成（井径等于钻井时所用钻头的半径），生产层段全部钻穿，井壁周围地层的性质保留原来的状态，即与离井远处的地层完全相同，井壁对流体流入井筒不产生任何附加阻力，这样的井称为完善井。但是完善井只是一种理想情形，实际情况往往并非如此。

假定产层的渗透率为 K，设想在井筒周围有一个非常小的环状区域（或设想成就在井壁）。由于种种原因，譬如在钻井、完井、固井、射孔和增产措施等作业过程中，钻井液和其他物质侵入（严重时甚至形成泥饼）、射开不完善（如部分射开产层、射孔密度太小）、产层改造措施（如酸化、压裂）见效等，这个小环状区域的渗透率变成为 K_S，（$K_S \neq K$，图 3-24）。由于这些原因，当原油从产层流入井筒时，在这里产生一个附加压力降，这个附加压力降有时可以达到很大的数值。这种现象叫做表皮

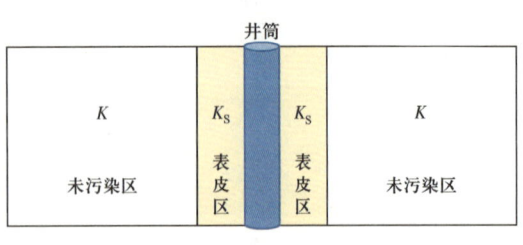

图 3-24　表皮效应示意图

效应，也有人称作趋肤效应。把这个附加压降（用 Δp_S 表示）无量纲化，得到无量纲附加压降，用它来表征一口井表皮效应的性质和严重程度，称之为表皮系数（也称作表皮因子、趋肤因子、污染系数等），用 S（Skin 的首字母）表示；在基本物理单位下其表达式为[参看式（3-33）]：

$$S = \frac{2\pi Kh}{q\mu B}\Delta p_S$$

变换到法定单位制下为:

$$S = \frac{Kh}{1.842q\mu B}\Delta p_S \qquad (3-91)$$

图 3-25 表示在均质地层中一口井 $S=0$、$S>0$ 和 $S<0$ 三种情形的附加压降,它们分别表征均质油藏中的井未受伤害(地层未受伤害)、受伤害(地层已受伤害,井周围地层渗透性变差)和增产措施见效(地层得到改善,井周围地层渗透性变好)的情形,而 S 的数值则表示伤害或增产措施见效的程度。这就是说,如果 $S>0$,数值越大,表示井筒周围地层渗透性变得越差,伤害越严重;如果 $S<0$,绝对值越大,表示井筒周围地层渗透性变得越好,即增产措施的效果越好。

$S=0$ 的情形就是上面所说的完善井,而 $S<0$ 和 $S>0$ 的情形则分别为超完善井和不完善井。

实际上,除了上面提到的钻井液侵入、射开不完善和增产措施等会产生表皮效应(常称作"井壁污染")之外,还有不少因素会产生表皮效应,如气体的非达西流动、多相流动等。根据 Gringarten 统计,由不同原因造成的表皮效应以及相应表皮系数的数值范围见表 3-2。

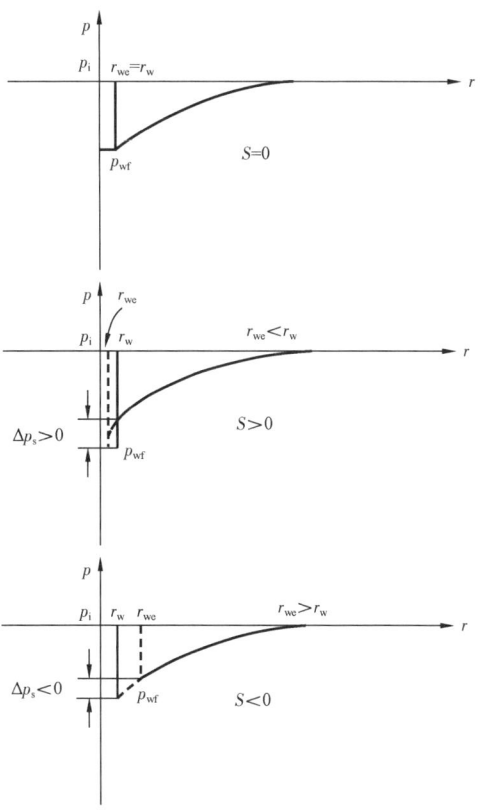

图 3-25 表皮效应和有效半径示意图

表 3-2 表皮效应的各种成因及表皮系数大致数值范围

成因	表皮系数符号	大致数值范围	合计
由储层伤害或增产措施引起的表皮效应	S_W	-4(酸化)$\sim +20$(污染)	
气层中由气体的非达西流动引起的表皮效应	S_G	$+5 \sim +20$	
由多相流动引起的表皮效应	S_{Mu}	$+5 \sim +15$	$-4 \sim +60$
由各相异性引起的表皮效应	S_A	$-2 \sim 0$	
由完井引起的表皮效应	S_C	-5.5(压裂井或水平井)$\sim$ $+300$(部分打开井)	
由流体界面引起的表皮效应	S_F	-4(气—油/水) $\sim >20$(凝析油—气)	
由储层几何形态引起的表皮效应	S_{Ge}	-3(双孔储层)~ 0	

总表皮系数 S_T 是测试井在测试中所出现的所有表皮系数的总和(各符号意义见表 3-2):

$$S_T = S_w + S_G + S_{Mu} + S_A + S_C + S_F + S_{Ge}$$

在前文,式(3-34a)中附加上了一项表示表皮效应的附加压降,在法定计量单位制下,这一附加压降表示为:

$$\Delta p_s = \frac{1.842q\mu B}{2Kh} \cdot 2S$$

所以式(3-34a)写成:

$$p_{wf} = p_i - \frac{0.9210q\mu B}{Kh}\left(\ln\frac{8.085 \times 10^{-3}\eta t}{r_w^2} + 2S\right)$$

这个式子还可改写成:

$$p_{wf}(t) = p_i - \frac{0.9210q\mu B}{Kh}\left(\ln\frac{8.085 \times 10^{-3}\eta t}{r_w^2} + \ln e^{2S}\right) = p_i - \frac{0.9210q\mu B}{Kh}\ln\frac{8.085 \times 10^{-3}\eta t}{(r_w e^{-S})^2}$$

令

$$r_{we} = r_w e^{-S} \qquad (3-92)$$

则

$$p_{wf}(t) = p_i - \frac{0.9210q\mu B}{Kh}\ln\frac{8.085 \times 10^{-3}\eta t}{r_{we}^2} \qquad (3-93)$$

如果把油井半径看做 r_{we},则式中不再出现表皮系数 S,而表皮效应的影响已包含在 r_{we} 之中。r_{we} 称为有效半径(Effective Radius)或折算半径,其意义如图 3-25 所示。有效半径 r_{we} 与油井半径 r_w 之间的关系完全反映了井筒附近污染的情况:

$r_{we} = r_w$,即 $S = 0$,井未受污染(地层未受伤害,完善井);

$r_{we} < r_w$,即 $S > 0$,井受污染(地层已受伤害,不完善井),r_{we} 越小,污染越严重;

$r_{we} > r_w$,即 $S < 0$,井的增产措施见效(超完善井),r_{we} 越大,措施效果越好。

除了表皮系数和有效半径外,还有如下几种表示井筒附近污染情况(即地层受伤害情况)的方法。

1. 流动效率 FE(Flow Efficiency)

$$FE = \frac{J_{实际}}{J_{理想}}$$

其中 $J_{实际}$ 是实际生产指数(实际采油指数),而 $J_{理想}$ 则是理想生产指数(理想采油指数),即不存在表皮效应时的生产指数,或扣除了表皮效应造成的附加压力损失后的生产指数:

$$J_{实际} = \frac{q}{p_R - p_{wf}}$$

$$J_{理想} = \frac{q}{p_R - p_{wf} - \Delta p_S}$$

即

$$FE = \frac{p_R - p_{wf} - \Delta p_S}{p_R - p_{wf}}$$

流动效率又称作完善系数 CR(Condion Ratio)和完井指数 CF(Completion Factor)。

2. 产率比 PR(Productivity Ratio)

$$PR = \frac{q_{实际}}{q_{理想}}$$

因为[参见式(2-1)]:

$$q_{实际} = \frac{0.5358Kh}{B\mu\left(\ln\frac{r_e}{r_w} + S\right)}\Delta p$$

$$q_{理想} = \frac{0.5358Kh}{B\mu\ln\frac{r_e}{r_w}}\Delta p$$

故

$$PR = \frac{\ln\frac{r_e}{r_w}}{\ln\frac{r_e}{r_w} + S}$$

3. 堵塞比 DR(Damage Ratio)

$$DR = \frac{1}{FE} = \frac{p_R - p_{wf}}{p_R - p_{wf} - \Delta p_S}$$

4. 伤害系数 DF(Damage Factor)

$$DF = \frac{\Delta p_S}{p_R - p_{wf}}$$

显然有:

$$DF = 1 - FE$$

式中　q——产量, m³/d;
　　　p_R——地层压力, MPa;
　　　p_{wf}——流动压力, MPa;
　　　Δp_S——表皮效应造成的压差, MPa。

由这些参数描述井筒附近污染情况见表 3-3。

表 3-3 用不同参数描述井筒附近污染情况

序号	参数	污染 （非完善井）	正常 （完善井）	改善 （超完善井）
1	表皮系数 S	>0	=0	<0
2	附加压降 Δp_S	>0	=0	<0
3	有效半径 r_{we}	$<r_w$	$=r_w$	$>r_w$
4	流动效率 FE	<1	=1	>1
5	产率比 PR	<1	=1	>1
6	堵塞比 DR	>1	=1	<1
7	伤害系数 DF	>0	=0	<0

四、真实压降曲线和压力恢复曲线

如果不存在井筒储集效应，也不存在表皮效应，则在半对数坐标系中，压降曲线和压力恢复曲线从一开始就呈一条直线。我们只来考察压降情形，图 3-26 曲线 1 就是其示意图。但这不过是理想情形。一般来说，测试井都具有井筒储集效应和表皮效应，在这两种效应的影响下，压降曲线就会产生变形。

1. 只存在井筒储集效应而不存在表皮效应的情形

如果只存在井筒储集效应而不存在表皮效应，则压降曲线呈图 3-26 曲线 2 的形态。在纯井筒储集阶段，产量完全来自井筒中流体的膨胀，井底压力随着流体弹性能量的逐步释放，从原始压力开始缓慢下降，此时压力降落与时间（在直角坐标系中）呈直线关系。但在半对数坐标系下，从开始直到井筒储集效应结束，压降曲线却呈一条曲线（图 3-26 曲线 2）。井筒储集效应完全结束之后，压降才呈半对数直线，而与无井筒储集效应情形的理想曲线 1 相重合。

2. 只存在表皮效应而不存在井筒存储效应的情形

如果只存在表皮效应而不存在井筒存储效应，则一开井便立即出现径向流，但存在一个因表皮效应而造成的附加压降（图 3-27）。因此，此时的压降曲线 3 与理想曲线 1 平行但向下（$\Delta p_S>0$ 即 $S>0$ 情形）或向上（$\Delta p_S<0$ 即 $S<0$ 情形）平移，平移的距离即为表皮效应造成的附加压降 Δp_S。图 3-27（以及图 3-28）中只显示了 $S>0$、压降曲线向下平移的情形。

3. 既存在井筒储集效应又存在表皮效应的情形

一般的井既存在井筒储集效应又存在表皮效应。在此情形，两种效应同时作用，其结果使得压降曲线变形如图 3-28 曲线 4 所示。井筒储集延迟径向流直线段的出现，而表皮影响使径向流直线段向下平移（$S>0$ 情形），但最终的直线段斜率却保持不变（因为渗透率代表的是整个油藏的特征而不受井筒附近污染的影响)。因此,实测的压力降落曲线的早期,并不呈现半对数直线,只有当井筒储集效应结束之后,才会同"无限大"地层条件下的压降一样,其半对数图呈现一条直线;此时,压力变化曲线才真正描述测试层的性质。如果测试井附近有油层边界,它将使半对数直线段的后期发生改变,形成"边界反映段"(见第四章第三节),这就是我们通常所看到的"真实"的压降曲线。

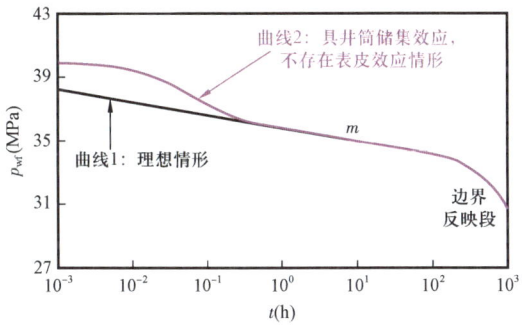 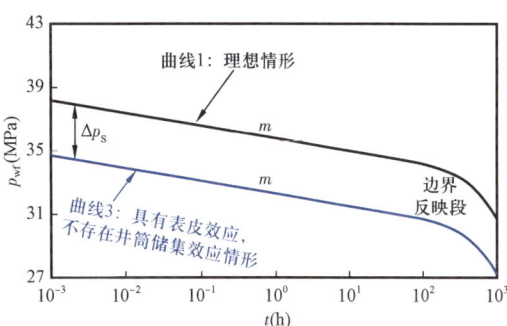

图 3-26　只具井筒储集效应的情形和理想情形的压降曲线比较图　　图 3-27　只具表皮效应的情形和理想情形的压降曲线比较图

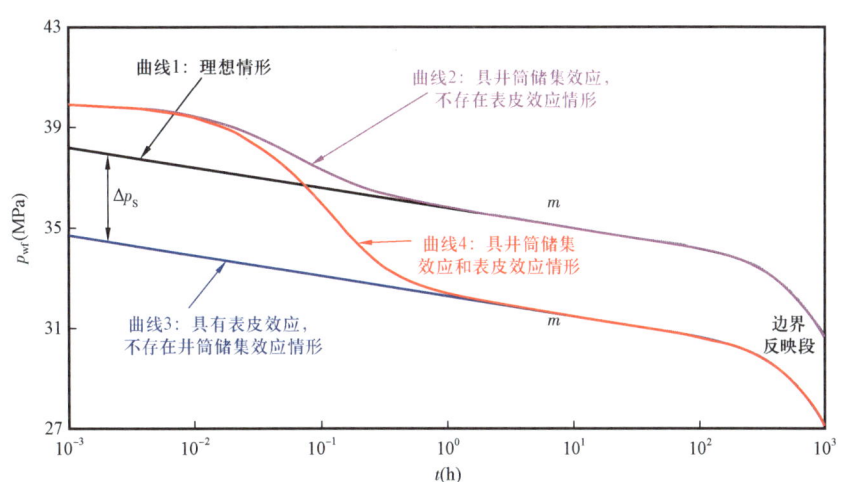

图 3-28　只具井筒储集效应情形、只具表皮效应情形、兼具井筒储集和表皮效应情形和理想情形的压降曲线比较图

压力恢复的情形与压降一样。在刚关井的一段时间里,由于井筒储集效应(续流效应),恢复曲线也不呈半对数直线;在井筒储集效应结束之后,才会同"无限作用径向流动阶段"的压降一样,其半对数呈现一条直线,此时压力变化曲线才真正描述测试层的性质(图 3-8)。

如果测试时间足够长,"探测"到了油层边界,压力曲线会偏离径向流直线段,或者说半对数直线段将发生变形,形成后期的反映边界特征的"外边界影响段"或"外边界反映段"(见第四章第三节)。这就是我们通常所看到的"真实"压力恢复曲线。

五、调查半径(Radius of Investigation)及其应用

一口井开井生产后,井底流动压力就会逐渐降低,附近地层中的压力也会随着逐渐降低。我们知道:压力 $p(r,t)$ 是距离 r 和时间 t 的函数,在开井生产 $t(h)$ 时,在离井 $r(m)$ 处的压力为[参见式(3-26)]:

$$p(r,t) = p_i - \frac{0.9210qµB}{Kh}\left[-\text{Ei}\left(-\frac{\phi\mu C_t r^2}{0.0144Kt}\right)\right]$$

当 $\frac{\phi\mu C_t r^2}{0.0144Kt}$ 很小时,还可以近似表示为:

$$p(r,t) = p_i - \frac{0.9210qµB}{Kh}\left(\ln\frac{8.085 \times 10^{-3}Kt}{\phi\mu C_t r^2}\right) \quad (3-94)$$

这就是说:不论任何时刻,离井越近(r 值越小)的地方,地层中的压力降得越多;不论任何地方,生产时间越长(t 值越大),地层中的压力也降得越多,从而形成一个不断扩大和不断加深的压降漏斗(图3-29)。如果绘制地层中的流动压力 $p(r,t)$ 与离井的距离 r 的对数 $\ln r$ 的关系曲线,即在 $\ln r$ 坐标下的流动压力分布剖面(图3-30),则在每一个时刻 $t_1, t_2, t_3, \cdots, p(r,t)$ 与 $\ln r$ 成一直线,这些直线延续一定距离,直至距离 r 大到使 $\frac{\phi\mu C_t r^2}{0.0144Kt} < 0.01$ 不再成立,从而近似表达式(3-94)不再成立为止。理论上,地层中即便是在离井很远的地方,从开始生产的那一时刻起,压力就将开始下降。但在某一时刻之前,在离井一定距离之外,压力降低很小,小得根本测不出来,似乎仍然保持着开井前的原始压力 p_i(图3-29和图3-30)。因此,对于每一个时刻 t_i,存在这么一个距离 r_i,在离井比它近($r < r_i$)的地方,压力已经因该井的生产而有所下降;而比它远($r > r_i$)的地方,因该井的生产而造成的压力降还小得可以忽略不计,表现为压力保持其原始数值 p_i(图3-29和图3-30)。通常我们就说该井生产的影响"波及"到了 r_i 远;在进行测试时就说:测试的"调查"范围或"探测"范围扩大到了以井为圆心、以 r_i 为半径的圆;换句话说:在测试过程中,在这个范围之外,测试层的任何性质,都没有探测到。我们把 r_i 称为调查半径或探测半径。

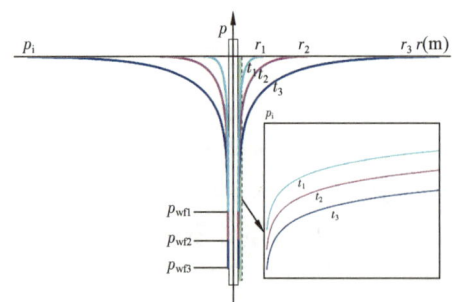

图3-29 压降漏斗和调查半径示意图

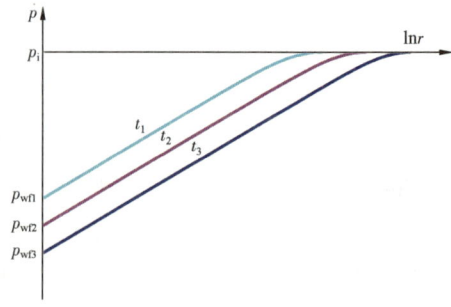

图3-30 $\ln r$ 坐标下的流动压力分布剖面

许多人给出过计算调查半径的公式,最常用的是由 Muskat 和 Van Poollen 给出的由泄油半径转化而来的:

$$r_{iD} = 2\sqrt{t_D} \qquad (3-95)$$

$$r_{iD} = \frac{r_i}{r_w}$$

$$t_D = \frac{3.6 \times 10^{-3} K}{\phi \mu C_t r_w^2} t$$

式中　r_{iD}——无量纲调查半径;
　　　t_D——无量纲时间。

把式(3-95)写成有量纲形式,则为:

$$r_i = 0.12\sqrt{\frac{Kt}{\phi \mu C_t}} \qquad (3-96)$$

显然,调查半径只与地层及其中流体的物性和测试时间有关,而与产量等其他参数无关。

必须注意的是,调查半径的这个定义,并没有考虑这样一个问题:通过试井解释是不是一定可以把以此为半径的圆内的地层特性解释出来?比如:离井 200m 处有一条密封断层,在测试中当如此定义的调查半径到达了 200m 甚至更远一些时,在测试井测得的压力变化中,却尚未得到这条断层的任何信息。而由上文中所介绍的叠加原理知道:只有当井的压力降落波及测试井(原井)的时候,测试井的压力才开始反映出不渗透边界的特征(参见第四章第三节图 4-27);而且,要使这种反映增大到可以通过试井解释把它解释出来,还需延续更长的时间。

2000 年 Gringarten 等提出了调查半径的一个崭新概念:调查半径是这样一个距离,在这一距离以内的地层的地质特征(包括外边界),可以通过压力导数分析方法❶解释出来;而在这一距离以外,则不一定能加以解释。他们以断层为例,以压力导数曲线上已经有了比较明显的断层反映,即拟合 0.5 线的第一水平直线段已经完全出现,并且已经开始向上升高,即向拟合 1.0 线的第二水平直线段过渡;以两个不同的升高幅度,重新定义了两个调查半径(见图 3-31;压差和压力导数的双对数曲线将在第四章详述)。

(1)若以升高了第一和第二水平直线段之间高度差的 10% 为标准,无量纲调查半径为:

$$r_{iD} = 1.623\sqrt{t_D}$$

有量纲调查半径为:

$$r_i = 0.0974\sqrt{\frac{Kt}{\phi \mu C_t}} \qquad (3-97)$$

---

❶ 压力导数曲线及其解释方法见第五章第四节。建议读者在阅读该章节后再回头阅读本节。

这样算得的调查半径[见图(3-31)中的新定义1]只有按原来定义的调查半径公式(3-96)计算结果的81%。

(2)若以升高了第一水平直线段和第二水平直线段之间高度差的90%为标准(图3-31),无量纲调查半径为:

$$r_{iD} = 0.379 \sqrt{t_D}$$

有量纲调查半径为:

$$r_i = 0.0227 \sqrt{\frac{Kt}{\phi\mu C_t}} \quad (3-98)$$

以此标准计算的调查半径[见图3-31中的新定义2],只有按原来定义的调查半径公式(3-96)计算结果的19%;显然,这相当于加了个很大的"保险系数",使得用它计算的结果比较"保守"。

新定义的调查半径的一个直接应用是估算测试井的至少控制储量。

如果测试过程中探测到了测试井附近的油藏边界,并算得离测试井最近的边界到测试井的距离,设为L(m),则在以测试井为圆心、L为半径的圆内,全部孔隙空间为油所充满,所以该测试井至少控制的石油储量有:

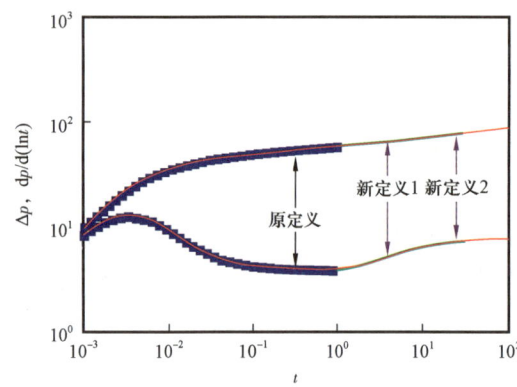

图3-31 直线断层情形调查半径新老定义示意图

$$N = \pi L^2 h \phi S_o (\text{m}^3)$$

式中 N——测试井至少控制的储量,m³;
L——离测试井最近的边界到测试井的距离,m;
h——油藏厚度,m;
ϕ——油藏孔隙度;
S_o——含油饱和度。

此外,根据Gringarten等调查半径的新概念,在没有探测到任何边界的情形,也可以把测试井所控制的最小储量估算出来。

假定某井压降测试时间进行了t_p(h),还没有探测到任何边界,根据式(3-97)算出其调查半径r_i,则在以测试井为圆心、r_i为半径的圆内,不存在任何边界,全部孔隙空间应该为油所充满,所以该测试井至少控制的石油储量(N)为:

$$N = \pi r_i^2 h \phi S_o = 0.0298 \frac{KhS_o t_p}{\mu C_t} (\text{m}^3)$$

【例3-1】 F-1井是在一个非常疏松的砂岩油藏中的一口探井,试油过程中测试时间

为 $t_p=21\text{h}$，期间毫无外边界反映（图 3-32），油层厚度 $h=31\text{m}$，渗透率 $K=8923\text{mD}$，油层孔隙度 $\phi=0.18$，含油饱和度 $S_o=65\%$，原油黏度 $\mu=41\text{mPa}\cdot\text{s}$，综合弹性压缩系数 $C_t=7.4\times10^{-3}\text{MPa}^{-1}$。则测试井至少控制的储量为：

$$N = 0.0298\frac{KhS_o t_p}{\mu C_t} = 0.0298\times\frac{8923\times31\times0.65\times21}{41\times7.4\times10^{-3}} = 370857(\text{m}^3)$$

我们把它称为"至少控制储量"。

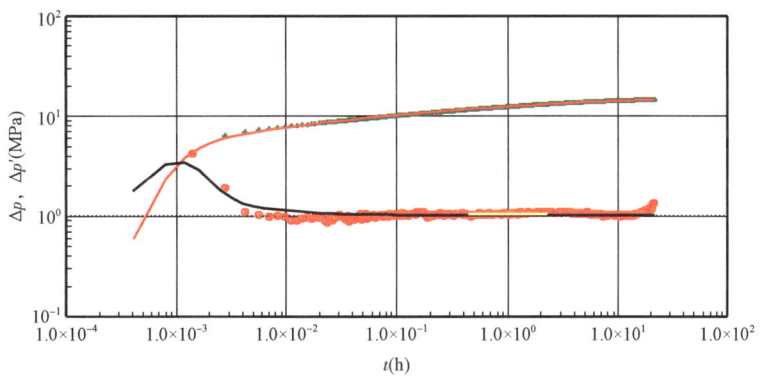

图 3-32 F-1 井双对数曲线

显然，一口探井能至少控制 $37\times10^4\text{m}^3$ 油的储量，这是个鼓舞人心的好消息。

这个储量是"至少控制储量"，而不是真正的控制储量。真正的控制储量肯定比"至少控制储量"大，甚至有可能比它大很多。但是，在这个情形，真正的控制储量并无法确定。在调查半径相当大而尚未探测到任何外边界的情形，"至少控制储量"是很有意义的，它反映出测试井和测试层是否具有美好前景；但如果调查半径很小，所算出的"至少控制储量"就没有什么实际意义了。

六、流动阶段及从每一流动阶段可以获得的信息

把压力降落或压力恢复的压差数据画在双对数坐标系中，可得一条曲线，称作双对数曲线。整个曲线可分为 4 个阶段（图 3-33）。

第四阶段：这是早在 20 世纪 20 年代就已为人们所研究的阶段。把生产井关闭，下入压力计测压，由此获得平均地层压力，然后用物质平衡法估算油藏的储量。但人们很快就认识到：所测压力值取决于关井时间的长短。油层的渗透率越低，达到平均地层压力所需的关井时间就越长。在现代试井解释中，把这一阶段称作第四阶段，从这一阶段的资料可以计算测试井到附近油层边界的距离 L、排油半径 r_e 和排油面积 A、控制储量 N、平均地层压力 $\bar{p}$ 等。

第三阶段：径向流动阶段。20 世纪 50 年代，不稳定试井方法发展起来。这种方法是测量压力降落曲线或压力恢复曲线，从而计算地层系数 Kh（或流动系数 $\dfrac{Kh}{\mu}$、流度 $\dfrac{K}{\mu}$ 或渗透率 K）、表皮系数 S 和地层压力 p^* 等，但得不到测试井井筒周围的有关情况和油藏类型的有关信息。

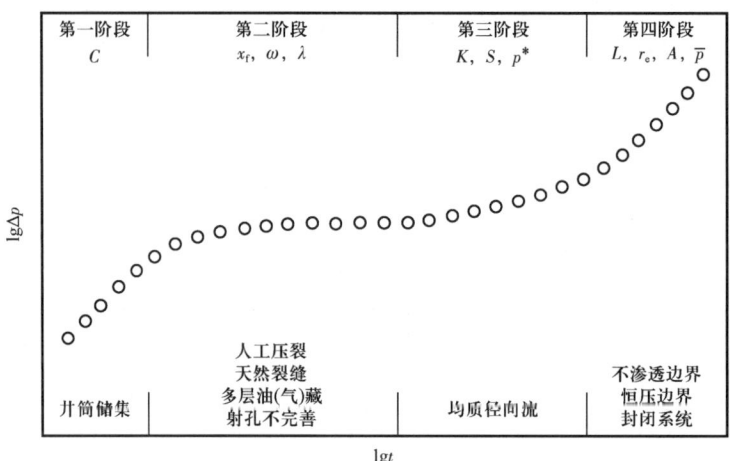

图 3-33 双对数曲线及流动阶段示意图

第二阶段:井筒附近油层的情况(如是否形成与井筒相连通的压裂裂缝,有无与井筒相连通的天然裂缝,测试井是否完善等),以及油藏的类型(如油藏是均质的还是非均质的,属何种非均质)等信息,只有从这一阶段的资料才能得到。从这一阶段的资料可以得到的参数有裂缝半长 x_f(井被裂缝切割情形)、储能比 ω(裂缝系统储油能力占总储油能力的比例)和表征原油从基质岩块系统流到裂缝系统的难易程度的窜流系数 λ(双重介质情形)等。

第一阶段:即刚刚开井(压降情形)或刚刚关井(恢复情形)的一段短时间,这是井筒储集阶段。分析这一阶段的数据可以得到井筒储集系数 C。

要进行第二阶段和第一阶段的分析,必须使用高精度压力计,测得早期资料,即刚刚开井或刚刚关井时的压力变化数据。

压力导数曲线是识别和划分流动阶段更有效的工具,第五章第四节将对此进行详细讨论。

第四章
现代试井解释方法及试井解释模型

如前所述,试井解释就是根据试井中所测得的资料,包括产量和压力变化等,结合其他资料,来判断油(气)藏类型、测试井类型和井底完善程度,并计算油(气)层及测试井的特性参数,如渗透率、表皮系数、储量、地层压力等,以及判断测试井附近的边界情况、井间连通情况等。

20世纪50—70年代,世界上普遍使用半对数曲线分析方法(包括Horner法和MDH法)来进行试井解释。这就是所谓的常规试井解释方法(Conventional Well Test Interpretation Method),其主要内容已经在第三章简单介绍过了,在以后的章节中还要进一步介绍和运用。

常规试井解释方法在试井解释中起着很好的作用,但也存在着很大的局限性。譬如,当测不到半对数直线段时,常规试井解释方法就无能为力了。到底半对数曲线是否出现了直线段,直线段从何时开始,延续多长时间,在似乎出现两条以上直线段的情形,到底哪一条才是真正的直线段,有时也很难判断。如果直线段判断错了,解释结果自然就不正确了;而判断是对是错,又无法进行检验。

20世纪70年代后期,随着科学技术的飞速发展,特别是计算机技术和高精度测试仪表的发展,试井解释方法在原来的常规试井解释方法的基础上,得到了很大的进步和发展,建立了一套比较完整的所谓现代试井解释方法(Modern Well Test Interpretation Method),并且经过不断补充,到80年代早期就已经相当完善。

概括起来,现代试井解释方法具有以下几个特点:

(1)运用了信号理论(或系统分析)的概念和数值模拟的方法,大大丰富了试井解释的思想方法和实际内容(详见本章第一节)。

(2)建立了双对数分析方法(图版拟合分析方法,特别是压力导数图版拟合分析方法),用以简单明了地识别测试层(井)的类型及划分流动阶段;确立了早期(第一阶段和第二阶段)资料的解释,从过去认为无用的数据中得到了许多很有用的信息;通过图版拟合分析和数值模拟(如压力史拟合等),从试井资料的总体上进行分析研究,得出比用常规试井解释方法内容更丰富、精确度更高的可靠的分析结果。如今,根据试井解释实践的要求,已经陆续建立了许多种试井解释模型,基本上可以满足试井解释的实际需要。

(3)包括并进一步完善了常规试井解释方法,由于双对数分析可以准确判断半对数曲线是否出现了直线段,并给出直线段开始的大致时间和延续时间,大大提高了半对数曲线分析的准确性和可靠性。

(4)使用了直角坐标图,以进一步核验各个"部分"或"单元"[测试层(井)的类型、流动阶段等]及特性参数(详见本章第三节)。这就是说,现代试井解释方法使用了三种曲线图,即双对数曲线图[用以识别测试层(井)类型和确定流动阶段,称为双对数诊断曲线图(Log–Log Diagnosis)]、半对数曲线图及直角坐标图[用以验证测试层(井)的各种类型、各个流动阶段,计算各自的特性参数,称为特征曲线图或特种识别曲线图(Specialized Plot)]。

(5)不仅适用于油井和水井,也适用于气井;可以解释各种不稳定试井的资料,如中途测试(DST)、生产测试;压降测试、压力恢复测试;采油井测试、注水井测试的资料等。

(6)整个解释过程既是一个对模型的各个"部分"或"单元"(流动阶段)分别使用各自不同的方法进行解释的过程,又是一个整体综合分析的过程,而且还是一个边解释边检验的过程。几乎每一个流动阶段的识别、每个参数的计算,都要用至少两种不同的分析方法分别进行,再对比结果,互相检验。在用两种不同方法进行解释得到一致的结果之后,还要经过无量纲Horner曲线(或其他半对数曲线)拟合检验和压力史拟合检验,即用所解释的结果(包括选用的解释模型和所计算的各项参数),以及测试过程中实际测得的产量数据,计算无量纲Horner曲线(或其他半对数曲线)和压力变化历史,与实测压力的无量纲Horner曲线(或其他半对数曲线)和压力变化历史相拟合(实际上就是数值模拟),以作最后检验。靠这一套边解释边检验的解释程序,使每一步骤都做得扎实、可靠,从而保证了整个解释的可靠性和准确性。现代试井解释方法已经成为当今世界上新的常规试井解释方法,各石油公司都已经将它列入试井解释的规程、技术规范或技术标准。我国也是如此:应用现代试井解释方法进行试井解释已列入SY/T 6172—2022《油田试井技术规范》之中。

第一节 从系统分析看试井解释

按照系统分析的观点,现代试井解释方法建立起一个整体综合分析的方法。该方法认为:尽管世界上有成千上万个油气藏,它们的地质条件不同、岩性不同、埋藏深度不同、大小不同、地层压力不同,其中的流体的类型不同、组分不同,可是,因为油气藏就象个分辨率不高的"过滤器",当给它们输入某种讯号时,只有差别明显的油藏性质,才能在它们给出的输出讯号中显现出来,并可以加以区分或识别;所以在试井当中,它们所呈现的性态,可以认为是由有限的若干个明显不同的基本"部分"或"部件"(性质明显不同的油藏和不同的流动阶段)所组成,而这些基本"部分"或"部件"却是时时、处处相同的。这就是说:试井解释模型是由若干基本"部分"或"部件"组成的;试井解释就是要用系统分析的方法,依照一定的步骤,找出这些基本"部分"或"部件",以组成测试井解释模型。而这个模型一经确定,应当用何种解释图版进行测试资料的解释,能得到多少和什么样的解释结果,也就确定了。从系统分析的观点出发,试井解释的实质及其局限就变得很容易理解;而这种整体综合分析方法,还使得试井解释容易进行,并具有可重复性和可靠性。

系统分析认为:任何一个研究对象,都可以看作是一个系统(System,用S表示)。给系统一个"激动",或称作输入(Input,用I表示),则系统就会出现相应的"反应",即输出(Output,用O表示),如图4–1所示。

系统分析中有三类问题：一类是已知系统 S 的结构和输入讯号 I，而要求出未知的输出讯号 O。这称为正问题(Direct Problem)，用式子表示为：

$$I \times S \to O$$

第二类则是系统 S 为未知，而要由已知的输入讯号 I 和输出讯号 O 反求该系统 S 的结构。这称为反问题(Inverse Problem)，用式子表示为：

$$O/I \to S$$

正问题的解是唯一的。举个简单的例子：假定系统 S 是一个加法算子，输入是 $I = (1,2,3)$，则输出只有一个：$O = 1 + 2 + 3 = 6$，即解是唯一的。而反问题的解却不是唯一的。还以这个例子来说明。其反问题是：输入为 $I = (1,2,3)$，输出为 $O = 6$；而要求的是对应的算子 S。加法算子 S_1 和乘法算子 S_2 都能满足要求：

$$S_1: \quad 1 + 2 + 3 = 6$$

$$S_2: \quad 1 \times 2 \times 3 = 6$$

可见解是不唯一的。反问题的解的不唯一性是无法避免的。

第三类问题是已知系统 S 和输出讯号 O，而要求出未知的输入讯号 I。这就是反褶积问题(Deconvolution Problem)。这类问题的解也是不唯一的。还是以加法算子 S 为例，已知输出 $O = 6$，其输入可以为：

$$I_1 = (1,2,3): 1 + 2 + 3 = 6$$

$$I_2 = (2,2,2): 2 + 2 + 2 = 6$$

$$I_3 = (0,2,4): 0 + 2 + 4 = 6$$

$$I_4 = (0,1,5): 0 + 1 + 5 = 6$$

等。

现在，把油(气)藏(即测试层)和测试井看作是一个系统 S。测试过程中，给 S 一个输入讯号 I——从测试井以恒定产量采出一定数量的原油或天然气，由此引起 S 中的压力发生变化——这就是 S 的输出讯号 O，如图 4-2 所示。

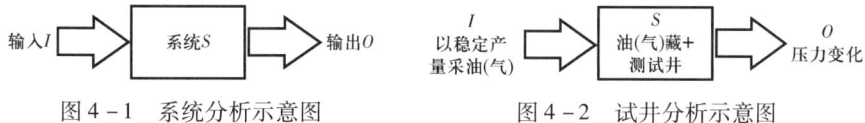

图 4-1　系统分析示意图　　　图 4-2　试井分析示意图

在试井或油藏工程中，建模进行试井设计或动态预测是正问题。而最普遍的试井的过程，是计量采出(或注入)的原油或天然气，并测量由此造成的井底压力变化，即测取系统的输入讯号和输出讯号[1]。试井解释的任务，就是由这些资料，即输入 I (产量变化) 和输出 O

---

[1] 试井过程也可以是改变井底或井口压力，测量由此造成的产量变化。此时压力变化为输入讯号，产量变化为输出讯号。但这种试井很少实施。

(压力变化),加上某些条件,以及由其他测试手段所取得的油(气)藏和测试井的有关资料(如高压物性参数),来识别系统 S[油(气)藏和测试井的特性和参数]。也就是说,要解一个反问题。

如何解这个反问题呢?

我们知道:对于一个系统,施加某一输入,一定能得到某一输出;对于不同的系统,施加同样的输入,一般来说,将得到不同的输出。因此,我们可以用不同系统对于一定输入的反应,即输出,来识别系统本身。

为了解试井解释这个反问题,首先解一系列的正问题。具体来说就是:先找出各种不同系统[油(气)藏和油(气)井的理论模型],也就是各种相应的微分方程或微分方程组及其定解条件,再找出它们对于某种输入(产量及其变化)的反应或输出(压力变化);也就是解相应的微分方程或微分方程组。把得到的解,即各种类型油(气)藏和油(气)井的压力变化,分别画成曲线,这就是样板曲线或解释图版(Type Curves)。大多数解释图版都是压力图版(Pressure Type Curves),即 p_D 与 t_D 的双对数曲线,或 p_D 与 $\dfrac{t_D}{C_D}$ 的双对数曲线;或压力导数图版(Pressure Derivative Type Cures),即 $\dfrac{dp_D}{d\ln\left(\dfrac{t_D}{C_D}\right)}$ 与 $\dfrac{t_D}{C_D}$ 的双对数曲线;其中 p_D、t_D 和 C_D 分别为无量纲压力、无量纲时间和无量纲井筒储集系数。

在进行试井解释时,把实测压力变化画在透明双对数坐标纸上(注意:坐标尺寸必须与所用解释图版的坐标尺寸完全相同),得到实际压差与时间的双对数曲线(注意:是压差曲线而不是压力曲线,因为无量纲压力实质上是无量纲压差)。然后把这条曲线与解释图版相对比、相拟合,看它与哪一类模型的解释图版中的哪一条样板曲线拟合得最好,从而识别油藏的类型,并根据各种拟合数值——压力拟合值、时间拟合值和曲线拟合值计算油(气)藏和测试井的特性参数。之所以能够这样做,是因为无量纲压力与压差、无量纲时间与时间均成正比,而其比例系数只与油(气)藏和测试井的某些特性参数有关[式(3-77)、式(3-78)]:

$$p_D = \frac{Kh}{1.842q\mu B}\Delta p$$

$$t_D = \frac{3.6 \times 10^{-3} K}{\phi\mu C_t r_w^2}t$$

于是有:

$$\lg p_D = \lg \Delta p + \lg \frac{Kh}{1.842q\mu B}$$

$$\lg t_D = \lg t + \lg \frac{3.6 \times 10^{-3} K}{\phi\mu C_t r_w^2}$$

因此,当我们选用正确的试井解释模型时,一般说来也只有在这时,实际曲线与解释图版的样板曲线具有完全相同的形状,无量纲压力与实测压差、无量纲时间与实际时间,经取对数之后,都只相差一个常数:

$$\lg p_\text{D} - \lg \Delta p = \lg \frac{Kh}{1.842q\mu B} = 常数$$

$$\lg t_\text{D} - \lg t = \lg \frac{3.6 \times 10^{-3} K}{\phi\mu C_\text{t} r_\text{w}^2} = 常数$$

所以,通过上下、左右平移,可以使实际曲线与样板曲线互相叠合,此时对应的坐标之差便是 $\lg \frac{Kh}{1.842q\mu B}$ 和 $\lg \frac{3.6 \times 10^{-3} K}{\phi\mu C_\text{t} r_\text{w}^2}$,由此便可计算出渗透率 K 和其他有关的参数。具体做法将在后面的章节详细叙述。

整个试井解释过程,可以归纳成 3 个主要阶段(图 4-3):

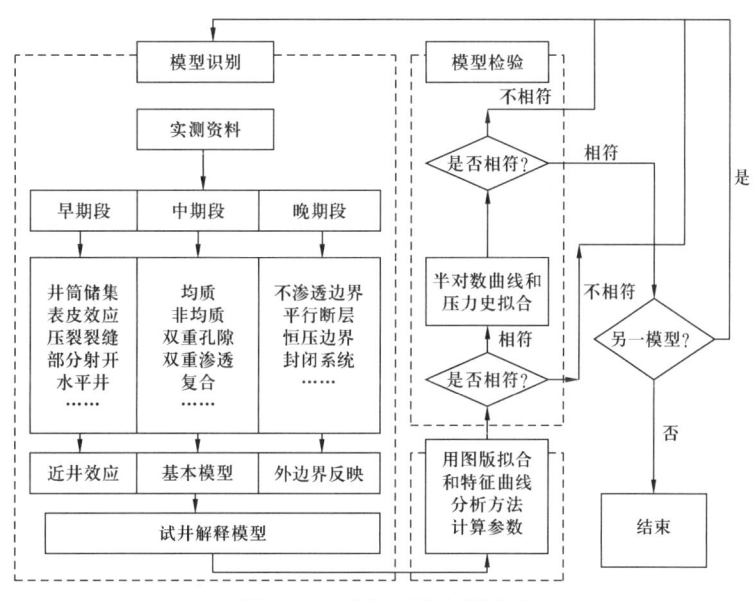

图 4-3 试井解释过程框图

(1)模型(系统)的识别。即从实测资料,或实测曲线的形态,划分出其组成"部分",即各个流动阶段,然后选择一个与测试井和测试层相符合(也就是压力变化和实测压力具有完全相同的组成"部分"或"阶段",因而整个形态与实测压力的变化形态相同)的试井解释模型。这就是说:所选解释模型对于实际输入(测试井实测产量变化)的输出(模拟计算的压力变化,即图版,或样板曲线),与测试层、测试井的实际输出(实测的压力变化)具有相同的形态;这就表明,由测试层和测试井组成的系统与所选解释模型属于同一种类型。识别模型是最重要的一个阶段,如果模型选错了,后续阶段所计算的油气藏参数则全都毫无意义,油气藏工程师根据这些参数所做出的决策也必定是不恰当的。譬如:在现代试井解释方法问世之前,常发生把双重孔隙介质油藏的压力变化误解释为压力衰竭的现象,使得油气藏工程师错误地决定:放弃这些有潜力、有效益的井,因而造成不应有的损失。

模型识别是个反问题,其解是不唯一的。测试层和测试井越复杂,有关资料越少,不唯一性就越严重。为了尽可能减小不唯一性的严重程度,应当使用尽可能多的资料,具体包括三个方面:

① 采集足够数量的、精确的输入讯号和输出讯号,即保证足够长的测试时间,并测得高

质量的准确可靠的压力和产量数据。众所周知:准确地测量测试过程中的压力是非常重要的,因为试井解释实际上就是分析压力的变化特性。但有时对产量计量却不够重视和注意。从系统分析的观点可以清楚地看到:准确地计量测试过程中的产量也是非常重要的。因为在油(气)井试井解释这个系统分析当中,压力是唯一的输出信号,而产量则是唯一的输入信号。如果产量不准确,或者开井生产时间不够长,就绝对无法做出成功的试井解释。现代试井解释不是只要求整个流动阶段的平均产量,而是要求产量随时间变化的详细情况,即产量作为时间的函数。测得高质量的、足够数量的、精确的压力和产量数据,乃是得到可靠解释结果的前提。另外,测试过程中所发生的任何事件,都必须详细记录,因为,也许其中的某一事件直接影响到压力的变化,使得压力变化异常,如果不了解这一情况,很可能把压力的异常变化归咎于测试层或测试井,使试井解释误入歧途,得出错误的结果。在进行试井设计和现场测试当中,对这两点必须予以高度注意和重视。

② 为识别测试层/井的模型特地设计若干次测试,再逐次进行。

③ 用地球物理、地质、岩石学研究、钻井、录井和测井等有关资料,对解释模型和解释结果进行检验,看看彼此是否一致。

为了不会漏掉最符合实际的模型,在开始时应对所有各种可能性都加以考虑,作出初步分析,再逐步进行筛选。随着模型识别技术的发展(如压力导数方法、反褶积方法等的应用)和测试仪表精度的提高,能够加以识别的构成模型的"单元"或"部分"在不断增加,使得解释模型越来越细致,越来越符合实际,从而使得模型识别可以更有把握。

(2) 模型参数的计算。在第一阶段,我们选定了解释模型,这个解释模型的压力变化曲线与实测压力变化曲线形状相同。现在,要调整模型的参数,使得在测试解释中,用所选用解释模型计算的压力变化,不但在形状上,而且在变化的幅度(或变化量,即压差)上,都和实测压力的变化完全一样。做到了这一点,才能够说所选用的解释模型确实代表了测试层和测试井的实际。

这个阶段解的是正问题。因为正问题的解是唯一的,所以应当只有唯一的一组模型参数,能使模型与实测曲线相拟合。这就是说:模型一经确定,对应于这一模型的参数就已唯一地确定,这些参数的数值应与计算它们的方法无关。在试井解释中,我们通过曲线拟合分析(双对数分析)和特征曲线(也称作"特种识别曲线")分析(半对数分析或直角坐标系下的曲线分析),分别得到测试井和测试层的各种参数。根据这个道理,不论用哪种方法计算,所得到的数值都应该是相同的;唯一可能出现的差异,只是由于各种不同方法具有不同的精确程度所致。所以我们有理由要求:用不同方法计算的测试井和测试层参数应当一致,它们之间相差的数值必须局限在很小的范围之内(如<10%)。这也称作参数计算的一致性检验。

(3) 模型的检验。仍是因为反问题的解是不唯一的,在进行了参数计算结果的一致性检验之后,还要再次进一步对解释结果进行整体的检验,即用井和油藏基础参数、实测产量史、选用的解释模型以及解释结果等,生成整个测试各个阶段的理论压力史(实质上就是进行数值模拟)与实测压力史相拟合,并将解释段数据绘制成 Horner 曲线或叠加函数曲线、压力及压力导数曲线,与所选用模型的图版进行拟合。再将解释结果与其他非试井研究成果相对比,以确保解释结果的正确性或可靠性。经过学习和实践,对这个问题的认识和体会将会加深。

上面已经反复说明:试井解释是个反问题,它具有多解性。也就是说,确实可能存在这样的不同系统(测试层和测试井),当对它施加同样的输入时,得到的输出是十分相似或非常接近的。换句话说,一份测试资料有可能与多个解释模型相符合。这是试井解释工程师在实际工作中常常遇到的困难问题。不过,随着输入输出信息(产量和压力变化)的增加,加上结合地质、地球物理、测井等其他各方面的研究成果进行综合解释,可能的解的数目就会减少,直至得到合理的解。正如我们反复强调的:"试井解释必须是一种综合解释,试井解释工程师必须十分重视学习和应用其他各方面的研究成果",其原因就在于此。

另外,在图版拟合分析中,我们要使用的实测曲线是压差与测试时间的双对数曲线,即在压降情形的 $\Delta p_{wf}(t) = p_i - p_{wf}(t)$ 与 t 的双对数曲线,在压力恢复情形的 $\Delta p_{ws}(\Delta t) = p_{ws}(\Delta t) - p_{ws}(0) = p_{ws}(\Delta t) - p_{wf}(t_p)$ 与 Δt 的双对数曲线。因此,除了必须准确测量压降或压力恢复期间的压力值 $p_{wf}(t)$ 或 $p_{ws}(\Delta t)$ 及它们所对应的开井时间 t 或关井时间 Δt 之外,还必须准确测量(或算出)开井前的井底静压 p_i 或关井前的井底流压 $p_{wf}(t_p)$,否则实测曲线(尤其是早期段)将会产生变形。

经过不断学习、实践和总结,对上述这些问题的认识和体会定会加深。

什么样的试井解释才算得上"成功的"呢?

第一,解释的结果必须正确可靠。这就是说,油(气)藏和油(气)井类型的识别必须正确,各项参数的计算都必须准确可靠。就参数计算而言,如果用手工操作,误差应小于10%,表皮系数相差不超过±2;如果用计算机解释,误差应更小。

第二,要从测试资料中得到尽可能多的信息。

要得到成功的试井解释,测试前必须依据试井的目的做出切实可行的试井设计;测试时按照设计要求,测得齐全、准确、可靠的产量和压力数据。实际上,齐全、准确的资料乃是做出可靠解释的基础和前提。在测试过程中,还应当详细记录所发生的一切事件,因为任何事件都有可能影响压力资料的变化,详细的记录可为资料解释提供分析依据和参考,以免把某种事件所引起的压力变化归咎于测试层、测试井,这在分析出现某些异常的测试资料时尤为重要;还要有准确可靠的基础数据如 h、ϕ、μ、r_w、C_t 等;解释时要采用先进的试井解释方法和试井解释软件,并严格按照有关要求进行。此外,还要靠试井解释人员的丰富经验。现在,试井设计、资料采集、资料解释等都已经有了行业标准,有的油田还制定了自己的企业标准。严格执行这些标准,将对提高测试水平和质量、保证试井解释成功起到很好的作用。

第二节 试井解释模型

世界上有成千上万个油气藏,它们千差万别,在岩石类型、物理性质、埋藏深浅、压力大小、流体种类和组分等方面都各不相同。但在试井过程中,所呈现的性态却是有限的。这是因为地层只不过像一个精度不太高的反应器,只当输出信号的差别足够大时,地层的差异才能显现出来,试井才能探测得到。此外,所有各种性态都只由若干个基本"部分"或"部件"所组成。具体来说,试井解释模型由基本模型、内边界条件和外边界条件三大部分组成,每一大部分在测试的不同时间起着支配作用,它们又各自包含若干类(表4-1)。显然,要想得心应手地选择试井解释模型,就得对组成解释模型的所有各个基本"部分"或"阶段",以及它们的特征有清楚的认识和了解。

一、基本模型

基本模型反映油(气)藏的基本特性,即有几种具不同流动系数$\left(\dfrac{Kh}{\mu}\right)$或储能系数$(\phi C_t h)$的多孔介质及流体系统参与流动。不同类型的油气藏特性各不相同;而同一类型的油气藏特性井井相同,并在测试的中期段显现出来。基本模型可分为两大类:

(1)均质油(气)藏。即整个油(气)藏具有相同的特性,也就是油(气)藏中只有一种流动系数为$\left(\dfrac{Kh}{\mu}\right)$和储能系数为$(\phi C_t h)$的多孔介质及流体参与流动;说得更严格些,就是在整个油藏中,流动系数$\left(\dfrac{Kh}{\mu}\right)$和储能系数$(\phi C_t h)$的变化非常小,小到试井资料无法区分出来。

(2)非均质油(气)藏。即有两种或更多种具不同流动系数$\left(\dfrac{Kh}{\mu}\right)$或储能系数$(\phi C_t h)$的多孔介质及流体参与流动,这些多孔介质及(或)流体在油藏中或均匀分布,或分块分布;其流动系数$\left(\dfrac{Kh}{\mu}\right)$或储能系数$(\phi C_t h)$的数值相差悬殊。最简单和常用的有:

① 双重孔隙介质油(气)藏,简称双孔油(气)藏。油(气)藏中的每个单元,均由渗透率K不同(因而流动系数$\dfrac{Kh}{\mu}$也就不同,即含有高渗透介质和低渗透介质)、孔隙度ϕ不同(因而储能系数$\phi C_t h$也就不同)的两个系统组成,其中只有高渗透介质中的流体能流入井筒,而低渗透介质只起给高渗透介质补给流体的作用;其早期基本特性由高渗透系统的流动系数和储能系数所控制,而后期则由高渗透系统的流动系数和整个系统的储能系数(即高渗透系统和低渗透系统的储能系数之和)所控制(详见第六章)。

② 双重渗透介质油(气)藏,简称双渗油(气)藏。它也由渗透率K不同(因而流动系数$\dfrac{Kh}{\mu}$也就不同)、孔隙度ϕ不同(因而储能系数$\phi C_t h$也就不同)的两个系统组成,但与双孔油(气)藏不同:在双渗油(气)藏,两种介质中的流体都能直接流入井筒。最常见的双渗油(气)藏是渗透率不相同的双层油(气)藏(详见第八章)。

③ 复合油(气)藏,由多个(至少两个)具不同流动系数$\dfrac{Kh}{\mu}$或(和)储能系数$(\phi C_t h)$的区域组成;这类油(气)藏的成因可能是储层厚度或孔隙度发生变化,也可能是流体相态发生变化;常见的有径向复合油(气)藏和线性复合油(气)藏(详见第十一章)。

不论是哪一类油(气)藏,一般都作如下假定:

① 油(气)层在平面上是无限的;

② 油(气)层上下均具有不渗透隔层。另外,还假定:开井生产前整个油(气)藏具有相同的初始压力(初始条件)。

二、内边界条件

内边界条件是指井筒及其附近的情况。内边界条件特征井井不同、层层不同,显现在测试的早期。通常考虑的因素有:
(1)井以稳定产量生产;
(2)具井筒储集效应;
(3)具表皮效应;
(4)一条裂缝切割井筒;
(5)部分射开产层;
(6)斜井或水平井。

三、外边界条件

外边界条件即油(气)藏外缘的情况。对于同一油气藏中的不同井,外边界的类型相同,但与边界的距离则各不相同。常见的外边界有:
(1)无限大地层(即无任何外边界);
(2)一条不渗透边界;
(3)一条不密封断层;
(4)两条平行不渗透边界[条带状油(气)藏];
(5)两条相交不渗透边界;
(6)三边密封一边开放的矩形边界;
(7)恒压边界;
(8)封闭系统;
(9)流动系数 $\frac{Kh}{\mu}$ 或(和)储能系数 $(\phi C_t h)$ 发生改变的边界。

任何理论模型都包括上述三个部分。反过来,这三个部分中各种情形的任一组合,都可构成一个理论模型。譬如:
(1)基本模型——均质油藏;
(2)内边界条件——具有井筒储集和表皮效应,井以恒定产量生产;
(3)外边界条件——地层无限大,无穷远处保持恒压。

这就是一个最常用的模型,其数学表达式为:

$$\begin{cases} \dfrac{\partial^2 p_D}{\partial r_D^2} + \dfrac{1}{r}\dfrac{\partial p_D}{\partial r_D} = \dfrac{\partial p_D}{\partial t_D} \\ p_D(r_D, 0) = 0 \\ p_D(\infty, t_D) = 0 \\ C_D \dfrac{\mathrm{d} p_{wD}}{\mathrm{d} t_D} - \left(\dfrac{\partial p_D}{\partial r_D}\right)_{r_D = 1} = 1 \\ p_{wD} = \left[p_D - S\left(\dfrac{\partial p_D}{\partial r_D}\right) \right]_{r_D = 1} \end{cases}$$

在上述三个部分中,每一部分都包含好几种情形(表4-1),组合起来就可以得到许许多多种不同的解释模型,基本满足实际试井解释的需要。试井解释的首要任务,就是辨别实测资料包含了上述的哪些部分、哪些流动阶段的哪种情形,它们构成了哪种类型,据此选择合适的解释模型进行解释,即用解析解或数值解,产生此解释模型在实测产量变化情形下的压力响应,通过调整模型的参数,使得这个压力响应与实测的压力变化完全一致。而这就意味着所选择的解释模型符合测试层和测试井的实际,而经反复调整所得到的模型参数,也就是测试层和测试井的实际参数(图4-3)。实际上,这就是试井解释的本质。

表4-1 试井解释模型的组成部分

项目	内边界条件 (近井地带的反映)	基本模型	外边界条件 (外边界的反映)
包含种类	井以稳定产量生产 井筒储集效应 表皮效应 裂缝 部分打开油层 水平井	均质油(气)藏 非均质油(气)藏 双孔油(气)藏 双渗油(气)藏 复合油(气)藏	无限大地层(即无任何外边界) 一条不渗透边界 一条不密封断层 两条平行不渗透边界 [条带状油(气)藏] 两条相交不渗透边界 三边密封一边开放的矩形边界 恒压边界 封闭系统
占支配地位时间段	早期段	中期段	晚期段

第三节 流动阶段的识别

在双对数曲线 $\lg\Delta p$—$\lg t$ 上,各种不同类型的油(气)藏,油气在各个不同的流动阶段,均有各不相同的形状或特征。因此,可以通过双对数曲线分析来判断或识别某些油(气)藏类型,以及区分或识别各个不同的流动阶段。这和各种病人有各种不同症状,医生正是根据这些症状诊断疾病相似,因此双对数曲线被称作双对数诊断曲线(Log - log Diagnosis),简称作"诊断曲线"。在下一章我们将会看到压力导数曲线(它也是双对数曲线)是更为有效的诊断曲线。

另外,每一种不同的情形或不同的流动阶段,都有各自独特的特性,因此具有独特的曲线图。这种在某一情形或某一流动阶段(且仅限于该情形或该流动阶段)、在某种坐标系(半对数坐标系或直角坐标系)下的独特的曲线,称为特征曲线图或特种识别曲线图(Specialized Plot)。具有某种特征曲线(特种识别曲线)的流动阶段首先要通过诊断曲线加以识别,这个特征曲线的时间段也要用诊断曲线划定。由特征曲线还可以计算相关参数。用特征曲线图识别流动阶段,以及由其直线段的斜率或(和)截距计算有关参数,叫做特征曲线分析(Specialized Analysis);由于特征曲线往往都是直线,所以特征曲线分析方法又称为直线分析方法(Straight Line Analysis)。

靠诊断曲线和特征曲线,就可以比较准确地识别油气藏不同的类型和不同的流动阶段。我们在后面将会看到:在许多情形,用两种诊断曲线(压差曲线和压力导数曲线)组合成的"复合曲线",再结合特征曲线(特种识别曲线),可以形成更具特征的曲线组合,由此可以更加有效地识别不同的油气藏类型和不同的流动阶段(详见第五章表5-13)。

前面说过:试井解释的首要任务,就是辨别实测资料包含了哪些流动阶段的哪种情形,它们构成了什么样的模型,据此选择合适的解释模型进行解释(图4-3)。而完成这个任务,就是要利用不同流动阶段、不同情形的诊断曲线和它们的特征曲线的组合。因此,必须十分清楚地认识和熟悉不同流动阶段、不同情形的诊断曲线及其特征曲线。

一、早期阶段

这里所说的早期阶段,包括了图3-33中所标示的第一阶段和第二阶段。

1. 井筒储集 (Wellbore Storage)

在纯井筒储集(Pure Wellbore Storage)阶段,由于[参见式(3-88)]:

$$\Delta p = \frac{qB}{24C}t \tag{4-1}$$

此处 q 为地面产量,故式(4-1)的右边比式(3-88)多了一个因子——原油体积系数 B,它把地面产量化作井底产量。式(4-1)两边取对数,得:

$$\lg\Delta p = \lg t + \lg\frac{qB}{24C}$$

由此可见,$\lg\Delta p$ 和 $\lg t$ 呈线性关系;这就是说,在双对数坐标系中,Δp 和 t 呈直线(或在直角坐标系中,$\lg\Delta p$ 和 $\lg t$ 呈直线),且其斜率为1。因此,在纯井筒储集阶段,双对数曲线呈斜率为1的直线。因为在横坐标和纵坐标对数周期长度相等时,它与横坐标轴的夹角是45°,因此,为简便起见,常称之为45°线(但在横坐标和纵坐标对数周期长度不等时,直线与横坐标轴的夹角不是45°,不过常常还是称作45°线)。早期资料斜率为1的双对数曲线,即45°线,就是井筒储集效应的诊断曲线(图4-4)。

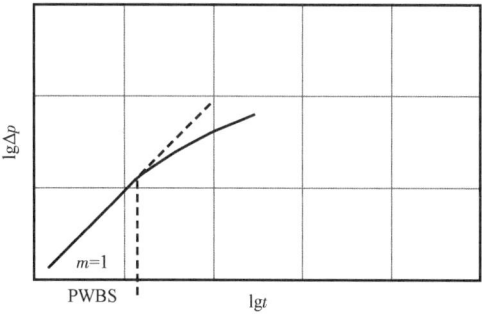

图4-4 纯井筒储集的诊断曲线

如果井筒储集系数发生变化(简称变井储,见第三章第五节),双对数曲线将如图4-5所示。但在目前的解释图版中,都假定井筒储集系数 C 是一个常数。如果遇到变井储情形,应运用试井解释软件产生变井储的图版进行处理,以取得良好效果(见第五章第四节)。

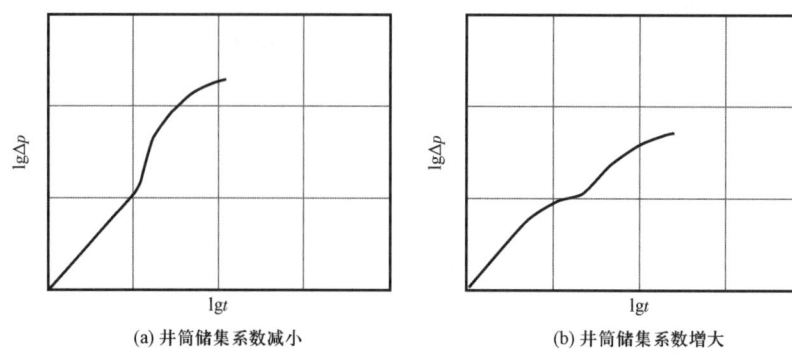

(a) 井筒储集系数减小　　　　　　　　(b) 井筒储集系数增大

图 4-5　井筒储集系数发生变化时的诊断曲线

在纯井筒储集阶段(双对数曲线呈斜率为1的直线的阶段)，Δp 与 t 成正比[见式(4-1)]。所以在直角坐标系中，Δp 与 t 成一条过原点的直线，其斜率为 $m = \dfrac{qB}{24C}$ (图 4-6)。这就是井筒储集阶段的特征曲线。由它的斜率 m 容易算出井筒储集系数 C：

$$C = \frac{qB}{24m} \qquad (4-2)$$

井筒储集效应的特征曲线还有另外一个用途，就是识别和纠正时间误差或流动阶段起始时刻压力的误差。

有时，记录的开(关)井时间有误差，或者流动阶段起始时刻的压力读数不准确(图 4-7)，使得用早期资料画成的特征曲线不通过原点，或双对数曲线不呈斜率为1的直线。第一种情形是：记录的开(关)井时间比实际开(关)井时间早，或记录的开(关)井时刻压力比实际开(关)井时刻压力高。此时在双对数坐标中，压力曲线向右移，井筒储集段的斜率大于1；反之，第二种情形是：记录的开(关)井时间比实际开(关)井时间晚，或记录的开(关)井时刻

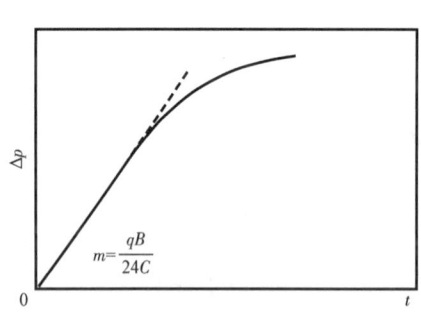

图 4-6　井筒储集的特征曲线

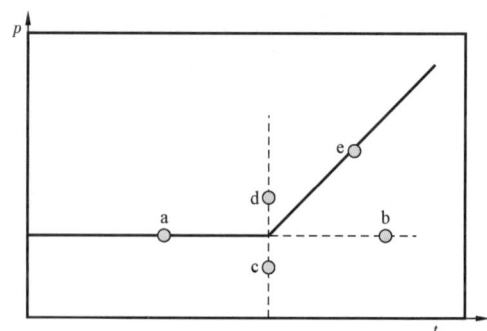

图 4-7　关井时刻的时间误差和压力误差示意图
a—记录关井时刻比实际时刻提前；b—记录关井时刻比实际时刻滞后；
c—记录关井时刻压力偏低；d—记录关井时刻压力偏高；
e—记录关井时刻比实际时刻滞后，且关井时刻压力偏高

压力比实际开(关)井时刻压力低,此时在双对数坐标中,压力曲线向左移,井筒储集段的斜率小于1。这时,可以利用图4-8加以纠正。办法是将直线平移到通过原点,就是说,若此特征曲线与横坐标轴($\Delta p = 0$)的交点的横坐标为a,则将此特征曲线向左(第1种情形)或向右(第2种情形)平移a,即将每一个点的时间值都减去a,从而把流动阶段起始时刻的压力纠正过来,如图4-8所示。

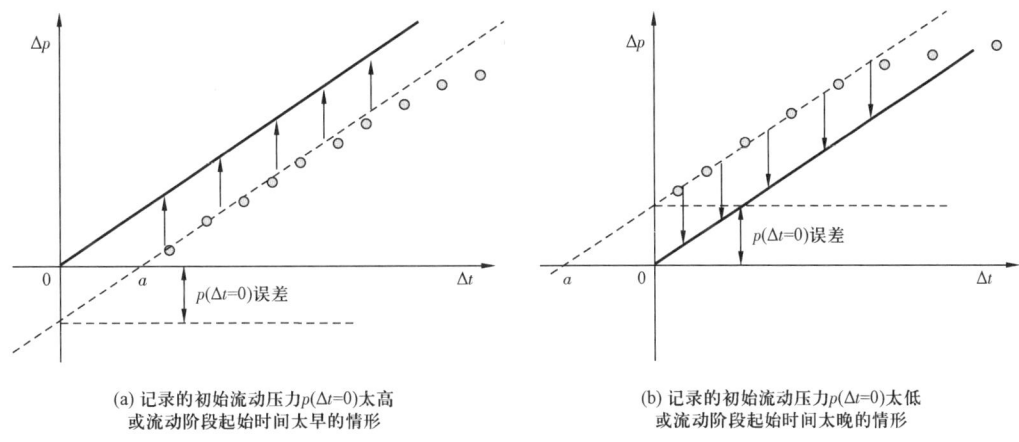

(a) 记录的初始流动压力$p(\Delta t=0)$太高或流动阶段起始时间太早的情形

(b) 记录的初始流动压力$p(\Delta t=0)$太低或流动阶段起始时间太晚的情形

图4-8 纠正流动阶段起始时间或该时刻的压力的误差

必须注意:这种误差一般只可能是很小的。假如碰巧出现这样的情形:记录的开(关)井时间比实际开(关)井时间晚,同时记录的开(关)井时刻压力比实际开(关)井时刻压力高,这时有可能压力曲线的斜率正好为1,也可能得到良好的拟合,但计算得到的表皮系数S值很可能偏小;这样一来,在压力史拟合检验中,压降幅度将会比实测压降小,从而得到验证和修正。

【例4-1】 用上述方法判断下列压降测试早期数据是否存在时间误差,如果存在,试纠正(已知$p_i = 26.714\text{MPa}$):

$t(\text{h})$	$p_{\text{wf}}(\text{MPa})$
0	26.714
0.0337	26.255
0.0370	26.145
0.0455	25.878
0.0540	25.621
0.0709	25.134
0.0879	24.683
⋮	⋮

首先算出各时刻的压差$\Delta p = p_i - p_{\text{wf}}$(第3列):

$t(h)$	$p_{wf}(MPa)$	$\Delta p(MPa)$	纠正后的时间 $t'(h)$
0	26.714	—	(-0.0195)
0.0337	26.255	0.459	0.0142
0.0370	26.145	0.569	0.0175
0.0455	25.878	0.836	0.0260
0.0540	25.621	1.093	0.0345
0.0709	25.134	1.580	0.0514
0.0879	24.683	2.031	0.0684
⋮	⋮	⋮	⋮

把压差 Δp 与时间 t 画成双对数曲线，根本不是45°线（图4-9中的"●"点）。画出直角坐标图，直线不通过原点（图4-10）。这说明很可能存在时间误差，且此误差为0.0195h。将直线平移到通过原点，实质上就是把每个时刻的时间值统统减去0.0195h，就得到纠正后的时间值 t'（图4-10）。用这些数值重新画双对数曲线，得45°线（图4-9中"×"点）。这说明时间误差已得到纠正。

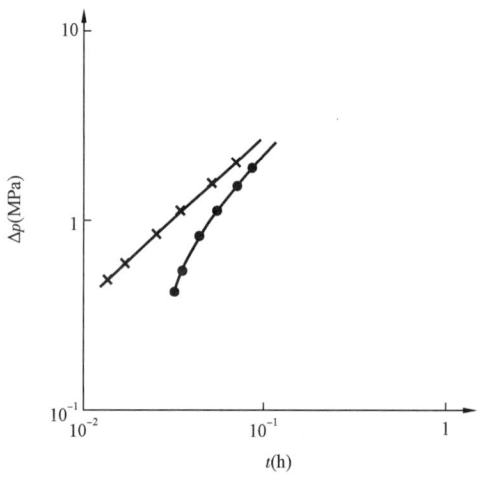
图4-9 井筒储集双对数曲线（例4-1）

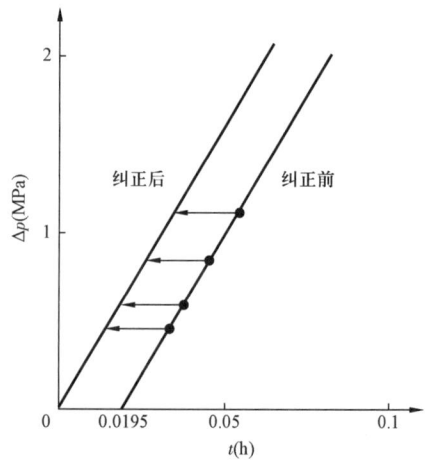
图4-10 井筒储集特征曲线（例4-1）

2. 线性流动（无限导流性垂直裂缝切割井筒的情形）

所谓线性流动（Linear Flow），是指在某一区域内，流体流动方向相同，流线为互相平行的直线，如图4-11所示。无限导流性垂直裂缝（Infinite Conductivity Vertical Fracture）是指一条垂直裂缝切割井筒的模型，这条裂缝的宽度为0，具有∞的渗透率，故沿着裂缝没有任何压力损失。在这一情形，早期将出现线性流动。详见第七章第一节。

线性流动的特征是：压差与时间的二次方根（$\sqrt{t}$）成正比，这是因为，在线性流动阶段，有：

$$p_D = \sqrt{\pi t_{Df}} \tag{4-3}$$

式中的 t_{Df} 为无量纲时间:

$$t_{Df} = \frac{3.6 \times 10^{-3} K}{\phi \mu C_t x_f^2} t \qquad (4-4)$$

式(4-3)的有量纲形式为:

$$\frac{Kh}{1.842 q \mu B} \Delta p = \sqrt{\frac{3.6 \times 10^{-3} \pi K t}{\phi \mu C_t x_f^2}} \qquad (4-5)$$

或

$$\Delta p = \frac{0.1959 q B}{h x_f} \sqrt{\frac{\mu}{\phi C_t K}} \sqrt{t} \qquad [4-6(a)]$$

故:

$$\lg \Delta p = \frac{1}{2} \lg t + \lg \left(\frac{0.1959 q B}{h x_f} \sqrt{\frac{\mu}{\phi C_t K}} \right) \qquad (4-7)$$

由此可知,早期 Δp 和 t 的双对数曲线呈现斜率为 $\frac{1}{2}$ 的直线[图 4-12(a)]。

由式[4-6(a)]知,在直角坐标系中,Δp 与 $\sqrt{t}$ 成一条通过原点、斜率为 $m'' = \frac{0.1959 q B}{h x_f} \sqrt{\frac{\mu}{\phi C_t K}}$ 的直线[图 4-12(b)]。

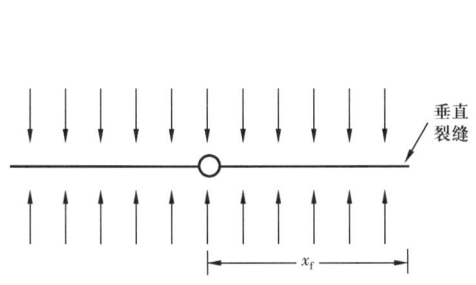

图 4-11 无限导流垂直裂缝井
初期线性流动示意图

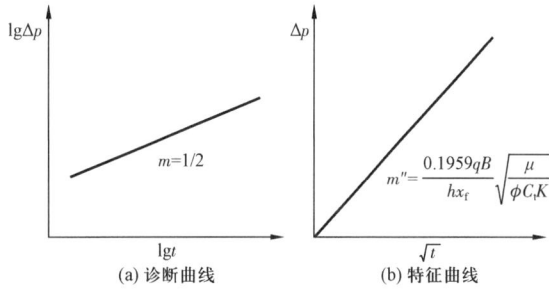

图 4-12 线性流动

图 4-12 中的(a)和(b)分别是这一情形的诊断曲线和特征曲线。

量出特征曲线的斜率 m'',便可算出裂缝的半长 x_f:

$$x_f = \frac{0.1959 q B}{h m''} \sqrt{\frac{\mu}{\phi C_t K}} \qquad [4-8(a)]$$

在压力恢复情形,可以绘制更准确的 Horner 型识别曲线:直角坐标系中的 $p(\Delta t)$ 与 $(\sqrt{t_p + \Delta t} - \sqrt{\Delta t})$ 的关系曲线(图 4-13)。这是因为,在压力恢复情形,由叠加原理,式(4-6)

变为：

$$p(\Delta t) = p_i - \frac{0.1959qB}{hx_f}\sqrt{\frac{\mu}{\phi C_t K}}\left[(t_p + \Delta t)^{1/2} - (\Delta t)^{1/2}\right] \quad [4-6(b)]$$

图 4-13 的直线段的斜率 m''（指绝对值）为：

$$m'' = \frac{0.1959qB}{hx_f}\sqrt{\frac{\mu}{\phi C_t K}} \quad [4-8(b)]$$

与图 4-12(b)的直线段的斜率（指绝对值）相同，所以计算裂缝半长 x_f 的公式 [4-8(a)] 不变。

3. 双线性流动（有限导流性垂直裂缝切割井筒的情形）

有限导流性垂直裂缝（Finite Conductivity Vertical Fracture）指的是一条垂直裂缝切割井筒的模型，这条裂缝有一定宽度 $w(w>0)$，具有比地层高得多的渗透率 K_f，沿着裂缝有一定的压力损失（详见第七章第二节）。这一情形的早期，将出现双线性流动（Bilinear Flow）：地层中垂直于裂缝的线性流动和沿着裂缝的线性流动，如图 4-14 所示。双线性流动的特征是：压差与时间的四次方根成正比，这是因为，双线性流动方程为：

$$p_D = \frac{2.45}{\sqrt{K_{fD}w_{fD}}}\sqrt[4]{t_{Df}} \quad (4-9)$$

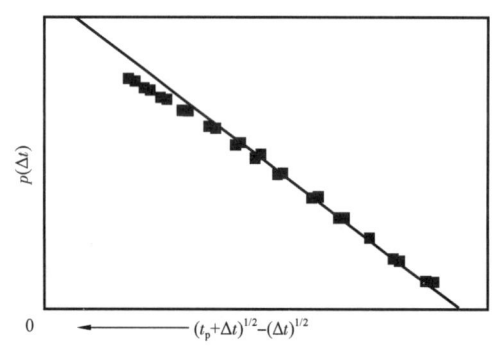
图 4-13 压力恢复情形的线性流动
赫诺型识别曲线

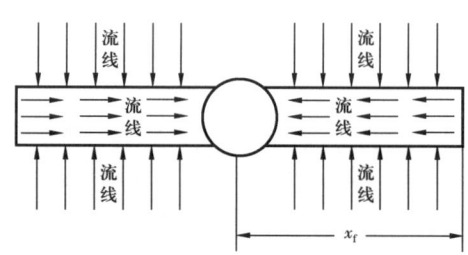
图 4-14 有限导流垂直裂缝井
双线性流动示意图

式中，K_{fD} 为无量纲裂缝渗透率：

$$K_{fD} = \frac{K_f}{K} \quad (4-10)$$

w_{fD} 为无量纲裂缝宽度：

$$w_{fD} = \frac{w}{x_f}$$

t_{Df} 的定义同前文[式(4-4)]。

把式(4-9)写成有量纲形式：

$$\Delta p = \frac{1.1054q\mu B}{h\sqrt{K_{\rm f}w}\sqrt[4]{\phi\mu C_{\rm t}K}}\sqrt[4]{t} \qquad [4-11(a)]$$

两边取对数，得：

$$\lg\Delta p = \frac{1}{4}\lg t + \lg\left(\frac{1.1054q\mu B}{h\sqrt{K_{\rm f}w}\sqrt[4]{\phi\mu C_{\rm t}K}}\right) \qquad (4-12)$$

由式(4-12)知，这一情形早期 Δp 和 t 的双对数曲线是斜率为 1/4 的直线[图4-15(a)]，这就是双线性流动的诊断曲线。另外，由式[4-11(a)]知：在直角坐标系中，Δp 与 $\sqrt[4]{t}$ 呈过原点的直线[图4-15(b)]，这就是其特征曲线；其斜率为 $m'' = \dfrac{1.1054q\mu B}{h\sqrt{K_{\rm f}w}\sqrt[4]{\phi\mu C_{\rm t}K}}$。由此斜率可以算出裂缝导流能力 $K_{\rm f}w$：

$$K_{\rm f}w = \frac{1.2219}{\sqrt{\phi\mu C_{\rm t}K}}\left(\frac{q\mu B}{hm''}\right)^2 \qquad (4-13)$$

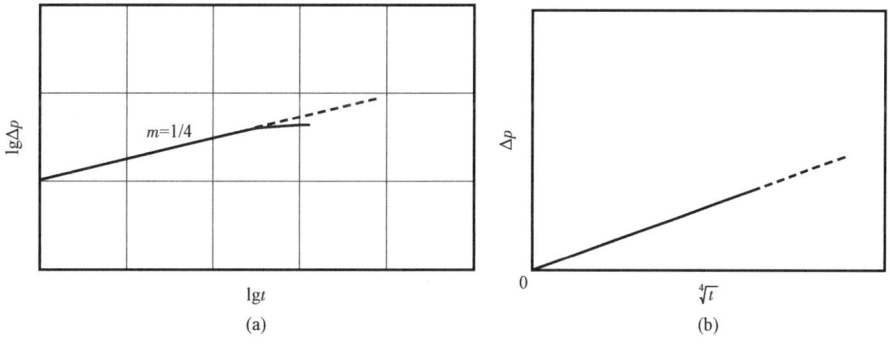

图4-15 有限导流性垂直裂缝的诊断曲线和特征曲线

在压力恢复情形，也是由叠加原理，式(4-11)变为：

$$p(\Delta t) = p_{\rm i} - \frac{1.1054q\mu B}{h\sqrt{K_{\rm f}w}\sqrt[4]{\phi\mu C_{\rm t}K}}[(t_{\rm p}+\Delta t)^{1/4} - (\Delta t)^{1/4}] \qquad [4-11(b)]$$

特征曲线形如图4-16所示，由于其斜率 m''（指绝对值）与压降情形相同，所以计算裂缝导流能力的式(4-13)不变。

4. 半球形流动(Hemi-Spherical Flow)和球形流动(Spherical Flow)

有时，由于某些原因，只打开油层极小的局部。如块状底水油藏中的井，为了防止或减缓底水锥进，只打开厚油层顶部，此时油层中的流体类似于从半球体的四面八方流向油层顶部的打开部分，其流线如图4-17所示，这种流动称为半球形流动。电缆式地层测试器(Formation Multi-Tester, FMT)测试或重复地层测试(Repeat Formation Test, RFT)过程中的流动就是典型的半球形流动。

有时只在厚油层的某一部位打穿一个或若干个孔眼,此时油层中流体从孔眼的上下、左右、前后径向流入孔眼,其流线如图 4-18 所示,这种流动称为球形流动。如果产层上有气顶、下有底水,因此只射开产层中间的一小部分,此时所出现的流动就会是典型的球形流动。实际上,不论球形流动或半球形流动,从某一局部看,具有相同的流态,具有类似的压力变化规律。

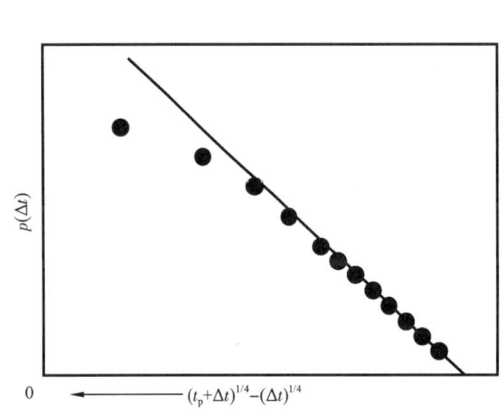

图 4-16　压力恢复情形的双线性流动 Horner 型识别曲线

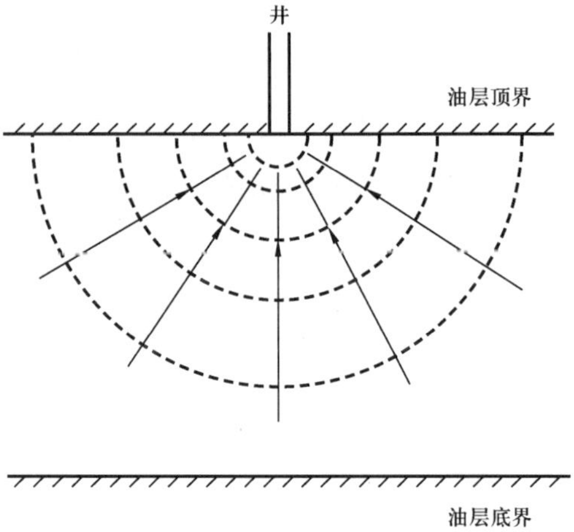

图 4-17　半球形流动流线方向示意图

在球形流动过程中,井底压力服从:

$$\Delta p(t) = p_i - p_{wf}(t) = \frac{0.933 q\mu B}{r_{SPH} K} - 8.833 \frac{q\mu B}{K} \sqrt{\frac{\phi\mu C_t}{K}} t^{-\frac{1}{2}}$$

式中　r_{SPH}——球形流动等价半径。

因此,在直角坐标系中,Δp 与 $\frac{1}{\sqrt{t}}$ 呈一直线,这就是球形流动的特征曲线。直线的斜率为负值,绝对值为:

$$m = 8.833 \frac{q\mu B}{K} \sqrt{\frac{\phi\mu C_t}{K}} \quad (球形流)$$

如图 4-19 所示。在半球形流动情形,斜率 m 的数值减半:

$$m = \frac{8.833}{2} \frac{q\mu B}{K} \sqrt{\frac{\phi\mu C_t}{K}} = 4.417 \frac{q\mu B}{K} \sqrt{\frac{\phi\mu C_t}{K}} \quad (半球形流)$$

由直线斜率的绝对值 m 还可计算渗透率:

$$K = \left(\frac{8.833 q\mu B \sqrt{\phi\mu C_t}}{m}\right)^{2/3} = 4.2731 \mu \left(\frac{qB}{m}\right)^{2/3} (\phi C_t)^{\frac{1}{3}} \quad (球形流)$$

$$K = \left(\frac{4.417 q\mu B \sqrt{\phi\mu C_t}}{m}\right)^{2/3} = 2.6919 \mu \left(\frac{qB}{m}\right)^{2/3} (\phi C_t)^{\frac{1}{3}} \quad (半球形流)$$

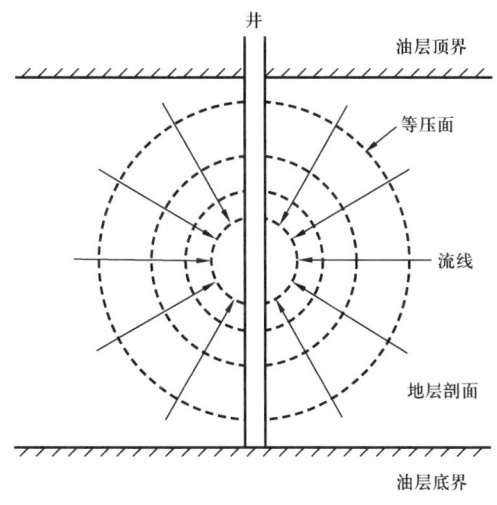

图 4-18 球形流动流线方向示意图

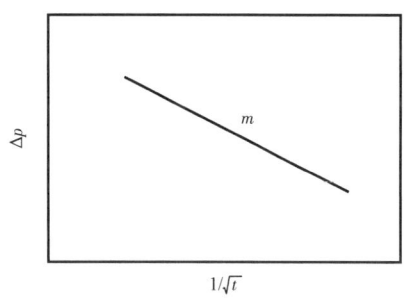

图 4-19 球形流动特征曲线

球形流动的诊断要用压力导数曲线(其诊断曲线是:双对数压力导数曲线呈斜率为 -1/2 的直线),见第五章第四节。

二、无限作用径向流动阶段(Infinite Acting Radial Flow Period)

这是图 3-33 中的第三阶段,也就是我们所熟悉的半对数曲线(MDH 曲线或 Horner 曲线)呈直线的阶段。压降测试中,在这一阶段,压降漏斗径向地逐渐向外扩大,边界对测试井井底压力的影响还非常小,小到可以忽略(习惯上常常说成边界的影响还没有到达测试井),流动状态与无限大地层径向流动几乎毫无两样,所以称作无限作用径向流动阶段,但一般都简称作径向流动阶段(Radial Flow Period)。这一阶段,如果油藏是均质的,双对数压力曲线呈现如图 4-20 的形状;如果油藏是非均质的,则呈现如图 4-21 的倒 S 形,但它们之间的差别并不十分明显。

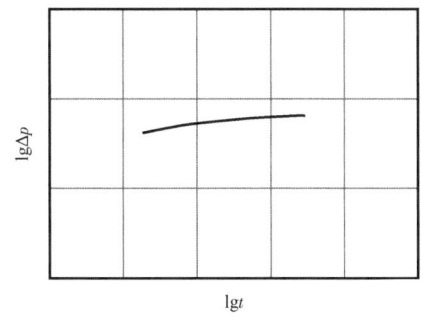

图 4-20 均质油藏径向流动阶段的双对数曲线

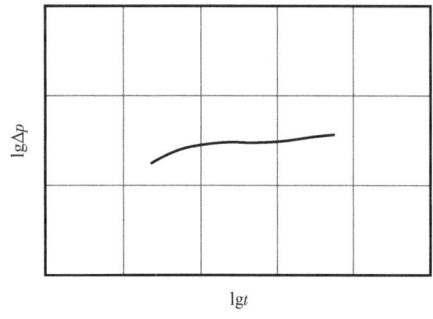

图 4-21 非均质油藏径向流动阶段的双对数曲线

但在压力导数曲线上,径向流动阶段却具有十分明显的特征,均质油藏和非均质油藏有着显著的差异。压力导数曲线已经成为最主要的诊断工具,我们将在第五章第四节详细介绍。

径向流动阶段的特征曲线，就是井底流压 $p_{wf}(t)$ 与生产时间 t 的半对数曲线（压降情形），或井底关井压力 $p_{ws}(\Delta t)$ 与关井时间 Δt，或 $p_{ws}(\Delta t)$ 与时间函数 $\frac{t_p+\Delta t}{\Delta t}$（或 $\frac{\Delta t}{t_p+\Delta t}$）的半对数曲线（压力恢复情形）。这就是我们通常所说的压降曲线和压力恢复曲线（图 4-22）。由第三章知：在径向流动阶段，它们呈现一条直线，其斜率（指绝对值）为 $m=\frac{2.121q\mu B}{Kh}$。量出这个斜率后，很容易算出 $\frac{Kh}{\mu}$、$\frac{K}{\mu}$、Kh、K 和 S｛压降情形分别用式（3-38）、式（3-39）、式（3-40）、式（3-41）和式[3-42(b)]；压力恢复情形分别用式（3-56）、式（3-57）、式（3-58）、式（3-59）和式[3-60(b)]｝。

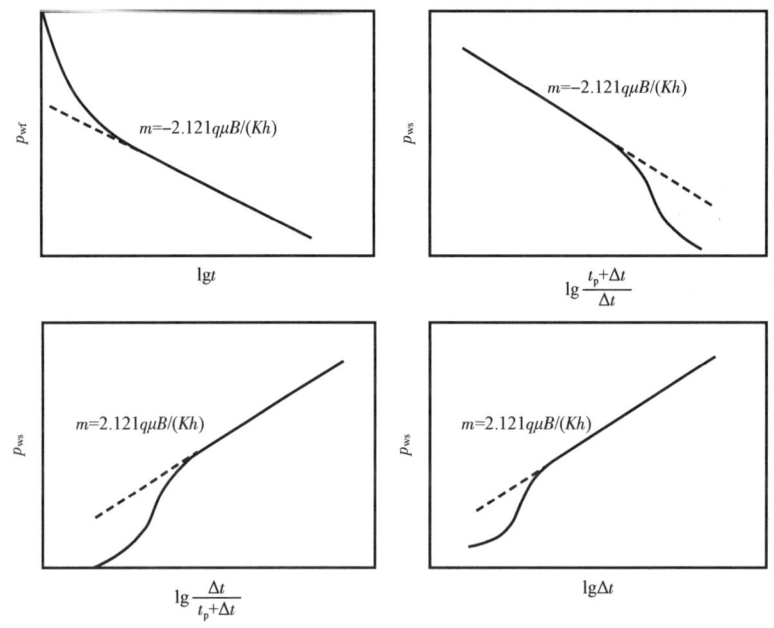

图 4-22　径向流动阶段的特征曲线

压力恢复曲线的形状还直接反映出表皮系数的符号：若早期段的数据点全在半对数直线段的下方，则 $S>0$；反之，若早期段的数据点全在半对数直线段的上方，则 $S<0$（图 4-23）。

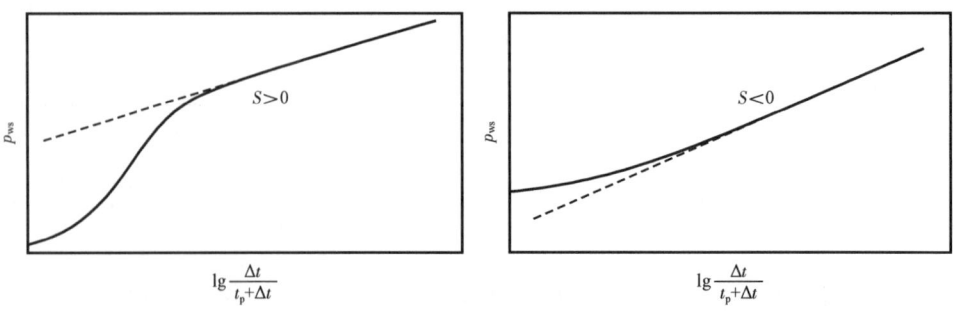

图 4-23　压力恢复曲线的形状直接反映出表皮系数的符号

三、外边界反映阶段(晚期阶段)

1. 镜像原理

在讨论外边界之前,先介绍一个很有用的镜像原理或映象井理论(Image Well Theory)。所谓镜像原理,就是:如果在一条密封直线断层 BB 附近(图 4-24),有一口油井 A_1 以产量 q 生产,由此所形成的压力变化,等价于不存在此断层 BB 时,井 A_1 和另一口井 A_2 所造成的压力变化的叠加,而井 A_2 在与井 A_1 关于断层 BB 成轴对称的位置上,且井 A_2 的产量恰与井 A_1 完全一样(图 4-24)。就好像断层是一面镜子,井 A_2 是井 A_1 的像一样。我们称井 A_1 为原井(Active Well),井 A_2 为像井(Image Well)。

如果井 A_1 位于两条互相垂直的密封直线断层 BB 和 B′B 附近,则有井 A_2、井 A_3 和井 A_4 三口像井,就好像有两面互相垂直的镜子一样(图 4-25)。在断层呈更复杂的形状时,则像井数目将会更多,甚至多达无穷多口。

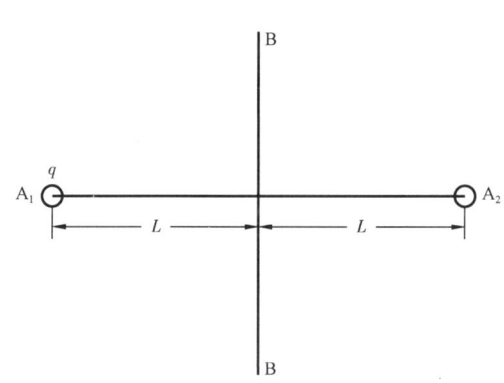

图 4-24 镜像原理(不渗透边界)示意图

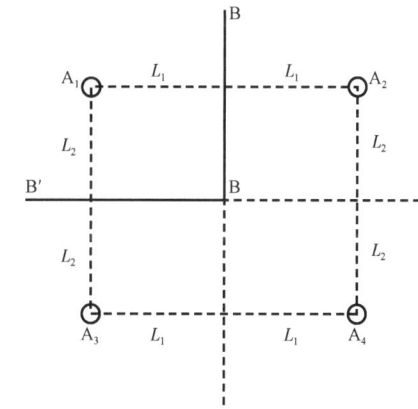

图 4-25 镜像原理示意图(垂直相交断层情形)

先来考虑有一条密封直线断层的情形。这样选取坐标系:以原井 A_1 和它的像井 A_2 的连线为 x 轴,断层 BB 为 y 轴(图 4-26)。假设井 A_1 与断层 BB 的距离为 L,则井 A_1 和井 A_2 的坐标分别为 $(-L,0)$ 和 $(L,0)$;而直线 BB 为 $x=0$。

BB 既为不渗透边界,故沿着它没有水平方向的流动发生,即沿着 $x=0$ 渗滤速度 v 的水平分量 $v_x=0$:

$$v_x(x=0) = -\frac{K}{\mu}\left(\frac{\partial p}{\partial x}\right)_{x=0} = 0$$

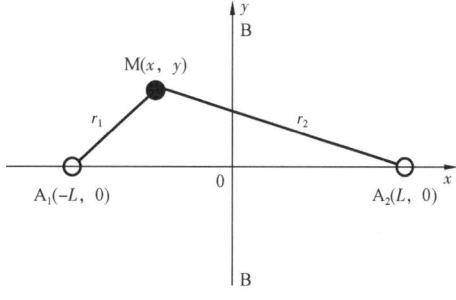

图 4-26 坐标系示意图(不渗透边界)

即

$$\left(\frac{\partial p}{\partial x}\right)_{x=0} = 0 \qquad (4-14)$$

式(4-14)就是不渗透边界的特征或充分必要条件。

设整个地层保持原始压力 p_i，井 A_1 以稳定产量 q 生产，则原来的问题可归结为这么一个定解问题：

$$\begin{cases} \dfrac{\partial^2 p}{\partial x^2} + \dfrac{\partial^2 p}{\partial y^2} = \dfrac{1}{3.6 \times 10^{-3} \eta} \dfrac{\partial p}{\partial t} \\ p(t=0) = p_i \\ p(x=-\infty) = p(|y|=\infty, x<0) = p_i \\ \left(\dfrac{\partial p}{\partial x}\right)_{x=0} = 0 \\ \left(\dfrac{\partial p}{\partial r_1}\right)_{r_1=r_w} = \dfrac{1.842 q \mu B}{Kh r_w} \end{cases} \quad (4-15)$$

镜像原理就是：定解问题[式(4-15)]的解与下面的定解问题[式(4-16)]在左半平面的解完全一致：

$$\begin{cases} \dfrac{\partial^2 p}{\partial x^2} + \dfrac{\partial^2 p}{\partial y^2} = \dfrac{1}{3.6 \times 10^{-3} \eta} \dfrac{\partial p}{\partial t} \\ p(t=0) = p_i \\ p(|x|=\infty) = p(|y|=\infty) = p_i \\ \left(\dfrac{\partial p}{\partial r_1}\right)_{r_1=r_w} = \dfrac{1.842 q \mu B}{Kh r_w} \\ \left(\dfrac{\partial p}{\partial r_2}\right)_{r_2=r_w} = \dfrac{1.842 q \mu B}{Kh r_w} \end{cases} \quad (4-16)$$

其中 $r_1 = \sqrt{(x+L)^2 + y^2}$ 和 $r_2 = \sqrt{(x-L)^2 + y^2}$ 分别是点 $M(x,y)$ 到 $A_1(-L,0)$ 和 $A_2(L,0)$ 的距离（图4-26）。

用叠加原理很容易解出式(4-16)。事实上，式(4-16)可以分解为如下两个定解问题：

$$\begin{cases} \dfrac{\partial^2 p_1}{\partial x^2} + \dfrac{\partial^2 p_1}{\partial y^2} = \dfrac{1}{3.6 \times 10^{-3} \eta} \dfrac{\partial p_1}{\partial t} \\ p_1(t=0) = p_i \\ p_1(|x|=\infty) = p(|y|=\infty) = p_i \\ \left(\dfrac{\partial p_1}{\partial r_1}\right)_{r_1=r_w} = \dfrac{1.842 q \mu B}{Kh r_w} \end{cases} \quad (4-17)$$

和

$$\begin{cases} \dfrac{\partial^2 p_2}{\partial x^2} + \dfrac{\partial^2 p_2}{\partial y^2} = \dfrac{1}{3.6 \times 10^{-3}\eta}\dfrac{\partial p_2}{\partial t} \\ p_2(t=0) = 0 \\ p_2(|x|=\infty) = p_2(|y|=\infty) = 0 \\ \left(\dfrac{\partial p_2}{\partial r_2}\right)_{r_2=r_w} = \dfrac{1.842q\mu B}{Khr_w} \end{cases} \quad (4-18)$$

而式(4-17)和式(4-18)的解 p_1 和 p_2 的和 $p = p_1 + p_2$ 就是式(4-16)的解。

容易解得：

$$p_1 = p_i + \dfrac{0.9210q\mu B}{Kh}\mathrm{Ei}\left(-\dfrac{r_1^2}{0.0144\eta t}\right)$$

$$p_2 = \dfrac{0.9210q\mu B}{Kh}\mathrm{Ei}\left(-\dfrac{r_2^2}{0.0144\eta t}\right)$$

故：

$$p = p_1 + p_2 = p_i + \dfrac{0.9210q\mu B}{Kh}\left[\mathrm{Ei}\left(-\dfrac{r_1^2}{0.0144\eta t}\right) + \mathrm{Ei}\left(-\dfrac{r_2^2}{0.0144\eta t}\right)\right]$$

不难证明，沿着断层 BB（即直线 $x=0$），$\dfrac{\partial p}{\partial x}=0$ 成立。事实上：

$$\dfrac{\partial p}{\partial x} = \dfrac{1.842q\mu B}{Kh}\left[\dfrac{x+L}{r_1^2}\exp\left(\dfrac{-r_1^2}{0.0144\eta t}\right) + \dfrac{x-L}{r_2^2}\exp\left(\dfrac{-r_2^2}{0.0144\eta t}\right)\right]$$

注意到沿着 $x=0$ 有 $r_1 = r_2$，故：

$$\left(\dfrac{\partial p}{\partial x}\right)_{x=0} = 0$$

这就证明了镜像原理的正确性。

2. 不渗透边界

有了镜像原理，不渗透边界问题就很容易处理了。

1）测试井附近有一条不渗透边界的情形

设测试井附近有一条不渗透边界，譬如说封闭的直线断层。则由镜像原理可知，在压降测试过程中，压力分布剖面的变化将如图 4-27 所示。图 4-27(a)中的曲线 a，以及图 4-27(b)(c)中上方的曲线 a，表示不存在不渗透边界时的压力分布剖面，虚线则表示由于不渗透边界的影响而产生的压降，位于图 4-27(b)(c)中下方的曲线 b 则是在不渗透边界影响下的压力分布剖面。

很清楚，在不渗透边界的影响到达井筒后(严格地说应为在不渗透边界对井底压力的影

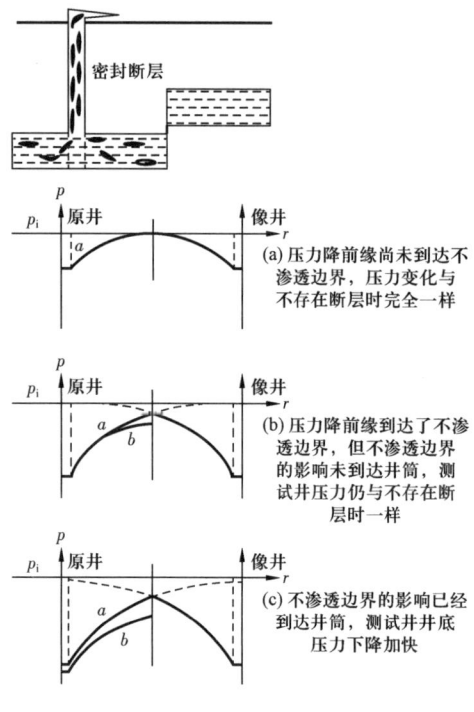

图 4-27 断层影响示意图

响足够大之后),井底压降速度加快,因此,压降和时间的双对数曲线和半对数曲线都变陡,即出现上翘现象(图 4-28);半对数曲线呈现两个直线段,它们的斜率之比为 1:2,由两条直线段的交点所对应的时间 t_x(图 4-28),可以计算测试井到直线断层的距离 L:

$$L = 0.045 \sqrt{\frac{K t_x}{\phi \mu C_t}} \quad (4-19)$$

事实上,在测试井附近有一条密封直线断层的情形,由镜像原理和叠加原理有[不考虑表皮效应,参见式(3-35)]:

$$p_{wf}(t) = p_i + \frac{0.9210 q \mu B}{Kh} \times$$

$$\left\{ \mathrm{Ei}\left(-\frac{r_w^2}{0.0144 \eta t}\right) + \mathrm{Ei}\left[-\frac{(2L)^2}{0.0144 \eta t}\right] \right\}$$

其中 $L(\mathrm{m})$ 为测试井到断层的距离,而 $2L(\mathrm{m})$ 则为测试井到其像井的距离(图 4-24)。

在开井生产之后的一段时间里,t 相当小,并且 $2L \gg r_w$,$\mathrm{Ei}\left[-\frac{(2L)^2}{0.0144 \eta t}\right]$ 可以忽略不计。此时:

$$p_{wf}(t) \approx p_i + \frac{0.9210 q \mu B}{Kh} \mathrm{Ei}\left(-\frac{r_w^2}{0.0144 \eta t}\right)$$

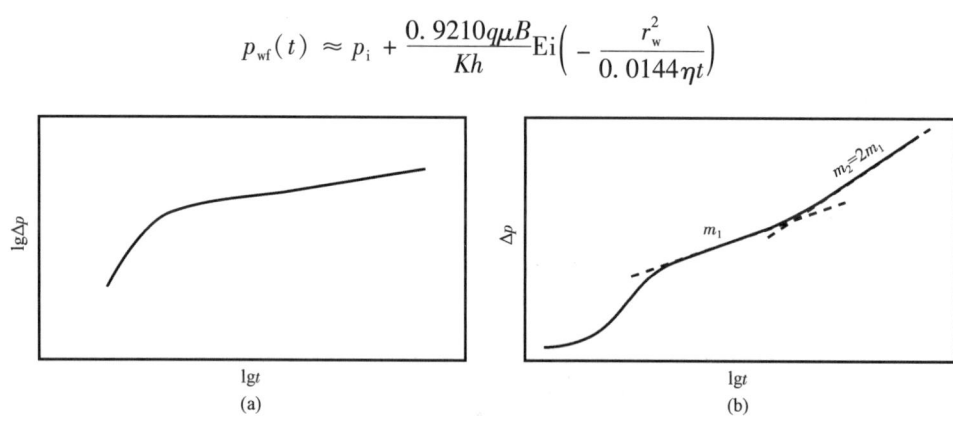

图 4-28 不渗透边界在双对数曲线和半对数曲线上的反映

这与式(3-35)相一致,即与无限作用径向流动情形相一致。这一段时间也就是图 4-27 (a)(b)所示的断层影响尚未到达井筒的阶段。在这一阶段,测试井井底压力的变化与不存在断层时一样。如前所述,由于 r_w 很小,条件 $\frac{r_w^2}{0.0144 \eta t} < 0.01$ 很容易满足,于是上式可写成:

$$p_{\mathrm{wf}}(t) \approx p_{\mathrm{i}} - \frac{2.121q\mu B}{Kh}\lg\frac{8.085\times10^{-3}\eta t}{r_{\mathrm{w}}^2} = p_{\mathrm{i}} - m\lg\frac{8.085\times10^{-3}\eta t}{r_{\mathrm{w}}^2}$$

$$= -m\lg t + \left(p_{\mathrm{i}} - m\lg\frac{8.085\times10^{-3}\eta}{r_{\mathrm{w}}^2}\right)$$

然而,当 t 值增大到一定数值后,断层的影响到达了测试井[图 4-27(c)],流动不再符合无限作用径向流动,$\mathrm{Ei}\left[-\frac{(2L)^2}{0.0144\eta t}\right]$ 已经不能再忽略不计;此时达到了所谓半径向流动阶段(图 4-29)。当 $\frac{(2L)^2}{14.4\eta t} < 0.01$ 时,有:

$$p_{\mathrm{wf}}(t) \approx p_{\mathrm{i}} - \frac{2.121q\mu B}{Kh}\left[\lg\frac{8.085\times10^{-3}\eta t}{r_{\mathrm{w}}^2} + \lg\frac{8.085\times10^{-3}\eta t}{(2L)^2}\right]$$

$$= p_{\mathrm{i}} - m\lg\left(\frac{8.085\times10^{-3}\eta t}{2r_{\mathrm{w}}L}\right)^2 = -2m\lg t + \left(p_{\mathrm{i}} - 2m\lg\frac{8.085\times10^{-3}\eta}{2r_{\mathrm{w}}L}\right)$$

因此,压降半对数曲线(p_{wf}—$\lg t$ 曲线)的前一段,因流动符合无限作用径向流动的规律,呈斜率为 $-m$ 的直线段,而其后一段,流动符合半径向流动的规律,呈斜率为 $-2m$ 的直线段。[若绘制 $\Delta p_{\mathrm{wf}} = p_{\mathrm{i}} - p_{\mathrm{wf}}$ 与 $\lg t$ 的关系曲线,则前一段为斜率为 m 的直线段,后一段为斜率为 $2m$ 的直线段,即所谓上翘,如图 4-28(b)所示]。

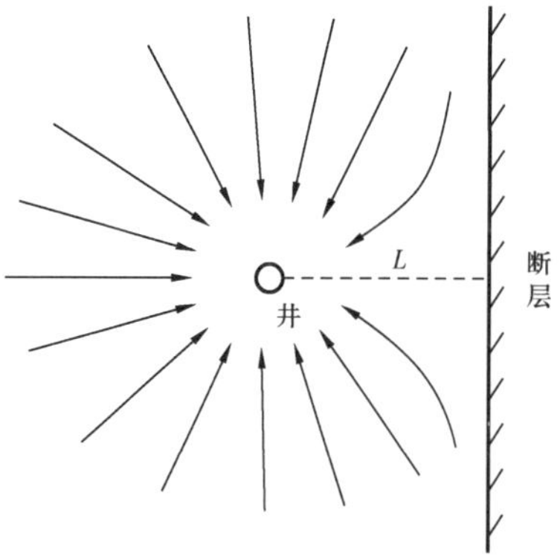

设两条直线段的交点对应的时间为 t_x[图 4-28(b)],则有:

$$p_{\mathrm{i}} - m\lg\frac{8.085\times10^{-3}\eta t_x}{r_{\mathrm{w}}^2} = \left(p_{\mathrm{i}} - 2m\lg\frac{8.085\times10^{-3}\eta t_x}{2r_{\mathrm{w}}L}\right)$$

图 4-29 半径向流动示意图

由此可得式(4-19):

$$L = 0.045\sqrt{\eta t_x} = 0.045\sqrt{\frac{Kt_x}{\phi\mu C_{\mathrm{t}}}}$$

在压力恢复情形,若关井前的生产时间 t_{p} 比最大关井时间 $\Delta t_{\max}$ 长得多,即 $t_{\mathrm{p}} \gg \Delta t_{\max}$,则上述说明和推导可以完全搬用,式(4-19)也可用来计算测试井到断层的距离:

$$L = 0.045\sqrt{\frac{K\Delta t_x}{\phi\mu C_{\mathrm{t}}}}$$

其中 Δt_x 则是在压力恢复 MDH 曲线(p_{ws}—$\lg\Delta t$ 曲线)上两直线段交点对应的时间。

在一般情形,即不一定成立 $t_{\mathrm{p}} \gg \Delta t_{\max}$ 的情形,由镜像原理和叠加原理有:

$$p_{\mathrm{ws}}(\Delta t) = p_{\mathrm{i}} + \frac{0.9210q\mu B}{Kh}\times\left\{\mathrm{Ei}\left[-\frac{r_{\mathrm{w}}^2}{0.0144\eta(t_{\mathrm{p}}+\Delta t)}\right] - \mathrm{Ei}\left(-\frac{r_{\mathrm{w}}^2}{0.0144\eta\Delta t}\right)\right\}+$$

$$\frac{0.9210q\mu B}{Kh} \times \left\{ \text{Ei}\left[-\frac{(2L)^2}{0.0144\eta(t_p+\Delta t)}\right] - \text{Ei}\left[-\frac{(2L)^2}{0.0144\eta\Delta t}\right] \right\}$$

$$\approx p_i - \frac{2.121q\mu B}{Kh}\lg\frac{t_p+\Delta t}{\Delta t} + \frac{q\mu B}{0.3456\pi Kh} \times$$

$$\left\{ \text{Ei}\left[-\frac{4L^2}{0.0144\eta(t_p+\Delta t)}\right] - \text{Ei}\left(-\frac{4L^2}{0.0144\eta\Delta t}\right) \right\}$$

当 Δt 很小时，$\text{Ei}\left(-\dfrac{4L^2}{0.0144\eta\Delta t}\right)$ 可以忽略，且 $t_p+\Delta t \approx t_p$，故：

$$p_{ws}(\Delta t) = p_i + \frac{0.9210q\mu B}{Kh}\text{Ei}\left(-\frac{4L^2}{0.0144\eta t_p}\right) - \frac{2.121q\mu B}{Kh}\lg\frac{t_p+\Delta t}{\Delta t}$$

$$= p_i + \frac{0.9210q\mu B}{Kh}\text{Ei}\left(-\frac{L^2}{0.0036\eta t_p}\right) - m\lg\frac{t_p+\Delta t}{\Delta t}$$

关井压力 $p_{ws}(\Delta t)$ 与 $\lg\dfrac{t_p+\Delta t}{\Delta t}$ 成一斜率为 m 的直线。当 Δt 很大时，$\text{Ei}\left(-\dfrac{4L^2}{0.0144\eta\Delta t}\right)$ 不能忽略，$t_p+\Delta t \approx t_p$ 也不再成立，故有：

$$p_{ws}(\Delta t) = p_i - 2m\lg\frac{t_p+\Delta t}{\Delta t}$$

因此，在 Horner 曲线上，也出现两个直线段，它们的斜率之比也是 1∶2。设它们的交点对应的 Horner 时间为 $\left(\dfrac{t_p+\Delta t}{\Delta t}\right)_x$，则：

$$p_i + \frac{0.9210q\mu B}{Kh}\text{Ei}\left(-\frac{L^2}{0.0036\eta t_p}\right) - m\lg\left(\frac{t_p+\Delta t}{\Delta t}\right)_x = p_i - 2m\lg\left(\frac{t_p+\Delta t}{\Delta t}\right)_x$$

由此可得：

$$2.303\lg\left(\frac{t_p+\Delta t}{\Delta t}\right)_x = -\text{Ei}\left(-\frac{L^2}{0.0036\eta t_p}\right) \tag{4-20}$$

对 L 求解此方程，便得到测试井到断层的距离。做法是：首先计算上式的左边，然后通过查 Ei 函数曲线或 Ei 函数表，由 $\text{Ei}\left(-\dfrac{L^2}{0.0036\eta t_p}\right)$ 值反求 $\dfrac{L^2}{0.0036\eta t_p}$ 值，最后计算出 L：

$$L = \sqrt{\frac{L^2}{0.0036\eta t_p} \times 0.0036\eta t_p} = \sqrt{\frac{L^2}{0.0036\eta t_p}\frac{0.0036Kt_p}{\phi\mu C_t}} \tag{4-21}$$

还有一种用无量纲曲线和恢复曲线来计算测试井到断层的距离的方法，将在第五章第三节中叙述。

2) 测试井位于两条互相垂直的密封直线断层附近的情形

如果测试井位于两条互相垂直的密封直线断层附近，井到这两条断层的距离分别为 L_1

和 L_2(图 4-25),则如前所述,应具有 3 口像井。由叠加原理,测试井的井底压力应为:

$$p_{wf}(t) = p_i + \frac{0.9210q\mu B}{Kh}$$

$$\left\{\text{Ei}\left(-\frac{r_w^2}{0.0144\eta t}\right) + \text{Ei}\left[-\frac{(2L_1)^2}{0.0144\eta t}\right] + \text{Ei}\left[-\frac{(2L_2)^2}{0.0144\eta t}\right] + \text{Ei}\left[-\frac{(2L_1)^2 + (2L_2)^2}{0.0144\eta t}\right]\right\}$$

式中 $2L_1$、$2L_2$ 和 $\sqrt{(2L_1)^2 + (2L_2)^2}$ 分别为测试井到三口像井的距离。与只有一条密封直线断层的情形一样,在开井后的一段时间里,t 还很小,并且 $2L_1 \gg r_w$、$2L_2 \gg r_w$、$\sqrt{(2L_1)^2 + (2L_2)^2} \gg r_w$,$\text{Ei}\left[-\frac{(2L_1)^2}{0.0144\eta t}\right]$、$\text{Ei}\left[-\frac{(2L_2)^2}{0.0144\eta t}\right]$ 和 $\text{Ei}\left[-\frac{(2L_1)^2 + (2L_2)^2}{0.0144\eta t}\right]$ 都可以忽略不计。此时:

$$p_{wf}(t) = p_i + \frac{0.9210q\mu B}{Kh}\text{Ei}\left(-\frac{r_w^2}{0.0144\eta t}\right)$$

上式也可写成:

$$p_{wf}(t) \approx \left(p_i - \frac{2.121q\mu B}{Kh}\lg\frac{8.085 \times 10^{-3}\eta t}{r_w^2}\right) = p_i - m\lg\frac{8.085 \times 10^{-3}\eta t}{r_w^2}$$

$$= -m\lg t + \left(p_i - m\lg\frac{8.085 \times 10^{-3}\eta}{r_w^2}\right)$$

这就是任何一条断层的影响都尚未到达井筒的阶段。因此,和只有一条断层的情形一样,压降半对数曲线(p_{wf}-lg t 曲线)的前一段呈斜率为 $-m$ 的直线段(图 4-30)。

然而,在开井一段时间之后,两条断层的影响先后到达了测试井,$\text{Ei}\left[-\frac{(2L_1)^2}{0.0144\eta t}\right]$、$\text{Ei}\left[-\frac{(2L_2)^2}{0.0144\eta t}\right]$ 和 $\text{Ei}\left[-\frac{(2L_1)^2 + (2L_2)^2}{0.0144\eta t}\right]$ 都已经不能再忽略不计。从第一条断层的影响到达测试井开始,就不再符合无限作用径向流动。当 $\frac{(2L_1)^2}{0.0144\eta t} < 0.01$、$\frac{(2L_2)^2}{0.0144\eta t} < 0.01$ 且 $\frac{(2L_1)^2 + (2L_2)^2}{0.0144\eta t} < 0.01$ 时,有:

$$p_{wf}(t) \approx p_i - \frac{2.121q\mu B}{Kh}\left[\lg\frac{8.085 \times 10^{-3}\eta t}{r_w^2} + \lg\frac{8.085 \times 10^{-3}\eta t}{(2L_1)^2} + \right.$$

$$\left.\lg\frac{8.085 \times 10^{-3}\eta t}{(2L_2)^2} + \lg\frac{8.085 \times 10^{-3}\eta t}{(2L_1)^2 + (2L_2)^2}\right]$$

$$= p_i - m\lg\left[\frac{8.085 \times 10^{-3}\eta t}{2\sqrt{r_w L_1 L_2}\sqrt[4]{(2L_1)^2 + (2L_2)^2}}\right]^4$$

$$= -4m\lg t + \left[p_i - 4m\lg\frac{8.085 \times 10^{-3}\eta}{2\sqrt{r_w L_1 L_2}\sqrt[4]{(2L_1)^2 + (2L_2)^2}}\right] \quad (4-22)$$

所以,压降半对数曲线(p_{wf}—lg t 曲线)的后一段,会呈斜率为 $-4m$ 的直线段(图 4 – 30)。

如果井到两条断层的距离 L_1 和 L_2 相差悬殊,则离井较近的断层的影响将先到达井筒,半对数曲线呈一段斜率为 $-2m$ 的直线段,然后过渡到斜率为 $-4m$ 的直线段(图 4 – 31)。

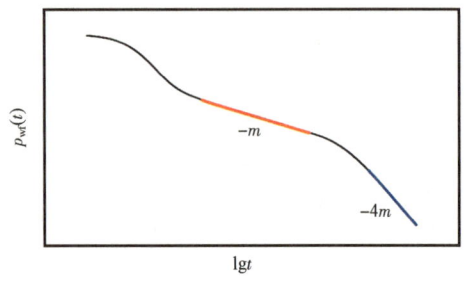
图 4 – 30 测试井附近有两条互相垂直的密封直线断层时的压降曲线($L_1 \approx L_2$ 的情形)

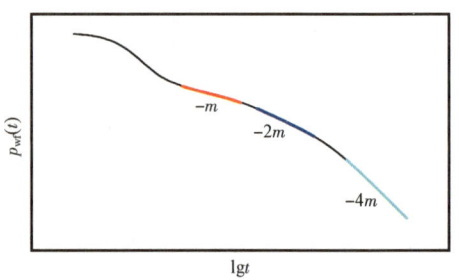
图 4 – 31 测试井附近有两条互相垂直的密封直线断层时的压降曲线($L_1 \neq L_2$ 的情形)

在压力导数曲线上,不渗透边界有非常明显的特征,详见第五章第四节第四部分。

3) 测试井位于两条相交密封直线断层之间(夹角 $\neq 90°$)的情形

首先考察两条相交密封直线断层之间成 $60°$ 角,测试井在其角平分线上的情形。假定测试井到断层的距离为 L。此时共有 5 口像井(图 4 – 32),它们与测试井的距离依次为 $2L$、$2\sqrt{3}L$、$4L$、$2\sqrt{3}L$ 和 $2L$。由叠加原理,测试井的井底压力为:

$$p_{wf}(t) = p_i + \frac{0.9210q\mu B}{Kh} \left\{ \text{Ei}\left(-\frac{r_w^2}{0.0144\eta t}\right) + 2\text{Ei}\left[-\frac{(2L)^2}{0.0144\eta t}\right] + 2\text{Ei}\left[-\frac{(2\sqrt{3}L)^2}{0.0144\eta t}\right] + \text{Ei}\left[-\frac{(4L)^2}{0.0144\eta t}\right] \right\}$$

在开井后的一段时间里,$\text{Ei}\left[-\frac{(2L)^2}{0.0144\eta t}\right]$、$\text{Ei}\left[-\frac{(2\sqrt{3}L)^2}{0.0144\eta t}\right]$ 和 $\text{Ei}\left[-\frac{(4L)^2}{0.0144\eta t}\right]$ 都可以忽略不计,此时:

$$p_{wf}(t) = p_i + \frac{0.9210q\mu B}{Kh}\text{Ei}\left(-\frac{r_w^2}{0.0144\eta t}\right)$$

当 $\frac{r_w^2}{0.0144\eta t} < 0.01$ 时,有:

$$p_{wf}(t) \approx p_i - \frac{2.121q\mu B}{Kh}\lg\frac{8.085 \times 10^{-3}\eta t}{r_w^2} = p_i - m\lg\frac{8.085 \times 10^{-3}\eta t}{r_w^2}$$

$$= -m\lg t + \left(p_i - m\lg\frac{8.085 \times 10^{-3}\eta}{r_w^2}\right)$$

这就是任何一条断层的影响都尚未到达测试井的阶段,压降半对数曲线(p_{wf}—lg t 曲线)呈斜率为 $-m$ 的直线段,与无限作用径向流动情形一样(图 4 – 33)。

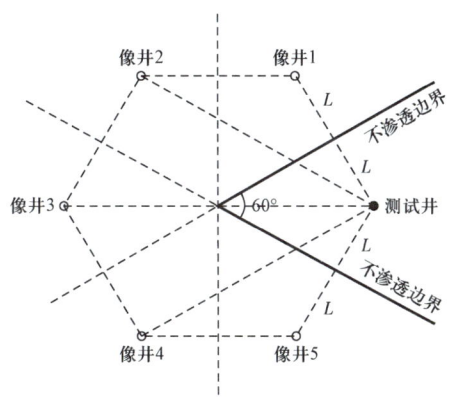

图 4-32 相交断层夹角为 60°且井
在角平分线时的像井分布

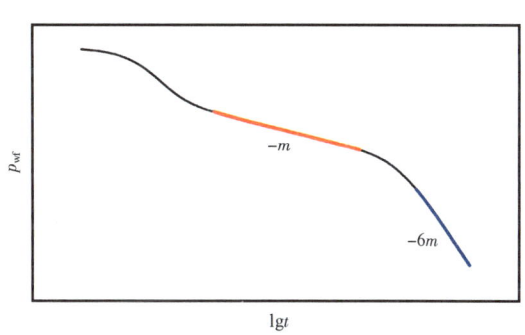

图 4-33 相交断层夹角为 60°且井
在角平分线时的压降曲线

然而,在开井一段时间后,像井的影响先后到达了测试井,$\mathrm{Ei}\left[-\dfrac{(2L)^2}{0.0144\eta t}\right]$、$\mathrm{Ei}\left[-\dfrac{(2\sqrt{3}L)^2}{0.0144\eta t}\right]$ 和 $\mathrm{Ei}\left[-\dfrac{(4L)^2}{0.0144\eta t}\right]$ 都不能再忽略不计。从第一口像井的影响到达测试井开始,就不再符合无限作用径向流动。当 $\dfrac{(2L)^2}{0.0144\eta t}<0.01$、$\dfrac{(2\sqrt{3}L)^2}{0.0144\eta t}<0.01$ 且 $\mathrm{Ei}\left[-\dfrac{(4L)^2}{0.0144\eta t}\right]<0.01$ 时,有:

$$p_{\mathrm{wf}}(t) \approx p_{\mathrm{i}} - \dfrac{2.121 q \mu B}{Kh}\left[\lg\dfrac{8.085\times 10^{-3}\eta t}{r_{\mathrm{w}}^2} + 2\lg\dfrac{8.085\times 10^{-3}\eta t}{(2L)^2} + \right.$$

$$\left. 2\lg\dfrac{8.085\times 10^{-3}\eta t}{(2\sqrt{3}L)^2} + \lg\dfrac{8.085\times 10^{-3}\eta t}{(4L)^2}\right]$$

$$= p_{\mathrm{i}} - m\lg\left(\dfrac{8.085\times 10^{-3}\eta t}{\sqrt[3]{192 r_{\mathrm{w}} L^5}}\right)^6$$

$$= -6m\lg t + \left(p_{\mathrm{i}} - 6m\lg\dfrac{8.085\times 10^{-3}\eta}{\sqrt[3]{192 r_{\mathrm{w}} L^5}}\right) \tag{4-23}$$

压降半对数曲线(p_{wf}—$\lg t$ 曲线)的后一段,会呈斜率为 $-6m$ 的直线段(图 4-33)。

当两条相交密封直线断层之间成 $\theta°$ 角,测试井在其角平分线上时,压降半对数曲线的前一段呈斜率为 $-m$ 的直线段,而后一段会呈斜率为 $\left(-\dfrac{360}{\theta}\cdot m\right)$ 的直线段。如果测试井不在角平分线上,则像井数目会大量增加,图形会变得更加复杂。

3. 恒压边界

对于油层来说,很大的气顶、非常活跃的边水或充分的边缘注水,都可能形成恒压边界。

在恒压边界情形,到了后期,流动将达到稳定,即达到所谓稳定流动状态(Steady State Flow)。此时$\frac{\partial p}{\partial t}=0$成立,这就是说,这时压力只与距离(离井的远近)有关,而与时间无关;对于某一固定点而言,压力则是个常数。因此,在双对数曲线或半对数曲线上,都出现一条水平直线(图4-34)。这就是恒压边界的诊断曲线和特征曲线。

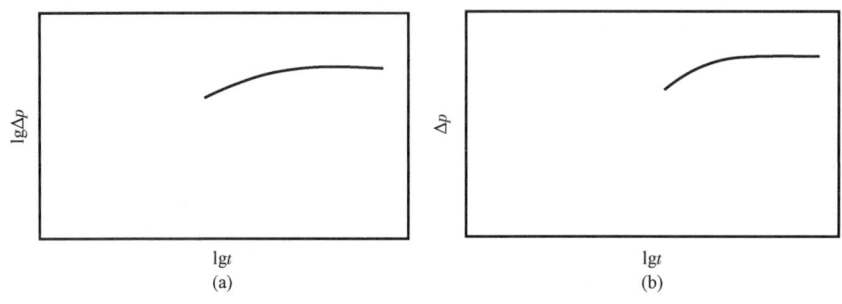

图4-34 恒压边界的诊断曲线(a)和特征曲线(b)

恒压边界也可以用镜像原理处理。设在一条恒压边界BB附近,有一口油井A_1以产量q生产(图4-35),由此所形成的压力变化等价于不存在此恒压边界BB时,井A_1与另一口井A_2所造成的压力变化的叠加,井A_2在与井A_1对于恒压边界BB成轴对称的位置上,但产量恰与井A_1相反:井A_2以产量$-q$生产,或以注入量q注入。所以其定解问题应为(坐标系同图4-26):

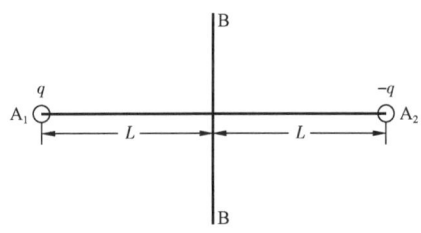

图4-35 镜像原理(恒压边界)示意图

$$\begin{cases} \dfrac{\partial^2 p}{\partial x^2} + \dfrac{\partial^2 p}{\partial y^2} = \dfrac{1}{3.6\times 10^{-3}\eta}\dfrac{\partial p}{\partial t} \\ p(t=0) = p_i \\ p(|x|=\infty) = p(|y|=\infty) = p_i \\ \left(\dfrac{\partial p}{\partial r_1}\right)_{r_1=r_w} = \dfrac{1.842q\mu B}{Khr_w} \\ \left(\dfrac{\partial p}{\partial r_2}\right)_{r_2=r_w} = \dfrac{-1.842q\mu B}{Khr_w} \end{cases}$$

同解定解问题式(4-15)相类似,分解这一问题再用叠加原理即可得其解为:

$$p = p_i + \frac{0.9210q\mu B}{Kh}\left[\text{Ei}\left(-\frac{r_1^2}{0.0144\eta t}\right) - \text{Ei}\left(-\frac{r_2^2}{0.0144\eta t}\right)\right] \quad (4-24)$$

显然,沿着恒压边界BB($x=0$)有$r_1=r_2$,$\text{Ei}\left(-\dfrac{r_1^2}{0.0144\eta t}\right) = \text{Ei}\left(-\dfrac{r_2^2}{0.0144\eta t}\right)$,因此:

$$p = p_i$$

在这一情形,由式(4-24)有:

$$p_{wf}(t) = p_i + \frac{0.9210q\mu B}{Kh} \times \left\{ \text{Ei}\left(-\frac{r_w^2}{0.0144\eta t}\right) - \text{Ei}\left[-\frac{(2L)^2}{0.0144\eta t}\right] \right\}$$

其中 $L(\text{m})$ 为测试井到恒压边界的距离,而 $2L(\text{m})$ 则为测试井到像井的距离(图 4-35)。

在开井生产之后的一段时间里,恒压边界的影响尚未到达井筒,此时 t 相当小,并且 $2L \gg r_w$,$\text{Ei}\left[-\frac{(2L)^2}{0.0144\eta t}\right]$ 可以忽略不计,故:

$$p_{wf}(t) \approx p_i + \frac{0.9210q\mu B}{Kh}\text{Ei}\left(-\frac{r_w^2}{0.0144\eta t}\right)$$

这与无限作用径向流动情形相一致。如前所述,由于 r_w 很小,条件 $\frac{r_w^2}{0.0144\eta t} < 0.01$ 很容易满足,于是上式可写成:

$$p_{wf}(t) \approx p_i - \frac{2.121q\mu B}{Kh}\lg\frac{8.085 \times 10^{-3}\eta t}{r_w^2} = p_i - m\lg\frac{8.085 \times 10^{-3}\eta t}{r_w^2}$$

$$= -m\lg t + \left(p_i - m\lg\frac{8.085 \times 10^{-3}\eta}{r_w^2}\right)$$

然而,当 t 值增大到一定数值后,恒压边界的影响到达了测试井,不再符合无限作用径向流动,$\text{Ei}\left[-\frac{(2L)^2}{0.0144\eta t}\right]$ 已经不能再忽略不计。当 $\frac{(2L)^2}{14.4\eta t} < 0.01$ 时,有:

$$p_{wf}(t) \approx p_i - \frac{2.121q\mu B}{Kh}\left[\lg\frac{8.085 \times 10^{-3}\eta t}{r_w^2} - \lg\frac{8.085 \times 10^{-3}\eta t}{(2L)^2}\right]$$

$$= p_i - m\lg\frac{4L^2}{r_w^2} = \text{常数}$$

因此,压降半对数曲线(p_{wf}—$\lg t$ 曲线)的前一段,呈斜率为 $-m$ 的直线段,而其后一段,则呈水平直线段;其双对数曲线($\lg\Delta p$—$\lg t$ 曲线)后一段也呈直线段(图 4-34)。

4. 封闭系统

由不渗透边界所围成的油藏称为封闭系统。在测压降曲线过程中,开始时,压降漏斗逐步扩大,在未到达任何边界之前,其流动状态与无限作用径向流动完全相同(图 3-24 和图 3-25);但当离井最近的一个边界的影响到达了井筒,无限作用径向流动即告结束,而当所有的不渗透边界的影响都到达井筒以后,油藏中的压力(或压差)随时间的变化率将固定不变,即:

$$\frac{\partial p}{\partial t} = \text{常数}(\neq 0)$$

于是油层中不同时刻的压力分布曲线彼此平行,如图 4-36 所示。因此,在这一阶段,压降(或流压)与时间呈线性关系,即达到了所谓的拟稳定流动状态(Pseudo-steady State)。

在拟稳定流动阶段,从油井中产出原油全部依靠整个油藏中的弹性能量。设井以流量 q

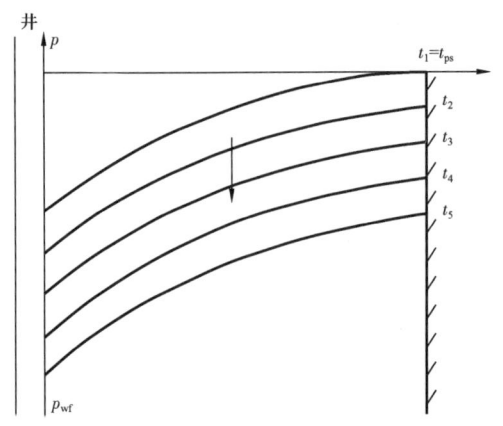

图 4-36 拟稳定流动压力分布示意图
t_{ps}—拟稳定流动阶段开始的时间

(m^3/d)生产,在 dt(h)时间内压力下降了 dp_{wf}(MPa),则:

$$\frac{qB}{24} = -V_p C_t \frac{dp_{wf}}{dt}$$

其中 V_p 为油藏的孔隙体积(m^3),C_t 为总压缩系数(MPa^{-1})。上式等号左边表示每小时的产出量(地下体积),右边表示每小时靠油藏的弹性能量"挤出"的油量。由上式得:

$$\frac{dp_{wf}}{dt} = -\frac{qB}{24 V_p C_t}$$

对上式积分得:

$$p_{wf} = -\frac{qB}{24 V_p C_t} t + p_{wfint} \quad (4-25)$$

或

$$\Delta p_{wf} = \frac{qB}{24 V_p C_t} t + \Delta p_{int} = \frac{qB}{24 A h \phi C_t} t + \Delta p_{int} \quad (4-26)$$

式中 A 为封闭系统的面积(m^2)。可以看到,在直角坐标系中,p_{wf} 与 t(同样,Δp_{wf} 与 t)成一直线,其斜率为 $-\frac{qB}{24 V_p C_t}$(在 Δp_{wf} 与 t 曲线情形为 $\frac{qB}{24 V_p C_t}$,为方便起见,用 m^* 表示斜率的绝对值:$m^* = \frac{qB}{24 V_p C_t}$)。$p_{wfint}$ 和 Δp_{int} 分别为直线 p_{wf}—t 和 Δp_{wf}—t 的纵截距,而 $\Delta p_{int} = p_i - p_{wfint}$,如图 4-37(c)(b)所示。这就是封闭系统的特征曲线。由其斜率的绝对值 m^* 可以求得该封闭系统的地质储量 N:

$$N = V_p S_o = \frac{qBS_o}{24 m^* C_t} \quad (4-27)$$

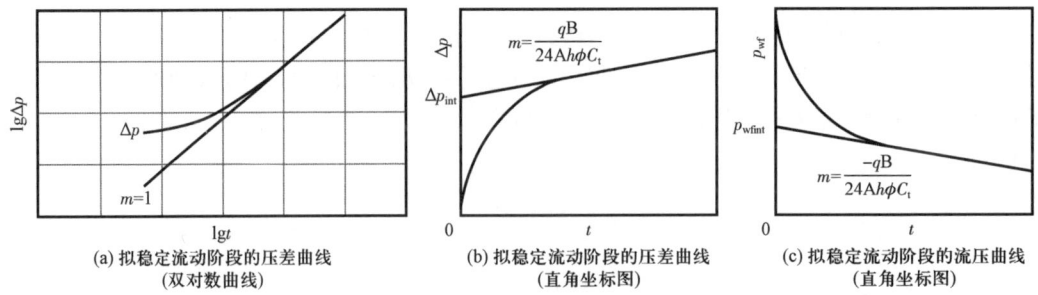

(a) 拟稳定流动阶段的压差曲线
(双对数曲线)

(b) 拟稳定流动阶段的压差曲线
(直角坐标图)

(c) 拟稳定流动阶段的流压曲线
(直角坐标图)

图 4-37 封闭系统的诊断曲线和特种识别曲线

其中,S_o 为含油饱和度,m^* 的单位是 MPa/h,N 的单位 m^3。

这一方法属于用动态资料估算地质储量(动态储量)的范畴,估算结果一般要比容积法计算的结果小,但可靠程度更高,可从动态的角度为储量综合研究提供参考。

为了求出一个封闭系统的储量而专门进行的压降试井,称为油藏探边测试(Reservoir Limit Test,RLT)。对于任何封闭系统(如透镜体和小断块油气藏等),用探边测试均可比较准确地求出其地质储量。尤其是对于那些很难确定含油(气)面积、有效厚度和孔隙度的特殊油(气)藏[例如裂缝性油(气)藏],计算储量的容积法已不灵验了,但探边测试方法却可以奏效,这是其特别优越之处。

这里有两个问题必须指出:

(1)所谓油藏探边测试(或油层边界试井、探边试验、探边试井),是英文 Reservoir Limit Test(简称作 RLT)的中文译名。我们知道:通过压降或压力恢复试井,除了判断测试层的类型、计算测试层的参数之外,也还可以探测测试井附近的油层边界,如断层之类的不渗透边界、油水界面之类的恒压边界等,同时计算出测试井到边界的距离。于是有人就把这种试井称作探边测试,并称之为 Reservoir Limit Test 即 RLT。这样一来,探测边界类型和距离的压降或压力恢复试井和 RLT 混淆在一起,甚至许多人误认为 RLT 就是探测边界类型和距离的压降或压力恢复试井。其实这是完全错误的。

Reservoir Limit Test 的定义是非常明确的:特地为估算与测试井相连通的油层的体积(实质上就是储量)而进行的压降试井叫作 Reservoir Limit Test❶。也就是说,只有那种测量拟稳定流动阶段的压降数据,从而计算与测试井相连通的油层的储量的压降试井,才是 Reservoir Limit Test(油藏探边测试)。如此看来,在 Reservoir Limit Test 中,Limit 并不作"边界"解。把 Reservoir Limit Test 译作油层边界试井,与其真正的含义不相符合。正是这"边界"二字,使它和兼探边界的压降或压力恢复试井混为一谈。若把 Reservoir Limit Test 译做油层范围试井,甚至意译为油藏储量试井,似乎会更好得多。即便保留其油层边界试井的译名,也必须明确其真正含义:它并不是探测边界,而是估算储量。更不能把运用压降或压力恢复探测边界的试井称为 Reservoir Limit Test。

(2)封闭系统的压力恢复的变化特征与压降完全不同。事实上,在封闭系统中的井,关井压力的恢复速度将逐渐减缓,关井压力逐渐趋于平衡而最终达到静止地层压力。在压力恢复过程中,根本不存在拟稳定流动阶段。

压降试井进入拟稳定流动阶段的时间取决于油藏的大小、形状、油藏和流体的参数,以及井在油藏中的位置等。例如,对于一个圆形封闭油藏,测试井在中心位置,拟稳定流动阶段开始的时间为:

$$t_{ps} = \frac{84.3346\phi\mu C_t r_e^2}{K}$$

---

❶ *Pressure Buildup and Flow Tests in Wells* 一书给出的定义是:Drawdown tests run for the purpose of drainage volume determination from semi-steady state pressure data are known popularly "reservoir limit tests"。《Advances in Well Test Analysis》一书也给出了完全相同的定义:A drawdown test run specifically to determine the reservoir volume communicating with the well is called a reservoir limit test。

式中　t_{ps}——拟稳定流动阶段开始的时间,h;
　　　ϕ——油层的孔隙度;
　　　μ——流体的黏度,mPa·s;
　　　C_t——总压缩系数,MPa^{-1};
　　　r_e——油藏的外缘半径,m;
　　　K——油层的渗透率,mD。

为分析拟稳定流动阶段的双对数特征,定义无量纲时间为[式(3-84)]:

$$t_{DA} = \frac{3.6 \times 10^{-3} K}{\phi \mu C_t A} t$$

把式(4-26)写成无量纲形式,得:

$$p_D - p_{Dint} = 2\pi t_{DA} \tag{4-28}$$

两边取对数,得:

$$\lg(p_D - p_{Dint}) = \lg t_{DA} + \lg(2\pi)$$

故$\lg(p_D - p_{Dint})$与$\lg t_{DA}$成一直线,其斜率为1。而当t越来越大时,$\lg(p_D - p_{Dint})$与$\lg p_D$之差将越来越小,$\lg p_D$与$\lg t_{DA}$的关系曲线将接近于一条斜率为1的直线;准确地说,$\lg p_D$与$\lg t_{DA}$的关系曲线以斜率为1的直线为其渐近线。

同样,由式(4-26)可得:

$$\lg(\Delta p_{wf} - \Delta p_{int}) = \lg t + \lg \frac{qB}{24Ah\phi C_t} \tag{4-29}$$

当t越来越大时,$\lg(\Delta p_{wf} - \Delta p_{int})$与$\lg \Delta p_{wf}$之差将越来越小,$\lg \Delta p_{wf}$与$\lg t$的关系曲线将接近于一条斜率为1的直线。由此可知:在双对数坐标系中,Δp_{wf}与t的关系曲线也是斜率越来越接近于1的直线[图4-37(a)]。准确地说,此关系曲线以斜率为1的直线为其渐近线。这就是拟稳定流动阶段的诊断曲线。但是,封闭系统的压力恢复却有与压降完全不同的变化特性:关井压力的恢复速度将逐渐减低,关井压力逐步趋于平衡而最终达到平均地层压力(图4-38)。如前所述,在压力恢复的过程中,根本不存在拟稳定流动阶段。在压力导数曲线上,压降和恢复更会显现出绝然不同的形态(见第五章第四节第四部分,图5-41和图5-42)。

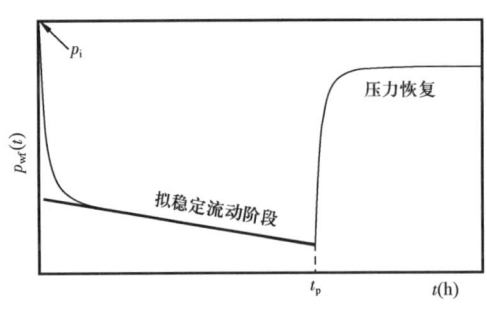

图4-38　封闭系统的压降与压力恢复

【例4-2】　金凤6断块是海南金凤构造的一个小断块,在其中打了一口探井——金凤6井。钻至一个泥岩裂缝段(尚未钻达设计目的层)时发生井涌,涌出油和天然气,于是提前完井进行测试。此泥岩裂缝段的厚度为4m(电测解释结果),含油面积和孔隙度等参数无法确定。经过常规试油认定此层具有一定产能。为了落实其储量,决定再进行油藏探边测试。用φ3mm油嘴开井,下入地面直读电子压力计测量井底流动压力,测得的井底流压变化(直角坐标)曲线及其双对数曲线分别如图4-39和图4-40所示。开井50h后,压差曲线和导数曲线(导数曲线将在第五章第四节详细介绍)均呈斜率大致相同的直线(图4-40);流压p_{wf}与开井时间t呈一条很好的直线,其斜率的绝对值为$m^* = 0.02\text{MPa/h}$(图4-39)。其他参数如下:

$$q_o = 27.19\text{m}^3/\text{d}$$

$$B_o = 1.568\text{m}^3/\text{m}^3$$

$$S_o \approx 1.0$$

$$C_t \approx C_o = 1.2417 \times 10^{-3}\text{MPa}^{-1}$$

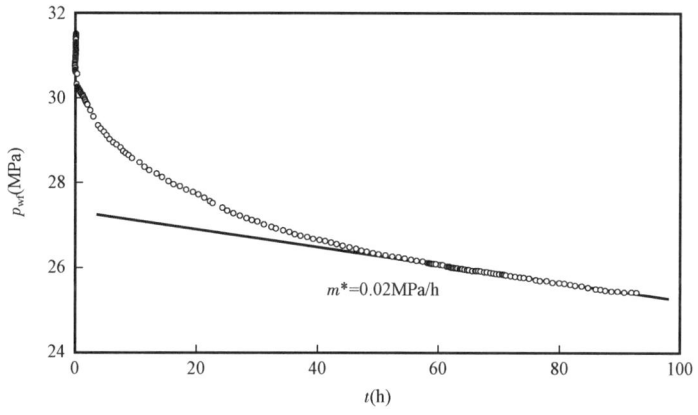

图4-39 金凤6井探边测试曲线(例4-2)

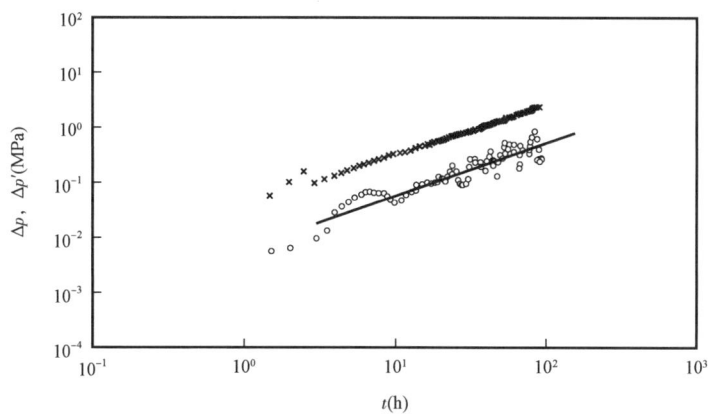

图4-40 金凤6井探边测试双对数曲线(例4-2)

代入式(4-15)便得到与本井相连通的裂缝系统的地质储量:

$$N = \frac{qBS_o}{24m^*C_t} = \frac{27.19 \times 1.568 \times 1}{24 \times 0.02 \times 1.2417 \times 10^{-3}} = 71407 \text{m}^3$$

对于这口井和所在断块,有人抱着极良好的愿望和极高的期望,认为此断块应该有相对可观的储量,因而不愿相信这口井的测试解释结果。但在制订开发计划时,还是考虑到储量有限,这个断块用金凤6井单井开采。后来试采证明了测试解释结果的正确:该断块的储量确实很小。在采出6000m³原油后,金凤6井停喷;然后转为间歇抽汲开采,每天抽2~4h,产量已经很低。

第四节 识别油(气)藏类型和流动阶段的重要性

综上所述,双对数曲线(诊断曲线)的各个部分分别表征油气在各个不同流动阶段的特性;各个不同的流动阶段各自有各不相同的特征曲线;从各个不同的流动阶段可以求出部分特性参数。把诊断曲线各个阶段的特征、对应的特征曲线及可求得的参数在一张图上标出,如图4-41所示。

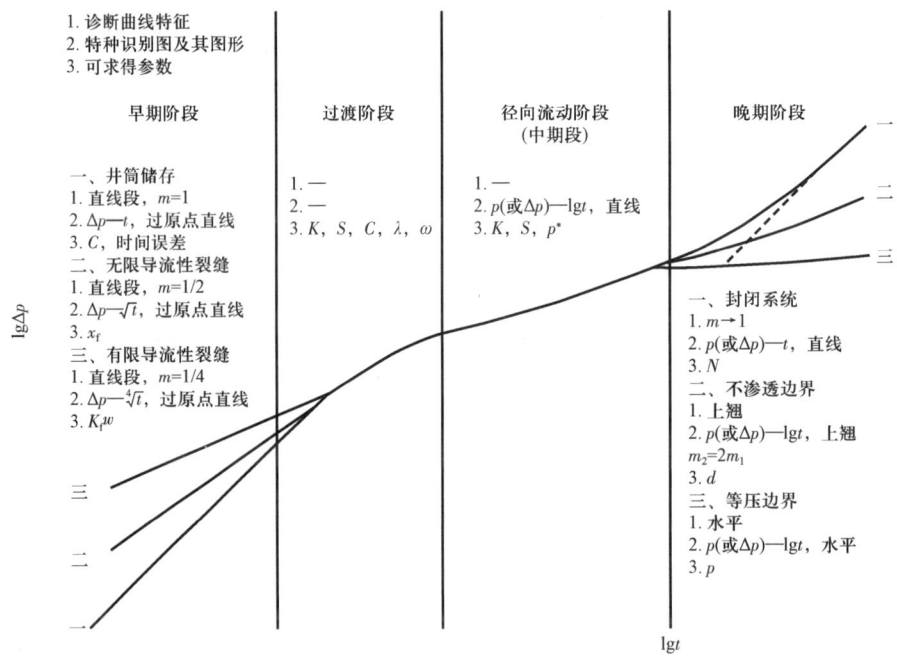

图4-41 油气各个流动阶段特性图

测试所取得的完整的压力曲线,正是由若干个有序的流动阶段(从反映井筒状况的早期段、反映测试层特性的中期段到反映边界状况的晚期段)所组成的。在各个流动阶段,压力导数曲线和压差曲线表现出不同的特征。综合分析各个阶段的诊断曲线特征、双对数曲线整体的特征和对应的各个局部的特征曲线的特征,就能弄清流动阶段出现的顺序,正确识别测试层和测试井的特性,正确选择试井解释模型。这里要注意"有序"的问题。举个例子来说:在无限导流性垂直裂缝情形,早期段是线性流动,接着出现拟径向流动;而在条带状油藏(即具两条平行不渗透边界)情形,早期段是径向流,然后出现线性流。又如早期的井筒储集阶段,压差曲线和压力导数曲线呈斜率为1的直线;而在封闭系统情形,压差曲线和压力导数曲线也呈斜率为1的直线,不过它却是在晚期段(拟稳定流动阶段)才出现。另外,因为试井解释具有多解性,有可能存在多个模型可以拟合实测曲线,必须综合分析并加以甄别。

在试井解释中,油(气)藏类型的识别是头等重要的。如果油(气)藏类型识别错了,一切都将是错的。此外,对不同类型的油(气)藏,通常用半对数分析所得的参数的意义也不相同。例如渗透率 K,在均质油(气)藏情形,无疑就是油(气)藏的渗透率;在双重介质油(气)藏情形,它却是裂缝系统的渗透率,常用 K_f 表示;而在多层油(气)藏情形,它表示的是各层的综合平均值,即 $\overline{K}$。又如表皮系数 S,在均质油(气)藏情形,$S>0$、$S\approx 0$ 和 $S<0$ 分别象征着油(气)层受伤害、不受伤害和措施见效,而在非均质油(气)藏却不然。一般来说,在双重孔隙介质油(气)藏情形,正常井的表皮系数为负值,措施见效井的表皮系数 $S<-3$。再如井筒储集系数 C,在均质油(气)藏情形,如果井筒中充满单相流体,则 $C_{完井}\approx C_{试井}$;而在双重孔隙介质油(气)藏,则往往 $C_{完井}\ll C_{试井}$。

识别油(气)藏类型,除了靠上面所介绍的诊断曲线和特征曲线之外,更主要的是要靠压力导数曲线,详见第五章第四节。

第五章
均质油藏的试井解释

均质油藏是指由单一孔隙介质结构构成的油藏,这种孔隙介质结构既是储集空间又是渗流通道。本章主要介绍均质油藏中油井的现代试井解释方法以及流动阶段的识别。

第一节 压力图版及图版拟合分析方法简介

现代试井解释方法的重要手段之一是解释图版拟合分析,或称为样板曲线拟合(Type Curve Match)。通过图版拟合分析,可以得到关于油藏及油井类型、流动阶段等多方面的信息,还可以计算出有效渗透率 K、表皮系数 S 和井筒储集系数 C 等许多参数。

如第四章第一节所述,试井解释图版就是在某种坐标系中画好的一组或若干组曲线,即所谓样板曲线。在绘制解释图版时选取的变量不同,得到的图版也就不一样;考虑的因素不同,得到的图版也不相同。30多年来已经发表了许多试井解释图版,如 Agarwal – Ramey(阿格沃尔 – 雷米)图版、Earlougher(厄洛赫)图版、McKinley(麦金利)图版、Gringarten(格林加登)压力解释图版和 Bourdet(布德)压力导数解释图版等,新的试井解释图版还可能不断涌现。

从下一节开始,将着重介绍 Gringarten 图版和 Bourdet 图版的应用。本节先简单介绍一下 Agarwal – Ramey 图版和 Earlougher 图版,以及图版拟合分析方法。Agarwal – Ramey 图版和 Earlougher 图版都是均质油藏中一口具有井筒储集和表皮效应的试井解释图版(均质模型解释图版)。如前所述,绝对均质的油气藏是不存在的,但只要一口油(气)井在其开井生产所造成的压力影响所及的范围内,地层及其内部的流体的特征参数,如流动系数 $\dfrac{Kh}{\mu}$ 和储能系数 $\phi C_t h$,没有很明显的变化,或大致相同,就可以把这口井所在的地层看作均质油(气)藏,就可以用均质模型进行解释。

一、Agarwal – Ramey(阿格沃尔—雷米)图版及图版拟合方法

最早的无限大均质油藏中一口具有井筒储集效应和表皮效应的井的解释图版是 Agarwal 和 Ramey 在1970年创立的(图5 – 1),常简称作 Ramey(雷米)图版。在双对数坐标系中,纵坐标表示无量纲压力 p_D [定义见式(3 – 77)],横坐标表示无量纲时间 t_D [定义见式(3 – 78)和式(3 – 79)];每一组曲线对应一个无量纲井筒储集系数 C_D 值[定义见式(3 – 80)],各组中的每一条曲线对应一个表皮系数 S 值。

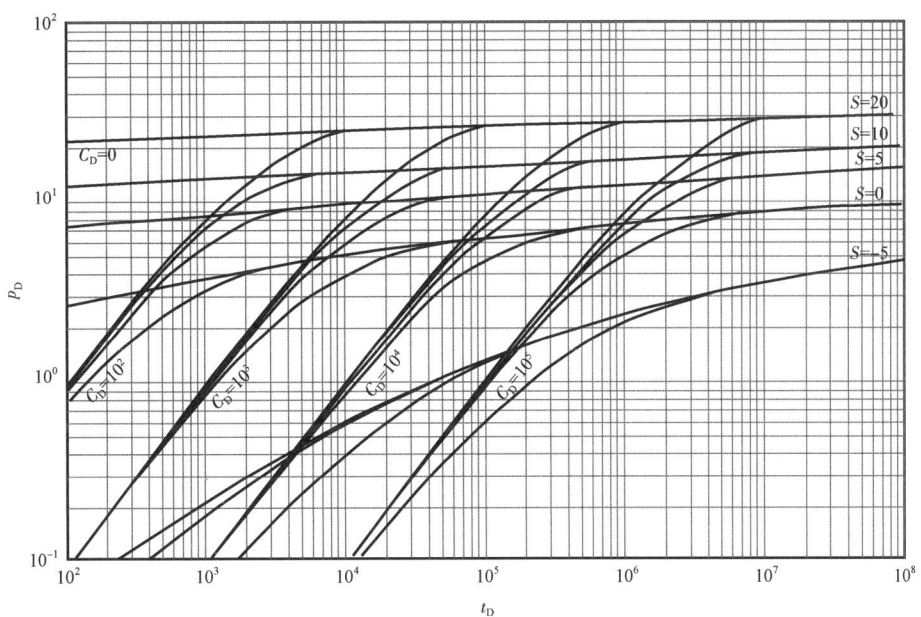

图 5-1　Agarwal-Ramey 图版

在纯井筒储集阶段,如前所述,曲线呈现斜率为 1 的直线。然后逐渐过渡到与最顶端那条 $C_D = 0$ 的曲线相重合。前一段 $C_D \neq 0$ 的曲线与后一段 $C_D = 0$ 的曲线的分界点,即 $C_D \neq 0$ 的曲线与 $C_D = 0$ 曲线的接合点,就是井筒储集阶段的终止,也就是径向流动阶段的开始。

用手工进行图版拟合分析的方法和步骤是:

第一步,在尺寸与图版完全一样的透明双对数纸上画出实测压差 $\Delta p = p_i - p_{wf}(t)$ 和时间 t 的关系曲线(注意:要用压差 Δp,而不能用压力 p_{wf},这是因为我们使用的无量纲压力实质上是无量纲压差)。若没有这种透明双对数坐标纸,可用普通透明纸蒙在图版上[图 5-2(a)],在透明纸上画出与图版完全一样的对数周期框格[图 5-2(b)],依据实测资料选用并标定坐标[图 5-2(c)],再按图版的坐标网格,在透明纸上画出实测曲线[图 5-2(d)]。画实测曲线时,一般只画出数据点而不连线。

第二步,把画好的实测曲线图在解释图版上作上下平移和左右平移,在平移过程中要注意:一定保持两张图的对应坐标轴分别互相平行;在图版中找出一条与实测曲线最相吻合的样板曲线[图 5-2(e)]。再画出拟合的样板曲线[图 5-2(f)],最后选定拟合点(Match Point),标出拟合值[Match Value;图 5-2(g)]。若在进行拟合之前已经算出 C 和 C_D 值(见第四章第三节),则拟合时只需在已知的 C_D 值那一组样板曲线当中进行。完成拟合以后,选择一点(任何一点都行,但为了简便起见,通常选择一个容易读数的点,如实测曲线图的对数周期框格点),读出拟合值,即从解释图版上读出这一点的 p_D 值和 t_D 值,并从实测曲线图上读出这一点的对应点的 Δp 值和 t 值。这一点称为拟合点(约定用字母 M 作为下标表示),$\dfrac{p_D}{\Delta p}$ 和 $\dfrac{t_D}{t}$ 分别称为压力拟合值和时间拟合值,记作 $\left(\dfrac{p_D}{\Delta p}\right)_M$ 和 $\left(\dfrac{t_D}{t}\right)_M$。

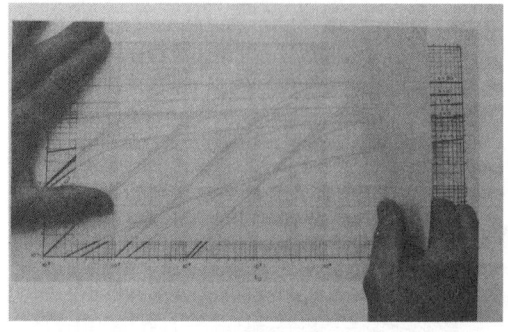
(a) 把透明纸蒙在图版上

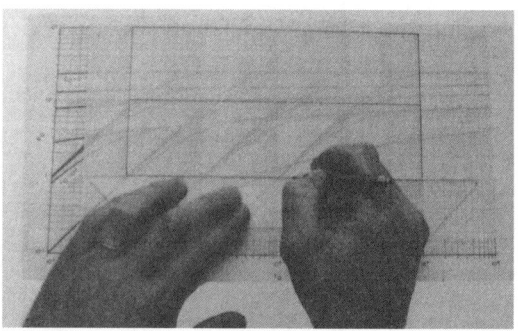
(b) 描出主网格线

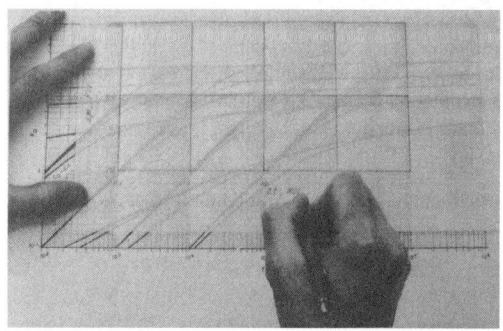
(c) 标明坐标轴

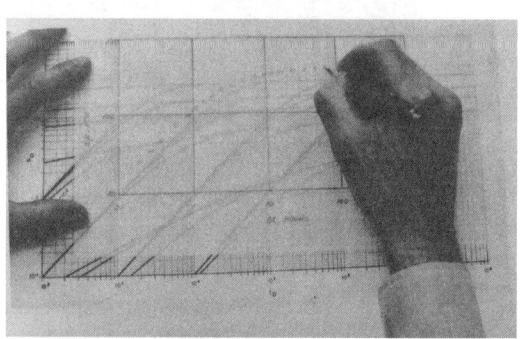
(d) 用图版的坐标刻度绘制实测曲线

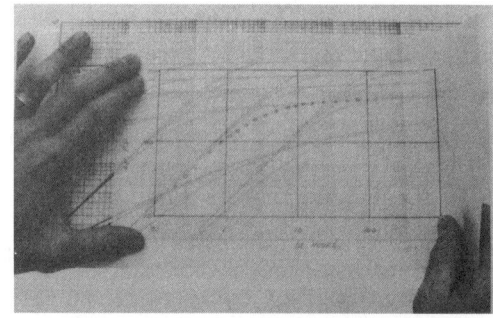
(e) 平移实测曲线图与图版中某一条样板曲线相拟合

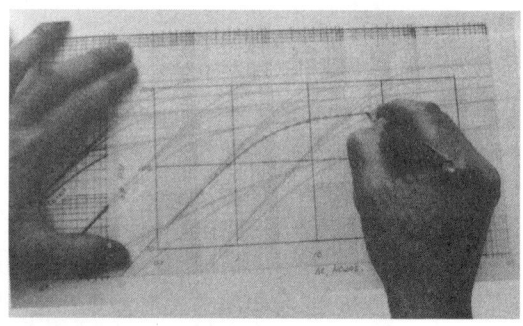
(f) 描出拟合的样板曲线

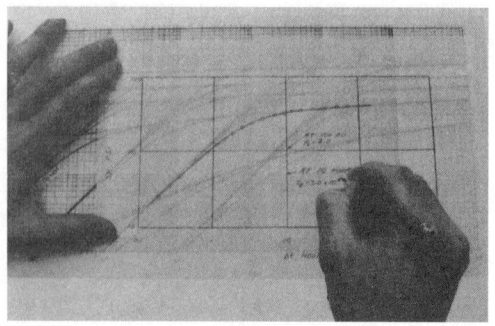
(g) 选定拟合点,标出拟合值

图 5-2 图版拟合的步骤

另外,从拟合的样板曲线读出 S 值,这称作曲线拟合值。如果 C 值为未知,则还需读出 C_D 值。

第三步,由压力拟合值

$$\left(\frac{p_D}{\Delta p}\right)_M = \frac{(p_D)_M}{(\Delta p)_M}$$

和时间拟合值

$$\left(\frac{t_D}{t}\right)_M = \frac{(t_D)_M}{(t)_M}$$

计算流动系数:

$$\frac{Kh}{\mu} = 1.842qB\left(\frac{p_D}{\Delta p}\right)_M \tag{5-1}$$

地层系数:

$$Kh = 1.842q\mu B\left(\frac{p_D}{\Delta p}\right)_M \tag{5-2}$$

流度:

$$\frac{K}{\mu} = \frac{1.842qB}{h}\left(\frac{p_D}{\Delta p}\right)_M \tag{5-3}$$

有效渗透率:

$$K = \frac{1.842q\mu B}{h}\left(\frac{p_D}{\Delta p}\right)_M \tag{5-4}$$

储能系数($\phi h C_t$):

$$\phi h C_t = \frac{3.6 \times 10^{-3} Kh}{\mu r_w^2} \frac{1}{\left(\frac{t_D}{t}\right)_M} \tag{5-5}$$

如果井筒储集系数 C 为未知,则可由曲线拟合值 C_D 算出:

$$C = 2\pi\phi h C_t r_w^2 (C_D)_M$$

另外,从曲线拟合值还可得到表皮系数 S 值。

很显然,拟合点可以任意选取,这对计算结果毫无影响。但为了简便起见,可尽量选取容易读数的拟合点,譬如选 $\Delta p = 1\mathrm{MPa}$, $t = 1\mathrm{h}$。这个点(1,1)就在实测曲线图的对数周期框格的交点上,不但读数特别容易,而且用来计算拟合值或计算参数也特别简单。

Ramey 图版还适用于井筒储集系数发生变化的情形。这时,曲线拟合如图 5-3 所示。

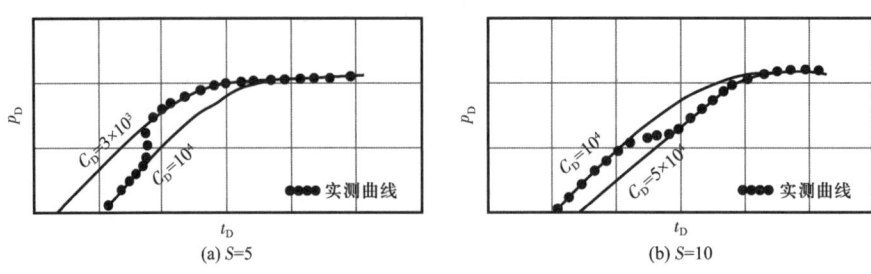

图 5-3 井筒储集系数发生变化时的 Ramey 图版拟合

Ramey 图版的缺点是:在事先无法算出 C_D 值的情形,拟合比较困难,误差也比较大。

【例 5-1】 表 5-1 是均质油藏中一口井的压力降落数据。其他资料如下:$p_i = 24.148\text{MPa}, q = 143.09\text{m}^3/\text{d}, B = 1.2, \phi = 0.15, \mu = 1.6\text{mPa} \cdot \text{s}, C_t = 1.422 \times 10^{-3}\text{MPa}^{-1}, h = 16.15\text{m}, r_w = 0.0878\text{m}$。

表 5-1 压降数据表(例 5-1)

$t(\text{h})$	$p_{wf}(\text{MPa})$	$t(\text{h})$	$p_{wf}(\text{MPa})$
0.00127	23.957	0.127	19.184
0.00169	23.896	0.169	18.846
0.00254	23.779	0.254	18.432
0.00339	23.666	0.339	18.172
0.00424	23.558	0.424	17.984
0.00508	23.453	0.508	17.837
0.00678	23.254	0.678	17.613
0.00847	23.067	0.847	17.445
0.0127	22.647	1.271	17.149
0.0169	22.283	1.695	16.943
0.0254	21.636	2.542	16.657
0.0339	21.219	3.390	16.457
0.0424	20.846	4.237	16.303
0.0508	20.541	5.084	16.177
0.0678	20.075	6.780	15.979
0.0847	19.736	8.475	15.826

试用 Ramey 图版拟合法做出试井解释。

第一步,计算压差,见表 5-2。

第二步,在透明双对数坐标纸上画实测 $\Delta p—t$ 曲线,得图 5-4。请牢牢记住:画实测曲线必须用压差 $\Delta p = p_i - p_{wf}$ 对时间 t 作图。

表 5-2 压差数据表(例 5-1)

$t(h)$	$p_{wf}(MPa)$	$\Delta p(MPa)$	$t(h)$	$p_{wf}(MPa)$	$\Delta p(MPa)$
0.00127	23.957	0.191	0.127	19.184	4.964
0.00169	23.896	0.252	0.169	18.846	5.302
0.00254	23.779	0.369	0.254	18.432	5.716
0.00339	23.666	0.482	0.339	18.172	5.976
0.00424	23.558	0.590	0.424	17.984	6.164
0.00508	23.453	0.695	0.508	17.837	6.311
0.00678	23.254	0.894	0.678	17.613	6.535
0.00847	23.067	1.081	0.847	17.445	6.703
0.0127	22.647	1.501	1.271	17.149	6.999
0.0169	22.283	1.865	1.695	16.943	7.205
0.0254	21.636	2.462	2.542	16.657	7.491
0.0339	21.219	2.929	3.390	16.457	7.691
0.0424	20.846	3.302	4.237	16.303	7.845
0.0508	20.541	3.607	5.084	16.177	7.971
0.0678	20.075	4.073	6.780	15.979	8.169
0.0847	19.736	4.412	8.475	15.826	8.322

第三步,计算 C_D 值。首先由表 5-2 中的早期数据画出井筒储集特征曲线,并计算 C 值(方法见第四章第三节;我们将在本章第二节例 5-3 中用表 5-1 中的早期数据进行这个计算),得 $C = 4.83 \times 10^{-2} m^3/MPa$。然后计算 C_D 值[式(3-80)]:

$$C_D = \frac{C}{2\pi\phi h C_t r_w^2} = \frac{4.83 \times 10^{-2}}{2\pi \times 0.15 \times 16.15 \times 1.422 \times 10^{-3} \times 0.0878^2} = 290$$

第四步,图版拟合。已经算得 $C_D = 290$,我们只需在接近这个数值的 C_D 曲线组,即 $C_D = 100$ 那一组样板曲线中进行拟合。拟合结果:实测曲线与该组中 $S = 0$ 的样板曲线相重合,拟合点为(图 5-4):

$$p_D = 0.78, \quad \Delta p = 1MPa$$
$$t_D = 1.3 \times 10^4, \quad t = 1h$$

故得压力拟合值 $\left(\frac{p_D}{\Delta p}\right)_M = \frac{0.78}{1} = 0.78$,时间拟合值 $\left(\frac{t_D}{t}\right)_M = \frac{1.3 \times 10^4}{1} = 1.3 \times 10^4$,曲线拟合

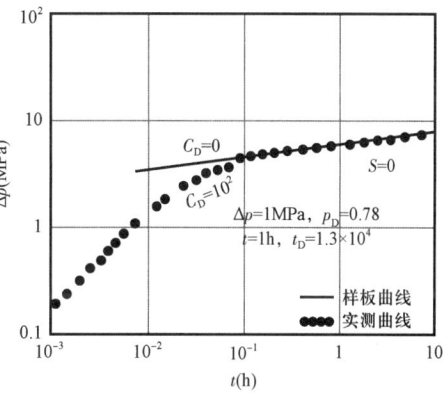

图 5-4 实测曲线与样板曲线拟合图(例 5-1)

值 $S = 0$。

由式(5-1)、式(5-2)和式(5-3)得：

$$\frac{Kh}{\mu} = 1.842qB\left(\frac{p_D}{\Delta p}\right)_M = 1.842 \times 143.09 \times 1.2 \times 0.78 = 246.7\left(\frac{\text{mD} \cdot \text{m}}{\text{mPa} \cdot \text{s}}\right)$$

$$Kh = \left(\frac{Kh}{\mu}\right) \times \mu = 246.7 \times 1.6 = 394.7(\text{mD} \cdot \text{m})$$

$$\frac{K}{\mu} = \left(\frac{Kh}{\mu}\right) \div h = 246.7 \div 16.15 = 15.28[\text{mD}/(\text{mPa} \cdot \text{s})]$$

$$K = \frac{Kh}{h} = 394.7 \div 16.15 = 24.44 \text{mD}$$

如果我们并不知道 C、ϕ、h 和 C_t 的数值，因而在进行拟合前无法算出 C_D，拟合就得在各组 C_D 曲线中进行，当然就更困难了。这种情形下，可由时间拟合值计算 $(\phi h C_t)$ 的数值[式(5-5)]：

$$\phi h C_t = \frac{3.6 \times 10^{-3} Kh}{\mu r_w^2} \frac{1}{\left(\frac{t_D}{t}\right)_M} = \frac{3.6 \times 10^{-3} \times 0.2467}{0.0878^2} \times \frac{1}{13}$$

$$= 8.86 \times 10^{-3} (\text{m}^3/\text{MPa})$$

Ramey 图版的手工拟合可能产生较大的误差。这是因为，图版中只有 $C_D = 10^2, 10^3, 10^4, \cdots$ 的样板曲线，而想靠眼睛估计，在 $C_D = 100$ 和 $C_D = 1000$ 中内插一组 $C_D = 290$ 的样板曲线，再与实测曲线拟合，又非常困难。因此，我们只能在 $C_D = 100$ 曲线组中找一条样板曲线拟合 $C_D = 290$ 的实测曲线。这就使得拟合值(主要是时间拟合值)很不准确。本例中计算的 $\phi h C_t$ 误差很大，就是因为这个缘故。

从图版拟合可知，压降进入了径向流动阶段。后面 14 个点已落在 $C_D = 0$ 曲线上，表明它们已在径向流动阶段，在半对数坐标系中呈一直线，可用来进行半对数曲线分析。

还要指出：表 5-1 是很理想的压降数据。由于影响因素很多，实测数据千变万化，有时使得图版拟合相当困难，特别是在下列情形更是如此：

(1)没有测到完整的(从早期到晚期)各流动阶段的资料；

(2)由于测试或(及)测试井附近地层情况复杂，使得某些流动阶段被掩盖，或其特征被掩盖。但通过不断实践，积累了相当丰富的经验，就可以做出成功的拟合。

二、Earlougher(厄洛赫)图版

Earlougher 图版也是无限大均质油藏中一口具有井筒储集效应和表皮效应的井的解释图版。它也是在双对数坐标系中，但画的是无量纲量 $\frac{p_D C_D}{t_D} = \frac{24C\Delta p}{qB}\frac{1}{t}$ (纵坐标)和无量纲量 $76.656\frac{Kh}{\mu C}t$ (横坐标)的关系曲线，每一条样板曲线对应一个 $C_D e^{2S}$ 值(图 5-5)。

图版拟合的方法与 Ramey 图版基本相同。在与图版尺寸相同的透明双对数纸上,以 $\dfrac{\Delta p}{t}$ 为纵坐标、t 为横坐标(Δp 和 t 分别以 MPa 和 h 为单位),画出实测曲线,同图版相拟合。由拟合点的纵坐标拟合值 $\left[\left(\dfrac{24C}{qB}\cdot\dfrac{\Delta p}{t}\right)\Big/\left(\dfrac{\Delta p}{t}\right)\right]_{\mathrm{M}}$ 可算出井筒储集系数 C:

$$C = \dfrac{qB}{24}\left[\left(\dfrac{24C}{qB}\dfrac{\Delta p}{t}\right)\Big/\left(\dfrac{\Delta p}{t}\right)\right]_{\mathrm{M}} \qquad (5-6)$$

由横坐标拟合值(时间拟合值)和 C 值可算出流动系数 $\dfrac{Kh}{\mu}$、地层系数 Kh 和渗透率 K:

$$\dfrac{Kh}{\mu} = \dfrac{C}{76.656}\left(\dfrac{76.656\,\dfrac{Kh}{\mu}\,\dfrac{t}{C}}{t}\right)_{\mathrm{M}} \qquad (5-7)$$

$$Kh = \dfrac{Kh}{\mu}\mu = \dfrac{C\mu}{76.656}\left(\dfrac{76.656\,\dfrac{Kh}{\mu}\,\dfrac{t}{C}}{t}\right)_{\mathrm{M}} \qquad (5-8)$$

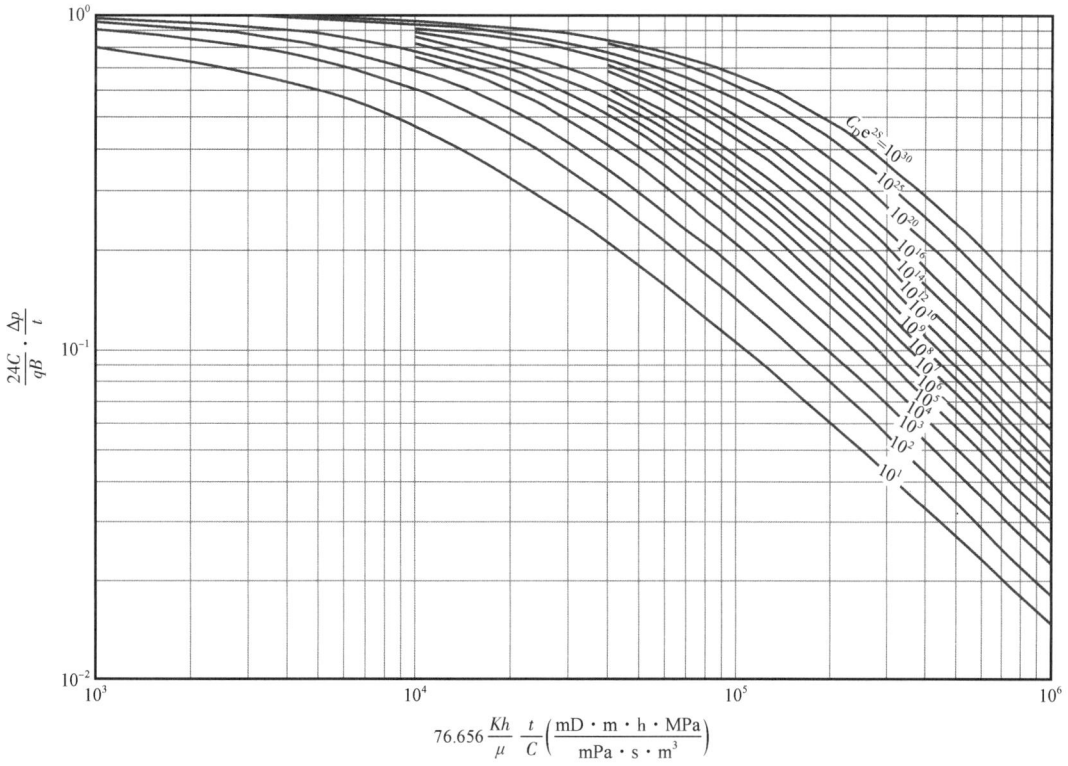

图 5-5 Earlougher(厄洛赫)图版

$$K = \frac{Kh}{\mu} \cdot \frac{\mu}{h} = \frac{C\mu}{76.656h} \left(\frac{76.656 \frac{Kh}{\mu} \cdot \frac{t}{C}}{t} \right)_M \quad (5-9)$$

由曲线拟合值可算出表皮系数 S：

$$S = \frac{1}{2}\ln\left[\frac{(C_D e^{2S})_M}{C_D}\right] \quad (5-10)$$

其中的 C_D 由已求得的 C 计算[式(3-80)]：

$$C_D = \frac{C}{2\pi\phi h C_t r_w^2}$$

Earlougher 图版没有考虑 $C_D e^{2S} < 10$ 的情形，也没有区分流动阶段。另外，要对每一个测点计算 $\Delta p/t$，然后才能画出实测曲线，比较麻烦。

【例 5-2】 仍用例 5-1 中表 5-1 的数据，用 Earlougher 图版进行解释。

第一步，计算 $\Delta p/t$，见表 5-3。

表 5-3 数据计算表（例 5-2）

t(h)	Δp(MPa)	$\Delta p/t$(MPa/h)	t(h)	Δp(MPa)	$\Delta p/t$(MPa/h)
0.00127	0.191	150.39	0.127	4.964	39.09
0.00169	0.252	149.12	0.169	5.302	31.37
0.00254	0.369	145.28	0.254	5.716	22.50
0.00339	0.482	142.18	0.339	5.976	17.63
0.00424	0.590	139.15	0.424	6.164	14.54
0.00508	0.695	136.81	0.508	6.311	12.42
0.00678	0.894	131.86	0.678	6.535	9.639
0.00847	1.081	127.63	0.847	6.703	7.914
0.0127	1.501	118.19	1.271	6.999	5.507
0.0169	1.865	110.36	1.695	7.205	4.251
0.0254	2.462	96.93	2.542	7.491	2.949
0.0339	2.929	86.40	3.390	7.691	2.269
0.0424	3.302	77.88	4.237	7.845	1.852
0.0508	3.607	71.00	5.084	7.971	1.568
0.0678	4.073	60.07	6.780	8.169	1.205
0.0847	4.412	52.09	8.475	8.322	0.9819

第二步，在透明双对数坐标纸上画实测 $\Delta p/t$ 和 t 的曲线，得图 5-6。

第三步，图版拟合。得：

压力拟合点

$$\frac{24C}{qB} \cdot \frac{\Delta p}{t} = 5.95 \times 10^{-2}, \quad \frac{\Delta p}{t} = 10$$

均质油藏的试井解释　第五章

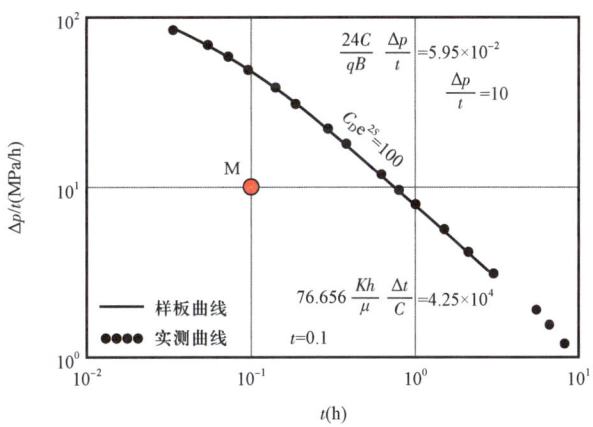

图5-6　实测曲线与厄洛赫样板曲线拟合(例5-2)

时间拟合点

$$76.656 \times 10^7 \frac{Kh}{\mu} \cdot \frac{t}{C} = 4.25 \times 10^4, t = 0.1$$

曲线拟合值

$$C_\mathrm{D} \mathrm{e}^{2S} = 100$$

由此得[式(5-6)至式(5-9)、式(3-80)和式(5-10)]：

$$C = \frac{qB}{24}\left[\left(\frac{24C}{qB} \cdot \frac{\Delta p}{t}\right) \Big/ \left(\frac{\Delta p}{t}\right)\right]_\mathrm{M} = \frac{143.09 \times 1.2}{24} \times \frac{5.95 \times 10^{-2}}{10}$$

$$= 4.257 \times 10^{-2} (\mathrm{m^3/MPa})$$

$$\frac{Kh}{\mu} = \frac{C}{76.656}\left[\frac{\left(76.656 \frac{Kh}{\mu} \cdot \frac{t}{C}\right)}{t}\right]_\mathrm{M} = \frac{4.257 \times 10^{-2}}{76.656} \times \frac{4.25 \times 10^4}{0.1}$$

$$= 236.02 \left(\frac{\mathrm{mD \cdot m}}{\mathrm{mPa \cdot s}}\right)$$

$$Kh = \frac{Kh}{\mu}\mu = 236.02 \times 1.6 = 377.63 (\mathrm{mD \cdot m})$$

$$K = \frac{Kh}{h} = 377.63 \div 16.15 = 23.38 (\mathrm{mD})$$

$$C_\mathrm{D} = \frac{C}{2\pi\phi h C_\mathrm{t} r_\mathrm{w}^2} = \frac{4.257 \times 10^{-2}}{2\pi \times 0.015 \times 16.15 \times 1.422 \times 10^{-3} \times 0.0878^2} = 255.14$$

$$S = \frac{1}{2}\ln\left[\frac{(C_\mathrm{D}\mathrm{e}^{2S})_\mathrm{M}}{C_\mathrm{D}}\right] = \frac{1}{2}\ln\frac{100}{255.14} = -0.47$$

第二节　均质油藏中具有井筒储集效应和表皮效应井的压降分析

下面我们着重讨论 Gringarten(格林加登)压力解释图版和 Bourdet(布德)压力导数解释图版。

1979 年, Gringarten 等对 Agarwal – Ramey 图版进行改进, 得到 Gringarten 压力解释图版; 1983 年, Bourdet 等又创造性地创立了 Bourdet 压力导数解释图版, 后来这两个图版合二为一成为复合图版。这些图版由于具有较多的优点, 如容易区分油藏类型和流动阶段, 较易选到唯一的拟合曲线, 适用范围(对 $C_D e^{2S}$ 的变化范围而言)比较大等, 问世后迅速在全世界包括我国普遍使用。这些图版可以用于油井、水井试井解释, 也可以用于气井试井解释。这里先讨论用 Gringarten 压力解释图版进行油井试井解释(水井情形与油井相同), 用 Bourdet 压力导数解释图版进行油井试井解释将在本章第四节详细介绍; 气井试井解释将在第十二章专门讨论。

下文中所说的压力图版均指 Gringarten 压力解释图版或 Gringarten 图版; 压力导数图版则指 Bourdet 压力导数解释图版或 Bourdet 图版。

描述平面径向流动的公式:

$$p_D = \frac{1}{2}(\ln t_D + 0.80907 + 2S)$$

可改写为:

$$p_D = \frac{1}{2}\left[\ln\left(\frac{t_D}{C_D}\right) + 0.80907 + \ln(C_D e^{2S})\right] \quad (5-11)$$

式(5-11)表明, 在平面径向流动阶段, 产量变化所引起的油藏动态, 可以用 p_D、$\frac{t_D}{C_D}$ 和 $C_D e^{2S}$ 这三个无量纲变量组合(或称为参数团)来描述; 换句话说: 测试井的压力 p_D 可以用 $\frac{t_D}{C_D}$ 和 $C_D e^{2S}$ 这两个变量组合来描述, 其中 p_D 是无量纲压力, t_D 是无量纲时间, C_D 是无量纲井筒储集系数。Gringarten 压力解释图版就是 p_D 与 $\frac{t_D}{C_D}$ 和 $C_D e^{2S}$ 的关系曲线: 它是在双对数坐标系中, 以 p_D 为纵坐标, $\frac{t_D}{C_D}$ 为横坐标、$C_D e^{2S}$ 为参变量的曲线图, 图中的曲线常称为"样板曲线"。图 5-7 就是这一图版, 实际解释时用《现代试井解释图版》❶图 1。如前所述:

$$p_D = \frac{Kh}{1.842q\mu B}\Delta p \quad (5-12)$$

---

❶ 姚振年, 庄惠农编, 石油工业出版社, 1985 年。

$$t_D = \frac{3.6 \times 10^{-3} K}{\phi \mu C_t r_w^2} t \qquad (5-13)$$

$$C_D = \frac{1}{2\pi \phi C_t h r_w^2} C \qquad (5-14)$$

于是:

$$\frac{t_D}{C_D} = 7.2 \times 10^{-3} \pi \frac{Kh}{\mu} \frac{t}{C} \qquad (5-15)$$

$$C_D e^{2S} = \frac{C e^{2S}}{2\pi \phi C_t h r_w^2} \qquad (5-16)$$

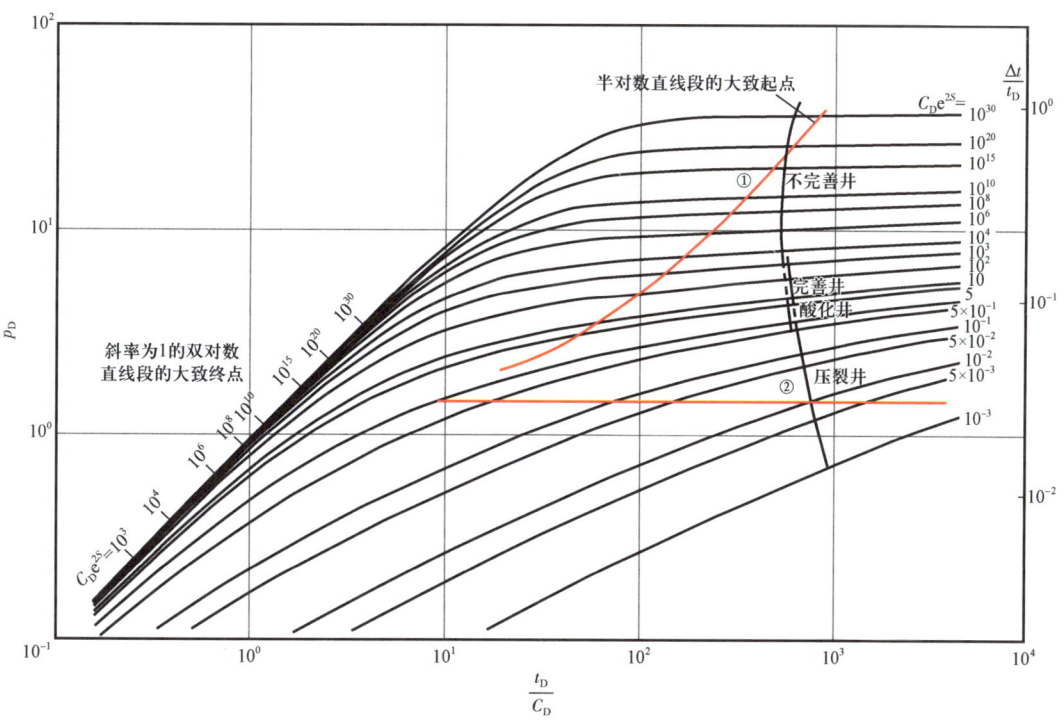

图 5-7　均质油藏中具有井筒储集和表皮效应的井的 Gringarten 压力解释图版
(引自法国默伦佛罗石油技术服务公司 1979 年版)

图版中每一条样板曲线对应一个 $C_D e^{2S}$ 值,它表征井筒及其周围的情况。一般说来,有
污染井: $C_D e^{2S} > 10^3$;
未受污染井: $5 < C_D e^{2S} \leqslant 10^3$;
酸化见效井: $0.5 < C_D e^{2S} \leqslant 5$;
压裂见效井: $C_D e^{2S} \leqslant 0.5$。

如果在某个均质油藏中有两口井,它们的 C_D 值和 S 值各不相同,即 $C_{D1} \neq C_{D2}, S_1 \neq S_2$,其中下标 1 和 2 表示不同井别,然而它们的 $C_D e^{2S}$ 值却相等,即 $C_{D1} e^{2S_1} = C_{D2} e^{2S_2}$,则它们将拟

合同一条曲线。但通过解释可以把它们各自的 C_D 和 S 分别计算出来。

图版(图5-7)中还有两条红线①和②,(《现代试井解释图版》图1中也是两条红线),标出半对数直线段开始的大致时间,也就是径向流动阶段开始的大致时间。另外一组切割样板曲线的黑线标明不同类型的井所对应的样板曲线。此外,还标出了双对数曲线上斜率为1的直线段(45°线)终止的大致时间,即纯井筒储集阶段结束的大致时间。

图版的右边有一列 $\Delta t/t_D$ 数值,这得留待压力恢复分析时再加以讨论。

用手工进行压降分析可分作三个步骤:

第一步,初拟合(Initial Match)。

(1)在尺寸与图版相同的透明双对数坐标纸上画实测曲线(现在考虑压降分析,其纵坐标为压差 $\Delta p = p_i - p_{wf}$,横坐标为时间 t),根据实测曲线的形状选用合适模型的图版(不过现在我们只考虑最简单的均质油藏的图版)。

(2)把实测曲线图放在解释图版上,通过上下和左右平移,找出一条与实测曲线最相吻合的样板曲线(称为初拟合),并读出其 $C_D e^{2S}$ 值(图5-8)。

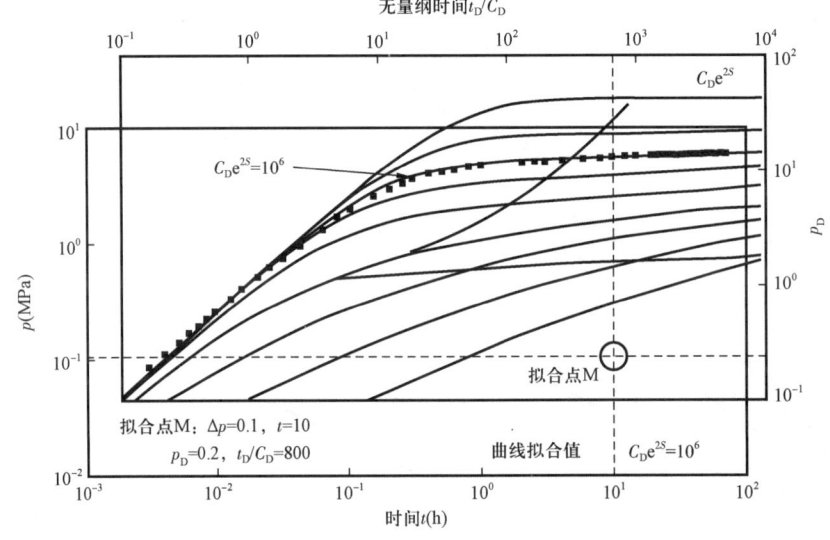

图5-8 图版拟合示意图

(3)读出并标出纯井筒储集阶段终止的大致时间和径向流动阶段开始的大致时间(称为划分流动阶段)。这一步的主要任务是正确划分流动阶段,以便下一步分析的顺利进行。

第二步,特征曲线分析(Specialized Analysis)。

(1)早期纯井筒储集阶段的特征曲线分析。在直角坐标系中,用初拟合中所划分出的纯井筒储集阶段的数据(双对数曲线中落在斜率为1的直线段上的早期数据点)画出直线,由这条直线段的斜率 m 计算井筒储集系数 C [见式(4-2)]:

$$C = \frac{qB}{24m}$$

如果直线不通过原点,则可能存在时间误差,应进行校正(详见第四章第三节)。

(2)径向流动阶段的特征曲线分析(半对数曲线分析)。画 $p_{wf}(t)$ 与 $\lg t$ 的关系曲线,即在半对数坐标系中,画出所有的数据点,用初拟合中所划分出的径向流动阶段的数据点,画出 $p_{wf}(t)$ 和 t 的半对数直线段。由直线段的斜率的绝对值 m 算出流动系数、流度、地层系数和渗透率(见第三章第二节):

$$\frac{Kh}{\mu} = \frac{2.121qB}{m}$$

$$\frac{K}{\mu} = \frac{2.121qB}{mh}$$

$$Kh = \frac{2.121q\mu B}{m}$$

$$K = \frac{2.121q\mu B}{mh}$$

在直线段或其延长线上,读出 $p_{wf}(t=1h)$,算出表皮系数(见第三章第二节):

$$S = 1.151\left[\frac{p_i - p_{wf}(t=1h)}{m} - \lg\frac{K}{\phi\mu C_t r_w^2} + 2.0923\right]$$

(3)拟稳定流动阶段特征曲线分析。如果油藏是个封闭系统,而且流动达到了拟稳定流动阶段,则可以画出这个阶段的特征曲线图,即直角坐标系中 $p_{wf}(t)$[或 $\Delta p_{wf}(t)$]与 t 的关系曲线图。由直线段的斜率的绝对值 m^* 可以算出该封闭系统的地质储量 N(详见第四章第三节中封闭系统相关内容):

$$N = \frac{qBS_o}{24m^* C_t}$$

在进行特征曲线分析时必须特别注意:用来画特征曲线的点,应当是诊断曲线(双对数曲线)所划分的相应流动阶段的数据点。

通过半对数曲线分析得到半对数直线段的斜率的绝对值 m 后,我们可以很容易地确定压力拟合值。事实上,由于:

$$p_D = \frac{Kh}{1.842q\mu B}\Delta p$$

故

$$\frac{p_D}{\Delta p} = \frac{Kh}{1.842q\mu B} = \frac{1.151}{\frac{2.121q\mu B}{Kh}} = \frac{1.151}{m} \tag{5-17}$$

即用 1.151 除以半对数直线段斜率的绝对值 m,就得到压力拟合值。我们可以用这个压力拟合值来修正初拟合——这就是下一步终拟合。

第三步,终拟合(Final Match)。

现在,压力拟合值已经由式(5-17)确定,也就是压力拟合已经确定,只需进行时间拟合了,即只需进行左右平移而不需进行上下平移了。

同初拟合一样,选择最佳拟合曲线。然后,选一个容易读数的点,读出拟合值,即从解释图版上读出拟合点的 p_D 和 t_D/C_D 值,从实测曲线上读出该点的 Δp 和 t 值,再从拟合的样板曲线上读出 $C_D e^{2S}$ 值。同样称 $p_D/\Delta p$ 为压力拟合值,$(t_D/C_D)/t$ 为时间拟合值,$C_D e^{2S}$ 为曲线拟合值。由所得到的三种拟合值,计算下列参数。

由压力拟合值计算流动系数、地层系数、流度和渗透率[式(5-1)、式(5-2)、式(5-3)和式(5-4)]:

$$\frac{Kh}{\mu} = 1.842 qB \left(\frac{p_D}{\Delta p}\right)_M$$

$$Kh = 1.842 q\mu B \left(\frac{p_D}{\Delta P}\right)_M$$

$$\frac{K}{\mu} = 1.842 \frac{qB}{h} \left(\frac{p_D}{\Delta p}\right)_M$$

$$K = 1.842 \frac{q\mu B}{h} \left(\frac{p_D}{\Delta p}\right)_M$$

由时间拟合值计算井筒储集系数[参见式(5-15)]:

$$C = 7.2 \times 10^{-3} \pi \cdot \frac{Kh}{\mu} \cdot \frac{1}{\left(\frac{t_D/C_D}{t}\right)_M}$$

其中 $\frac{Kh}{\mu}$ 已由压力拟合值算出。再用式(5-14)由 C 算出 C_D 值:

$$C_D = \frac{C}{2\pi \phi C_t h r_w^2}$$

最后,由曲线拟合值计算表皮系数:

$$S = \frac{1}{2} \ln \frac{(C_D e^{2S})_M}{C_D}$$

在第二步和第三步,我们用不同的方法算出了 K、S 和 C 的数值,它们必须彼此相符,如果用手工操作,K 和 C 值相差不得超过 10%,S 值相差不得超过 2。必须指出:就计算参数而言,特征曲线分析的结果要比图版拟合分析更为准确可靠。但如果用不同的方法算出的同一参数相差超过 10%,则表明解释过程中出了问题,必须重新检查。

如果用手工进行解释,只能做到这里就结束了。但如果用计算机进行解释,则还需进行下列步骤:

第一步,双对数曲线拟合检验。用所选模型、所得参数和实测产量计算压力曲线(还要计算压力导数曲线,见下文),与实测压力曲线(以及实测压力导数曲线)进行拟合。可以选择最佳 $C_D e^{2S}$ 值。用手工解释时,因图版中样板曲线有限,可以内插,例如只有 $C_D e^{2S} = 1$ 和 $C_D e^{2S} = 5$ 的样板曲线,而没有 $1 < C_D e^{2S} < 5$ 的样板曲线,若 $C_D e^{2S} = 1$ 显得太小,$C_D e^{2S} = 5$ 又

显得太大,此时可根据实测曲线的形态和压力拟合值等,拟合 $C_D e^{2S} = 2$ 或 $C_D e^{2S} = 3$ 等的样板曲线。这当然只能靠目测。使用计算机解释时,则可以按所选用模型产生 $C_D e^{2S} = 2, 2.5,$ $3, \cdots$ 的样板曲线,使得拟合非常精确,从而求出更准确的参数数值,进而得到很好的拟合。如果得不到比较好的拟合,则表明前面选择模型、计算参数等解释过程中有的步骤出了问题,必须重新检查。

第二步,半对数曲线拟合检验。用所选用模型、算得的参数和实测产量计算压力降落或压力恢复曲线,与实测压力降落或压力恢复曲线进行拟合。同样,如果选用了正确的模型,解释无误,应该能得到较好的拟合。

第三步,压力史拟合检验。用解释的结果和实际生产过程进行数值模拟,计算出压力变化的全过程,与实测压力变化相拟合,故称为压力史拟合。更具体地说,就是用解释所识别的油藏类型、油井类型和算得的各个参数,以及实际的开关井情况和各次流动的时间和产量等资料来计算压力变化。这实际上又是解一个正问题。将计算的压力变化和实测压力变化相对比,如果解释结果正确,则它们应能很好地互相拟合;如果拟合不好,则表明上述解释有问题,必须重新检查。

这里要特别指出:一般说来,得到所解释阶段的压力史拟合,例如测试进行了"三开三关",但只对"二关"(第二次关井)的压力恢复资料进行解释,然后只作"二关"这一个阶段的压力恢复拟合(其他阶段的压力史则不进行拟合),是比较容易做到的,但这往往不足以验证解释结果的正确性;而压力史拟合要求拟合测试全过程的压力变化,如在本例中,要用"二关"资料进行解释的结果,去拟合测试的全过程,包括"一开"(第一次开井)的压降、"一关"的恢复、"二开"的压降、"二关"的恢复直至"三开"的压降和"三关"的恢复,以充分验证解释结果的正确性。要做到这一点,就不那么容易了,往往需要反复试验和调整,找到最合适的模型和模型参数,以致最终得到满意的全程压力史拟合。

整个解释过程可用图 5-9 表示,其中虚线框内的部分可用手工进行,而其他部分则只有用计算机才能进行。

从图 5-9 可以看出:这个解释过程具有一边解释一边检验的特点,由于这个特点,每一步都要求做得扎实可靠,从而保证整个解释的准确可靠。

【例 5-3】 用 Gringarten 压力解释图版拟合分析方法对本章第一节例 5-1 中表 5-1 的数据进行压降分析。

第一步,初拟合。

(1)换算压差。一般说来,原始测压数据是压力 p_{wf} 和实际时间的对应数值,但画实测曲线必须用压差 $\Delta p = p_i - p_{wf}$ 和时间 t 作图,所以首先要将压力换算成压差。这一步在例 5-1 中已经做好,见表 5-2。

(2)画实测曲线,得图 5-10。

(3)初拟合,划分流动阶段,如图 5-10 所示。图中的斜线标出了解释图版中半对数直线段开始的大致时间。曲线初拟合值为 $C_D e^{2S} = 10^2$,纯井筒储集阶段结束的大致时间在解释图版中没有标出,但从曲线拟合情况可以判断,最多只有三四个点会落在纯井筒储集特征曲线上。本次测试没有达到拟稳定流动阶段。

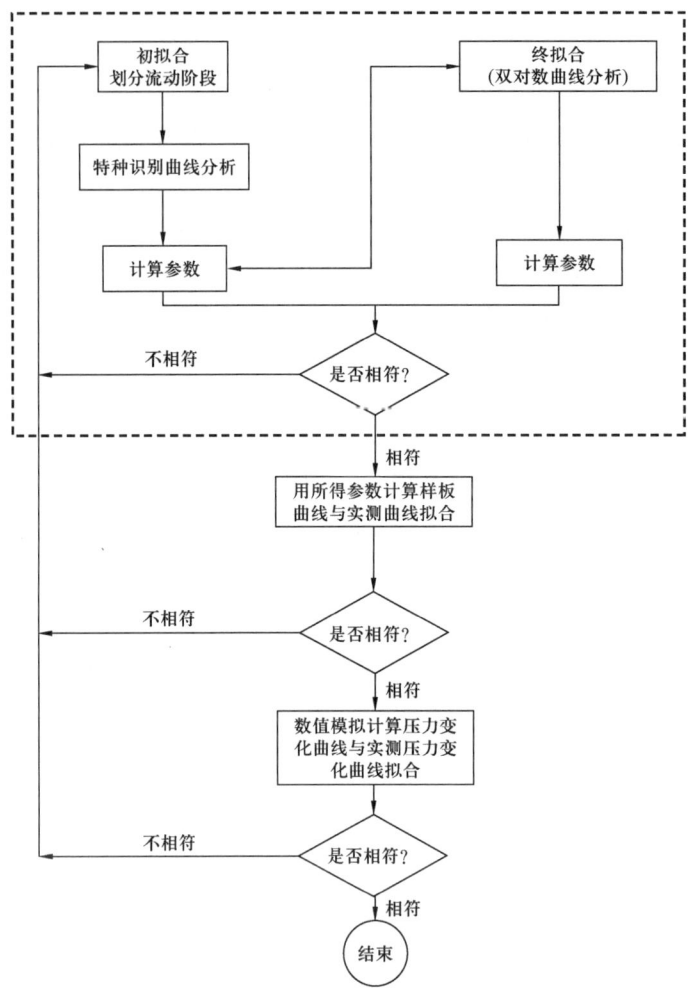

图 5-9 试井解释过程框图

第二步,特征曲线分析。

(1)用早期资料画 Δp—t 曲线,如图 5-11 所示。

量得斜率 $m = 148 \text{MPa/h}$,由此算出[式(4-2)]:

$$C = \frac{qB}{24m} = \frac{143.09 \times 1.2}{24 \times 148} = 4.834 \times 10^{-2} (\text{m}^3/\text{MPa})$$

(2)画 p_w—$\lg t$ 曲线,并用径向流动阶段的数据点(最后 9 个点)画出直线段(图 5-12)。量出其斜率为 1.6MPa/对数周期,Δp ($t=1\text{h}$) $= 6.82\text{MPa}$,由此算得[式(3-38)、式(3-39)、式(3-40)、式(3-41)和式(3-42b)]:

$$\frac{Kh}{\mu} = \frac{2.121qB}{m} = \frac{2.121 \times 143.09 \times 1.2}{1.6} = 227.6 \left(\frac{\text{mD} \cdot \text{m}}{\text{mPa} \cdot \text{s}}\right)$$

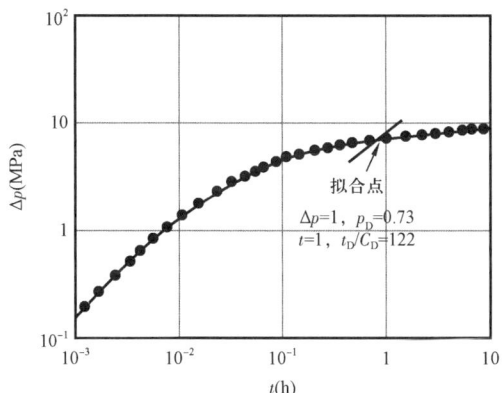

图 5-10 实测曲线与样板曲线拟合
（例 5-3）（$C_D e^{2S} = 100$）

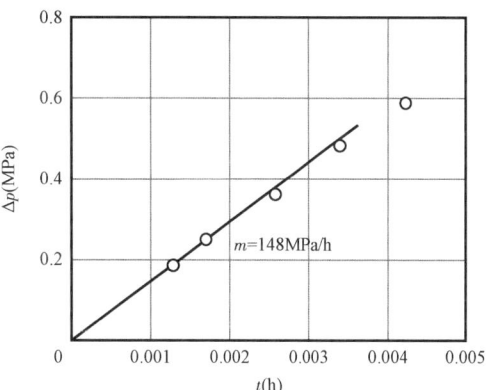

图 5-11 井筒储集特征曲线
（例 5-3）

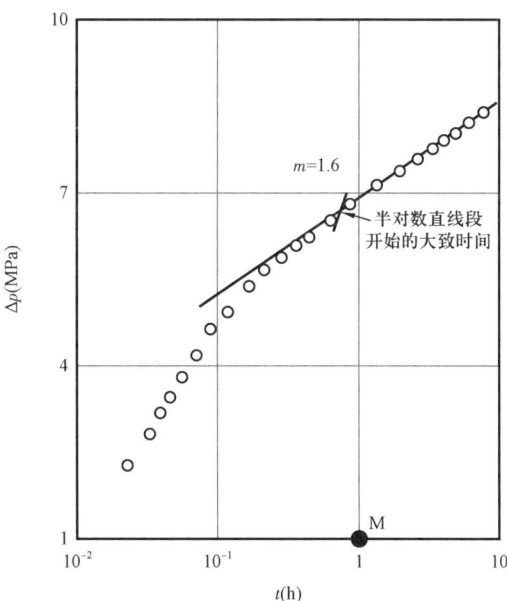

图 5-12 半对数曲线（例 5-3）

$$\frac{K}{\mu} = \frac{Kh}{\mu} \div h = 227.6 \div 16.15 = 14.09 \left(\frac{\mathrm{mD}}{\mathrm{mPa \cdot s}}\right)$$

$$Kh = \frac{Kh}{\mu}\mu = 227.6 \times 1.6 = 364.2 (\mathrm{mD \cdot m})$$

$$K = \frac{Kh}{h} = 364.2 \div 16.15 = 22.55 (\mathrm{mD})$$

$$S = 1.151\left(\frac{\Delta p_{1h}}{m} - \lg\frac{K}{\phi\mu C_t r_w^2} - 0.9077\right)$$

$$= 1.151\left(\frac{6.82}{1.6} - \lg\frac{22.55}{0.15 \times 1.6 \times 1.422 \times 10^{-3} \times 0.0878^2} + 2.0923\right)$$

$$= -0.67$$

由半对数直线段的斜率 m 还可算出压力拟合值[见式(5-17)]：

$$\frac{p_D}{\Delta p} = \frac{1.151}{m} = \frac{1.151}{1.6} = 0.7194$$

第三步，终拟合。

由第二步得 $p_D/\Delta p = 0.7194$，所以，实测曲线上的 $\Delta p = 1$ 应与解释图版上 $p_D = 0.7194 \times 1 = 0.7194$ 相拟合，故只需将 $\Delta p = 1$ 蒙在 $p_D = 0.72$ 上。鉴于测量斜率等难免有些误差，所以应当容许对此值稍作调整，但主要的还是进行水平平移，即进行时间拟合。最后发现，实测曲线与 $C_D e^{2S} = 10^2$ 的样板曲线相吻合。选拟合点 M（图 5-10）

$$\Delta p = 1\text{MPa}, \quad p_D = 0.73$$

$$t = 1\text{h}, \quad t_D/C_D = 118$$

由压力、时间和曲线拟合值算得：

$$\frac{Kh}{\mu} = 1.842 qB\left(\frac{p_D}{\Delta p}\right)_M = 1.842 \times 143.09 \times 1.2 \times \frac{0.73}{1} = 230.9\left(\frac{\text{mD} \cdot \text{m}}{\text{mPa} \cdot \text{s}}\right)$$

$$\frac{K}{\mu} = \frac{Kh}{\mu}\frac{1}{h} = 230.9 \times \frac{1}{16.15} = 14.30\left(\frac{\text{mD}}{\text{mPa} \cdot \text{s}}\right)$$

$$Kh = \frac{Kh}{\mu}\mu = 230.9 \times 1.6 = 369.4(\text{mD} \cdot \text{m})$$

$$K = \frac{Kh}{h} = \frac{369.4}{16.15} = 22.87(\text{mD})$$

$$C = 7.2 \times 10^{-3}\pi \cdot \frac{Kh}{\mu}\frac{1}{\left(\frac{t_D/C_D}{t}\right)_M} = 7.2 \times 10^{-3}\pi \times 230.9 \times \frac{1}{118} = 0.04426(\text{m}^3/\text{MPa})$$

$$C_D = \frac{C}{2\pi\phi C_t h r_w^2} = \frac{0.04426}{2\pi \times 0.15 \times 1.422 \times 10^{-3} \times 16.15 \times 0.0878^2} = 265.3$$

$$S = \frac{1}{2}\ln\frac{(C_D e^{2S})_M}{C_D} = \frac{1}{2}\ln\frac{100}{265.3} = -0.49$$

通过上面分析得到的结果见表 5-4。

表 5-4 两种解释方法结果对比

参数	$K(\text{mD})$	$C\ (\text{m}^3/\text{MPa})$	S
双对数曲线分析	22.87	0.04426	-0.49
特征曲线分析	22.55	0.04834	-0.67

用不同方法得到的数值大体相符。由试井解释可知：本井是在均质油藏中的一口非污染井（$C_\text{D}\text{e}^{2S} = 100, S = -0.6$），具有井筒储集效应（$C = 0.04834\text{m}^3/\text{MPa}$）。渗透率 $K = 22.55\text{mD}$。没有测得任何外边界反映。

第三节 均质油藏中具有井筒储集效应和表皮效应井的压力恢复分析

压降分析虽然比较简单，但是，要在一段相当长的时间内保持产量稳定不变，却不容易。因此，在矿场上常常进行压力恢复测试以达到相同的目的。

一、用压降解释图版进行压力恢复分析

假定测试井以产量 q 生产了 t_p 小时，已进入径向流动阶段，然后关井进行压力恢复测试。用 Δt 表示从关井时刻起算的压力恢复时间，$p_\text{ws}(\Delta t)$ 表示关井 Δt 小时时刻的井底关井压力，如图 5-13 所示。

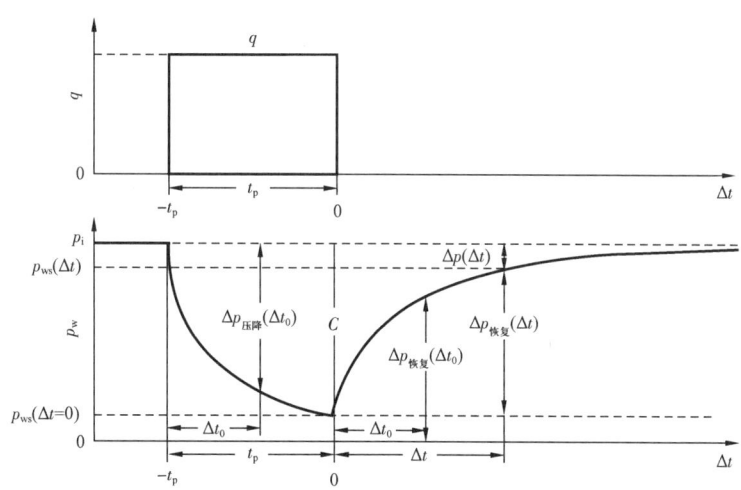

图 5-13 压力恢复曲线示意图

压力恢复期间的压差为[假设在 Δt 时刻流动已进入径向流动段，详见第三章第二节式(3-50)]：

$$\Delta p(\Delta t) = p_\text{i} - p_\text{ws}(\Delta t) = \frac{1.842q\mu B}{Kh}\{p_\text{D}[(t_\text{p} + \Delta t)_\text{D}] - p_\text{D}(\Delta t_\text{D})\}$$

但是，通常并不用这个压差，而是用压力恢复值 $\Delta p_{恢复}$（图 5 – 13）：

$$\Delta p_{恢复}(\Delta t) = p_{ws}(\Delta t) - p_{ws}(\Delta t = 0) = \Delta p(\Delta t = 0) - \Delta p(\Delta t) = C - \Delta p(\Delta t)$$

其中

$$C = \Delta p(\Delta t = 0) = \Delta p(t = t_p) = \frac{1.842q\mu B}{Kh} p_D[(t_p)_D]$$

故：

$$\Delta p_{恢复}(\Delta t) = \frac{1.842q\mu B}{Kh} \{p_D[(t_p)_D] - p_D[(t_p + \Delta t)_D] + p_D(\Delta t_D)\} \quad (5-18)$$

由于对任一时刻都有：

$$p_D[(t_p)_D] < p_D[(t_p + \Delta t)_D]$$

故（参看图 5 – 13 和图 5 – 14）：

$$\Delta p_{恢复}(\Delta t) < \frac{1.842q\mu B}{Kh} p_D(\Delta t_D) = \Delta p_{压降}(\Delta t) \quad (5-19)$$

因此，压力恢复曲线与压降曲线不一样。一般说来，压力恢复分析应当使用以实际生产时间 t_p 产生的压力恢复样板曲线，产生的办法是：

$$p_{D恢复}(\Delta t) = p_D[(t_p)_D] - p_D[(t_p + \Delta t)_D] + p_D(\Delta t_D)$$

但是，我们无法作出各种不同生产时间 t_p 的压力恢复样板曲线或压力恢复解释图版。

那么，能不能借用压降解释图版来解释压力恢复资料呢？回答是肯定的。

下面分两种情形来考虑：

（1）$t_p \gg \Delta t_{max}$，其中 Δt_{max} 表示测量压力恢复的最大关井时间。它的含义是：关井前的生产时间 t_p 比关井测压力恢复的总时间 Δt_{max} 长得多。

由于对于所有的关井恢复时间 Δt，都有 $t_p \gg \Delta t$，故：

$$t_p + \Delta t \approx t_p$$

$$p_D[(t_p + \Delta t)_D] \approx p_D[(t_p)_D]$$

于是式（5 – 18）可写为：

$$\Delta p_{恢复}(\Delta t) \approx \frac{1.842q\mu B}{Kh} p_D(\Delta t_D) = \Delta p_{压降}(\Delta t)$$

即

$$\Delta p_{恢复}(\Delta t) \approx \Delta p_{压降}(\Delta t)$$

这就是说：当关井前的生产时间 t_p 比关井测压力恢复的总时间 Δt_{max} 长得多时，关井 Δt 小时的压力恢复值 $\Delta p_{恢复}(\Delta t)$，与开井生产 Δt 小时的压降值 $\Delta p_{压降}(\Delta t)$ 大致相等。因此，整条压力恢复曲线与压降曲线非常近似，我们可以用压降样板曲线去拟合压力恢复曲线，或者说用压降分析的方法来进行压力恢复分析。

(2) $t_p \gg \Delta t_{max}$ 这一条件不满足。此时要整条压力恢复曲线与压降样板曲线相拟合已不可能。但在刚刚关井的一段时间里，Δt 很小，$t_p \gg \Delta t$ 成立，因此有：

$$\Delta p_{恢复}(\Delta t) \approx \Delta p_{压降}(\Delta t)$$

这就是说：压力恢复的早期与压降的早期非常近似，这一段的压力恢复曲线可以与压降样板曲线相拟合。不过，其余部分的压力恢复曲线，由于 $t_p \gg \Delta t$ 不成立，此时 $\Delta p_{恢复}(\Delta t) < \Delta p_{压降}(\Delta t)$ [式(5-19)]，所以不能与压降样板曲线相拟合。并且，关井前生产时间 t_p 越短，压力恢复曲线开始偏离压降样板曲线的时间就越早，与压降样板曲线相差也越大。同时，压力恢复曲线一定在相应的压降曲线的下方(图5-14)，因此，只能选取在实测压力恢复曲线上方的压降样板曲线来进行拟合。

既然压力恢复的早期段可以与压降样板曲线相拟合，而其余部分则应位于相应压降样板曲线的下方，那么，到底什么时候开始偏离压降样板曲线呢？在压降样板曲线的右边标有 $\Delta t/t_p$ 的数值，这就是用压降样板曲线来拟合压力恢复曲线时开始出现偏离的时间的近似数值。具体地说，当用某一条压降样板曲线来拟合压力恢复曲线时，可以从实测曲线图上读出开始偏离处的 Δt 值，关井前的生产时间是已知的，故可算出 $\Delta t/t_p$ 值，如果它与解释图版右边所标的数值满足：

$$\left(\frac{\Delta t}{t_p}\right)_{实际} \leqslant \left(\frac{\Delta t}{t_p}\right)_{图版} \tag{5-20}$$

则说明所选用的样板曲线是对的；反之，如果式(5-20)不满足，则说明所选用的样板曲线不对，应当重选。例如：选用压降解释图版中 $C_D e^{2S} = 5$ 的样板曲线来拟合压力恢复曲线(图5-15)，前一段拟合得很好，而在 $\Delta t = 5h$ 处，实测压力恢复曲线开始偏离压降样板曲线。已知关井前生产了52h。所以：

$$\frac{\Delta t}{t_p} = \frac{5}{52} = 0.096$$

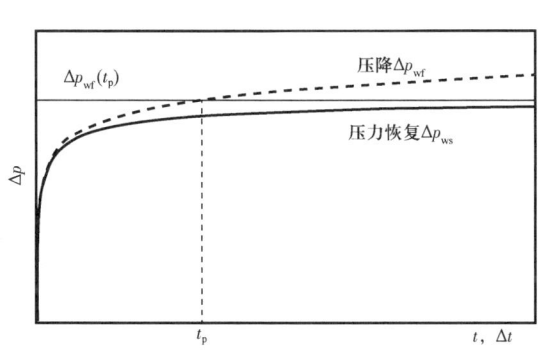

图5-14 压力恢复和压降曲线对比图

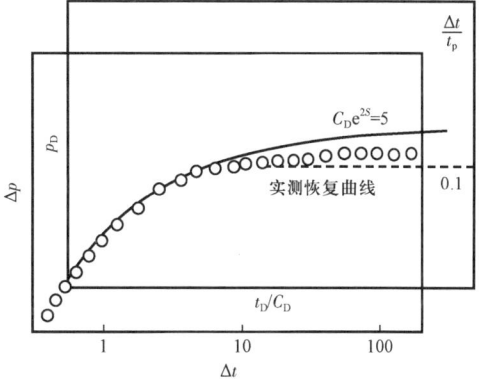

图5-15 用压降样板曲线拟合恢复曲线示意图

而与解释图版右边所对应的 $\Delta t/t_p$ 值为 0.1，满足式(5-20)。这表明：选用 $C_D e^{2S} = 5$ 这条样板曲线是正确的。

最后，当 $\Delta t \gg t_p$ 时，$t_p + \Delta t \approx \Delta t$，$p_D[(t_p + \Delta t)_D] \approx p_D(\Delta t_D)$，故 [参见式(5-18)]：

$$p_{D恢复}(\Delta t_D) \approx \Delta p_{D压降}[(t_p)_D]$$

即：

$$\Delta p_{恢复}(\Delta t) \approx \Delta p_{压降}(t_p)$$

或

$$p_{ws}(\Delta t) - p_{ws}(\Delta t = 0) \approx p_i - p_{wf}(t = t_p)$$

故：

$$p_{ws}(\Delta t) \approx p_i$$

这就是说：第一，当关井时间很长时，关井压力趋于原始压力 p_i；第二，压力恢复值不可能超过关井前生产 t_p 时间所产生的压降值。这再一次说明压力恢复值必定小于相应压降值的道理。

二、压力恢复分析的步骤

压力恢复分析的步骤与压降分析大致相同。

第一步，初拟合(双对数曲线分析)。

做法与压降分析相同，但实测曲线是压力恢复值

$$\Delta p = p_{ws}(\Delta t) - p_{ws}(\Delta t = 0) = p_{ws}(\Delta t) - p_{wf}(t = t_p)$$

与关井时间 Δt 的关系曲线。要特别注意的是用 $\Delta t/t_p$ 值判断是否选用了正确的样板曲线。

第二步，特征曲线分析。

井筒储集效应特征曲线及其分析方法与压降情形相同，即在直角坐标系中，用初拟合所确定的数据点，画出压差(压力恢复值)

$$\Delta p_{ws} = p_{ws}(\Delta t) - p_{ws}(\Delta t = 0) = p_{ws}(\Delta t) - p_{wf}(t = t_p)$$

与关井时间 Δt 的关系曲线，应得到一条过原点的直线，由其斜率 m 可以计算井筒储集系数 C；同样可以判断是否存在时间误差，如果存在，也可同样进行校正，详见第四章第三节。

即使测试井位于一个很小的封闭断块，压力恢复也不存在"拟稳定流动"阶段，不可能像压降情形那样进行晚期拟稳定流动阶段的特征曲线分析，并进而计算这个小断块的储量。

在径向流动阶段，根据关井前生产时间 t_p 的长短，可分为两种情况：

(1) 关井前生产时间 t_p 很长，$t_p \gg \Delta t_{max}$ 成立，压力恢复曲线能够与压降样板曲线很好拟合。这种情形下，可以像压降情形一样，用 $\Delta p_{ws}(\Delta t)—\lg\Delta t$ [或 $p_{ws}(\Delta t)—\lg\Delta t$] 曲线(MDH 曲线)

作为其特征曲线❶。这是因为在这一情形,$t_p + \Delta t \approx t_p$,$\dfrac{t_p + \Delta t}{t_p} \approx 1$,从而有[式(3-54a)]:

$$p_{ws}(\Delta t) \approx p_{ws}(\Delta t = 0) + \frac{2.121 q\mu B}{Kh}\left(\lg\frac{K\Delta t}{\phi\mu C_t r_w^2} - 2.0923 + 0.8686S\right)$$

这与压降方程式(3-36a)

$$p_{wf}(t) = p_i - \frac{2.121 q\mu B}{Kh}\left(\lg\frac{Kt}{\phi\mu C_t r_w^2} - 2.0923 + 0.8686S\right)$$

非常相似。

(2) $t_p \gg \Delta t_{max}$ 不成立,但关井前的生产仍达到了径向流动阶段的情形。此时,不能用 MDH 曲线,而应该用 Horner 曲线,即 $p_{ws}(\Delta t) - \lg\dfrac{t_p + \Delta t}{\Delta t}$(或 $p_{ws}(\Delta t) - \lg\dfrac{\Delta t}{t_p + \Delta t}$)曲线,作为其特征曲线。

由 MDH 曲线或 Horner 曲线的斜率 m 计算流动系数 $\dfrac{Kh}{\mu}$、地层系数 Kh、流度 $\dfrac{K}{\mu}$、渗透率 K 和压力拟合值 $\left(\dfrac{p_D}{\Delta p}\right)_M$ 等,均与压降分析一样[式(3-56)至式(3-59),式(5-17)]:

$$\frac{Kh}{\mu} = \frac{2.121 qB}{m}$$

$$Kh = \frac{2.121 q\mu B}{m}$$

$$\frac{K}{\mu} = \frac{2.121 qB}{mh}$$

$$K = \frac{2.121 q\mu B}{mh}$$

$$\left(\frac{p_D}{\Delta p}\right)_M = \frac{1.151}{m}$$

计算表皮系数 S,则是在直线段或其延长线上读出 $p_{ws}(\Delta t = 1h)$,然后代入{式[3-60(b)]}:

$$S = 1.151\left(\frac{p_{ws}(\Delta t = 1h) - p_{wf}(t = t_p)}{m} - \lg\frac{K}{\phi\mu C_t r_w^2} + 2.0923\right)$$

此外,还要绘制 Horner 曲线,外推得到原始地层压力 p_i 或当前地层压力 p_R(详见第三章第二节)。

第三步,终拟合。

这也和压降分析一样进行。

---

❶ 此情形也可以用 Horner 曲线作为其特征曲线,而且 Horner 曲线比 MDH 曲线更准确。

计算出各项参数后,应与特征曲线分析结果相对比,如果相差太大,则表明解释过程中出了错误,应当进行检查或重新解释,直到它们彼此相符。

如果用手工进行解释,到此即告结束。

如果用计算机进行解释,则应由计算机用实际生产的产量、生产时间和解释结果等资料产生一条压力恢复样板曲线,再和实测压力恢复曲线进行拟合;而且还必须用实际生产的产量、生产时间和解释结果等,进行下列两项解释结果的拟合检验分析:

(1) 无量纲 Horner 曲线拟合检验。

用解释所得各项参数和关井前实际生产时间、实际产量计算无量纲 Horner 曲线,与由实测压力所换算的无量纲 Horner 曲线相拟合。如果拟合不好,则说明解释结果不正确,解释过程有问题,应当进行检查或重新解释,直至得到良好拟合。

所谓无量纲 Horner 曲线,是指 $\{p_D[(t_p+\Delta t)_D]-p_D(\Delta t_D)\}$ 与 $\lg\dfrac{t_p+\Delta t}{\Delta t}$ 的关系曲线。由于在压力恢复过程中有:

$$\Delta p(\Delta t) = p_i - p_{ws}(\Delta t) = \frac{1.842q\mu B}{Kh}\{p_D[(t_p+\Delta t)_D]-p_D(\Delta t_D)\}$$

$$= \frac{m}{1.151}\{p_D[(t_p+\Delta t)_D]-p_D(\Delta t_D)\}$$

又由于:

$$\frac{1.151}{m} = \left(\frac{p_D}{\Delta p}\right)_M$$

故:

$$\left(\frac{p_D}{\Delta p}\right)_M [p_i - p_{ws}(\Delta t)] = p_D[(t_p+\Delta t)_D]-p_D(\Delta t_D)$$

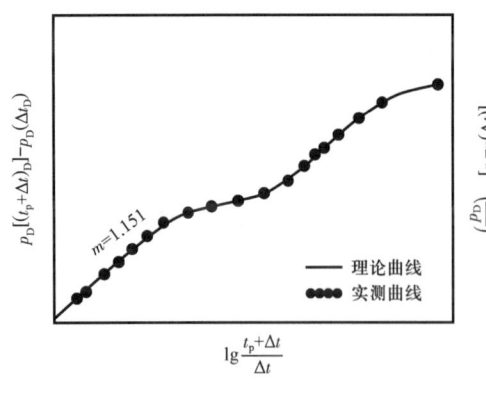

图 5-16 无量纲 Horner 曲线拟合示意图

因此,$\left(\dfrac{p_D}{\Delta p}\right)_M [p_i-p_{ws}(\Delta t)]$ 与 $\lg\dfrac{t_p+\Delta t}{\Delta t}$ 的关系曲线(实测无量纲 Horner 曲线),应当与 $\{p_D[(t_p+\Delta t)_D]-p_D(\Delta t_D)\}$ 与 $\lg\dfrac{t_p+\Delta t}{\Delta t}$ 的关系曲线(用解释所得各项参数和关井前实际产量和生产时间计算无量纲 Horner 曲线,下称"计算无量纲 Horner 曲线")完全一样,或彼此完全重合,如图 5-16 所示。该图中实线为用解释所得参数和关井前实际生产时间、实际产量计算的无量纲 Horner 曲线,圆点线为由实测压力数据换算的实测无量纲 Horner 曲线。无量纲 Horner 曲线有个特点,就是当 Δt 很大时,呈斜率为 1.151 的直线。

如何用无量纲 Horner 曲线来检验解释结果的正确与否呢?

上面已经说过:如果解释正确,计算无量纲 Horner 曲线和实测无量纲 Horner 曲线就互相重合。若它们不重合,但具有一致的形状(图 5－17),则表明所得到的外推压力不对,必须检查和纠正。若它们连形状都不一致(图 5－18),则表明所选用的解释模型不对,必须重选模型进行解释。

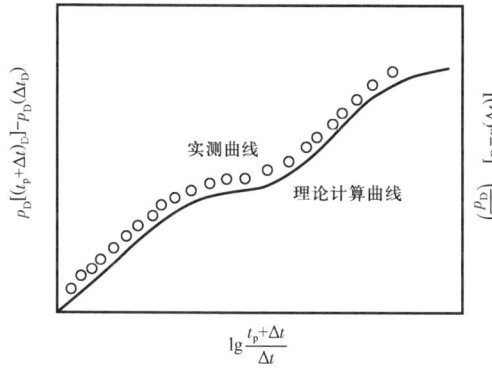

图 5－17　外推压力不对的情形,无量纲　　图 5－18　选用解释模型不对的情形,无量纲
　　　　　Horner 曲线不能拟合　　　　　　　　　　　　Horner 曲线形状不同

现在,一些解释软件并不使用无量纲 Horner 曲线来进行拟合检验,而是直接用有量纲的半对数曲线或叠加函数曲线进行拟合(见图 5－53,某井的叠加函数曲线拟合图)。显然,其实质是一样的。

(2)压力史拟合检验。

用解释结果、实际产量和生产时间等资料进行数值模拟,得到理论计算压力变化曲线(包括整个测试过程各个流动阶段的压降和压力恢复),再与实测压力变化曲线(同样包括整个测试过程各个流动阶段的压降和压力恢复)相拟合,即全程压力史拟合。如果解释结果正确,计算的压力变化曲线与实测压力变化曲线应当完全重合。图 5－19 是一个压力史拟合检验的实际例子,下方为实测产量曲线;而上方的点线是实测压力变化曲线,实线则是用解释结果和实际产量数据计算的压力变化曲线,它们拟合得很好。但如果得不到很好的拟合,则说明解释结果不正确,解释过程有问题(如所选解释模型不符合测试井或测试层的实际、某些参数算得不对,或井况发生了变化,如出现了变井筒储集、变表皮的现象等),或测试资料不准确(如产量计量或压力计测量有误等),应当进行检查或重新解释,直至得到良好拟合。

除增加无量纲 Horner 曲线拟合检验分析外,整个试井解释过程也如图 5－9 所示。

如果测试井附近有不渗透边界,假定为直线断层,压力恢复曲线(Horner 曲线)同样会出现上翘,两条直线段斜率之比亦为 1∶2。设两条直线段的交点所对应的横坐标 $\frac{t_p+\Delta t}{\Delta t}$ 值为 $\left(\frac{t_p+\Delta t}{\Delta t}\right)_x$(图 5－20),测试井到断层的距离除可用第四章第三节所述方法计算外,还可通过下列步骤求出:

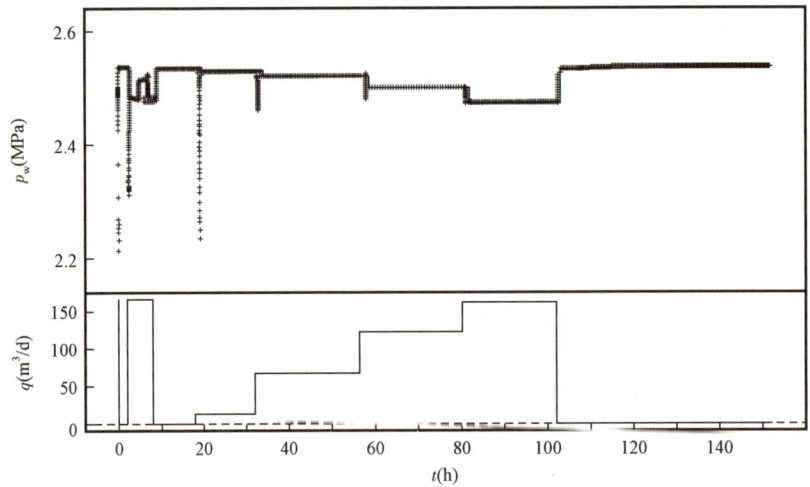

图 5-19 压力史拟合检验的实例

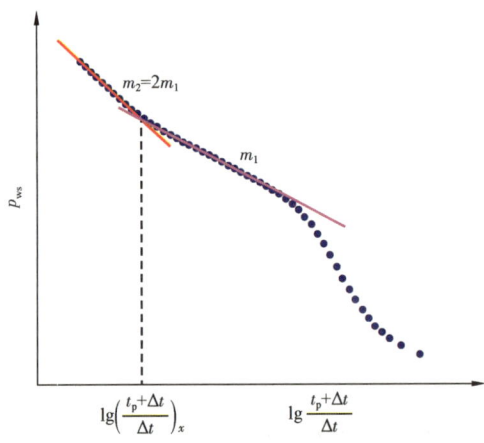

图 5-20 Horner 曲线上的断层反映

(1) 由下式求出 $(p_D)_x$:

$$(p_D)_x = \frac{1}{2}\ln\left(\frac{t_p + \Delta t}{\Delta t}\right)_x$$

(2) 在 Theis 解释图版(图 5-21)上,由 $(p_D)_x$ 查出相对应的 $\left(\frac{t_D}{r_D^2}\right)_x$。查图时要选用一个 r_D 值,一般说来,断层距离比井的半径要大得多,所以可选用 $r_D \geqslant 20$,即最下方的那一条样板曲线,也就是指数积分曲线。第十三章图 13-4 是放大了的这条曲线,在实际解释时可作为工作用图。

(3) 用式(5-21)计算测试井到断层的距离 L:

$$L = 0.030 \sqrt{\frac{Kt_p}{\phi\mu C_t \left(\frac{t_D}{r_D^2}\right)_x}} \qquad (5-21)$$

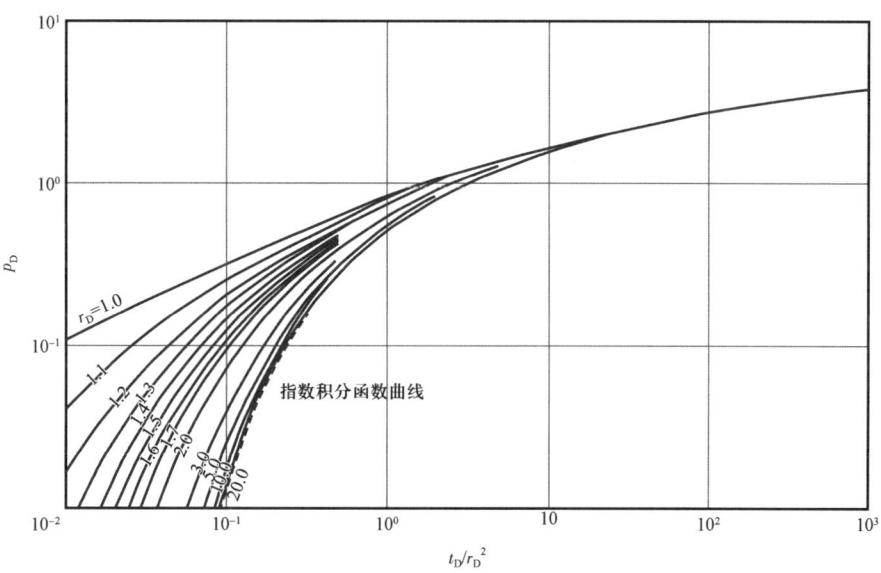

图 5-21 Theis 解释图版

三、压力恢复资料的校正处理

上一节详细说明了压力恢复值 $\Delta p_{恢复}(\Delta t)$ 与相应的压力降落值 $\Delta p_{压降}(t)$ 不相同,因此,一般说来,压力恢复曲线不能用压降样板曲线来分析。但是,我们可以将压力恢复曲线的资料加以校正处理,使它恰与压降曲线完全一致,因而可用压降样板曲线来分析。

我们知道,压降公式为[式(3-36a)]:

$$\Delta p_{压降}(t) = p_i - p_{wf}(t) = \frac{2.121 q\mu B}{Kh}\left(\lg\frac{Kt}{\phi\mu C_t r_w^2} - 2.0923 + 0.8686S\right)$$

$$= m\left(\lg\frac{Kt}{\phi\mu C_t r_w^2} - 2.0923 + 0.8686S\right)$$

而压力恢复公式为[式(3-53)]:

$$\Delta p_{恢复}(\Delta t) = p_{ws}(\Delta t) - p_{ws}(\Delta t = 0)$$

$$= \frac{2.121 q\mu B}{Kh}\left(\lg\frac{K\Delta t}{\phi\mu C_t r_w^2} - \lg\frac{t_p + \Delta t}{t_p} - 2.0923 + 0.8686S\right)$$

$$= m\left(\lg\frac{K\Delta t}{\phi\mu C_t r_w^2} - \lg\frac{t_p + \Delta t}{t_p} - 2.0923 + 0.8686S\right)$$

显然,当开井时间 t 和关井时间 Δt 相等时,$\Delta p_{恢复}(\Delta t)$ 和 $\Delta p_{压降}(t)$ 之间只相差 δ:

$$\delta = \Delta p_{压降}(t) - \Delta p_{恢复}(\Delta t) = m\lg\frac{t_p + \Delta t}{t_p} \quad (\Delta t = t) \quad (5-22)$$

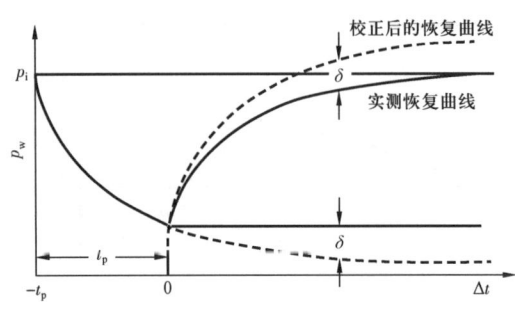

图 5-22 压力恢复曲线的校正处理示意图

因此,若把每一个压力恢复数据都加上相应的 $\delta = m\lg\dfrac{t_p + \Delta t}{t_p}$ 值,得到新的压力恢复曲线,称为经过校正的压力恢复曲线,这条压力恢复曲线就能够与压降样板曲线完全拟合。换句话说:经过上述校正处理之后,就可以使用压降分析方法来进行压力恢复分析。

图 5-22 显示校正前后的压力恢复曲线,并说明 δ 的意义。需要指出的是:只有当 t_p、$t_p + \Delta t$ 和 Δt 三者都在径向流动阶段时,校正公式(5-22)才适用。

【例 5-4】 表 5-5 是某油井的压力恢复数据。其他有关参数如下:$t_p = 22.45\text{h}$, $q = 127.2\text{m}^3/\text{d}$, $h = 9.14\text{m}$, $B = 1.25$, $\mu = 1.1\text{mPa} \cdot \text{s}$, $\phi = 0.15$, $C_t = 1.45 \times 10^{-3}\text{MPa}^{-1}$, $r_w = 0.091\text{m}$。

表 5-5 某井压力恢复数据及其校正表

Δt (min)	(h)	p_{ws} (MPa)	$\Delta p = p_{ws} - p_{wf}(t_p)$ (MPa)	$\dfrac{t_p + \Delta t}{\Delta t}$	$\delta = m\lg\dfrac{t_p + \Delta t}{\Delta t}$ (MPa)	$\Delta p + \delta$ (MPa)
0	0	21.353				
3	0.05	21.408	0.055	450.0	0.000475	0.055
5	0.0833	21.429	0.076	270.4	0.000792	0.077
9	0.15	21.477	0.124	150.7	0.001423	0.125
16	0.267	21.546	0.193	85.2	0.002523	0.196
30	0.5	21.643	0.290	45.9	0.00471	0.295
40	0.667	21.691	0.338	34.7	0.00625	0.344
66	1.1	21.780	0.427	21.4	0.01022	0.437
100	1.667	21.863	0.510	14.5	0.0153	0.525
138	2.3	21.925	0.572	10.8	0.0208	0.593
252	4.2	22.029	0.676	6.35	0.0366	0.713
334	5.567	22.084	0.731	5.03	0.0473	0.778
423	7.05	22.118	0.765	4.18	0.0584	0.823
574	9.567	22.173	0.820	3.35	0.0758	0.896
779	12.98	22.215	0.862	2.73	0.0975	0.960
1092	18.2	22.256	0.903	2.23	0.1269	1.030

续表

Δt		p_{ws}	$\Delta p = p_{ws} - p_{wf}(t_p)$	$\dfrac{t_p + \Delta t}{\Delta t}$	$\delta = m \lg \dfrac{t_p + \Delta t}{\Delta t}$ (MPa)	$\Delta p + \delta$
(min)	(h)	(MPa)	(MPa)			(MPa)
1674	27.9	22.298	0.9445	1.81	0.1726	1.118
2186	36.4	22.325	0.972	1.62	0.2060	1.178
2683	44.7	22.353	1.000	1.50	0.2342	1.234
3615	60.3	22.380	1.027	1.37	0.2786	1.306
4281	71.4	22.380	1.027	1.32	0.3055	1.333

Horner 曲线如图 5-23 所示,其直线段的斜率 $m = 0.492$ MPa/对数周期,直线段与 $\dfrac{t_p + \Delta t}{\Delta t} = 1$ 的交点对应的纵坐标(关井压力轴)为 $p^* = 22.429$ MPa,$p_{ws}(\Delta t = 1\text{h}) = p_{ws} \left(\dfrac{t_p + \Delta t}{\Delta t} = 23.45 \right) = 21.76$ MPa。

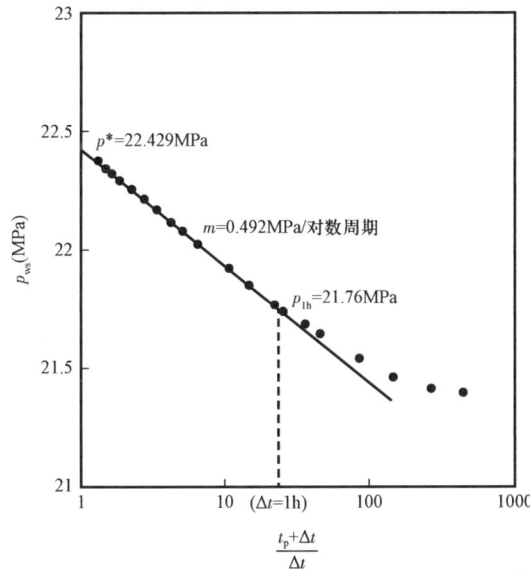

图 5-23 Horner 曲线(例 5-4)

现用 Horner 曲线直线段的斜率值进行压力恢复资料的校正处理(表 5-5)。用实测压力恢复数据和校正后的数据绘制的双对数曲线如图 5-24 所示,可以看到它们之间有明显的差异。用校正后的曲线进行拟合分析,得拟合值:

$$p_D = 2.4, \quad \Delta p = 1\text{MPa}$$

$$\dfrac{t_D}{C_D} = 3.4, \quad \Delta t = 1\text{h}$$

$$(C_D e^{2S})_M = 1$$

由曲线拟合还可确定:半对数曲线的直线段自第 7 个点开始,这和图 5-23 中的 Horner 曲线相一致;而纯井筒储集阶段没有测到。

由压力拟合值算得:

$$\dfrac{Kh}{\mu} = 1.842 qB \left(\dfrac{p_D}{\Delta p} \right)_M = 1.842 \times 127.2 \times 1.25 \times \dfrac{2.4}{1} = 702.9 \dfrac{\text{mD} \cdot \text{m}}{\text{mPa} \cdot \text{s}}$$

$$Kh = \dfrac{Kh}{\mu} \mu = 702.9 \times 1.1 = 773.2 \text{mD} \cdot \text{m}$$

$$\dfrac{K}{\mu} = \dfrac{Kh}{\mu} \dfrac{1}{h} = 702.9 \times \dfrac{1}{9.14} = 76.90 \dfrac{\text{mD}}{\text{mPa} \cdot \text{s}}$$

$$K = \dfrac{(Kh)}{h} = \dfrac{773.2}{9.14} = 84.59 \text{mD}$$

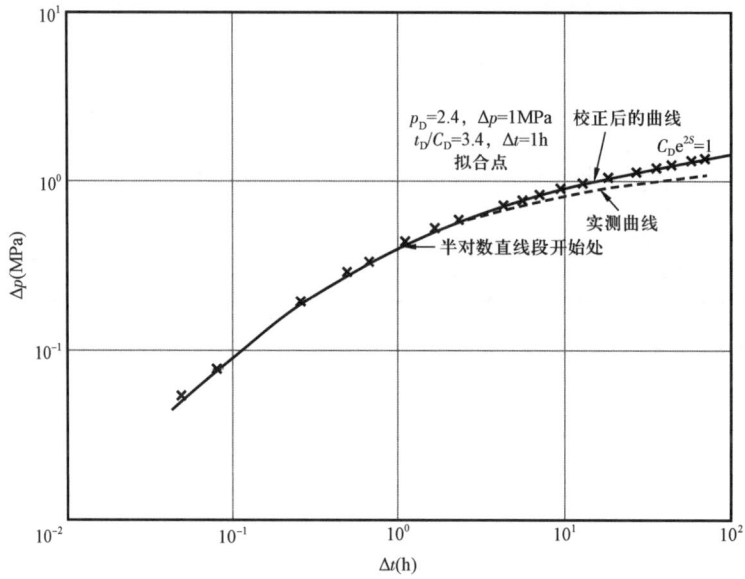

图 5-24　实测的和经校正的双对数曲线（例 5-4）

由时间拟合值算得：

$$C = 7.2 \times 10^{-3} \pi \frac{Kh}{\mu} \frac{1}{\left(\dfrac{t_D/C_D}{\Delta t}\right)_M} = 7.2 \times 10^{-3} \pi \times 702.9 \times \frac{1}{\dfrac{3.4}{1}}$$

$$= 4.676 \text{m}^3/\text{MPa}$$

$$C_D = \frac{C}{2\pi \phi C_t h r_w^2} = \frac{4.676}{2\pi \times 0.15 \times 1.45 \times 10^{-3} \times 9.14 \times 0.091^2} = 45207$$

由曲线拟合值算得：

$$S = \frac{1}{2}\ln \frac{(C_D e^{2S})_M}{C_D} = \frac{1}{2}\ln \frac{1}{45207} = -5.36$$

由 Horner 分析得：

$$\frac{Kh}{\mu} = \frac{2.121 qB}{m} = \frac{2.121 \times 127.2 \times 1.25}{0.492} = 685.4 \frac{\text{mD} \cdot \text{m}}{\text{mPa} \cdot \text{s}}$$

$$Kh = \left(\frac{Kh}{\mu}\right)\mu = 685.4 \times 1.1 = 754.0 \text{mD} \cdot \text{m}$$

$$\frac{K}{\mu} = \frac{Kh}{\mu}\frac{1}{h} = 685.4 \times \frac{1}{9.14} = 74.99 \frac{\text{mD}}{\text{mPa} \cdot \text{s}}$$

$$K = \frac{Kh}{h} = \frac{754}{9.14} = 82.49 \text{mD}$$

$$S = 1.151\left[\frac{p_{ws}(\Delta t = 1\text{h}) - p_{ws}(\Delta t = 0)}{m} - \lg\frac{K}{\phi\mu C_t r_w^2} + 2.0923 + \lg\frac{t_p + 1}{t_p}\right]$$

$$= 1.151\left(\frac{22.429 - 21.76}{0.492} - \lg\frac{82.49}{0.15 \times 1.1 \times 1.45 \times 10^{-3} \times 0.091^2} + 2.0923 + \lg\frac{22.45 + 1}{22.45}\right)$$

$$= -4.77$$

图版拟合分析和 Horner 曲线分析结果基本一致。

第四节 压力导数及其图版拟合分析方法

压力变化所服从的扩散方程式(3-15)或式[3-16(a)]，描述的是压力对时间的导数与其他量之间的关系。但由于过去压力计精度不高，很难(甚至不可能)用它所测得的压力资料计算和研究压力的导数，人们不得不在分析压力变化的基础上进行试井解释。然而，事实上，压力随时间的变化率显然比压力的变化值更能说明问题，或者说更有意义。比如说"某井关井100h，压力恢复了25MPa"，这并不能使我们对该井的压力变化有多少认识，更谈不上对油层的性质能有什么印象；但如果知道"该井在关井100h后，压力仍在以0.2MPa/h的速度继续恢复"，则我们对该井的压力变化情形，以至对油层的性质，就会有一定的印象了。因此，很明显，用压力导数进行试井解释，一定会比用压力更加优越。

最近40多年来，电子计算机和高精度电子压力计的应用，使得计算实测压力对时间的导数成为可行。法国Flopetrol技术服务公司的试井解释专家Bourdet(布德)等于1983年创立了压力导数解释图版及其拟合分析方法。果然，此举使试井解释进一步取得了突破性的重大进步。实践已经证明：压力导数比压力本身更加敏感，对于一般压力分析并没有明显特征而常常被忽略的微小变化，压力导数却可以把它们"放大"而显现出明显的特征，从而使我们能够加以辨认、识别和解释。某些在压差双对数曲线上并没有什么明显特征的流动状态或流动阶段，在压力导数曲线上却有着明显的特征；特别是对于非均质地层，压力导数曲线具有非常特殊的特征，因而大大增加了其可识别性，这就使得解释工程师们识别和选择试井解释模型的本领和分析能力大大提高，使得试井解释更加准确、更有把握。因此，压力导数解释图版拟合分析更进一步提高了试井解释结果的可靠性。压力导数曲线的这些内在的优越性，使得它成了试井解释最重要的诊断工具。正是因为这个原因，压力导数图版拟合分析方法的出现，被誉为"试井解释的革命性飞跃"；它一问世，就非常迅速地在全世界广泛使用。当然，事物总是一分为二的。压力导数曲线在放大反映测试层特性的压力微小变化的同时，也把不反映测试层特性的"噪声"信号放大了，使得原来看不见的干扰信号也显现出来，致使解释过程变得更加复杂，需要更细致的去伪存真。

本节将对压力导数解释图版及利用压力导数进行试井解释的方法做简单的介绍。

一、压降分析

如前所述，在井筒储集阶段，从 p_D、t_D 和 C_D 的定义得出［见式(4-1)］：

$$\Delta p = \frac{qB}{24C}t$$

或

$$p_D = \frac{t_D}{C_D}$$

故：

$$\frac{dp_D}{d\left(\frac{t_D}{C_D}\right)} = 1 \qquad (5-23)$$

$$\lg \frac{dp_D}{d\left(\frac{t_D}{C_D}\right)} = 0 \qquad (5-24)$$

而在径向流动阶段，有[见式(5-11)]：

$$p_D = \frac{1}{2}\left[\ln\frac{t_D}{C_D} + 0.80907 + \ln(C_D e^{2S})\right]$$

故：

$$\frac{dp_D}{d\left(\frac{t_D}{C_D}\right)} = \frac{1}{2}\frac{C_D}{t_D} \qquad (5-25)$$

$$\lg \frac{dp_D}{d\left(\frac{t_D}{C_D}\right)} = -\lg\frac{t_D}{C_D} + \lg\frac{1}{2} \qquad (5-26)$$

因此，在双对数坐标系中，若以 $\dfrac{dp_D}{d\left(\frac{t_D}{C_D}\right)}$ 为纵坐标、$\dfrac{t_D}{C_D}$ 为横坐标，则在早期的纯井筒储集阶段，曲线将呈现一条水平直线段[见式(5-23)或式(5-24)]；在径向流动阶段，则呈现一条斜率为-1的直线段[见式(5-26)]。而在这两条直线段之间，则是对应于不同的 $C_D e^{2S}$ 值的一组曲线(图5-25)。

图5-25还可以略加改进而成为更为适用的解释图版。令❶：

$$p'_D = \frac{dp_D}{d\ln\left(\frac{t_D}{C_D}\right)} = \frac{dp_D}{d\left(\frac{t_D}{C_D}\right)}\frac{t_D}{C_D}$$

---

❶ 我们约定：用 p'_D 表示无量纲压力 p_D 对 $\dfrac{t_D}{C_D}$ 的自然对数 $\ln\dfrac{t_D}{C_D}$ 的导数

$$p'_D = \frac{dp_D}{d\ln\left(\frac{t_D}{C_D}\right)} = \frac{dp_D}{d\left(\frac{t_D}{C_D}\right)}\frac{t_D}{C_D}$$

仍在双对数坐标系中,以 $p'_D = \dfrac{\mathrm{d}p_D}{\mathrm{d}\ln\left(\dfrac{t_D}{C_D}\right)} = \dfrac{\mathrm{d}p_D}{\mathrm{d}\left(\dfrac{t_D}{C_D}\right)}\dfrac{t_D}{C_D}$ 为纵坐标,而横坐标仍为 $\dfrac{t_D}{C_D}$,则得图 5-26。

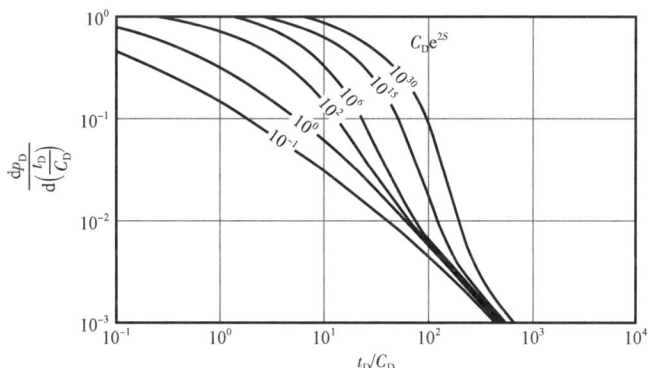

图 5-25 均质油藏无量纲压力导数曲线 $\left[\dfrac{\mathrm{d}p_D}{\mathrm{d}\left(\dfrac{t_D}{C_D}\right)}\text{与}\dfrac{t_D}{C_D}\text{的双对数曲线}\right]$

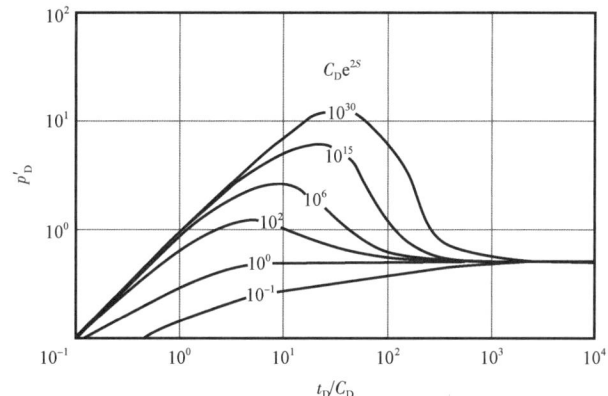

图 5-26 均质油藏压力导数解释图版 $\left(p'_D = \dfrac{\mathrm{d}p_D}{\mathrm{d}\ln\left(\dfrac{t_D}{C_D}\right)}\text{与}\dfrac{t_D}{C_D}\text{的双对数曲线}\right)$

在早期井筒储集阶段,由于[见式(5-23)]:

$$\frac{\mathrm{d}p_D}{\mathrm{d}\left(\dfrac{t_D}{C_D}\right)} = 1$$

故:

$$p'_D = \frac{\mathrm{d}p_D}{\mathrm{d}\ln\left(\dfrac{t_D}{C_D}\right)} = \frac{\mathrm{d}p_D}{\mathrm{d}\left(\dfrac{t_D}{C_D}\right)}\frac{t_D}{C_D} = \frac{t_D}{C_D}$$

$$\lg p'_D = \lg \frac{dp_D}{d\ln\left(\frac{t_D}{C_D}\right)} = \lg \frac{t_D}{C_D}$$

在双对数坐标中,两坐标周期长度相同时,这是斜率为1的直线(即45°线),恰与Gringarten压力解释图版($p_D - \frac{t_D}{C_D}$图版,图5-7)完全一致。若将它们画在同一幅图上,它们应互相重合。

在径向流动阶段,由于[见式(5-25)]:

$$\frac{dp_D}{d\left(\frac{t_D}{C_D}\right)} = \frac{1}{2}\frac{C_D}{t_D}$$

故:

$$p'_D = \frac{dp_D}{d\ln\left(\frac{t_D}{C_D}\right)} = \frac{dp_D}{d\left(\frac{t_D}{C_D}\right)}\frac{t_D}{C_D} = 0.5$$

$$\lg p'_D = \frac{dp_D}{d\ln\left(\frac{t_D}{C_D}\right)} = \lg 0.5$$

这是一条水平直线段,为方便起见,我们把它简称作0.5线。

在45°线和0.5线之间,是一组对应于不同$C_D e^{2S}$值的曲线,这些曲线形如一侧平缓、另一侧陡峭的"山峰",对应的$C_D e^{2S}$值或S值越大,"山峰"隆起的幅度就越大,"峰顶"也就越高,表明测试层受到的伤害越严重。这一阶段常称为过渡段,对应于纯井筒储集效应结束后井底产量发生变化的阶段(在开井情形井底产量由0上升到q,在关井情形井底产量由q下降到0的阶段)。0.5线出现(进入径向流动阶段)的早晚,主要取决于井筒储集系数C的大小:C越大,井筒储集效应历时就越长,0.5线出现就越晚。

图5-26是以$p'_D = \frac{dp_D}{d\ln\left(\frac{t_D}{C_D}\right)} = \frac{dp_D}{d\left(\frac{t_D}{C_D}\right)}\frac{t_D}{C_D}$为纵坐标、$\frac{t_D}{C_D}$为横坐标的双对数曲线族,族中每一条曲线对应一个$C_D e^{2S}$值。这就是压力导数解释图版,也常称作Bourdet(布德)图版。

用压力导数进行试井解释,可用图5-31或《现代试井解释图版》的图6。该图中的一组红线就是压力导数样板曲线,而另一组黑线则是我们早已熟悉的压力解释图版($p_D - \frac{t_D}{C_D}$图版),即Gringarten图版(图5-7)。这就是说,这一图版是把压力解释图版($p_D - \frac{t_D}{C_D}$图版)和压力导数解释图版($p'_D = \frac{dp_D}{d\ln\left(\frac{t_D}{C_D}\right)} - \frac{t_D}{C_D}$图版)组合在一起,形成了所谓复合图版。关于复合图版的应用,将在本节后面部分详述。

在压力导数解释图版中,所有样板曲线的纯井筒储集段都互相重叠(均呈斜率为1的直线,即45°线),径向流动段也互相重叠(均呈值为0.5的水平直线,简称为0.5线)。

前面已经说过,由于无量纲压力以及其他无量纲变量定义的缘故,实测压力差与Gringarten图版中相应的样板曲线具有完全相同的形状;由于同样的原因,实测压力的导数曲线与压力导数解释图版中相应的样板曲线也具有完全相同的形状。事实上,在井筒储集阶段,由于式(4-1):

$$\Delta p = \frac{qB}{24C}t$$

求导,得[1]:

$$\Delta p' = \frac{\mathrm{d}\Delta p}{\mathrm{d}\ln t} = \frac{\mathrm{d}\Delta p}{\mathrm{d}t}t = \frac{qB}{24C}t$$

$$\lg\Delta p' = \lg t + \lg\frac{qB}{24C}$$

所以,在双对数坐标系中,压力导数曲线也是一条斜率为1的直线。

在径向流动阶段有{式[3-36(b)]}:

$$\Delta p = \frac{2.121q\mu B}{Kh}\left(\lg\frac{Kt}{\phi\mu C_t r_w^2} - 2.0923 + 0.8686S\right)$$

求导,得:

$$\Delta p' = \frac{\mathrm{d}\Delta p}{\mathrm{d}\ln t} = \frac{\mathrm{d}\Delta p}{\mathrm{d}t}t = \frac{0.9211q\mu B}{Kh}$$

$$\lg\Delta p' = \lg\frac{0.9211q\mu B}{Kh}$$

即在双对数坐标系中,压力导数曲线是一条水平直线。

所以,在纯井筒储集段和径向流动段,实测曲线也同样分别有这样两条直线段:斜率为1的直线段(45°线)和水平直线段。

在进行压力导数解释图版拟合分析时,首先在与解释图版尺寸相同的双对数坐标系中,画出 $\Delta p' = \frac{\mathrm{d}\Delta p}{\mathrm{d}\ln t} = \frac{\mathrm{d}\Delta p}{\mathrm{d}t}t \approx \frac{\Delta(\Delta p)}{\Delta t}t\left(\text{即}\frac{\Delta(\Delta p)}{\Delta t}\text{[2]}\text{与时间 }t\text{ 的乘积}\right)$ 与时间 t 的实测曲线(图5-27),然后与解释图版相拟合。$\Delta p' = \frac{\mathrm{d}\Delta p}{\mathrm{d}\ln t} = \frac{\mathrm{d}\Delta p}{\mathrm{d}t}t \approx \frac{\Delta(\Delta p)}{\Delta t}t$ 称为实测压差的导数。显然,由于存在两

---

[1] 同样约定:用 $\Delta p'$ 表示压差 Δp 对 $\ln t$ 的导数:$\Delta p' = \frac{\mathrm{d}\Delta p}{\mathrm{d}\ln t} = \frac{\mathrm{d}\Delta p}{\mathrm{d}t}t$。压力 p 对时间 t 的导数 $\mathrm{d}p/\mathrm{d}t$(或压差 Δp 对时间 t 的导数)$\frac{\mathrm{d}\Delta p}{\mathrm{d}t}$ 还具有试井资料的诊断功能,详见第十六章。

[2] 这里用差商 $\frac{\Delta(\Delta p)}{\Delta t} = \frac{\Delta p_i - \Delta p_{i-1}}{t_i - t_{i-1}}$ 来近似计算导数 $\frac{\mathrm{d}\Delta p}{\mathrm{d}t}$,实际上还可简为 $\frac{\mathrm{d}\Delta p}{\mathrm{d}t} = -\frac{\mathrm{d}p}{\mathrm{d}t} \approx \frac{p_{i-1} - p_i}{t_i - t_{i-1}}$。

条直线段——早期纯井筒储集阶段斜率为 1 的直线段(45°线)和径向流动阶段的水平直线段,可以控制实测曲线的拟合位置,图版拟合要比前面各种图版的拟合容易得多,而且易于得到唯一的拟合结果。事实上,如果测得的资料很可靠且很完整,包含了纯井筒储集阶段和径向流动阶段,则在实际拟合时,几乎只须把实测曲线往解释图版上一放,让径向流动阶段的水平直线与图版的 0.5 线相重合,这就确定了纵向的拟合;然后再作左右平移,让纯井筒储集阶段的直线段(45°线)与图版上的 45°线相重合,这就准确地得到了唯一的拟合,剩下的事情只须看看它们之间的过渡段与图版中哪一条山峰状的样板曲线相重合,从而得到拟合值$(C_D e^{2S})_M$。

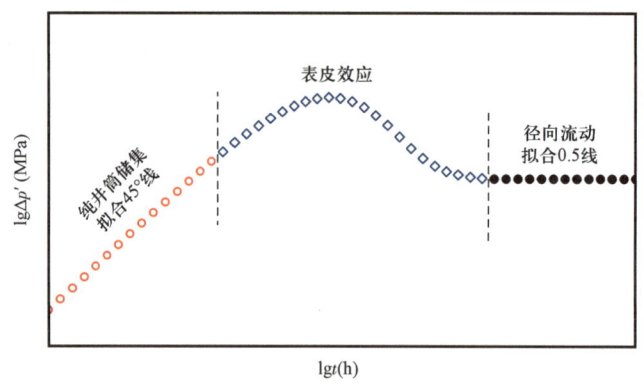

图 5-27 均质油藏压力导数曲线

由于

$$p'_D = \frac{dp_D}{d\ln\left(\frac{t_D}{C_D}\right)} = \frac{dp_D}{d\left(\frac{t_D}{C_D}\right)} \frac{t_D}{C_D} = \frac{dp_D}{dt} \frac{C_D}{\frac{dt_D}{dt}} \frac{t_D}{C_D}$$

$$= \frac{Kh}{1.842q\mu B} \frac{d(\Delta p)}{dt} \frac{\phi\mu C_t r_w^2}{3.6\times10^{-3}K} \frac{3.6\times10^{-3}Kt}{\phi\mu C_t r_w^2}$$

$$= \frac{Kh}{1.842q\mu B} \frac{d(\Delta p)}{dt} t = \frac{Kh}{1.842q\mu B} \frac{d\Delta p}{d\ln t} = \frac{Kh}{1.842q\mu B} \Delta p' \qquad (5-27)$$

故由纵坐标拟合值(为方便起见,称作压力导数拟合值)可得:

$$\frac{Kh}{\mu} = 1.842qB\left(\frac{p'_D}{\Delta p'}\right)_M \qquad (5-28)$$

$$Kh = 1.842q\mu B\left(\frac{p'_D}{\Delta p'}\right)_M \qquad (5-29)$$

$$\frac{K}{\mu} = \frac{1.842qB}{h}\left(\frac{p'_D}{\Delta p'}\right)_M \qquad (5-30)$$

$$K = \frac{1.842q\mu B}{h}\left(\frac{p'_D}{\Delta p'}\right)_M \qquad (5-31)$$

由时间拟合值可得：

$$C = 7.2 \times 10^{-3} \frac{Kh}{\mu} \frac{1}{\left(\frac{t_D/C_D}{t}\right)_M}$$

由此进而算出：

$$C_D = \frac{C}{2\pi\phi C_t h r_w^2}$$

再由曲线拟合值得：

$$S = \frac{1}{2}\ln\frac{(C_D e^{2S})_M}{C_D}$$

从压力导数拟合值的意义可知：实测曲线的水平直线段（对应于径向流动段）的位置越靠下方，测试层的流动系数值就越高；反之，水平直线段的位置越靠上方，测试层的流动系数值就越低。

画实测曲线时，首先要计算实测压力的导数。表 5-6 是简单地用差分代替微分近似计算实测压力的导数，即：

$$\left(\frac{d\Delta p}{dt}\right)_j \approx \left[\frac{\Delta(\Delta p)}{\Delta t}\right]_j = \frac{(p_i - p_j) - (p_i - p_{j-1})}{t_j - t_{j-1}} = \frac{p_{j-1} - p_j}{t_j - t_{j-1}}$$

$$\Delta p' = \left(\frac{d\Delta p}{d\ln t}\right)_j = \left(\frac{d\Delta p}{dt}\right)_j t_j = \frac{p_{j-1} - p_j}{t_j - t_{j-1}} t_j$$

式中　p_i——原始压力；

p_j——第 j 点的流动压力。

表 5-6　用差分法近似计算压力导数

j	t_j(h)	$\Delta t_j = t_j - t_{j-1}$	p_j(MPa)	$[\Delta(\Delta p)]_j = p_{j-1} - p_j$	$[\Delta(\Delta p)]_j/\Delta t_j$	$\Delta p_j' = \{[\Delta(\Delta p)]_j/\Delta t_j\} t_j$
(1)	(2)	(3)	(4)	(5)	(6)=(5)/(3)	(7)=(6)×(2)
1	0.01		35.06			
2	0.03	0.02	34.84	0.22	11	0.33
3	0.05	0.02	34.64	0.20	10	0.50
4	0.08	0.03	34.43	0.21	7	0.56
⋮	⋮	⋮	⋮	⋮	⋮	⋮

表 5-7 是先用差分法计算实测压力的左导数和右导数，然后再进行加权平均，从而得到实测压力的导数，即：

$$\left(\frac{d\Delta p}{dt}\right)_j = \frac{\dfrac{p(t_{j-1}) - p(t_j)}{t_j - t_{j-1}}(t_{j+1} - t_j) + \dfrac{p(t_j) - p(t_{j+1})}{t_{j+1} - t_j}(t_j - t_{j-1})}{t_{j+1} - t_{j-1}}$$

$$\Delta p_j' = \left(\frac{\mathrm{d}\Delta p}{\mathrm{d}\ln t}\right)_j = \left(\frac{\mathrm{d}\Delta p}{\mathrm{d}t}\right)_j t_j = \frac{\dfrac{p(t_{j-1}) - p(t_j)}{t_j - t_{j-1}}(t_{j+1} - t_j) + \dfrac{p(t_j) - p(t_{j+1})}{t_{j+1} - t_j}(t_j - t_{j-1})}{t_{j+1} - t_{j-1}} t_j$$

在时间间隔 $\Delta t_j = t_j - t_{j-1}$ 不均匀时,这种方法可起到某种匀整化即光滑化的作用。

表 5-7　用左右导数加权平均方法计算压力导数

j	t_j(h)	Δt_j(h)	p_j(MPa)	$[\Delta(\Delta p)]_j$(MPa)	$[\Delta(\Delta p)]_j/\Delta t_j$	$\{[\Delta(\Delta p)]_j/\Delta t_j\}\Delta t_{j-1}$
(1)	(2)	(3)	(4)	(5)	(6)	(7)
		$(2)-(2)_{j-1}$		$(4)_{j-1}-(4)_j$	$(5)_j/(3)_j$	$(6)_j\times(3)_{j-1}$
0	0		35.17			
1	0.01	0.01	35.06	0.11	11.00	
2	0.03	0.02	34.84	0.22	11.00	0.1100
3	0.05	0.02	34.64	0.20	10.00	0.2000
4	0.08	0.03	34.43	0.20	6.667	0.1333
5	0.12	0.04	34.24	0.19	4.750	0.1425
⋮	⋮	⋮	⋮	⋮	⋮	⋮

j	$\{[\Delta(\Delta p)]_{j-1}/\Delta t_{j-1}\}\Delta t_j$	$\{[\Delta(\Delta p)]_j/\Delta t_j\}\Delta t_{j-1} + \{[\Delta(\Delta p)]_{j-1}/\Delta t_{j-1}\}\Delta t_j$	$\Delta t_{j-1}+\Delta t_j$	$(\mathrm{d}\Delta p/\mathrm{d}t)_j$	$(\mathrm{d}\Delta p/\mathrm{d}\ln t)_j$
(1)	(8)	(9)	(10)	(11)	(12)
	$(6)_{j-1}\times(3)_j$	$(7)_j+(8)_j$	$(3)_{j-1}+(3)_j$	$(9)_j/(10)_j$	$(11)_j\times(2)_j$
0					
1					
2	0.2200	0.3300	0.03	11.00	0.3300
3	0.2200	0.4200	0.04	10.50	0.5250
4	0.3000	0.4333	0.05	8.666	0.6933
5	0.2667	0.4092	0.07	5.846	0.7015
⋮	⋮	⋮	⋮	⋮	⋮

如果这样求导的结果数据点仍太凌乱,导数曲线仍很不光滑,则可使用加长用来计算左右导数数据点间隔的方法计算。其中一种方法是多点回归法,即 t_i 点对时间间隔内所有点[图 5-28(a)中所有红色方块点]求差分,然后再行回归;另一种是移动窗口法[参看图 5-28(b)]。第二种方法比较常用,这里予以详细说明。如图 5-29 所示,求压力 p 在 t_i 点的导数,就用满足 $|t-t_i|\leqslant d$ 的最远处(或 $|t-t_i|>d$ 的最近处)的数据点 (t_1,p_1) 和 (t_2,p_2),分别计算它们的差分,然后再计算:

$$\left(\frac{\mathrm{d}p}{\mathrm{d}t}\right)_{t_i} = \frac{\dfrac{p(t_i) - p(t_1)}{t_i - t_1}(t_2 - t_i) + \dfrac{p(t_2) - p(t_i)}{t_2 - t_i}(t_i - t_1)}{t_2 - t_1}$$

在对时间的对数求导时,则为:

$$(p')_{t_i} = \left(\frac{\mathrm{d}p}{\mathrm{d}\ln t}\right)_{t_i} = \frac{\frac{p(t_i) - p(t_1)}{\ln t_i - \ln t_1}(\ln t_2 - \ln t_i) + \frac{p(t_2) - p(t_i)}{\ln t_2 - \ln t_i}(\ln t_i - \ln t_1)}{\ln t_2 - \ln t_1}$$

把求导取值的间隔称作窗长。窗长与数据全长(均为在相应坐标系中的数值)的比值,则称为光滑化系数。如在图 5-29 的情形,d 为半窗长,L 为数据全长(均为时间叠加函数坐标下的数值),光滑化系数为 $2d/L$。所以,增大光滑化系数,就是增大求导取值的间隔。光滑化要适度,"化"到导数曲线足够光滑即可;不能"化"得过度,以致使曲线失真或变形。一般来说,光滑化系数不应超过 0.2 或 0.3。

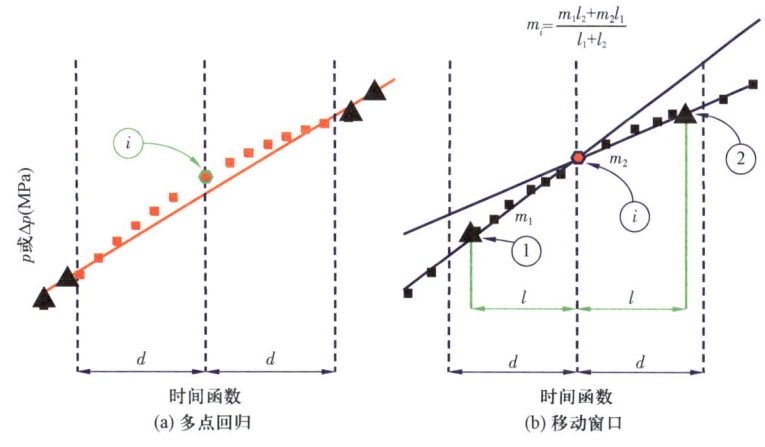

图 5-28 两种光滑化方法示意图

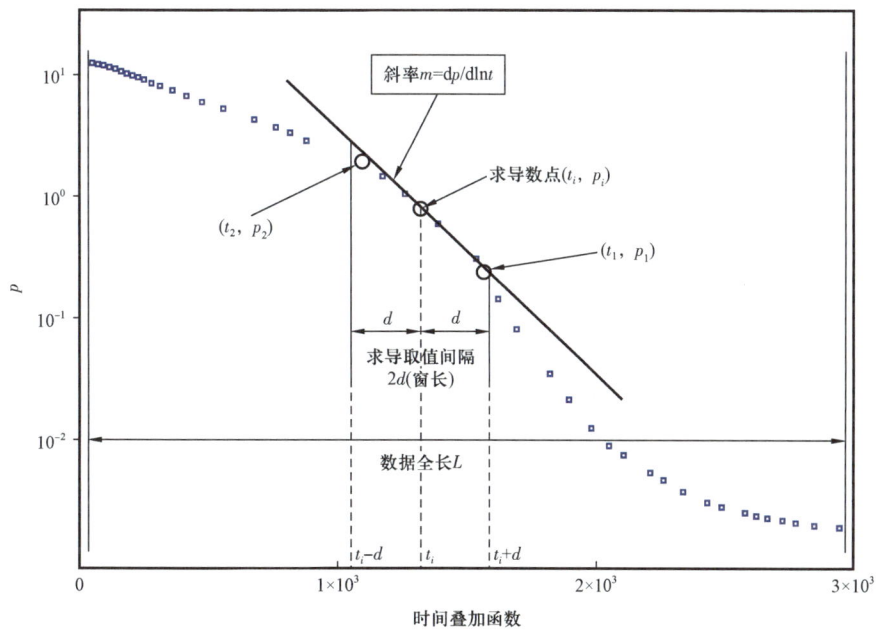

图 5-29 移动窗口光滑化示意图

用手工计算实测压力的导数相当麻烦,可编制程序用计算机计算。现在一般都使用解释软件进行解释,各种软件都有计算导数的功能,甚至还有光滑化的功能。

二、压力恢复分析

用压力导数方法进行试井解释的又一个优点,在于可以非常简便地用压降解释图版来拟合压力恢复曲线,即进行压力恢复分析,而不会出现任何偏离。

在纯井筒储集阶段,压力恢复情形与压降情形完全一样,无须赘述。这里只讨论径向流动阶段。

我们在前一节讨论过,关井 Δt 时刻的压力恢复值为[式(5-18)]:

$$\Delta p_{恢复}(\Delta t) = \frac{1.842 q \mu B}{Kh}\{p_D[(t_p)_D] - p_D[(t_p + \Delta t)_D] + p_D(\Delta t_D)\}$$

或

$$\Delta p_{D恢复}(\Delta t_D) = p_D[(t_p)_D] - p_D[(t_p + \Delta t)_D] + p_D(\Delta t_D)$$

式中,t_p 为关井前的生产时间。于是有:

$$\frac{\mathrm{d}p_{D恢复}(\Delta t_D)}{\mathrm{d}\left(\frac{\Delta t_D}{C_D}\right)} = -\frac{\mathrm{d}p_D[(t_p + \Delta t)_D]}{\mathrm{d}\left(\frac{\Delta t_D}{C_D}\right)} + \frac{\mathrm{d}p_D(\Delta t_D)}{\mathrm{d}\left(\frac{\Delta t_D}{C_D}\right)} \quad (5-32)$$

由前面讨论知,在径向流动阶段,压降情形有[式(5-25)]:

$$\frac{\mathrm{d}p_D(t_D)}{\mathrm{d}\left(\frac{t_D}{C_D}\right)} = \frac{1}{2}\frac{C_D}{t_D} = \frac{0.5}{\frac{t_D}{C_D}}$$

于是,在恢复情形则有[式(5-32)]:

$$\frac{\mathrm{d}p_{D恢复}(\Delta t_D)}{\mathrm{d}\left(\frac{\Delta t_D}{C_D}\right)} = \frac{0.5}{\frac{\Delta t_D}{C_D}} - \frac{0.5}{\frac{(t_p+\Delta t)_D}{C_D}} = \frac{0.5 C_D[(t_p+\Delta t)_D - \Delta t_D]}{\Delta t_D (t_p+\Delta t)_D} = \frac{0.5(t_p)_D}{\frac{\Delta t_D}{C_D}(t_p+\Delta t)_D}$$

记:

$$p'_{D恢复} = \frac{\mathrm{d}p_{D恢复}(\Delta t_D)}{\mathrm{d}\ln\left(\frac{\Delta t_D}{C_D}\right)} = \frac{\mathrm{d}p_{D恢复}(\Delta t_D)}{\mathrm{d}\left(\frac{\Delta t_D}{C_D}\right)}\frac{\Delta t_D}{C_D}$$

于是得:

$$p'_{D恢复}\frac{(t_p+\Delta t)_D}{(t_p)_D} = \frac{\mathrm{d}p_{D恢复}(\Delta t_D)}{\mathrm{d}\left(\frac{\Delta t_D}{C_D}\right)}\frac{\Delta t_D}{C_D}\frac{(t_p+\Delta t)_D}{(t_p)_D} = 0.5$$

因此,如果把压降的导数解释图版(图5-26)的纵坐标看作是:

$$p'_{\text{D恢复}} \frac{(t_p + \Delta t)_D}{(t_p)_D} = \frac{\mathrm{d}p_{\text{D恢复}}}{\mathrm{d}\ln\left(\frac{\Delta t_D}{C_D}\right)} \frac{(t_p + \Delta t)_D}{(t_p)_D} = \frac{\mathrm{d}p_{\text{D恢复}}(t_D)}{\mathrm{d}\left(\frac{\Delta t_D}{C_D}\right)} \frac{\Delta t_D}{C_D} \frac{(t_p + \Delta t)_D}{(t_p)_D}$$

而不是原来压降情形的 $p'_D = \frac{\mathrm{d}p_D}{\mathrm{d}\ln\left(\frac{t_D}{C_D}\right)} = \frac{\mathrm{d}p_D}{\mathrm{d}\left(\frac{t_D}{C_D}\right)} \frac{t_D}{C_D}$，而横坐标为 $\frac{\Delta t_D}{C_D}$，则这个压降的导数解释图版就成为压力恢复的导数解释图版了（图5-30）。

在进行压力恢复分析时，在尺寸与《现代试井解释图版》中图6完全相同的双对数坐标系中，以 $\Delta p'_{\text{恢复}} \frac{t_p + \Delta t}{t_p} = \frac{\mathrm{d}\Delta p}{\mathrm{d}\ln\Delta t} \frac{t_p + \Delta t}{t_p}$ 为纵坐标、Δt 为横坐标，画出实测压力导数曲线，然后同压力导数解释图版（《现代试井解释图版》中图6）相拟合；此时，把该图版的纵坐标 p'_D 视作 $p'_{\text{D恢复}} \frac{(t_p + \Delta t)_D}{(t_p)_D}$，读出纵坐标的拟合值，由式（5-27）可知：

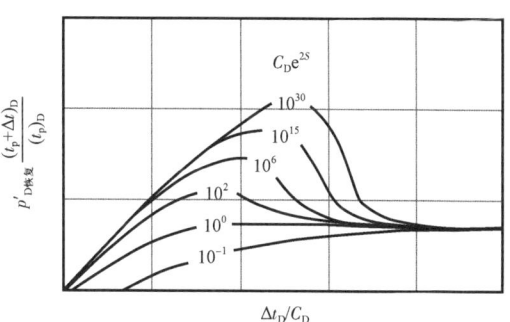

图5-30 均质油藏压力恢复的导数解释图版

$$p'_{\text{D恢复}} = \frac{Kh}{1.842q\mu B}\Delta p'_{\text{恢复}}$$

故：

$$p'_{\text{D恢复}} \frac{(t_p + \Delta t)_D}{(t_p)_D} = \frac{Kh}{1.842q\mu B}\Delta p'_{\text{恢复}} \frac{t_p + \Delta t}{t_p}$$

因此，可由下列式子计算流动系数、地层系数、流度和渗透率：

$$\frac{Kh}{\mu} = 1.842qB\left[\frac{p'_{\text{D恢复}}\frac{(t_p + \Delta t)_D}{(t_p)_D}}{\Delta p'_{\text{恢复}}\frac{t_p + \Delta t}{t_p}}\right]_M \quad [5-33(a)]$$

$$Kh = 1.842q\mu B\left[\frac{p'_{\text{D恢复}}\frac{(t_p + \Delta t)_D}{(t_p)_D}}{\Delta p'_{\text{恢复}}\frac{t_p + \Delta t}{t_p}}\right]_M \quad [5-34(a)]$$

$$\frac{K}{\mu} = \frac{1.842qB}{h}\left[\frac{p'_{\text{D恢复}}\frac{(t_p + \Delta t)_D}{(t_p)_D}}{\Delta p'_{\text{恢复}}\frac{t_p + \Delta t}{t_p}}\right]_M \quad [5-35(a)]$$

$$K = \frac{1.842q\mu B}{h}\left[\frac{p'_{\text{D恢复}}\dfrac{(t_p+\Delta t)_D}{(t_p)_D}}{\Delta p'_{\text{恢复}}\dfrac{t_p+\Delta t}{t_p}}\right]_M \qquad [5-36(a)]$$

为了方便起见,针对压力恢复情形,无量纲及有量纲压力导数符号分别记为:

$$p'_D = p'_{\text{D恢复}}\frac{(t_p+\Delta t)_D}{(t_p)_D}$$

$$\Delta p' = \Delta p'_{\text{恢复}}\frac{t_p+\Delta t}{t_p}$$

在后面的章节中,如无特殊说明,压力降落和压力恢复的导数都采用相同的符号表示,无量纲压力导数用 p'_D 表示,有量纲压力导数用 $\Delta p'$ 表示。于是,当采用压力导数解释图版(《现代试井解释图版》中图6)进行压力恢复试井拟合分析时,式(5-33)至式(5-36)可写成:

$$\frac{Kh}{\mu} = 1.842qB\left(\frac{p'_D}{\Delta p'}\right)_M \qquad [5-33(b)]$$

$$Kh = 1.842q\mu B\left(\frac{p'_D}{\Delta p'}\right)_M \qquad [5-34(b)]$$

$$\frac{K}{\mu} = \frac{1.842qB}{h}\left(\frac{p'_D}{\Delta p'}\right)_M \qquad [5-35(b)]$$

$$K = \frac{1.842q\mu B}{h}\left(\frac{p'_D}{\Delta p'}\right)_M \qquad [5-36(b)]$$

C、C_D 和 S 的求法与上一节压降分析相同。实测恢复压力导数的计算也可参照表5-5(只需稍作修改)进行。

三、复合图版的应用

由前面所述可知:压力导数解释图版(Bourdet 图版),在 $C_D e^{2S}$ 取任何值的情形,在早期纯井筒储集阶段均呈斜率为1的直线(45°线),即同压力解释图版(Gringarten 图版)完全一致;而在径向流动阶段,则都是值为0.5的水平直线。这就是说:所有的压力导数样板曲线,在早期纯井筒储集阶段合并成为一条直线(45°线),在径向流动阶段又合并成为另一条直线(0.5水平线)。显然,这两个阶段的曲线(直线段)都不受表皮系数 S 的影响;但它们之间山峰状的曲线部分(常称作过渡段),却与表皮系数 S 密切相关。

有这样的情形:在把实测压力差曲线(Δp—t)与压力解释图版(Gringarten 图版,见图5-7)拟合时,很难判断哪一条样板曲线拟合得最好,即很难确定 $C_D e^{2S}$ 的拟合值。换句话说:似乎有好几条样板曲线都可以拟合得不错。这时,通过压力导数解释图版拟合,却可以较容易地得到唯一的拟合,把 $C_D e^{2S}$ 值确定下来。

如果把压力解释图版(Gringarten 图版)和压力导数解释图版(Bourdet 图版)叠合在一起,得到一个新的复合解释图版,如图 5-31 所示。《现代试井解释图版》中图 6 就是这种复合图版。在进行拟合解释时,同时进行两种图版拟合,即既作压力解释图版(p_D—t_D/C_D 图版)与实测压差曲线(Δp—t 曲线)的拟合,又作压力导数解释图版(p'_D—t_D/C_D 图版)与实测压力导数曲线($\Delta p'$—t 曲线)的拟合。为此,必须在与复合图版刻度相同的双对数坐标系上,同时画出 Δp—t 曲线和 $\Delta p'$—t 曲线的复合曲线(图 5-32)。显然,它们在早期纯井筒储集阶段是互相重合的。事实上,一画出这两条曲线,从它们在中间段相隔距离的大小,以及压力导数曲线过渡段"山峰"隆起高耸的幅度,就可以定性地判断 $C_D e^{2S}$ 值或 S 值的大小了(图 5-32):压差曲线(Δp—t 曲线)和压力导数曲线($\Delta p'$—t 曲线)的水平直线相隔距离 d 越大,压力导数曲线过渡段"山峰"越是高耸,$C_D e^{2S}$ 值或 S 值就越大;反之,压差曲线和压力

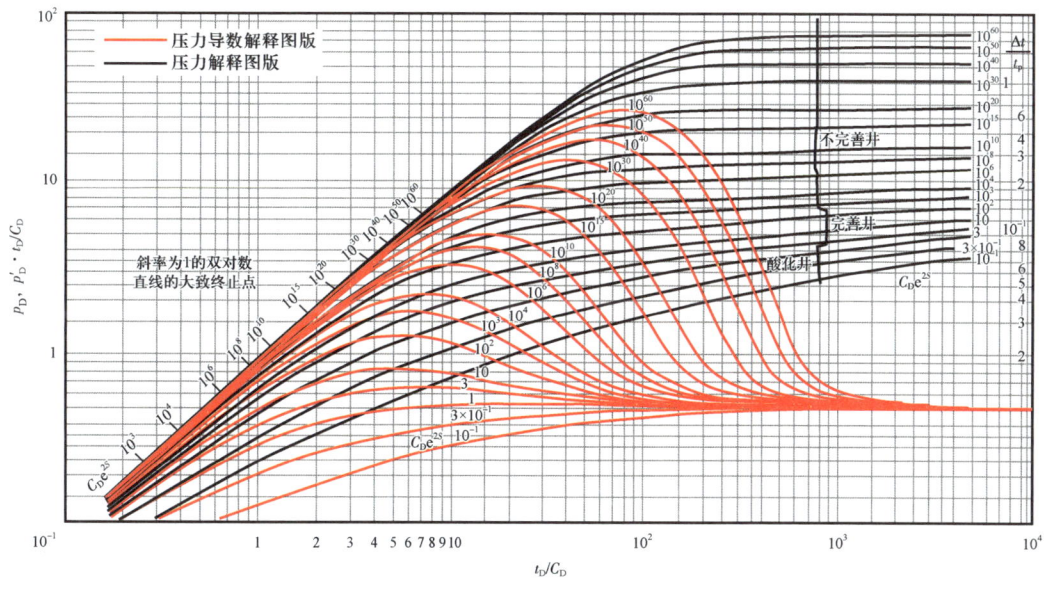

图 5-31 均质油藏复合解释图版

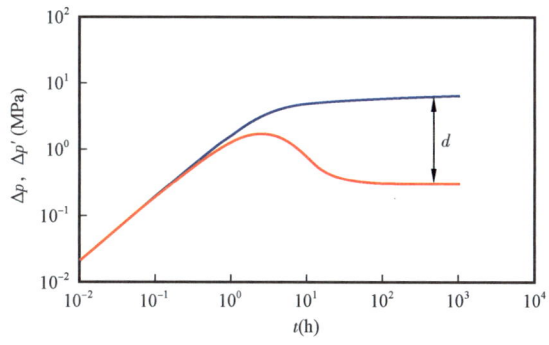

图 5-32 与复合图版进行拟合的复合(双对数)曲线

导数曲线的水平直线相隔距离 d 越小,压力导数曲线过渡段"山峰"越是平缓,$C_D e^{2S}$ 值或 S 值就越小。事实上,压差曲线(Δp—t 曲线)和压力导数曲线($\Delta p'$—t 曲线)在径向流动段的垂直距离,在 $S \leqslant 0$ 的情形,将不超过 1 个对数周期,而在井受到严重污染的情形,可大于 2 个对数周期。

用复合图版同时进行两种图版的拟合,可以互为补充,互相检验。特别是对于油藏类型的识别和流动阶段的划分,复合图版的拟合具有很显著的作用。

最后,在第三章中,对不存在井筒储集效应和(或)表皮效应的情形,以及既存在井筒储集效应又存在表皮效应的情形的半对数曲线,进行了比较(图 3 – 23),这些情形的压差曲线和压力导数曲线,如图 5 – 33 所示。

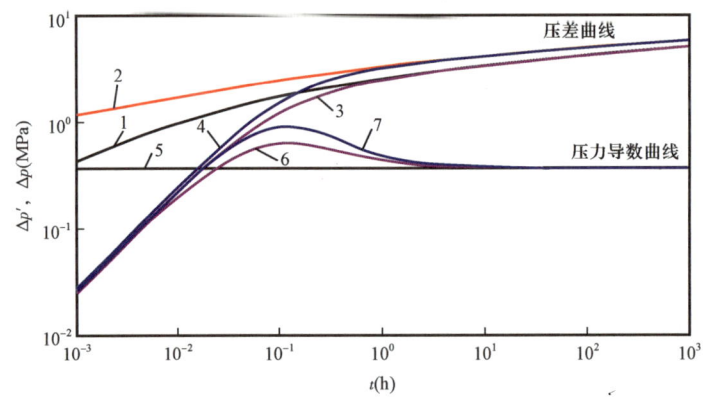

图 5 – 33 不同情形压差曲线和压力导数曲线的比较

1,5——不存在井筒储集效应和表皮效应情形的压差曲线和压力导数曲线;2,5——存在表皮效应但不存在井筒储集效应情形的压差曲线和压力导数曲线;3,6——存在井筒储集效应但不存在表皮效应情形的压差曲线和压力导数曲线;4,7——既存在井筒储集效应又存在表皮效应情形的压差曲线和压力导数曲线

【**例 5 – 5**】 F – 1 井是某砂岩油藏的一口探井,试油时测得了很好的压力恢复资料。图 5 – 34 和图 5 – 35 分别是该井压力恢复的双对数曲线和叠加函数曲线及其拟合情况。解释结果表明:测试层的渗透性非常好($K = 9812\text{mD}$),测试井没有受到污染($S = 0.745$),距离测试井约 100m 处有一条不渗透边界(表 5 – 8)。图 5 – 36 是测试全程的压力史拟合检验,证明解释结果是可靠的。

四、几种外边界在压力导数曲线上的反映

1. 在测试井附近存在不渗透边界(如断层)的情形

在此情形,有(参看第四章第三节):

$$\Delta p = \frac{2.121 q\mu B}{Kh}\left[\lg \frac{8.085 \times 10^{-3} \eta t}{r_w^2} + \lg \frac{8.085 \times 10^{-3} \eta t}{(2d)^2} + 0.8686 S\right]$$

$$= 2 \times \frac{2.121 q\mu B}{Kh}\left(\lg \frac{8.085 \times 10^{-3} \eta t}{2 r_w d} + 0.4343 S\right)$$

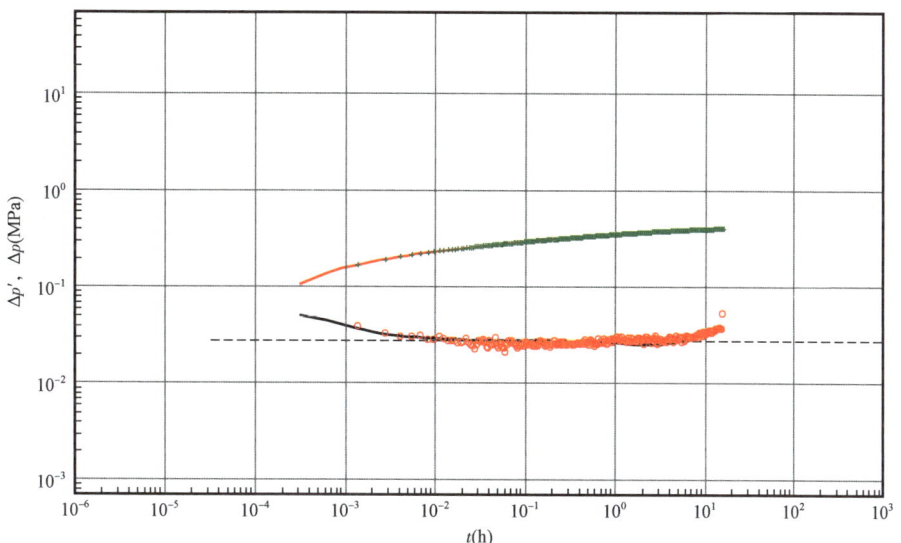

图 5-34　F-1 井双对数曲线拟合情况（例 5-5）

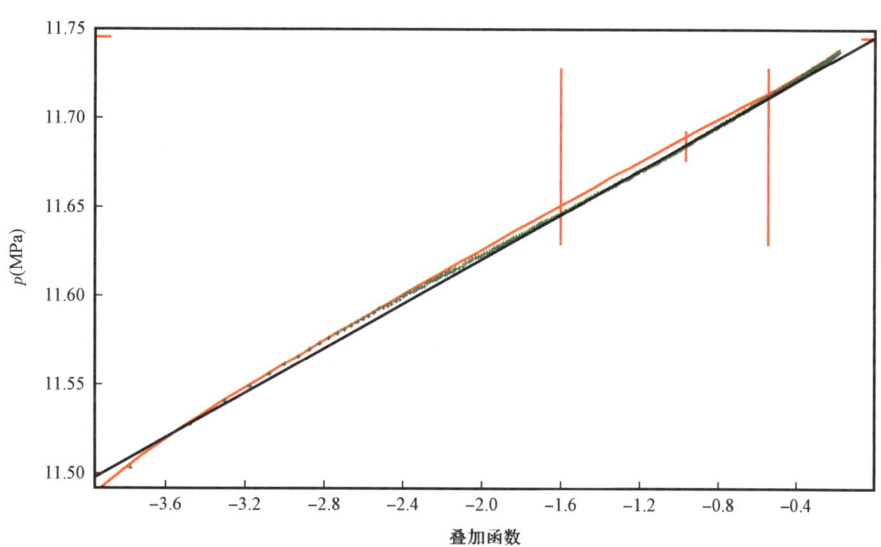

图 5-35　F-1 井叠加函数曲线拟合情况（例 5-5）

表 5-8　F-1 井解释结果（例 5-5）

解释方法	K(mD)	S	C(m³/MPa)	p_i(MPa)	d(m)
双对数分析	9612	0.627	0.0121	12.176	98.2
叠加函数分析	9812	0.745		12.166	

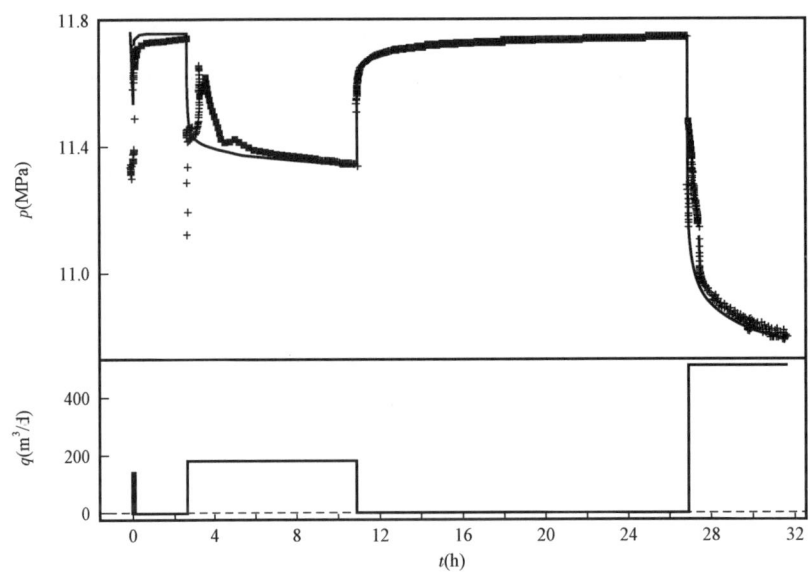

图 5-36　F-1 井压力史拟合检验曲线(例 5-5)

即：

$$p_D = \ln t_D + \ln(1.1229 r_w) - \ln d + S$$

故：

$$\frac{dp_D}{d\left(\dfrac{t_D}{C_D}\right)} = \frac{C_D}{t_D}$$

$$p'_D = \frac{dp_D}{d\ln\left(\dfrac{t_D}{C_D}\right)} = \frac{dp_D}{d\left(\dfrac{t_D}{C_D}\right)} \frac{t_D}{C_D} = 1$$

所以，在这种情形，在压力导数解释图版中，导数曲线将从 $p'_D = \dfrac{dp_D}{d\ln(t_D/C_D)} = 0.5$（0.5 线）上升一个台阶而变成 $p'_D = \dfrac{dp_D}{d\ln(t_D/C_D)} = 1$（称之为"1 线"，见图 5-37，图左上角是井位示意图）。

前一章已经说过：其半对数曲线呈两条直线段，第一和第二直线段的斜率之比为 1∶2。下文中的例 5-6 和例 5-7 就是测试井附近有断层的实例。

2. 测试井附近存在两条互相垂直相交的不渗透边界的情形

此时，压力导数曲线将由 0.5 水平线上升一个更高的台阶，变成 $p'_D = \dfrac{dp_D}{d\ln(t_D/C_D)} = 2$（称之为"2 线"，见图 5-38，图左上角是井位示意图）。如前一章所述，这一情形的半对数曲线也呈两条直线段，第一和第二直线段的斜率之比为 1∶4。

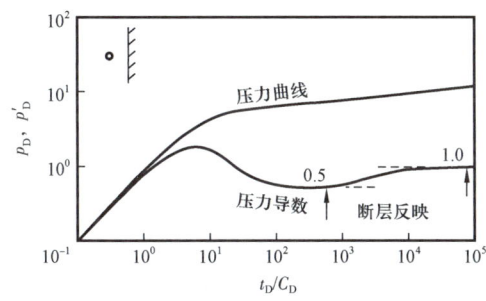

图 5-37　单一断层对无量纲压力及导数
双对数曲线形态的影响

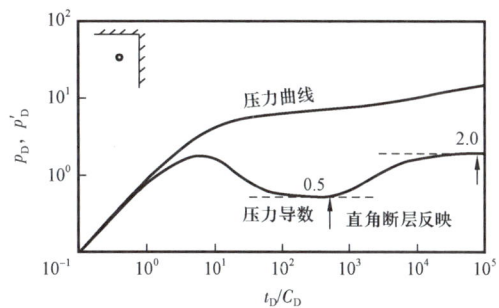

图 5-38　直角断层对无量纲压力及导数
双对数曲线形态的影响

3. 测试井附近有两条不渗透边界相交(夹角为 θ)的情形

这是更为一般的情形,上述两条互相垂直相交的不渗透边界,只是 $\theta = 90°$ 的特例。此时,无量纲压力导数曲线将由 0.5 水平线上升到值为 $\dfrac{180}{\theta}$ 的水平线(图 5-39),井在夹角内的位置不同(如图 5-39 中的井 A 和井 B),曲线上升的"路径"会有所不同;半对数曲线也呈两条直线段,第一和第二直线段的斜率之比为 $1:\dfrac{360}{\theta}$(图 5-40)。若测试井附近的不渗透边界更多,其展布情形更复杂,则压力导数曲线向上抬升也将呈现更复杂的情况。

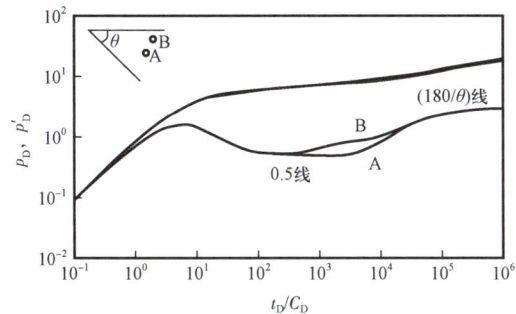

图 5-39　夹角为 θ 的两条不渗透边界
在双对数曲线上的反映

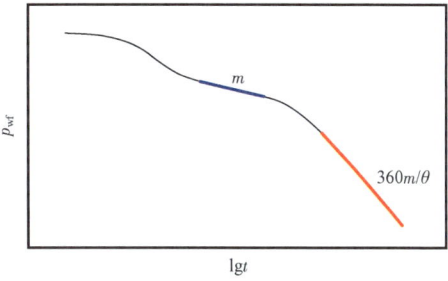

图 5-40　夹角为 θ 的两条不渗透边界
在半对数曲线上的反映

4. 测试井位于封闭油藏中的情形

在此情形,压降晚期将进入拟稳定流动阶段,此时压力导数曲线呈斜率为 1 的直线,它应与解释图版中后期的 45°线 $p'_D = \dfrac{\mathrm{d}p_D}{\mathrm{dln}(t_D/C_D)} = \dfrac{\mathrm{d}p_D}{\mathrm{d}(t_D/C_D)} \dfrac{t_D}{C_D} = \dfrac{t_D}{C_D}$ 相拟合(图 5-41,图左上角是井位示意图)。但如第四章第三节所说明的,在压力恢复的过程中,根本不存在拟稳定流动阶段。关井压力的恢复速度逐渐减低,关井压力逐步趋于平衡而最终达到平均地层压力,所以其导数曲线向下滑落(图 5-42)。

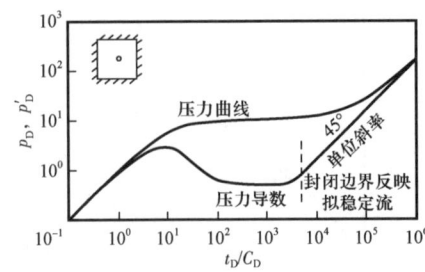
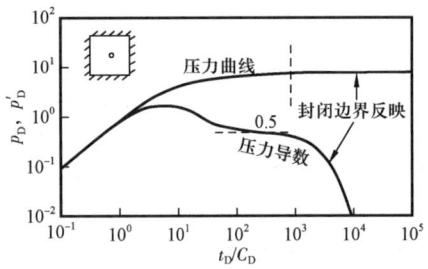

图 5-41　封闭地层中心一口井压降测试的　　图 5-42　封闭地层中心一口井压力恢复测试的
　　　　　压差和导数双对数曲线　　　　　　　　　　　　压差和导数双对数曲线

5. 测试井附近存在恒压边界的情形

测试井附近若有恒压边界(如油层存在非常活跃的边水界面),则由于压力在晚期段逐步趋于稳定,压力曲线变化越来越平缓,以至最终成为平稳的水平直线,不管是压力降落还是压力恢复,压力导数曲线都将向下滑落,如图 5-43 所示。

6. 测试层呈条带状的情形

测试层具有两条互相平行的直线不渗透边界,测试井位于这两条边界之中(图 5-44)。在此情形,在径向流动之后,将出现线性流动,无量纲压力为:

$$p_D = \sqrt{\pi t_{DL}} + S + S_{ch} \quad (5-37)$$

其中,无量纲时间 t_{DL} 为:

$$t_{DL} = \frac{3.6 \times 10^{-3} Kt}{\phi \mu C_t (L_1 + L_2)^2} \quad (5-38)$$

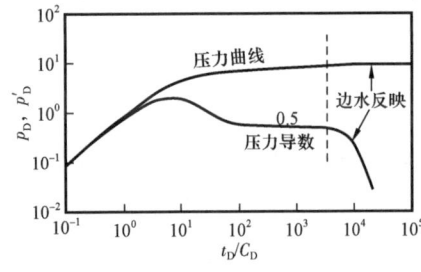
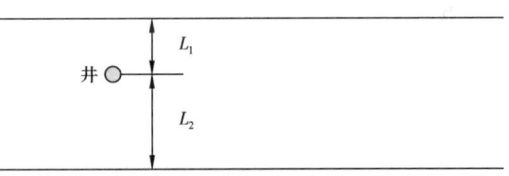

图 5-43　井附近存在恒压边界时压降或　　　图 5-44　具有两条互相平行的直线不渗透
　　　　　压力恢复双对数曲线形态　　　　　　　　　　　边界的测试层示意图

L_1 和 L_2 分别为两条不渗透边界与井的距离,而 S_{ch} 则是由于线性流向井筒汇聚而产生的表皮系数,它和井在条带状储层中的位置(即 L_1 和 L_2 的数值)有关:

$$S_{ch} = \ln \frac{L_1 + L_2}{2\pi r_w} - \ln\left(\sin \frac{\pi L_1}{L_1 + L_2}\right)$$

显然,当井位于条带状储层的中间(即 $L_1 = L_2$)时,上式可简化成(令 $L = L_1 = L_2$):

$$S_{ch} = \ln[L/(\pi r_w)]$$

由式(5-37)和式(5-38)可得:

$$\Delta p = \frac{0.3918qB}{h(L_1+L_2)}\sqrt{\frac{\mu t}{K\phi C_t}} + \frac{1.842q\mu B}{Kh}(S+S_{ch}) \qquad (5-39)$$

可见在后期导数曲线将成为一条斜率为1/2的直线,图5-45是此情形的无量纲压力曲线和无量纲压力导数曲线。图中径向流动阶段的水平直线段的长短,决定于两条平行不渗透边界之间距离的大小。图中,A是井离两条平行不渗透边界的距离相等($L_1 = L_2$)的情形;如果 $L_1 \ne L_2$,则在径向流动和线性流动之间,曲线还会出现一条不渗透边界的反映,出现一个依稀模糊的1线小台阶,如图5-45中的B线。

【例5-6】 表5-9是我国北部湾涠10-3油田砂岩油藏中的一口生产井的实测压力恢复数据。该井关井前生产了20.51h,生产前一阶段频繁改变油嘴,但无产量记录,后来比较稳定的产量为257.4m³/d,我们把它作为这一阶段(共12.8h)的产量;后一阶段生产比较稳定,历时7.63h,产量为403.2m³/d。其他基本参数如下:$h = 9$m, $B_o = 1.044$m³/m³, $\phi = 0.225$, $\mu_o = 0.44$mPa·s, $C_t = 2.118 \times 10^{-3}$MPa^{-1}, $r_w = 0.08839$m。

初拟合的结果如图5-46所示。图中"○"线和"●"线分别为实测压差曲线和实测压

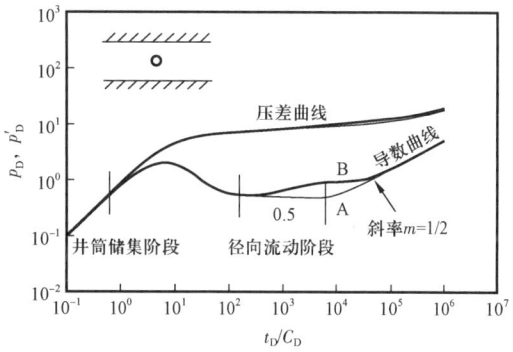

图5-45 具有两条互相平行直线不渗透边界情形的双对数曲线

力导数曲线,而实线则分别为无限大均质地层的Gringarten样板曲线和Bourdet样板曲线。压差曲线和压力导数曲线均有明显的不渗透边界反映。地质分析也确认该井两侧均有断层。于是在解释模型中加上两条与该井距离相等且互相平行的不渗透边界,拟合结果见图5-47。在图5-47中,上方的实线和"○"线分别为Gringarten样板曲线和实测压差曲线,下方的实线和"●"线分别为Bourdet样板曲线和实测压力导数曲线。显然,在解释模型中加上两条不渗透边界后,实测曲线和样板曲线拟合得相当好。拟合分析的结果是:

$$K = 104.5\text{mD}, \quad S = 1.89$$
$$C = 5.3\text{m}^3/\text{MPa}, \quad d_1 = d_2 = 95\text{m}$$

其中 d_1 和 d_2 分别表示测试井到两条断层的距离。

经多产量叠加处理,画出恢复压力与时间叠加函数的关系曲线,如图5-48所示。曲线明显呈现出两条相交直线段,上翘直线段与第一直线段的斜率之比为2.87。这也表明:测试井附近有两条等距离的互相平行的直线型不渗透边界的模型适合本井的实际情况。由恢复压力与时间叠加函数关系曲线分析得到的结果是:

表 5-9 涠 10-3 油田某井压力恢复数据(例 5-6)

$\Delta t(h)$	$p_{ws}(MPa)$	$\Delta t(h)$	$p_{ws}(MPa)$
0	13.047	4.4504	20.027
0.016912	13.674	5.4505	20.093
0.033578	14.586	6.4505	20.144
0.050246	15.191	7.4505	20.176
0.066912	15.789	8.4506	20.209
0.083580	16.212	9.4506	20.246
0.10025	16.767	10.4507	20.275
0.11691	17.723	11.4507	20.307
0.15025	17.724	12.4507	20.326
0.18358	17.992	13.4508	20.355
0.21692	18.182	14.4508	20.370
0.25025	18.298	15.4509	20.384
0.28359	18.371	16.4509	20.399
0.31692	18.444	17.4509	20.428
0.35026	18.524	18.4510	20.436
0.38359	18.583	19.4510	20.457
0.41693	18.663	21.4511	20.472
0.45026	18.736	22.4511	20.479
0.61694	19.064	24.4512	20.501
0.78361	19.298	26.4513	20.523
0.95028	19.422	27.4513	20.560
1.1170	19.465	28.4514	20.574
1.2836	19.495	33.4516	20.589
1.4503	19.538	35.4517	20.596
1.9503	19.684	37.4517	20.611
2.4503	19.794	40.4519	20.640
2.9504	19.867	42.4519	20.654
3.4504	19.932		

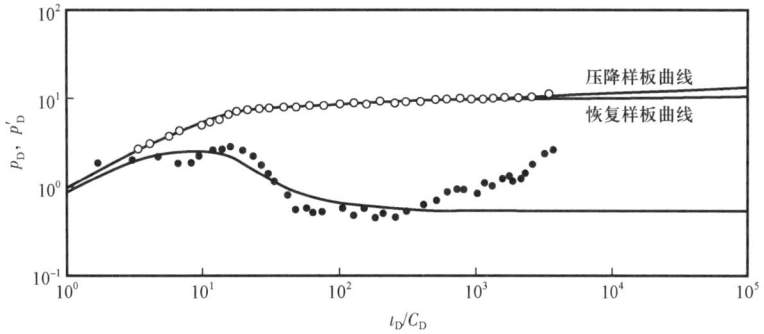

图 5-46 初拟合结果(例 5-6)

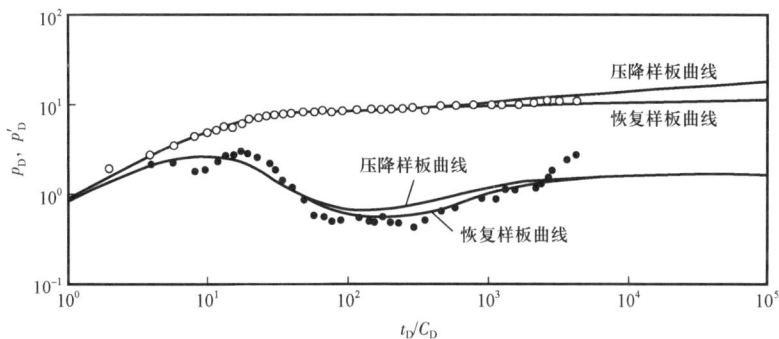

图 5-47 模型中加上两条断层后的拟合结果(例 5-6)

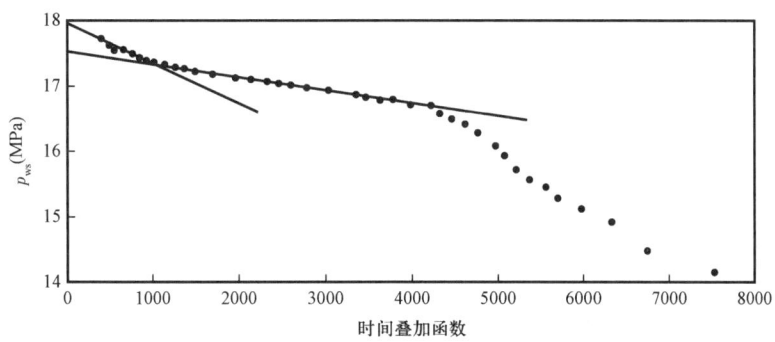

图 5-48 关井恢复压力与时间叠加函数的关系曲线(例 5-6)

$$K = 103.7 \text{mD}, \quad S = 1.73$$

$$p^* = 17.92 \text{MPa}, \quad d_1 = d_2 = 100 \text{m}$$

无量纲 Horner 曲线(图 5-49)拟合得很好。图 5-50 和图 5-51 分别是加上两条不渗透边界之前和之后的压力史拟合检验曲线,可以看到,图 5-51 中实测压力变化(点线)和由解释结果计算的理论压力变化(实线),包括压降和压力恢复,都拟合得很好。这进一步证实了两条断层的存在和其他解释结果的正确性。

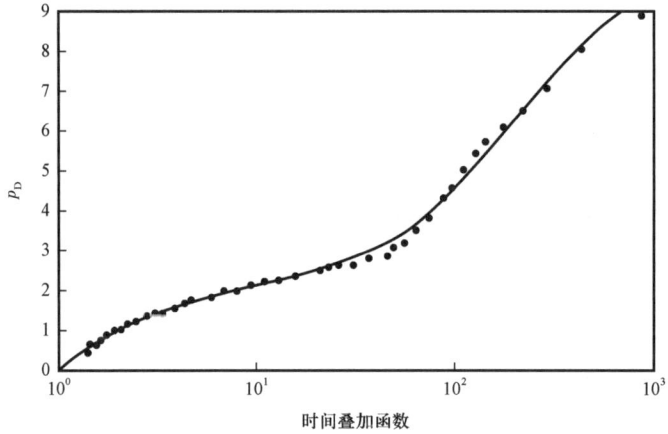

图 5-49　无量纲 Horner 曲线拟合图(例 5-6)

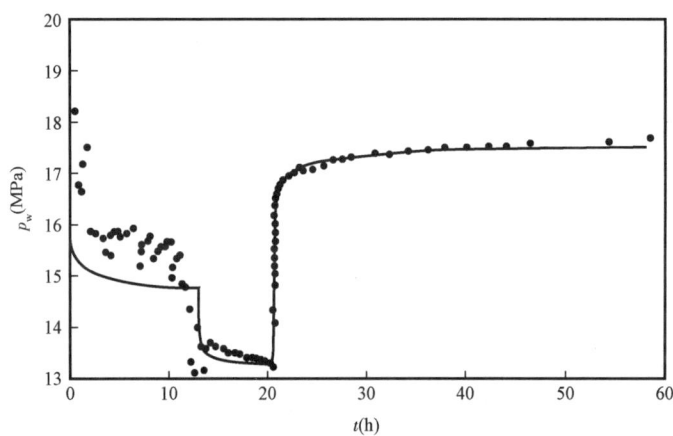

图 5-50　加上断层之前的压力史拟合检验曲线(例 5-6)

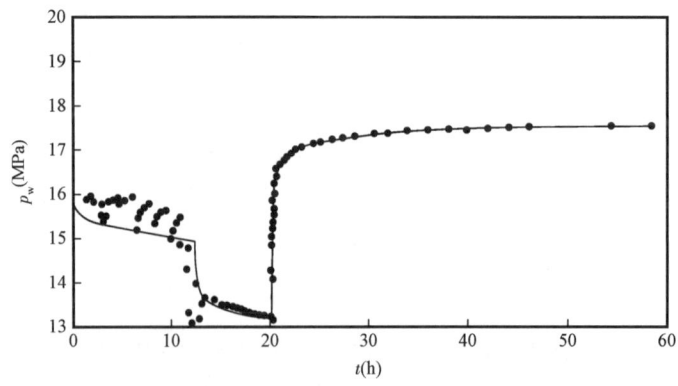

图 5-51　加上断层之后的压力史拟合检验曲线(例 5-6)

【例 5 – 7】 Sd12 井是某国一个非常疏松的砂岩油藏中的一口井,其压力恢复的双对数曲线和叠加函数曲线拟合图分别如图 5 – 52 和图 5 – 53 所示。两种曲线均显现出明显的不渗透边界的特征。地质研究认定测试井不远处有一条断层。解释得到测试井到断层的距离 $d \approx 30\text{m}, K = 1600\text{mD}, S = -1.9$。压力史拟合检验曲线如图 5 – 54 所示。

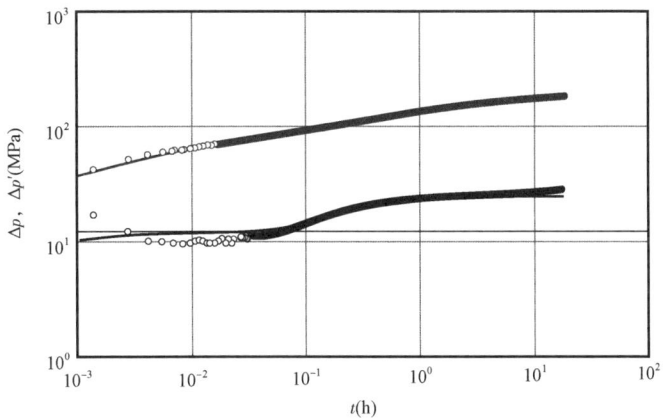

图 5 – 52　Sd12 井的双对数曲线拟合图(例 5 – 7)

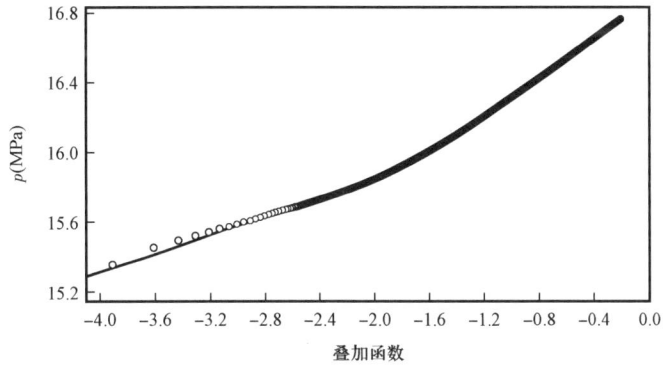

图 5 – 53　Sd12 井叠加函数曲线拟合图

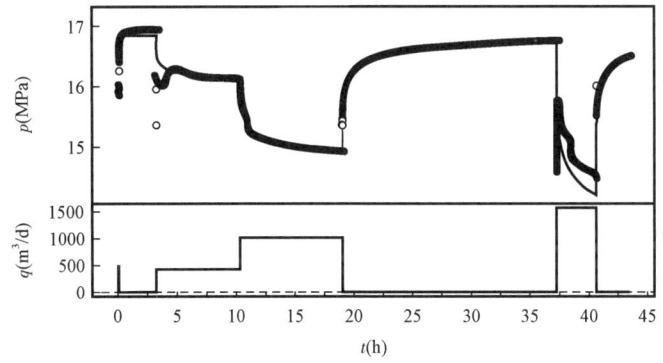

图 5 – 54　Sd12 井压力史拟合检验图(例 5 – 7)

【例 5-8】 我国某海域 WX 构造的第一口探井 WX-1 井 DST 采用三开三关测试,产出天然气。图 5-55 是该井三次关井压力恢复曲线的直角坐标图。可以看到,在如此短暂的 DST 测试过程中,每一次关井测得的地层压力都比前一次下降了一个台阶。这说明此构造含气面积不大,储量很有限。终开井历时 13.8h,气嘴和气产量列于表 5-10;终关井 19.5h,测得了较好的压力恢复资料。

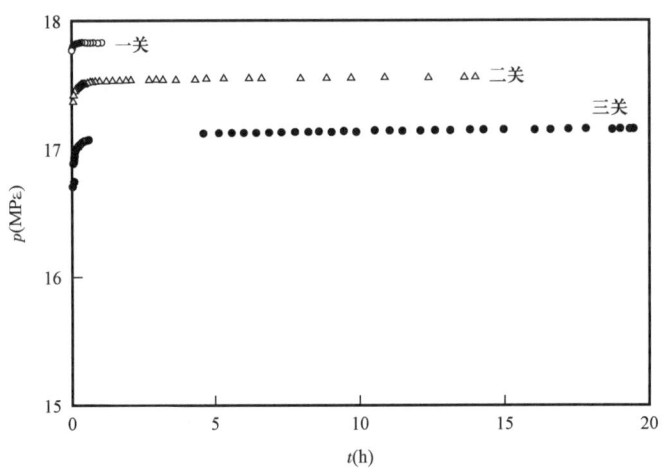

图 5-55　WX-1 井三次关井的压力恢复曲线对比图(例 5-8)

表 5-10　WX-1 井 DST 终开井产量数据(例 5-8)

气嘴(mm)	产量($10^4 m^3/d$)	历时(h)
6.14	8.83	3.88
12.7	14.91	4.35
19.1	42.35	5.55

采用变产量通过叠加方法进行处理,终关井恢复压力与时间叠加函数的关系曲线(图 5-56)呈现两条直线段,后一直线段明显上翘,两条直线段的斜率之比为 4∶1,显示出明显的边界干扰。其压力导数曲线更加证实了这一点。图 5-57 是用均质模型未加任何边界时的拟合结果;经用多种不渗透边界模型进行试拟合,最后选用狭长的长方形封闭边界模型(其长宽比为 8∶1),得到比较满意的拟合(图 5-58),再通过无量纲 Horner 曲线拟合检验(图 5-59)和压力史拟合检验(图 5-60),得到比较满意的解释结果。

气藏类型:均质长方形封闭气藏(图 5-61);

气藏无量纲面积:$A_D = \dfrac{\phi h C_t}{0.15916 C} A = 30000$;

长宽比:8∶1;

偏心距:0.77。

由此计算得:

气藏长度 $2d_1 = 1254\mathrm{m}$；
气藏宽度 $2d_2 = 157\mathrm{m}$；
气藏面积 $A = 196546\mathrm{m}^2 \approx 0.2\mathrm{km}^2$；
天然气储量 $N = 3534 \times 10^4 \mathrm{m}^3$；
有效渗透率 $K = 149.3\mathrm{mD}$；
视表皮系数 $S' = 11.07$；
井筒储集系数 $C = 2.96\mathrm{m}^3/\mathrm{MPa}$。

依据这一解释结果，WX 构造和 WX-1 井解释模型如图 5-61 所示。地质研究人员绘制的 WX 构造和 WX-1 井位示意如图 5-62 所示，他们也认为该构造面积不大。可见试井解释结果与地质研究成果基本相符。

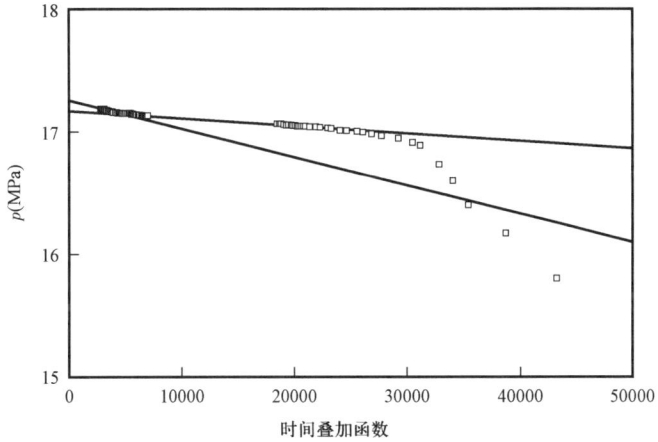

图 5-56　WX-1 井终关井恢复压力与时间叠加函数的关系曲线(例 5-8)

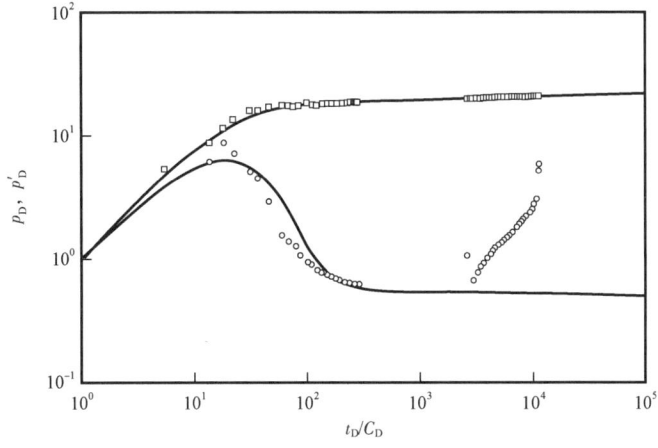

图 5-57　WX-1 井终关井恢复压力及导数曲线拟合图(例 5-8)(未考虑边界)

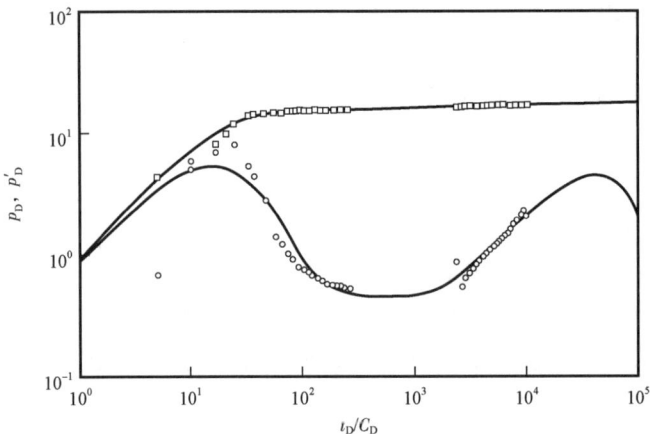

图 5-58 WX-1 井终关井恢复压力及导数曲线拟合图(例 5-8)(长方形封闭边界)

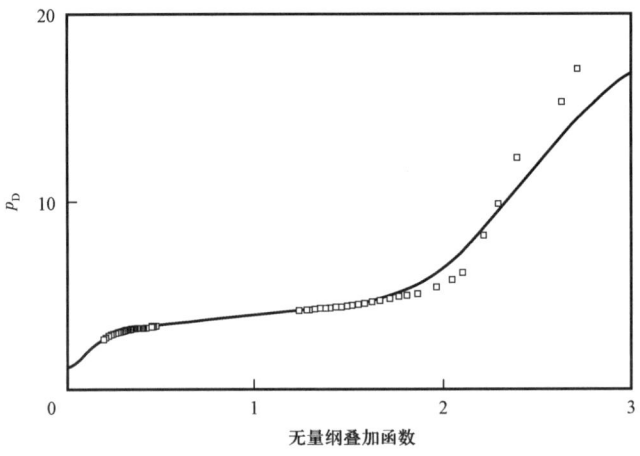

图 5-59 WX-1 井终关井恢复无量纲 Horner 曲线拟合图(例 5-8)

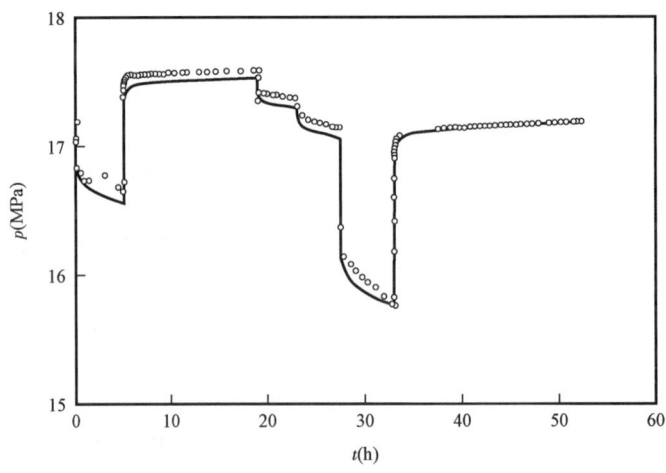

图 5-60 WX-1 井压力史拟合检验图（例 5-8）

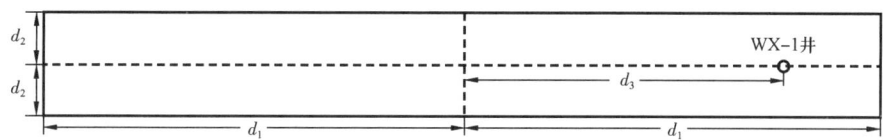

图 5 – 61　WX 构造和 WX – 1 井解释模型示意图（例 5 – 8）

本井测试一结束，试井资料尚未作出解释，钻井船立即拖航至远离该井处，钻 WX 构造第二口探井 WX – 2 井，结果落空。在定 WX – 2 井井位时，有的地质研究人员就根据他们的研究成果，认为该井井位不妥。当时如果能根据地质研究成果和试井解释结果设计第二口探井井位，就不至于把它定在该处，从而避免一口落空井。

【例 5 – 9】　X22 井是某国一个小封闭断块中的一口探井，其恢复测试的双对数曲线和叠加函数曲线拟合情况如图 5 – 63 和图 5 – 64 所示。图 5 – 63 呈现出明显的封闭系统特征。用矩形封闭油藏模型解释，结果如表 5 – 11 所示。图 5 – 65 是测试全程压力史拟合检验曲线。

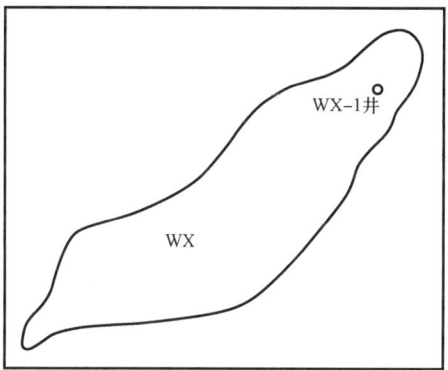

图 5 – 62　WX 构造和 WX – 1 井井位示意图（例 5 – 8）

表 5 – 11　X22 井恢复测试解释结果（例 5 – 9）

解释方法	K(mD)	S	C(m^3/MPa)	p^*(MPa)
双对数曲线分析	16.6	– 1.45	1.591×10^{-2}	
半对数曲线分析	16.2	– 1.65		20.682

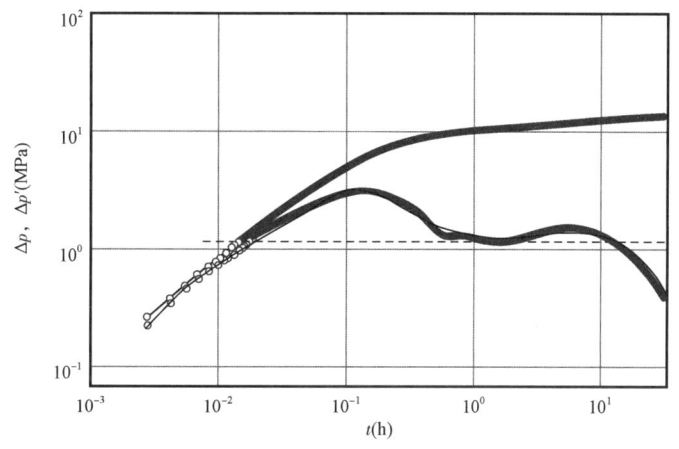

图 5 – 63　X22 井的双对数拟合曲线拟合图（例 5 – 9）

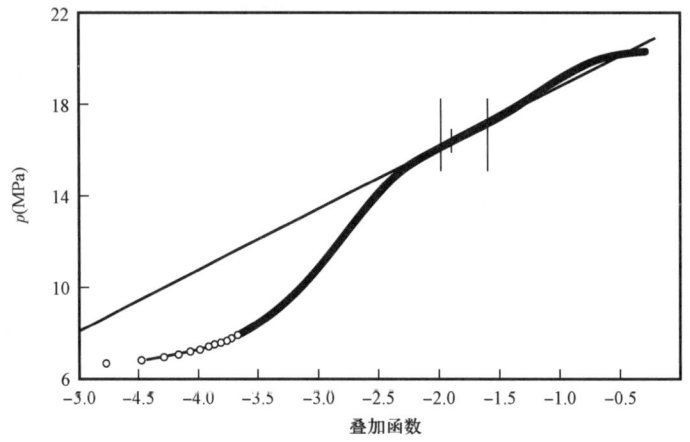

图 5-64　X22 井的叠加函数曲线拟合图（例 5-9）

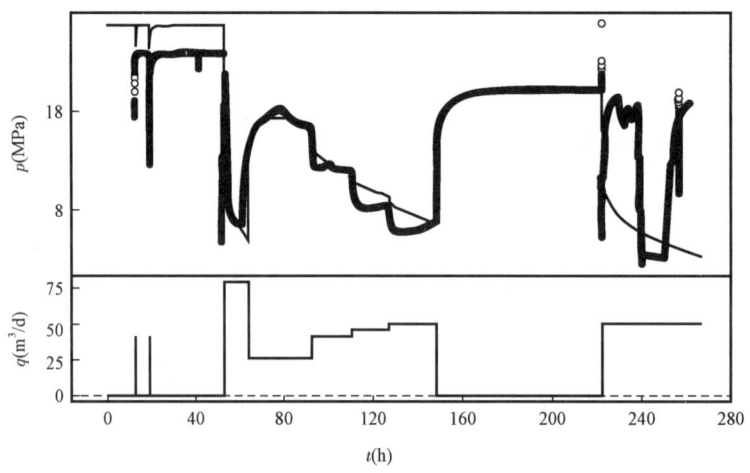

图 5-65　X22 井的压力史拟合检验曲线（例 5-9）

五、用压力导数曲线识别流动阶段

上面已对井筒储集和径向流动在压力导数曲线上的反映作了详细的讨论。事实上，其他各种流动形态（以及各种油藏类型）在导数曲线上也有明显的、特别的反映。下面就来考察一下这些流动形态在压力导数曲线上的反映特征。

1. 纯井筒储集

在本节"一、压降分析"的开头已经详细说明：在双对数坐标系中，在纯井筒储集阶段，压力导数曲线和压差曲线一样，都是一条斜率为 1 的直线，而且它们互相重合，这里不再赘述。

2. 线性流

在线性流动阶段，有[见第四章第三节式(4-3)]：

$$p_D = \sqrt{\pi t_{Df}} \qquad (5-40)$$

式中的无量纲时间 t_{Df} 为[见第四章第三节式(4-4)]:

$$t_{Df} \frac{3.6 \times 10^{-3} K}{\phi \mu C_t x_f^2} t$$

对式(5-40)两边取对数,得:

$$\lg p_D = \frac{1}{2} \lg t_{Df} + \lg \sqrt{\pi} \qquad (5-41)$$

式(5-40)对无量纲时间的对数求导,得:

$$p'_D = \frac{dp_D}{d\ln t_{Df}} = \frac{1}{2}\sqrt{\pi t_{Df}} = \frac{1}{2} p_D \qquad (5-42)$$

再取对数,得:

$$\lg p'_D = \frac{1}{2} \lg t_{Df} + \lg\left(\frac{\sqrt{\pi}}{2}\right) \qquad (5-43)$$

由式(5-41)和式(5-43)还可得到:

$$\lg p_D - \lg p'_D = \lg 2 \qquad (5-44)$$

显然,由式(5-41)和式(5-43)可知,在复合解释图版中,p_D 与 t_{Df}、p'_D 与 t_{Df} 都是斜率为 1/2 的直线,即它们互相平行,而且它们之间在纵向上的距离为 $\lg 2 \approx 0.3010$(对数周期)。

式(5-40)的有量纲的形式为[见式(4-5)]:

$$\frac{Kh}{1.842 q\mu B}\Delta p = \sqrt{\frac{3.6\pi \times 10^{-3} Kt}{\phi \mu C_t x_f^2}}$$

即[见式(4-6)]:

$$\Delta p = \frac{0.1959 qB}{h x_f}\sqrt{\frac{\mu}{\phi C_t K}}\sqrt{t}$$

两边取对数,得[见第四章第三节式(4-7)]:

$$\lg \Delta p = \frac{1}{2}\lg t + \lg\left(\frac{0.1959 qB}{h x_f}\sqrt{\frac{\mu}{\phi C_t K}}\right) \qquad (5-45)$$

求导,得:

$$\Delta p' = \frac{d\Delta p}{d\ln t} = \frac{d\Delta p}{dt} t = \frac{0.1959 qB}{h x_f}\sqrt{\frac{\mu}{\phi C_t K}}\frac{1}{2}\sqrt{t}$$

两边取对数,得:

$$\lg \Delta p' = \frac{1}{2}\lg t + \frac{0.1959 qB}{2h x_f}\sqrt{\frac{\mu}{\phi C_t K}} \qquad (5-46)$$

由式(5-45)和式(5-46)知:在双对数坐标系中,压差曲线和压力导数曲线也都是一条斜率为1/2的直线[见第四章第三节]。也就是说:与图版中的无量纲压力曲线和无量纲压力导数曲线一样,压力导数曲线与压差曲线互相平行,压力导数曲线在压差曲线的下方,它们在纵坐标方向上的差距为$\lg 2 \approx 0.3010$(对数周期),如图5-66所示;这是因为[见式(5-45)和式(5-46)]:

$$\lg \Delta p - \lg \Delta p' = \left[\frac{1}{2}\lg t + \lg\left(\frac{0.1959qB}{hx_f}\sqrt{\frac{\mu}{\phi C_t K}}\right)\right] - \left[\frac{1}{2}\lg t + \lg\frac{0.1959qB}{2hx_f}\sqrt{\frac{\mu}{\phi C_t K}}\right]$$

$$= \lg 2 \approx 0.3010$$

的缘故。

压力导数曲线与压差曲线互相平行,压力导数曲线在压差曲线下方$\lg 2 \approx 0.3010$(对数周期):这就是线性流动在复合图版上的特征,即其诊断曲线(图5-66)。

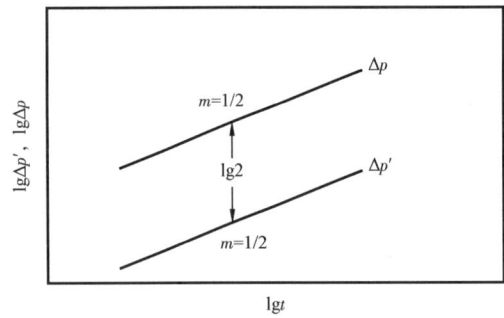

图5-66 复合图版上线性流动的诊断曲线

3. 双线性流

在双线性流动阶段,有[见第四章第三节式(4-9)]:

$$p_D = \frac{2.45}{\sqrt{K_{fD}w_{fD}}} \sqrt[4]{t_{Df}}$$

式中,无量纲裂缝渗透率K_{fD}为:

$$K_{fD} = \frac{K_f}{K}$$

无量纲裂缝宽度w_{fD}为:

$$w_{fD} = \frac{w}{x_f}$$

式(4-9)两边取对数,得:

$$\lg p_D = \frac{1}{4}\lg t_{Df} + \lg\frac{2.45}{\sqrt{K_{fD}w_{fD}}} \tag{5-47}$$

无量纲压力p_D对无量纲时间的对数($\ln t_{Df}$)求导,得:

$$p'_D = \frac{dp_D}{d\ln t_{Df}} = \frac{1}{4}\frac{2.45}{\sqrt{K_{fD}w_{fD}}}\sqrt[4]{t_{Df}} = \frac{1}{4}p_D \tag{5-48}$$

再取对数,得:

$$\lg p'_D = \frac{1}{4}\lg t + \lg\left(\frac{2.45}{\sqrt{K_{fD}w_{fD}}}\right) - \lg 4 = \lg p_D - \lg 4 \tag{5-49}$$

所以,在复合图版中,压力导数样板曲线和压力样板曲线均呈斜率为1/4的直线(互相平行),压力导数样板曲线位于压力样板曲线的下方,而且在纵坐标方向上,它们之间相距$\lg 4$

≈0.6021（对数周期），如图 5-67 所示。

式(4-9)的有量纲的形式为[见式(4-11)]：

$$\Delta p = \frac{1.1054 q \mu B}{h \sqrt{K_\mathrm{f} w} \sqrt[4]{\phi \mu C_\mathrm{t} K}} \sqrt[4]{t} \tag{5-50}$$

两边取对数，得[见式(4-12)]：

$$\lg \Delta p = \frac{1}{4} \lg t + \lg \left(\frac{1.1054 q \mu B}{h \sqrt{K_\mathrm{f} w} \sqrt[4]{\phi \mu C_\mathrm{t} K}} \right)$$

对 Δp [式(5-50)]关于时间的对数($\ln t$)求导，得：

$$\Delta p' = \frac{\mathrm{d} \Delta p}{\mathrm{d} \ln t} = \frac{\mathrm{d} \Delta p}{\mathrm{d} t} t = \frac{1}{4} \frac{1.1054 q \mu B}{h \sqrt{K_\mathrm{f} w} \sqrt[4]{\phi \mu C_\mathrm{t} K}} \sqrt[4]{t} = \frac{1}{4} \Delta p$$

$$\lg \Delta p' = \frac{1}{4} \lg t + \lg \left(\frac{1.1054 q \mu B}{h \sqrt{K_\mathrm{f} w} \sqrt[4]{\phi \mu C_\mathrm{t} K}} \right) - \lg 4 = \lg \Delta p - \lg 4$$

故在双对数坐标系中，压力和压力导数曲线均呈斜率为 1/4 的直线（互相平行），压力导数曲线位于压力曲线的下方，而且在纵坐标方向上，它们之间相距 $\lg 4 \approx 0.6021$（对数周期），这就是双线性流动在复合图版上的特征，即其诊断曲线，如图 5-67 所示。

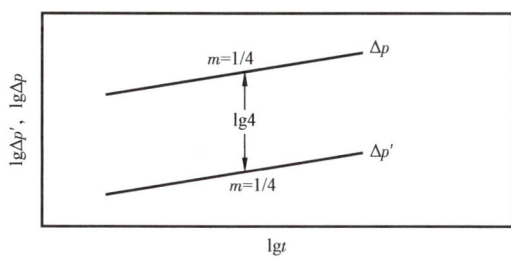

图 5-67 复合图版上双线性流动的诊断曲线

4. 球形流和半球形流

如第四章第三节中所述，在测试层是具有气顶或（和）底水的油层的情形，为了避免水侵或（和）气窜，往往只射开油层厚度 h 的一部分 h_w。设射孔段中部与油层底部的距离为 z_w（图 5-68）。由于井筒射开部分和测试层的接触面减小，流线在井筒周围产生变形，流动阻力增大，增加一个表皮效应和一个正的表皮系数 S_w。其流动在井筒储集和短暂的射开井段（厚度为 h_w）的径向流之后会出现球形流（图 4-18）。当射孔段很接近底层（即 z_w 很小）或很接近顶层（即 $h - z_\mathrm{w}$ 很小）的情形，则将呈现半球形流（图 4-17）。

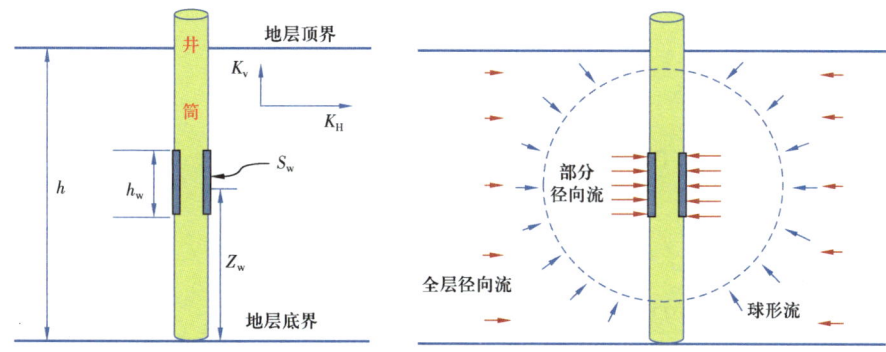

图 5-68 部分射开井油层示意图

在球形流动阶段，压差为（参见第四章第三节）：

$$\Delta p = \frac{0.9332q\mu B}{Kr_{\text{SPH}}} - \frac{8.8327q\mu B}{K^{3/2}}\frac{\sqrt{\phi\mu C_t}}{\sqrt{t}} \qquad (5-51)$$

故：

$$\frac{\text{d}\Delta p}{\text{d}t} = \frac{4.4164q\mu B}{K^{3/2}}\sqrt{\phi\mu C_t}\, t^{-\frac{3}{2}}$$

$$\Delta p' = \frac{\text{d}\Delta p}{\text{dln}t} = \frac{\text{d}\Delta p}{\text{d}t}t = \frac{4.4164q\mu B}{K^{3/2}}\sqrt{\phi\mu C_t}\, t^{-\frac{1}{2}}$$

$$\lg\Delta p' = -\frac{1}{2}\lg t + \frac{4.4164q\mu B}{K^{3/2}}\sqrt{\phi\mu C_t}$$

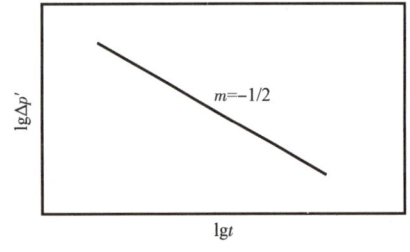

图 5-69　球形流动阶段的压力导数曲线

可见压力导数曲线呈一条斜率为 $-\frac{1}{2}$ 的直线，如图 5-69 所示。存在球形流的压力导数曲线的全貌如图 5-70 所示。其第一个径向流为射开井段（厚度为 h_w）的径向流，拟合 $0.5h/h_w$ 水平线；第二个径向流为整个储层厚度范围（厚度为 h）的径向流，拟合 0.5 水平线。

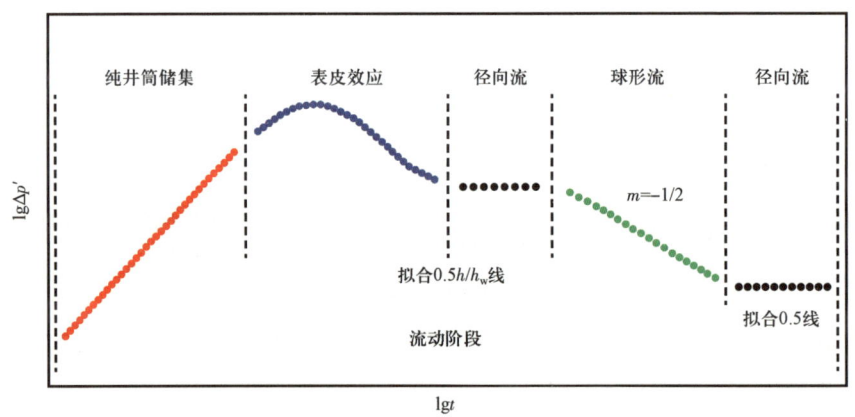

图 5-70　部分射开井的压力导数曲线

在压力恢复情形，式(5-51)变为：

$$\Delta p = p_i - p(\Delta t) = \frac{0.9332q\mu B}{Kr_{\text{SPH}}} + \frac{8.8327q\mu B}{K^{3/2}}\sqrt{\phi\mu C_t}\left[(\Delta t)^{-\frac{1}{2}} - (t_p + \Delta t)^{-\frac{1}{2}}\right]$$

即：

$$p(\Delta t) = p_i - \frac{0.9332q\mu B}{Kr_{\text{SPH}}} - \frac{8.8327q\mu B}{K^{3/2}}\sqrt{\phi\mu C_t}\left[(\Delta t)^{-\frac{1}{2}} - (t_p + \Delta t)^{-\frac{1}{2}}\right] \quad (5-52)$$

由此可见，压力 $p(\Delta t)$ 与 $[(\Delta t)^{-\frac{1}{2}} - (t_p + \Delta t)^{-\frac{1}{2}}]$ 成一直线，这就是其特征曲线，如图 5-71 所示。

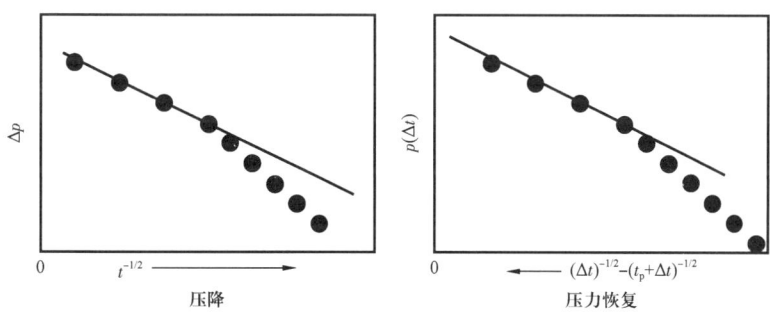

图 5-71 球形流的特征曲线形

【例 5-10】 PX2 井是国外一口部分射开的油井。油层厚度为 9.7m，射开厚度为 4.85m。其压力恢复的双对数曲线图和叠加函数曲线图分别如图 5-72 和图 5-73 所示。图 5-72 中的压力导数曲线明显出现了球形流的特征——斜率为 -1/2 的直线。解释结果见表 5-12。压力史拟合检验如图 5-74 所示，它说明解释结果是可靠的。

表 5-12 PX2 井解释结果（例 5-10）

解释方法	$K(\mathrm{mD})$	S_a	$C(\mathrm{m}^3/\mathrm{MPa})$	$p^*(\mathrm{MPa})$
双对数分析	4730	5.94	6.664×10^{-3}	
半对数分析	4870	7.33		11.62

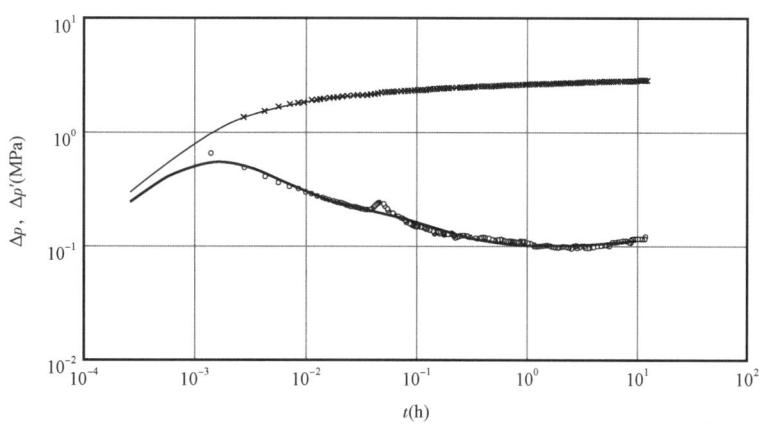

图 5-72 PX2 井双对数曲线拟合图（例 5-10）

5. 拟稳定流

如第四章所述，在封闭系统中进行的压降测试晚期，将出现拟稳定流动。在这一流动阶段，压差对时间的导数为（参见第四章第三节封闭系统相关内容）：

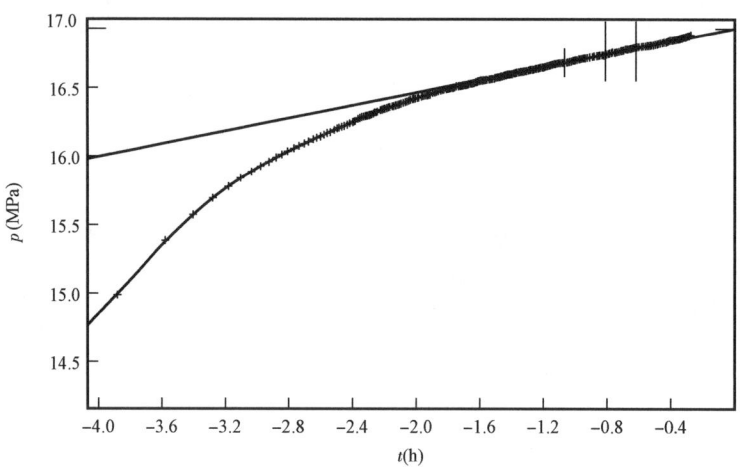

图 5-73 PX2 井叠加函数曲线拟合图(例 5-10)

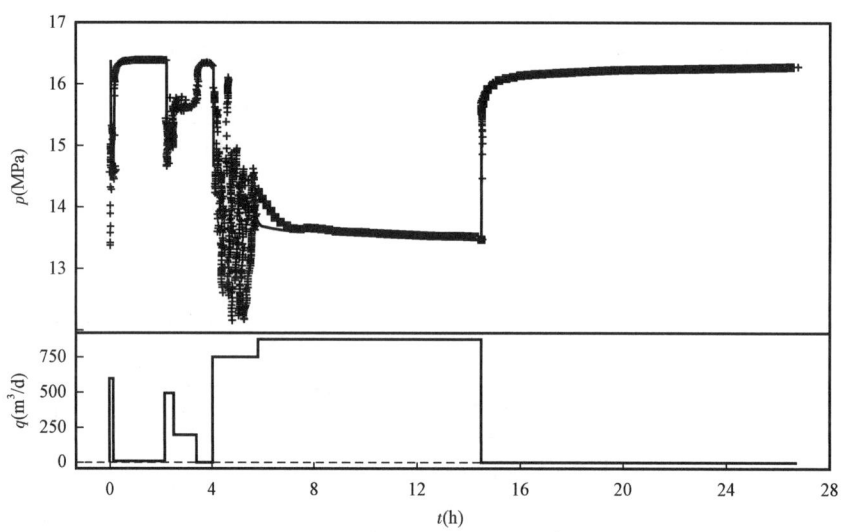

图 5-74 PX2 井压力史拟合检验曲线(例 5-10)

$$\frac{\mathrm{d}\Delta p_{\mathrm{wf}}}{\mathrm{d}t} = \frac{qB}{24V_{\mathrm{p}}C_{\mathrm{t}}} = 常数$$

因此

$$\frac{\mathrm{d}\Delta p_{\mathrm{wf}}}{\mathrm{d}\ln t} = \frac{\mathrm{d}\Delta p_{\mathrm{wf}}}{\mathrm{d}t}t = \frac{qB}{24V_{\mathrm{p}}C_{\mathrm{t}}}t$$

$$\lg\frac{\mathrm{d}\Delta p_{\mathrm{wf}}}{\mathrm{d}\ln t} = \lg t + \lg\frac{qB}{24V_{\mathrm{p}}C_{\mathrm{t}}}$$

可见在双对数曲线上,压力导数曲线是一条斜率为 1 的直线;而压差曲线则以此导数曲线为渐近线,即不断地逐渐向此导数曲线靠拢(图 5–75)。

测取拟稳定流动阶段的压降数据,并由此计算与测试井相连通的油层的储量的压降试井,称为油藏探边测试(Reservoir Limit Testing),详见第四章第三节封闭系统相关内容,其实例见例 4–2。

6. 稳定流

在稳定流动阶段,有:

$$\Delta p = 常数$$

故:

$$\frac{\mathrm{d}\Delta p}{\mathrm{d}\ln t} = \frac{\mathrm{d}\Delta p}{\mathrm{d}t}t = 0$$

因此,在向稳定流动阶段过渡时,压力导数曲线将急剧下降,如图 5–76 所示。

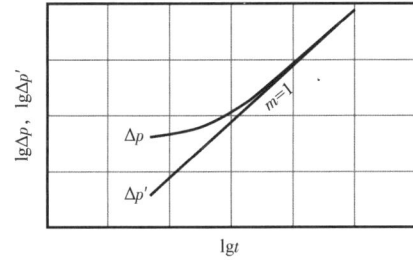

图 5–75 拟稳定流动阶段的压差和
压力导数双对数曲线

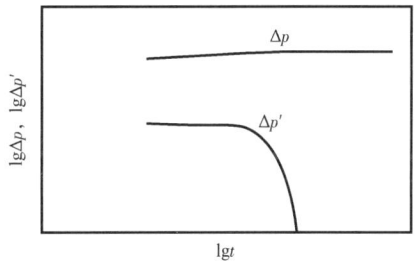

图 5–76 稳定流动阶段的压差和
压力导数双对数曲线

综上所述,在压差曲线和压力导数曲线上,各个流动阶段都分别呈现出明显的不同的特征,而且有不少的流动阶段,在压力导数曲线上的特征更为突出和明显,因此压力导数曲线成了更有效的诊断曲线。各个流动阶段在压差曲线和压力导数曲线复合曲线图上的特征列于表 5–13。

斯伦贝谢公司(Schlumberger)制作了一个流动阶段识别模板,如图 5–77 所示。在这块流动阶段识别模板上,刻上了除稳定流动之外的 6 个流动阶段在压力导数曲线上的特性曲线,即压力导数诊断曲线。在纵坐标和横坐标的对数周期长度相同的双对数坐标纸上画出实测压力导数曲线后,把这块流动阶段识别模板放在它上面平行移动(注意保持其径向流动诊断曲线,即水平直线与横坐标轴平行),便可对各流动阶段作出初步识别。图 5–78 至图 5–81 分别是用流动阶段识别模板识别井筒储集阶段、径向流动阶段、线性流动阶段和球形流动阶段的例子。在某些试井解释软件中,设置了各个流动阶段在压力导数曲线上的特性曲线,可以很方便地拖至实测曲线的适当位置,以进行对比分析。

表 5-13 各流动阶段特征

流动阶段	方程	特征曲线及特征		在诊断（双对数）曲线上的特征（压差 ——— 导数 ———）		压差和导数曲线的关系
井筒储集阶段	$p_D = \dfrac{t_D}{C_D}$	直角坐标系中 $\Delta p - t$ 的过原点的直线段	Δp ↑ 斜线 t →	压差：斜率为 1 的直线； 导数：斜率为 1 的直线	$\lg\Delta p, \lg\Delta p' $ ↑ 斜线 $\lg t$ →	相重合
径向流动阶段	$p_D = 1.151(\lg t_D + 0.3514 + 0.8686S)$	半对数坐标系中 $p - \lg t$ 的直线段	Δp ↑ 斜线 $\lg t$ →	导数：水平直线	$\lg\Delta p, \lg\Delta p'$ ↑ 虚线 $\lg t$ →	
线性流动阶段	$p_D = (\pi t_{Df})^{1/2}$	直角坐标系中 $\Delta p - t^{1/2}$ 的过原点的直线段	Δp ↑ 斜线 $t^{1/2}$ →	压差：斜率为 1/2 的直线； 导数：斜率为 1/2 的直线	$\lg\Delta p, \lg\Delta p'$ ↑ lg2 斜线 $\lg t$ →	互相平行，压差 线比压力导数线 高 lg2 ≈ 0.3010 （对数周期）
双线性流动阶段	$p_D = 2.45(K_{fD}w_D)^{-1/2} t_{Df}^{1/4}$	直角坐标系中 $\Delta p - t^{1/4}$ 的过原点的直线段	Δp ↑ 斜线 $t^{1/4}$ →	压差：斜率为 1/4 的直线； 导数：斜率为 1/4 的直线	$\lg\Delta p, \lg\Delta p'$ ↑ lg4 斜线 $\lg t$ →	互相平行，压差 线比压力导数线 高 lg4 ≈ 0.6021 （对数周期）
[半]球形流动阶段	$p_D = \dfrac{1}{2}[1 - (\pi t_{sphD})^{-1/2}]$	直角坐标系中 $\Delta p - t^{-1/2}$ 的直线段	Δp ↑ 斜线 $t^{-1/2}$ →	导数：斜率为 $-1/2$ 的直线		
拟稳定流动阶段	$p_D = \dfrac{\pi 2r_w^2}{A} t_D + 1.151 \left(\lg\dfrac{A}{r_w^2} - \lg C_A + 0.786 \right)$	直角坐标系中 $p_{wf} - t$ 的直线段	Δp ↑ 斜线 t →	压降情形：压差：越来越接近斜率为 1 的直线； 导数：迅速下滑 恢复情形：导数曲线为渐近线（图上未画出）	$\lg\Delta p, \lg\Delta p'$ ↑ 斜线 $\lg t$ →	压降，压差曲线 以导数曲线为渐 近线
稳定流动阶段				压差：水平直线段； 导数：迅速下滑	$\lg\Delta p, \lg\Delta p'$ ↑ 曲线 $\lg t$ →	

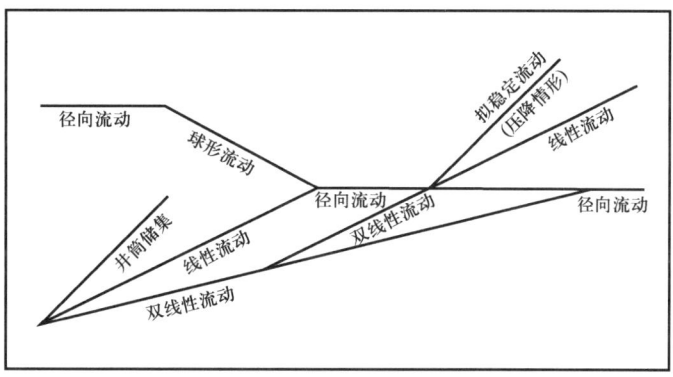

图 5-77 流动阶段识别模板示意图

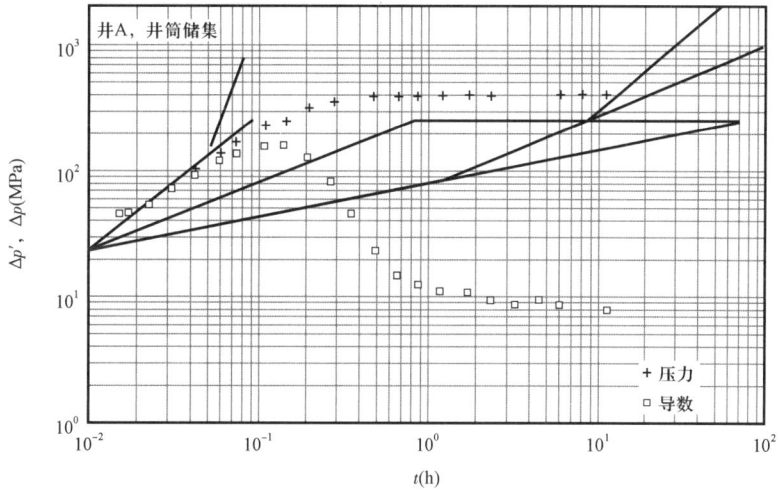

图 5-78 用流动阶段识别模板识别井筒储集阶段

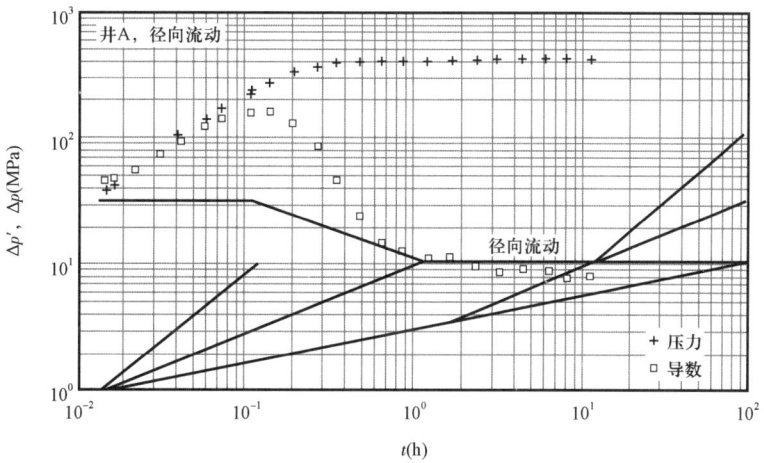

图 5-79 用流动阶段识别模板识别径向流动阶段

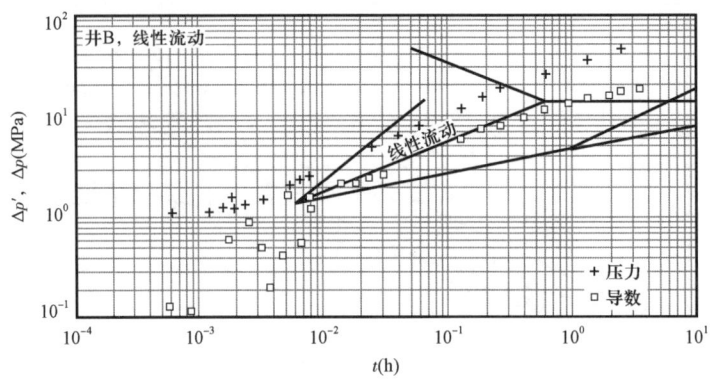

图 5-80　用流动阶段识别模板识别线性流动阶段

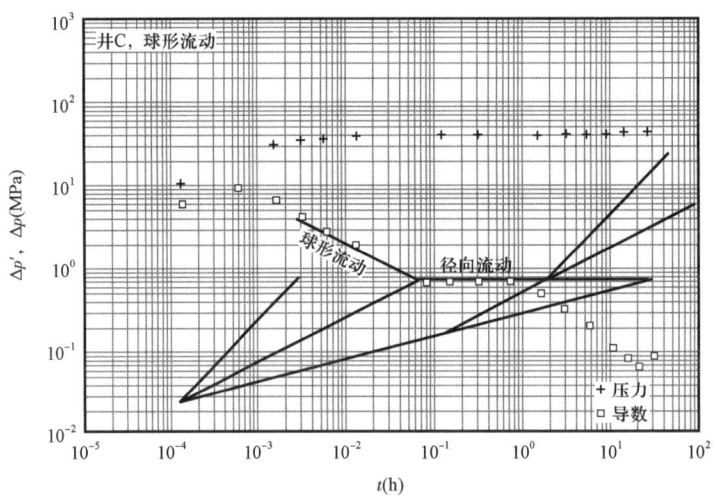

图 5-81　用流动阶段识别模板识别球形流动阶段

六、变井筒储集的影响和处理

如前所述,所有的压力解释图版和压力导数解释图版都假定井筒储集系数是一个常数。但事实上,井筒储集系数并不总是常数,有时甚至变化相当大。例如,如果地层压力稍高于饱和压力,在刚开井进行压降测试时,整个井筒中流动压力还高于饱和压力,井筒中充满单相原油,此时的井筒储集系数为纯油状态下的 C_1;而在开井不久之后,整个井筒或井筒上部的流动压力降到了低于饱和压力,井筒中的流体成为油气两相,此时的井筒储集系数便变为油气两相状态下的 $C_2(C_2>C_1)$。这是井筒储集系数增大的例子。这种情形的压力曲线和压力导数曲线如图 5-82 所示。反过来,如果在刚关井进行恢复测试时,整个井筒或井筒上部的关井压力低于饱和压力,井筒中仍充满油和气,此时的井筒储集系数为两相状态下的 C_2;而在关井不久之后,整个井筒的压力恢复到了超过饱和压力,井筒中的流体成为单相,此时的井筒储集系数则变为单相状态下的 $C_1(C_2>C_1)$。这是井筒储集系数减小的例子。这种情形的压力曲线和压力导数曲线如图 5-83 所示。再比如,一口存在污染的油井,在地层中原油在高于饱和压力的状态下流动,由于井筒附近产生相当大的附加压降,使得井筒中的流压低于饱和压力,于是出现了自由气,流体由单相变成了两相,井筒储集系数也随之增大;一口气井,在较大的生产压差下生产时,由于气体压缩系数的改变,也可能出现变井筒储集;高温气井关井过程中,由于温度改变,也可能导致变井筒储集。图 5-84 就是一口(井口关井的)井在压力恢复早期井筒储集系数 C 的变化情况。

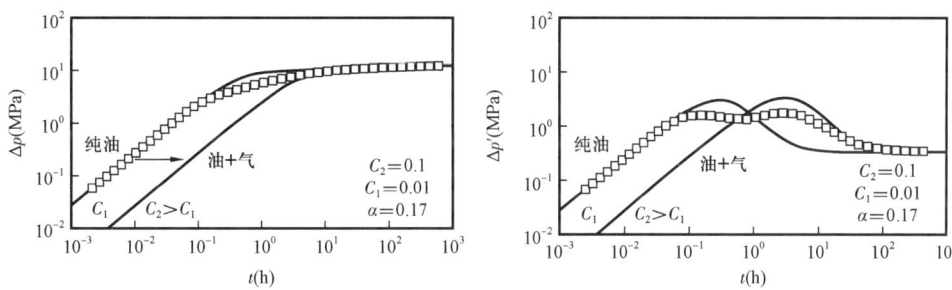

图 5-82 井筒储集系数增大情形的压力曲线和压力导数曲线

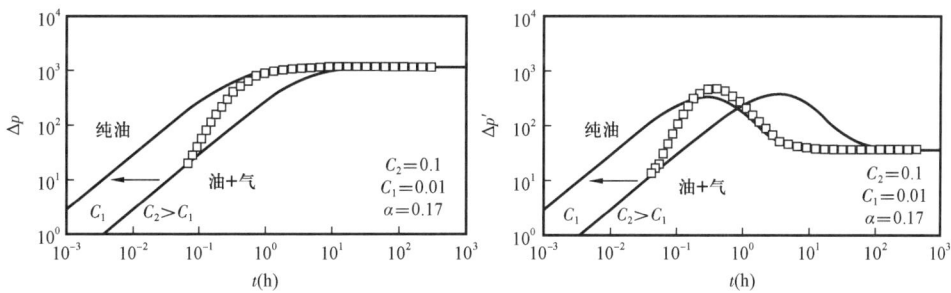

图 5-83 井筒储集系数减小情形的压力曲线和压力导数曲线

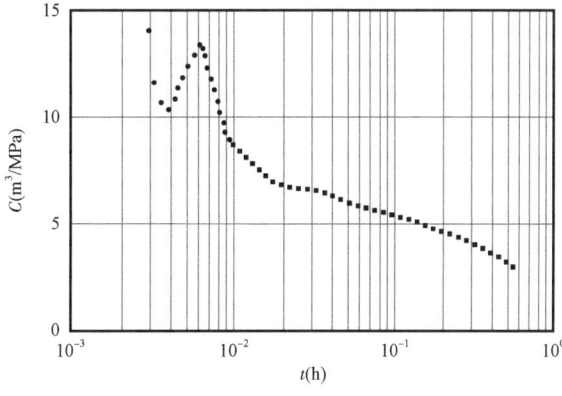

图 5-84 某井(井口关井的)在压力恢复早期井筒储集系数的变化情况

在变井筒储集的情形,压差曲线和压力导数曲线将产生严重变形,根本无法与样板曲线拟合。图 5-85 和图 5-86 就是一次 DST 压力恢复测试实例,它与井筒储集系数为常数的样板曲线显然无法相拟合。对于这种情形,如果用手工解释,确实很难处理,只能拟合中期段以后的曲线,而对井筒储集阶段不加考虑;但如果有比较先进的试井解释软件,其中有变井筒储集的模型,则可以用这种模型产生变井筒储集的样板曲线供拟合分析。图 5-86 就是图 5-85 的实测曲线与变井筒储集的样板曲线拟合的结果。变井筒储集的样板曲线拟合分析的具体做法,请阅读所用解释软件的操作说明书。

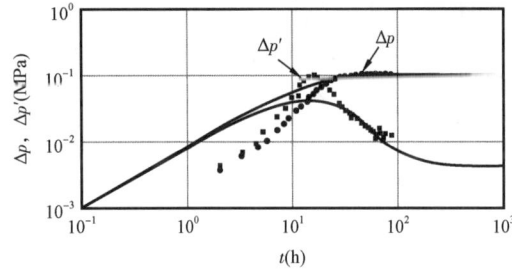

图 5-85 变井筒储集影响下变形的
压差曲线和压力导数曲线

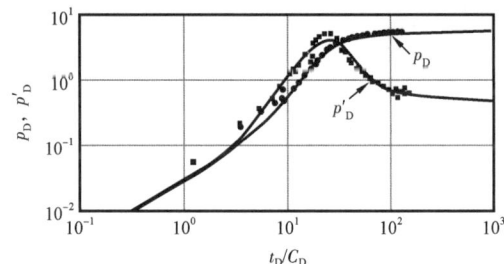

图 5-86 用变井筒储集模型
样板曲线拟合的结果

第六章
双重孔隙介质油藏的试井解释

双重孔隙介质油藏是指由天然裂缝系统和基质岩块系统构成的油藏,裂缝系统是主要的渗流通道,基质岩块系统是主要的储集空间,储层中的原油从基质岩块经裂缝流入井筒。本章主要介绍双重孔隙介质油藏的有关概念、试井解释图版以及常规试井解释方法和现代试井解释方法。

第一节 双重孔隙介质油藏的有关概念

天然裂缝的双重孔隙介质油藏单元体模型如图 6-1 所示。把这种油藏看作两个系统:具高导流性的裂缝网络系统(Fissure System)和具低导流性的基质岩块系统(Matrix System),并且油藏中任何一个体积单元内都存在着这两个系统;基质岩块系统的周围都为裂缝网络系统所包围,裂缝网络系统的周围又都是基质岩块系统;裂缝网络系统的渗透率 K_f 比基质岩块系统的渗透率 K_m 大得多,即 $K_f \gg K_m$(这里下标 f 和 m 分别表示裂缝网络系统和基质岩块系统);并且流体由基质岩块系统(有如"储油仓库")流到裂缝网络系统,然后再由裂缝网络系统(有如"流动通道网络")流到井筒,而不能由基质岩块系统直接流入井筒(图 6-2),即油的流向为基质岩块系统→裂缝网络系统→井筒。

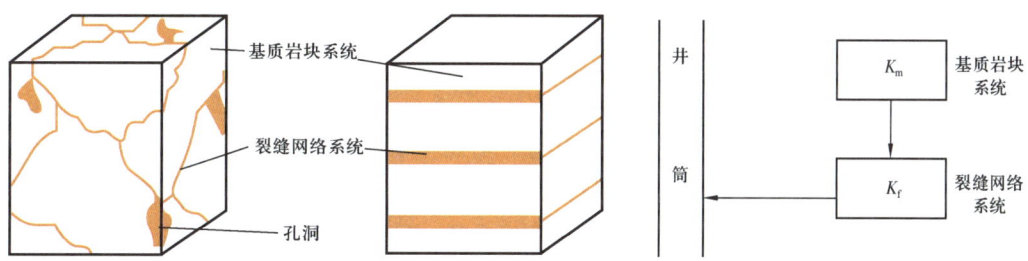

图 6-1 双重孔隙介质油藏单元体示意图   图 6-2 双重孔隙介质油藏渗流过程示意图

这种模型称为双重孔隙介质油藏(Double - porosity Reservoir),简称作双孔介质油藏 (2 - φ Reservoir)。实际上天然裂缝油藏是很复杂的。裂缝网络的分布密度各处不同,裂缝的方向又可使得渗透率呈现各向异性……,使得实际情形非常复杂,上述模型只能对它作近似的描述。

除了天然裂缝油藏之外,双孔介质油藏模型还适用于层间渗透率相差悬殊的多层油藏,甚至单层油藏中纵向上渗透性变化显著的情形,以及碳酸盐岩、石灰岩、花岗岩和玄武岩油藏等。

双孔介质油藏内的任何一点,都存在着两种压力,即裂缝网络系统中流体压力 p_f 和基质岩块系统中流体压力 p_m,现在来考察其流动过程。一开井,由于裂缝网络系统的导流性高,其中的流体立即开始流入井筒;但基质岩块系统却基本上仍保持原来的状态,由于它和裂缝网络系统之间尚无压差,基本上还没有流动发生。这时井底压力所反映的是裂缝网络系统的特征,并且恰与均质油藏相同,因此可以拟合均质油藏模型的某一条样板曲线。这是裂缝网络系统流动阶段,称为第一阶段。

在第一阶段中,裂缝网络系统中的部分流体流到井筒,控制其流动状态的因素是裂缝网络系统的流动系数 $\left(\frac{Kh}{\mu}\right)_f$ 和储能系数 $(V\phi C_t)_f$;裂缝网络系统中的压力 p_f 随着流体流动而下降,但基质岩块系统中的流体却因仍未发生流动,压力 p_m 仍保持原始压力 p_i,压力分布剖面如图 6-3(a)所示。

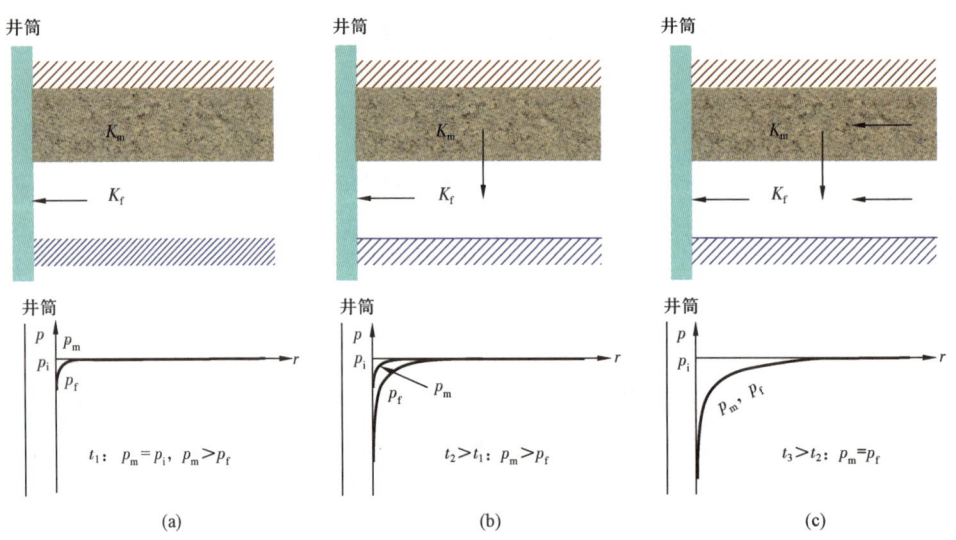

图 6-3 双重孔隙介质油藏的压力变化过程示意图

此时,基质岩块系统和裂缝网络系统之间存在着压差了,这使基质岩块系统中的流体流入裂缝网络系统,其中的压力 p_m 因此逐渐下降,直到最后降低到 p_f,与裂缝网络系统的流体的压力相平衡,如图 6-3(b)所示。这是两种孔隙介质之间的流动(由基质岩块系统流向裂缝网络系统)阶段,称为第二阶段或过渡阶段。这一阶段的压力变化速度减缓而趋于平稳,不能与均质油藏的解释图版中的任何一条样板曲线相拟合。

在上述第一和第二两个阶段,存在着两个压力分布剖面,即裂缝网络系统中流体的压力 p_f 分布剖面和基质岩块系统中流体的压力 p_m 分布剖面。在基质岩块系统的压力 p_m 下降到裂缝网络系统的压力 p_f 之后,既有流体从基质岩块系统流到裂缝网络系统,又有流体从裂缝网络系统流入井筒,两者同时进行。此时,控制其流动状态的因素是裂缝网络系统的流动系数

$\left(\dfrac{Kh}{\mu}\right)_{\mathrm{f}}$[基质岩块系统的渗透率 K_{m} 极小,$\left(\dfrac{Kh}{\mu}\right)_{\mathrm{m}} \approx 0$] 和整个系统(裂缝网络系统 + 基质岩块系统)的储能系数 $(V\phi C_{\mathrm{t}})_{\mathrm{t}} = (V\phi C_{\mathrm{t}})_{\mathrm{m}} + (V\phi C_{\mathrm{t}})_{\mathrm{f}}$。在流动过程中,两种介质中流体的压力 p_{f} 和 p_{m} 同时下降,如图 6-3(c)所示。这时井底压力的变化又与均质油藏相同,可以拟合均质油藏模型的另一条样板曲线,所反映的特性则是整个系统的,即基质岩块系统和裂缝网络系统两者的总和。这是第三阶段。

在双重孔隙介质油藏中,井底的压差双对数曲线如图 6-4 所示(详见本章第二节和第三节)。

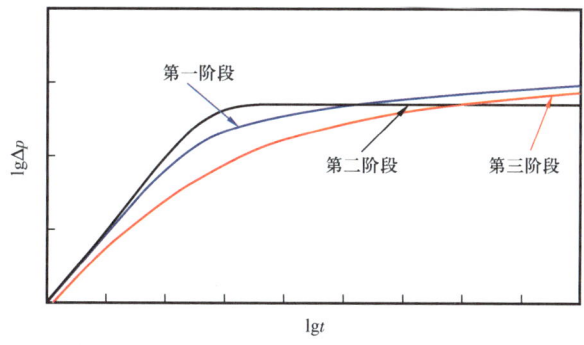

图 6-4 双重孔隙介质油藏井底的压差双对数曲线

为了研究这种双重孔隙介质油气藏,引入如下概念和定义❶。

(1)裂缝网络系统相对体积 V_{f}:

$$V_{\mathrm{f}} = \dfrac{\text{裂缝网络系统体积}}{\text{裂缝网络系统体积} + \text{基质岩块系统体积}} = \dfrac{\text{裂缝网络系统体积}}{\text{整个系统的总体积}} \qquad (6-1)$$

这里整个系统指的是整个介质系统,即基质岩块系统 + 裂缝网络系统。

(2)基岩系统相对体积 V_{m}:

$$V_{\mathrm{m}} = \dfrac{\text{基质岩块系统体积}}{\text{裂缝网络系统体积} + \text{基质岩块系统体积}} = \dfrac{\text{基质岩块系统体积}}{\整个系统的总体积}} \qquad (6-2)$$

---

❶ 有作者对双重孔隙介质油藏给出下列定义,这些定义与本书大同小异:

$$\text{裂缝网络系统孔隙度 } \phi_{\mathrm{f}} = \dfrac{\text{裂缝网络系统孔隙体积}}{\text{整个系统的总体积}}$$

$$\text{基质岩块系统孔隙度 } \phi_{\mathrm{m}} = \dfrac{\text{裂缝网络系统孔隙体积}}{\text{整个系统的总体积}}$$

于是有:

$$\text{整个系统的孔隙度 } \phi = \phi_{\mathrm{f}} + \phi_{\mathrm{m}}$$

$$\text{裂缝网络系统弹性储能系数}(\phi C_{\mathrm{t}})_{\mathrm{f}} = \phi_{\mathrm{f}} C_{\mathrm{tf}}$$

$$\text{基质岩块系统弹性储能系数}(\phi C_{\mathrm{t}})_{\mathrm{m}} = \phi_{\mathrm{m}} C_{\mathrm{tm}}$$

$$\text{储能比 } \omega = \dfrac{(\phi C_{\mathrm{t}})_{\mathrm{f}}}{(\phi C_{\mathrm{t}})_{\mathrm{f}} + (\phi C_{\mathrm{t}})_{\mathrm{m}}} = \dfrac{(\phi C_{\mathrm{t}})_{\mathrm{f}}}{(\phi C_{\mathrm{t}})_{\mathrm{f+m}}}$$

显然有：
$$V_{f+m} = V_f + V_m = 1 \qquad (6-3)$$

(3) 裂缝网络系统孔隙度 ϕ_f：
$$\phi_f = \frac{\text{裂缝网络系统孔隙体积}}{\text{裂缝网络系统的总体积}} \qquad (6-4)$$

(4) 基质岩块系统孔隙度 ϕ_m：
$$\phi_m = \frac{\text{基质岩块系统孔隙体积}}{\text{基质岩块系统的总体积}} \qquad (6-5)$$

整个系统的孔隙度为：
$$\phi = V_f \phi_f + V_m \phi_m \qquad (6-6)$$

因为 $\phi_f \approx 1$，$V_m \approx 1$，故：
$$\phi \approx V_f + \phi_m \qquad (6-7)$$

(5) 裂缝网络系统弹性储能系数（Storativity）$(V\phi C_t)_f$：
$$(V\phi C_t)_f = V_f \phi_f C_{tf} \qquad (6-8)$$

(6) 基质岩块系统弹性储能系数 $(V\phi C_t)_m$：
$$(V\phi C_t)_m = V_m \phi_m C_{tm} \qquad (6-9)$$

式中 C_{tf}——裂缝网络系统的综合压缩系数；
C_{tm}——基质岩块系统的综合压缩系数。

(7) 弹性储能比（简称储能比；Storativity Ratio）ω：
$$\omega = \frac{\text{裂缝网络系统弹性储能系数}}{\text{总弹性储能系数}} = \frac{(V\phi C_t)_f}{(V\phi C_t)_f + (V\phi C_t)_m} = \frac{(V\phi C_t)_f}{(V\phi C_t)_{f+m}} \qquad (6-10)$$

在双重孔隙介质油（气）藏中，绝大部分原油（天然气）储藏在基质岩块系统中，只有很小部分储藏在裂缝网络系统中。我们可以形象地把基质岩块系统看成"油气存储仓库"，而把裂缝网络系统看成是"油气流动通道"。ω 就是裂缝网络系统中的油气储藏量占整个系统的油气储藏量的百分比，ω 越小，表明裂缝网络系统中的油气储藏量占整个系统的油气储藏量的百分比越小，而基质岩块系统这个"仓库"中的油气储藏量占整个系统的油气储藏量的百分比越大，即在这个"仓库"中储备的油气比"流动通道"中的油气多得越多；反之，ω 越大，表明基质岩块系统这个"仓库"中的油气储藏量占整个系统的油气储藏量的百分比越小，即在这个"仓库"中，储备的油气越少。形象的比喻是：一个人的财产包含银行存款和口袋里的零花钱两个部分，基质岩块系统所储油气如银行存款，裂缝网络系统所储油气则如口袋里的零花钱，ω 是零花钱占财产的比例。这就是说：ω 小的油（气）藏具有较丰富的油（气）源，而这正是这类油（气）藏长期高产稳产的物质基础。而 ω 大者，即便井的初产量较高，但由于没有丰富的油（气）源，故很难长期维持，因而也许只能是"高产而短命"。

ω 的数值一般在 $10^{-3} \sim 10^{-1}$ 之间。

（8）孔隙介质内部窜流系数（简称窜流系数；Interporosity Flow Coefficient）λ：

$$\lambda = \alpha l^2 \frac{K_m}{K_f} \qquad (6-11)$$

式中 α 是裂缝网络的形状因子，是裂缝面的维数 n 的函数，其定义为：

$$\alpha = \frac{n(n+2)}{l^2} \qquad (6-12)$$

其中 l 是基质岩块的特征长度，它与基质岩块的体积 V 与其表面积 A 之比相关：

$$l = n\frac{V}{A} \qquad (6-13)$$

例如，当基质岩块呈层状时，设层厚为 h_m，则[图 6-5(a)]：

$$n = 1$$

$$l = h_m$$

$$\alpha = \frac{3}{h_m^2}$$

当基质岩块呈正方体状时，设岩块正方体单元的边长为 a_m，则[图 6-5(b)]：

$$n = 3$$

$$l = a_m$$

$$\alpha = \frac{15}{a_m^2}$$

当基质岩块呈球形时，若球的半径为 r_m，则[图 6-5(c)]：

$$n = 3$$

$$l = 2r_m$$

$$\alpha = \frac{3.75}{r_m^2}$$

而当基质岩块呈圆柱体状时，设其底面的半径为 r_m，则[图 6-5(d)]：

$$n = 2$$

$$l = r_m$$

$$\alpha = \frac{8}{r_m^2}$$

由定义可知,孔隙介质内部窜流系数 λ 是两种介质的渗透率之比 $\dfrac{K_m}{K_f}$ 和基质岩块的几何结构的函数,它的数值大小反映了基质和裂缝网络系统之间的连通情况,或流体从基质岩块系统流到裂缝网络系统的难易程度,决定着过渡段出现的时间。如果 λ 值非常小,即使 ω 很小,即基质岩块系统有丰富的油(气)源,但却很难从基质岩块系统流到裂缝网络系统中,因而也很难实现高产。

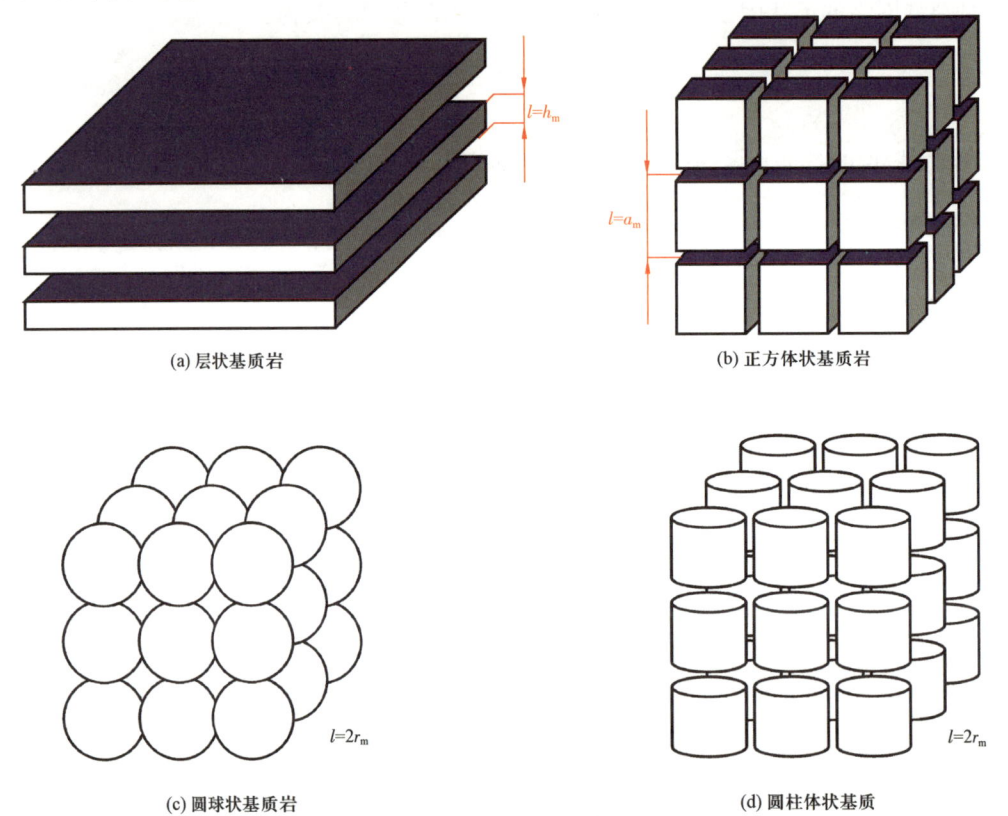

图 6-5 常见基质岩块系统示意图

λ 的数值一般在 $10^{-10} \sim 10^{-4}$ 之间。

双重孔隙介质油藏中,弹性储能比 ω 和介质内部窜流系数 λ 对井的压力性态影响很大。λ 越小,流体从基质岩块系统流入裂缝网络系统就越困难,出现整个系统(基质岩块系统和裂缝网络系统)流动(即第三阶段)就越晚,出现过渡段对应的 p_D 值越大。在基质岩块系统很致密、K_m 很低的情形,以及裂缝网络系统的裂缝很稀疏的情形,λ 值都会很小。

裂缝网络系统网络中,存在着阻碍流体从基质岩块系统流向裂缝网络系统的不同矿物质,因此从基质岩块系统流向裂缝网络系统的流动,即上述第二阶段的流动,有不同的类型。已经建立起两类常用的模型,即拟稳定流动模型和不稳定流动模型。这两类不同模型的压力变化不相同,因此解释图版也不同。下面我们将分别加以讨论。

第二节 双重孔隙介质油藏介质间拟稳定流动模型

一、压力图版拟合分析

这一模型的基本假定是:基质岩块内部压力处处相同。其压力解释图版由两组 p_D—t_D/C_D 的双对数曲线构成,其中一组是均质油藏的样板曲线,即均质油藏的压力解释图版 (图 5-7),该图版中每一条曲线对应一个 $C_D e^{2S}$ 值;另一组是两种介质之间拟稳定流动的样板曲线,每一条曲线对应一个 λe^{-2S} 值(图 6-6)。把这两组曲线叠合为一,就是双重孔隙介质油藏、介质之间的流动为拟稳定流动模型的压力解释图版(图 6-7)。实际解释时可用《现代试井解释图版》图 2。这一情况下,各无量纲量的定义与均质油藏情形略有不同:

$$p_D = \frac{K_f h}{1.842 q\mu B}\Delta p \tag{6-14}$$

$$t_{Df+m} = \frac{3.6 \times 10^{-3} K_f}{(V\phi C_t)_{f+m} \mu r_w^2} t_{f+m} \tag{6-15}$$

$$t_{Df} = \frac{3.6 \times 10^{-3} K_f}{(V\phi C_t)_f \mu r_w^2} t_f \tag{6-16}$$

$$C_{Df+m} = \frac{C}{2\pi (V\phi C_t)_{f+m} h r_w^2} \tag{6-17}$$

$$C_{Df} = \frac{C}{2\pi (V\phi C_t)_f h r_w^2} \tag{6-18}$$

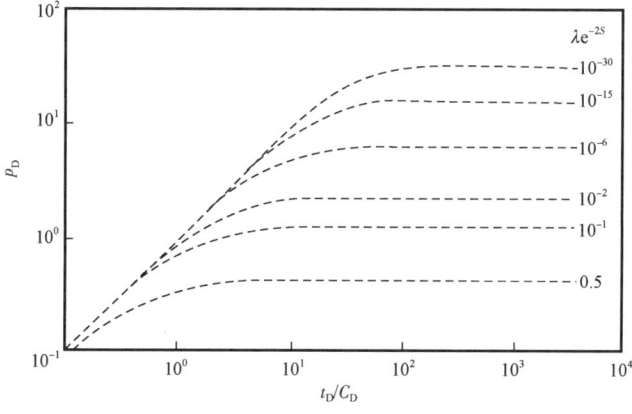

图 6-6 拟稳定流动样板曲线

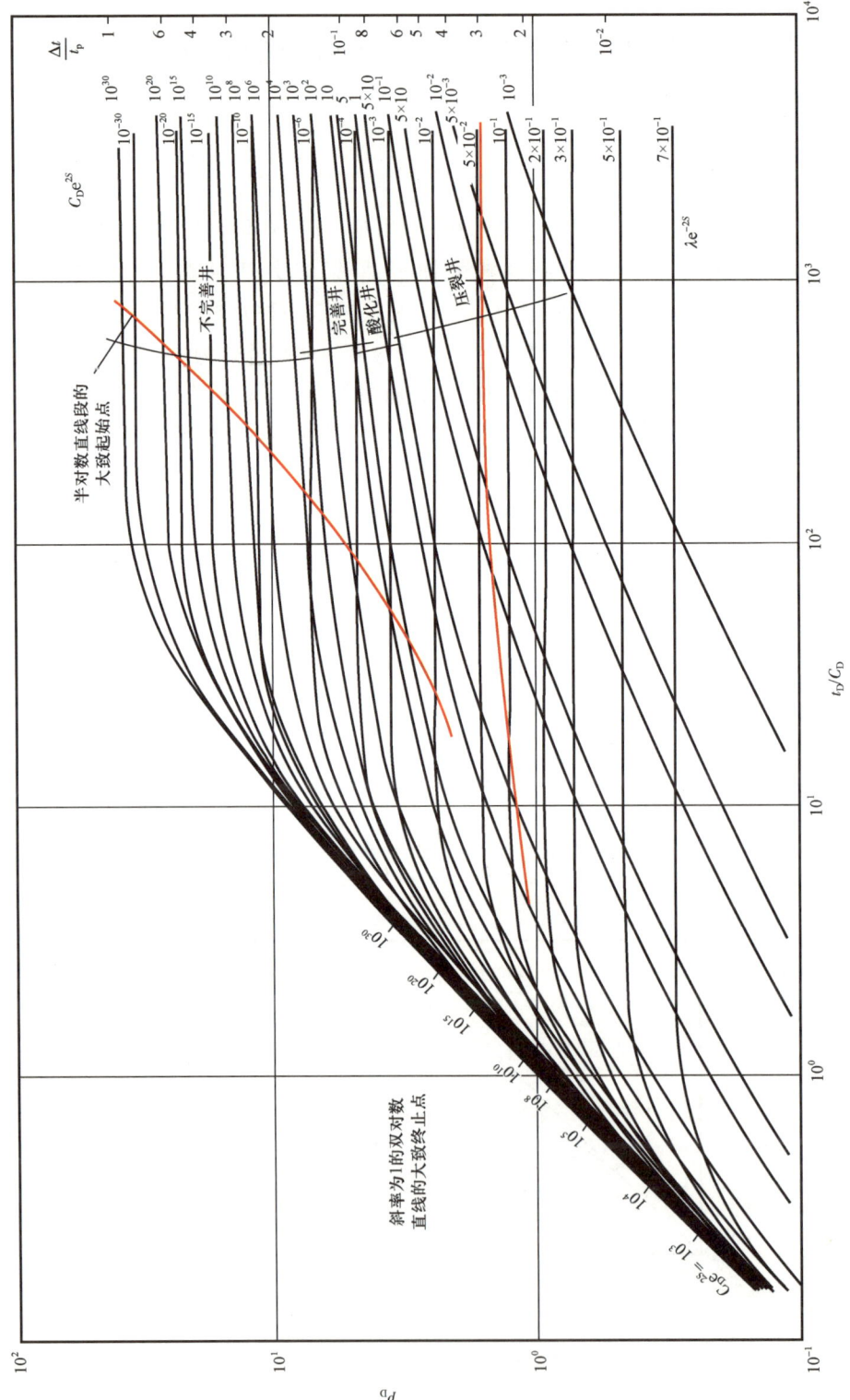

图6-7 孔隙介质油藏(介质间拟稳定流)具有井筒储集效应和表皮效应的井的解释图版

显然有:

$$t_{Df+m} = \omega t_{Df} \frac{t_{f+m}}{t_f}$$

$$C_{Df+m} = \omega C_{Df}$$

$$(C_D e^{2S})_{f+m} = \frac{Ce^{2S}}{2\pi (V\phi C_t)_{f+m} hr_w^2}$$

或

$$(V\phi C_t)_{f+m} = \frac{Ce^{2S}}{2\pi (C_D e^{2S})_{f+m} hr_w^2}$$

压力解释图版拟合分析的步骤与均质油藏情形基本相同,下面仅对其中不同之处作些说明。

在进行图版拟合时,前一段(即第一阶段)实测曲线与某一条均质油藏样板曲线$[C_D e^{2S} = (C_D e^{2S})_f]$相拟合,中间一段(即第二阶段或过渡段)实测曲线与一条两种介质之间拟稳定流动样板曲线 λe^{-2S} 相拟合,后一段(第三阶段)与另外一条均质油藏样板曲线$[C_D e^{2S} = (C_D e^{2S})_{f+m}]$相拟合(图6-8)。

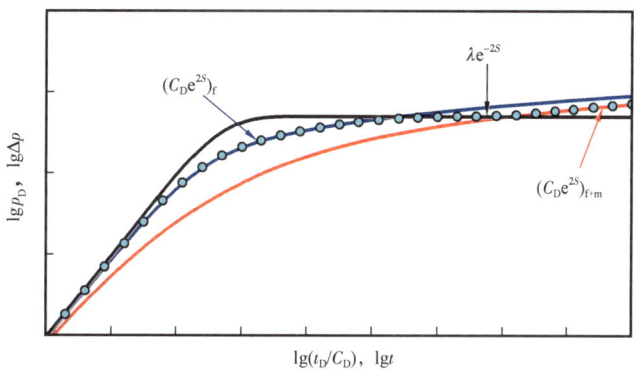

图6-8 双重孔隙介质油藏介质间拟稳定流情形压力图版拟合示意图

参数的计算与均质油藏情形大同小异。由压力拟合得[式(6-14)]:

$$\frac{K_f h}{\mu} = 1.842qB\left(\frac{p_D}{\Delta p}\right)_M \tag{6-19}$$

$$\frac{K_f}{\mu} = \frac{1.842qB}{h}\left(\frac{p_D}{\Delta p}\right)_M$$

$$K_f h = 1.842q\mu B\left(\frac{p_D}{\Delta p}\right)_M$$

$$K_f = 1.842\frac{q\mu B}{h}\left(\frac{p_D}{\Delta p}\right)_M \tag{6-20}$$

由时间拟合值得[参看式(5-15)]:

$$C = \frac{7.2 \times 10^{-3} \pi K_f h}{\mu \left(\dfrac{t_D/C_D}{t}\right)_M} \tag{6-21}$$

然后再由式(6-17)计算:

$$C_{Df+m} = \frac{C}{2\pi (V\phi C_t)_{f+m} h r_w^2} \tag{6-22}$$

由曲线拟合得到三个曲线拟合值:$[(C_D e^{2S})_f]_M$、$(\lambda e^{-2S})_M$ 和 $[(C_D e^{2S})_{f+m}]_M$,由它们可计算:

$$S = 0.5\ln \frac{[(C_D e^{2S})_{f+m}]_M}{C_{Df+m}} \tag{6-23}$$

$$\omega = \frac{[(C_D e^{2S})_{f+m}]_M}{[(C_D e^{2S})_f]_M} ❶ \tag{6-24}$$

$$\lambda = \frac{(\lambda e^{-2S})_M [(C_D e^{2S})_{f+m}]_M}{C_{Df+m}} \tag{6-25}$$

λ 值也可由 $(\lambda e^{-2S})_M$ 和 S 值求得:

$$\lambda = (\lambda e^{-2S})_M e^{2S} \tag{6-26}$$

但式中有指数运算,S 的一点误差会带来 λ 的相当大误差,所以要谨慎使用。

显然,ω 的数值越小[这意味着 $(C_D e^{2S})_{f+m}$ 小或(和)$(C_D e^{2S})_f$ 大],第一阶段与第三阶段所拟合的均质油藏样板曲线相距就越远。

双重孔隙介质油藏介质之间的流动为拟稳定流动的模型的半对数曲线,可分成如下三种情形:

(1)情形一,第一阶段达到了径向流动阶段。此时半对数曲线呈现两条互相平行的直线段,如图6-9所示。其中第一直线段对应的方程是:

$$\Delta p = \frac{2.121 q\mu B}{K h_f}\left[\lg \frac{Kt}{(\phi C_t)_f \mu r_w^2} - 2.0923 + 0.8686S\right]$$

而第二直线段对应的方程则是:

$$\Delta p = \frac{2.121 q\mu B}{K h_f}\left[\lg \frac{Kt}{(\phi C_t)_{f+m} \mu r_w^2} - 2.0923 + 0.8686S\right]$$

---

❶ 这是因为[式(6-17)和式(6-18)]:

$$\frac{(C_D e^{2S})_{f+m}}{(C_D e^{2S})_f} = \frac{C_{Df+m}}{C_{Df}} = \frac{C}{2\pi(V\phi C_t)_{f+m} h r_w^2} \div \frac{C}{2\pi(V\phi C_t)_f h r_w^2} = \frac{(V\phi C_t)_f}{(V\phi C_t)_{f+m}} = \omega$$

ω 值的大小将影响两条直线段之间距离的远近：ω 越小，两条直线段将相距越远，而且它们之间的过渡段将越平缓。

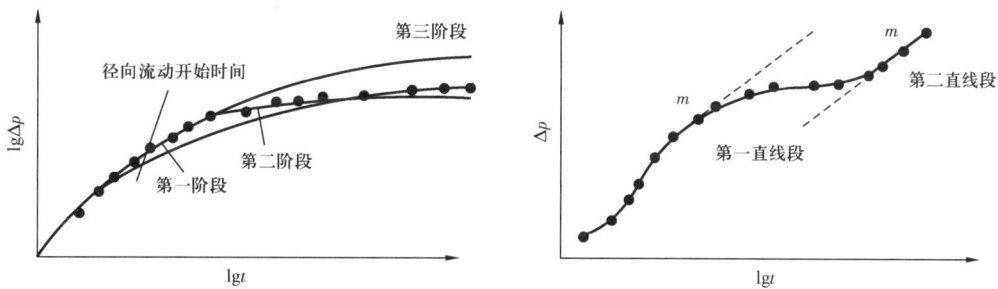

图 6-9 双重孔隙介质油藏介质拟稳定流动模型的半对数曲线（情形一）
第一阶段进入了径向流动，半对数曲线呈现两条平行直线段

（2）情形二，第一阶段未达到径向流动阶段，而第三阶段达到了径向流动阶段。此时半对数曲线只出现一条直线段，如图 6-10 所示。

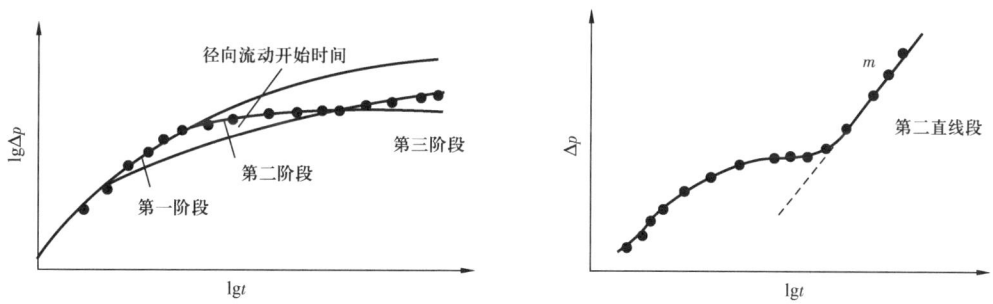

图 6-10 双重孔隙介质油藏介质拟稳定流动模型的半对数曲线（情形二）
第一阶段没有达到径向流动但第三阶段达到了，半对数曲线只呈现一条直线段

（3）情形三，连第三阶段也未达到径向流动阶段。此时半对数曲线不出现直线段，如图 6-11 所示。

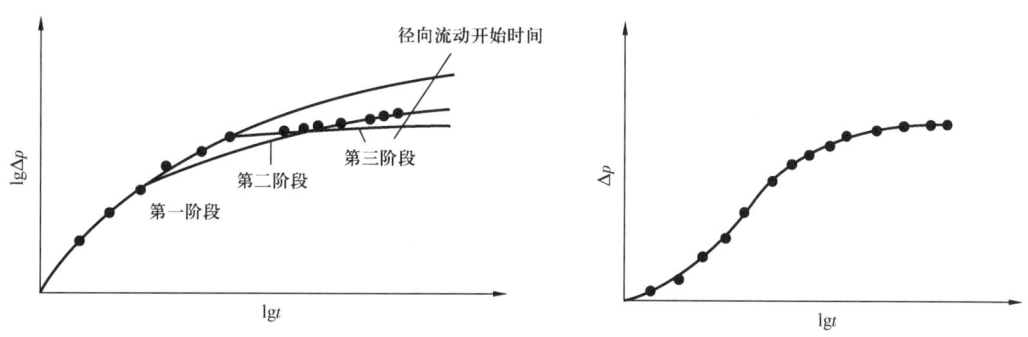

图 6-11 双重孔隙介质油藏介质拟稳定流动模型的半对数曲线（情形三）
连第三阶段也没有达到径向流动，半对数曲线不出现直线段

如果半对数曲线出现了直线段(情形一或情形二),则直线段的斜率的绝对值应为:

$$m = \frac{2.121q\mu B}{Kh_f}$$

由此便可以算出流动系数:

$$\frac{K_f h}{\mu} = \frac{2.121qB}{m} \qquad (6-27)$$

进而算出地层系数 $K_f h$、流度 $\frac{K_f}{\mu}$、有效渗透率 K_f 和表皮系数 S:

$$K_f h = \frac{2.121q\mu B}{m}$$

$$\frac{K_f}{\mu} = \frac{2.121qB}{mh}$$

$$K_f = \frac{2.121q\mu B}{mh}$$

$$S = 1.151\left[\frac{\Delta p_{1h}}{m} - \lg\frac{K_f}{(\phi C_t)_{f+m}\mu r_w^2} + 2.0923\right] \qquad (6-28)$$

注意:Δp_{1h} 必须在第二直线段或其延长线上取值。

在上述情形一,通过半对数分析还可以算出 ω 值。事实上,两条直线段的方程分别为:

$$p_{Df+m} = 0.5(\ln t_{Df+m} + 0.80907 + 2S)$$

和

$$p_{Df} = 0.5(\ln t_{Df} + 0.80907 + 2S)$$

故:

$$p_{Df+m} - p_{Df} = 0.5\ln\frac{t_{Df+m}}{t_{Df}}$$

于是:

$$\frac{K_f h}{1.842q\mu B}(\Delta p_{f+m} - \Delta p_f) = 1.151\lg\frac{t_{Df+m}}{t_{Df}}$$

式中 Δp_{f+m} 和 Δp_f 是同一时间在第二直线段和第一直线段上对应的压差值,即图 6-12 中的 δp。由于:

$$m = \frac{2.121q\mu B}{K_f h}$$

$$t_{Df+m} = \frac{3.6\times 10^{-3}K_f t_{f+m}}{(V\phi C_t)_{f+m}\mu r_w^2}$$

$$t_{Df} = \frac{3.6 \times 10^{-3} K_f t_f}{(V\phi C_t)_f \mu r_w^2}$$

故：

$$\frac{\Delta p_{f+m} - \Delta p_f}{m} = \lg\left[\frac{(V\phi C_t)_f}{(V\phi C_t)_{f+m}} \cdot \frac{t_{f+m}}{t_f}\right] = \lg\left(\omega \frac{t_{f+m}}{t_f}\right)$$

取 $t_{f+m} = t_f = 1h$，得：

$$\frac{(\Delta p_{f+m})_{1h} - (\Delta p_f)_{1h}}{m} = \lg\omega$$

令：

$$\delta p = (\Delta p_f)_{1h} - (\Delta p_{f+m})_{1h}$$

则：

$$\lg\omega = -\frac{\delta p}{m}$$

$$\omega = 10^{-\delta p/m} \tag{6-29}$$

式(6-29)就是半对数曲线分析计算 ω 值的公式。其中 δp 的几何意义是：两条互相平行的半对数直线段之间在 Δp 方向上（纵坐标轴方向上）的距离（图6-12）。

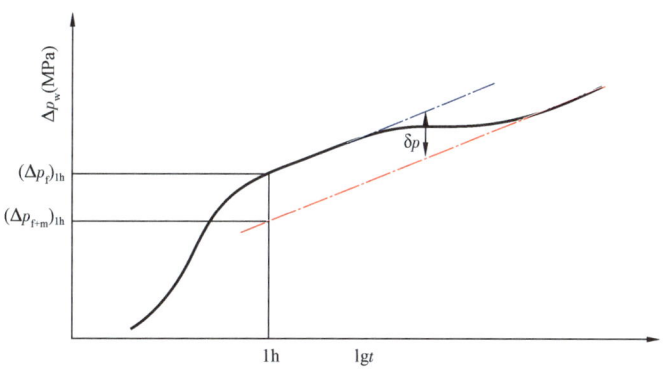

图6-12　δp 的几何意义

应当注意：如果测试时间不够长，没有进入整个系统的径向流动阶段，第二直线段没有出现，就很可能误诊断为均质油藏，而用第一直线段外推地层压力，但这样得到的"外推压力"将会高于地层压力；也有可能将过渡段误认为反映均质油藏特性的径向流动段，这样计算得到的"有效渗透率"将比实际数值高得多。

另外，如果第一阶段的径向流动阶段被掩盖，便得不到第一直线段。在这种情形，就无法利用半对数分析计算 ω 值。

半对数分析无法算出窜流系数 λ 的数值。

二、压力导数图版拟合分析

用压力导数图版拟合分析方法解释双重孔隙介质油藏的试井资料,具有尤其明显的优越性,因为双重孔隙介质油藏的压力导数曲线具有十分特殊的形状,非常容易识别。

如上节所述,双重孔隙介质油藏中井的流动可分为三个阶段:第一阶段为裂缝网络系统中的流动;第二阶段为由基质岩块系统到裂缝网络系统的流动,或称为介质间的流动(这一阶段亦称为过渡段);第三阶段为整个系统(基质岩块系统+裂缝网络系统)中的流动。介质间的流动有拟稳定流和不稳定流两种,据此建立起两种不同的模型。本节和下一节将分别简单介绍这两种模型的压力导数曲线及解释方法。我们将会看到,这两种模型的压力导数曲线有非常明显的不同,因此也很容易识别。

本节考察介质间拟稳定流动模型。

这一模型的压力导数解释图版如图 6-13 所示,实际解释时用《现代试井解释图版》图 7。其纵坐标和横坐标仍分别是 $p'_D = \dfrac{dp_D}{d\ln(t_D/C_D)}$ 和 $\dfrac{t_D}{C_D}$,因此实测曲线也应分别以 $\Delta p' = \left(\dfrac{d\Delta p}{d\ln t} = \dfrac{d\Delta p}{dt}t\right)$ 为纵坐标,以 t 为横坐标。实测压力导数图形如图 6-14 所示。在井筒储集阶段,压力导数沿着 45°线变化(图 6-14 中①)。然后过渡到裂缝网络系统的流动,假如达到了径向流动阶段,则在这个阶段压力导数沿着水平直线变化(图 6-14 中②),这段水平直线将拟合压力导数图版的 0.5 水平直线。

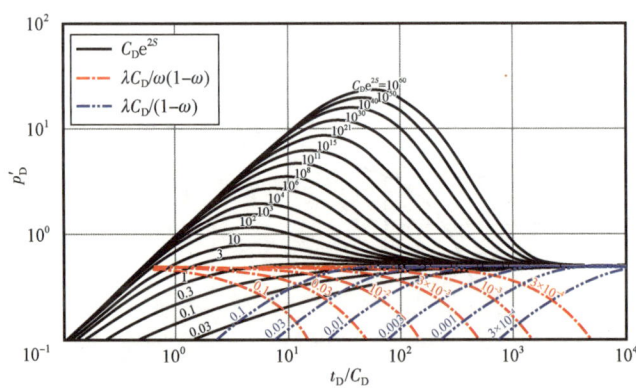

图 6-13　双重孔隙介质油藏介质间拟稳定流模型的压力导数解释图版

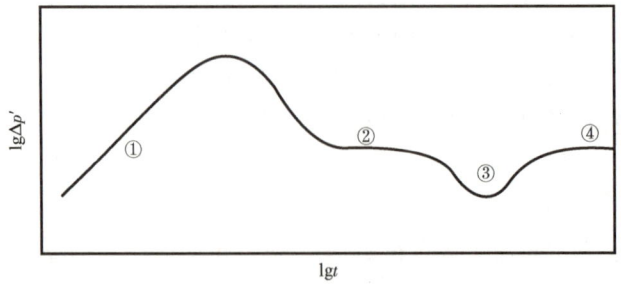

图 6-14　双重孔隙介质油藏介质间拟稳定流情形实测压力导数曲线

在介质间拟稳定流动阶段,压力变化由原来的上升变为平稳,然后又变为上升。压力导数可表示为:

$$p'_D = \frac{dp_D}{d\ln\left(\frac{t_D}{C_D}\right)} = 0.5\left\{1 + e^{-\left[\frac{\lambda C_{Df+m} t_D}{\omega(1-\omega)C_D}\right]} - e^{-\left(\frac{\lambda C_{Df+m} t_D}{1-\omega C_D}\right)}\right\} \quad (6-30)$$

在这个阶段的前期,压力导数曲线下降,在后期又上升,形成一个"凹子"(图6-14中③),最后到达整个系统的流动,在径向流动阶段,压力导数又沿着水平直线变化(图6-14中④),这段水平直线也将拟合导数图版的0.5水平直线。这就是说:裂缝网络系统径向流动的水平直线段,和整个系统径向流动的水平直线段,位于同一条水平直线上。这是因为,如前文指出,控制流动状态的因素是裂缝网络系统的流动系数$\left(\frac{Kh}{\mu}\right)_f$,而基质岩块系统的渗透率$K_m$很小,$\left(\frac{Kh}{\mu}\right)_m \approx 0$。

在双重孔隙介质油藏、介质间拟稳定流模型的压力导数解释图版(图6-13)中,在0.5水平直线的下方有两组曲线,即《现代试井解释图版》图7中的红虚线,分别对应于不同的$\frac{\lambda C_{Df+m}}{\omega(1-\omega)}$值(下降曲线族)和$\frac{\lambda C_{Df+m}}{1-\omega}$值(上升曲线族)。这是用作根据介质间拟稳定流动阶段的资料(即"凹子")来解释地层的。拟合时,实测曲线沿某一条$\frac{\lambda C_{Df+m}}{\omega(1-\omega)}$曲线下降,然后沿某一条$\frac{\lambda C_{Df+m}}{1-\omega}$曲线上升,由这两个曲线拟合值便可算出$\lambda$和$\omega$的数值。

在双重孔隙介质油藏测试中,第一阶段——裂缝网络系统流动阶段的特性常常被井筒储集所掩盖,此时用压力变化曲线来识别和解释就会比较困难(图6-15)。但压力导数曲线却仍明显呈现双重孔隙介质油藏、介质间为拟稳定流的特性,只是由井筒储集阶段直接进入介质间拟稳定流动阶段,形成"凹子",然后过渡到整个系统的径向流动阶段,形成一条水平直线(图6-16)。

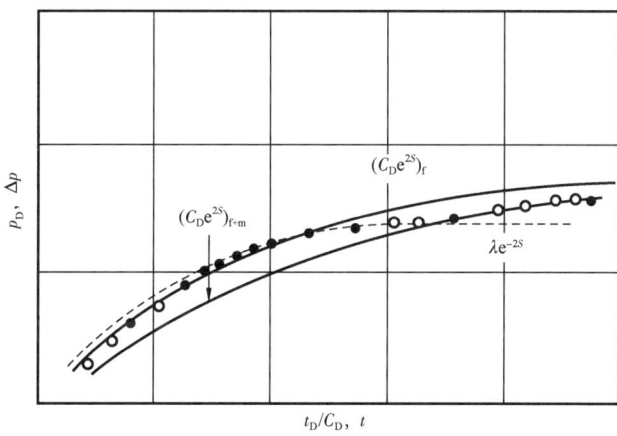

图6-15 双重孔隙介质油藏介质间拟稳定流情形的压力曲线
第一阶段的特性被井筒储集所掩盖

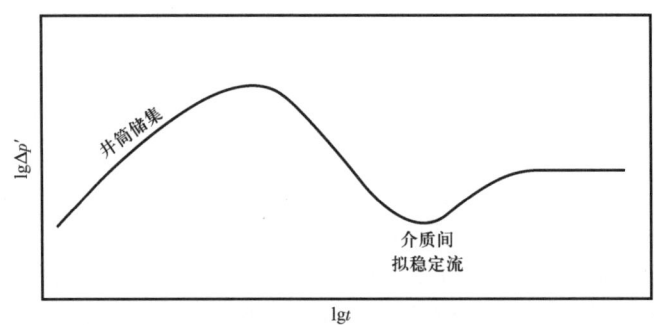

图 6-16　双重孔隙介质油藏介质间拟稳定流情形的压力导数曲线

第Ⅰ阶段的特性被井筒储集所掩盖,但仍明显呈现双重孔隙介质油藏介质间拟稳定流的特征

储能比 ω 决定着压力导数曲线过渡段下凹的宽度和深度:ω 越小,过渡段就越长,"凹子"就越宽且越深(图 6-17);窜流系数 λ 则决定过渡段的位置,λ 值越小,则"凹子"越靠右方,即出现得越晚(图 6-18)。

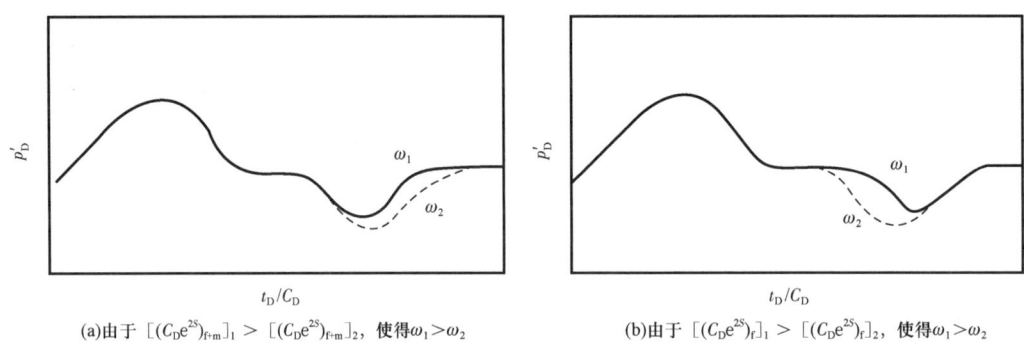

(a) 由于 $[(C_D e^{2S})_{f+m}]_1 > [(C_D e^{2S})_{f+m}]_2$,使得 $\omega_1 > \omega_2$　　　(b) 由于 $[(C_D e^{2S})_f]_1 > [(C_D e^{2S})_f]_2$,使得 $\omega_1 > \omega_2$

图 6-17　储能比(ω)对压力导数曲线过渡段的影响

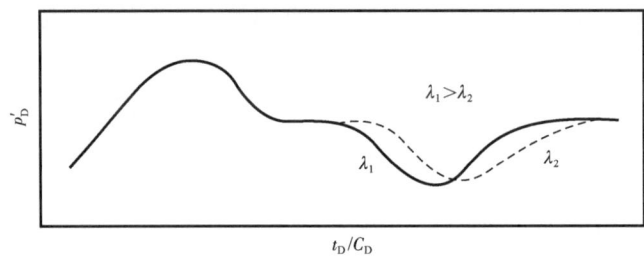

图 6-18　窜流系数(λ)对压力导数曲线过渡段的影响

进行图版拟合时,首先将实测压力导数曲线的水平直线段拟合图版的 0.5 直线,然后沿水平方向平行移动实测曲线,使早期的纯井筒储集阶段与图版的 45°线重合。

由拟合值计算各参数的方法同前文。由压力拟合值得:

$$\frac{K_f h}{\mu} = 1.842 qB \left(\frac{p'_D}{\Delta p'}\right)_M$$

$$K_{\mathrm{f}}h = 1.842 q\mu B \left(\frac{p'_{\mathrm{D}}}{\Delta p'}\right)_{\mathrm{M}}$$

$$\frac{K_{\mathrm{f}}}{\mu} = 1.842 \frac{qB}{h} \left(\frac{p'_{\mathrm{D}}}{\Delta p'}\right)_{\mathrm{M}}$$

$$K_{\mathrm{f}} = 1.842 \frac{q\mu B}{h} \left(\frac{p'_{\mathrm{D}}}{\Delta p'}\right)_{\mathrm{M}} \tag{6-31}$$

再分别用式(6-21)至式(6-23)计算 C、$C_{\mathrm{Df+m}}$ 和 S,再由介质间拟稳定流动段的曲线拟合 $\left[\frac{\lambda C_{\mathrm{Df+m}}}{\omega(1-\omega)}\right]_{\mathrm{M}}$ 和 $\left[\frac{\lambda C_{\mathrm{Df+m}}}{1-\omega}\right]_{\mathrm{M}}$ 值,用下式计算 ω 和 λ:

$$\omega = \frac{\left(\frac{\lambda C_{\mathrm{Df+m}}}{1-\omega}\right)_{\mathrm{M}}}{\left[\frac{\lambda C_{\mathrm{Df+m}}}{\omega(1-\omega)}\right]_{\mathrm{M}}}$$

$$\lambda = \left[\frac{\lambda C_{\mathrm{Df+m}}}{1-\omega}\right]_{\mathrm{M}} \frac{1-\omega}{C_{\mathrm{Df+m}}}$$

第五章第四节中所述关于用压降解释图版进行压力恢复分析的方法,在这里也完全同样适用,只需视图版的纵坐标为 $\left[p'_{\mathrm{D}} \cdot \frac{(t_{\mathrm{p}}+\Delta t)_{\mathrm{D}}}{(t_{\mathrm{p}})_{\mathrm{D}}}\right]$、横坐标为 $\frac{\Delta t_{\mathrm{D}}}{C_{\mathrm{D}}}$,画出 $\left(\Delta p' \frac{t_{\mathrm{p}}+\Delta t}{t_{\mathrm{p}}}\right)$ 与 Δt 的实测曲线进行拟合。然而只有在关井前的生产时间 t_{p} 内已达到了整个系统(基质岩块系统+裂缝网络系统)的径向流动阶段,实测压力恢复曲线才可能与压降图版完全拟合;而如果关井测量压力恢复前的生产,在介质间拟稳定流动阶段(过渡段),甚至在裂缝网络系统流动阶段就停止,则恢复曲线将偏离压降样板曲线,因而无法和它完全拟合。但恢复曲线在过渡段仍将呈现双重孔隙介质油藏、介质间拟稳定流的特性(即出现"凹子"),只是出现的时间较晚,压力恢复导数曲线"凹子"加深,如图6-19所示。

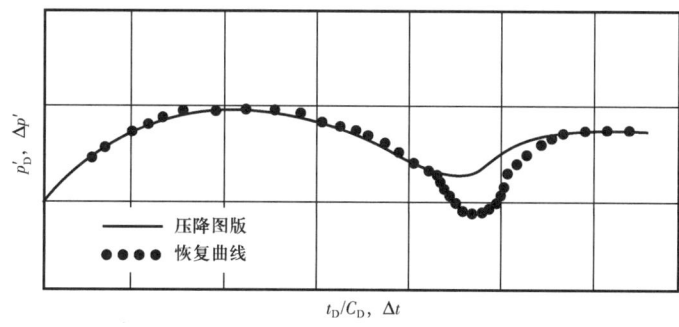

图6-19 关井前生产时间不够长时压力恢复导数曲线偏离压降导数图版曲线

和均质油藏一样,常常使用 Gringarten 图版和 Bourdet 图版的复合图版(图6-20)来同时进行两种图版的拟合(图6-21),以便互相验证,从而更准确地识别油藏类型,划分流动阶段。《现代试井解释图版》的图7就是这种复合图版。

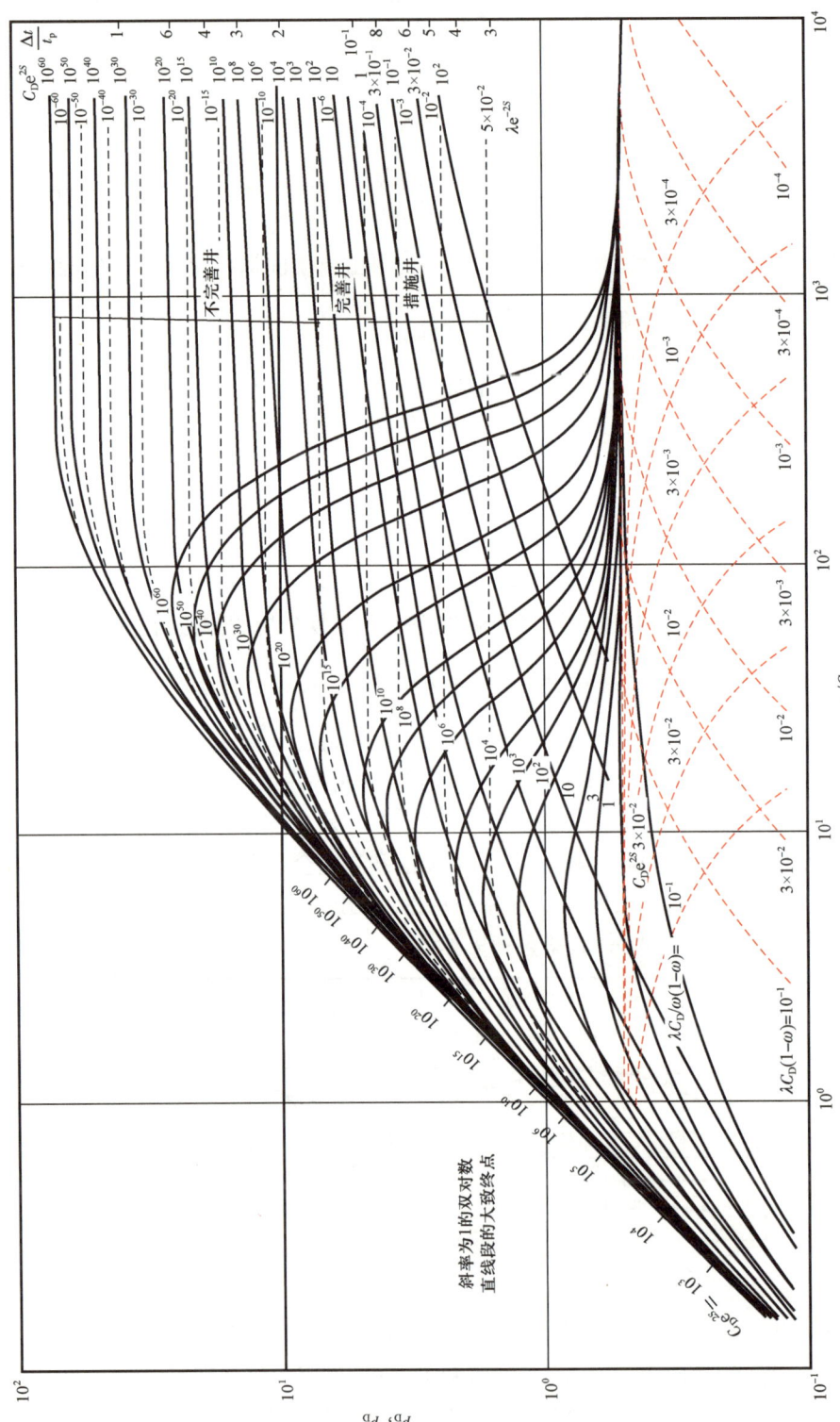

图 6-20 双重孔隙介质油藏介质间拟稳定流动模型复合解释图版

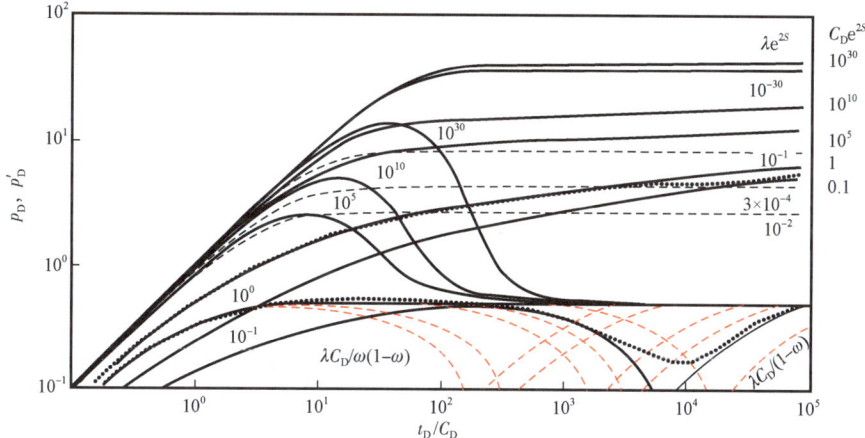

图 6-21 复合解释图版拟合示意图

【例 6-1】 表 6-1 是双重孔隙介质油藏中某井假想的压力恢复数据。其余有关基础数据列出如下:$q = 79.5 \text{m}^3/\text{d}, t_p = 300\text{h}, h = 18.9\text{m}, \mu = 0.97\text{mPa} \cdot \text{s}, B = 1.1032, C_t = 1.813 \times 10^{-3} \text{MPa}^{-1}, \phi = 0.287, r_w = 0.1067\text{m}$。

图 6-22 是实测压力曲线和压力导数曲线与复合图版拟合的结果。其上方为实测压力曲线("○"线)与 Gringarten 样板曲线(实线)拟合的结果,下方是实测压力的导数曲线("●"线)与 Bourdet 样板曲线即压力导数样板曲线(实线)拟合的结果。所得的拟合值是:

$$\left(\frac{p_D}{\Delta p}\right)_M = 0.7151, \quad \left(\frac{t_D/C_D}{\Delta t}\right)_M = 5.566$$

$$[(C_D e^{2S})_f]_M = 10, \quad [(C_D e^{2S})_{f+m}]_M = 1$$

$$(\lambda e^{-2S})_M = 0.0107$$

于是:

$$K_f = \frac{1.842 q \mu B}{h} \left(\frac{p_D}{\Delta p}\right)_M = \frac{1.842 \times 79.5 \times 0.97 \times 1.1032}{18.9} \times 0.7151$$

$$= 5.929 \text{mD}$$

$$C = \frac{7.2 \times 10^{-3} \pi k_f h}{\mu \left(\frac{t_D/C_D}{\Delta t}\right)_M} = \frac{7.2 \times 10^{-3} \pi \times 5.929 \times 18.9}{0.97 \times 5.566} = 0.4695 \text{m}^3/\text{MPa}$$

$$C_{Df+m} = \frac{C}{2\pi \phi C_t r_w^2} = \frac{0.4695}{2\pi \times 0.287 \times 1.813 \times 10^{-3} \times 18.9 \times 0.1067^2} = 667.4$$

$$S = 0.5 \ln \frac{[(C_D e^{2S})_{f+m}]_M}{C_{Df+m}} = 0.5 \ln \frac{1}{667.4} = -3.25$$

表 6-1 某井压力恢复数据表(例 6-1)

Δt (h)	p_{ws} (MPa)	Δt (h)	p_{ws} (MPa)
0.00000	13.557254	1.87061	16.615295
0.01001	13.631579	2.18170	16.705471
0.01169	13.643266	2.54459	16.780540
0.01361	13.656552	2.96788	16.842489
0.01590	13.672307	3.46149	16.899944
0.01849	13.689971	4.03729	16.946877
0.02161	13.710421	4.70800	16.989885
0.02521	13.734298	5.49200	17.029627
0.02939	13.762407	6.40549	17.068665
0.03421	13.792475	7.47101	17.109669
0.03989	13.828355	8.71371	17.154533
0.04660	13.867883	10.16299	17.198935
0.05429	13.913471	11.85349	17.251114
0.06339	13.966844	13.82510	17.305962
0.07391	14.024849	16.12469	17.368586
0.08621	14.094306	18.80679	17.435402
0.10059	14.163757	21.93500	17.506571
0.11719	14.245102	25.58350	17.583694
0.13681	14.333300	29.83890	17.665632
0.15948	14.433003	34.80209	17.747696
0.18610	14.540596	40.59091	17.834402
0.21701	14.657166	47.34250	17.921360
0.25311	14.784105	55.21710	18.009041
0.29520	14.921214	64.40161	18.096506
0.34430	15.062087	75.11380	18.182262
0.40161	15.211696	87.60770	18.266481
0.46841	15.365229	102.17981	18.347820
0.54620	15.522236	119.17569	18.426394
0.63708	15.680325	138.99860	18.501732
0.74310	15.835602	162.11859	18.573511
0.86670	15.985019	189.08429	18.641508
1.01080	16.134399	220.53522	18.705555
1.17899	16.270267	257.21753	18.765524
1.37509	16.399786	300.00000	18.821363
1.60379	16.512894		

$$\omega = \frac{[(C_D e^{2S})_{f+m}]_M}{[(C_D e^{2S})_f]_M} = \frac{1}{10} = 0.1$$

$$\lambda = \frac{(\lambda e^{-2S})_M [(C_D e^{2s})_{f+m}]_M}{C_{Df+m}} = \frac{0.0107 \times 1}{667.4} = 1.603 \times 10^{-5}$$

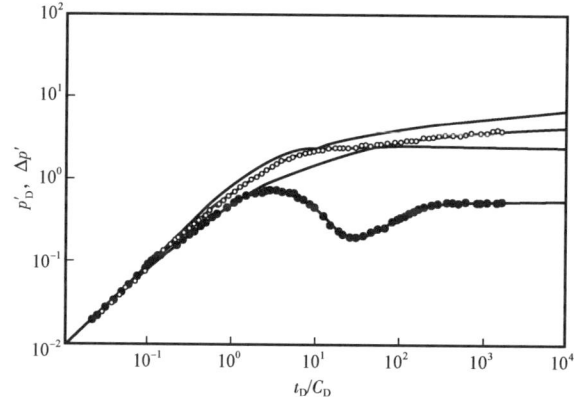

图6-22 压力曲线和压力导数曲线与复合图版的拟合(例6-1)

Horner曲线如图6-23所示。这是双重孔隙介质油藏、介质间呈拟稳定流、第一阶段未达到径向流动的典型曲线。直线段的斜率 $m = 1.61$ MPa/对数周期,外推压力 $p^* = 19.306$ MPa, $p_{ws}(1h) = 15.316$ MPa, $p_{wf}(t_p) = 13.557$ MPa,由此得[见式(6-27)、式(6-28)]:

$$\frac{K_f h}{\mu} = \frac{2.121 \times 79.5 \times 1.1032}{1.61} = 115.5 [\text{mD} \cdot \text{m}/(\text{mPa} \cdot \text{s})]$$

$$K_f h = \frac{K_f h}{\mu} \mu = 115.5 \times 0.97 = 112.1 (\text{mD} \cdot \text{m})$$

$$K_f = \frac{K_f h}{h} = \frac{112.1}{18.9} = 5.93 (\text{mD})$$

$$S = 1.151 \left[\frac{p_{ws}(1h) - p_{wf}}{m} - \lg \frac{K_f}{\phi \mu C_t r_w^2} + 2.0923 \right]$$

$$= 1.151 \times \left(\frac{15.316 - 13.557}{1.61} - \lg \frac{5.93}{0.287 \times 0.97 \times 1.813 \times 10^{-3} \times 0.1067^2} + 2.0923 \right)$$

$$= -3.256$$

因为第一直线段没有出现,所以无法由Horner曲线计算 ω。

图6-24和图6-25分别是这次恢复分析的无量纲Horner曲线和压力史拟合检验曲线,实测曲线(点线)和用解释结果计算的理论曲线(实线)拟合得很好,表明解释结果准确可靠。

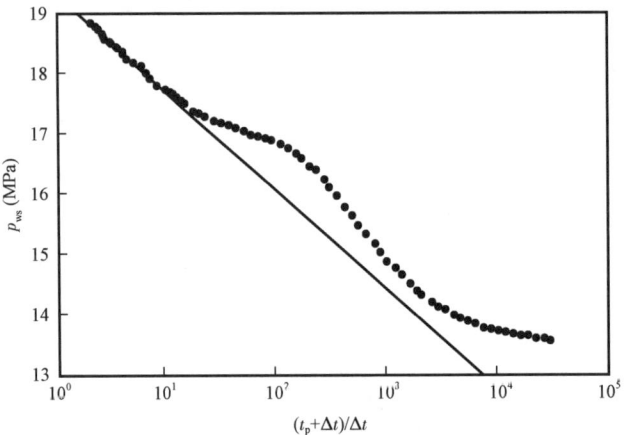

图 6-23 Horner 曲线（例 6-1）

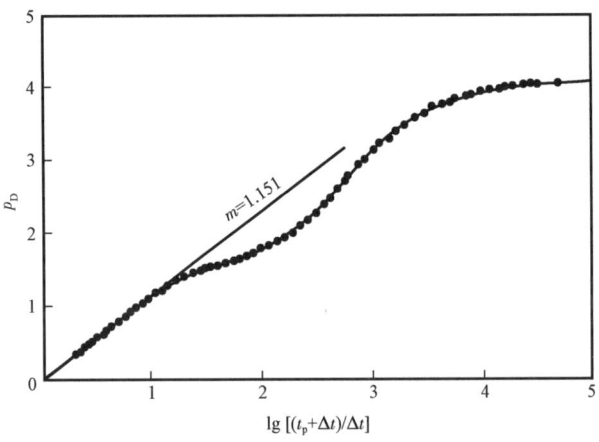

图 6-24 无量纲 Horner 检验曲线（例 6-1）

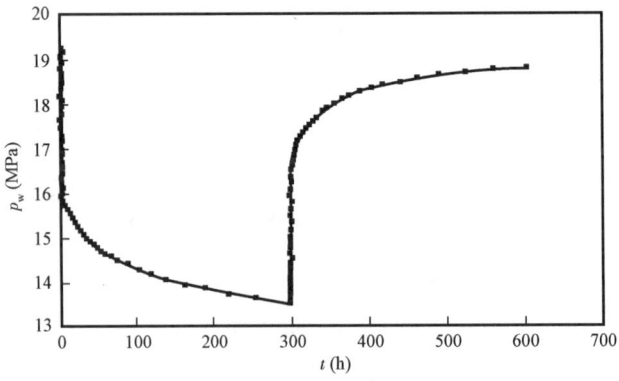

图 6-25 压力史拟合检验曲线（例 6-1）

【例6-2】[❶] 塔里木地区的塔中1井,在钻井过程中进行了中途测试。采用三开三关,测试过程的产量和压力变化情况如图6-26所示。用终关井的压力恢复资料进行解释,其压差 Δp 和压力导数 $\Delta p'$ 的双对数曲线如图6-27所示,导数曲线呈现出典型的双重孔隙介质油藏(介质间拟稳定流)的特征。图6-28是考虑了整个测试过程的产量史的叠加函数曲线,若不是根据压力导数曲线做出上述分析,很可能会误认为它有两条直线段(图6-28中的①和②)。实际上其中的②才是真正的直线段,①所对应的是拟稳定流动阶段(导数曲线上的"凹子")。复合图版拟合的结果如图6-29所示,解释结果列于表6-2。无量纲Horner 曲线拟合和整个测试过程的压力史拟合都相当好(图6-30和图6-31),说明解释是正确的。该油层是天然裂缝发育的白云岩地层,属双重孔隙介质;储能比 $\omega = 0.08$,说明其储集性能较好;窜流系数 $\lambda = 9.4 \times 10^{-4}$,说明基质岩块中的原油比较容易流入裂缝网络系统。但地层有效渗透率低($K = 0.2689 \text{mD}$),油井的完善程度也不大好($S = -0.8 \sim -0.7$)。如第四章第四节所指出,对于双重孔隙介质油藏的井,改善井的表皮系数 $S < -3$),对日后的生产不利。

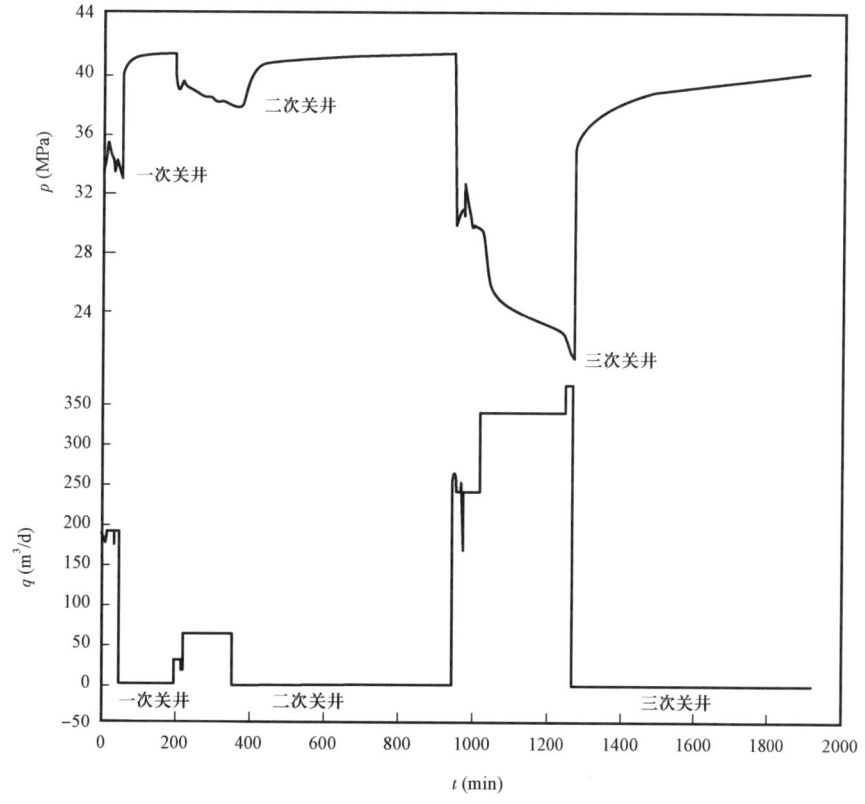

图6-26 塔中1井压力史和产量史(例6-2)

[❶] 本例引自文献[13]。

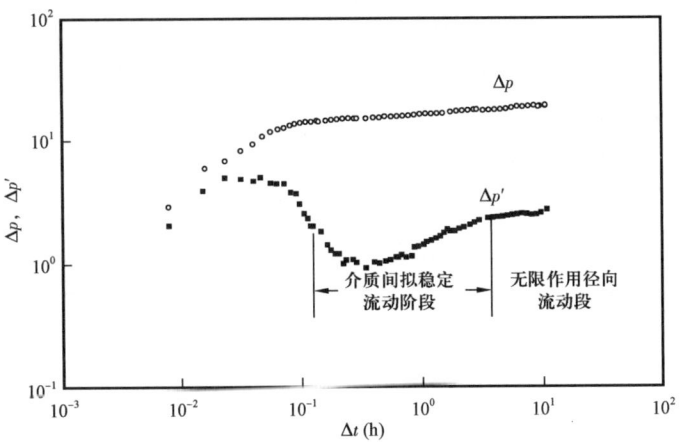

图 6-27 塔中 1 井第三次关井压力恢复双对数曲线图(例 6-2)

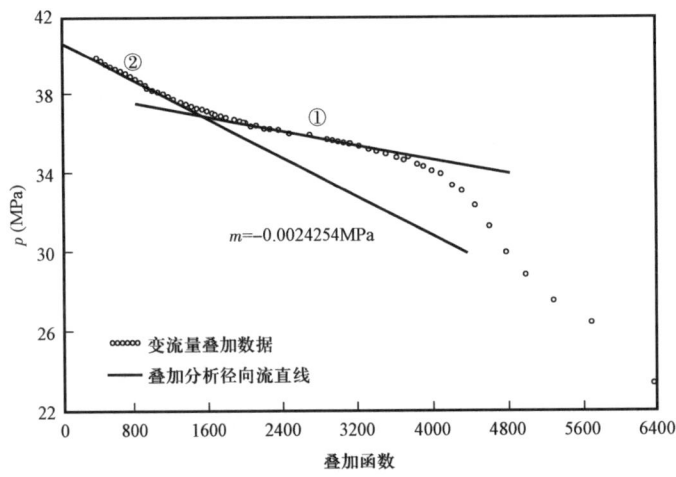

图 6-28 塔中 1 井第三次关井叠加函数曲线图(例 6-2)

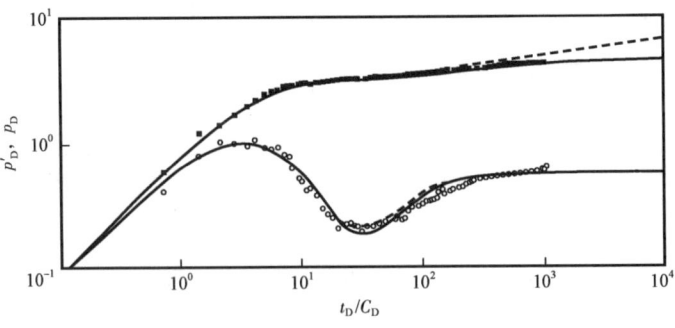

图 6-29 塔中 1 井双对数曲线拟合图(例 6-2)

表6-2 塔中1井压力恢复资料解释结果(例6-2)

储集类型	解释方法	渗透率 K (mD)	流动系数 $\dfrac{Kh}{\mu}$ $\left(\dfrac{\mathrm{mD}\cdot\mathrm{m}}{\mathrm{mPa}\cdot\mathrm{s}}\right)$	流度 $\dfrac{K}{\mu}$ $\left(\dfrac{\mathrm{mD}}{\mathrm{mPa}\cdot\mathrm{s}}\right)$	表皮系数 S	井筒储集系数 C $\left(\dfrac{\mathrm{m}^3}{\mathrm{MPa}}\right)$	影响半径 r (m)	外推压力 (MPa)	储能比 ω	窜流系数 λ	备注
双孔介质	双对数图版法	268.9	172100	1.106	-0.72	7.18× 10^{-3}	56.5	40.55	0.08	9.4× 10^{-4}	$(C_D e^{2S})_f=37.5$ $(C_D e^{2S})_{f+m}=3$
	叠加法	268.9	172100	1.106	-0.81						

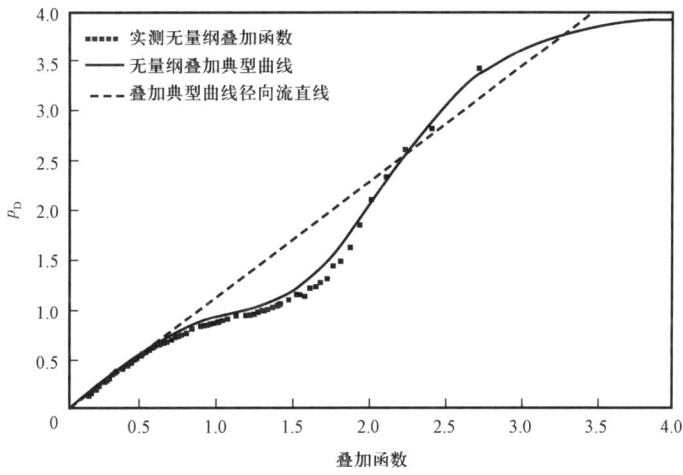

图6-30 塔中1井叠加函数曲线拟合检验图(例6-2)

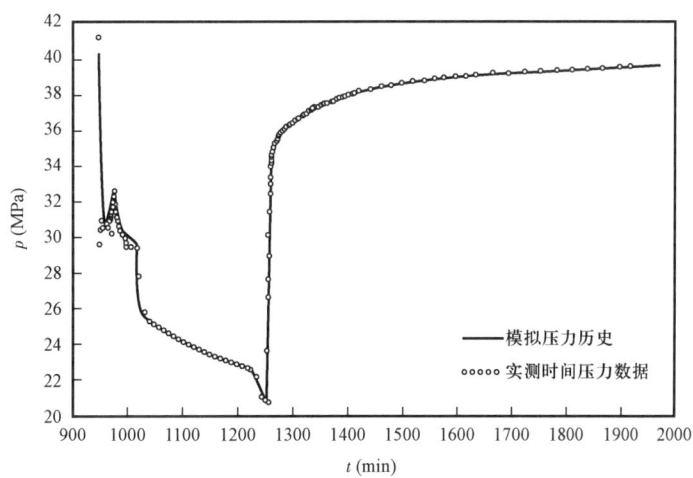

图6-31 塔中1井压力史拟合检验曲线图(例6-2)

第三节 双重孔隙介质油藏介质间不稳定流动模型

一、压力图版拟合分析

这一模型的基本假设与前一模型略有不同:基质岩块内部的压力并不是处处相等。也就是说:在每一瞬间,基质岩块内部都存在着压差。各无量纲量的定义与上节相同。这一模型的压力解释图版与前一模型类似,也是由两组样板曲线构成(图6-32),其中一组仍是均质油藏的样板曲线,每一条曲线对应一个 $C_D e^{2S}$ 值;另一组则是两种介质之间不稳定流动样板曲线,每一条曲线对应一个 β' 值:

$$\beta' = \delta \frac{(C_D e^{2S})_{f+m}}{\lambda e^{-2S}} \tag{6-32}$$

式中的 δ 取决于基质岩块系统的几何形态,最常见的是:

$$\delta = \begin{cases} 1.8914 & \text{若基质岩块是平板状的} \\ 1.0508 & \text{若基质岩块是圆球状的} \end{cases}$$

λ 则与前一模型相同,即:

$$\lambda = \alpha l^2 \frac{K_m}{K_f}$$

其中的 α,如上一节双孔介质间流动为拟稳定流动的模型一样,为裂缝网络的形状因子,是裂缝面的维数 n 的函数,取值也相同。实际解释可用《现代试井解释图版》图3。解释图版(图6-32)中有两条曲线(《现代试井解释图版》图3中为两条红实线),标出均质油藏模型样板曲线半对数直线段开始的大致时间;有两条点线(《现代试井解释图版》图3中为两条红点线),标出介质间不稳定流动达到径向流动阶段的大致时间,即介质间不稳定流动阶段半对数直线段出现的大致时间。

曲线拟合方法与前一模型一样。前一段(第一阶段)实测曲线与某一条均质油藏样板曲线 $[C_D e^{2S} = (C_D e^{2S})_f]$ 相拟合,第二阶段与一条两种介质之间不稳定流动样板曲线 β' 相拟合,后一段(第三阶段)与另外一条均质油藏样板曲线 $[C_D e^{2S} = (C_D e^{2S})_{f+m}]$ 相拟合(图6-33和图6-34中的曲线A)。同上一节一样,通过拟合可以得到压力拟合值、时间拟合值和三个曲线拟合值:$(C_D e^{2S})_f$、β' 和 $(C_D e^{2S})_{f+m}$。由这些拟合值求 $\frac{K_f h}{\mu}$、$K_f h$、K_f、C、S 和 ω 的方法同前一模型完全一样[见上节式(6-19)至式(6-23)]。λ 值同样可由曲线拟合值 $\beta'_{拟合}$、$[(C_D e^{2S})_{f+m}]_{拟合}$ 和 C_{Df+m} 值算出:

$$\lambda = \frac{\delta [(C_D e^{2S})_{f+m}]_{拟合}^2}{\beta'_{拟合} C_{Df+m}}$$

这个公式的正确性不难由 β' 的定义[见式(6-32)]看出。

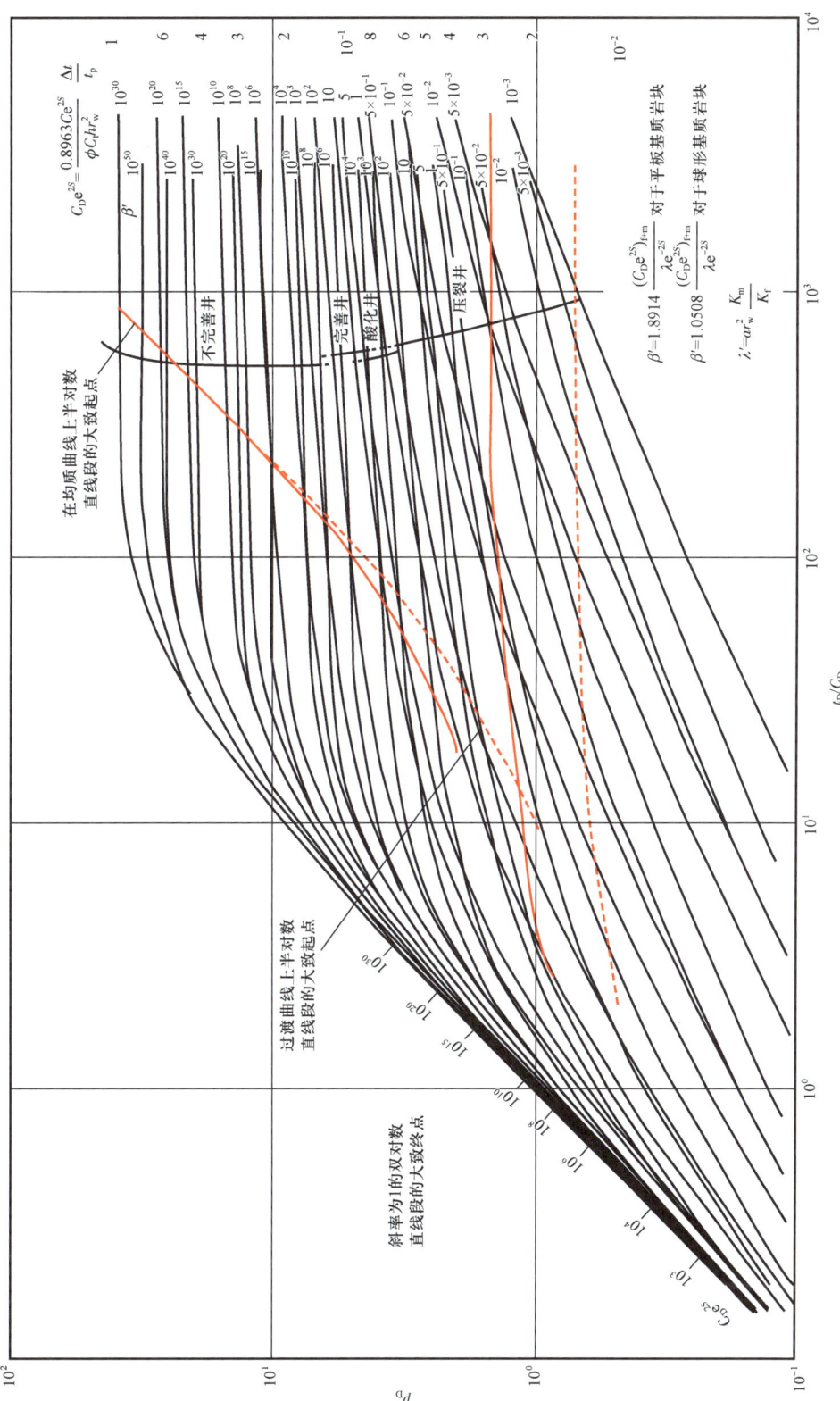

图 6-32 双重孔隙介质油藏（介质间不稳定流）具有井筒储集和表皮效应的井解释图版

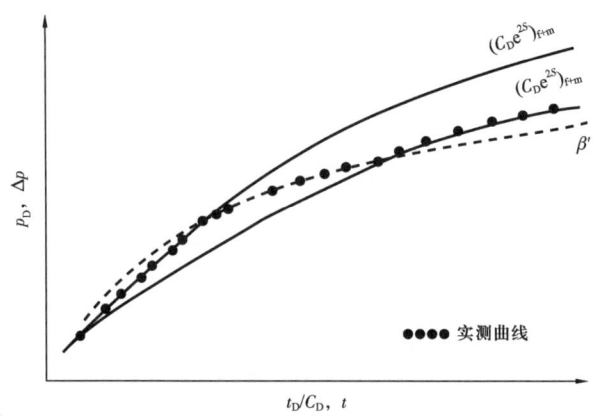

图 6-33 双重孔隙介质油藏(介质间不稳定流)图版拟合示意图

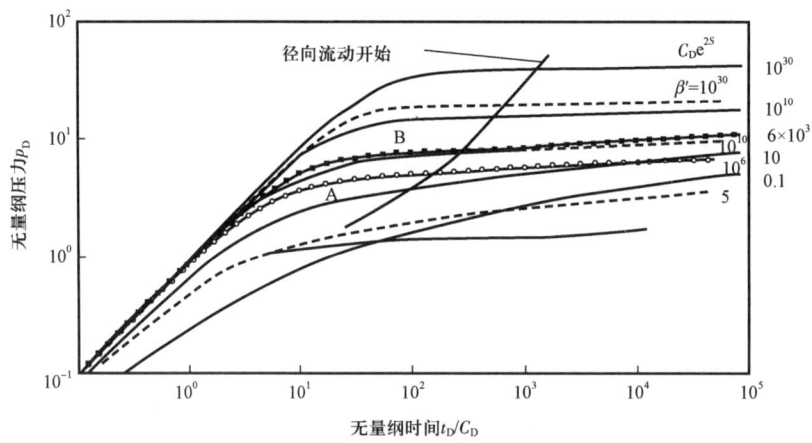

图 6-34 通常所见的双重孔隙介质油藏(介质间不稳定流)的压差双对数曲线

曲线 A：$(C_D e^{2S})_f = 10^4$，$(C_D e^{2S})_{f+m} = 10$，$\omega = 0.001$，$\beta' = 10^0$，$\lambda e^{-2S} = 1.89 \times 10^{-5}$；

曲线 B：$(C_D e^{2S})_f = 6 \times 10^6$，$(C_D e^{2S})_{f+m} = 6 \times 10^3$，$\omega = 0.001$，$\beta' = 10^{10}$，$\lambda e^{-2S} = 1.13 \times 10^{-6}$

介质间不稳定流动的模型，介质间的流动比拟稳定流动模型出现得更早，因而常常看不到第一阶段——裂缝网络系统流动的阶段，其双对数曲线一开始就沿着一条 β' 曲线，然后转到一条 $(C_D e^{2S})_{f+m}$ 曲线变化，如图 6-34 中的曲线 B 所示。

因为一般看不到裂缝网络系统流动(上述的第一阶段)，有的专家甚至干脆把介质之间不稳定流动模型，只划分作两个流动阶段，即上述的第二流动段(介质之间不稳定流动阶段，或过渡段)和第三流动段(整个系统的流动)，把解释图版看作介质之间不稳定流动图版(β' 曲线族)和整个系统(裂缝网络系统和基质岩块系统)流动图版[均质油藏图版，即 $(C_D e^{2S})_{f+m}$ 曲线族]的复合。

这一情形的半对数曲线与介质间拟稳定流动模型很不相同，不再是两条彼此平行的直线段，而是两条彼此相交的直线段，其中第一直线段为介质间不稳定流动阶段的径向流动段，第二直线段则是整个系统(裂缝网络系统 + 基质岩块系统)的径向流动段；第二直线段的

斜率 m_2 为第一直线段的斜率 m_1 的 2 倍,即 $m_2 = 2m_1$,如图 6-35 中的曲线 A 所示。但如果介质之间不稳定流动阶段(过渡段)尚未进入径向流动就转入整个系统的流动,或者井筒储集效应掩盖了过渡段的径向流动,则前一条直线段不会出现,只能见到反映整个系统流动特性的后一个直线段,如图 6-35 中的曲线 B 所示。

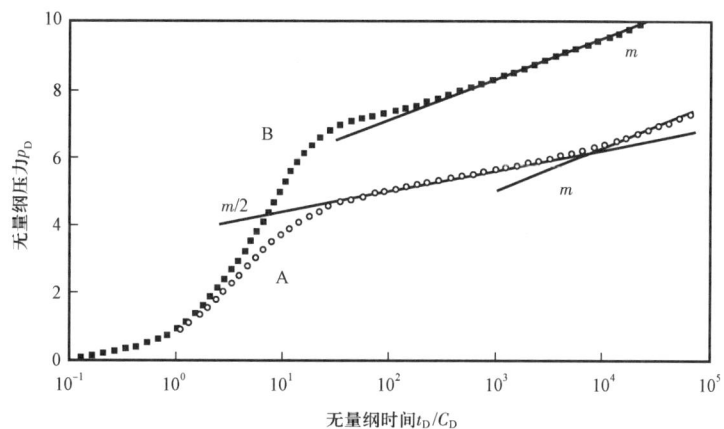

图 6-35　通常所见的双重孔隙介质油藏(介质间不稳定流)的半对数曲线
(A 和 B 的参数同图 6-32)

显然,我们计算流动系数、地层系数或渗透率时,必须用第二直线段的斜率 m_2:

$$\frac{K_f h}{\mu} = \frac{2.121qB}{m_2}$$

$$K_f h = \frac{2.121q\mu B}{m_2}$$

$$K_f = \frac{2.121q\mu B}{m_2 h}$$

由于 $m_2 = 2m_1$,故也可用第一直线段的斜率 m_1 计算:

$$\frac{K_f h}{\mu} = \frac{1.061qB}{m_1}$$

$$K_f h = \frac{1.061q\mu B}{m_1}$$

$$K_f = \frac{1.061q\mu B}{m_1 h}$$

最后,如上所述,要是过渡段达到了径向流动阶段,则半对数曲线呈现两条相交的直线段,其斜率之比为 $m_2 : m_1 = 2 : 1$,这与均质油藏中测试井附近有一条不渗透边界情形的反映一模一样,应结合地质资料进行解释;如果过渡段没有达到径向流动阶段,但第三段达到了,则半对数曲线只出现一条直线段(第二直线段);如果连第三段也没有达到径向流动阶段,则半对数曲线不出现任何直线段。

二、压力导数图版拟合分析

图 6-36 是双重孔隙介质油藏(介质间不稳定流)模型的压力导数解释图版的示意图。这种图版我国没有印刷出版,应用时可以由试井解释软件产生。

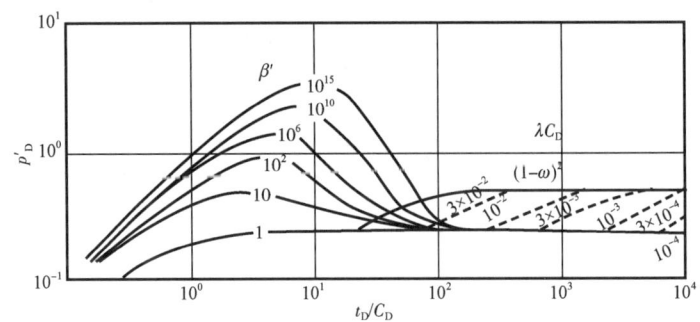

图 6-36 双重孔隙介质油藏(介质间不稳定流)模型的压力导数解释图版

在介质之间不稳定流动的径向流动段有:

$$p'_D = \frac{dp_D}{d\ln\left(\frac{t_D}{C_D}\right)} = 0.25$$

而在整个系统(裂缝网络系统和基质岩块系统)流动的径向流动段有:

$$p'_D = \frac{dp_D}{d\ln\left(\frac{t_D}{C_D}\right)} = 0.5$$

而在它们之间的过渡段,则有:

$$p'_D = \frac{dp_D}{d\ln\left(\frac{t_D}{C_D}\right)} = 0.5\left\{1 - e^{-\left[\frac{\lambda C_D}{(1-\omega)^2}\frac{t_D}{C_D}\right]}\right\}$$

所以在早期纯井筒储集阶段(在此阶段所有样板曲线均成 45°线)结束之后,有一个 β' 曲线族(这是由纯井筒储集阶段过渡到介质之间不稳定流动阶段的过渡段),然后所有曲线成为同一条水平直线 $p'_D = 0.25$(称作 0.25 线,这是介质之间不稳定流动的径向流动段);再过渡到另一条水平直线 $p'_D = 0.5$(称作 0.5 线,这是整个系统的径向流动段);在水平直线 $p'_D = 0.25$(0.25 线)和水平直线 $p'_D = 0.5$(0.5 线)之间有一组曲线 $p'_D = 0.5\left\{1 - e^{-\left[\frac{\lambda C_D}{(1-\omega)^2}\frac{t_D}{C_D}\right]}\right\}$,每一条对应一个 $\frac{\lambda C_{Df+m}}{(1-\omega)^2}$ 值,这是由介质之间不稳定流动过渡到整个系统的流动的过渡段。

介质间不稳定流动的压力导数曲线如图6-37所示。同前述模型一样,早期的纯井筒储集阶段是一条斜率为1的直线(45°线,图6-37之①),接着逐渐过渡到介质间不稳定流动阶段,这一阶段的径向流动曲线拟合图版的0.25线(图6-37之②),然后达到整个系统的流动阶段,曲线逐渐上升,其径向流动段拟合图版的0.5线(图6-37之③)。与图版的0.25线和0.5线相拟合,就分别表征介质间不稳定流动和整个系统流动的径向流动阶段。如果介质间不稳定流动尚未达到径向流动就迅速转入整个系统的流动,或者介质间不稳定流动的径向流动被井筒储集所掩盖,则曲线尚未到达和0.25线相拟合的水平直线就开始上升,最后呈现与0.5线相拟合的水平直线,如图6-38所示。

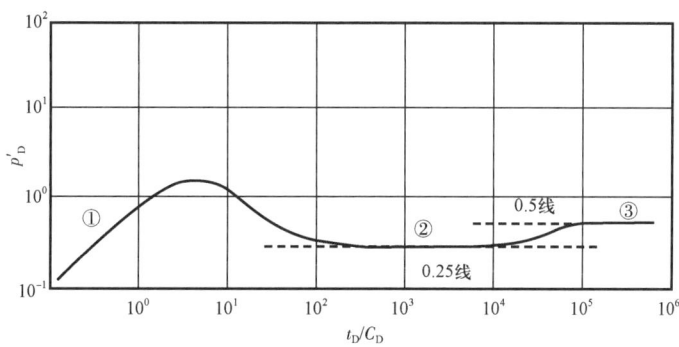

图6-37 双重孔隙介质油藏(介质间不稳定流)的压力导数曲线

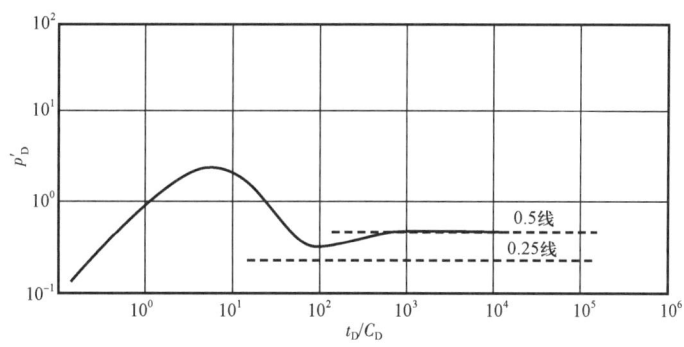

图6-38 介质间不稳定流动未达到径向流动情形的压力导数曲线

这一模型的复合图版如图6-39所示。实际进行拟合时,也用复合图版同时做出两种图版的拟合,以便互相验证。

利用介质间不稳定流动模型的压力导数图版进行解释,虽然比用压力图版进行解释有很大的改进,但有时仍会出现模棱两可的情形,即存在多解性的问题。比如,导数曲线由拟合0.25线上升到拟合0.5线,与均质油藏中一口井附近有一条不渗透边界的情形的反映(此时,导数曲线由拟合0.5线上升到拟合1线)十分相似。这种问题,只能靠和其他参数以及其他地质资料一起进行综合分析才能解决。

第五章中关于用压降解释图版进行压力恢复分析的方法,在这里也完全同样适用。

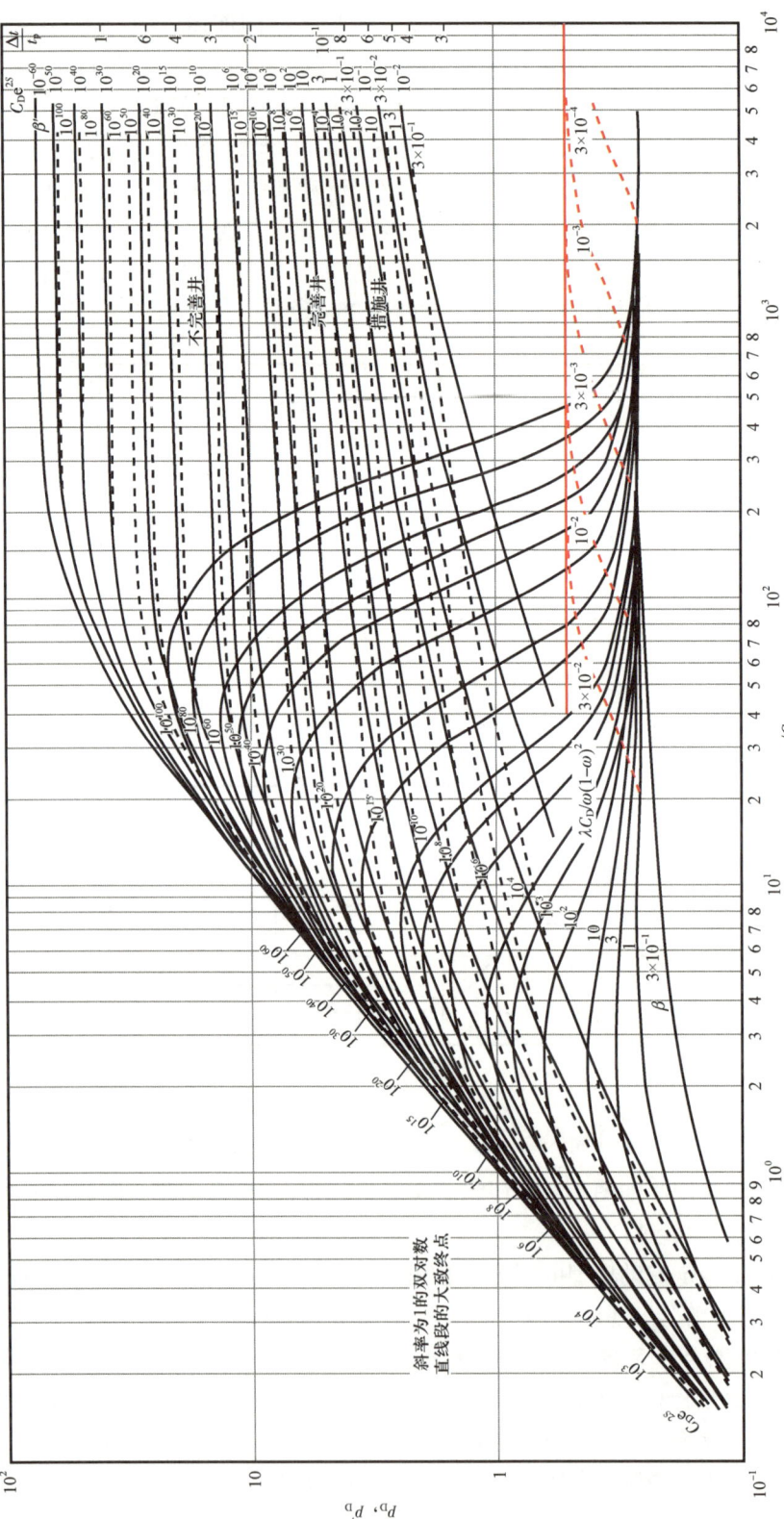

图 6-39 双重孔隙介质油藏（介质间不稳定流）的复合图版

第四节 几点重要的注释

(1) 在双重孔隙介质油藏情形,不能像在均质油藏情形那样,用表皮系数 S 的符号来判断油井是否受到污染。一般来说,正常井(未受污染井)的表皮系数为负值($S \approx -3.5$),而 $S=0$ 表示轻度污染,改善井的表皮系数 $S<-3.5$,酸化井的表皮系数可低达 -7。

(2) 在双重孔隙介质油藏中,由试井解释计算的井筒储集系数 $C_{\text{试井}}$ 要比均质油藏高得多。$C_{\text{试井}}$ 的数值可达 $2.3\text{m}^3/\text{MPa}$ 甚至更高,比由完井数据计算的井筒储集系数 $C_{\text{完井}}$ 可高出 $10 \sim 100$ 倍。

$S<-3.5$ 和 $C_{\text{试井}}>C_{\text{完井}}$,正是双重孔隙介质油藏的重要特征。如果出现了这两个特征,即使压力或压力导数曲线因某些原因没有显示出明显的诊断特征,也应考虑是否选用这一解释模型。

(3) 我们看到,不论基质岩块系统向裂缝网络系统的流动是拟稳定流还是不稳定流,整个流动都可区分为前段(第一阶段)、过渡段(第二阶段)和后段(第三阶段)。在前段(第一阶段)和后段(第三阶段),有的参数意义相同,有的参数意义则不相同,见表6-3。

表6-3 双重孔隙介质油藏介质间不同流动情形前后流动段参数意义比较表

参数 介质	前段(第一阶段) 裂缝网络系统	后段(第三阶段) 裂缝网络系统 + 基质岩块系统
地层系数	$K_f h$	
储能系数	$(V\phi C_t)_f$	$(V\phi C_t)_{f+m}$
无量纲压力 p_D	$p_D = \dfrac{Kh_f}{1.842q\mu B}\Delta p$	
无量纲时间 t_D	$t_{Df} = \dfrac{3.6 \times 10^{-3} K_f}{(\phi\mu C_t)_f \mu r_w^2}t$	$t_{Df+m} = \dfrac{3.6 \times 10^{-3} K_f}{(\phi\mu C_t)_{f+m} \mu r_w^2}t$
无量纲井筒储集系数 C_D	$C_{Df} = \dfrac{C}{2\pi(V\phi C_t)_f h r_w^2}$	$C_{Df+m} = \dfrac{C}{2\pi(V\phi C_t)_{f+m} h r_w^2}$
表皮系数 S	S	
$\dfrac{t_D}{C_D}$	$\dfrac{t_{Df}}{C_{Df}} = \dfrac{7.2 \times 10^{-3} K_f h}{\mu C}t$	$\dfrac{t_{Df+m}}{C_{Df+m}} = \dfrac{t_{Df}}{C_{Df}} = \dfrac{7.2 \times 10^{-3} K_f h}{\mu C}t$
$C_D e^{2S}$	$(C_D e^{2S})_f = \dfrac{Ce^{2S}}{2\pi(V\phi C_t)_f h r_w^2}$	$(C_D e^{2S})_{f+m} = \dfrac{Ce^{2S}}{2\pi(V\phi C_t)_{f+m} h r_w^2} = \omega(C_D e^{2S})_f$
压力拟合值 $p_M = \left(\dfrac{p_D}{\Delta p}\right)_M$	$\dfrac{Kh_f}{1.842q\mu B}$	
时间拟合值 $t_M = \left(\dfrac{t_D/C_D}{t}\right)_M$	$7.2 \times 10^{-3} \pi \dfrac{K_f h}{\mu C}$	
窜流系数	λ	

(4) 测取双重孔隙介质油(气)藏中油(气)井的压力恢复,必须待关井前压力降落到达了第三阶段(两种介质中的流体同时流动,p_f和p_m同时下降,见本章第一节)之后才关井。这是因为,在基质岩块系统向裂缝网络系统的流动是不稳定流的情形,如果在压降到达过渡段前就关井,则压力恢复曲线将不出现任何直线段(图6-40)。如果压降到达了过渡段但未到达第三阶段就关井,则压力恢复曲线将只出现第一直线段(图6-41)。要是用这一条直线段的斜率计算参数,用这一条直线段外推地层压力,都将得到错误的结果。只有当压降到达第三阶段后关井,恢复曲线才有可能呈现两条直线段(图6-42),才可能作出正确的判断,并算得正确的压力和参数。

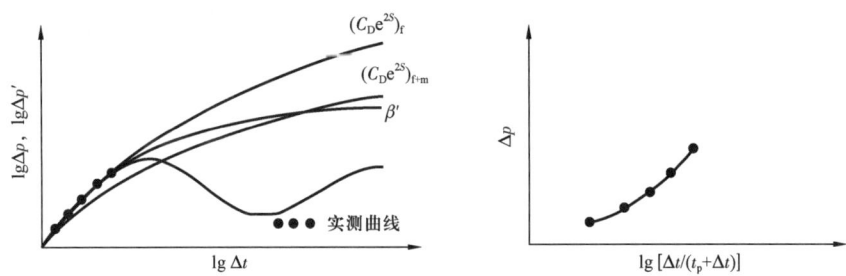

图6-40 测取双重孔隙介质油(气)藏油(气)井压力恢复(情形一)
关井前压降未达到过渡段,压力恢复(半对数)曲线不出现直线段

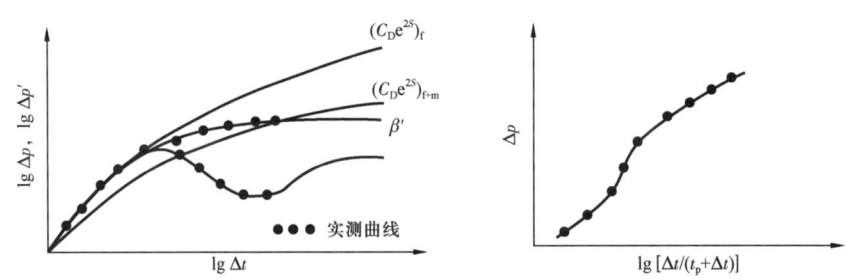

图6-41 测取双重孔隙介质油(气)藏油(气)井压力恢复(情形二)
关井前压降只达到过渡段而未进入整个系统的流动,压力恢复(半对数)曲线只出现一条直线段

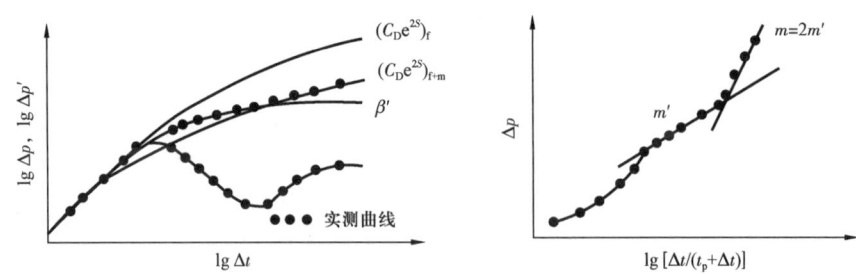

图6-42 测取双重孔隙介质油(气)藏油(气)井压力恢复(情形三)
关井前压降达到了整个系统的流动,压力恢复(半对数)曲线才能出现两条直线段

最后,只有当裂缝网络系统流动没有被井筒储集效应掩盖,且流动达到了第三阶段整个系统的流动,双重孔隙介质系统的曲线的特征才能完全地、充分地显现出来。

第七章 均质油藏中垂直裂缝井的试井解释

在油层中人工压开裂缝是一项重要的增产措施,对于提高污染井和低渗透油藏中的井的生产能力有很好的效果。虽然压裂可能产生各种各样的裂缝,但是研究表明:在深度超过700m 的地层中,压裂产生的裂缝基本上都是垂直裂缝。因此,关于裂缝井试井解释的研究,着重于垂直裂缝的情形(图7-1)。对于水力压裂等措施井,可以使用本章的方法,有效地判断是否形成了裂缝,并且把压开的裂缝的长度估算出来。

有两类不同的垂直裂缝模型:

(1)无限导流性垂直裂缝(Infinite Conductivity Fracture)模型;

(2)有限导流性垂直裂缝(Finite Conductivity Fracture)模型。

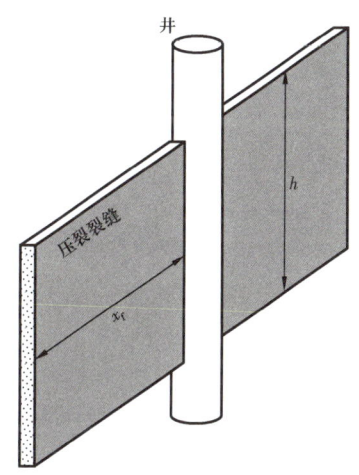

图7-1 垂直裂缝示意图

第一节 无限导流性垂直裂缝模型

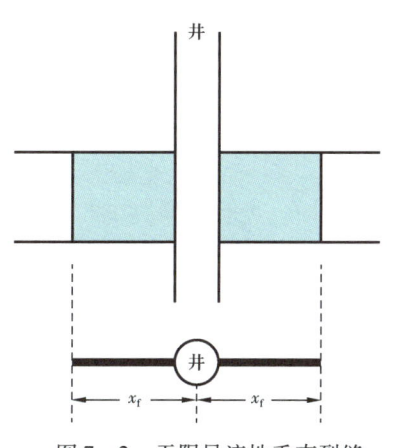

图7-2 无限导流性垂直裂缝模型垂直剖面示意图

一、模型的基本假定

(1)只压开一条裂缝,这条裂缝贯穿整个油层,且与井筒对称,其半长为 x_f,如图7-1和图7-2所示。

(2)裂缝具有无限大的渗透率,因此整条裂缝中压力相同。换句话说,沿着裂缝不存在压力损失。通常把这种假设下的裂缝称作"无限导流性裂缝"。

可以直观地理解为:流体从储层流进了这类裂缝,就等于流进了井筒。

(3)裂缝的宽度为0。

(4)如果压裂井位于长方形封闭油藏的中央,则裂缝方向与该油藏的一条不渗透边界平行。

在人工压裂过程中加入分选非常好的压裂砂时所产生的裂缝,很可能符合这种模型。

二、模型的流动阶段

这种模型的流动可以区分为线性流动阶段和拟径向流动阶段。

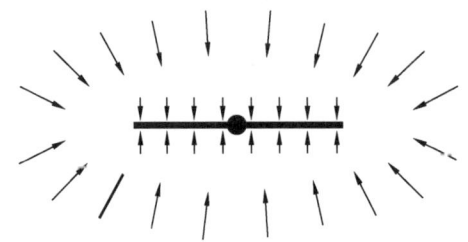

图 7-3　无限导流性垂直裂缝井的
线性流动和拟径向流动示意图

1. 线性流动阶段

早期是线性流动阶段。裂缝井的井筒储集阶段一般很短,很快便出现线性流动,所有流线均垂直于裂缝面,如图 7-3 中的内圈所示。但如果压裂裂缝不足够长,则有可能使线性流动阶段变得模糊难辨。

线性流动阶段的流动方程为{详见第四章第三节式(4-3)和式[(4-6(a))]}:

$$p_D = \sqrt{\pi t_{Df}}$$

$$\Delta p = \frac{0.1959qB}{hx_f}\sqrt{\frac{\mu}{\phi C_t K}}\sqrt{t}$$

其压差和导数的双对数曲线(诊断曲线)都是斜率为 1/2 的直线;在直角坐标系中,$\Delta p \sim \sqrt{t}$ 则是一条过原点的、斜率为 $m'' = \frac{0.1959qB}{hx_f}\sqrt{\frac{\mu}{\phi C_t K}}$ 的直线(特征曲线)。如果渗透率 K 已经求出,由斜率 m'' 便可算出裂缝的半长 x_f[式(4-8)]:

$$x_f = \frac{0.1959qB}{hm''}\sqrt{\frac{\mu}{\phi C_t K}}$$

而在压力恢复情形,有:

$$\Delta p = p_i - p(\Delta t) = \frac{0.1959qB}{hx_f}\sqrt{\frac{\mu}{\phi C_t K}}[(t_p + \Delta t)^{1/2} - (\Delta t)^{1/2}] \qquad (7-1)$$

其特征曲线是在直角坐标图中 Δp 与 $[(t_p + \Delta t)^{1/2} - (\Delta t)^{1/2}]$ 的一条直线,由于这条直线的斜率与压降情形相同,所以计算裂缝半长 x_f 的公式(4-8)不变。

2. 拟径向流动(Pseudo-radial Flow)和径向流动阶段

早期的线性流动将逐步过渡到椭圆形流动(拟径向流动,如图 7-3 的外圈所示),而最终达到径向流动。有人认为,当调查半径达到裂缝长度的 3 倍之后,才能接近于径向流动。

在径向流动阶段有:

$$p_D = 0.5(\ln t_{Df} + 2.2) \qquad (7-2)$$

式中 t_{Df} 的定义见式(3-85):

$$t_{Df} = \frac{3.6 \times 10^{-3} K}{\phi \mu C_t x_f^2} t$$

这时,早期的裂缝影响已告结束,所以压力变化应与均质油藏情形一致,即应有:

$$p_D = 0.5(\ln t_D + 0.80907 + 2S) \tag{7-3}$$

或

$$p_D = 0.5(\ln t_{De} + 0.80907) \tag{7-4}$$

其中 t_{De} 的定义见式(3-83):

$$t_{De} = \frac{3.6 \times 10^{-3} K}{\phi \mu C_t r_{we}^2} t$$

r_{we} 为折算半径或有效半径[详见第三章式(3-92)]:

$$r_{we} = r_w e^{-S}$$

于是得到:

$$0.5(\ln t_{Df} + 2.2) = 0.5(\ln t_{De} + 0.80907)$$

化简,得:

$$\ln t_{Df} + 1.39093 = \ln t_{De}$$
$$4.0186 t_{Df} = t_{De} \tag{7-5}$$

将式(3-85)和式(3-83)代入式(7-5),得:

$$x_f^2 = 4.0186 r_{we}^2$$

从而有:

$$x_f \approx 2 r_{we} = 2 r_w e^{-S} \tag{7-6}$$

或

$$S \approx \ln \frac{2 r_w}{x_f} \tag{7-7}$$

由式(7-6)和式(7-7)可知,如果算出了表皮系数 S 值,便可以算出裂缝半长 x_f 值;反之,如果算出了裂缝半长 x_f,则可以算出表皮系数 S。不过,如同前面已经指出过的,式(7-6)要谨慎使用,因为要进行指数运算,S 值的一点误差可能带来 x_f 值的很大误差。

在裂缝井情形,由于裂缝增大了井和油层的接触面积,使得在井筒附近的压力损失减小,因此常使表皮系数为负值,有时可低至 $-7 \sim -6$。

三、压力图版拟合分析和半对数分析

无限大均质地层中一口无限导流性垂直裂缝井的无量纲压降曲线如图7-4所示。这是一条无量纲压力 p_D 与无量纲时间 t_{Df} 的双对数曲线,参看《试井分析方法》一书❶附录C图C-3。

---

❶ 美国石油工程师学会专论丛书《试井分析方法》(*Advances in Well Test Analysis*)[美]小罗伯特·C.和厄洛赫著,栾志安等译,葛家理译校,石油工业出版社,1985年版。

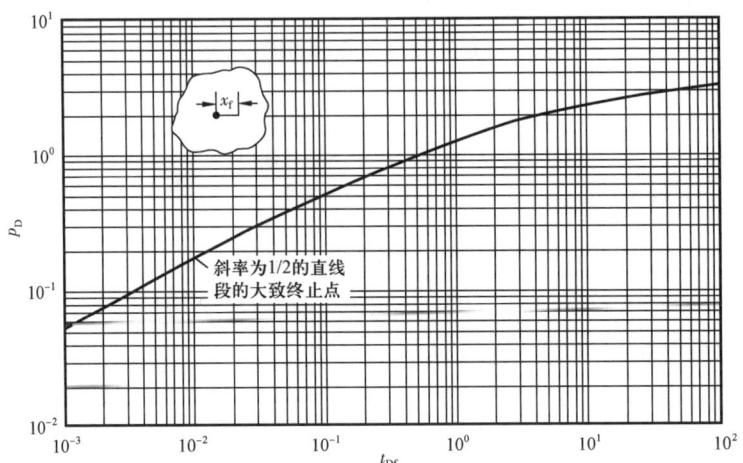

图 7-4　无限大均质地层中无限导流性垂直裂缝井的无量纲压降曲线

无限大均质地层中具井筒储集效应的无限导流性垂直裂缝井的压降解释图版如图 7-5 所示。这是无量纲压力 p_D 与无量纲时间 t_{Df} 的双对数曲线族，每一条曲线对应一个 C_{Df} 值：

$$C_{Df} = \frac{C}{2\pi\phi C_t h x_f^2} \qquad (7-8)$$

而无量纲压力 p_D 与无量纲时间 t_{Df} 的定义见式（3-77）和式（3-85）。

图 7-5 中，对应于 $C_{Df}=0$ 的那一条曲线就是图 7-4 的曲线，其余各条曲线（$C_{Df}=0$ 除外）的左下端为井筒储集阶段，接着是裂缝线性流动阶段，最后是径向流动阶段。

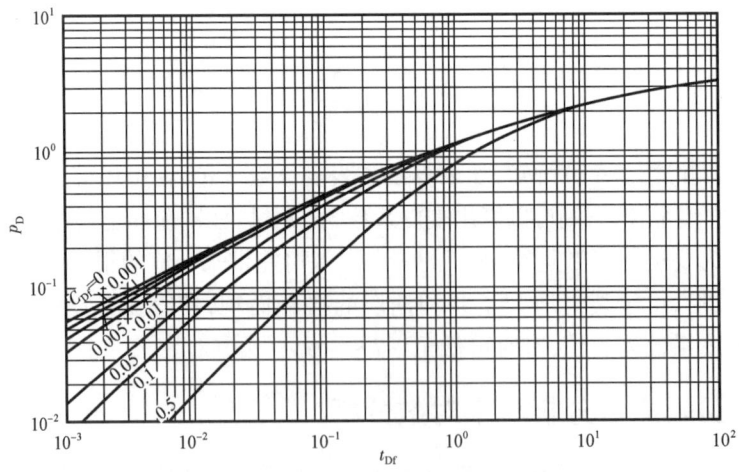

图 7-5　无限大均质地层中具井筒储集效应的无限导流性垂直裂缝井的压降解释图版

拟合分析时，画出 Δp—t（或 Δp—Δt）的双对数曲线，与压力解释图版相拟合，由拟合值可以算出 [见式（5-1）至式（5-4），参看式（4-4）、式（3-85）、式（7-8）和式（7-7）]：

$$\frac{Kh}{\mu} = 1.842qB\left(\frac{p_\text{D}}{\Delta p}\right)_\text{M}$$

$$Kh = 1.842q\mu B\left(\frac{p_\text{D}}{\Delta p}\right)_\text{M}$$

$$\frac{K}{\mu} = \frac{1.842qB}{h}\left(\frac{p_\text{D}}{\Delta p}\right)_\text{M}$$

$$K = 1.842\frac{q\mu B}{h}\left(\frac{p_\text{D}}{\Delta p}\right)_\text{M}$$

$$x_\text{f} = 0.06\sqrt{\frac{K}{\phi\mu C_\text{t}}\frac{1}{\left(\frac{t_\text{Df}}{t}\right)_\text{M}}} \tag{7-9}$$

$$C = 2\pi\phi C_\text{t} h x_\text{f}^2 (C_\text{Df})_\text{M} \tag{7-10}$$

$$S \approx \ln\frac{2r_\text{w}}{x_\text{f}}$$

图 7-6 是位于长方形封闭均质油藏中央的一口无限导流性裂缝井的压降解释图版。这是假定长方形封闭均质油藏的中央有一口井,有一条垂直裂缝切割井筒;这条裂缝在井的两边的长度均为 x_f,呈对称状;而井在 x 和 y 方向上离边界的距离分别为 x_e 和 y_e,如图 7-6 左上角所示。显然,这个封闭油藏的面积 $A = 4x_\text{e} y_\text{e}$。当 $\frac{x_\text{f}}{\sqrt{A}}$ 取不同数值时,样板曲线具有不同的形状,而当 $\frac{x_\text{f}}{\sqrt{A}} = 0$ 时,便是均质油藏(无裂缝)的模型(图 7-6 中最下方的那条曲线)。$\frac{x_\text{e}}{y_\text{e}}$ 的数值不同时,曲线也稍有变化,图 7-6 中用不同的线标出,详情请参看《现代试井解释图版》的图 9。

通过图版拟合,可以用式 (5-1)、式(5-2)、式 (5-3)、式(5-4)和式(7-9)计算 $\frac{Kh}{\mu}$、Kh、$\frac{K}{\mu}$、K 和 x_f,并可进而用式(7-7)计算 S,还可用式(7-11)算出长方形封闭油藏的面积 A:

$$A = \frac{x_\text{f}^2}{\left(\frac{x_\text{f}}{\sqrt{A}}\right)_\text{M}^2} \tag{7-11}$$

径向流动阶段的特征曲线与均质油藏情形一样,也是半对数曲线(Horner 曲线或 MDH 曲线)。同样,由其直线段的斜率可以算出 $\frac{Kh}{\mu}$、Kh、$\frac{K}{\mu}$、K 和 S(详见第三章)。

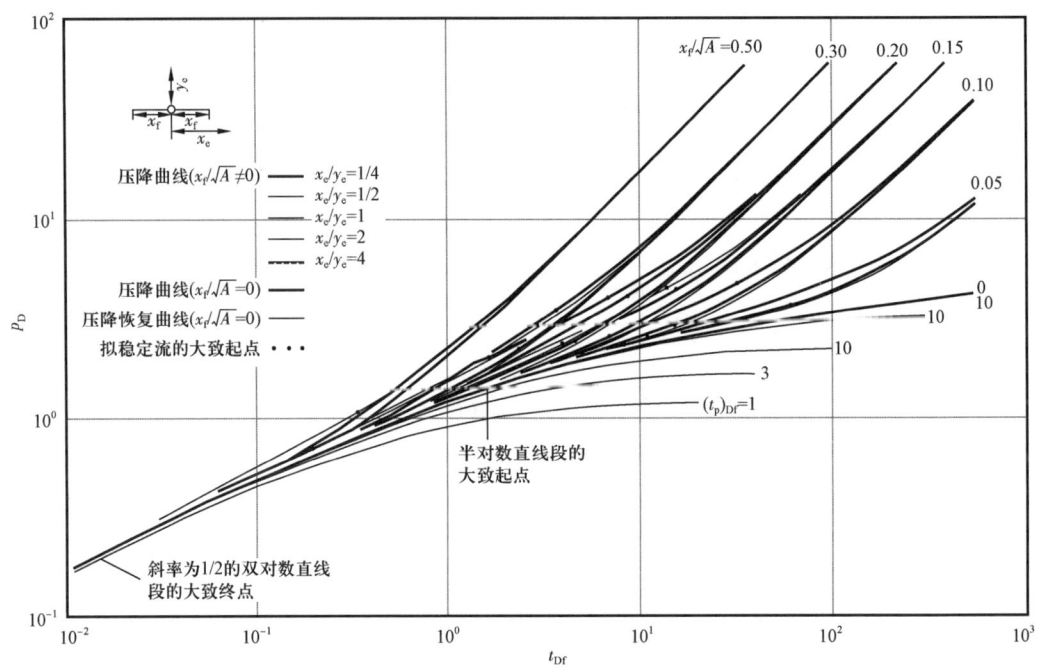

图 7-6 长方形封闭均质油藏中央一口无限导流性裂缝井的压降解释图版

解释步骤可归纳如下:
(1) 绘制实测双对数曲线,选择解释图版,进行初拟合,划分流动阶段。
(2) 进行特征曲线分析:

① 绘制早期线性流动阶段的 Δp—$\sqrt{t}$ 关系曲线,它应为过原点的一条直线(恢复情形可画出 Δp 与 $(\sqrt{t_p + \Delta t} - \sqrt{\Delta t})$ 的关系曲线),量出其斜率 m'';

② 绘制径向流动阶段的 p—$\lg t$(恢复情形为 p—$\lg \dfrac{t_p + \Delta t}{\Delta t}$ 或 p—$\lg \Delta t$)关系曲线,由其直线段斜率 m 计算 $\dfrac{Kh}{\mu}$、Kh、$\dfrac{K}{\mu}$、K、S 和压力拟合值 $\left(\dfrac{p_D}{\Delta p}\right)_M = \dfrac{1.151}{m}$;

③ 如果测试层是一个封闭系统,且压降测试进入了拟稳定流动阶段,则绘制晚期拟稳定流动阶段的 Δp—t 关系曲线,它应为一条直线,量出其斜率 m^*,由 m^* 计算该封闭系统的地质储量 N(详见第四章第三节)。

(3) 进行终拟合,计算 $\dfrac{Kh}{\mu}$、Kh、$\dfrac{K}{\mu}$、K、x_f 和 S;在封闭长方形油藏情形,可用式(7-11)计算其面积 A。

(4) 用式(4-8)由 K 和 m'' 计算裂缝半长 x_f。

(5) 对比各项计算结果。

值得注意的是:在某些非裂缝井情形,早期也可能出现线性流动,使得 $\lg \Delta p$—$\lg t$ 曲线呈斜率为 1/2 的直线(详见本章第三节)。

四、压力导数图版及复合图版拟合分析

1. 井筒储集阶段

无限大均质油藏中一口具井筒储集效应的无限导流垂直裂缝井,在纯井筒储集阶段(如果出现的话),同样有:

$$\Delta p = \frac{qB}{24C}t$$

p_D、t_{Df} 和 C_{Df} 的定义分别为[式(3-77)、式(3-85)和式(7-8)]

$$p_D = \frac{Kh}{1.842q\mu B}\Delta p$$

$$t_{Df} = \frac{3.6\times 10^{-3}K}{\phi\mu C_t x_f^2}t$$

$$C_{Df} = \frac{C}{2\pi\phi C_t h x_f^2}$$

故在纯井筒储集阶段有:

$$p_D = \frac{t_{Df}}{C_{Df}}$$

$$\lg p_D = \lg t_{Df} - \lg C_{Df} \tag{7-12}$$

$$\frac{\mathrm{d}p_D}{\mathrm{d}t_{Df}} = \frac{1}{C_{Df}}$$

故:

$$p'_D = \frac{\mathrm{d}p_D}{\mathrm{d}\ln t_{Df}} = \frac{\mathrm{d}p_D}{\mathrm{d}t_{Df}}t_{Df} = \frac{t_{Df}}{C_{Df}}$$

即:

$$p'_D = p_D = \frac{t_{Df}}{C_{Df}}$$

$$\lg p'_D = \lg p_D = \lg \frac{t_{Df}}{C_{Df}} \tag{7-13}$$

所以,由式(7-13)可知:在双对数坐标系中,压力导数曲线和压力曲线均为斜率为1的直线(45°线),且彼此互相重合。这和均质油藏(无裂缝)的模型完全一致。

2. 线性流动阶段

在原油从地层流向裂缝的线性流动阶段,有[式(4-3)]

$$p_D = \sqrt{\pi t_{Df}}$$

由此可得：

$$p'_D = \frac{dp_D}{d\ln t_{Df}} = \frac{1}{2}\sqrt{\pi t_{Df}} = \frac{1}{2}p_D \qquad (7-14)$$

这就是说：无量纲压力导数恰好是无量纲压力之半。

分别对上面两个式子的两边取对数，得：

$$\lg p_D = \frac{1}{2}\lg t_{Df} + \lg\sqrt{\pi} \qquad (7-15)$$

$$\lg p'_D = \frac{1}{2}\lg t_{Df} + \lg\sqrt{\pi} + \lg\frac{1}{2} = \lg p_D + \lg\frac{1}{2} \qquad (7-16)$$

故：

$$\lg p_D - \lg p'_D = \lg 2 = 0.3010$$

所以，在双对数坐标系中，压力样板曲线和压力导数样板曲线为互相平行的、斜率均为1/2的直线，而且，在纵坐标方向上，它们之间相距 $\lg 2 \approx 0.3010$（对数周期）。

当然，基于完全相同的道理，有：

$$\Delta p' = \frac{1}{2}\Delta p$$

$$\lg\Delta p - \lg\Delta p' = \lg 2 \approx 0.3010$$

即实测的压差曲线和压差导数曲线也是互相平行，在纵坐标方向相距 $\lg 2 \approx 0.3010$（对数周期）。这些特性，其实在第四章第三节就讨论过了。

3. 径向流动阶段

在径向流动阶段，成立[见式(7-2)]：

$$p_D = 0.5(\ln t_{Df} + 2.2)$$

故此时有：

$$p'_D = \frac{dp_D}{d\ln t_{Df}} = 0.5 \qquad (7-17)$$

这就是说：在径向流动阶段，无量纲压力导数曲线同无裂缝情形一样，也呈值为0.5的水平直线。

无限大均质油藏中具井筒储集效应的无限导流垂直裂缝井的压力导数解释图版，是以 t_{Df} 为横坐标、以 p'_D 为纵坐标的双对数曲线族，其中每一条曲线对应一个 C_{Df} 值，如图7-7所示。

均质油藏中具井筒储集效应的无限导流性裂缝井的复合解释图版如图7-8所示。在实际解释时也常常应用这种图版，同时进行两种图版的拟合，以便互相验证，并更准确地识别裂缝井和划分流动阶段。

第五章中关于用压降解释图版来进行压力恢复分析的方法，在这里也完全适用。

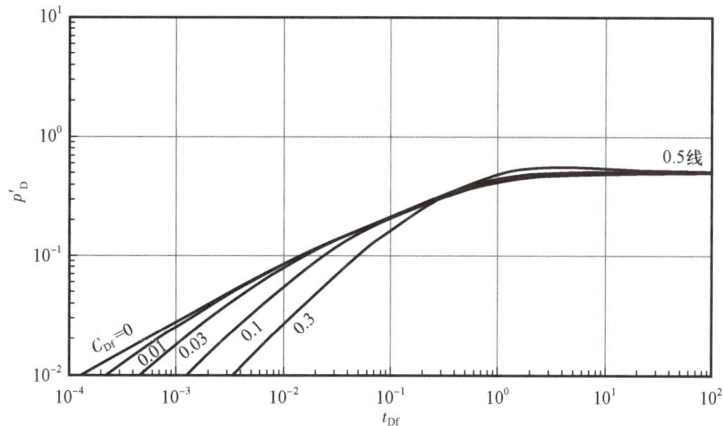

图 7-7 均质油藏中具井筒储集效应的无限导流性裂缝井的压力导数解释图版

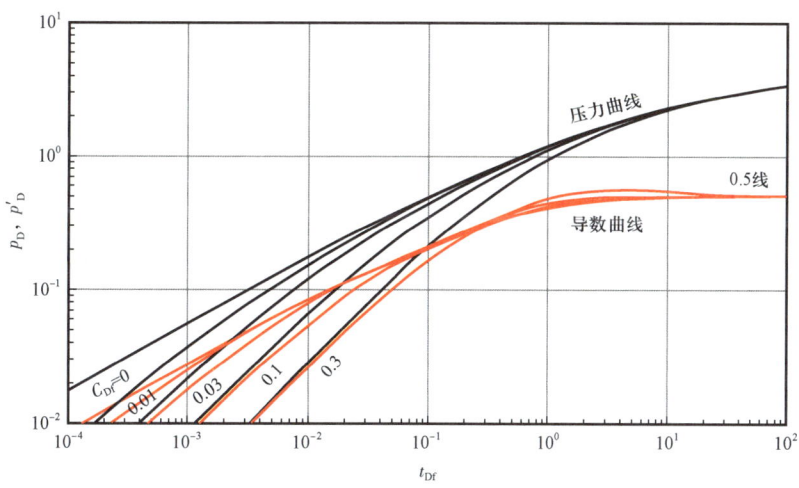

图 7-8 均质油藏中具井筒储集效应的无限导流性裂缝井的复合解释图版

由上述可知：

(1) 在纯井筒储集阶段，压差曲线和导数曲线相重合，呈一条斜率为 1 的直线即 45°线（与均质油藏无裂缝情形相同）；

(2) 在线性流动阶段，压差曲线和导数曲线都呈斜率为 1/2 的直线，即它们互相平行，而且它们之间（在纵坐标方向上）相距 $\lg 2 \approx 0.3010$ 个对数周期；

(3) 在径向流动阶段，无量纲压力导数样板曲线是水平直线 $p'_D = 0.5$，即 0.5 线（也与均质油藏无裂缝情形相同）。

不过，这种井很少出现纯井筒储集阶段，往往一开始就是线性流动，双对数曲线呈现斜率为 1/2 的两条平行直线。

拟合解释的步骤与均质油藏（无裂缝情形）大体相同。先使实测压力导数曲线（$\Delta p' = \dfrac{\mathrm{d}\Delta p}{\mathrm{d}\ln t} = \dfrac{\mathrm{d}\Delta p}{\mathrm{d}t} t$ 与 t 的双对数曲线）的径向流动阶段（水平直线段）与图版的 0.5 线相拟合，然后将实测曲线沿着水平方向移动,直到早期段曲线与图版的相应段相拟合。与压力图版拟合分析一样,可由压力拟合值、时间拟合值和曲线拟合值计算各项参数:

$$\frac{Kh}{\mu} = 1.842qB \left(\frac{p'_D}{\Delta p'}\right)_M \tag{7-18}$$

$$Kh = 1.842q\mu B \left(\frac{p'_D}{\Delta p'}\right)_M \tag{7-19}$$

$$\frac{K}{\mu} = \frac{1.842qB}{h} \left(\frac{p'_D}{\Delta p'}\right)_M \tag{7-20}$$

$$K = 1.842\frac{q\mu B}{h} \left(\frac{p'_D}{\Delta p'}\right)_M \tag{7-21}$$

$$x_f = \sqrt{\frac{3.6 \times 10^{-3} K}{\phi \mu C_t} \frac{1}{\left(\frac{t_{Df}}{t}\right)_M}} \tag{7-22} ❶$$

$$C = 2\pi\phi C_t h x_f^2 (C_{Df})_M \tag{7-23}$$

$$S = \ln \frac{2r_w}{x_f} \tag{7-24}$$

【例 7–1】❷ 克拉玛依油田 446 井压裂后进行了压力恢复测试,其双对数曲线如图 7–9 所示。压差曲线和压力导数曲线均呈斜率为 1/2 的平行直线,它们之间的纵向距离约为 0.3 对

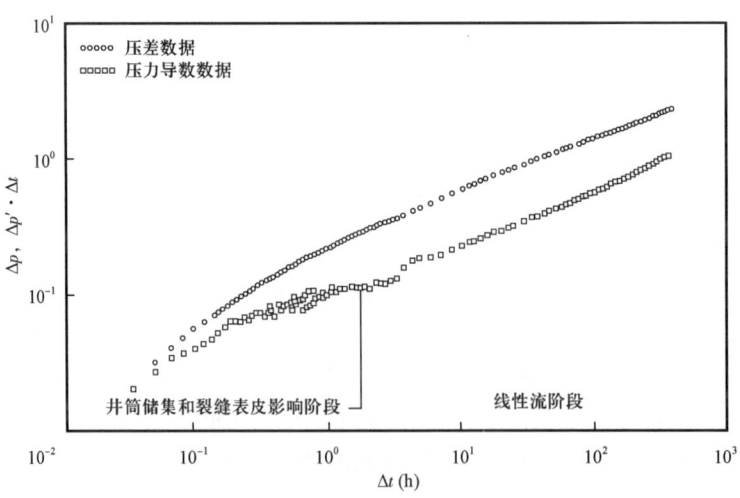

图 7–9 克拉玛依油田 446 井压差曲线及压力导数双对数曲线(例 7–1)

---

❶ 在压力恢复情形,式中的 t 应改为 Δt。
❷ 本例引自文献[8]。

数周期。这正是线性流动的典型特征。斜率为1/2的直线段延续时间很长,达2.5对数周期,说明压开的裂缝相当长。

446井关井前产量变化很大,故采用多流量的解释方法进行解释。该井压力恢复叠加函数曲线如图7-10所示。显然,如果用老的常规试井解释方法,光靠图7-10进行解释是很困难的。用无限导流性垂直裂缝井的复合解释图版(图7-8)进行分析,问题就可迎刃而解。拟合的结果如图7-11所示,解释结果列于表7-1。无量纲叠加函数拟合检验曲线和压力史拟合检验曲线如图7-12和图7-13所示。

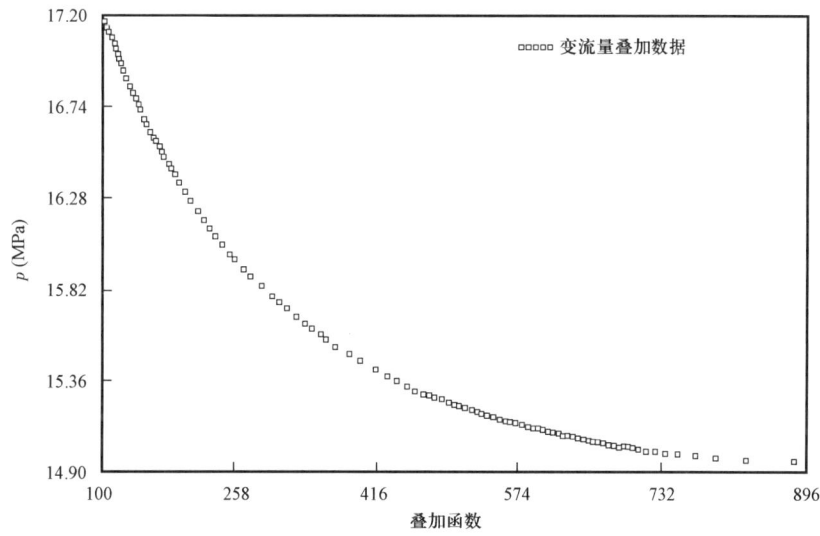

图7-10 克拉玛依油田446井压力恢复叠加函数曲线(例7-1)

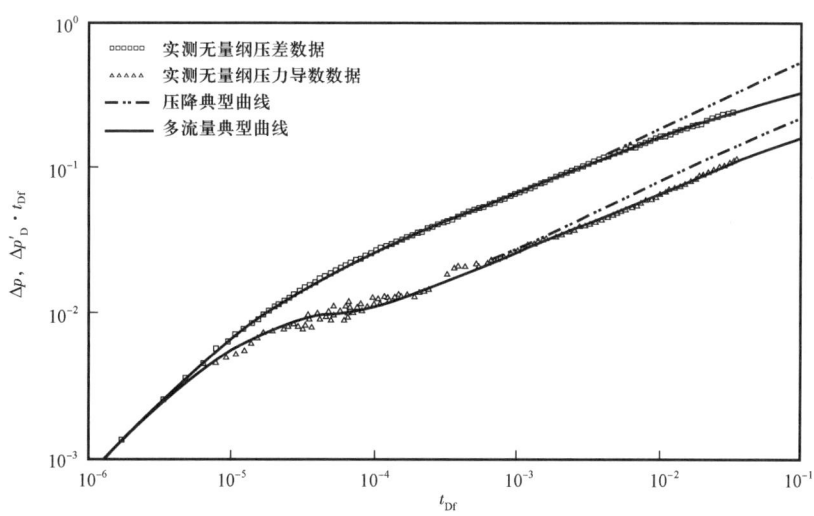

图7-11 克拉玛依油田446井无量纲压力及导数曲线拟合图(例7-1)

表 7-1 克拉玛依 446 井解释结果（例 7-1）

测试井类型	解释方法	渗透率 K (mD)	表皮系数 S	井储系数 C (m^3/MPa)	裂缝半长 x_f (m)	外推压力 p^* (MPa)
均质油藏垂直裂缝	双对数分析	753	0.016	2.12	339.2	
	叠加函数法	753	0.016			19.24

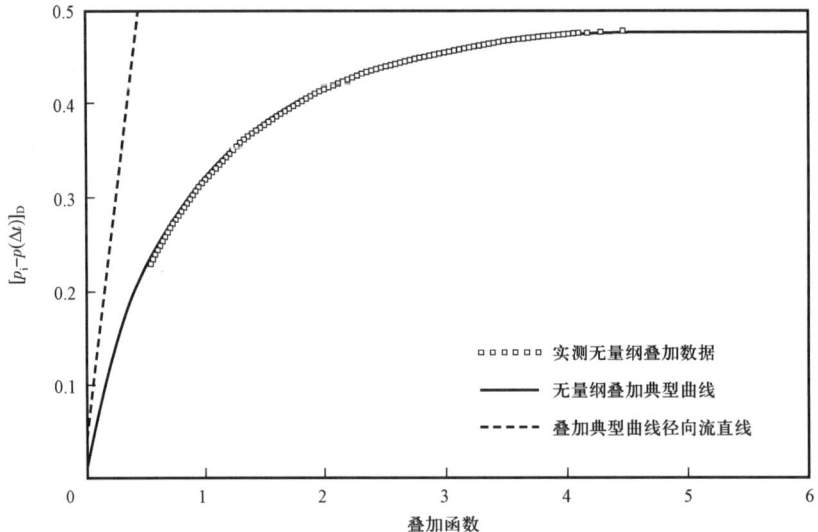

图 7-12 克拉玛依油田 446 井无量纲叠加函数拟合检验曲线（例 7-1）

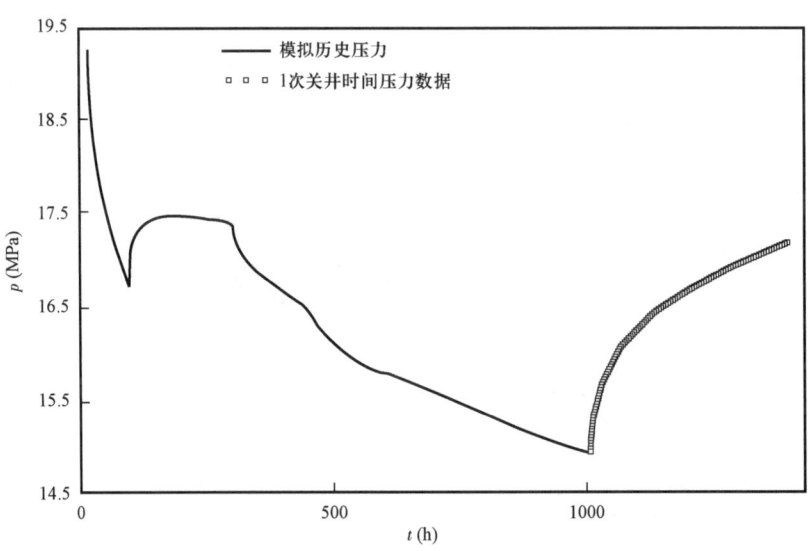

图 7-13 克拉玛依 446 井压力史拟合检验曲线（例 7-1）

第二节 有限导流性垂直裂缝模型

一、模型的基本假定

如果沿着裂缝的压力梯度不是小得可以忽略,裂缝的渗透率为无限大的假设不再成立,此时裂缝不具有"无限导流性",而是属于"有限导流性"的。有限导流性垂直裂缝的基本假定如下:

(1) 只压开一条裂缝,这条裂缝贯穿整个油层,且与井筒对称,其半长为 x_f,如图 7-1 和图 7-14 所示;

(2) 裂缝具有一定的渗透率 K_f,沿着裂缝存在压力损失,即裂缝的导流性是有限的;

(3) 裂缝的宽度为 $w \neq 0$(图 7-14);

(4) 裂缝渗透率 K_f 比油层渗透率 K 大得多,即 $K_f \gg K$

大型加砂压裂往往产生相当长的裂缝,这种裂缝常符合这种模型。

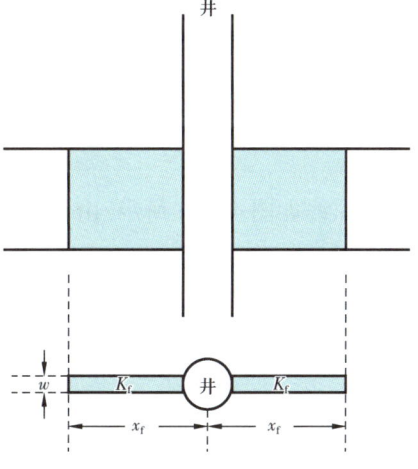

图 7-14 有限导流性垂直裂缝模型示意图

二、模型的流动阶段

这种模型的流动可以区分为早期的双线性(和线性)流动阶段和后来的拟径向流动阶段。

1. 双线性和线性流动阶段

在早期,除了从油层向裂缝面的线性流动之外,还存在裂缝内的线性流动,组合成了所谓双线性流动(图 4-14)。

第四章第三节中已经说过:在这一阶段,由于[式(4-9)]

$$p_D = \frac{2.45}{\sqrt{K_{fD} w_{fD}}} \sqrt[4]{t_{Df}}$$

和[式(4-11)]

$$\Delta p = \frac{1.1054 q\mu B}{h \sqrt{K_f w} \sqrt[4]{\phi \mu C_t K}} \sqrt[4]{t}$$

以及由对式(4-9)求导得到的

$$p'_D = \frac{\mathrm{d}p_D}{\mathrm{d}\ln t_{Df}} = \frac{1}{4} \frac{2.45}{\sqrt{K_{fD} w_{fD}}} \sqrt[4]{t_{Df}} = \frac{1}{4} p_D \qquad (7-25)$$

可以知道：压差和压力导数的双对数曲线都呈斜率为 1/4 的直线，且在纵轴方向上相距 $\lg 4 = 0.6021$ 对数周期；另外，在直角坐标系中，Δp 与 $\sqrt[4]{t}$ 成斜率为

$$m'' = \frac{1.1054 q\mu B}{h \sqrt{K_f w} \sqrt[4]{\phi \mu C_t K}}$$

的过原点的直线，由其斜率 m'' 可算出裂缝导流能力（$K_f w$）：

$$K_f w = \frac{1.2219}{\sqrt{\phi \mu C_t K}} \left(\frac{q\mu B}{h m''} \right)^2 \tag{7-26}$$

在压力恢复情形，式(4-11)可写成：

$$p(\Delta t) = p_i - \frac{1.1054 q\mu B}{h \sqrt{K_f w} \sqrt[4]{\phi \mu C_t K}} [(t_p + \Delta t)^{1/4} - (\Delta t)^{1/4}]$$

其特征曲线如图 4-16 所示，由于它的斜率与压降情形相同，所以计算裂缝导流率 $K_f w$ 的公式(7-26)不变。

接着，有可能出现与无限导流性垂直裂缝情形一样的线性流动，其特征是压差和压力导数的双对数曲线都呈斜率为 1/2 的直线，如图 7-15 所示。

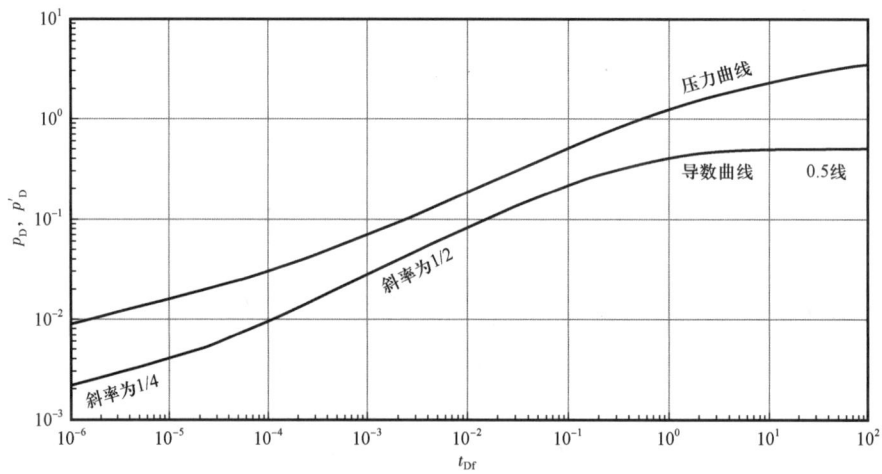

图 7-15　有限导流形垂直裂缝井双对数曲线

2. 拟径向流动阶段

线性流动结束后，便进入拟径向流动阶段。

拟径向流动阶段的特征和径向流动阶段一样，特征曲线也是 Horner 曲线或 MDH 曲线。半对数分析与均质油藏（无裂缝）情形相同。

三、压力图版拟合分析

无限大均质油藏中有限导流性垂直裂缝井模型的压力解释图版如图 7-16 所示，其纵坐标为无量纲压力[式(3-77)]：

$$p_D = \frac{Kh}{1.842q\mu B}\Delta p$$

横坐标为无量纲时间[式(3-83)]：

$$t_{De} = \frac{3.6 \times 10^{-3}K}{\phi\mu C_t r_{we}^2}t$$

每一条曲线对应一个无量纲裂缝传导系数 F_{CD} 值：

$$F_{CD} = K_{fD}w_{fD} \qquad (7-27)$$

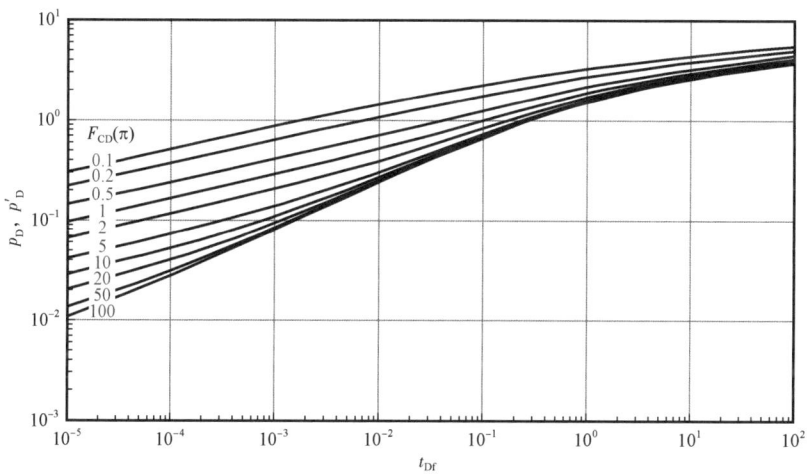

图7-16　无限大均质油藏有限导流性垂直裂缝井模型的压力解释图版

当 $F_{CD} > 100\pi$ 时，就是无限导流性垂直裂缝模型的样板曲线（图7-16中最下方的那条曲线）。图版拟合方法如前述一样。由压力拟合得[式(5-1)至式(5-4)]：

$$\frac{Kh}{\mu} = 1.842qB\left(\frac{p_D}{\Delta p}\right)_M$$

$$Kh = 1.842q\mu B\left(\frac{p_D}{\Delta p}\right)_M$$

$$\frac{K}{\mu} = \frac{1.842qB}{h}\left(\frac{p_D}{\Delta p}\right)_M$$

$$K = \frac{1.842q\mu B}{h}\left(\frac{p_D}{\Delta p}\right)_M$$

由时间拟合得[式(3-83)]：

$$r_{we} = 0.06\sqrt{\frac{K}{\phi\mu C_t\left(\frac{t_{De}}{t}\right)_M}} \qquad (7-28)$$

从而可算出[式(3-92)]：

$$S = \ln \frac{r_w}{r_{we}} \quad (7-29)$$

由曲线拟合可得

$$(F_{CD})_M = K_{fD} w_{fD} = \frac{K_f w}{K x_f} \quad (7-30)$$

的数值，然后由图 7-17 查出相应的 $\frac{r_{we}}{x_f}$ 值，再求出 x_f：

$$x_f = \frac{r_{we}}{\left(\dfrac{r_{we}}{x_f}\right)_{图7-17}} \quad (7-31)$$

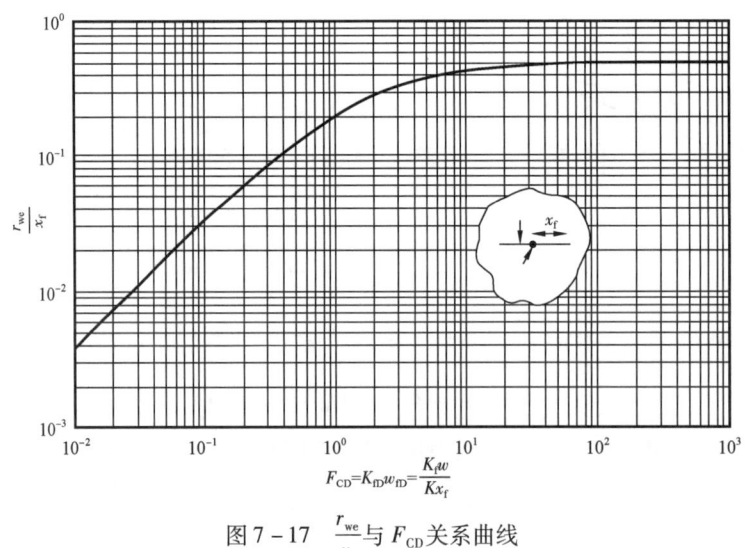

图 7-17　$\dfrac{r_{we}}{x_f}$ 与 F_{CD} 关系曲线

四、压力导数图版和复合图版拟合分析

无限大均质油藏中有限导流性垂直裂缝井模型的压力解释图版与压力导数解释图版的复合图版如图 7-18 所示，其中实线为压力解释图版，虚线为压力导数解释图版。

1. 双线性流动阶段

如前所述，无限大均质油藏中具井筒储集效应的有限导流性垂直裂缝井，在早期的双线性流动阶段，由于

$$p_D = \frac{2.45}{\sqrt{K_{fD} w_{fD}}} \sqrt[4]{t_{Df}}$$

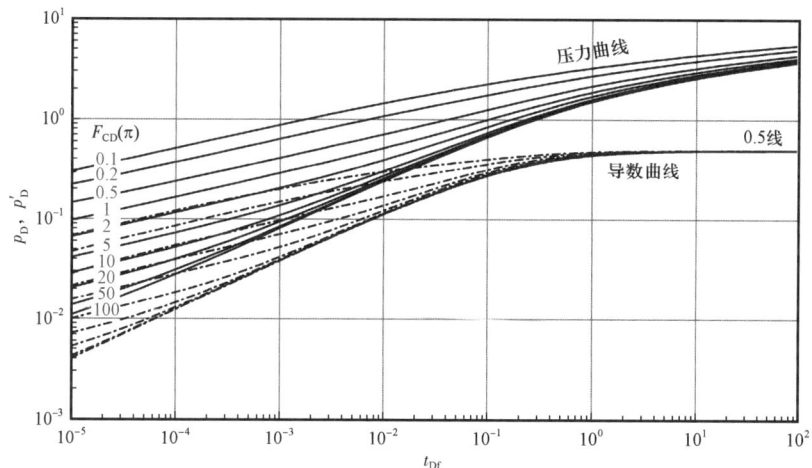

图 7-18 有限导流性垂直裂缝井模型的压力解释图版与压力导数解释图版

$$p'_D = \frac{dp_D}{d\ln t_{Df}} = \frac{1}{4}p_D$$

$$\lg p_D - \lg p'_D = \lg 4 = 0.6021$$

所以在双对数坐标系中,在双线性流动阶段,压力图版和导数图版的样板曲线都是斜率为 1/4 的直线,即互相平行,而且在纵向上相距 $\lg 4 = 0.6021$ 对数周期。当然,实测压差及其导数也是如此,即实测压差曲线(Δp—t 曲线)及其导数曲线($\Delta p' = \frac{d\Delta p}{d\ln t}$—$t$ 曲线)均呈斜率为 1/4 的直线,而且在纵向上相距 $\lg 4 = 0.6021$ 对数周期。

前面也已经提及,在双线性流动阶段之后,有时可能会出现线性流动。此时,在双对数坐标系中,压差曲线和压力导数曲线均呈斜率为 1/2 的直线,且在纵坐标方向上彼此相距 $\lg 2 = 0.3010$ 对数周期。

2. 拟径向流动阶段

当过渡到拟径向流动阶段后,压力导数曲线成为水平直线,与解释图版的 0.5 线相拟合。由拟合值计算参数与前述相同:由压力拟合得[式(5-28)至式(5-31)]:

$$\frac{Kh}{\mu} = 1.842qB\left(\frac{p'_D}{\Delta p'}\right)_M$$

$$Kh = 1.842q\mu B\left(\frac{p'_D}{\Delta p'}\right)_M$$

$$\frac{K}{\mu} = \frac{1.842qB}{h}\left(\frac{p'_D}{\Delta p'}\right)_M$$

$$K = \frac{1.842q\mu B}{h}\left(\frac{p'_D}{\Delta p'}\right)_M$$

其余各项参数的计算同式(7-28)至式(7-31)。

当然,与上述一样,由双对数分析和由特征曲线分析所得的结果必须相符,如果不符,则解释过程中有错误,必须检查修正。

值得注意的是:除了有限导流性垂直裂缝之外,油藏的某些非均质性也可能使得双对数曲线呈现斜率为1/4的直线。因此,解释时应了解有关情况,与有关地质和工程技术人员一道分析研究,才能作出合理的解释。

【例7-2】❶ 克拉玛依油田百68井压裂后进行试油,测得了压力恢复曲线。利用变流量方法解释,压力及其导数的双对数曲线如图7-19所示,叠加函数曲线如图7-20所示。图7-21是用有限导流性垂直裂缝井模型解释图版进行拟合的结果。在井筒储集阶段结束之后,压力和压力导数曲线均呈斜率为1/4的直线,两者之间在纵坐标方向的距离为0.6对数周期,充分显示出双线性流动的特征。解释结果列于表7-2。由无量纲叠加函数检验曲线(图7-22)和压力史拟合检验曲线(图7-23)看,解释是正确的。

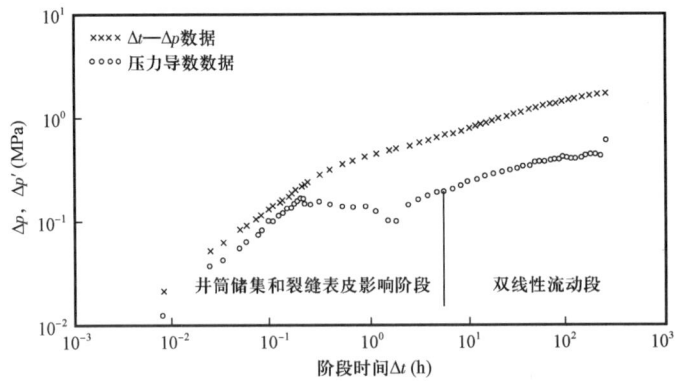

图7-19 克拉玛依油田百68井压力及其导数双对数曲线(例7-2)

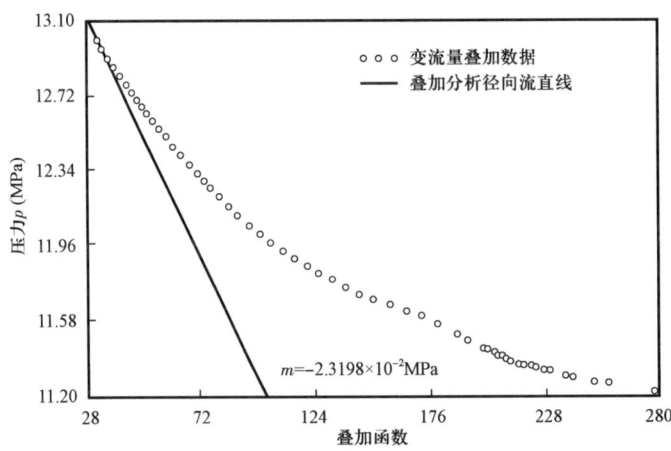

图7-20 克拉玛依油田百68井压力恢复叠加函数曲线(例7-2)

---

❶ 本例引自文献[13]。

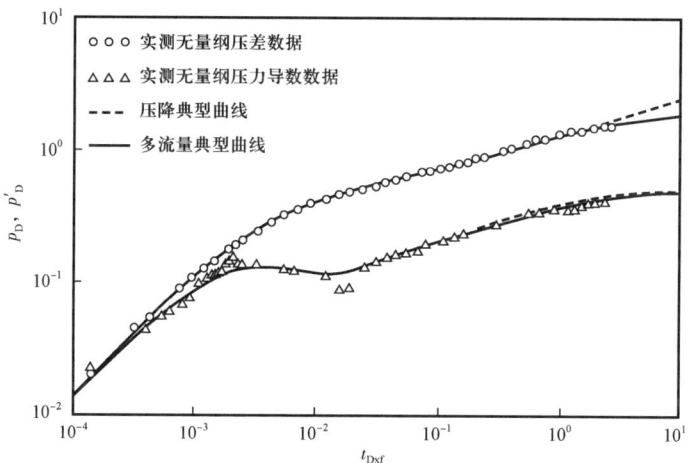

图 7-21 克拉玛依油田百 68 井无量纲压力及其导数曲线拟合图（例 7-2）

表 7-2 克拉玛依油田百 68 井解释结果（例 7-2）

测试井类型	解释方法	渗透率 K (mD)	表皮系数 S	井储系数 C (m^3/MPa)	裂缝半长 x_f (m)	裂缝导流系数
有限导流垂直裂缝	双对数分析	9800	0.28	0.30	93.34	500
	叠加函数法	9800	0.28			

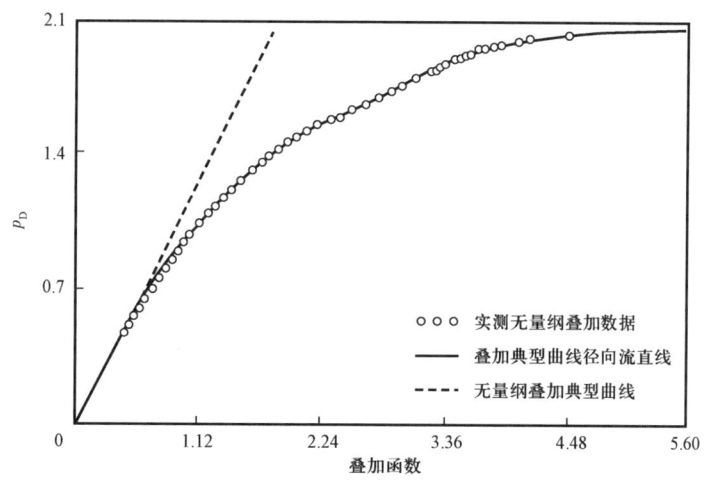

图 7-22 克拉玛依油田百 68 井无量纲压力恢复叠加函数拟合检验曲线（例 7-2）

如果裂缝受到了污染，则会产生所谓裂缝表皮效应，其严重程度用裂缝表皮系数表示。图 7-24 和图 7-25 分别是考虑了裂缝表皮效应的无限导流和有限导流垂直裂缝情形的解释图版，各条曲线都标注了它所代表的裂缝表皮系数值。可以看到：除非出现井筒储集效应，否则裂缝表皮效应对压力导数曲线并无影响。

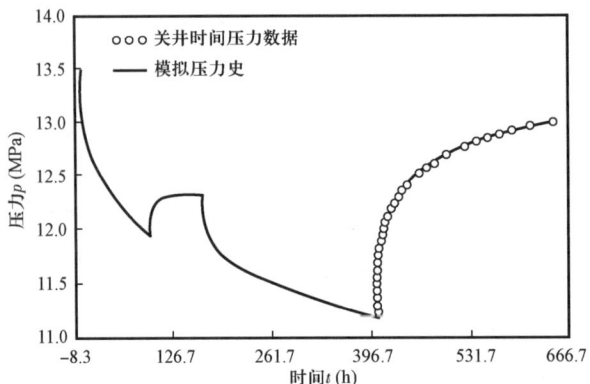

图 7-23　克拉玛依百 68 井压力史拟合检验曲线（例 7-2）

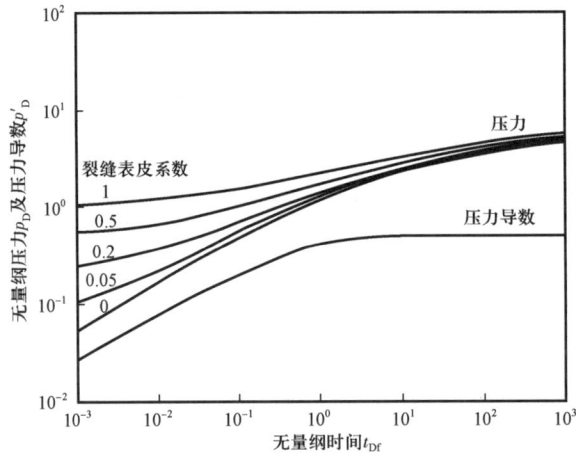

图 7-24　无限导流垂直裂缝井裂缝污染情形的解释图版

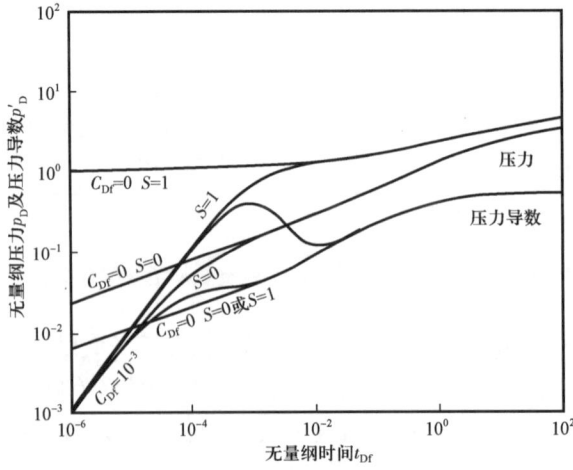

图 7-25　有限导流垂直裂缝井裂缝污染情形的解释图版

第三节　非裂缝井中早期的线性流动

从上面两节知道：均质油藏中垂直裂缝井的流动早期，会出现线性流动或双线性流动阶段。那么，是不是只有垂直裂缝井，才会在早期呈现线性流动呢？换句话说，如果在早期出现了线性流动，是不是就表明：测试井一定是垂直裂缝井呢？

我们在某国几个非常疏松的砂岩油藏的一批探井测试中，确实碰到了这种很有趣的现象。这些井的实测双对数曲线的早期段，呈现非常典型的线性流动特征：压力曲线和压力导数曲线都是斜率为 1/2 的直线，它们之间的垂直距离也大致为 lg2。L2 井就是其中的一口（图 7-26）。可是这几个油藏的砂岩却疏松到如此地步：岩心用手轻轻一捏就会成为碎砂。显然，在这样疏松的砂岩油藏中的井，不可能存在裂缝。

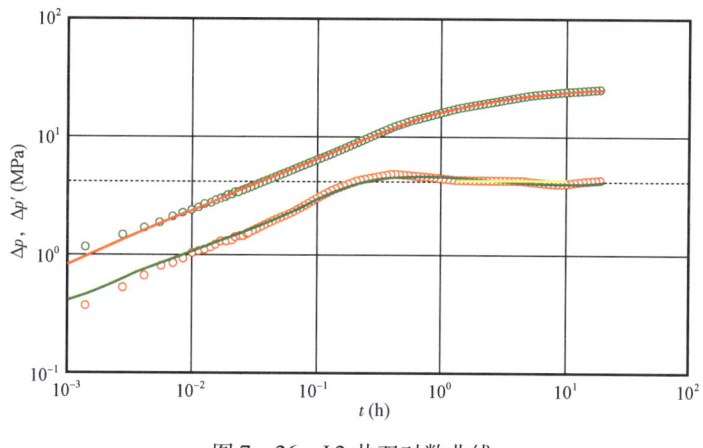

图 7-26　L2 井双对数曲线

这究竟是怎么回事呢？我们和地质师、油藏工程师一起讨论，最后认为：很可能是在测试之前，在清井或其他作业开始时，油层中的流体沿着疏松砂岩中应力最为薄弱的方向冲向井底，造成了一条狭窄的带状流动通道，这条通道的渗透率比地层高得多。于是在流动测试开始时，便出现了类似于裂缝井情形的线性流动。这是在非裂缝井中出现的早期线性流动。

按照这一推断，用裂缝井模型对终恢复资料进行了解释，从双对数分析和半对数分析得到的结果见表 7-3。

表 7-3　L2 井解释结果

参数	双对数分析结果	半对数分析结果
Kh(mD·m)	6700	6600
K(mD)	1910	1890
S	-5.1	-4.6
p_i(MPa)		10.93

图 7-27 和图 7-28 分别是该井的叠加函数检验曲线和压力史拟合检验曲线,良好的拟合检验结果,证明了得到的解释结果是比较可信的。

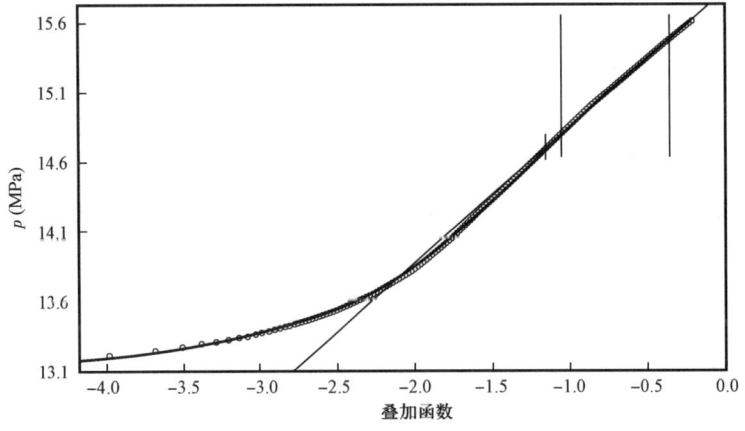

图 7-27　L2 井叠加函数检验曲线

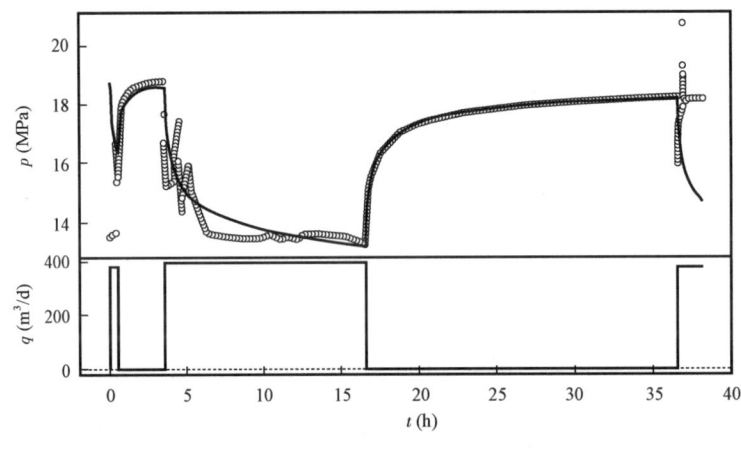

图 7-28　L2 井压力史拟合检验曲线

这就回答了本节开头提出的问题:并不是只有垂直裂缝井,才会在早期呈现线性流动;在早期出现了线性流动,并不表明测试井一定是垂直裂缝井。这也说明了试井资料综合解释的重要性。

第八章
双重渗透介质油藏的试井解释

双重渗透介质油藏常指物性相差悬殊的双层油藏。本章主要介绍双重渗透介质油藏中直井的图版拟合分析方法和半对数分析方法。

第一节 双重渗透介质油藏的有关概念

双重渗透介质油藏是双重孔隙介质油藏的扩展,它也是由渗透率或(和)孔隙度不同的两种介质构成;符合这一模型的典型油藏,是物性相差悬殊的双层油藏。现在一些试井解释软件干脆把它称作双层油藏模型,如图8-1所示。这里就以这种油藏为对象,说明有关概念和试井解释方法。

假设油藏包含两个均质、厚度分别为 h_1 和 h_2 的油层。如果两层的渗透率相等,孔隙度、原油黏度等参数也基本相同,则压力性态与单层情形一样,解释方法也完全相同,只是所算得的地层系数应是两层的地层系数之和:

$$\frac{Kh}{\mu} = \left(\frac{Kh}{\mu}\right)_1 + \left(\frac{Kh}{\mu}\right)_2 = \frac{K}{\mu}(h_1 + h_2)$$

我们主要讨论两层的渗透率不等的情形。设这两层的渗透率分别为 K_1 和 K_2(我们约定:用下标1表示高渗透层,用下标2表示低渗透层)。作如下假设(图8-1):

(1)两层的渗透率不等:$K_1 \neq K_2$(如上文所约定的:$K_1 > K_2$)。

(2)两层都向井筒供油,同时由低渗透层($K = K_2$)向高渗透层($K = K_1$)发生拟稳定窜流;在只射开其中一层的情形,只有射开的那一层向井筒供油。

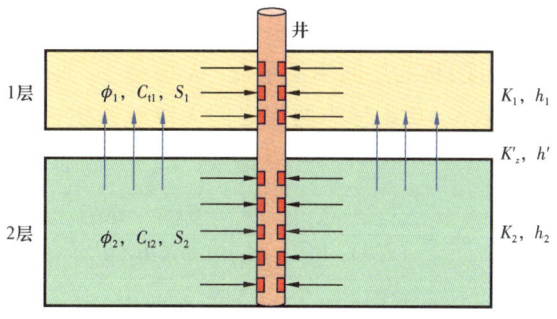

图 8-1 双重渗透介质模型(双层油藏模型)示意图

(3) 井具有井筒储集和表皮效应。

(4) 两层的原始地层压力 p_i 相同。

(5) 两层之间的隔层的厚度为 h'，其垂向渗透率为 K'_z。

双层油藏系统的总流动系数 $\left(\dfrac{Kh}{\mu}\right)_t$ 表示为（假定两层中流体的黏度 μ 相同）：

$$\left(\frac{Kh}{\mu}\right)_t = \left(\frac{Kh}{\mu}\right)_1 + \left(\frac{Kh}{\mu}\right)_2 = \frac{1}{\mu}(K_1 h_1 + K_2 h_2) \tag{8-1}$$

总流度 $\left(\dfrac{K}{\mu}\right)_t$ 为：

$$\left(\frac{K}{\mu}\right)_t = \frac{K_1 h_1 + K_2 h_2}{(h_1 + h_2)\mu} \tag{8-2}$$

总地层系数 $(Kh)_t$ 为：

$$(Kh)_t = K_1 h_1 + K_2 h_2 \tag{8-3}$$

第1层和第2层的储能系数分别定义为：

$$(\phi C_t h)_1 = \phi_1 C_{t1} h_1 \tag{8-4}$$

$$(\phi C_t h)_2 = \phi_2 C_{t2} h_2 \tag{8-5}$$

总储能系数为：

$$(\phi C_t h)_t = (\phi C_t h)_1 + (\phi C_t h)_2 \tag{8-6}$$

储能比 ω 为：

$$\omega = \frac{(\phi C_t h)_1}{(\phi C_t h)_1 + (\phi C_t h)_2} = \frac{(\phi C_t h)_1}{(\phi C_t h)_t} \tag{8-7}$$

其定义与双重孔隙介质油藏情形基本相同，只不过在双重孔隙介质油藏情形的裂缝相对体积 V_f 和基质岩块相对体积 V_m，分别简化为两层的厚度占比 $\dfrac{h_1}{h_1+h_2}$ 和 $\dfrac{h_2}{h_1+h_2}$。ω 的数值范围也与双重孔隙介质油藏情形大体一致，数量级为 $10^{-3} \sim 10^{-1}$ 甚至更小。

双重孔隙介质油藏情形的介质之间窜流系数 λ，在双层油藏系统情形表征流体从低渗透层流入高渗透层的难易程度，称为层间窜流系数。λ 值越小，油从低渗透层（第2层）流入高渗透层（第1层）就越困难；$\lambda = 0$ 则标志两层之间无窜流发生，即所谓双层合采系统。窜流系数 λ 的定义是：

$$\lambda = \frac{l^2}{(Kh)_t} \frac{K'_z}{h'} = \frac{l^2}{K_1 h_1 + K_2 h_2} \frac{K'_z}{h'} \tag{8-8}$$

其中 h' 为两层间隔层的厚度，K'_z 为两层间隔层的垂向渗透率，而 l 则是低渗透层的特征长度（参阅第六章第一节）。

定义无量纲压力：

$$p_D = \frac{(Kh)_t}{1.842q\mu B}\Delta p = \frac{K_1h_1 + K_2h_2}{1.842q\mu B}\Delta p \tag{8-9}$$

无量纲时间：

$$t_D = \frac{3.6\times 10^{-3}(Kh)_t}{(\phi C_t h)_t \mu r_w^2}t = \frac{3.6\times 10^{-3}(K_1h_1 + K_2h_2)}{[(\phi C_t h)_1 + (\phi C_t h)_2]\mu r_w^2}t \tag{8-10}$$

第1层、第2层和总的无量纲井筒储集系数分别为：

$$C_{D1} = \frac{C}{2\pi(\phi C_t h)_1 r_w^2} \tag{8-11}$$

$$C_{D2} = \frac{C}{2\pi(\phi C_t h)_2 r_w^2} \tag{8-12}$$

$$C_D = \frac{C}{2\pi(\phi C_t h)_t r_w^2} = \frac{C}{2\pi[(\phi C_t h)_1 + (\phi C_t h)_2]r_w^2} \tag{8-13}$$

以及

$$\frac{t_D}{C_D} = 7.2\times 10^{-3}\pi\frac{(Kh)_t}{\mu C}t = 7.2\times 10^{-3}\pi\frac{K_1h_1 + K_2h_2}{\mu C}t \tag{8-14}$$

除上述各项之外，还要再引进一个新的无量纲参数——地层系数比 κ：

$$\kappa = \frac{K_1h_1}{K_1h_1 + K_2h_2} \tag{8-15}$$

地层系数比 κ 是高渗透层的地层系数与总地层系数的比值，它表征两层之间差异的大小。当 $\kappa\approx 1$（例如 $\kappa>0.999$）时，低渗透层的流度小得可以忽略不计，双重渗透介质模型的特征就变得与双重孔隙介质模型十分相似；而当 $\kappa=0.5$ 时，则 $K_1h_1=K_2h_2$，双重渗透介质模型的特征就变得与均质模型无异。

第二节 双层油藏系统中两层均产油的情形

一、双对数曲线的特征和解释图版

在双重渗透介质情形，考虑的参数比双重孔隙介质情形又增加了一个，因此不可能只用一张图版描述所有的内容了。

先来考察双对数曲线的特性。图8-2和图8-3是固定 $C_D=1$、$S=0$、$\lambda=4\times 10^{-4}$，分别取 $\omega=10^{-3}$（图8-2）和 $\omega=10^{-1}$（图8-3）情形的复合解释图版，其中每一条曲线对应一个 κ 值。图版中的两条虚线分别对应于 $\kappa=0.5$ 和 $\kappa=1$，即均质情形和双重孔隙介质情形。

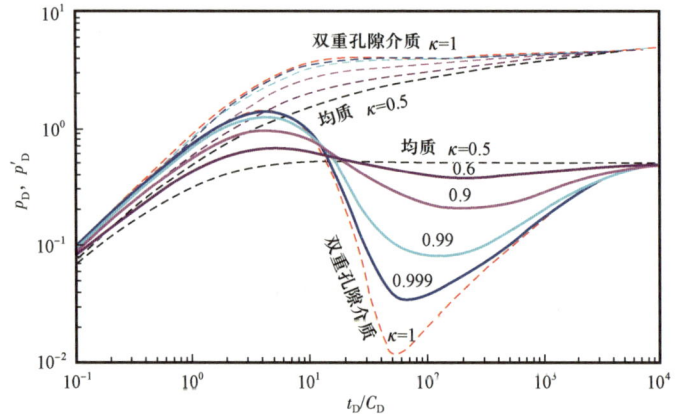

图 8-2 双重渗透介质油藏中具井筒储集和表皮效应的井的样板曲线
（$C_D e^{2S} = 1, \lambda = 4 \times 10^{-4}, \omega = 10^{-3}$）

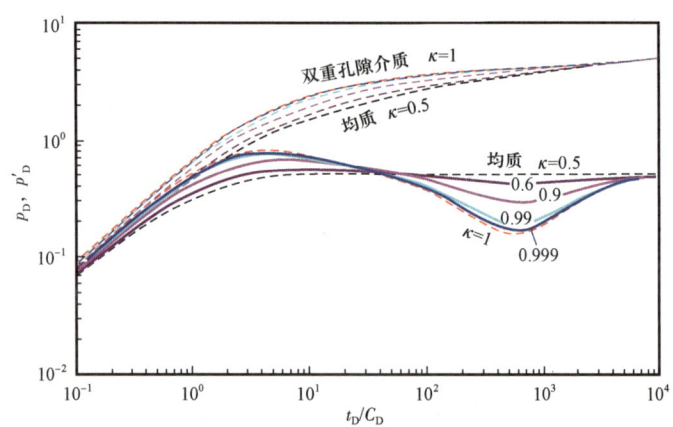

图 8-3 双重渗透介质油藏中具井筒储集和表皮效应的井的样板曲线（$C_D e^{2S} = 1, \lambda = 4 \times 10^{-4}, \omega = 10^{-1}$）

双重渗透介质油藏中的井，流动可分为三个阶段：

（1）在开井生产的早期，两层互不相干地各自向井筒供油，还看不到层间窜流，双对数曲线呈现反映纯井筒储集的斜率为 1 的直线（45°线），然后导数曲线达到"山峰"的"峰顶"再下降。这与均质油藏模型完全相同。

（2）在生产一段时间之后，两层之间有了一定的压差，层间的窜流开始出现，所以在井筒储集结束后，压力导数曲线便出现一段过渡段（"凹子"），其形状与两层的储能比 ω 和地层系数比 κ 有关，这是层间窜流阶段。

（3）最后，两层的压力达到动态平衡，压力导数曲线成为一条水平直线段，对应于整个双层系统的径向流动阶段，它应与压力导数图版的 0.5 水平直线段相拟合。

可以看到，对于不同的 κ 值，无量纲压力导数曲线的"凹子"的深浅程度不同：κ 值越小，

"凹子"越浅而越接近 0.5 水平直线;若 $\kappa=0.5$,则成为均质油藏模型,"凹子"不复存在而呈 0.5 水平直线;κ 值越大,则"凹子"越深;若 $\kappa=1$,则 $K_2=0$,与介质间拟稳定流动的双重孔隙介质模型相同。这就是说:双重渗透介质油藏的样板曲线位于均质油藏样板曲线与双重孔隙介质油藏样板曲线之间。

图 8-4 是固定 $C_D e^{2S}=1$、$\lambda e^{-2S}=4\times 10^{-4}$、$\kappa=0.99$ 情形的复合样板曲线,由此可以考察 ω 的变化对曲线的影响:ω 越小,导数曲线的"凹子"就越深。

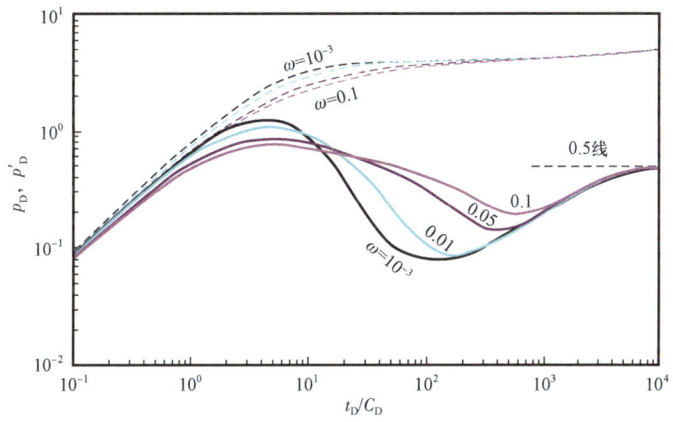

图 8-4 双重渗透介质油藏模型双对数曲线
($C_D e^{2S}=1,\lambda e^{-2S}=4\times 10^{-4},\kappa=0.99$)

图 8-5 和图 8-6 是刘尉宁和陈钦雷在 Bourdet 提出的数学模型的基础上研制成的双重渗透介质油藏模型中具井筒储集和表皮效应的井的复合解释图版,分别取 $\kappa=0.99$(图 8-5)和 $\kappa=0.85$(图 8-6)。这些图版和双重孔隙介质油藏模型的图版颇为相似。图版上方的压力图版(p_D—t_D/C_D 图版)由两套图版组成:实线是均质油藏的压力解释图版,每

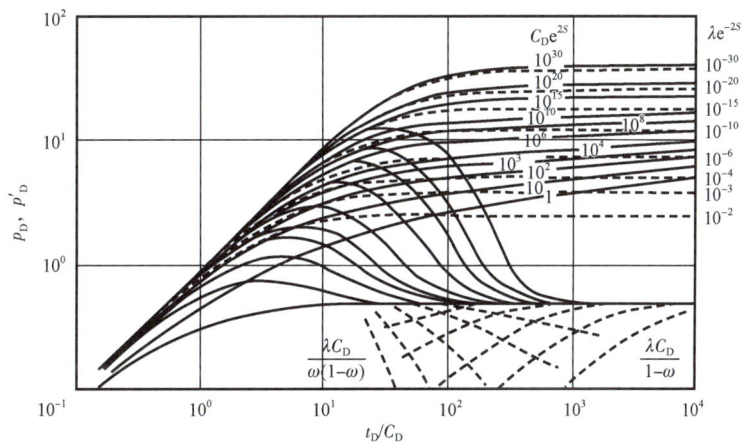

图 8-5 双重渗透介质油藏模型具井筒储集和表皮效应的井的复合解释图版
($\kappa=0.99$)

一条样板曲线对应一个 $C_D e^{2S}$ 值;虚线是层间拟稳定窜流的压力解释图版,每一条样板曲线对应一个 λe^{2S} 值。下方的压力导数图版($p'_D \sim t_D/C_D$ 图版)也由两部分组成:一部分(实线)是均质油藏的导数解释图版,每一条样板曲线对应一个 $C_D e^{2S}$ 值;另一部分由最下方的两组曲线(虚线)组成,它们是层间拟稳定窜流的导数解释图版,每一条早期窜流线对应一个 $\dfrac{\lambda C_D}{\omega(1-\omega)}$ 值,而每一条晚期窜流线对应一个 $\dfrac{\lambda C_D}{1-\omega}$ 值。

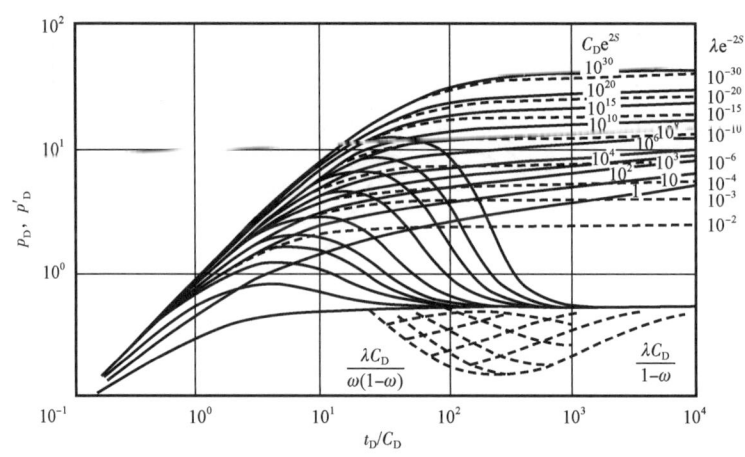

图 8-6 双重渗透介质油藏模型具井筒储集和表皮效应的井的复合解释图版
($\kappa = 0.85$)

二、解释方法

如果测试井是在双层油藏中,而且这两层的物性(如渗透率、孔隙度等)相差悬殊,则其压力将出现双层油藏的特征,应使用双层渗透介质模型进行解释。

在多层(层数>2)油藏情形,如果这些油层可以分作渗透率明显不同的两组:高渗透层组 1(设共 N_1 层,其中第 i 层的厚度为 h_{1i})和低渗透层组 2(设共 N_2 层,其中第 i 层的厚度为 h_{2i}),而在高渗透层组 1 中各层的渗透率差异却不是很大,在低渗透层组 2 中各层的渗透率差异也不是很大,则也可以使用双重渗透介质模型(双层油藏模型)进行解释,此时应把原来两层的厚度 h_1 和 h_2 分别改作两组油层的厚度之和:

$$h_1 = \sum_{i=1}^{N_1} h_{1i}$$

和

$$h_2 = \sum_{i=1}^{N_2} h_{2i}$$

则总厚度为:

$$h = h_1 + h_2 = \sum_{i=1}^{N_1} h_{1i} + \sum_{i=1}^{N_2} h_{2i}$$

而解释所得到的流动系数为：

$$\left(\frac{Kh}{\mu}\right)_t = \left(\frac{Kh}{\mu}\right)_1 + \left(\frac{Kh}{\mu}\right)_2 = \frac{(Kh)_1 + (Kh)_2}{\mu} = \frac{1}{\mu}\left(K_1 \sum_{i=1}^{N_1} h_{1i} + K_2 \sum_{i=1}^{N_2} h_{2i}\right)$$

地层系数为：

$$Kh = K_1 h_1 + K_2 h_2 = K_1 \sum_{i=1}^{N_1} h_{1i} + K_2 \sum_{i=1}^{N_2} h_{2i}$$

1. 双对数分析

压降情形画出实测 $\Delta p - t$ 和 $\Delta p' t - t$ 的双对数曲线，压力恢复情形画出 $\Delta p - \Delta t$ 和 $\Delta p' \Delta t (t_p + \Delta t)/t_p - \Delta t$ 的双对数曲线，与解释图版相拟合。拟合方法与双重孔隙介质油藏情形相似。同样，用纯井筒储集阶段的斜率为1的直线（45°直线）和径向流阶段的压力导数水平直线分别控制时间拟合和压力拟合，具体做法是：

（1）实测曲线的前一段与某一条均质油藏样板曲线相拟合。为了好区分起见，我们把它标以 $(C_D e^{2S})_早$，这前期段曲线对应于某一 $[\kappa C_{D1} + (1-\kappa) C_{D2}] e^{2S}$ 值（图8-7）。

（2）中间一段与某一条层间拟稳定窜流样板曲线相拟合，它对应于某一 λe^{2S} 值。这就是压力导数曲线形成"凹子"的那一段，分别与某一条早期窜流线 $\dfrac{\lambda C_D}{\omega(1-\omega)}$ 和某一条晚期窜流线 $\dfrac{\lambda C_D}{1-\omega}$ 相拟合（图8-7）。

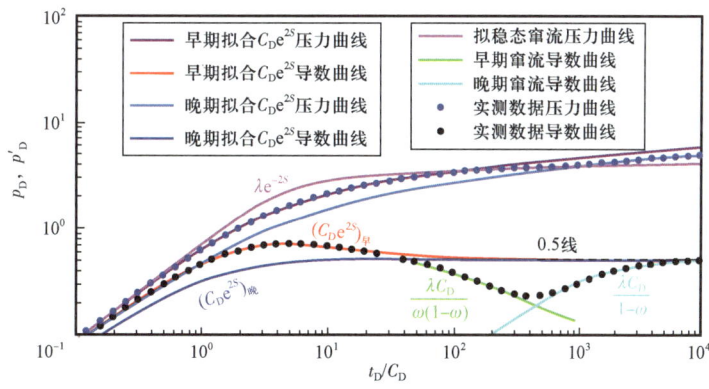

图8-7 双对数曲线拟合分析示意图

（3）后一段又与另一条均质油藏样板曲线相拟合。它对应于某一 $C_D e^{2S}$ 值，标以 $(C_D e^{2S})_晚$；这一段的压力导数曲线拟合0.5水平直线（图8-7）。

获得最佳拟合后，读出各个拟合值：$\left(\dfrac{p_D}{\Delta p}\right)_M$、$\left(\dfrac{t_D/C_D}{t}\right)_M$ 或 $\left(\dfrac{t_D/C_D}{\Delta t}\right)_M$、$[(C_D e^{2S})_早]_M$、

$(\lambda e^{-2S})_M$ 和 $[(C_D e^{2S})_\text{晚}]_M$,用下列各式计算各项参数值[式(8-5)—式(8-8)]:

$$\frac{K_1 h_1 + K_2 h_2}{\mu} = 1.842 qB \left(\frac{p_D}{\Delta p}\right)_M \tag{8-16}$$

$$\frac{K_1 h_1}{\mu} = \kappa \frac{K_1 h_1 + K_2 h_2}{\mu} \tag{8-17}$$

$$\frac{K_2 h_2}{\mu} = (1 - \kappa) \frac{K_1 h_1 + K_2 h_2}{\mu} \tag{8-18}$$

$$K_i h_i = \left(\frac{K_i h_i}{\mu}\right) \mu \quad (i = 1, 2) \tag{8-19}$$

$$K_i = \frac{(K_i h_i)}{h_i} \quad (i = 1, 2) \tag{8-20}$$

$$C = \frac{7.2 \times 10^{-3} \pi (K_1 h_1 + K_2 h_2)}{\mu} \frac{1}{\left(\frac{t_D/C_D}{t}\right)_M} \tag{8-21}$$

$$C_D = \frac{C}{2\pi[(\phi C_t h)_1 + (\phi C_t h)_2] r_w^2} \tag{8-22}$$

$$S = \frac{1}{2} \ln \frac{[(C_D e^{2S})_\text{晚}]_M}{C_D} \tag{8-23}$$

$$\lambda = \frac{(\lambda e^{-2S})_M [(C_D e^{2S})_\text{晚}]_M}{C_D} \tag{8-24}$$

$$K'_z = (K_1 h_1 + K_2 h_2) \frac{\lambda}{r_w^2} h' \tag{8-25}$$

令:

$$n = \frac{[(C_D e^{2S})_\text{晚}]_M}{[(C_D e^{2S})_\text{早}]_M}$$

则:

$$\omega = \frac{1}{2}\left[1 - (1 - 2\kappa)n - \sqrt{1 - 2n + (1 - 2\kappa)^2 n^2}\right] \tag{8-26}$$

这是因为[式(8-7)]:

$$(\phi C_t h)_1 = \omega[(\phi C_t h)_1 + (\phi C_t h)_2]$$

$$(\phi C_t h)_2 = (1 - \omega)[(\phi C_t h)_1 + (\phi C_t h)_2]$$

$$n = \frac{[(C_D e^{2S})_{\text{晚}}]_M}{[(C_D e^{2S})_{\text{早}}]_M} = \frac{C_D e^{2S}}{\kappa C_{D1} e^{2S} + (1-\kappa) C_{D2} e^{2S}} = \frac{C_D}{\kappa C_{D1} + (1-\kappa) C_{D2}}$$

$$= \frac{\frac{1}{(\phi C_t h)_1 + (\phi C_t h)_2}}{\frac{\kappa}{(\phi C_t h)_1} + \frac{1-\kappa}{(\phi C_t h)_2}} = \frac{\frac{1}{(\phi C_t h)_1 + (\phi C_t h)_2}}{\frac{\kappa}{\omega[(\phi C_t h)_1 + (\phi C_t h)_2]} + \frac{1-\kappa}{(1-\omega)[(\phi C_t h)_1 + (\phi C_t h)_2]}}$$

$$= \frac{\omega(1-\omega)}{\kappa(1-\omega) + \omega(1-\kappa)}$$

由此得到关于 ω 的一元二次方程:

$$\omega^2 - [1 - (1-2\kappa)n]\omega + \kappa n = 0$$

解之即得式(8-26)。

在进行拟合分析前,要对 κ 的数值作个大致的估计,以便选用合适的解释图版。这可以通过半对数分析得到。

双重渗透介质情形,与双重孔隙介质情形相似,不能以表皮系数 S 值的符号来判断油井是否受到污染。

由于计算机和试井解释软件的普及,解释工作都用解释软件在计算机上完成,已经没有人再用手工进行解释了。因此,虽然双重渗透介质油藏模型的解释图版早已研制成功,却没有出版供手工解释使用的解释图版。

已研制成更复杂的双层解释模型,其两层的表皮系数各不相同;通过解释可以给出两层各自的表皮系数。

2. 半对数分析

双层油藏中油井的压力与时间的半对数曲线如图8-8所示。该曲线前一段是无窜流的双层系统流动段,如果达到了径向流动,将出现一条斜率为 m_1 的直线段;中间段变得比较平缓,这是对应于层间拟稳定窜流阶段的过渡段;然后在后一段呈斜率为 m_2 的直线段($m_2 \leq m_1$)。由后一直线段的斜率 m_2 可以计算两层系统的流动系数和表皮系数:

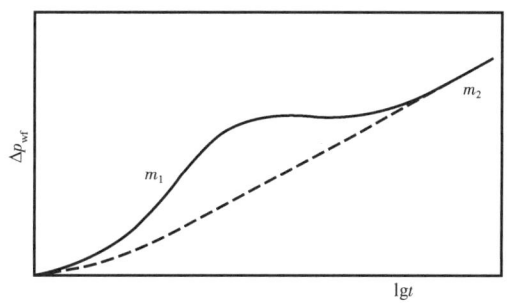

图8-8 双层油藏中油井的压力与时间半对数曲线

$$\frac{K_1h_1 + K_2h_2}{\mu} = \frac{2.121qB}{m_2} \qquad (8-27)$$

$$S = 1.151\left\{\frac{\Delta p(1h)}{m_2} - \lg\frac{K_1h_1 + K_2h_2}{[(\phi C_t h)_1 + (\phi C_t h)_2]\mu r_w^2} + 2.0923\right\} \qquad (8-28)$$

图 8-9 和图 8-10 分别是对应于图 8-2 和图 8-3 中各条无量纲双对数曲线的无量纲半对数曲线。

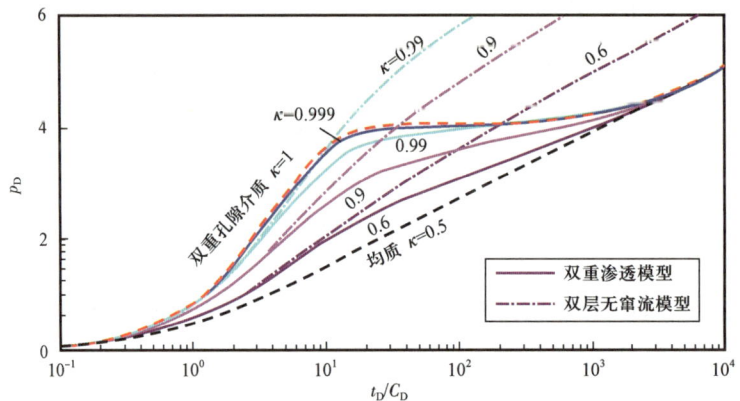

图 8-9　双层油藏中油井的无量纲半对数曲线
($C_D e^{2S} = 1, \lambda = 4 \times 10^{-4}, \omega = 10^{-3}$)

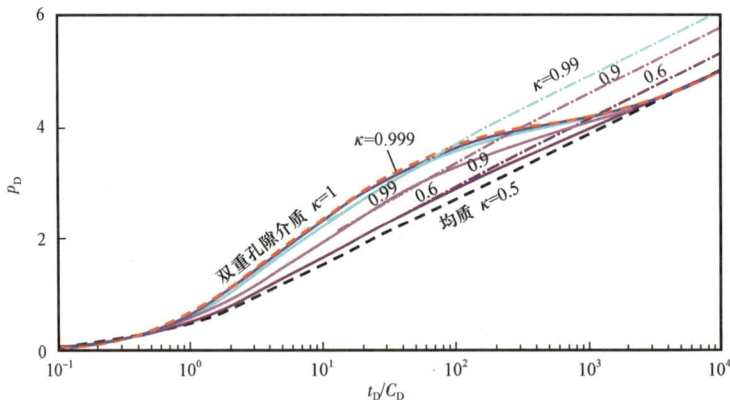

图 8-10　双层油藏中油井的无量纲半对数曲线
($C_D e^{2S} = 1, \lambda = 4 \times 10^{-4}, \omega = 10^{-1}$)

第三节　双层油藏中只有一层产油的情形

如果在双层油藏中,只射开其中一层(设为第 i 层,$i=1$ 或 2),只有这一层向井筒供油,如图 8-11 所示。

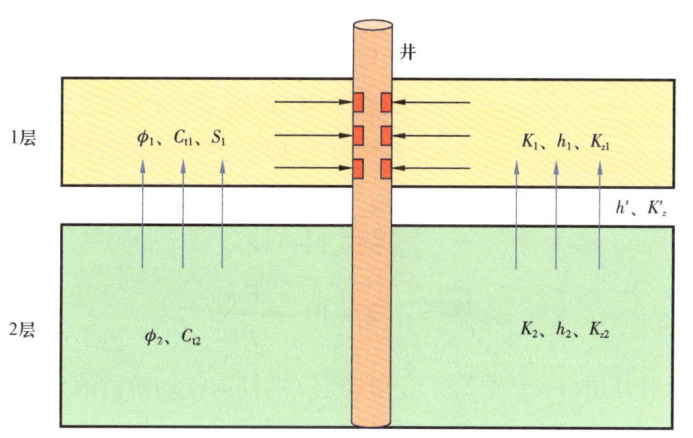

图 8-11 只射开一层的双层油藏系统模型示意图

一、双对数分析

在这一情形,在井筒储集阶段结束之后,压力导数曲线可分为三个阶段(图 8-12):

(1)射开层的径向流动阶段。压力导数曲线呈一水平直线段;它应与 $0.5/(1-\kappa)$ 线相拟合。

(2)层间窜流阶段。一旦未射开层的原油开始流向射开层,压力导数曲线逐渐下降,形成一个对应于层间窜流阶段的"过渡段"。

(3)双层系统径向流动阶段。当两层的压力平衡后,双层油藏系统的流动开始;压力导数曲线呈另一水平直线段,它应与 0.5 线相拟合。

通过双对数分析,可分别用式(8-16)和式(8-21)得到双层油藏系统总的流动系数 $\dfrac{K_1 h_1 + K_2 h_2}{\mu}$ 和井筒储集系数 C。

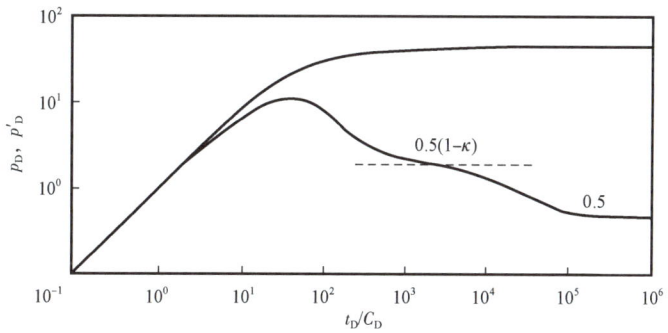

图 8-12 双层油藏中只有一层产油情形的双对数曲线
($C_D e^{2S} = 1000, S_1 = 100, S_2 = 0, \omega = 0.1, \kappa = 0.9, \lambda = 6 \times 10^{-8}$)

如果测试在双层油藏系统径向流动阶段出现之前就停止了,只测得射开层(设为第 i 层,$i=1$ 或 2)的径向流动阶段,则双层油藏系统的参数无法求出,但可把各无量纲量的定义改作:

$$p_D = \frac{K_i h_i}{1.842 q \mu B} \Delta p \qquad (8-29)$$

$$t_D = \frac{3.6 \times 10^{-3} K_i h_i}{(\phi C_t h)_i \mu r_w^2} t \qquad (8-30)$$

$$C_D = \frac{C}{2\pi (\phi C_t h)_i r_w^2} \qquad (8-31)$$

$$\frac{t_D}{C_D} = 7.2 \times 10^{-3} \pi \frac{K_i h_i}{\mu C} t \qquad (8-32)$$

上列式中的 i 表示射开层($i=1$ 或 2)。让射开层 i 的径向流动阶段的导数水平直线拟合 0.5 线,便可由拟合分析算出射开层(i 层)的流动系数 $\frac{K_i h_i}{\mu}$、井筒储集系数 C 和表皮系数 S_i:

$$\frac{K_i h_i}{\mu} = 1.842 q B \left(\frac{p_D}{\Delta p}\right)_M \qquad (8-33)$$

$$C = \frac{7.2 \times 10^{-3} \pi K_i h_i}{\mu} \frac{1}{\left(\frac{t_D/C_D}{t}\right)_M} \qquad (8-34)$$

$$S_i = \frac{1}{2} \ln \frac{[(C_D e^{2S})_{\text{早}}]_M}{C_D} \qquad (8-35)$$

式(8-35)中的 C_D 值是由式(8-31)和式(8-34)计算得到的。

二、半对数分析

这一情形的半对数曲线,前一段呈斜率为 m_1 的直线段,称为早期直线段;中间段变得比较平缓,是对应于层间拟稳定窜流阶段(过渡段);然后在后一段呈斜率为 m_2 的直线段,称为后期直线段,且 $m_1 \geq m_2$($m_1 = m_2$ 即为双重孔隙介质模型)。由 $\frac{m_1}{m_2}$ 的数值可以估算 κ 值的大小:

当 $\frac{m_1}{m_2} \approx 1$ 时,$\kappa \geq 0.999$;

当 $\frac{m_1}{m_2} \approx 1.25$ 时,$0.95 \leq \kappa < 0.999$;

当 $\frac{m_1}{m_2} \approx 1.25 \sim 1.28$ 时,$0.8 \leq \kappa < 0.95$。

用手工进行双对数曲线拟合分析时,要参照所估算的 κ 值,选用合适的解释图版。

由早期直线段的斜率 m_1 和后期直线段的斜率 m_2,可以分别计算射开层(第 i 层,$i=1$ 或 2)的流动系数 $\frac{K_i h_i}{\mu}$ 和表皮系数 S_i,以及整个(两层)系统的流动系数 $\frac{K_1 h_1 + K_2 h_2}{\mu}$ 和表皮系数 S_t:

$$\frac{K_i h_i}{\mu} = \frac{2.121qB}{m_1} \qquad (8-36)$$

$$S_i = 1.151\left[\frac{\Delta p(1\mathrm{h})}{m_1} - \lg\frac{K_i}{(\phi C_\mathrm{t})_i \mu r_\mathrm{w}^2} + 2.0923\right] \qquad (8-37)$$

$$\frac{K_1 h_1 + K_2 h_2}{\mu} = \frac{2.121qB}{m_2} \qquad (8-38)$$

$$S_\mathrm{t} = 1.151\left[\frac{\Delta p(1\mathrm{h})}{m_2} - \lg\frac{K_1 h_1 + K_2 h_2}{(\phi C_\mathrm{t} h)_\mathrm{t} \mu r_\mathrm{w}^2} + 2.0923\right] \qquad (8-39)$$

式(8-37)和式(8-39)中的 $\Delta p(1\mathrm{h})$ 应当分别在第一直线段和第二直线段上取值。

有时第一直线段被井筒储集效应所掩盖,此时只能用式(8-38)和式(8-39)由第二直线段的斜率计算两层系统的流动系数 $\frac{K_1 h_1 + K_2 h_2}{\mu}$ 和表皮系数 S_t;当测试时间太短时,第二直线段未出现,此时只能用式(8-36)和式(8-37)由第一直线段的斜率计算射开层(i 层)的流动系数 $\frac{K_i h_i}{\mu}$ 和表皮系数 S_i。

双层油藏模型也称作部分完井(Partial Completion Well)模型。它与部分射开(Partial Penetration Well)模型的球形流动是有很大差别的(参看和比较图 4-17、图 4-18、图 8-1 和图 8-11)。

第四节　双层油藏模型的应用

在试油中,经常进行多层合试。但是是否凡两层(或多层)合试就一定反映出双层(或多层)的特征,适用双层(双渗)油藏解释模型？经验告诉我们：并不一定。我们也经常进行单层测试。在单层测试的情形,是不是一定不会出现双层(双渗)油藏解释模型的特征？经验告诉我们：也并不一定。

有如下三种情形：
(1)两层合试,两层的物性及其中流体的物性大致相同;
(2)两层合试,两层的物性或(及)其中流体的物性显著不同;
(3)单层测试,测试层含有两个部分,这两部分的物性显著不同。

这三种情形中,第一种,毫无悬念,不适用双层(双渗)油藏解释模型,而应当运用均质油藏模型,这在本章的开头就已经说过了;第二种,也毫无悬念,当然适用双层(双渗)油藏解释模型;而第三种虽然是单层油藏,但却很可能符合双层(双渗)油藏解释模型。下面看看实际的例子。

(1)两层合试,两层的物性及其中流体的物性大致相同的情形。双对数曲线呈均质油藏特征,可选用均质油藏模型进行解释。如某国 F-1 井,射开两层合试,井段为 1280.0~1285.0m 和 1287.0~1293.0m。F-1 井油层和流体物性参数见表 8-1。

表 8-1 F-1 井油层和流体物性参数

层号	井段(m)	自然伽马(API)	密度(g/cm³)	声波时差(μt/ft)	孔隙度(%)
1	1280.0~1285.0	66.01	2.18	101.57	25.0
2	1287.0~1293.0	58.24	2.16	101.07	27.0

两层的物性基本相同。F-1 井双对数曲线如图 8-13 所示。这是非常典型的均质油藏的双对数曲线。我们完全有理由用（单层）均质油藏模型进行解释。解释结果如下：

流动系数 $\dfrac{K(h_1+h_2)}{\mu}=2847.8\text{mD}\cdot\text{m}/(\text{mPa}\cdot\text{s})$；

流度 $\dfrac{K}{\mu}=258.89\text{mD}/(\text{mPa}\cdot\text{s})$；

有效渗透率 $K=13100\text{mD}$；

表皮系数 $S=-0.416$。

压力史拟合检验结果（图 8-14）表明，解释结果是可靠的。

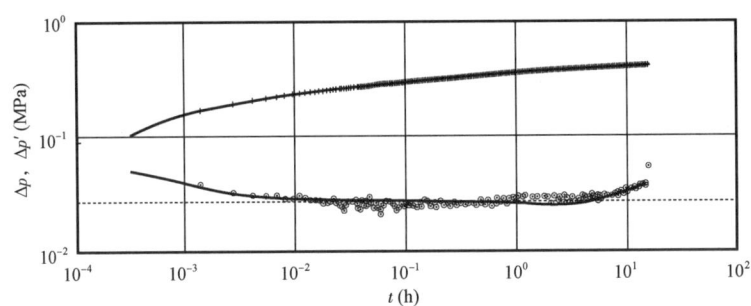

图 8-13 F-1 井双对数曲线

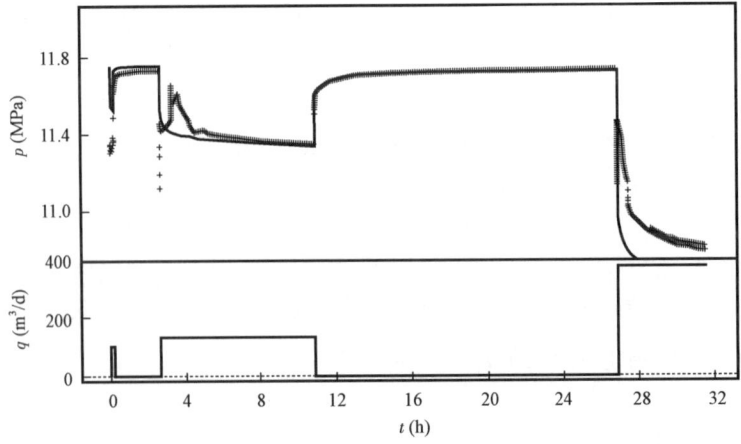

图 8-14 F-1 井压力史拟合检验曲线

(2) 两层合试,两层的物性或(及)其中流体的物性显著不同的情形。双对数曲线呈双渗油藏模型特征,应选用双渗油藏模型进行解释。如某国 M-25 井,射开两层合试,井段为 1846.8~1848.6m 和 1852.1~1854.1m,同时产出原油和天然气。由测井解释,这两层的物性参数见表 8-2。

表 8-2 M-25 井油层的物性参数

层号	井段(m)	渗透率(mD)	孔隙度(%)
1	1846.8~1848.6	6.7	15.5
2	1852.1~1854.1	21.6	17.8

从 M-25 井双对数曲线(图 8-15)可以看到,这是非常典型的双渗油藏的双对数曲线。我们自然可以信心十足地采用双渗解释模型进行解释,解释结果如下:

总流度 $\left(\dfrac{K}{\mu}\right)_t = \left(\dfrac{K}{\mu}\right)_o + \left(\dfrac{K}{\mu}\right)_g = 1317.63 \text{mD}/(\text{mPa} \cdot \text{s})$;

油相渗透率 $K_o = 612 \text{mD}$;

气相渗透率 $K_g = 19.8 \text{mD}$;

拟表皮系数 $S_a = -5.38$;

井到第一条不渗透边界的距离 $d_1 = 256 \text{m}$;

井到第二条不渗透边界的距离 $d_2 = 491 \text{m}$。

M-25 井叠加函数拟合检验结果(图 8-16)和压力史拟合检验结果(图 8-17)表明,解释结果是可靠的。

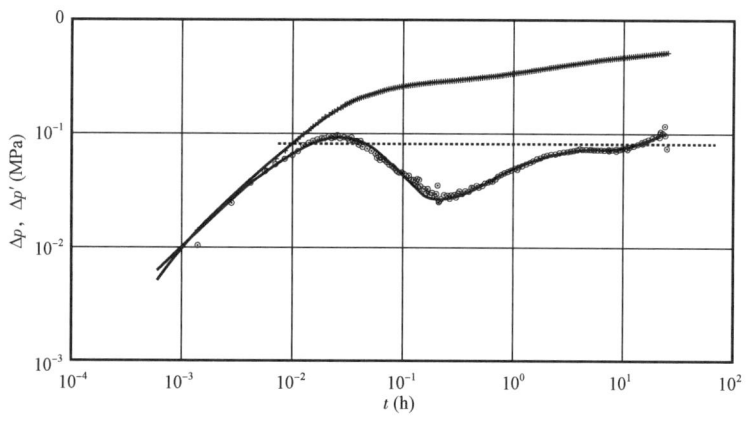

图 8-15 M-25 井双对数拟合曲线

(3) 单层测试,测试层含有两个部分,这两部分的物性显著不同,也就是非均质单(厚)层,油藏在纵向上可分成物性明显不同的两部分。这时双对数曲线亦呈双渗油藏模型特征,应选用双渗油藏模型进行解释。如某国 F-3 井,射开单层进行测试,井段为 1274.5~1285.0m。测井解释结果表明:这一层中包含两部分,上部 1274.5~1279.5m 和下部 1280.0~1285.0m,它们的物性各不相同:测井响应曲线明显不同(图 8-18)。根据伽马曲线,1274.5~

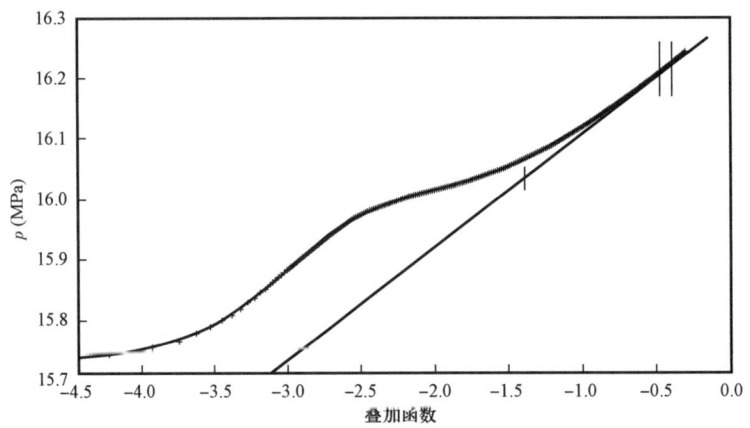

图 8-16 M-25 井叠加函数拟合检验结果

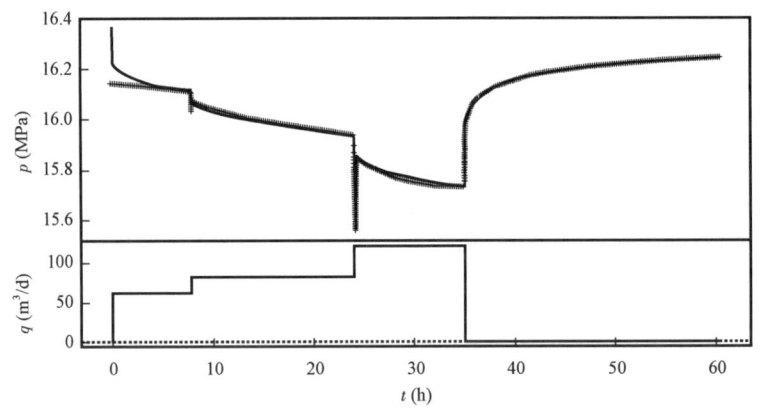

图 8-17 M-25 井压力史拟合检验结果

1279.5m 地层呈正韵律变化,上细下粗;而 1280.0~1285.0m 地层岩性比较稳定,粒度也呈稳定变化,物性明显要比上部好得多。如果按照储层划分标准(泥值含量小于 50%),这两部分处于同一层。但实际上在这一层(1274.5~1285.0m)中,上部和下部物性存在明显差异。测试压力双对数曲线呈现出双层压力响应的明显特征。其双对数曲线如图 8-19 所示。根据测井解释结果,采用了双渗油藏模型进行解释。解释结果如下:

流度 $\frac{K}{\mu} = 105.14 \text{mD}/(\text{mPa} \cdot \text{s})$;

有效渗透率 $K = 6070 \text{mD}$;

表皮系数 $S = -0.466$。

叠加函数曲线拟合检验结果(图 8-20)和压力史拟合检验结果(图 8-21)表明,解释结果是可靠的。

由此可见,单层油藏并不一定不表现出双渗的特征,选择解释模型时不一定不能选双层的,而要做具体分析。如果情况如本例,依据测井解释结果可以认定此层含有物性明显不同的若干段,双对数曲线又具有明显的双渗油藏特征,则应选用双层甚至多层油藏模型进行解释。选用的关键在于:测试层是否含有两个部分,这两部分的物性显著不同。

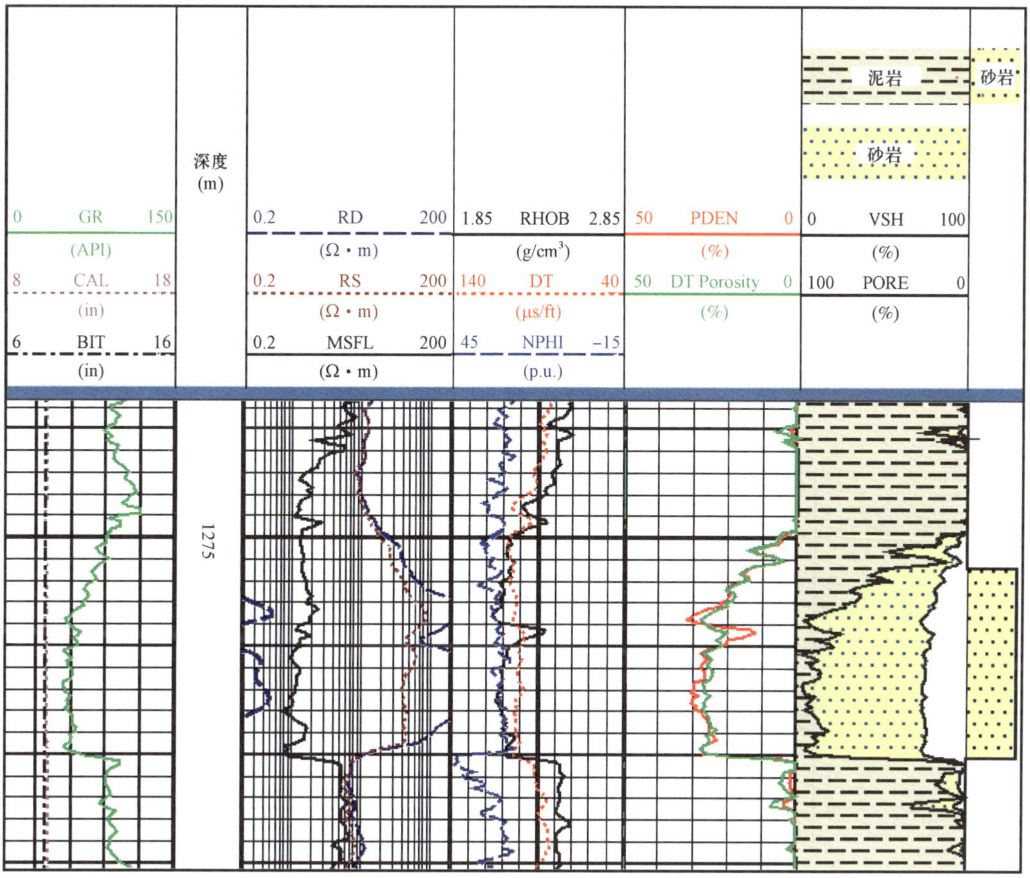

图 8-18　F-3 井测试层附近井段测井曲线

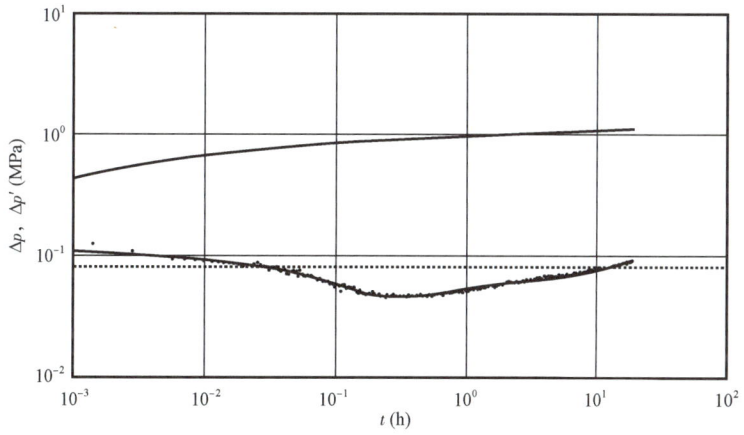

图 8-19　F-3 井的双对数曲线

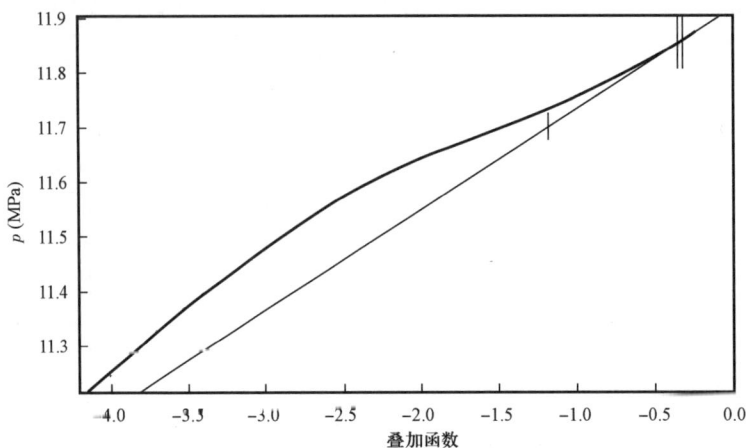

图 8-20　F-3 井叠加函数曲线拟合检验结果

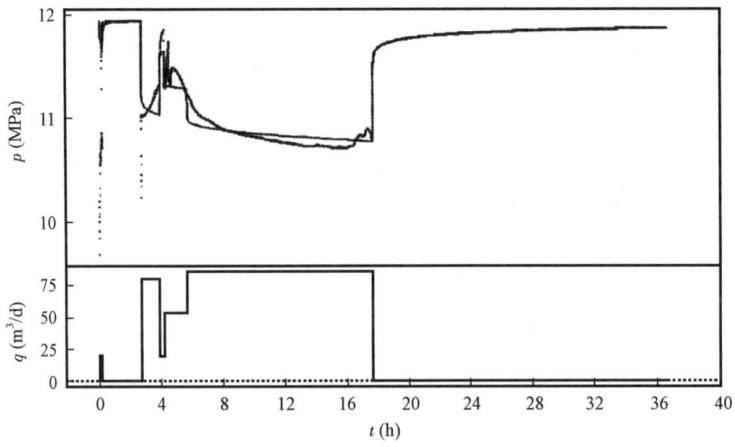

图 8-21　F-3 井压力历史拟合检验曲线

第九章
斜井和水平井试井解释

近几十年来,斜井、丛式井和水平井技术发展很快。用斜井、丛式井和水平井开发的油气藏,其中流体的渗流要比直井复杂,因而其压差及其导数曲线变得更复杂,试井解释也变得更为困难。

第一节 斜井试井解释

假设在均质油藏中,定向钻井打成一口斜井,它不垂直钻穿油层(图9-1),井筒与垂直方向的夹角为θ($0° < \theta < 90°$;$\theta = 0°$时为直井,$\theta = 90°$时为水平井);油层厚度为h(m),油层全部钻开;垂直渗透率为K_V(mD),水平渗透率为K_H(mD)。

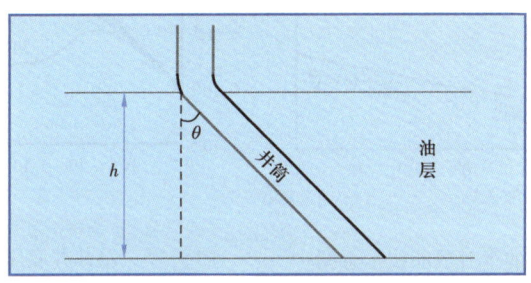

图9-1 斜井示意图

斜井的压力降落、压力恢复测试和直井一样,在早期纯井筒储集阶段,压差及其导数曲线均呈斜率为1的直线;然后出现与斜井筒垂直方向的径向流动(初始拟径向流动,图9-2),导

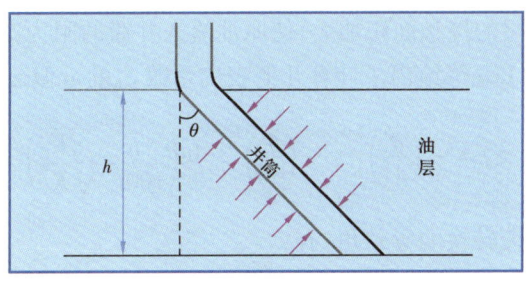

图9-2 初始径向流示意图

数曲线应该呈一水平直线,但实际上,除非井斜角 θ 非常大(接近 90°,接近于水平井),不然此流动状态会被井筒储集效应所掩盖,在导数曲线上并不出现相应的水平直线段。在过渡段之后,则出现水平方向的拟径向流动(后期拟径向流动,图 9-3)。

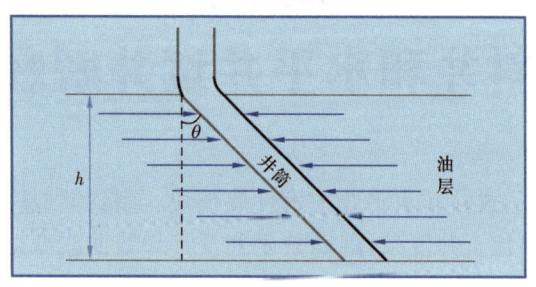

图 9-3 后期径向流示意图

斜井井底压力的半对数曲线和双对数曲线的形态如图 9-4 和图 9-5 所示,和直井情形大体相似,图中的虚线标示被掩盖的初始拟径向流动发生处。

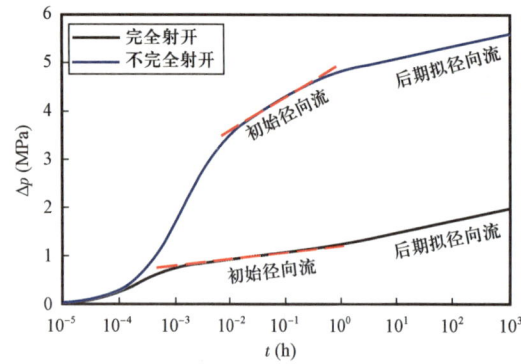

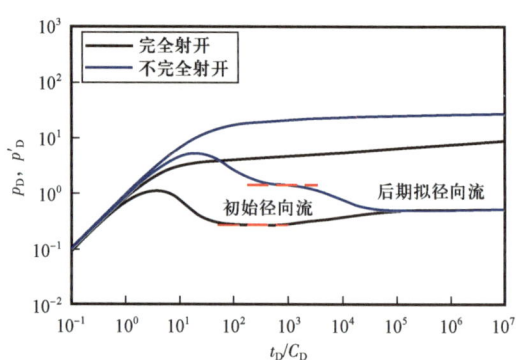

图 9-4 斜井井底压力的半对数曲线示意图　　图 9-5 斜井井底压力的双对数曲线示意图

理论上讲,通过半对数直线分析,可以从初始径向流动阶段得到与井筒垂直方向的平均渗透率 K_V 和射开厚度 h 的乘积 $K_V h$;但是,如上所说,初始径向流动阶段常被掩盖,这个分析实际上无法进行;常常只有后期拟径向流动阶段可供分析(图 9-4 和图 9-5),从中得到水平渗透率 K_H 和射开厚度 h 的乘积 $K_H h$。

由于斜井井筒和油层的接触面积加大,使原油流入井筒的阻力减小,因而产生所谓负几何表皮系数 S_θ。Cinco-Ley 等给出了计算几何表皮系数 S_θ 的近似公式:

$$S_\theta = -\left(\frac{\theta'}{41}\right)^{2.06} - \left(\frac{\theta'}{56}\right)^{1.865} \lg\left(\frac{h}{100 r_w}\sqrt{\frac{K_H}{K_V}}\right) \qquad (9-1)$$

式中的 θ' 是用作均质系统转换的等效角,有:

$$\theta' = \arctan\left(\sqrt{\frac{K_V}{K_H}}\tan\theta\right)$$

其适用范围是 $0°\leqslant\theta\leqslant75°$。

由后期拟径向流动阶段得到的是总表皮系数 S_T，即机械表皮系数 S 和几何表皮系数 S_θ 之和：

$$S_T = S + S_\theta$$

S_T 会比相同条件下的直井情形更小，而且，井斜角 θ 越大（在 $0°\leqslant\theta\leqslant75°$ 范围内）、油层厚度 h 越大，几何表皮系数 S_θ 值就越小，总表皮系数就减小越多。

第二节　水平井试井解释

近几十年来，水平井技术发展很快，已经成为提高单井产量（特别是在薄油层情形）、和防止或延迟气窜或（和）水锥[气顶或（和）底水油藏情形]，改善开发效果和提高采收率的重要途径。

一、水平井的流动阶段和压力变化特征

假设在水平、等厚、顶部和底部均为不渗透隔层所密封的油层中，有一口与顶面和底面平行的水平井。油层的厚度为 $h(m)$，井眼的非水平部分没有射开；垂直渗透率为 $K_V(mD)$，水平渗透率为 $K_H(mD)$，水平井段的长度为 $L(m)$，水平段井筒符合无限导流特性，到底面的距离为 $z_w(m)$[因此到顶面的距离为 $h-z_w(m)$；油层位于 $-z_w(m)\leqslant z\leqslant h-z_w(m)$]。不考虑重力影响。

如图9-6所示，以水平井轴为 x 轴，水平井轴所在水平面为 x—y 平面，水平井的垂直井轴为 z 轴。

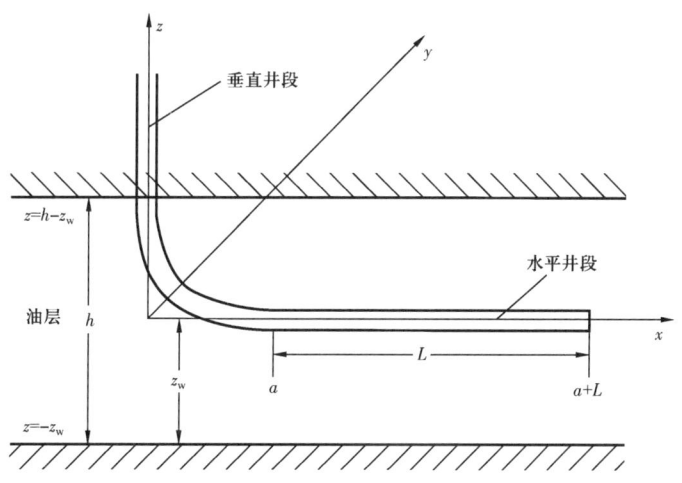

图9-6　水平井示意图

水平井的压力降落和压力恢复测试和直井一样,首先经历井筒储集阶段,在纯井筒储集阶段,压差及其导数曲线均呈斜率为 1 的直线;接着导数曲线形成一个小山峰般的图形(图 9-7 至图 9-9 中的 A 段)。然后,一般水平井将出现如下三个流动阶段:

(1)初始拟径向流动阶段(The Early-time Pseudo-radial Flow Regime);

(2)(中期)线性流动阶段(The Intermediate-time Linear Flow Regime);

(3)(后期)拟径向流动阶段(The Late-time Pseudo-radial Flow Regime)。

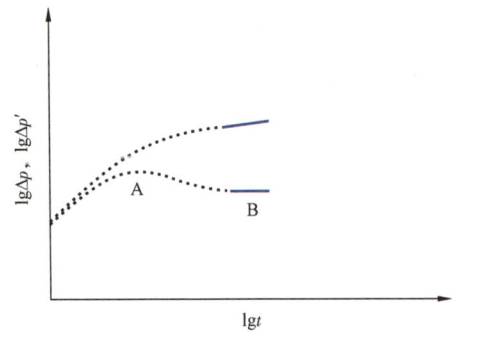

图 9-7 水平井初始拟径向流动阶段的双对数曲线 　　图 9-8 水平井具两个初始拟径向流动阶段的双对数曲线

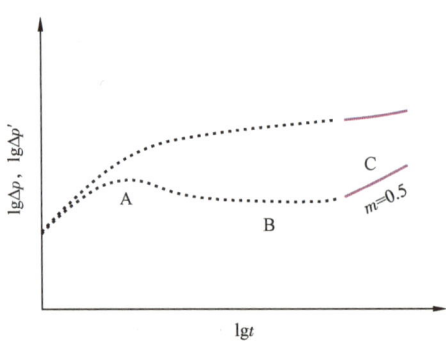

图 9-9 水平井线性流动阶段的双对数曲线

在初始拟径向流动阶段,无量纲压力定义为 p_{DL}:

$$p_{DL} = \frac{L\sqrt{K_H K_V}}{1.842 q \mu B} \Delta p \qquad [9-2(a)]$$

而在(后期)拟径向流动阶段,则定义为 p_{Dh}:

$$p_{Dh} = \frac{K_H h}{1.842 q \mu B} \Delta p \qquad [9-2(b)]$$

无量纲时间 t_D 定义为:

$$t_D = \frac{3.6 \times 10^{-3} K_V}{\phi \mu C_t h^2} t \qquad (9-3)$$

下面分别对这三个流动阶段进行简要说明。

1. 初始拟径向流动阶段(垂直径向流动阶段)

井筒储集效应结束后,油层中的主要流动是在水平井段的垂直截面上(即 $x = C$ 平面上,C 为水平井段中的任意位置的 x 坐标值:$a < C < a + L$)的径向流动(图9-10)。这一阶段称作初始拟径向流动阶段,也称作早期拟径向流动阶段或垂直径向流动阶段。在这一阶段,压差的变化可以表示为:

$$\Delta p = \frac{2.121 q \mu B}{\sqrt{K_V K_H} L} \left[\lg \frac{\sqrt{K_V K_H}}{\phi \mu C_t r_w^2} t - 2.0923 + 0.8686(S_W + S_{ani}) \right] \quad (9-4)$$

其中

$$S_{ani} = -\ln \frac{\sqrt[4]{K_V/K_H} + \sqrt[4]{K_H/K_V}}{2}$$

式中 L——水平井段的长度,m;

S_W——井壁污染所造成的表皮系数;

S_{ani}——地层的各向异性所造成的表皮系数;

K_V——地层的垂向渗透率,mD;

K_H——地层的水平渗透率,mD。

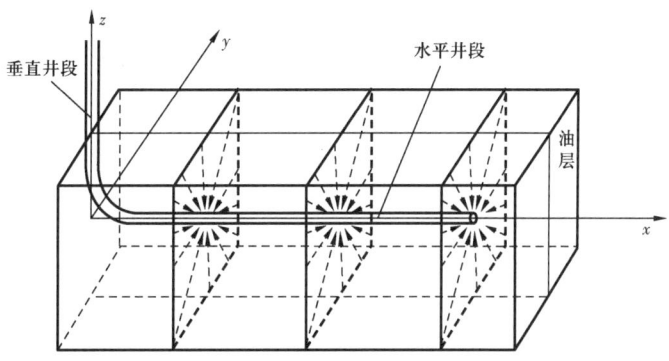

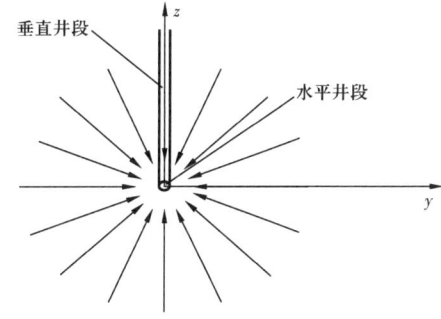

图 9-10 水平井初始拟径向流动示意图

在垂直径向流动阶段,压力导数为:

$$\Delta p' = \frac{\mathrm{d}\Delta p}{\mathrm{dln}t} = \frac{0.9211 q\mu B}{\sqrt{K_V K_H} L} = 常数 \quad (9-5)$$

所以垂直径向流动阶段的压力导数曲线也呈一水平直线段,如图 9-7 中 B 段。它应拟合相应压力导数解释图版的 $\frac{Kh}{2\sqrt{K_V K_H} L}$ 线。

如果水平井离顶面(或底面)很近,则初始拟径向流动只经历很短时间。在这一阶段结束之后而底面(或顶面)开始影响井的压力变化之前,还可能产生一个类似于直井情形不渗透边界影响的流动阶段(所谓半径向流动阶段),称作第二初始拟径向流动阶段,压力导数曲线将呈另一个水平直线段 B′,形成一个小"台阶",使得图形和分析变得更加复杂,如图 9-8 所示,但这个小"台阶"有时模糊不清而不易辨认。

2. 线性流动阶段

在产层的顶面和底面的影响都到达了测试井之后,流动即进入线性流动阶段。此时,在水平井段的各个垂直截面($x = C$ 平面)上,(C 满足 $a < C < a + L$,为水平井段中的任意位置的 x 坐标值),流动是水平的,如图 9-11 所示。这一阶段的压差变化,和前面所讨论的线性流动情形大同小异:

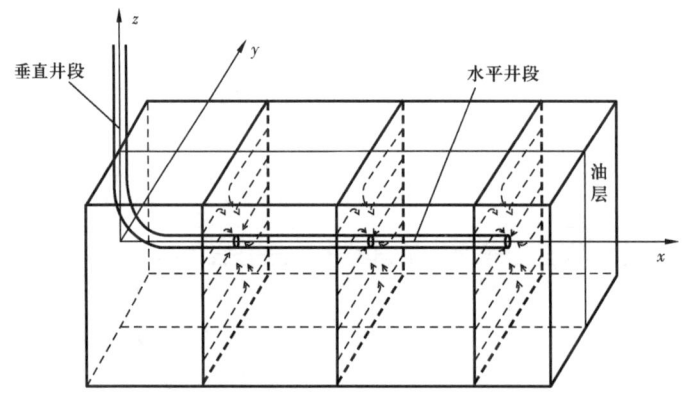

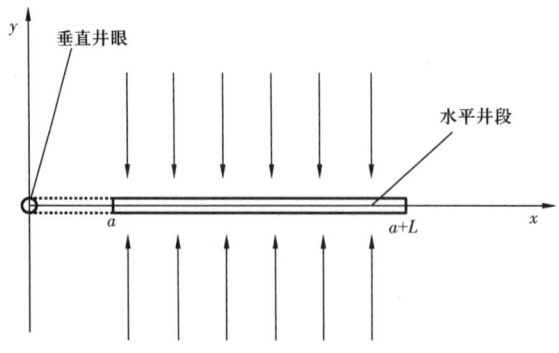

图 9-11 水平井线性流动示意图

$$\Delta p = \frac{0.1959qB}{Lh}\sqrt{\frac{\mu}{\phi C_t K_H}}\sqrt{t} + \frac{1.842q\mu B}{\sqrt{K_V K_H}L}S_W + \frac{1.842q\mu B}{K_H h}S_Z \qquad (9-6)$$

式中 S_Z——由于水平井段射开程度不完善所造成的表皮系数。

对式(9-6)求导得:

$$\Delta p' = \frac{d\Delta p}{d\ln t} = \frac{0.0980qB}{Lh}\sqrt{\frac{\mu}{\phi C_t K_H}}\sqrt{t} \qquad (9-7)$$

由此可见,水平井线性流动阶段具有这样的特征:压差及其导数曲线均呈斜率为 1/2 的直线,如图 9-9 中 C 段。当水平井段长度与油层厚度之比相当大时,这一阶段会明显出现,而且历时相当长。

3. (后期)拟径向流动阶段

当流动的影响扩大到水平井段之外,进入油层的广大范围之后,相对于广阔的油层,水平井段几乎只不过是一个"点"。在油层的各个水平面上(即 $z=C$ 的平面上,C 为在油层范围内垂直方向上任意一点的坐标值),原油从四面八方近似于径向地流向水平井"点","压降漏斗"沿着油层的水平面($z=C$ 平面,C 为在油层范围内的任意一点的 z 坐标值:$-z_w < C < h - z_w$)近似于径向地不断向外扩大,类似于直井的无限作用平面径向流动,如图 9-12 所示。这一阶段称为后期拟径向流动阶段或拟径向流动阶段。

后期拟径向流动阶段的压差变化,也和前面所讨论的径向流动情形大同小异:

$$\Delta p = \frac{2.121q\mu B}{K_H h}\left(\lg\frac{K_H}{\phi\mu C_t L^2}t - 2.0923 + 0.8686S_T\right) \qquad (9-8)$$

式中 S_T——总表皮系数,它是由井壁污染、部分完井和其他原因所造成的表皮系数的总和。

对式(9-8)求导得:

$$\Delta p' = \frac{d\Delta p}{d\ln t} = \frac{0.9211qB}{K_H h} = 常数 \qquad (9-9)$$

这就是说:这一阶段的压力导数曲线又呈水平直线段,与初始拟径向流动阶段的水平直线段(图 9-7)构成了一个"台阶",如图 9-13 中的 D 段。C 段和 D 段之间,往往有一段相当长的过渡段。两条水平直线段的垂直距离,即"台阶"的高度 $\Delta(\Delta p')$ 为(图 9-13):

$$\Delta(\Delta p') = 0.9211q\mu B\left(\frac{1}{\sqrt{K_V K_H}L} - \frac{1}{K_H h}\right) \qquad (9-10)$$

水平井的半对数曲线,即压降情形的 p_{wf}—$\lg t$ 曲线或 Δp_{wf}—$\lg t$ 曲线和压力恢复情形的 p_{ws}—$\lg\Delta t$ 曲线或 Δp_{ws}—$\lg\Delta t$ 曲线,将在下一小节第二部分半对数曲线分析中讨论。

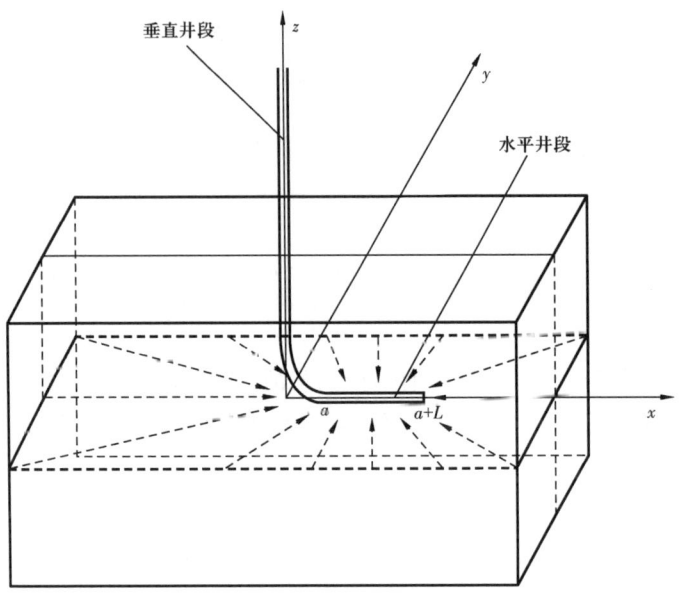

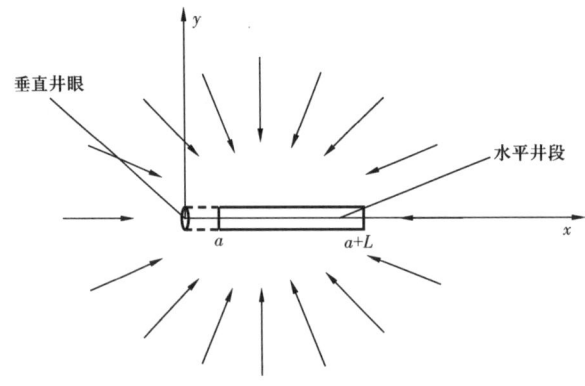

图 9-12 水平井拟径向流动示意图

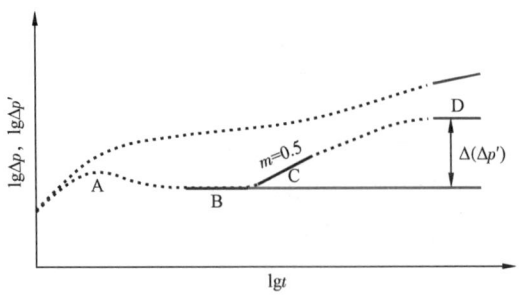

图 9-13 水平井拟径向流动阶段的双对数曲线

二、水平井试井资料的解释

与直井情形一样,可以进行双对数曲线分析(压差曲线和压力导数曲线的拟合分析)和半对数曲线分析。必要时还可以进行重整压力分析。

1. 双对数曲线分析

进行双对数曲线分析,主要是为了确定流动阶段。与此同时,也可以计算产层的水平渗透率和垂直渗透率的几何平均值 $\sqrt{K_H K_V}$、以及其水平渗透率 K_H 和垂直渗透率 K_V 等参数;但计算参数主要还是靠半对数曲线分析。

在进行双对数曲线分析时,拟径向流动阶段的水平直线段,如同直井情形的径向流动阶段一样,拟合解释图版(样板曲线)的水平直线段:

$$p'_D = \frac{dp_D}{d\ln\left(\frac{t_D}{C_D}\right)} = 0.5$$

即所谓 0.5 线。

因此,让初始拟径向流动阶段的水平直线段拟合 0.5 线,由所得压力拟合值和时间拟合值可以算得:

$$\sqrt{K_V K_H} = \frac{1.842 q\mu B}{L} \left(\frac{p'_D}{\Delta p'}\right)_M \quad (9-11)$$

$$K_V = \frac{\phi\mu C_t h^2}{3.6 \times 10^{-3}} \left(\frac{t_D}{t}\right)_M \quad (9-12)$$

由它们又可算出:

$$K_H = \frac{\left(\sqrt{K_V K_H}\right)^2}{K_V} \quad (9-13)$$

再让(后期)拟径向流动阶段的水平直线段拟合 0.5 线,由所得压力拟合值可以算得:

$$K_H = \frac{1.842 q\mu B}{h} \left(\frac{p'_D}{\Delta p'}\right)_M \quad (9-14)$$

用计算机和试井解释软件进行解释时,计算机会根据输入资料产生相应解释图版。

在用计算机进行水平井的双对数曲线拟合分析时,必须注意下面几点:

(1) 水平井的上述三个流动阶段,实测资料常常测不全;

(2) 由于水平井的井筒容积增大,故其井筒储集系数会比垂直井大,井筒储集效应历时也会比垂直井长,而这常常使得初始径向流动阶段难以识别;

(3) 线性流动及其过渡段可能经历很长的时间,有时甚至长达若干对数周期,致使没有测到其后的拟径向流动阶段。

正是这些原因,造成了水平井试井解释的困难。

2. 半对数曲线分析

如上所述,水平井的 $p_{wf}(t)$—$\lg t$ [或 $\Delta p_{wf}(t)$—$\lg t$]曲线的早期,在井筒储集结束之后,应是反映初始拟径向流动(有时还包括第二初始拟径向流动)的直线段(其斜率为 m_1),后期则应是反映(后期)拟径向流动的直线段(其斜率为 m_2),其间还有一段反映线性流动的曲线,如图 9 – 14 所示。其中图 9 – 14(a)只有一个初始拟径向流动阶段,图 9 – 14(b)则有两个初始拟径向流动阶段。一般来说,由初始拟径向流动阶段计算的地层系数($\sqrt{K_V K_H} L$),大于由后期拟径向流动阶段计算的地层系数 $K_H h$,所以一般情形有 $m_1 < m_2$。

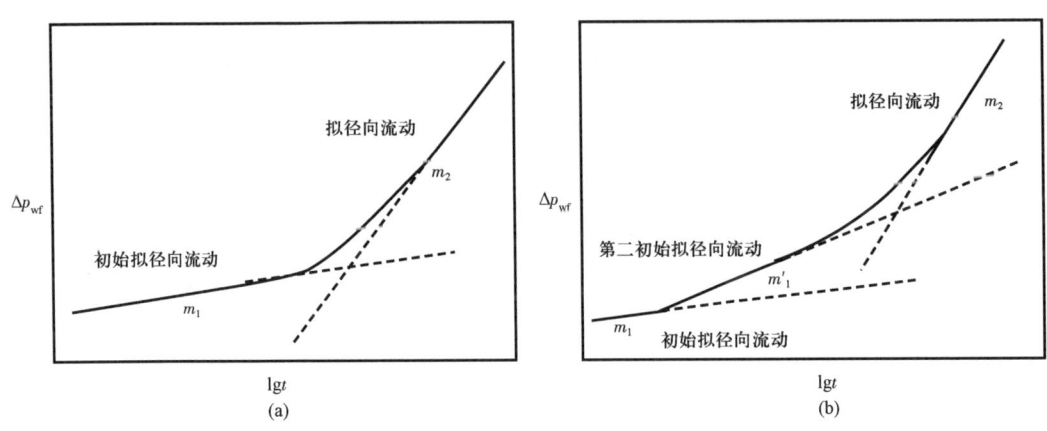

图 9 – 14 水平井的半对数曲线示意图

1) 初始拟径向流动阶段

在初始拟径向流动阶段,压力响应方程为:

$$\Delta p = \frac{2.121 q \mu B}{\sqrt{K_V K_H} L} \left(\lg \frac{\sqrt{K_V K_H}}{\phi \mu C_t r_w^2} t - 2.0923 + 0.8686 S_T \right) \quad (9-15)$$

式中的 S_T 包括井壁污染所造成的表皮效应和由于各向异性所形成的表皮效应。

初始拟径向流动阶段的半对数直线段的斜率 m_1 为:

$$m_1 = \frac{2.121 q \mu B}{\sqrt{K_V K_H} L} \quad (9-16)$$

所以,量出斜率 m_1,便可求出产层的水平渗透率和垂直渗透率的几何平均值 $\sqrt{K_H K_V}$ 和 S_T:

$$\sqrt{K_V K_H} = \frac{2.121 q \mu B}{m_1 L} \quad (9-17)$$

$$S_T = 1.151 \left(\frac{\Delta p_{1h}}{m_1} - \lg \frac{\sqrt{K_V K_H}}{\phi \mu C_t r_w^2} + 2.0923 \right) \quad (9-18)$$

2) (后期)拟径向流动阶段

在(后期)拟径向流动阶段,压力响应方程为:

$$\Delta p = \frac{2.121 q \mu B}{K_H h} \left(\lg \frac{K_H}{\phi \mu C_t L^2} t - 2.0923 + 0.8686 S'_T \right) \quad (9-19)$$

式中的 S'_T 是总表皮系数，它包括由于井壁污染所造成的表皮系数，也包括水平井线性流动阶段和平面拟径向流动阶段由于部分完井所造成的表皮系数等。

（后期）拟径向流动阶段的半对数直线段的斜率 m_2 为：

$$m_2 = \frac{2.121q\mu B}{K_H h} \quad (9-20)$$

所以，量出斜率 m_2，便可求出产层的水平渗透率 K_H 和总表皮系数 S_T：

$$K_H = \frac{2.121q\mu B}{m_2 h} \quad (9-21)$$

$$S'_T = 1.151\left(\frac{\Delta p_{1h}}{m_2} - \lg\frac{K_H}{\phi\mu C_t r_w^2} + 2.0923\right) \quad (9-22)$$

注意：由初始拟径向流动阶段和（后期）拟径向流动阶段的半对数直线段求出的表皮系数 S_T 和 S'_T 具有不完全相同的含义。

最后，由式（9-17）算出的 $\sqrt{K_V K_H}$ 和由式（9-21）算出的 K_H 可以算出 K_V：

$$K_V = \frac{(\sqrt{K_V K_H})^2}{K_H} \quad (9-23)$$

如果测试层的各向异性不严重，则由初始拟径向流动阶段的半对数直线段所得到的 $\sqrt{K_V K_H}$ 值和由（后期）拟径向流动阶段的半对数直线段所得到的 K_H 值差别不是很大，可取 $\sqrt{K_V K_H}$ 作为测试层的渗透率：

$$K = \sqrt{K_V K_H}$$

3. 重整压力（Normalized Pressure）分析

为了更有效地判断和确定水平井的流动阶段，还可以使用重整压力分析方法。

所谓重整压力，是指用压差除以其导数的 2 倍：

$$\frac{\Delta p}{2\dfrac{d\Delta p}{d\ln t}} = \frac{\Delta p}{2t\dfrac{d\Delta p}{dt}} \quad (9-24)$$

在初始拟径向流动阶段，重整压力为[式(9-15)]：

$$\frac{\Delta p}{2\dfrac{d\Delta p}{d\ln t}} = 1.151\left(\lg\frac{\sqrt{K_V K_H}}{\phi\mu C_t r_w^2}t - 2.0923 + 0.8686 S_T\right) \quad (9-25)$$

由此可知：在此阶段，水平井重整压力的半对数曲线是斜率为 1.151 的直线段（图 9-15）。

如果出现第二初始拟径向流动阶段，其重整压力应为：

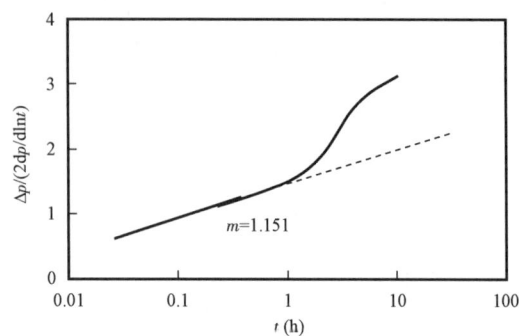

图 9-15　初始拟径向流动情形的重整压力半对数曲线早期段示意图

$$\frac{\Delta p}{2\dfrac{\mathrm{d}\Delta p}{\mathrm{dln}t}} = 1.151\left(\lg\frac{\sqrt{K_\mathrm{V}K_\mathrm{H}}}{\phi\mu C_\mathrm{t}r_\mathrm{w}d}t - 2.0923 + 0.8686S_\mathrm{T}\right) \quad (9-26)$$

式中 d 为水平井至离得近的测试层不渗透顶面(或底面)的距离(即 $d=z_\mathrm{w}$ 或 $d=h-z_\mathrm{w}$)。这也是斜率为 1.151 的直线段。故此时将出现两条彼此平行的直线段(图 9-16)。

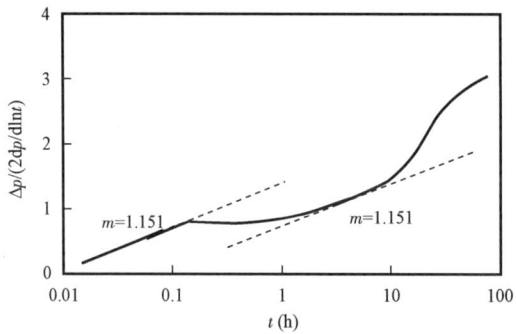

图 9-16　出现第二初始拟径向流动情形的重整压力半对数曲线早期段示意图

在(后期)拟径向流动阶段,有:

$$\frac{\mathrm{d}p_\mathrm{D}}{\mathrm{dln}t_\mathrm{D}} = \frac{1}{2}$$

故无量纲重整压力为:

$$\frac{p_\mathrm{D}}{2\dfrac{\mathrm{d}p_\mathrm{D}}{\mathrm{dln}t_\mathrm{D}}} = \frac{p_\mathrm{D}}{2\times\dfrac{1}{2}} = p_\mathrm{D} \quad (9-27)$$

因此,在(后期)拟径向流动阶段,无量纲重整压力与无量纲压力相等。也就是说,在双对数坐标系中,重整压力曲线与压差曲线互相重合。

【例 9-1】　我国南海某水平井的水平段长 $L=605\mathrm{m}$,油层厚度 $h=63.3\mathrm{m}$,水平井离底

界的距离 $z_w=56.9$m,离顶界 6.4m,以 $q=1300\text{m}^3/\text{d}$ 的产量生产了 136h 后关井测量压力恢复。图 9-17 和图 9-18 分别是此次压力恢复的 Horner 曲线和压力导数曲线。从图 9-18 可以看出:在 $\Delta t=0.6$h 到 $\Delta t=2$h 左右,以及在 $\Delta t>30$h 之后,导数曲线接近于水平直线段。由于压力恢复时间太短,并没有测到后期拟径向流动阶段。在 Horner 曲线(图 9-17)上出现了斜率分别为 $m_1=0.75$(MPa/对数周期)和 $m_1'=1.70$(MPa/对数周期)的两条相交的直线段,注意到 $m_1'\approx 2m_1$,第二直线段似是油层顶面的反映,即为第二初始拟径向流动阶段。这从其重整压力曲线(图 9-19)出现两条平行的(斜率均约为 1.151)的直线段可以得到进一步证实。于是由式(9-17)算得($\mu=45$mPa·s,$B=1.062$):

$$\sqrt{K_V K_H} = \frac{2.121 q \mu B}{m_1 L} = \frac{2.121 \times 1300 \times 45 \times 1.062}{0.75 \times 605} = 290.4(\text{mD})$$

由于未测得后期拟径向流动阶段,无法进一步计算 K_H 和 K_V。

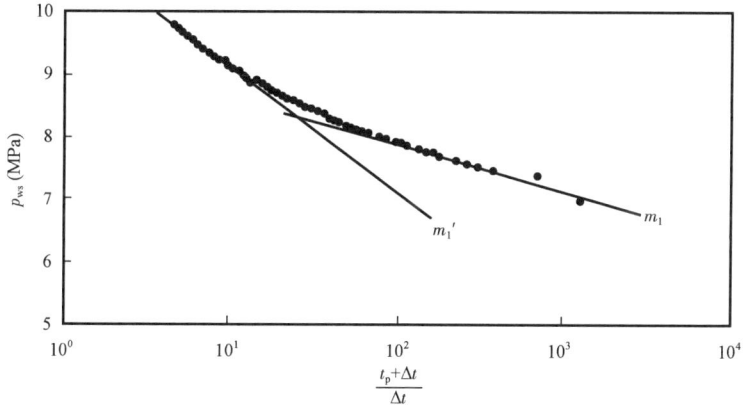

图 9-17 某水平井的 Horner 曲线(例 9-1)

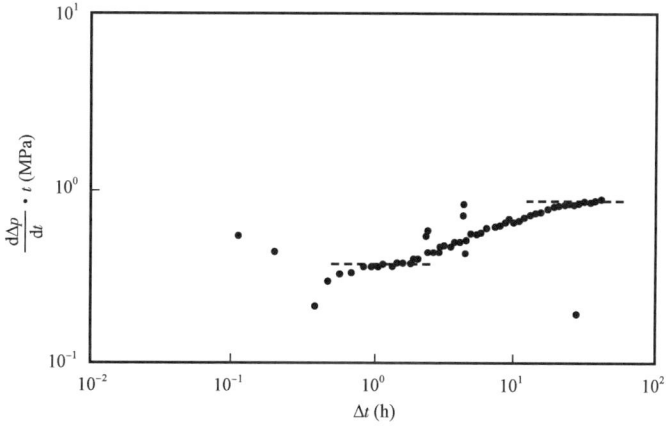

图 9-18 某水平井的压力导数曲线(例 9-1)

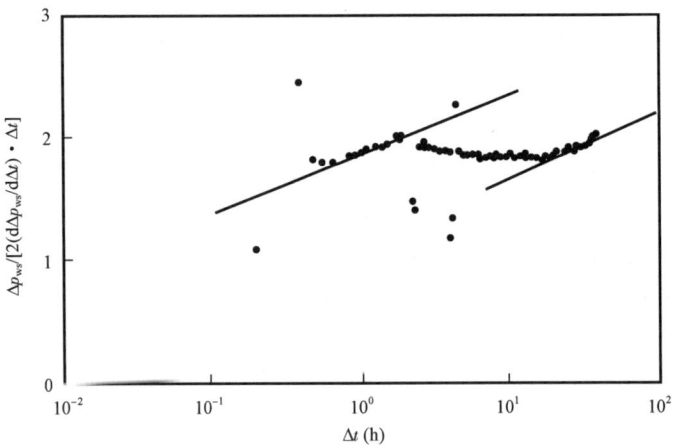

图 9-19 某水平井的重整压力曲线(例 9-1)

第十章
压裂水平井的试井解释

近 30 年来,随着致密油气藏和页岩油气藏的投入开发,多段压裂水平井技术取得了飞速发展。在多段压裂水平井情形,储层中流体的流动要比直井、斜井、水平井复杂得多,其压差曲线及压力导数曲线变得更为复杂,试井解释也就变得更加困难。

第一节 压裂水平井试井模型的简化

根据数值模拟的压裂水平井压力场分布特征和微地震监测的裂缝特征,压裂水平井渗流物理模型可以抽象和简化为两大类模型,即常规压裂水平井试井解释模型和复合线性流试井解释模型。

一、常规压裂水平井试井解释模型

常规压裂水平井试井解释模型一般假设:受到了压裂改造的区域[压裂改造区,简称 SRV 区,SRV 是 stimulated reservoir volume(体积压裂改造)的首字母缩写,意为油气藏中经(压裂)改造的体积,即油气藏中(经压裂)改造过的区域]与未受到压裂改造的区域[未改造区,简称 USRV 区,USRV 源自 un - stimulated reservoir volume,意为油气藏中未经(压裂)改造的体积,即油气藏中未(经压裂)改造过的区域],储层孔隙结构和物性是相同的,裂缝为等长、等距排列的对称裂缝(图 10 - 1);储层介质可以是单一介质,也可以是天然裂缝发育的双重介质。井底压力动态的求解采用"点源函数"方法,其求解过程复杂,计算比较困难。随着计算技术的发展,也有学者研究了不等长、不等距排列、非对称裂缝情形的井底压力动态特征。

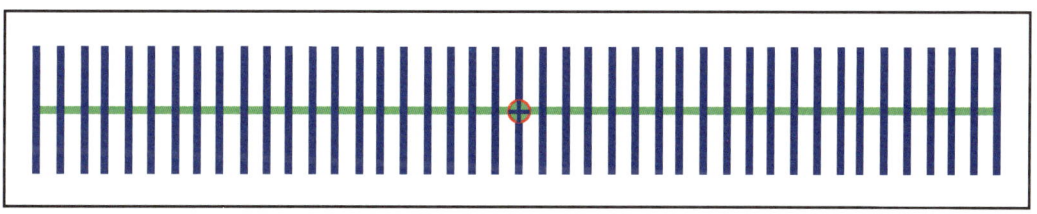

图 10 - 1 常规压裂水平井试井解释物理模型示意图

二、复合线性流试井解释模型

针对非常规油气藏(如致密油气藏、页岩油气藏),通过微地震监测获得的多段压裂水平井微地震裂缝分布特征如图 10 - 2 所示,数值模拟的多段压裂水平井压力场分布特征如图 10 - 3 所示。

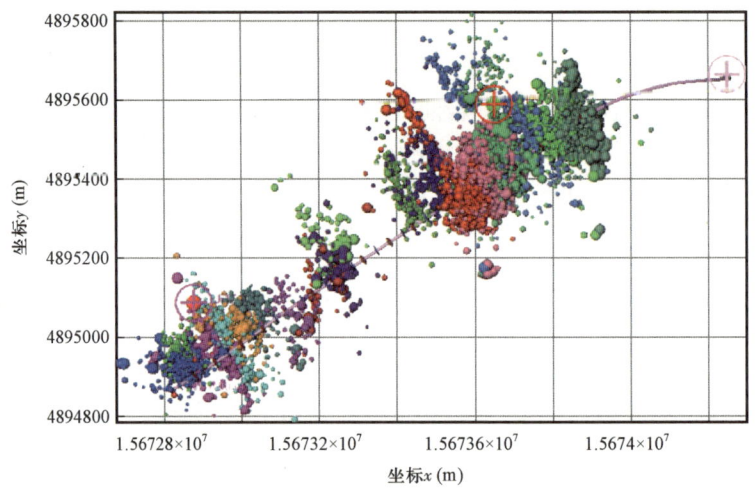

图 10 - 2　多段压裂水平井微地震裂缝分布特征图

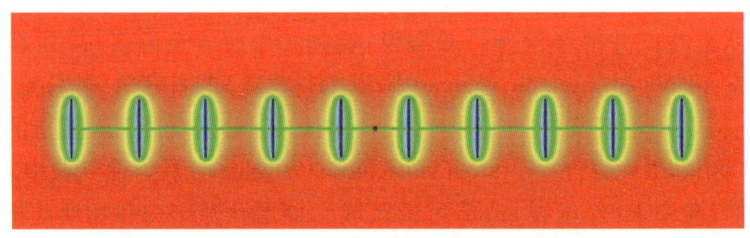

图 10 - 3　数值模拟的多段压裂水平井压力场分布特征图

由图 10 - 2 和图 10 - 3 对压裂裂缝特征和渗流场进一步抽象和简化可得如图 10 - 4 所示的裂缝—地层位置关系,图中标注 K_1 的部分为压裂改造区(SRV 区域,渗透率为 K_1),外围为未改造区(USRV 区域,渗透率为 K_2)。

图 10 - 4(a)认为压裂形成了双翼对称裂缝,但并未改善储层渗透率;图 10 - 4(b)和图 10 - 4(c)认为压裂不但形成了双翼对称裂缝,而且改善了裂缝周围储层的渗透率,即形成了 SRV 区域。取图 10 - 4(b)和图 10 - 4(c)中一条裂缝区域的 1/4 为研究对象,则可将多段压裂水平井渗流模型简化为五线性流和三线性流两种模型,如图 10 - 5 和图 10 - 6 所示。五线性流模型包括裂缝线性流和区域 1、区域 2、区域 3、区域 4 四个区域的线性流,4 个区域的渗透率、孔隙度、综合压缩系数可以相同也可以不同。三线性流模型为五线性流模型的简化形式,包括裂缝线性流、内区线性流和外区线性流,内区和外区的渗透率、孔隙度、综合压缩系数可以相同也可以不同。

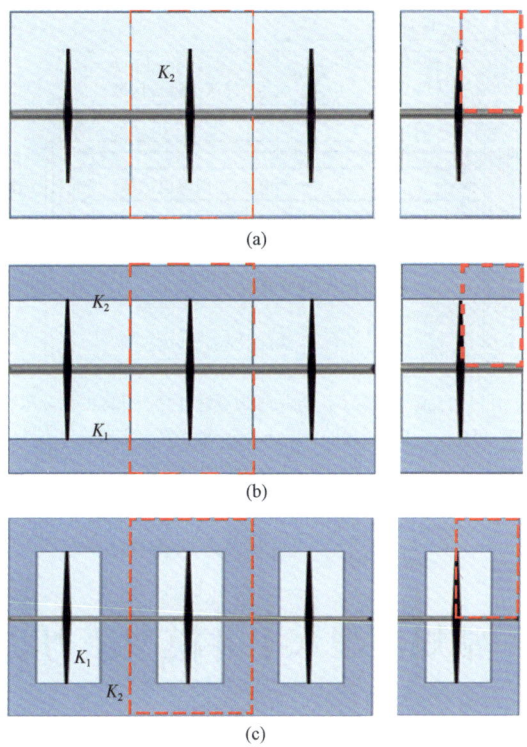

图10-4 压裂水平井渗流模式的简化

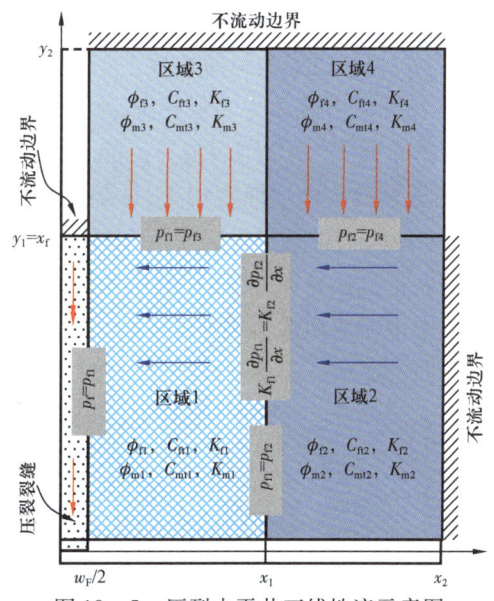

图10-5 压裂水平井五线性流示意图

ϕ, C, K 分别表示孔隙度、综合压缩系数、渗透率,下角 f 和 m 分别表示裂缝和基质,下角 1~4 分别表示区域1、区域2、区域3、区域4;$p_{f1}, p_{f2}, p_{f3}, p_{f4}$—区域1、区域2、区域3、区域4的压力,MPa;$p_F$—压裂裂缝的压力,MPa;$x_1$—区域1、区域2在 x 方向的界面位置,m;x_2—区域2在 x 方向的外边界位置,m;x_f—压裂裂缝半长,m;y_1—区域1、区域2在 y 方向的界面位置,m;y_2—区域3在 y 方向的外边界位置,m;w_F—压裂裂缝宽度,m

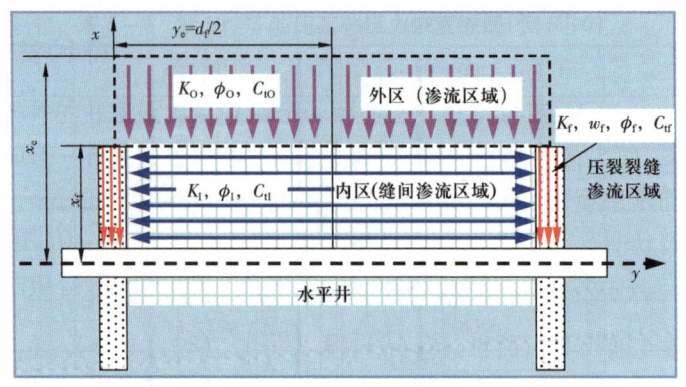

ϕ_f, ϕ_1, ϕ_o—压裂裂缝、内区、外区的孔隙度;C_{tf}, C_{t1}, C_{to}—压裂裂缝、内区、外区的综合压缩系数,MPa^{-1};K_f, K_1, K_0—压裂裂缝、内区、外区的渗透率,mD;w_f—压裂裂缝的宽度,m;x_e—外区在 x 方向的外边界位置,m;y_e—内区在 y 方向的外边界位置,m;d_f—缝间距离,m。

图 10-6 压裂水平井三线性流示意图

第二节 常规压裂水平井模型压力动态特征

一、模型的基本假定

多段压裂水平井试井解释物理模型示意图如图 10-7 所示,其基本假设条件如下:
(1)储层水平等厚,厚度为 h,顶底边界为封闭边界;
(2)水平段长度为 L,流体在井筒内流动为无限导流,水平井与储层平行;
(3)压裂裂缝为有限导流垂直裂缝,无量纲裂缝导流能力为 F_{CD};
(4)压裂裂缝条数为 n,裂缝高度与储层厚度相等,每条裂缝均与水平井井筒正交;
(5)裂缝半长为 x_f,裂缝宽度为 w,裂缝沿井筒呈等距排列或不等距排列对称分布;
(6)流体由储层流向裂缝后再流入井筒,流体在储层和裂缝中的渗流为等温渗流;
(7)流体在整个流动过程中遵循达西渗流规律;
(8)忽略重力和毛细管压力的影响。

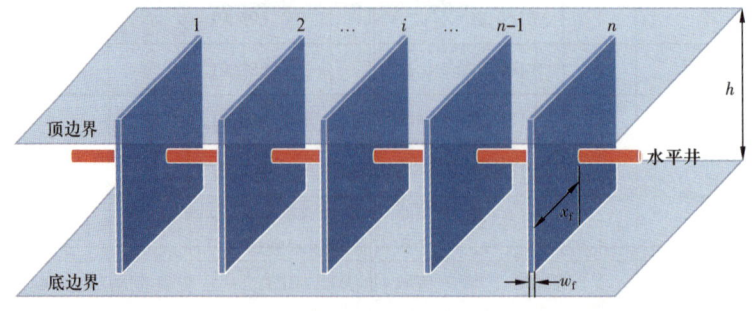

图 10-7 多段压裂水平井试井解释物理模型示意图

在忽略重力的情况下,流体在压裂裂缝中的流动一般按一维线性流动处理。但是,压裂裂缝中的流线并不总是平行的,随着流体接近水平井筒,流线将向井筒汇流(图10-8)。流线向水平井筒的汇流效应会产生附加压降,这一效应被称为汇流表皮。裂缝中的流体汇流引起的表皮效应表达式为:

$$S_c = \frac{Kh}{K_f w}\left(\ln\frac{h}{2r_w} - \frac{\pi}{2}\right) \tag{10-1}$$

式中 K——储层渗透率,mD;

K_f——裂缝渗透率,mD;

h——储层厚度,m;

w——裂缝宽度,m;

r_w——水平井半径,m;

S_c——汇流表皮系数。

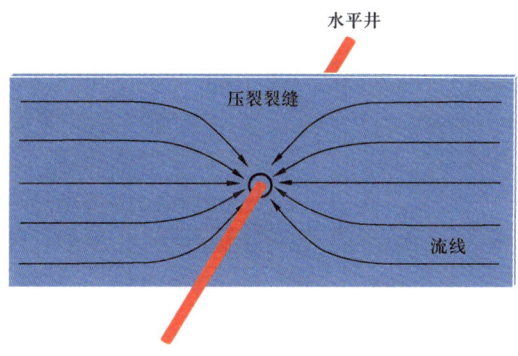

图 10-8 压裂水平井裂缝内流体汇聚示意图

二、模型的流动阶段

在采用多段压裂水平井开发的油气藏中,由于存在缝间的干扰,流体的流动状况变得十分复杂。在不同的储层和裂缝参数条件下,将存在不同的流动阶段组合。图10-9和图10-10是多段压裂水平井井底无量纲压力 p_D 及其导数 p_D' 与无量纲时间 t_{Df} 的双对数曲线图,根据压力导数曲线特征,可识别出如下可能的流动阶段:

(1)早期裂缝线性流动阶段。

理论上,在刚开井的非常短暂的时间内,流体仅从压裂裂缝流向井筒,储层中的流体尚未参与渗流,这一过程称为裂缝线性流动阶段[图10-11(a)]。裂缝线性流动阶段持续的时间非常短,加上受到井筒储集效应的影响,在实测试井资料中通常观测不到该流动阶段。

(2)裂缝—地层双线性流动阶段。

在早期,储层中的流体垂直于裂缝面流向裂缝,裂缝内部的流体呈线性流动流向井筒附近,组合成所谓的双线性流动阶段[图10-11(b)]。在裂缝—地层双线性流动阶段,压力和压力导数双对数曲线均呈斜率为1/4的直线(图10-9和图10-10中的Ⅰ),此时还未出现

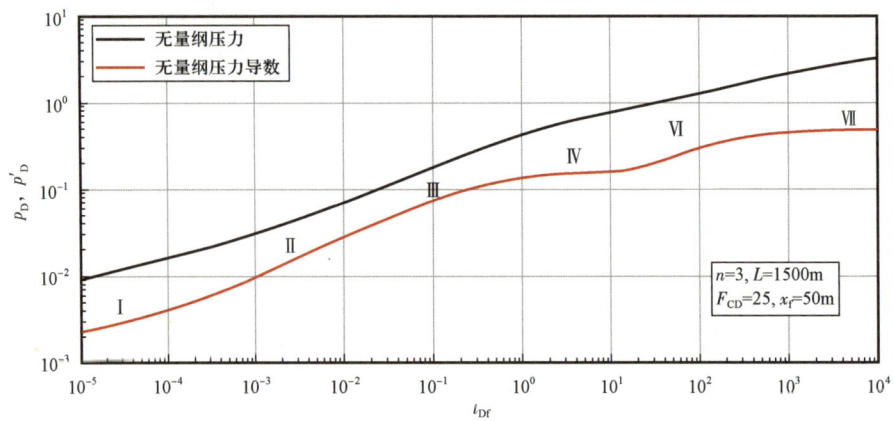

图 10-9　多段压裂水平井井底无量纲压力及其导数与无量纲时间的双对数曲线图(裂缝间距大)

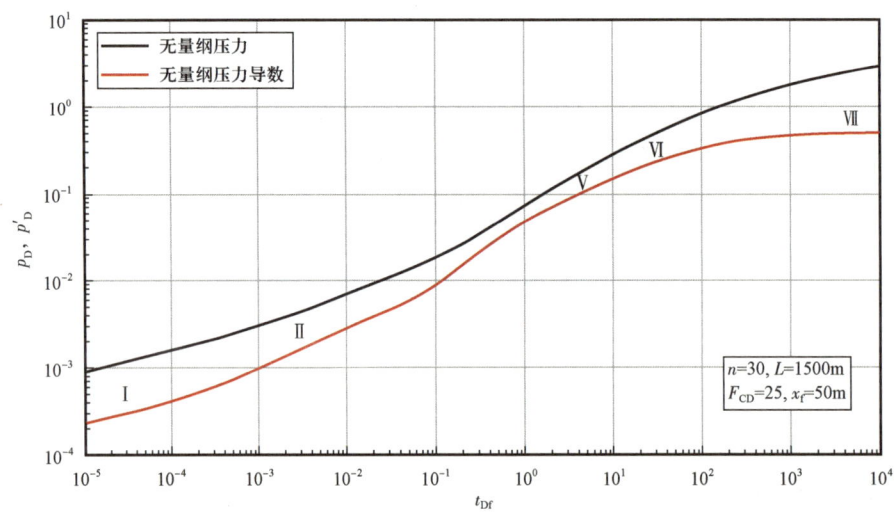

图 10-10　多段压裂水平井井底无量纲压力及其导数与无量纲时间的双对数曲线图(裂缝间距小)

裂缝的干扰,其渗流特征与垂直裂缝直井相同(见第七章第二节)。

(3)地层向裂缝的线性流动阶段。

当无量纲裂缝导流能力 $F_{CD}>10$,在裂缝—地层双线性流动阶段之后,将出现地层向裂缝的线性流动阶段[图 10-11(c)]。在地层向裂缝的线性流动阶段,压力导数双对数曲线呈斜率为 1/2 的直线(图 10-9 和图 10-10 中的Ⅱ)。

(4)地层向裂缝的椭圆流动阶段。

在地层向裂缝的线性流动阶段以后,如果缝间距较大,将出现地层向每一条裂缝的椭圆流动阶段[图 10-11(d)]。在围绕一条裂缝的椭圆流动阶段,压力导数双对数曲线呈斜率为 0.36 的直线(图 10-9 中的Ⅲ)。

(5)地层向裂缝的拟径向流动阶段。

如果缝间距足够大,在地层向裂缝的椭圆流动阶段以后,将出现地层向每一条裂缝的拟径向流动阶段[图 10-11(e)]。在围绕一条裂缝的拟径向流动阶段,无量纲压力导数双对数曲线呈值为 $0.5/n$ 的水平直线(图 10-9 中的Ⅳ)。

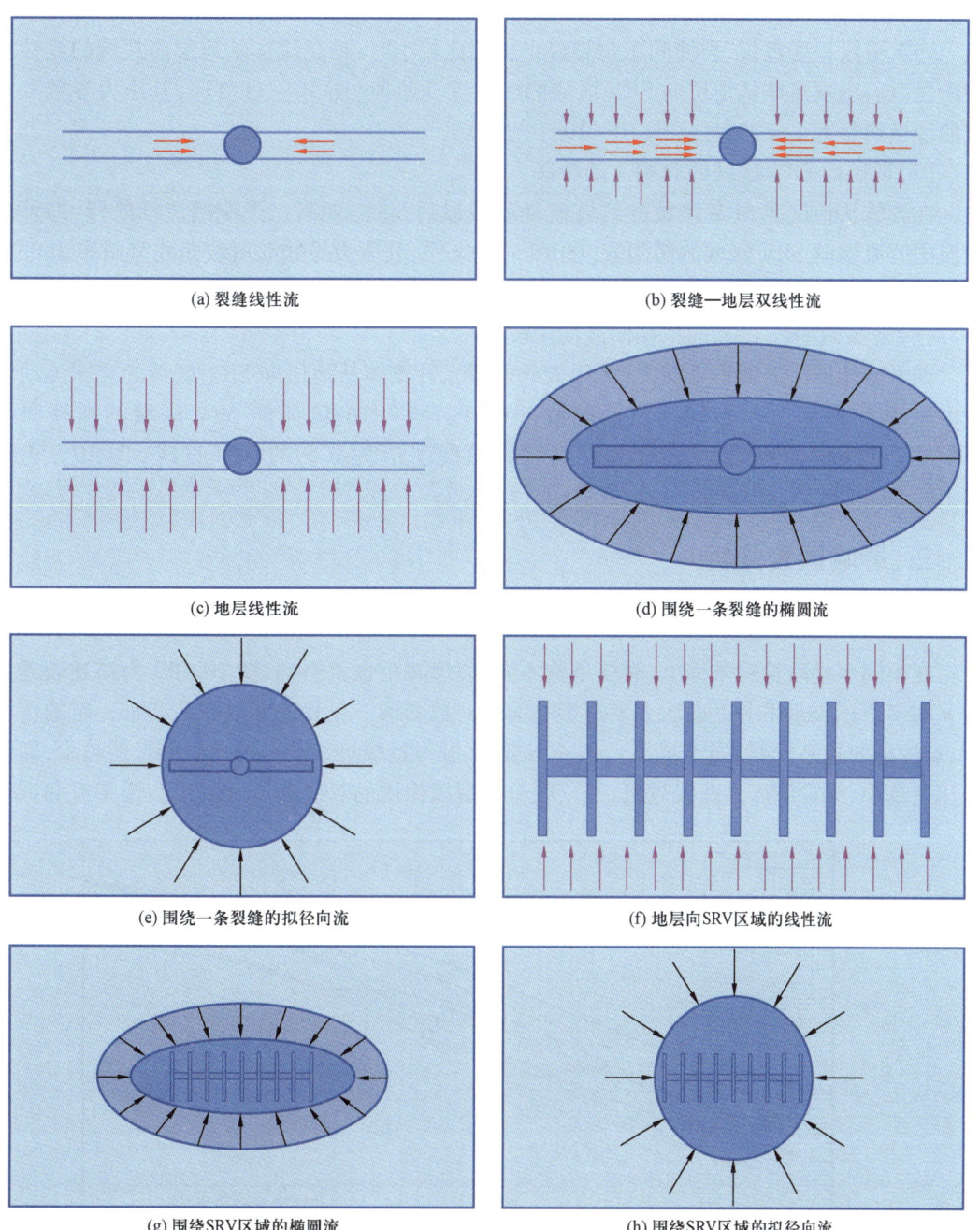

图 10-11 多段压裂水平井流动形态示意图

上述 5 个流动阶段与垂直裂缝直井的试井特征相同,此时还未出现缝间干扰现象。在非常规油气藏的开发过程中,多段压裂水平井裂缝长度往往大于裂缝间距,缝间干扰现象将导致:围绕每一条裂缝的椭圆流动阶段和拟径向流动阶段被缝间干扰所掩盖,即在实测试井资料中,一般观测不到地层向裂缝的椭圆流动阶段和拟径向流动阶段的渗流特征。

(6)地层向 SRV 区域的线性流动阶段。

当水平段长度较长、裂缝间距与裂缝半长相比较小时,将在流体从地层向裂缝的线性流动阶段以后出现流体从地层向 SRV 区域的线性流动阶段[图 10 – 11(f)],其压力导数双对数曲线呈斜率为 1/2 的直线(图 10 – 10 中的 Ⅴ)。

(7)地层向 SRV 区域的椭圆流动阶段。

在流体从地层向 SRV 区域的线性流动阶段以后,将出现第二个椭圆流动阶段,即外区地层中的流体向 SRV 区域的椭圆流[图 10 – 11(g)],其压力导数双对数曲线呈斜率为 0.36 的直线(图 10 – 9 和图 10 – 10 中的 Ⅵ)。

(8)地层向 SRV 区域的拟径向流动阶段。

如果流体的泄流面积足够大(无限大外边界),在流体从地层向 SRV 区域的椭圆流动阶段以后,将出现第二个拟径向流动阶段,即外区地层中的流体向 SRV 区域的拟径向流[图 10 – 11(h)],其无量纲压力导数双对数曲线呈值为 0.5 的水平直线(图 10 – 9 和图 10 – 10 中的 Ⅶ)。

三、影响因素分析

1. 裂缝条数 n 的影响

在相同水平段长度条件下,裂缝条数不同,裂缝间距也就不同,图 10 – 12 为描述裂缝条数 n 对多段压裂水平井井底压力动态影响的双对数图形。在其他参数和井产量一定的情况下,裂缝条数越多(裂缝间距越小),每一条裂缝的产量就越低,消耗的地层能量就越少,即生产压差越小,无量纲压力曲线越低;在反映单一裂缝作用的双线性流、线性流、椭圆流和拟径

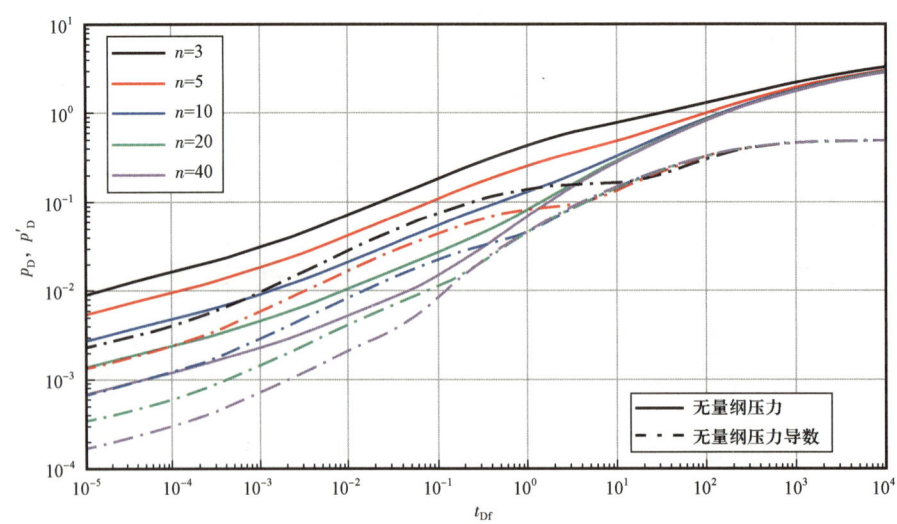

图 10 – 12 裂缝条数 n 对多段压裂水平井井底压力动态影响的双对数曲线图

向流阶段,无量纲压力导数值越小。同时,随着裂缝条数的增加,裂缝与裂缝之间的相互干扰加强,围绕单一裂缝的椭圆流和拟径向流的特征将被掩盖。裂缝条数的变化不影响围绕 SRV 区域的拟径向流动阶段的压力导数曲线特征。

2. 水平段长度的影响

图 10-13 为描述水平段长度 L 对多段压裂水平井井底压力动态影响的双对数图形。在裂缝条数不变的条件下,水平段长度越长,裂缝间距越大,出现缝间干扰的时间越晚。当裂缝间距很小时,缝间干扰将可能掩盖掉从地层向裂缝的线性流、椭圆流和拟径向流等流动阶段特征。

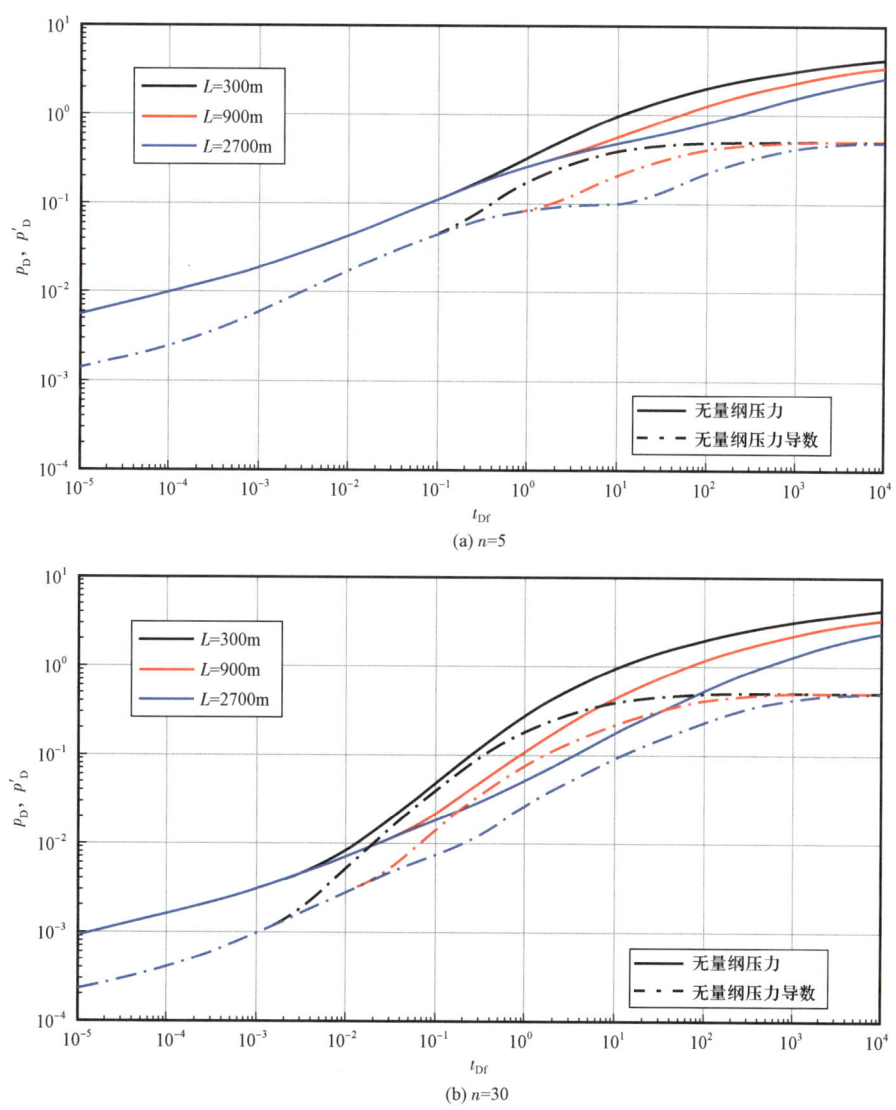

图 10-13 水平段长度 L 对多段压裂水平井井底压力动态影响的双对数曲线图

3. 裂缝导流能力 F_{CD} 的影响

图 10-14 为描述裂缝导流能力 F_{CD} 对多段压裂水平井井底压力动态影响的双对数图形。在其他参数不变的条件下，裂缝导流能力越大，流体在裂缝内部的流动阻力越小，生产压差越小；随着裂缝导流能力的增大，早期地层—裂缝双线性流逐渐过渡到地层向裂缝的线性流。

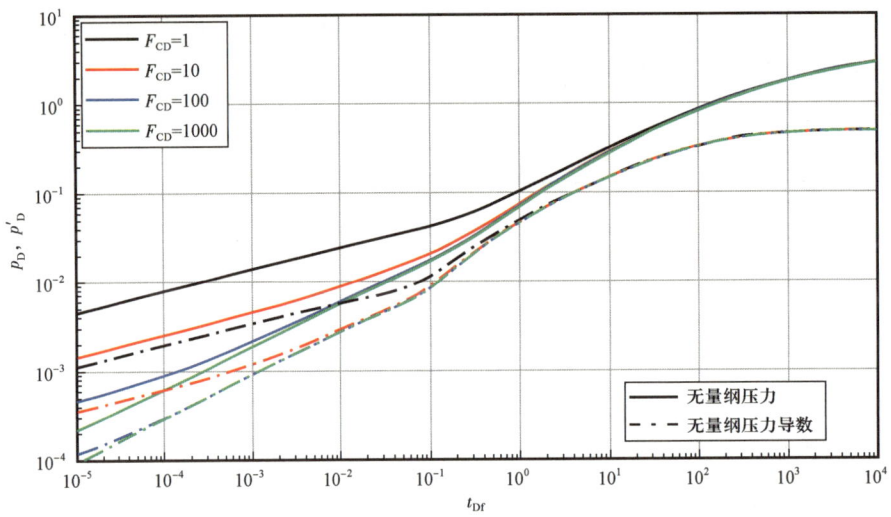

图 10-14 裂缝导流能力 F_{CD} 对多段压裂水平井井底压力动态影响的双对数曲线图

4. 裂缝半长 x_f 的影响

图 10-15 为描述裂缝半长 x_f 对多段压裂水平井井底压力动态影响的双对数图形。在其他参数不变的条件下，裂缝半长越长，单位裂缝长度的产量越低，生产压差越小；随着裂缝

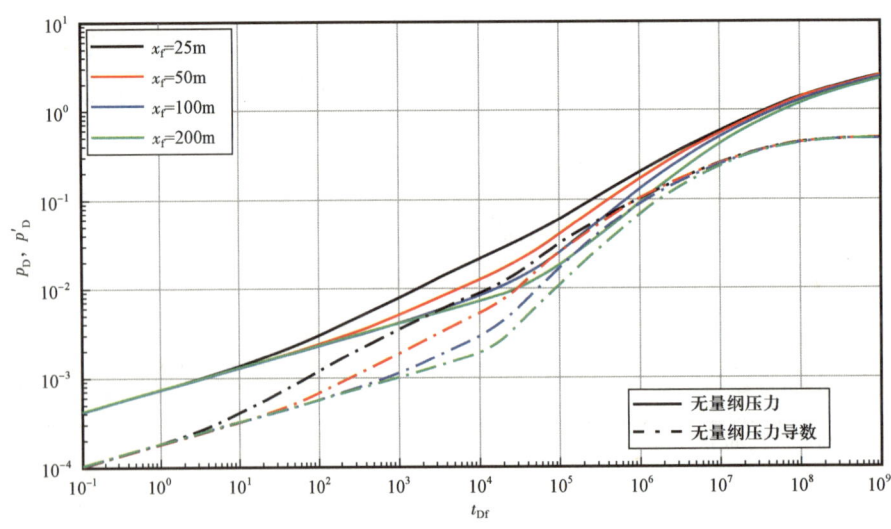

图 10-15 裂缝半长 x_f 对多段压裂水平井井底压力动态影响的双对数曲线图

半长的增大，无量纲裂缝导流能力降低，导致早期地层—裂缝双线性流动阶段延长，地层向裂缝的线性流动阶段缩短，当裂缝半长足够长时，双线性流动阶段将可能完全掩盖从地层向裂缝的线性流动特征。

5. 井筒储集效应和表皮效应的影响

图 10-16 为描述井筒储集效应和表皮效应对井底压力动态影响的双对数图形。井筒储集效应将掩盖掉早期的裂缝—地层双线性流动阶段，甚至还将掩盖掉地层向裂缝的线性流动阶段的特征。在纯井筒储集效应阶段，无量纲压力及压力导数双对数曲线呈斜率为 1 的直线；表皮效应的影响将导致流体的流动存在附加阻力，使得井底压差增大，表皮系数越大，井底压差越大；当不存在井筒储集效应时，表皮系数的大小并不影响压力导数曲线的特征。

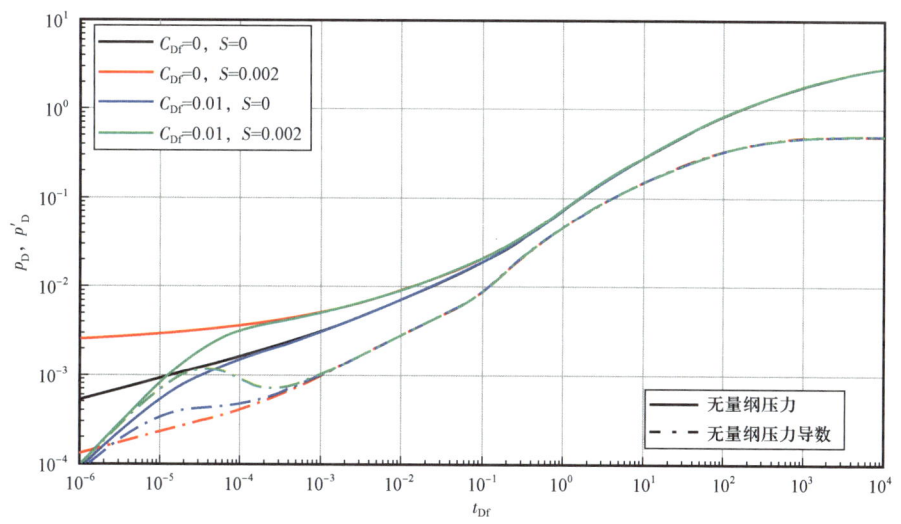

图 10-16　井筒储集效应和表皮效应对多段压裂水平井井底压力动态影响的双对数曲线图

第三节　三线性流模型压力动态特征

一、模型的基本假定

根据几何模型的对称性，三线性流模型是取一条人工裂缝周围的 1/4 储层进行研究，其物理模型示意图如图 10-6 所示。三线性流模型渗流区域包括人工裂缝内、压裂裂缝缝间改造区（SRV 区域、内区）和外部未压裂区域（USRV 区域、外区）三个区域，流体在每个区域的流动均为线性流动，试井解释数学模型的基本假设条件如下：

（1）储层水平等厚，厚度为 h，顶底边界均为封闭边界；

（2）压裂裂缝为有限导流垂直裂缝，裂缝半长为 x_f，裂缝宽度为 w_f，无量纲裂缝导流能力为 F_{CD}；

（3）裂缝间距为 d_f，在 $d_f/2$ 处平行裂缝方向无流体流动，即两条裂缝之间的中线为分流线；

（4）沿裂缝方向的储层长度为 x_e，外边界为不渗透边界；

（5）流体的流动为等温渗流，在整个流动过程中满足达西渗流规律；

（6）忽略重力和毛细管压力的影响。

二、模型的流动阶段

图10-17是多段压裂水平井三线性流模型井底无量纲压力及其导数与无量纲时间的双对数图形。根据压力导数曲线特征，理论上可识别出如下可能的流动阶段：

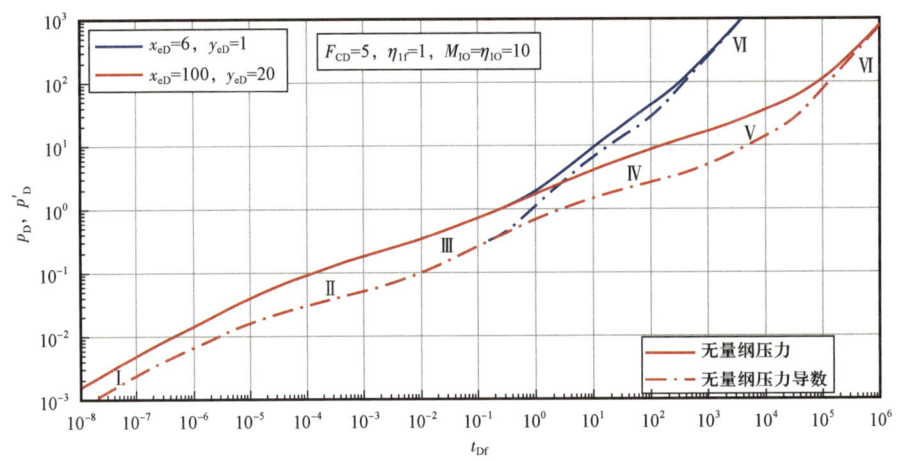

x_{eD}—x_e 的无量纲形式，x_e/x_f；y_{eD}—y_e 的无量纲形式，y_e/x_f；F_{CD}—无量纲裂缝导流能力；η_{If}—内区与压裂裂缝区导压系数的比值；η_{IO}—内区与外区导压系数的比值；M_{IO}—内区与外区流度的比值

图10-17　多段压裂水平井三线性流模型井底无量纲压力及其导数与无量纲时间的双对数曲线图

（1）早期裂缝线性流动阶段。

早期的裂缝线性流动阶段与上一节中常规压裂水平井模型的流动模式和特征相同，其流动示意图如图10-18(a)所示。在早期裂缝线性流动阶段，压力和压力导数双对数曲线均呈斜率为1/2的直线，如图10-17中的Ⅰ所示。裂缝线性流动阶段通常被井筒储集效应所掩盖，在实测试井资料中一般观测不到该流动阶段。

（2）裂缝—地层双线性流动阶段。

裂缝—地层双线性流动阶段描述内区储层中的流体垂直于裂缝面呈线性流动流向裂缝，裂缝内部的流体再呈线性流动流向井筒附近，故称为双线性流动阶段[图10-18(b)]。在裂缝—地层双线性流动阶段，压力导数双对数曲线呈斜率为1/4的直线，如图10-17中的Ⅱ所示。

（3）地层向裂缝的线性流动阶段。

当无量纲裂缝导流能力 $F_{CD}>10$，在裂缝—地层双线性流动阶段之后，将出现内区地层向裂缝的线性流动阶段[图10-18(c)]。在地层向裂缝的线性流动阶段，压力导数双对数

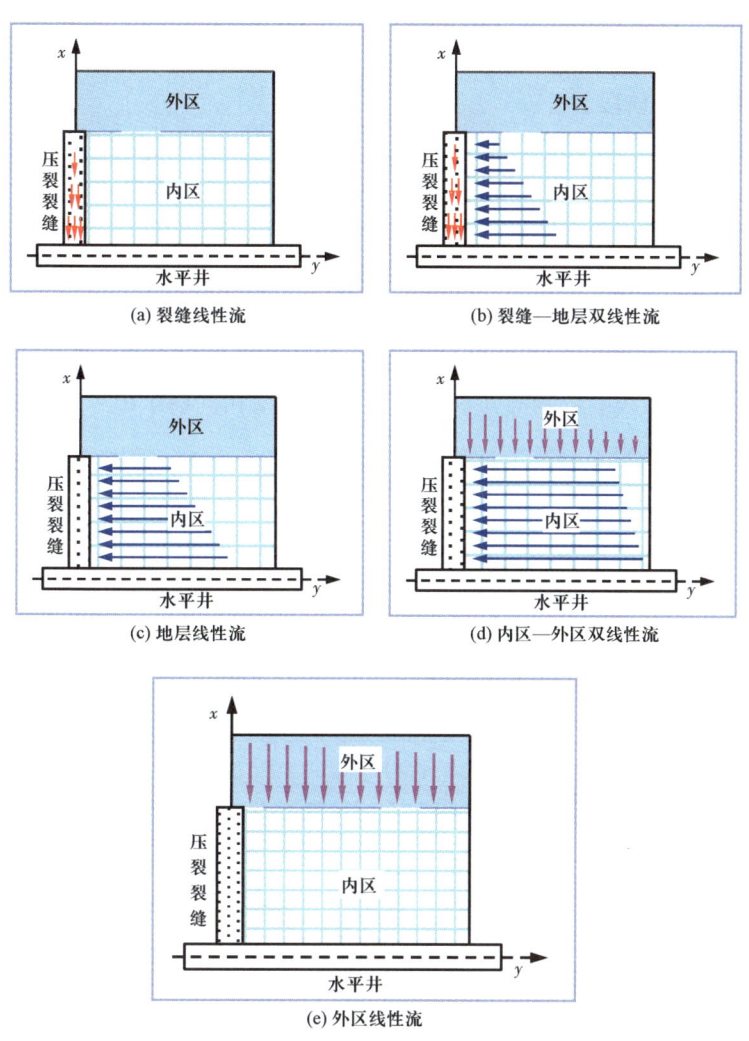

图 10-18 压裂水平井三线性流模型流动形态示意图

曲线呈斜率为 1/2 的直线,如图 10-17 中的Ⅲ所示。

上述三个流动阶段与常规压裂水平井的前三个流动阶段相同,井底压力动态还未受到缝间干扰现象的影响。

(4) 内区—外区双线性流动阶段。

理论上,当井间距离远大于裂缝半长(即 $x_e \gg x_f$)、缝间距离也显著大于裂缝半长(即 $y_e \gg x_f$)时(实际情况不可能如此),将存在由以下两种线性流动而构成的双线性流动阶段[图 10-18(d)],一种是流体由内区地层向水力裂缝的线性流,另一种是由外区地层向内区地层的线性流,这一流动阶段的压力导数双对数曲线呈斜率为 1/4 的直线,如图 10-17 中的Ⅳ所示。

(5) 外区线性流动阶段。

理论上,如果井间距离显著大于缝间距离(即 $x_e \gg y_e$)时,可能存在流体由外区地层向内区地层的线性流动阶段[图 10-18(e)],其压力导数双对数曲线呈斜率为 1/2 的直线,如图 10-17 中的 V 所示。

(6)边界作用流动阶段。

在所有外边界对压力动态的影响都到达测试井以后,将形成受边界作用控制的拟稳定流动阶段,其压力导数双对数曲线呈斜率为 1 的直线,压力双对数曲线也成为越来越接近斜率为 1 的直线,如图 10-17 中的 Ⅵ 所示。

三、影响因素分析

三线性流模型中裂缝半长、裂缝导流能力、井筒储集系数和表皮系数等参数对井底无量纲压力及导数双对数曲线的影响与常规压裂水平井模型相同(图 10-14 至图 10-16),下面仅讨论外区参数的影响。

1. 内外区大小的影响

内外区大小对三线性流模型双对数曲线的影响如图 10-19 所示。无论是外部渗流区域越大(x_e 越大),还是内部渗流区域越大(y_e 越大),终将导致边界作用控制的拟稳定流动阶段延迟。在符合实际的合理的参数范围内,内外区双线性流动阶段和外区线性流动阶段将被边界控制的拟稳定流动阶段所掩盖。

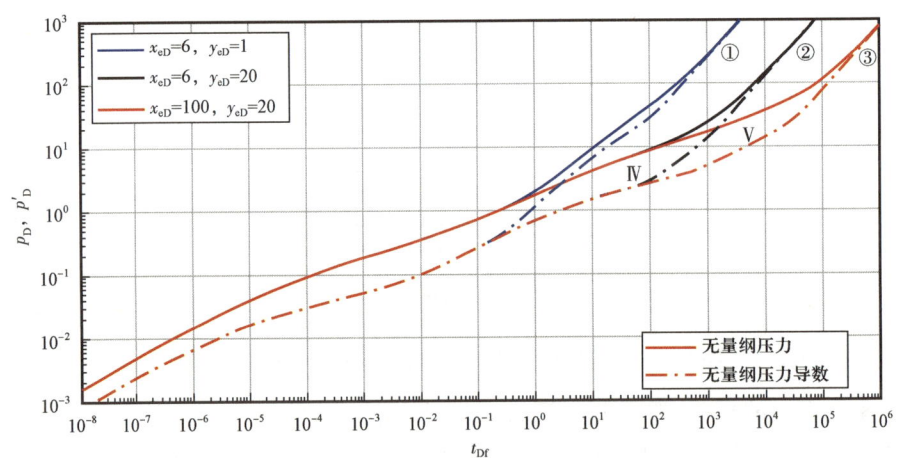

图 10-19　内外区大小对三线性流模型双对数曲线的影响图

2. 外区渗透率的影响

外区渗透率对三线性流模型双对数曲线的影响如图 10-20 所示。外区渗透率仅影响压力在外区的变化。外区渗透率越大,流体渗流速度越大,外区流体向 SRV 区域的补给能力越强,相应流动阶段的生产压差越低,外边界的影响就越容易传第到测试井,形成拟稳定流动的时间就越早。

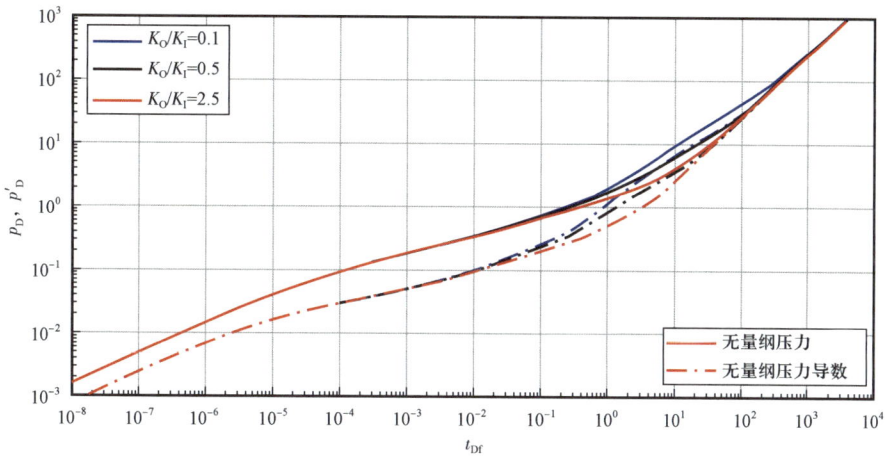

图 10-20 外区渗透率对三线性流模型双对数曲线的影响图

3. 外区储容能力的影响

一个油区的孔隙度 ϕ 和综合压缩系数 C_t 的乘积 ϕC_t 表示了其储容能力。外区储容能力 $(\phi C_t)_O$ 对三线性流模型双对数曲线的影响如图 10-21 所示,假设内区储容能力 $(\phi C_t)_I$ 不变,$(\phi C_t)_O/(\phi C_t)_I$ 值越大,则外区 $(\phi C_t)_O$ 值越大,外区的储量越大、储容能力越强,外区流体向 SRV 区域的供给能力越强,相应流动阶段的生产压差越低,形成拟稳定流动的时间越晚。

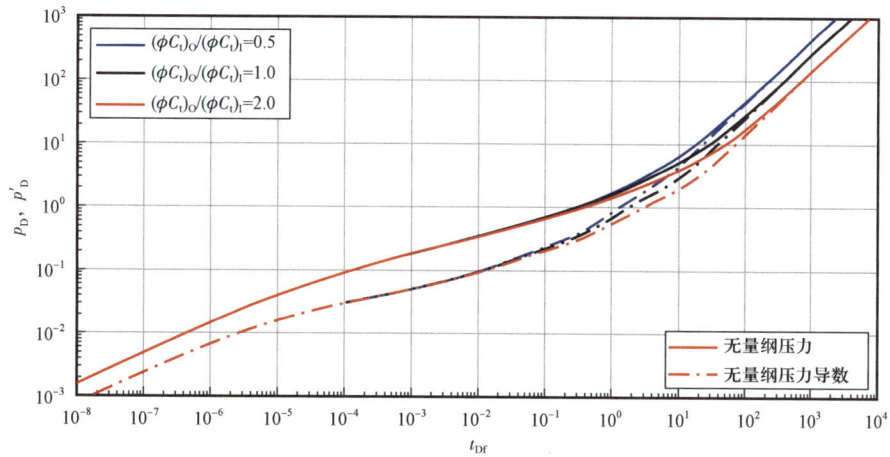

图 10-21 外区储容能力 $(\phi C_t)_O$ 对三线性流模型双对数曲线的影响图

四、常规压裂水平井模型与三线性流模型的对比

三线性流模型假设流体在水力裂缝、SRV 区域以及 USRV 区域中的流动都是线性流动,这必然导致井底压力响应与常规压裂水平井模型在流动形态上存在差异,即在三线性流模

型中,不可能存在围绕裂缝以及 SRV 区域的两个拟径向流动阶段,在常规压裂水平井模型中不可能存在 SRV—USRV 区域的双线性流动阶段,三线性流模型与常规压裂水平井模型井底压力动态对比如图 10-22 至图 10-24 所示。

由图 10-22 与图 10-23 的对比可知,当缝间距离很大时,三线性流模型与常规压裂水平井模型在地层向裂缝的线性流动阶段以后将存在显著差异(图 10-22),表明三线性流模型不适合于缝间距离很大的情形。

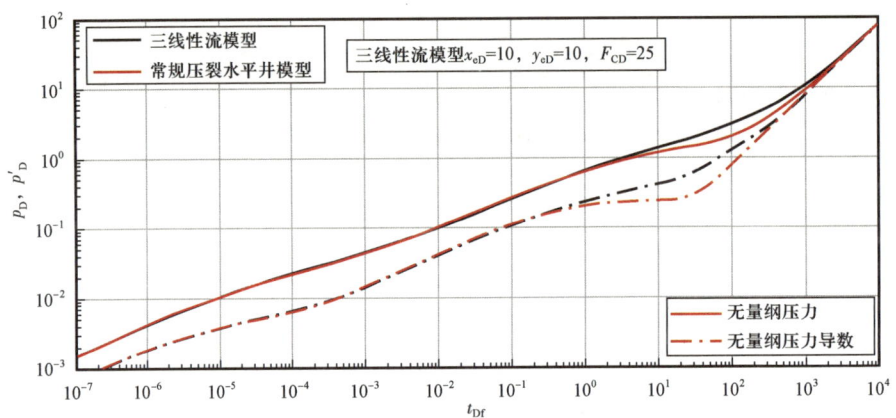

图 10-22　三线性流模型与常规压裂水平井模型双对数曲线的对比图(一)

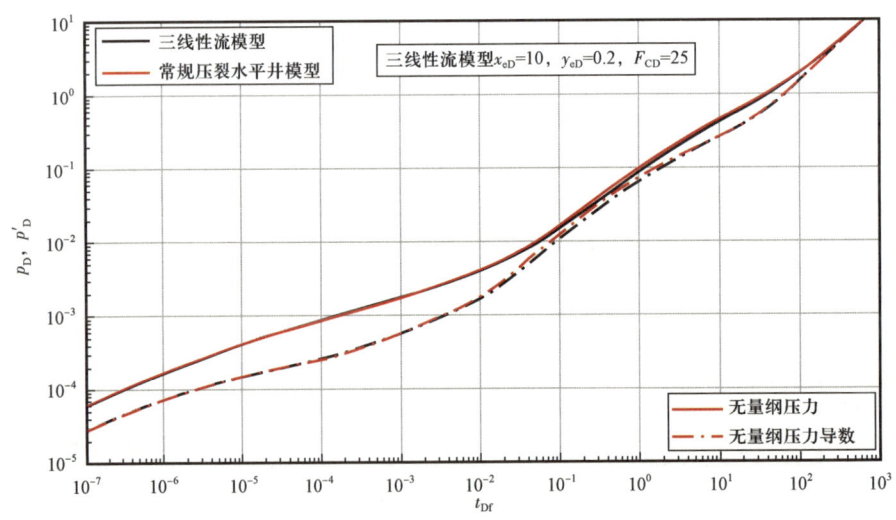

图 10-23　三线性流模型与常规压裂水平井模型双对数曲线的对比图(二)

由图 10-23 与图 10-24 的对比可知,当裂缝导流能力很小时,三线性流模型与常规压裂水平井模型在地层—裂缝的双线性流动阶段以后将存在显著差异(图 10-24),表明三线性流模型不适合于裂缝导流能力很小的情形。

由图 10-23 和图 10-24 可知,当流动达到边界控制的拟稳定流动阶段以后,三线性流

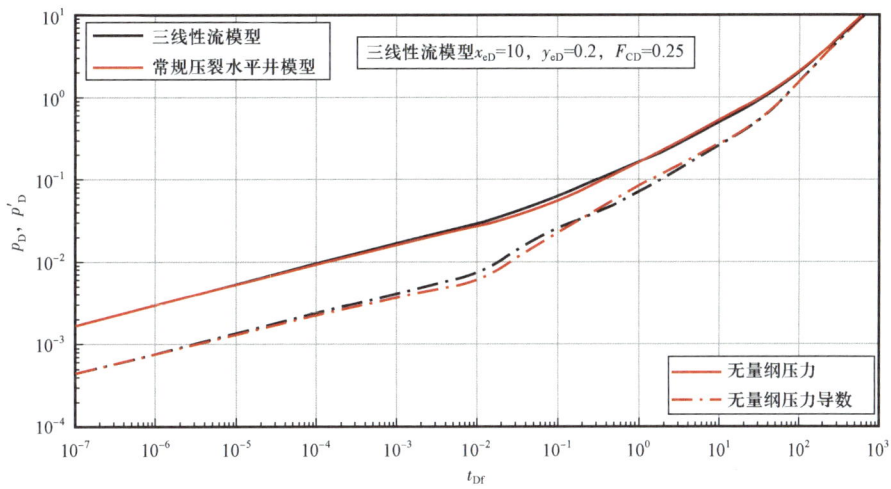

图 10-24 三线性流模型与常规压裂水平井模型双对数曲线的对比图(三)

模型与常规压裂水平井模型具有相同的压力和压力导数曲线特征,这表明无论裂缝参数和油藏参数如何,仍可以用三线性流模型来模拟预测多段压裂水平井在边界控制流动阶段的压力变化。

第四节 压裂水平井试井解释方法

在合理的测试时间范围、缝间距和井间距条件下,压裂水平井试井一般能够观测到地层—裂缝双线性流动阶段和地层向裂缝的线性流动阶段,之后由于受到缝间干扰和边界作用的影响,不能再从测试数据中识别出其他的流动阶段。实测试井资料可以根据识别出来的流动阶段进行特征直线分析和双对数的图版拟合分析。

一、地层—裂缝双线性流分析

地层—裂缝双线性流动阶段的渗流模式如图 10-11(b)和图 10-18(b)所示,考虑到裂缝内流体向井筒的汇聚,压降试井的井底无量纲压力为:

$$p_{wD} = \frac{\pi}{\sqrt{2F_{CD}}\Gamma(5/4)} t_{Df}^{1/4} + S_c \tag{10-2}$$

其中
$$F_{CD} = K_f w$$

式中 p_{wD}——无量纲井底压力,无量纲;
F_{CD}——无量纲裂缝导流能力;
K_f——裂缝渗透率,mD;
w——裂缝宽度,m;

t_{Df}——无量纲时间;

S_c——汇流表皮系数;

$\Gamma(x)$——伽马函数。

将式(10-2)化为有量纲形式,得到:

$$\Delta p = p_i - p_{wf} = \frac{1.1054q\mu B}{nh\sqrt{K_f w}\sqrt[4]{\phi\mu C_t K}}\sqrt[4]{t} + \frac{1.842q\mu B}{nKh}S_c \quad (10-3)$$

式中 p_i——原始地层压力,MPa;

p_{wf}——井底流压,MPa;

q——井产量,m³/d;

B——原油体积系数,m³/m³;

K——地层渗透率,mD;

h——地层厚度,m;

C_t——综合压缩系数,MPa⁻¹;

t——时间,h;

μ——原油黏度,mPa·s;

ϕ——孔隙度;

Δp——生产压差,MPa;

n——压裂裂缝数,条。

从式(10-3)与有限导流垂直裂缝直井的式(4-11)进行对比可知,多段压裂水平井在地层—裂缝双线性流动阶段的压力响应与直井存在两点不同:一是式(4-11)中的产量 q 用一条裂缝的产量 q/n 代替,二是存在裂缝内部流线汇聚的附加阻力项,即式(10-3)右端第二项。

由式(10-3)可知,在直角坐标系中,压降值 Δp 与 $\sqrt[4]{t}$ 呈一直线,直线斜率为:

$$m_{BL} = \frac{1.1054q\mu B}{nh\sqrt{K_f w}\sqrt[4]{\phi\mu C_t K}} \quad (10-4)$$

由直线斜率 m_{BL} 可计算出裂缝导流能力 $K_f w$[式(7-26)]:

$$K_f w = \frac{1.2219}{\sqrt{\phi\mu C_t K}}\left(\frac{q\mu B}{nh m_{BL}}\right)^2 \quad (10-5)$$

对于压力恢复情形,式(10-3)可写成:

$$\Delta p = p_{ws}(\Delta t) - p_{ws}(\Delta t = 0) = \frac{1.1054q\mu B}{nh\sqrt{K_f w}\sqrt[4]{\phi\mu C_t K}}(\sqrt[4]{\Delta t} + \sqrt[4]{t_p} - \sqrt[4]{t_p + \Delta t}) + \frac{1.842q\mu B}{nKh}S_c$$

$$(10-6)$$

式中 $p_{ws}(\Delta t)$——关井 Δt 时刻的井底压力,MPa;

$p_{ws}(\Delta t = 0)$——刚关井时刻的井底压力,MPa;

Δt——关井时间,h;

t_p——关井前累积生产时间,h。

由式(10-6)可知,在直角坐标系中,压力恢复值Δp与$(\sqrt[4]{\Delta t}-\sqrt[4]{t_p+\Delta t})$呈一直线,直线斜率与压降情形相同。因此,在获得直线斜率以后仍可用式(10-5)计算裂缝导流能力$K_f w$的值。

二、地层向裂缝的线性流分析

在合适的裂缝导流能力下,地层—裂缝双线性流动阶段以后将可能出现地层向裂缝的线性流动阶段,其渗流模式如图10-11(c)和图10-18(c)所示,压降试井的井底无量纲压力为:

$$p_{wD} = \sqrt{\pi t_{Df}} + \frac{\pi}{3F_{CD}} + S_c \qquad (10-7)$$

如果压裂裂缝具有无限大的导流能力(即$F_{CD}\to\infty$,$1/F_{CD}\to 0$),则式(10-7)可简化为:

$$p_{wD} = \sqrt{\pi t_{Df}} + S_c \qquad (10-8)$$

将式(10-7)和式(10-8)化为有量纲形式,分别得到:

$$\Delta p = p_i - p_{wf} = \frac{0.1959qB}{nhx_f}\sqrt{\frac{\mu}{\phi C_t K}}\sqrt{t} + \frac{1.9289q\mu B}{nh}\frac{x_f}{K_f w} + \frac{1.842q\mu B}{nKh}S_c \qquad (10-9)$$

$$\Delta p = p_i - p_{wf} = \frac{0.1959qB}{nhx_f}\sqrt{\frac{\mu}{\phi C_t K}}\sqrt{t} + \frac{1.842q\mu B}{nKh}S_c \qquad (10-10)$$

由式(10-9)和式(10-10)可知,在直角坐标系中,压降值Δp与$\sqrt{t}$呈一直线,直线斜率为:

$$m_L = \frac{0.1959qB}{nhx_f}\sqrt{\frac{\mu}{\phi C_t K}} \qquad (10-11)$$

由直线斜率m_L可计算出裂缝半长x_f:

$$x_f = \frac{0.1959qB}{nhm_L}\sqrt{\frac{\mu}{\phi C_t K}} \qquad (10-12)$$

对于压力恢复情形,式(10-3)可写成:

$$\Delta p = p_{ws}(\Delta t) - p_{ws}(\Delta t = 0) = \frac{0.1959qB}{nhx_f}\sqrt{\frac{\mu}{\phi C_t K}}(\sqrt{\Delta t}+\sqrt{t_p}-\sqrt{t_p+\Delta t}) +$$

$$\frac{1.9289q\mu B}{nh}\frac{x_f}{K_f w} + \frac{1.842q\mu B}{nKh}S_c \qquad (10-13)$$

由式(10-13)可知,在直角坐标系中,压力恢复值Δp与$(\sqrt{\Delta t}-\sqrt{t_p+\Delta t})$呈一直线,直线斜率与压降情形相同。因此,在获得直线斜率以后仍可用式(10-12)计算裂缝半长x_f的值。

三、图版拟合分析

多段压裂水平井的井底压力响应由于受到诸多参数的影响,不能像未压裂直井那样构造出唯一的格林加登-布德复合图版。因此,在进行图版拟合分析之前,需要先根据已经确定的参数,构造出合适的试井解释图版,然后再进行拟合分析。构造出来的解释图版一般就是如图 10-13 至图 10-16、图 10-19 至图 10-21 所示的参数敏感性分析图版。通过实测曲线与理论图版的拟合,可读取拟合点的值 $(t)_M$、$(\Delta p)_M$、$(\Delta p')_M$、$(t_{Df})_M$、$(p_D)_M$ 和 $(p'_D)_M$ 及拟合曲线的值 $(F_{CD})_M$、$(C_{Df})_M$、$(S)_M$、$\left(\dfrac{K_O}{K_I}\right)_M$ 和 $(y_{eD})_M$ 等,进而计算出如下参数:

$$K = \frac{1.842 q\mu B}{h}\left(\frac{p_D}{\Delta p}\right)_M \qquad (10-14)$$

$$K = \frac{1.842 q\mu B}{h}\left(\frac{p'_D}{\Delta p'}\right)_M \qquad (10-15)$$

$$x_f = \sqrt{\frac{3.6 \times 10^{-3} K}{\phi \mu C_t}\left(\frac{t}{t_{Df}}\right)_M} \qquad (10-16)$$

$$C = 2\pi \phi h C_t x_f^2 (C_{Df})_M \qquad (10-17)$$

$$K_f w = x_f K (F_{CD})_M \qquad (10-18)$$

$$y_e = x_f (y_{eD})_M \qquad (10-19)$$

如果采用三线性流模型,可用式(10-20)计算外区储层渗透率:

$$K_O = K\left(\frac{K_O}{K_I}\right)_M \qquad (10-20)$$

针对多段压裂水平井,采用上述图版进行拟合分析时,由于图版控制参数多,实测曲线与理论图版中的样板曲线往往达不到最佳拟合。因此,在利用现代试井分析软件进行实测资料解释时,通常以双线性流分析、线性流分析和图版拟合分析结果为基础,通过人为调整相关参数或自动拟合的方式进行双对数图形、半对数图形和压力历史图形的拟合,获得最终解释结果。

第十一章
复合油藏模型及其应用

前文说过:"无限大""绝对均质"的油气藏是不存在的。但在油藏中离井最近的一条边界的影响到达测试井之前,测试井的井底压力变化与"无限大油藏"情形是一致的;只要整个油藏中$\frac{Kh}{\mu}$和$\phi C_t h$的变化不大,就可以当作"均质"对待,所以,如果这两个条件成立,则可以作为"无限大均质油气藏"处理。但如果油气藏的结构很特殊(如上文中所讨论的双重介质),或在离井一定距离之外,储层及其中流体的特征参数(即流度$\frac{K}{\mu}$和储能系数ϕC_t)之中任何一个出现显著变化,而且开始影响到测试井的压力变化之后,压力分布当然就不会再遵从"无限大均质油气藏"的规律,此时就必须考虑使用别的模型进行试井解释了。除了前面讨论过的双重孔隙介质模型和双重渗透介质模型之外,常用的还有复合油藏模型。许多实际情形:如在低渗透油藏中,当井筒附近的压力降到低于泡点压力时;在凝析气藏中,当压力降到低于露点压力时;在注水井的注入水向地层推进了一定距离时;经过酸化的碳酸盐岩油藏;周围被边水包围的油藏;以及特征参数发生突变的油藏,可以发现都符合复合油(气)藏模型的性态,因此都可以近似地用复合油藏模型进行解释。这种模型的解释图版没有印刷出版,实际解释时,应在计算机上使用解释软件产生解释图版,以供解释之用。

第一节 复合油藏解释模型

复合油藏试井解释模型假定:厚度相同的油(气)层,可以分为若干个区,每个区的储层及其中流体的特征参数(即流度$\frac{K}{\mu}$和储能系数ϕC_t)基本相同;但在各个区之间,它们的储层及其中流体的特征参数$\left[\frac{K}{\mu}或(和)\phi C_t\right]$却相差悬殊。这里只讨论两个区的情形,即厚度相同的油(气)层可以区分为两个区:1区和2区(图11-1),不妨假设测试井在1区。1区的特征参数及其中流体的特征参数基本相同,设为$\left(\frac{K}{\mu}\right)_1$和$(\phi C_t)_1$;2区的特征参数及其中流体的特征参数也基本相同,设为$\left(\frac{K}{\mu}\right)_2$和$(\phi C_t)_2$。但$\left(\frac{K}{\mu}\right)_1 \neq \left(\frac{K}{\mu}\right)_2$或(和)$(\phi C_t)_1 \neq (\phi C_t)_2$,而且假定其变化是在两个区的界面上突然发生的。其界面假定是圆[称作径向复合油(气)藏模型,见图11-2]或直线[称作线性复合油(气)藏模型,见图11-3]。

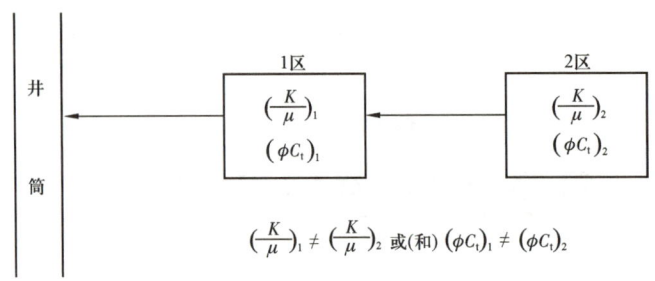

图 11 − 1　复合油藏试井解释模型示意图

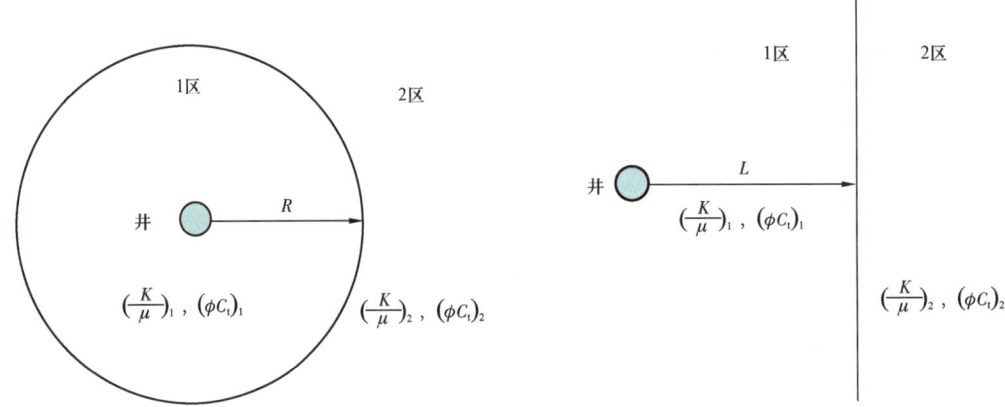

图 11 − 2　径向复合油(气)藏示意图　　　图 11 − 3　线性复合油(气)藏示意图

复合模型的无量纲压力 p_D、无量纲时间 t_D、无量纲井筒储集系数 C_D 和表皮系数 S 都是用测试井所在的 1 区的物性参数(包括 K_1、ϕ_1、μ_1 和 C_{t1})定义的：

$$p_D = \frac{K_1 h}{1.842 q \mu_1 B} \Delta p \tag{11-1}$$

$$t_D = \frac{3.6 \times 10^{-3} K_1 t}{(\phi \mu C_t)_1 h r_w^2} \tag{11-2}$$

$$C_D = \frac{C}{2\pi (\phi C_t)_1 h r_w^2} \tag{11-3}$$

$$\frac{t_D}{C_D} = \frac{7.2 \times 10^{-3} \pi K_1 h t}{\mu_1 C} \tag{11-4}$$

$$S = \frac{K_1 h}{1.842 q \mu_1 B} \Delta p_S \tag{11-5}$$

式中　Δp_S——表皮伤害造成的附加压力降，MPa。

另外，定义两区的流度比 M 和储能比 F：

$$M = \frac{(K/\mu)_1}{(K/\mu)_2} \tag{11-6}$$

$$F = \frac{(\phi C_t)_1}{(\phi C_t)_2} \tag{11-7}$$

即从 1 区到 2 区，若 $M>1$，则流度减小，若 $M<1$，则流度增大；若 $F>1$，则储能系数减小，若 $F<1$，则储能系数增大。

一、径向复合油(气)藏模型

在径向复合油(气)藏(图 11-2)的情形，地层及其中流体的特征参数发生变化的界面为圆(半径为 R，定义无量纲半径 R_D 为 $R_D = R/r_w$，r_w 为井径)，井在圆心；即在离井 R 远处地层物性在径向上发生明显变化。把内区、外区分别称作 1 区和 2 区。

符合这种模型的有：有边水的圆形油藏、注水井和增产措施井；油井井底压力低于饱和压力，在近井地带产生脱气现象，形成了油气混相区，而在离井较远处却仍为纯油区的油藏情形；气井井底压力低于露点压力，在近井地带产生凝析现象，形成了含凝析油区，而在离井较远处却仍为纯气区的气藏(相关内容详见下节)。

某些试井解释软件可以产生包含 2~3 个区域的径向或线性复合油(气)藏模型的样板曲线，并作出完整的解释。这里先着重讨论图 11-2 所示的两个区域的情形。用 Gringarten 和 Bourdet 图版用手工进行解释(双对数分析)加上半对数分析，可以对这种情形作出评价。

这一模型的双对数曲线的前一部分与均质模型相同：在井筒储集阶段结束之后，导数曲线呈一条水平直线段(称为第一水平直线段)，它拟合图版的 0.5 线，反映的是 1 区(内区)的特性。而当两区之间的圆形界面的影响到达之后，压力导数曲线呈现另一条水平直线段(称为第二水平直线段)，它反映的是 2 区(外区)的特性。下面分 4 种情形进行讨论。

1. $\left(\dfrac{K}{\mu}\right)_1 \neq \left(\dfrac{K}{\mu}\right)_2$ (即 $M\neq 1$) 而 $(\phi C_t)_1 = (\phi C_t)_2$ (即 $F=1$) 的情形

1) 双对数分析

在这一情形，双对数曲线的形状如图 11-4 所示。如上所述，导数曲线的第一水平直线段拟合图版的 0.5 线，反映的是 1 区(内区)的流度；而第二水平直线段则拟合图版的 $0.5M$ 线，反映的是 2 区(外区)的流度。当 $M>1$ $\left[\text{即}\left(\dfrac{K}{\mu}\right)_2 < \left(\dfrac{K}{\mu}\right)_1\right]$ 时，第二水平直线段往上抬一个台阶；而当 $M<1$ $\left[\text{即}\left(\dfrac{K}{\mu}\right)_2 > \left(\dfrac{K}{\mu}\right)_1\right]$ 时，第二水平直线段往下掉一个台阶。第一水平直线段的长短则取决于内区范围的大小：半径 R 越大，第一水平直线段就越长，向第二水平直线段过渡的过渡段就越晚出现。

流度比 M 值对曲线形状的影响如图 11-5 所示。其两个极限情形是：

(1) M 值增大至无穷大(图 11-5 中上翘的虚线)，即意味着外区的流度减小至 0，也就

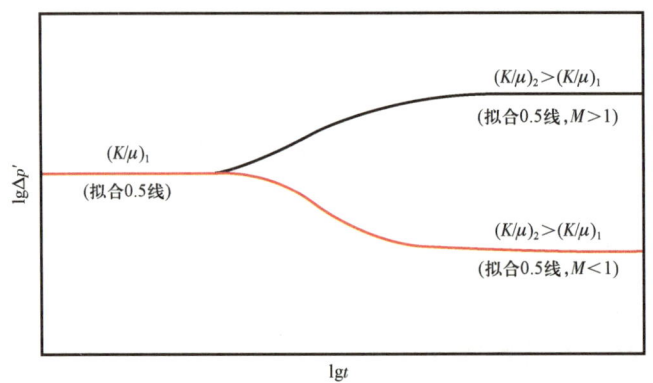

图 11-4　流度(K/μ)发生变化时的压力导数曲线(中期段)

是油藏为半径为 R 的圆形封闭系统；

（2）M 值减小至 0(图 11-5 中下滑的虚线)，即意味着外区的流度增大至无穷大，对应于圆形油藏外区($r>R$)是一个供给无限充分的等压水区。

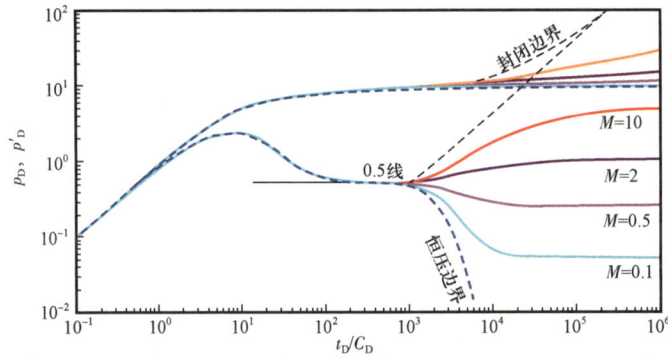

图 11-5　径向复合模型流度比对双对数曲线的影响($C_D=100, S=3, R_D=700, F=1$)

拟合分析时让早期井筒储集阶段的45°线与图版的45°线重合，再让导数曲线的第一水平直线段 $\left[\left(\dfrac{\mathrm{d}\Delta p}{\mathrm{d}\ln t}\right)_1\right.$ 线 $\left.\right]$ 与图版的0.5线重合，通过拟合分析可以算出 $\left(\dfrac{K}{\mu}\right)_1$、$K_1 h$ 和 M，进而算出 $\left(\dfrac{K}{\mu}\right)_2$、$K_2 h$、$C$ 和 S：

$$\left(\frac{K}{\mu}\right)_1 = \frac{1.842qB}{h}p_\mathrm{M} \qquad (11-8)$$

$$K_1 h = 1.842q\mu_1 B p_\mathrm{M} \qquad (11-9)$$

$$M = \frac{\left(\dfrac{\mathrm{d}\Delta p}{\mathrm{d}\ln t}\right)_2}{\left(\dfrac{\mathrm{d}\Delta p}{\mathrm{d}\ln t}\right)_1} \qquad (11-10)$$

$$\left(\frac{K}{\mu}\right)_2 = \frac{1}{M}\left(\frac{K}{\mu}\right)_1 \qquad (11-11)$$

$$K_2 h = \frac{1}{M}\left(\frac{K}{\mu}\right)_1 h\mu_2 \qquad (11-12)$$

$$C = \frac{7.2 \times 10^{-3}\pi K_1 h}{\mu_1 T_M} \qquad (11-13)$$

$$C_D = \frac{C}{2\pi(\phi C_t)_1 h r_w^2} \qquad (11-14)$$

$$S = 0.5 \frac{(C_D e^{2S})_M}{C_D} \qquad (11-15)$$

式中 p_M, T_M——压力拟合值和时间拟合值,$p_M = \left(\frac{p_D}{\Delta p}\right)_M$,$T_M = \left(\frac{t_D}{t}\right)_M$;

$\left(\frac{dp}{d\ln t}\right)_1, \left(\frac{dp}{d\ln t}\right)_2$——第一和第二水平直线段对应的压力导数值,即拟合导数图版 0.5 水平直线和 $0.5M$ 水平直线的压力导数值。

2) 半对数分析

图 11-6 是这一情形的无量纲半对数曲线。在井筒储集阶段结束后,它呈现两条直线段,分别对应于压力导数曲线的两条水平直线段;第一段和第二段的斜率分别为 m 和 Mm。也就是说,当 $M>1$ 时,曲线"上翘",例如,当 $M=2$ 时,第二水平直线段的斜率为第一直线段的 2 倍,与有一条直线形不渗透边界的情形相同;而当 $M<1$ 时,第二水平直线段的斜率比第一直线段小,故曲线变得更平缓;而如果 M 值很小,则与有等压边界的情形相类似。

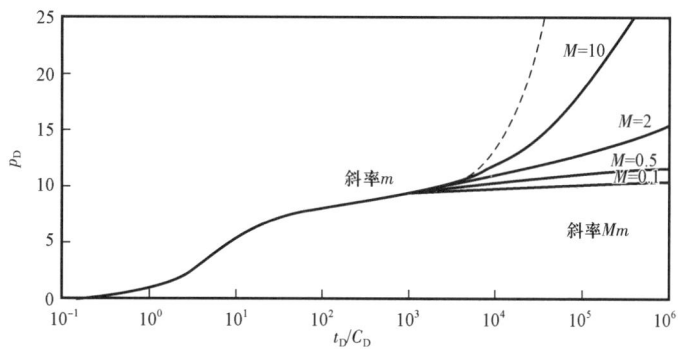

图 11-6 径向复合模型流度比对无量纲半对数曲线的影响($C_D = 100, S = 3, R_D = 700, F = 1$)

第一条半对数直线描述的是内区的特性:

$$p_{wf}(t) = p_i - \frac{2.121 q\mu_1 B}{K_1 h}\left[\lg\frac{K_1 t}{(\phi\mu C_t)_1 r_w^2} - 2.0923 + 0.8686 S_w\right] \qquad (11-16)$$

式中 S_w——井筒附近产生附加阻力的表皮系数,即通常所说的表皮系数。

第一条半对数直线的斜率 m_1 为：

$$m_1 = \frac{2.121q\mu_1 B}{K_1 h} \tag{11-17}$$

由 m_1 可求得内区的流度 $\left(\dfrac{K}{\mu}\right)_1$ 和井筒表皮系数 S_w：

$$\left(\frac{K}{\mu}\right)_1 = \frac{2.121qB}{m_1 h} \tag{11-18}$$

$$S_w = 1.151\left[\frac{p_i - p_{wf}(1h)}{m_1} - \lg\frac{K_1}{(\phi\mu C_t)_1 r_w^2} + 2.0923\right] \tag{11-19}$$

第二条半对数直线描述的则是外区的特性：

$$p_{wf}(t) = p_i - \frac{2.121q\mu_2 B}{K_2 h}\left[\lg\frac{K_2 t}{(\phi\mu C_t)_2 r_w^2} - 2.0923 + 0.8686 S_T\right] \tag{11-20}$$

其中

$$S_T = \frac{1}{M}S_w + \left(\frac{1}{M} - 1\right)\ln R_D \tag{11-21}$$

式中 S_T——总表皮系数。

其中式(11-21)等号右侧第二项为径向复合拟表皮系数，它表征了内区对外区后期压力变化的影响：在 $M>1$ 的情形，内区的流度大于外区，内区的影响相当于一个负表皮因子；反之，在 $M<1$ 的情形，内区的流度小，其影响相当于井受到了又一重污染。

由第二条半对数直线的斜率

$$m_2 = \frac{2.121q\mu_2 B}{K_2 h} \tag{11-22}$$

可求得外区的流度 $\left(\dfrac{K}{\mu}\right)_2$，如果能得到外区的 $(\phi\mu C_t)_2$ 值，还可以求出总井筒表皮系数 S_T：

$$\left(\frac{K}{\mu}\right)_2 = \frac{2.121qB}{m_2 h} \tag{11-23}$$

$$S_T = 1.151\left[\frac{p_i - p_{wf}(1h)}{m_2} - \lg\frac{K_2}{(\phi\mu C_t)_2 r_w^2} + 2.0923\right] \tag{11-24}$$

算出了 $\left(\dfrac{K}{\mu}\right)_1$ 和 $\left(\dfrac{K}{\mu}\right)_2$，就可得出 M，然后就可由式(11-21)算出 R_D 进而算出 R。

如果无法确定外区的 $(\phi\mu C_t)_2$ 值，而借用内区的 $(\phi\mu C_t)_1$ 值，用式(11-24)计算总表皮系数 S_T，则由式(11-20)可知，将会产生偏高 $0.5\ln F$ 的误差。

上述所说虽然仅针对两个区的流度 $\left(\dfrac{K}{\mu}\right)$ 不同的情形，但事实上两个区流度 $\left(\dfrac{K}{\mu}\right)$ 相同（即 $M=1$）的情形也完全适用（事实上此时成为了均质无限大模型）。

2. $(\phi C_t)_1 \neq (\phi C_t)_2$（即 $F \neq 1$）而 $\left(\dfrac{K}{\mu}\right)_1 = \left(\dfrac{K}{\mu}\right)_2$（即 $M = 1$）的情形

此时双对数曲线的形状如图 11-7 所示。由于 $\left(\dfrac{K}{\mu}\right)_1 = \left(\dfrac{K}{\mu}\right)_2$，导数曲线的第一水平直线段和第二水平直线段都应在同一水平直线上，即它们均拟合导数图版的 0.5 水平线，但在它们之间有一个过渡段曲线，当 $F > 1$，即 $(\phi C_t)_1 > (\phi C_t)_2$ 时，由于内区的储存能力大于外区，曲线向上隆起而形成"驼峰"；而当 $F < 1$，即 $(\phi C_t)_1 < (\phi C_t)_2$ 时，由于外区的储存能力大于内区，与介质间拟稳定流情形的重介质油藏模型（此时基质岩块系统的储存能力大于裂缝系统）相似，曲线下凹而形成"凹子"，与双重孔隙介质、基质岩块系统向裂缝系统的流动为拟稳定流动的情形有点相似。拟合分析时让早期井筒储集阶段的 45°线与图版的 45°线重合，再让导数曲线的水平直线段与图版的 0.5 线重合，由拟合值可以算出 $\left(\dfrac{K}{\mu}\right)_1$ 和 C；用计算机和解释软件分析时还可以得出 F 值（但手工解释很难得到）。

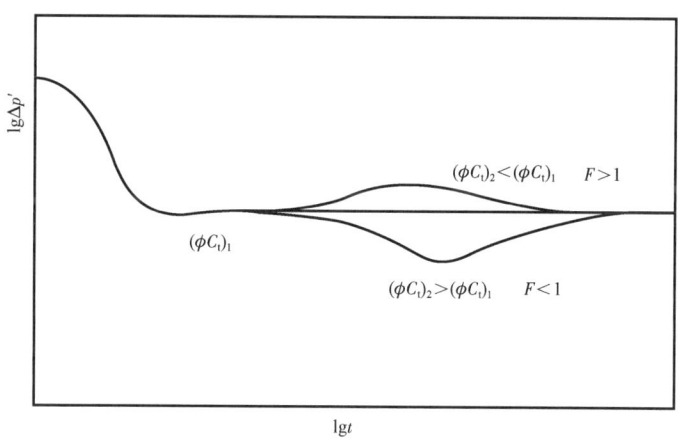

图 11-7 (ϕC_t) 发生变化时的压力导数曲线（中期段）

F 值对曲线形态的影响如图 11-8 所示。

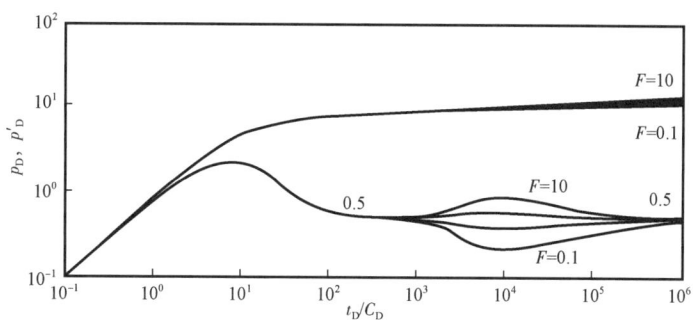

图 11-8 径向复合模型 F 值对双对数曲线的影响（$C_D = 100, S = 3, R_D = 700, M = 1$）

图 11-9 是径向复合模型 F 值对无量纲半对数曲线的影响。在井筒储集阶段结束后，它呈现两条平行直线段，分别对应于压力导数水平直线的前后两段。当 $F>1$ 时，两平行直线段之间的过渡段上爬；而当 $F<1$ 时，过渡段变平缓，也与介质间拟稳定流情形的双重介质油藏相似。

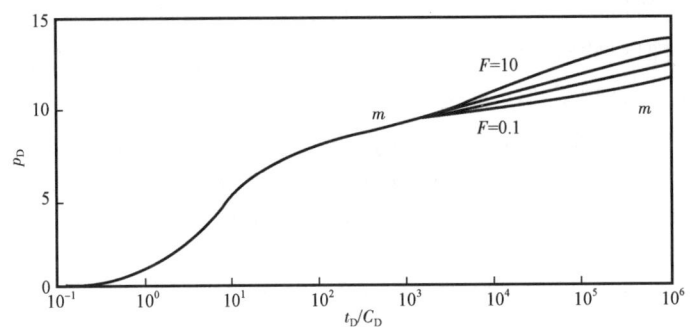

图 11-9　径向复合模型 F 值对无量纲半对数曲线的影响 $(C_D=100, S=3, R_D=700, M=1)$

第一条和第二条半对数直线分别描述内区和外区的特性：

第一条

$$p_{wf}(t) = p_i - \frac{2.121q\mu B}{Kh}\left[\lg\frac{Kt}{(\phi\mu C_t)_1 r_w^2} - 2.0923 + 0.8686 S_W\right] \quad (11-25)$$

第二条

$$p_{wf}(t) = p_i - \frac{2.121q\mu B}{Kh}\left[\lg\frac{Kt}{(\phi\mu C_t)_2 r_w^2} - 2.0923 + 0.8686 S_T\right] \quad (11-26)$$

两条半对数直线的斜率相同：

$$m = \frac{2.121q\mu B}{Kh} \quad (11-27)$$

通过半对数分析可以得到 $\frac{K}{\mu}$：

$$\frac{K}{\mu} = \frac{2.121qB}{mh} \quad (11-28)$$

如果能得到外区的 $(\phi\mu C_t)_2$ 值，还可以求出 S_W、S_T 和 M。

3. $(\phi C_t)_1 \neq (\phi C_t)_2$（即 $M \neq 1$）且 $\left(\frac{K}{\mu}\right)_1 \neq \left(\frac{K}{\mu}\right)_2$（即 $F \neq 1$）的情形

在此情形，图 11-4 和图 11-7 所示的压力变化应叠加在一起。譬如说，如果 $\left(\frac{K}{\mu}\right)_1 > \left(\frac{K}{\mu}\right)_2$ 且 $(\phi C_t)_1 > (\phi C_t)_2$（即 $M>1$ 且 $F>1$），则在从拟合 0.5 线的水平直线段"爬升"到拟

合 $0.5M$ 线的水平直线段的过渡段,压力的变化率将更大,导数曲线变得更陡(图 11-10)。如果 $(\phi C_t)_2$ 非常小(即 F 很大),压力导数曲线从 0.5 线 "爬升" 到 $0.5M$ 线的过渡段还可能出现一个 "驼峰"(图 11-11)。

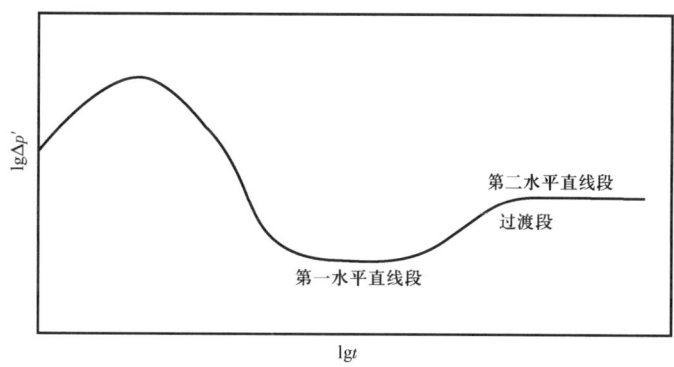

图 11-10 $M>1$ 且 $F>1$ 情形的导数曲线

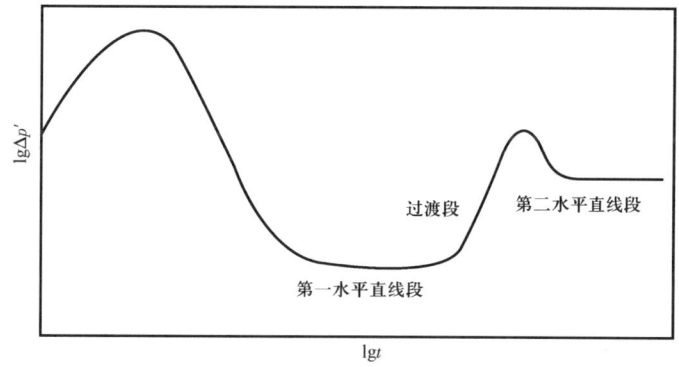

图 11-11 $M>1$ 且 F 值很大情形的导数曲线

4. 注水井的试井解释

注水井的试井解释是应用径向复合油藏模型的一个典型,是其中 $M \neq 1$ 情形的一个特例。

注水井的试井也有两种:一种是在保持注水量恒定(稳定注水)的条件下,测量井底压力在开始注水之后的变化(注入测试,测量压力上升情况,即 Injection Test),这相当于生产井的压降试井;另一种是测量井底压力在停止注水之后的变化(压力回落试井,即 Pressure Falloff Test),这相当于生产井的压力恢复试井。

假设注入水在注水井周围均匀推进,形成了一个圆形的水区(内区),其半径为 R(图 11-12)。如果注入水的流度和地层原油大致相同($M \approx 1$),压力性态应与油井基本一样,解释方法与均质油藏无异,这在第三章已经讨论过了。

在一般情形,由于水区(内区)和油区(外区)中的地层对油和水的相对渗透率很不相同,流体的黏度也不相同,注入水的流度和地层原油相差明显,$M \neq 1$。此时,如果水区半径 R

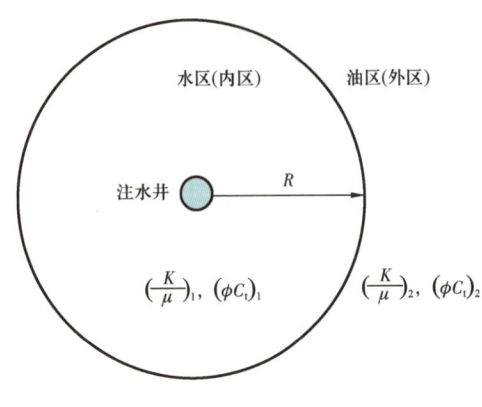

图 11-12 注水井附近分区示意图

仍很小,也仍可按均质油藏解释,把很小的水区的影响当作表皮效应来处理。但当注入水区半径 R 比较大时,则应该应用径向复合油藏模型,把两个区的流度 $\left(\dfrac{K}{\mu}\right)_1$ 和 $\left(\dfrac{K}{\mu}\right)_2$ 计算出来。

如果注水井已经注水相当长时间,在其周围已经形成了一个比较稳定的水区,试井所测得的井底注水压力将形成一条半对数直线,由直线的斜率等可计算出水区的流度和拟表皮系数,此拟表皮系数由两部分组成:一部分是井筒污染的表皮,另一部分是水驱油过程中出现的两相流所造成的表皮。

压力回落试井,与生产井的压力恢复试井一样,压力变化也可用叠加原理推得。在导数的双对数曲线上,应该出现两条水平直线段,分别对应于水区(内区)和油区(外区)的径向流动段,它们的数值之比就是 M[式(11-10)]:

$$M = \dfrac{\left(\dfrac{\mathrm{d}\Delta p}{\mathrm{d}\ln t}\right)_2}{\left(\dfrac{\mathrm{d}\Delta p}{\mathrm{d}\ln t}\right)_1}$$

但在实际上,有时水区(内区)流动阶段极短,看不到反映水区(内区)流动的第一水平直线段。此时,在井筒储集效应结束后,导数曲线就出现过渡段,其流度偏小。所以,若在拟合分析时误认它为径向流动段,而用它拟合 0.5 水平线,就会导致解释结果 $\left(\dfrac{K}{\mu}、R_\mathrm{D} 等\right)$ 偏小。

二、线性复合油(气)藏模型

在线性复合油(气)藏(图 11-3)的情形,地层及其内部流动的流体的特征参数发生变化的界面为直线,即油藏被这条直线分割成特征参数各不相同的两个半无限大的部分;测试井到直线的距离为 $L\left(\text{无量纲距离为 } L_\mathrm{D} = \dfrac{L}{r_\mathrm{w}}\right)$。地层物性沿直线发生变化的情形、测试井附近有直线形油(气)水边界的油(气)藏等,符合这种模型。

1. 双对数分析

某些试井解释软件可以产生线性复合油(气)藏模型的样板曲线,并作出完整的解释。这一模型的双对数曲线如图 11-13 所示,曲线前一部分与均质模型相同,在井筒储集阶段结束之后,导数曲线呈一条水平直线段(第一直线段),它拟合图版的 0.5 水平线,因为这一阶段,流动的影响范围还只限于 1 区,所以它反映的是 1 区(测试井一侧)的特性;但后一部分,即当两区之间线性界面的影响到达之后,流动的影响范围已不只限于 1 区,而是扩大到整个油(气)藏(1 区加 2 区),此时压力导数曲线呈现另外一条水平直线段(第二水平直线段),反映的是整个油(气)藏(1 区加 2 区,而不仅仅是 1 区,也不仅仅是 2 区)的特性,其特性参数是两个区的参数的平均值。第一水平直线段的长短取决于测试井到界面的距离 L。L 越大,第一水平直线段就越长,过渡到第二水平直线段的过渡段就出现得越晚。过渡段的形状则取决于 M 值和 F 的数值。

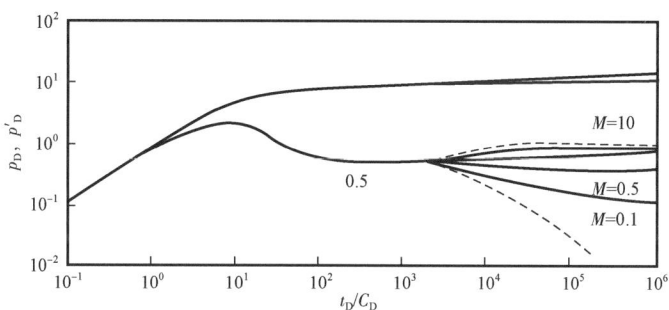

图 11-13　线性复合模型 M 值对双对数曲线的影响($C_D = 100, S = 3, L_D = 700, F = 1$)

存在两种最极端的情形:

(1)$M = \infty$。此情形等价于 2 区的渗透率 $K_2 = 0$,也就是界面为一条不渗透边界的情形:压力导数曲线从拟合 0.5 水平直线爬升至拟合 1.0 水平直线,即图(11-13)中最上方的虚线。

(2)$M = 0$。此情形等价于 2 区的渗透率 $K_2 = \infty$,也就是 2 区内部不会发生任何压力损失,地层压力一直保持不变,界面为一条等压边界的情形:压力导数曲线从拟合 0.5 水平直线向下滑,如图 11-13 中最下方的虚线。

所有导数曲线的第二水平直线段都位于这两个极端情形的虚线之间。在 $M > 1$ 的情形,第二水平直线段爬升到第一水平直线段的上方,拟合某一水平直线,其无量纲压力导数值介于 0.5~1 之间,即 $0.5 < p'_D < 1$;而在 $M < 1$ 的情形,第二水平直线段下掉到第一水平直线段的下方,拟合某一水平直线,其无量纲压力导数值介于 0~0.5 之间,即 $0 < p'_D < 0.5$。

拟合的方法同前。如前面所述:第一直线段拟合 0.5 水平线,它反映 1 区的特性,对应的流度是 1 区的 $\left(\dfrac{K}{\mu}\right)_1$;而第二直线段则反映整个油(气)藏(1 区加 2 区)的特性,它对应的流度乃是两个区的平均值 $\left(\dfrac{K}{\mu}\right)_a$:

$$\left(\frac{K}{\mu}\right)_a = \frac{(K/\mu)_1 + (K/\mu)_2}{2} = 0.5\left(1 + \frac{1}{M}\right)\left(\frac{K}{\mu}\right)_1 \qquad (11-29)$$

由此得:

$$M = \frac{\left(\dfrac{\mathrm{d}\Delta p}{\mathrm{d}\ln t}\right)_2}{\left(\dfrac{\mathrm{d}\Delta p}{\mathrm{d}\ln t}\right)_1 - \left(\dfrac{\mathrm{d}\Delta p}{\mathrm{d}\ln t}\right)_2} \qquad (11-30)$$

因此,由双对数拟合分析可得到:

$$\left(\frac{K}{\mu}\right)_1 = \frac{1.842qB}{h}p_M$$

$$C = \frac{7.2 \times 10^{-3}\pi K_1 h}{\mu_1 T_M}$$

然后,便可用式(11-29)计算整个油(气)藏的平均流度$\left(\frac{K}{\mu}\right)_a$,用式(11-30)计算$M$,并进而算出2区的流度$\left(\frac{K}{\mu}\right)_2$:

$$\left(\frac{K}{\mu}\right)_2 = 2\left(\frac{K}{\mu}\right)_a - \left(\frac{K}{\mu}\right)_1 \quad (11-31)$$

一般说来,F值难以求出。

2. 半对数分析

线性复合油(气)藏模型的半对数曲线呈现两条直线段,如图11-14所示。其第一直线段描述1区的特性,其斜率为:

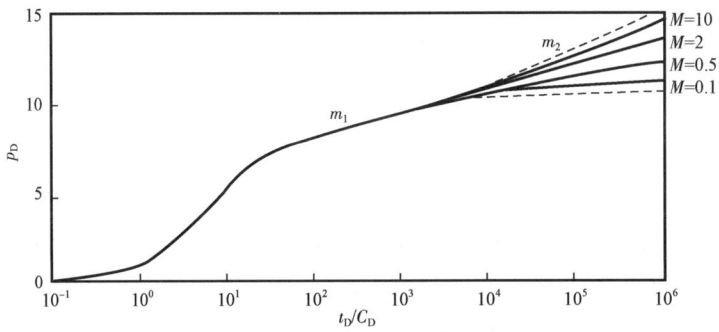

图11-14 线性复合模型M值对半对数曲线的影响($C_D = 100, S = 3, L_D = 700, F = 1$)

$$m_1 = \frac{2.121qB}{(K/\mu)_1 h} \quad (11-32)$$

而第二直线段对应于全区(1区+2区)的特性,其斜率为:

$$m_2 = \frac{2.121qB}{(K/\mu)_a h} \quad (11-33)$$

量出m_1和m_2,便可算出$\left(\frac{K}{\mu}\right)_1$和$\left(\frac{K}{\mu}\right)_a$:

$$\left(\frac{K}{\mu}\right)_1 = \frac{2.121qB}{m_1 h} \tag{11-34}$$

$$\left(\frac{K}{\mu}\right)_a = \frac{2.121qB}{m_2 h} \tag{11-35}$$

进而由式(11-31)得到 $\left(\frac{K}{\mu}\right)_2$:

$$\left(\frac{K}{\mu}\right)_2 = 2\left(\frac{K}{\mu}\right)_a - \left(\frac{K}{\mu}\right)_1$$

如果进行的是压力恢复测试,如同均质油(气)藏情形一样,压力恢复曲线也与压降曲线稍有不同;关井测恢复前的生产时间越短,恢复曲线的变形就越厉害,以致可能把解释者引入错误的判断。幸亏现在试井解释软件有按照实际生产时间产生样板曲线的功能,该样板曲线应与实测曲线具有相同的变形,可用于实测曲线的拟合分析,得到与实测曲线的完全拟合。

三、多区复合油(气)藏模型

上述径向和线性复合油(气)藏模型,都只包含两个流度 $\frac{K}{\mu}$ 或(和)储能系数 ϕC_t 不同的区域。如果包含更多个区域,曲线变化将会更加复杂。以三个流度 $\frac{K}{\mu}$ 各不相同的径向复合油(气)藏(同心圆形,井在圆心,见图11-15)为例,其导数曲线会呈现三个台阶(图11-16),分别表征各区的特性。某些试井解释软件包含了这种解释模型,可用来作出完整的解释。

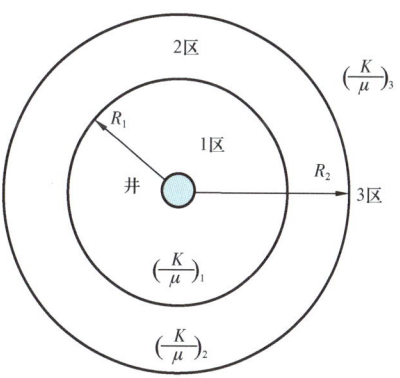

图11-15 三个流度各不相同的径向复合油(气)藏示意图

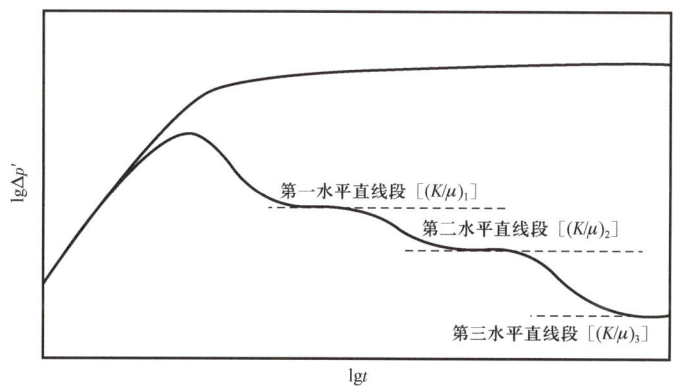

图11-16 三个流度各不相同的径向复合油(气)藏的压力导数曲线示意图

第二节　多相流动情形的试井解释

前面各章节讨论的均为单相流动(即测试井只产油或只产气)情形的试井解释。本节讨论当测试井既产油又产气(甚至还产水)时的试井解释。

如果一口油井在测试中既产油又产气,但在整个测试过程中,其井底流动压力始终高于饱和压力,所产出的气是在沿井筒流出井口的过程中,由于压力降低到低于饱和压力,才从原油中脱出的(这种情况属于井筒相态分离);换句话说,在油藏中原油是呈单相流向井底的,则解释时应按单相流动进行。

第二章第二节中还曾说明,如果一口气井在测试中既产气又产凝析油,但这些凝析油在气层中仍是气相(即在地层中呈气体单相流动),只是在沿着井筒流出井口的过程中,由于降压降温的缘故凝析成油(这种情况也属于井筒相态分离),则仍应按单相流动对待,只是必须把凝析油产量 q_o 折算成气产量 q_{ge}(折算气产量),把它加到测得的气产量 q_g 之中,得到总产气量 $q_{gt} = q_g + q_{ge}$,再用于解释(详见第二章第二节"凝析油的折算处理")。

但在地层中出现两相或三相流动时,如在溶解气驱油藏情形,当流压低于饱和压力时;又如在反转凝析气藏情形,当流压低于露点压力时,地层中都会出现油气两相流动;在注水开发时,地层中还可能产生三相流动,则必须使用多相流试井解释方法进行解释。最简单且应用最广泛的多相流解释方法是分相处理法和 Perrine 方法。

一、分相处理法

分相处理法的思路是:把单相流动的公式修改成流动各相的总和的多相流动的公式,然后由各相的产量计算各相的流度。

在单相流动情形,有:

$$p_{wf}(t) = p_i - \frac{2.121(qB)}{(K/\mu)h}\left[\lg\frac{(K/\mu)t}{\phi C_t r_w^2} - 2.0923 + 0.8686S\right] \quad (11-36)$$

把式(11-36)中的流度 $\frac{K}{\mu}$ 改作各相的总流度 $\left(\frac{K}{\mu}\right)_t$:

$$\left(\frac{K}{\mu}\right)_t = \left(\frac{K}{\mu}\right)_o + \left(\frac{K}{\mu}\right)_g + \left(\frac{K}{\mu}\right)_w = K\left(\frac{K_{ro}}{\mu_o} + \frac{K_{rg}}{\mu_g} + \frac{K_{rw}}{\mu_w}\right) \quad (11-37)$$

式中　$\left(\frac{K}{\mu}\right)_o, \left(\frac{K}{\mu}\right)_g, \left(\frac{K}{\mu}\right)_w$——油相、气相和水相的流度。

把综合弹性压缩系数 C_t 改作:

$$C_t = S_o\left[\frac{B_g}{B_o}\left(\frac{\partial R_S}{\partial p}\right) - \frac{1}{B_o}\left(\frac{\partial B_o}{\partial p}\right)\right] + S_g\left[-\frac{1}{B_g}\left(\frac{\partial B_g}{\partial p}\right)\right] + S_w\left[\frac{B_g}{B_w}\left(\frac{\partial R_{Sw}}{\partial p}\right) - \frac{1}{B_w}\left(\frac{\partial B_w}{\partial p}\right)\right] + C_f$$

$$(11-38)$$

式中　C_t——综合弹性压缩系数,MPa^{-1}；

C_f——地层岩石压缩系数,MPa^{-1}；

S_o,S_g,S_w——含油、含气、含水饱和度；

B_o,B_g,B_w——油相、气相、水相体积系数；

R_{Sw}——溶解气水比,m^3/m^3；

R_S——溶解气油比,m^3/m^3。

井底流量(qB)也用各相流体的总流量$(qB)_t$：

$$(qB)_t = q_oB_o + (q_g - q_oR_S - q_wR_{Sw})B_g + q_wB_w \tag{11-39}$$

其中 R_S 和 R_{Sw} 分别为溶解气油比和溶解气水比(计算时必须注意：各项应使用相同的单位)。

于是式(11-36)改写成：

$$p_{wf}(t) = p_i - \frac{2.121(qB)_t}{(K/\mu)_t h}\left[\lg\frac{(K/\mu)_t t}{\phi C_t r_w^2} - 2.0923 + 0.8686S\right] \tag{11-40}$$

画出半对数曲线,量出其直线段的斜率：

$$m = \frac{2.121(qB)_t}{(K/\mu)_t h} \tag{11-41}$$

然后用下列式子计算各相的流度$\left(\frac{K}{\mu}\right)_o$、$\left(\frac{K}{\mu}\right)_g$和$\left(\frac{K}{\mu}\right)_w$：

$$\left(\frac{K}{\mu}\right)_o = \frac{2.121q_oB_o}{mh} \tag{11-42}$$

$$\left(\frac{K}{\mu}\right)_g = \frac{2.121(q_g - q_oR_S - q_wR_{Sw})B_g}{mh} \tag{11-43}$$

$$\left(\frac{K}{\mu}\right)_w = \frac{2.121q_wB_w}{mh} \tag{11-44}$$

二、Perrine 方法

Perrine 方法是广泛应用的处理多相流动的试井解释方法。试井解释软件 Saphir 所用的就是这种方法。该方法的思路是：用等效单相流量代替多相流量,用单相流动公式进行处理,得出等效单相流体的流度,再将它按各相流体的产量进行分配,得到各相流体的流度。

Perrine 方法做了如下假定或处理：

(1)三种相态的流体在地层中均匀分布。

(2)三种相态的流体的饱和度始终保持常数不变,不随压力而变化。

(3)三种相态的流体中有一种是最主要的(如其产量最高),作为它们的等价相或等价流体(主流相,这里设为油)。

(4) 三种相态的流体的流度之比等于它们的井底产量之比。

(5) 毛细管力可以忽略；三种相态的流体的压力相同。

为了说明 Perrine 方法的应用，首先必须引入几个定义。

(1) 等效单相（设为油）流量：

$$q_t = \frac{q_o B_o + q_w B_w + (q_g - q_o R_S - q_w R_{Sw}) B_g}{B_o} \quad [11-45(a)]$$

或

$$q_t B_o = q_o B_o + q_w B_w + (q_g - q_o R_S - q_w R_{Sw}) B_g \quad [11-45(b)]$$

它与式(11-39)定义的 $(qB)_t$ 基本相同但稍有区别。

(2) 多相流体的总流度[与式(11-33)的定义相同]：

$$\left(\frac{K}{\mu}\right)_t = \frac{K_o}{\mu_o} + \frac{K_w}{\mu_w} + \frac{K_g}{\mu_g}$$

(3) 有效综合弹性压缩系数[与式(11-38)相同]：

$$C_t = C_f + C_o S_o + C_w S_w + C_g S_g + S_o \frac{B_g}{B_o} \frac{\partial R_S}{\partial p} + S_w \frac{B_g}{B_w} \frac{\partial R_{Sw}}{\partial p}$$

式子的最后两项分别表示从油和水中脱出的自由气的压缩系数。

(4) 等价单相（设为油）有效渗透率：

$$K_{o-equ} = \left(\frac{K}{\mu}\right)_t \mu_o \quad (11-46)$$

(5) 多相情形的无量纲压力：

$$p_D = \frac{\left(\frac{K}{\mu}\right)_t h}{1.842 q_t B_o} \Delta p \quad (11-47)$$

(6) 多相情形的无量纲时间：

$$t_D = \frac{3.6 \times 10^{-3} \left(\frac{K}{\mu}\right)_t}{\phi C_t r_w^2} t \quad (11-48)$$

(7) 无量纲时间与无量纲井筒储集系数之比：

$$\frac{t_D}{C_D} = 7.2 \times 10^{-3} \pi \frac{\left(\frac{K}{\mu}\right)_t h}{C} \Delta t \quad (11-49)$$

应用解释单相流动的方法，用等价单相流量 $q_t B_o$ 进行双对数和半对数分析，得到的半对数直线段斜率为：

$$m = \frac{2.121 q_t B_o}{\left(\frac{K}{\mu}\right)_t h} \quad (11-50)$$

由此算出等价单相流体的总流度 $\left(\frac{K}{\mu}\right)_t$ 和等价单相流体(设为油)有效渗透率 K_{o-equ}，然后再分别用油、水和气的产量计算油、水和气相的流度：

$$\frac{K_o}{\mu_o} = \left(\frac{K}{\mu}\right)_t \times \frac{q_o B_o}{q_t B_o} = \left(\frac{K}{\mu}\right)_t \times \frac{q_o}{q_t} \quad (11-51)$$

$$\frac{K_w}{\mu_w} = \left(\frac{K}{\mu}\right)_t \times \frac{q_w B_w}{q_t B_o} \quad (11-52)$$

$$\frac{K_g}{\mu_g} = \left(\frac{K}{\mu}\right)_t \times \frac{(q_g - q_o R_S - q_w R_{Sw}) B_g}{q_t B_o} \quad (11-53)$$

如果已知相对渗透率 K_{ro}、K_{rw} 或 K_{rg}，则可得出地层的有效渗透率：

$$K = \frac{K_o}{K_{ro}} \quad (11-54)$$

或

$$K = \frac{K_w}{K_{rw}} \quad (11-55)$$

或

$$K = \frac{K_g}{K_{rg}} \quad (11-56)$$

或

$$K = \frac{\left(\frac{K}{\mu}\right)_t}{\frac{K_{ro}}{\mu_o} + \frac{K_{rw}}{\mu_w} + \frac{K_{rg}}{\mu_g}} \quad (11-57)$$

必须注意的是：Perrine 方法做了一系列假定，其中一些假定并不一定能满足。例如，"三种相态的流体的饱和度始终保持常数不变"这一假定，就难以满足，因为气体饱和度很可能不断上升，特别是在井筒附近更为严重，而这将导致解释结果的可靠性受到影响，使表皮系数偏高而有效渗透率偏低。

【例 10-1】 某国 Mg 5 井在测试过程中既产油又产气，油气产量见表 11-1。用 Perrine 方法进行解释，计算出等效产油量，列于表 11-1 的最后一列。图 11-17 和图 11-18 分别是其双对数曲线和叠加函数曲线拟合情况，解释结果见表 11-2。其压力史拟合检验曲线（图 11-19）证明：解释结果是可靠的。

表 11-1　Mg 5 井油气产量数据表

生产期	生产时间 t(h)	油产量 q_o(m³/d)	气产量 q_g(10⁴m³/d)	等效产油量 q_t(m³/d)
一开	9.967	325.097	10.77	640.15
二开	14.12	311.361	6.816	510.64
	11.09	394.925	9.129	661.85
	18.60	494.514	12.04	846.49

表 11-2　Mg 5 井试井解释结果表（例 11-1）

解释方法	K_{o-equ}(mD)	K_o(mD)	K_g(mD)	S	C(m³/MPa)	p_i(MPa)
双对数分析	38.1	22.3	0.445	-3.54	0.351	59.43
叠加函数分析	37.8	22.1	0.441	-3.61		59.14

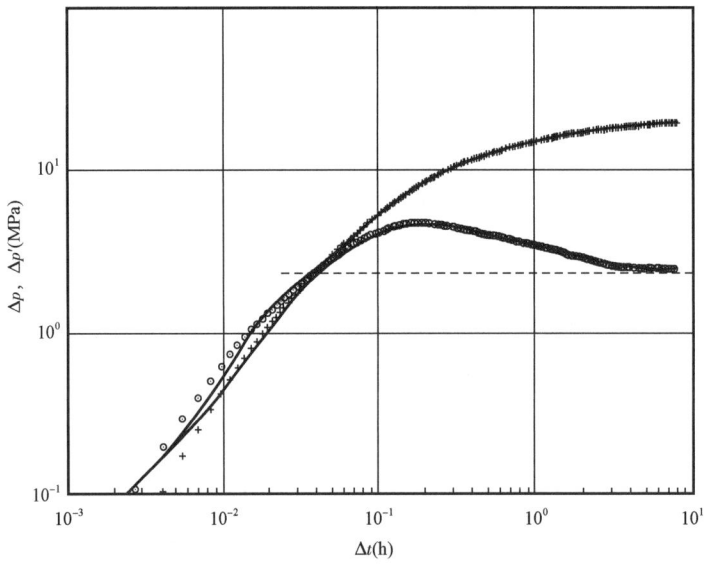

图 11-17　Mg 5 井双对数曲线及其拟合情况（例 11-1）

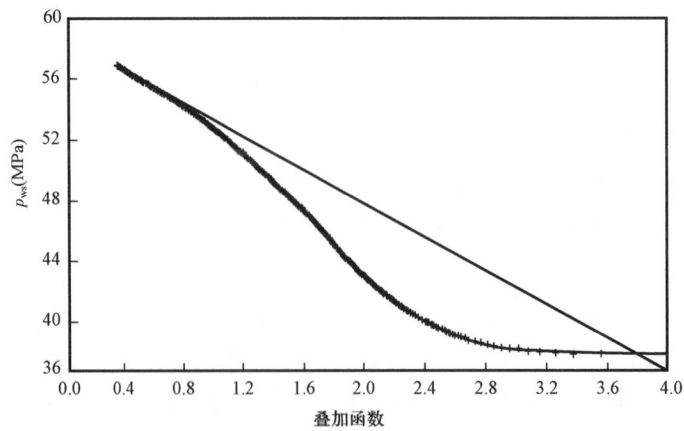

图 11-18　Mg 5 井叠加函数曲线及其拟合情况（例 11-1）

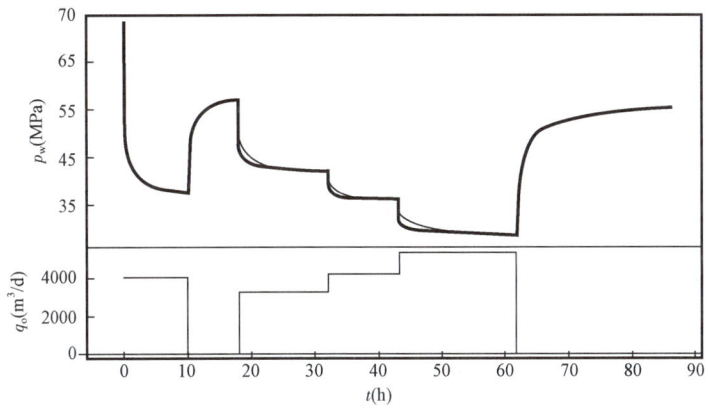

图 11－19　Mg 5 井压力史拟合检验曲线(例 11－1)

第三节　凝析气井的试井解释

随着油气勘探不断向纵深发展,人们越来越关注凝析气藏的勘探开发,因而越来越重视凝析气井试井的研究,并且取得了相当多的成果。

假如在凝析气井的整个测试过程中,井底压力始终高于露点压力,那么其压力变化与普通干气井完全相同,试井解释方法同一般气井无异。如果井底流动压力刚降到稍低于露点压力,凝析现象仅在井筒周围很小范围内发生,此时可把其影响当作附加表皮效应对待,仍按照一般气井试井解释的方法处理。但是,如果在半径 $r < r_C$ 的范围内(称作内区)形成了含凝析油区,而在 $r > r_C$ 的区域(称作外区)仍为纯气区(图 11－20)。也就是说,在 $r = r_C$ 处,压力从高于露点压力降低到露点压力,于是在内区形成了油气两相流动,而在外区地层中仍呈气相单相流动;由于油的黏度比气得多,而且,更重要的是,在出现两相流动后,有效渗透率将大大降低(由单相流情形下的有效渗透率降为两相流情形下对油和气的相对渗透率),因而流体在内区和外区的流动状况很不相同:两个区的流度不同,储能系数也不同(图 11－20),其双对数曲线的形状如图 11－21 所示。在挥发性油藏的井中也会发生类似现象。在这些情形,就应该用径向复合模型进行解释。

近年来,一些研究人员对凝析气井的试井解释进行了更深入的研究,提出了一些更加符合实际的模型。Gringarten 等把凝析气井周围划分为凝析油饱和度不同的三个区(图 11－22):

第三区——气相(单相)流动区(相当于

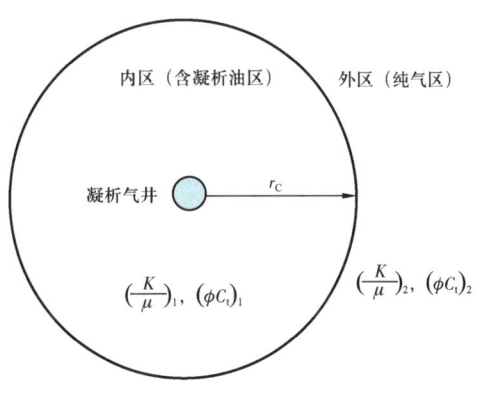

图 11－20　凝析油区和纯气区示意图

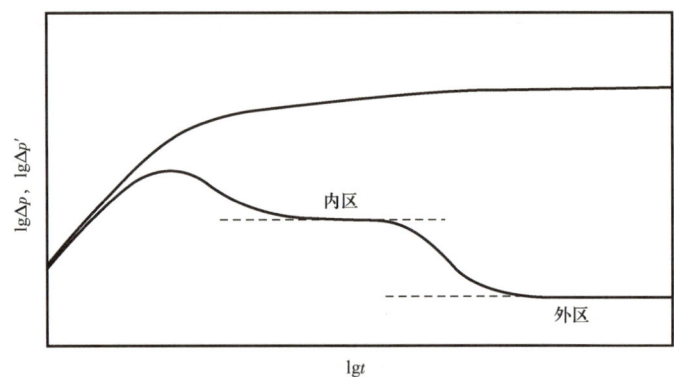

图 11-21　凝析气井的双对数曲线示意图(分作两个区的情形)

图 11-20 中的外区),离井的距离 $r>r_2$,区内的压力仍高于露点压力。

第二区——凝析油气两相共存区(类似于图 11-20 中的内区),离井的距离 r 满足 $r_1<r \leqslant r_2$,区内的压力已低于露点压力;凝析油饱和度迅速增高而气相有效渗透率相应减小。

第一区——近井两相流动区,离井的距离 $r \leqslant r_1$,由于流速高或界面张力小,使得毛细管数量增多,而大量毛细管的作用,使得区内油相饱和度降低,气相的相对渗透率增大,从而使受凝析油影响而减小的气体流度得到恢复。这种现象称作毛细管数效应(Capillary Number Effect)。

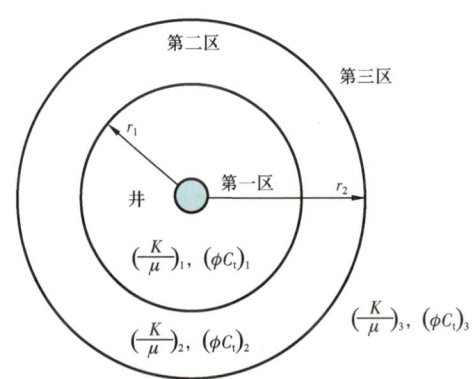

图 11-22　凝析气井周围凝析油饱和度不同的三个区

在压力降落或压力恢复双对数曲线上,导数曲线显示出三条水平直线段(图 11-23),分别对应于三个区的径向流动段,应当用三区径向复合模型进行解释。用对应于各个区的水平直线段,便可计算各个区的流度。在凝析油饱和度足够高的情形,如果毛细管数效应不会被掩盖的话,就可以清楚地看到近井地带的这一效应。图 11-24 就是这样一口凝析气井的实测曲线,可惜测试时间太短,可以用来计算气藏有效渗透率的第三区径向流动段即将出现时,测试就结束了。

不过,随着生产时间的延长,凝析油饱和度增高,气相的相对渗透率减小,第一区(毛细

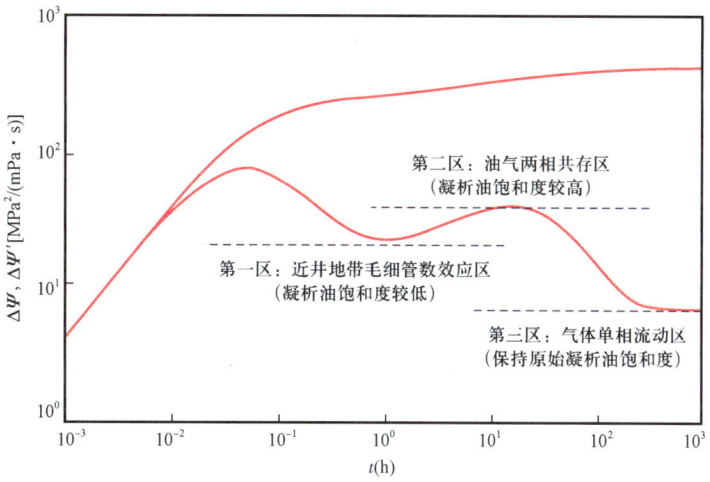

图 11-23 凝析气井的双对数曲线示意图(分作三区的情形)

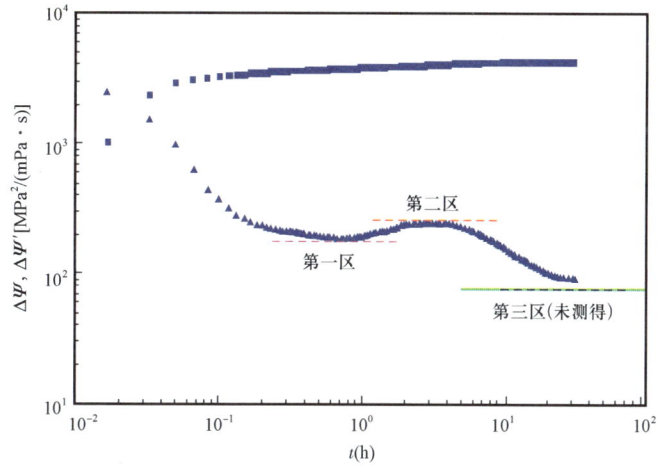

图 11-24 实测凝析气井的双对数曲线

管数效应区)终将消失;此时与图 11-20 所示的只有两个区的情形相同,压力导数曲线也如同图 11-21,只呈现两条水平直线段。

有时候第一区(毛细管数效应区)会被相态的重新分布所掩盖。当不同相态的流体(如气和凝析油)在井筒内沿不同方向流动时,就会发生相态重新分布。在压降测试过程中,如果气产量足够高,完全可以将所有凝析油滴带出井筒流到地面,则不致出现相态重新分布现象。但如果接着关井进行压力恢复测试(或者继续进行测试,但气产量降低至不足以将所有凝析油滴带出井筒流到地面),则将出现相态重新分布现象。如果在先前的压降测试过程中,气产量较低,已经出现了相态重新分布现象,接着关井进行压力恢复测试(或者继续以更低的气产量进行测试),则一般不会再出现相态重新分布现象。不论对压降还是压力恢复,相态重新分布都使得井筒储集系数增大❶，其影响可延续相当长时间，有时可达几十个小时。Gringarten 等指出：相态重新分布还可能会使得压力导数曲线的形状变得与双重孔隙介质油气藏非常很相似，即出现一个"凹子"。在这种情形，如果没有引起注意，就很容易造成误解释。相态重新分布是造成凝析气井试井资料解释困难的最重要因素。

---

❶ 这与相态改变不同：相态改变在压降情形使井筒储集系数增大，而在压力恢复情形使井筒储集系数减小；另外，相态改变只影响早期段，持续时间较短。

第十二章
气井的现代试井解释方法

气井试井解释与油井和水井不同,是因为气的状态方程与油、水的状态方程有显著的差异。如第三章第一节所述,液体在多孔介质中渗流时,压力变化服从式[3-16(a)]:

$$\frac{\partial^2 p}{\partial r^2} + \frac{1}{r}\frac{\partial p}{\partial r} = \frac{1}{\eta}\frac{\partial p}{\partial t}$$

而在推导这一方程时,曾经作了"流体是弱可压缩的,且其压缩系数为常数,其黏度也是常数"的假定。但是气体却不满足这一假定,它的压缩系数和黏度都是压力的函数;除此之外,气体还不满足液体的状态方程,真实气体还牵涉气体定律的偏差系数 Z,它也是压力的函数。

气体的状态方程就是著名的波义耳-马略特(Boyle-Mariott)定律:

$$\frac{pV}{T} = nZR \tag{12-1}$$

若把

$$V = \frac{m}{\rho}$$

代入式(12-1),便得到:

$$\frac{pm}{\rho T} = nZR$$

$$\rho = \frac{m}{nZRT}p = \frac{M}{ZRT}p \tag{12-2}$$

式中 ρ——气体的密度,kg/m³;

m——气体的质量,kg;

n——气体的物质的量,mol;

Z——气体的偏差系数;

R——气体常数,$R = 0.008315\ \dfrac{\text{MPa} \cdot \text{m}^3}{\text{kmol} \cdot \text{K}}$;

T——气体的温度,K;

M——气体的摩尔质量,$M = \dfrac{m}{n}$。

式(12-2)和式(12-1)一样,也是气体的状态方程。

由于上述原因,描述液体在多孔介质中渗流的式[3-16(a)]不能直接应用于描述气体流动。

1965年，Al-Hussainy 和 Ramey 引进了真实气体的势函数，或称为拟压力 $\psi(p)$ 的概念，其定义是：

$$\psi(p) = \int_{p_0}^{p} \frac{2p}{\mu Z} \mathrm{d}p \tag{12-3}$$

式中的积分下限 p_0 为任意选取的参考压力点，通常取 $p_0 = 0$。

引进拟压力 $\psi(p)$ 后，可写出形式上与液体渗流方程式[3-16(a)]完全相同的气体渗流方程：

$$\frac{\partial^2 \psi}{\partial r^2} + \frac{1}{r}\frac{\partial \psi}{\partial r} = \frac{1}{\eta}\frac{\partial \psi}{\partial t}$$

因此，如果将气井压力 p 换算成拟压力 $\psi(p)$，便可以像油井试井解释那样解释气井试井资料，包括进行双对数分析和半对数分析。

第一节　拟压力的计算方法

要进行气井试井解释，首先必须把气井的压力换算成拟压力。通常可用最简单的数值积分方法——梯形法计算拟压力：

$$\psi(p) = \int_{p_0}^{p} \frac{2p}{\mu Z}\mathrm{d}p = \sum_{i=1}^{n} \frac{1}{2}\left[\left(\frac{2p}{\mu Z}\right)_i + \left(\frac{2p}{\mu Z}\right)_{i-1}\right](p_i - p_{i-1})$$

其中 $p_n = p, p_0 = 0$。

这一数值积分，可以编出简单的程序用计算机计算，也可以参考表 12-1 用手工计算。此表最终得到试井解释要用的拟压力差。表中第二列列出压力恢复时间 Δt（在压降情形则应为开井生产时间 t），在计算中并没有什么用处，但在绘制压力曲线时是必不可少的。

对于一个气田，可作出其拟压力图，即拟压力 $\psi(p)$ 与压力 p 的关系曲线，或算出 $\psi(p)-p$ 函数表，以便进行 p 和 $\psi(p)$ 的相互转换。图 12-1 就是某气田的 $\psi(p)-p$ 关系曲线图。

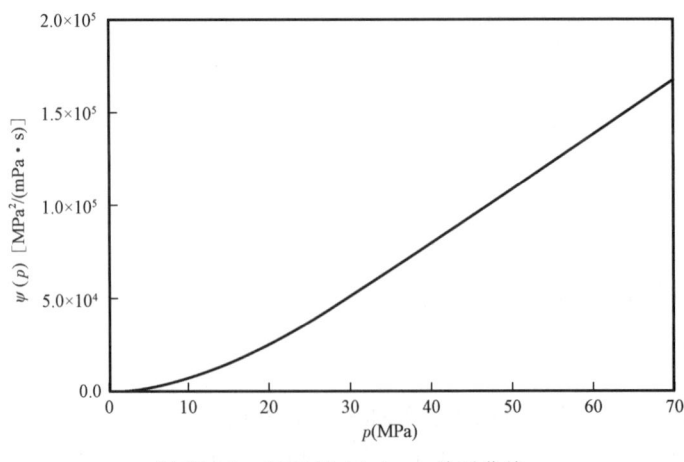

图 12-1　某气田 $\psi(p)-p$ 关系曲线

表 12-1 拟压力差计算表

(1)	(2)	(3)	(4)	(5)	(6)
j	Δt_j (h)	p_j (MPa)	Z_j	μ_j (mPa·s)	$(p/\mu Z)_j$
					$\dfrac{(3)_j}{(4)_j \times (5)_j}$
0		0			0
1	0	14.76	0.9655	0.0170	899.26
2	0.01667	15.09	0.9566	0.0170	927.92
3	0.05	16.81	0.9577	0.0174	1008.76
4	0.0833	18.56	0.9604	0.0177	1091.82
5	0.1167	20.24	0.9652	0.0181	1158.55
⋮	⋮	⋮	⋮	⋮	⋮

(7)	(8)	(9)	(10)	(11)
$\dfrac{1}{2}\left[\left(\dfrac{2p}{\mu Z}\right)_j + \left(\dfrac{2p}{\mu Z}\right)_{j-1}\right]$	$\Delta p_j = p_j - p_{j-1}$	$\dfrac{1}{2}\left[\left(\dfrac{2p}{\mu Z}\right)_j + \left(\dfrac{2p}{\mu Z}\right)_{j-1}\right]\Delta p_j$	$\psi_j(p)\left(\dfrac{\text{MPa}^2}{\text{mPa}\cdot\text{s}}\right)$	$\Delta\psi_j(p)\left(\dfrac{\text{MPa}^2}{\text{mPa}\cdot\text{s}}\right)$
$(6)_j + (6)_{j-1}$	$(3)_j - (3)_{j-1}$	$(7)_j \times (8)_j$	$\Sigma(9) = (9)_j + (10)_{j-1}$	$(10)_j - \psi[p(0)]$
899.26	14.76	13273.08	13273.08	0
1827.18	0.33	602.97	13876.05	602.97
1936.68	1.72	3331.09	17207.14	3934.06
2100.58	1.75	3676.02	20883.16	7610.08
2250.37	1.68	3780.62	24663.78	11390.70
⋮	⋮	⋮	⋮	⋮

现在人们都在使用计算机和试井解释软件进行试井解释,此时计算机会自动计算拟压力。不过,了解拟压力的含义和计算方法还是有好处的。

第二节 试井解释方法

把气井的压力化成拟压力,其试井解释方法,就和油井十分相似了。这里只对均质气藏的压力图版和压力导数图版的拟合分析进行简要的说明,其他各种气藏模型的压力图版和压力导数图版的拟合分析,可参照本书关于相应模型的油井试井解释的有关章节,以及这里所说明的对气井资料的处理方法进行。

一、压力图版拟合分析

在气井情形,无量纲压力❶的定义是:

$$p_D = \frac{2.7143 \times 10^{-5} Kh}{q_g} \frac{T_{SC}}{T_f p_{SC}} \Delta\psi(p) = 0.07849 \frac{Kh}{q_g T_f} \Delta\psi(p) \quad [12-4(a)]$$

其中

$$\Delta\psi(p) = \begin{cases} \psi(p_i) - \psi[p_{wf}(t)] & \text{(压降情形)} \\ \psi[p_{ws}(\Delta t)] - \psi[p_{ws}(0)] & \text{(压力恢复情形)} \end{cases}$$

式中 $\Delta\psi(p)$——拟压力差,$MPa^2/(mPa \cdot s)$;

q_g——气井产量,$10^4 m^3/d$;

T_f——气层温度,K;

p_{SC}——标准状态的压力,规定为 $p_{SC} = 0.101325 MPa(=1atm)$;

T_{SC}——标准状态的温度,规定为 $T_{SC} = 293.15K(=20℃)$;

K——气层渗透率,mD;

h——气层厚度,m。

t_D 和 C_D 的定义与油井相同。

需记住,如第二章第二节中所指出:气产量必须说明是在何种标准条件下(即多大压力、多高温度下)的产量。我国法定计量单位制规定的标准状态是 $p_{SC} = 0.101325MPa$,$T_{SC} = 293.15K$(通常近似作293K)。但在英制单位中,标准状态规定为 $p_{SC} = 14.6959psi$,与我国法定单位制所规定的相同,而 $T_{SC} = 520°R$,与我国法定单位制所规定的不同。在换算产量和其他有关计算中应予注意。

用压力图版进行拟合解释时,首先把气井的实测压力 p 换算成拟压力 $\psi(p)$,并计算出拟压力差 $\Delta\psi(p)$。然后在与解释图版坐标尺寸完全相同的透明双对数纸上,画出拟压力差 $\Delta\psi(p)$ 与开井生产时间 t(压降情形)或关井时间 Δt(恢复情形)的关系曲线,称之为实测拟压力曲线。把它与压力图版相拟合,读出拟合值,计算各项参数:

$$Kh = \frac{q_g T_f}{0.07849} \left[\frac{p_D}{\Delta\psi(p)}\right]_M \quad (12-5)$$

$$K = \frac{q_g T_f}{0.07849 h} \left[\frac{p_D}{\Delta\psi(p)}\right]_M \quad (12-6)$$

$$C = \begin{cases} 0.0072\pi \dfrac{Kh}{\mu} \dfrac{1}{\left(\dfrac{t_D/C_D}{t}\right)_M} & \text{(压降情形)} \\ 0.0072\pi \dfrac{Kh}{\mu} \dfrac{1}{\left(\dfrac{t_D/C_D}{\Delta t}\right)_M} & \text{(恢复情形)} \end{cases} \quad (12-7)$$

---

❶ 无量纲压力 p_D 本应改称为无量纲拟压力,并以 ψ_D 表示。但是为了与油井试井解释图版保持一致,仍称为无量纲压力,而且仍用 p_D 表示。

$$C_D = \frac{C}{2\pi\phi C_t h r_w^2} \qquad (12-8)$$

$$S_a = \frac{1}{2}\ln\frac{(C_D e^{2S})_M}{C_D} \qquad (12-9)$$

这里求得的 S_a 称为拟表皮系数,它是反映井壁附近污染情况的真表皮系数 S 和井壁附近非达西流动所造成的无量纲附加压力降 Dq_g 的总和:

$$S_a = S + Dq_g$$

式中 D——惯性—湍流系数,也称非达西流动系数,$(10^4 m^3/d)^{-1}$。

可以看出:S_a 和 q_g 呈线性关系;$q_g = 0$ 所对应的 S_a 值就是真表皮系数 S 值。因此,要求出真表皮系数 S,可连续以不同产量进行若干次(至少三次)压降测试或压力恢复测试,把由各次测试资料所算出的 S_a 值和对应的产量 q_g 值,在直角坐标系中画出直线图,直线的纵截距就是真表皮系数 S(图 12-2)。

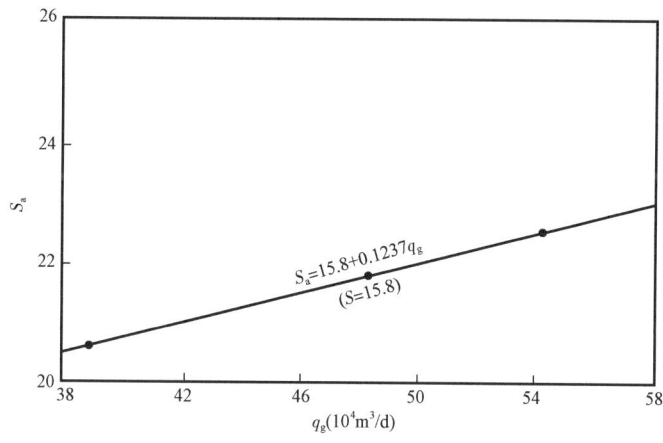

图 12-2 某井的 S_a—q_g 关系曲线

前文已述,在油井情形,压力图版是压降图版;在压力恢复情形,只有当关井前生产时间相当长时(有人认为当生产时间是最大关井时间的 10 倍以上时),压力恢复的双对数曲线才能真正与压力图版中相应的样板曲线相拟合。在关井前生产时间不够长的情形,将只有前一段实测曲线可以与图版中相应的样板曲线相拟合,而其后面的部分则不能;实测曲线开始偏离压降样板曲线的大致时间,由图版右边标出的 $\Delta t/t_p$ 值给出(详见第五章第三节)。在气井情形也是一样。

与油井情形一样,可以用 $\Delta p = p_i - p_{wf}(t)$ 与 t(压降情形)或 $\Delta p = p_{ws}(\Delta t)$ 与 Δt(恢复情形)的直角坐标图来检验和校正时间误差。具体做法也与油井情形相同(详见第四章第三节)。

【例 12-1】 A 井是我国南海西部海域某砂岩气藏的一口探井,完井后进行压降测试,图 12-3 是其拟压力差 $\Delta\psi(p)$ 与开井生产时间 t 的双对数曲线,"×"和"○"分别是时间误差纠正前后的数据点(第六个点以后"×"和"○"基本重合,只画出"○"),Δp—t 曲线如图 12-4

所示。实测曲线与压力图版中 $C_D e^{2S} = 10^6$ 的样板曲线(图 12-3 中的实线)拟合得很好,选拟合点,读得拟合值为:

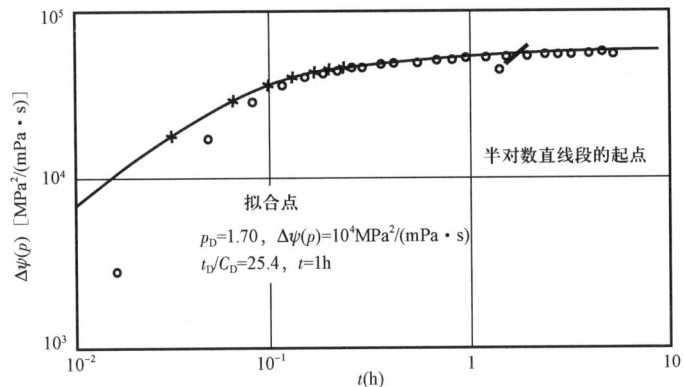

图 12-3　A 井拟压差曲线及所拟合的样板曲线(例 12-1)

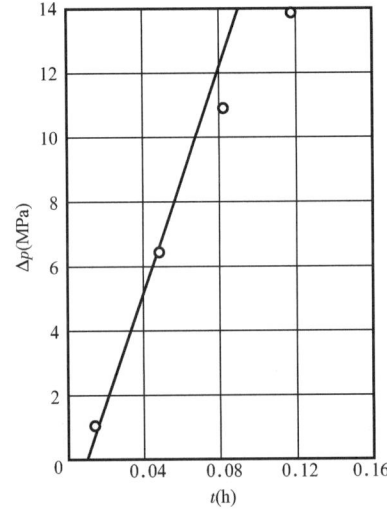

图 12-4　A 井压力降落早期段的 Δp—t 曲线

$$p_D = 1.70, \Delta\psi(p) = 10^4 \text{MPa}^2/(\text{mPa} \cdot \text{s})$$

$$\frac{t_D}{C_D} = 25.4, t = 1\text{h}$$

$$C_D e^{2S} = 10^6$$

该井有关参数如下:

$$q_g = 43.04 \times 10^4 \text{m}^3/\text{d}$$

$$h = 17.1\text{m}$$

$$T_f = 170.6\text{℃} = 443.75\text{K}$$

$$C_t = 0.01484 \text{MPa}^{-1}$$

$$\phi = 0.131$$
$$\mu = 0.02 \text{mPa} \cdot \text{s}$$
$$r_\text{w} = 0.15 \text{m}$$

代入式(12-5)至式(12-9)得:

$$Kh = \frac{q_\text{g} T_\text{f}}{0.07849} \left[\frac{p_\text{D}}{\Delta\psi(p)} \right]_\text{M} = \frac{43.04 \times 443.75}{0.07849} \frac{1.7}{10^4} = 41.37 (\text{mD} \cdot \text{m})$$

$$K = \frac{q_\text{g} T_\text{f}}{0.07849 h} \left[\frac{p_\text{D}}{\Delta\psi(p)} \right]_\text{M} = \frac{43.04 \times 443.75}{0.07849 \times 17.1} \frac{1.7}{10^4} = 2.419 (\text{mD})$$

$$C = 0.0072\pi \frac{Kh}{\mu} \frac{1}{\left(\frac{t_\text{D}/C_\text{D}}{t}\right)_\text{M}} = 0.0072\pi \times \frac{41.37}{0.02} \frac{1}{25.4/1} = 1.842 (\text{m}^3/\text{MPa})$$

$$C_\text{D} = \frac{C}{2\pi\phi C_\text{t} h r_\text{w}^2} = \frac{1.842}{2\pi \times 0.131 \times 0.01484 \times 17.1 \times 0.15^2} = 391.95$$

$$S_\text{a} = \frac{1}{2}\ln\frac{(C_\text{D} e^{2S})_\text{M}}{C_\text{D}} = \frac{1}{2}\ln\frac{10^6}{391.95} = 3.9$$

二、压力导数图版拟合分析

用压力导数解释图版进行气井试井解释时,首先在尺寸与该图版完全相同的透明双对数纸上画出实测压力导数曲线,即 $\frac{\text{d}\psi[(p(t)]}{\text{dln}t}$ 与 t 的关系曲线(压降情形)或 $\frac{\text{d}\psi[(p(\Delta t)]}{\text{dln}\left(\frac{t_\text{p}\Delta t}{t_\text{p}+\Delta t}\right)}$ 与 Δt 的关系曲线(恢复情形),然后将它与压力导数解释图版相拟合。由所得的压力拟合值可以计算:

$$Kh = \begin{cases} \frac{q_\text{g} T_\text{f}}{0.07849}\left[\frac{p'_\text{D}}{\text{d}\Delta\psi[p(t)]/\text{dln}t}\right]_\text{M} & \text{(压降情形)} \\ \frac{q_\text{g} T_\text{f}}{0.07849}\left[\frac{p'_\text{D}}{\text{d}\Delta\psi[p(t)]/\text{dln}\left(\frac{t_\text{p}\Delta t}{t_\text{p}+\Delta t}\right)}\right]_\text{M} & \text{(恢复情形)} \end{cases} \quad [12-10(\text{a})]$$

或

$$K = \begin{cases} \frac{q_\text{g} T_\text{f}}{0.07849 h}\left[\frac{p'_\text{D}}{\text{d}\Delta\psi[p(t)]/\text{dln}t}\right]_\text{M} & \text{(压降情形)} \\ \frac{q_\text{g} T_\text{f}}{0.07849 h}\left[\frac{p'_\text{D}}{\text{d}\Delta\psi[p(t)]/\text{dln}\left(\frac{t_\text{p}\Delta t}{t_\text{p}+\Delta t}\right)}\right]_\text{M} & \text{(恢复情形)} \end{cases} \quad [12-11(\text{a})]$$

计算 C、C_D 和 S_a 的公式与压力图版拟合分析情形相同。

【例 12 – 2】 图 12 – 5 是例 12 – 1 中那口探井压力恢复的拟压力导数曲线,与压力导数解释图版中 $C_D e^{2S} = 10^6$ 的样板曲线(图 12 – 5 中的实线)拟合得很好。只可惜测试时间太短,刚进入径向流动阶段测试就结束了。读得拟合值为:

$$p'_D = 1.49, \frac{\mathrm{d}\psi}{\mathrm{d}\ln\frac{t_p \Delta t}{t_p + \Delta t}} = 10^4 \mathrm{MPa}^2/(\mathrm{mPa \cdot s});$$

$$\frac{t_D}{C_D} = 30.9, t = 1\mathrm{h}$$

$$C_D e^{2S} = 10^6$$

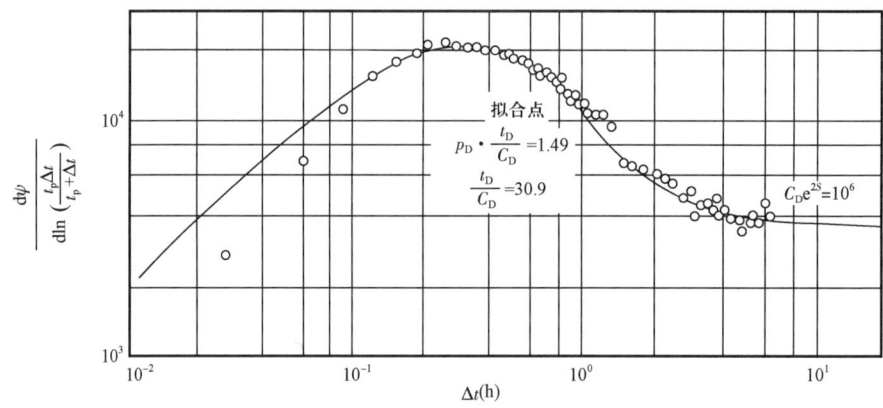

图 12 – 5 A 井拟压力导数曲线及所拟合的样板曲线(例 12 – 2)

有关数据同例 12 – 1。由拟合分析得:

$$Kh = \frac{q_g T_f}{0.07849}\left[\frac{p'_D}{\mathrm{d}\psi[p(t)]/\mathrm{d}\ln\left(\frac{t_p \Delta t}{t_p + \Delta t}\right)}\right]_M = \frac{43.04 \times 443.75}{0.07849} \times \frac{1.49}{10^4} = 35.26(\mathrm{mD \cdot m})$$

或

$$K = \frac{q_g T_f}{0.07849 h}\left[\frac{p'_D}{\mathrm{d}\psi[p(t)]/\mathrm{d}\ln\left(\frac{t_p \Delta t}{t_p + \Delta t}\right)}\right]_M = \frac{43.04 \times 443.75}{0.07849 \times 17.1} \times \frac{1.49}{10^4} = 2.120(\mathrm{mD})$$

$$C = 0.0072\pi \frac{Kh}{\mu}\frac{1}{\left(\frac{t_D/C_D}{t}\right)_M} = 0.0072\pi \times \frac{35.26}{0.02}\frac{1}{\frac{30.9}{1}} = 1.291(\mathrm{m^3/MPa})$$

$$C_D = \frac{C}{2\pi\phi C_t h r_w^2} = \frac{1.291}{2\pi \times 0.131 \times 0.01484 \times 17.1 \times 0.15^2} = 274.70$$

$$S_a = \frac{1}{2}\ln\frac{(C_D e^{2S})_M}{C_D} = \frac{1}{2}\ln\frac{10^6}{274.70} = 4.10$$

分析结果与压力图版拟合分析基本一致。

三、试井解释步骤

与油井情形一样，气井试井解释也使用复合图版，拟合分析过程一般也包括以下几个步骤：

第一步，初拟合。主要任务是划分流动阶段。

第二步，特征曲线分析。早期段和晚期段的特征曲线及分析方法均与油井情形相同。中期段的特征曲线，压降情形是$\psi(p_{wf})$与$\lg t$的关系曲线，恢复情形是$\psi(p_{ws})$与$\lg\dfrac{t_p+\Delta t}{\Delta t}$的关系曲线（Horner 曲线）或$\psi(p_{ws})$与$\lg\Delta t$的关系曲线（MDH 曲线）。分析方法也与油井情形类似。

气井的压降方程为：

$$\psi[p_{wf}(t)] = \psi(p_i) - 42420\frac{p_{SC}}{T_{SC}}\frac{q_g T_f}{Kh}\left(\lg\frac{Kt}{\phi\mu C_t r_w^2} - 2.0923 + 0.8686 S_a\right) \qquad [12-12(a)]$$

压力恢复的 Horner 方程为：

$$\psi[p_{ws}(\Delta t)] = \psi(p_i) - 42420\frac{p_{SC}}{T_{SC}}\frac{q_g T_f}{Kh}\lg\frac{t_p+\Delta t}{\Delta t} \qquad [12-13(a)]$$

MDH 方程为：

$$\psi[p_{ws}(\Delta t)] = \psi[p_{ws}(0)] + 42420\frac{p_{SC}}{T_{SC}}\frac{q_g T_f}{Kh}\left(\lg\frac{K\Delta t}{\phi\mu C_t r_w^2} - 2.0923 + 0.8686 S_a\right)$$

$$[12-14(a)]$$

记它们的直线段斜率的绝对值为 m：

$$m = 42420\frac{p_{SC}q_g T_f}{T_{SC}Kh} \qquad (12-15)$$

由 m 可算出：

$$Kh = 42420\frac{p_{SC}q_g T_f}{T_{SC}m} = \frac{14.67 q_g T_f}{m} \qquad [12-16(a)]$$

或

$$K = 42420\frac{p_{SC}q_g T_f}{T_{SC}mh} = \frac{14.67 q_g T_f}{mh} \qquad [12-17(a)]$$

以及

$$S_a = \begin{cases} 1.151\left\{\dfrac{\psi(p_i)-\psi[p_{wf}(1h)]}{m} - \lg\dfrac{K}{\phi\mu C_t r_w^2} + 2.0923\right\} & \text{（压降情形）} \\[2ex] 1.151\left\{\dfrac{\psi[p_{ws}(1h)]-\psi[p_{ws}(0)]}{m} - \lg\dfrac{K}{\phi\mu C_t r_w^2} + 2.0923\right\} & \text{（恢复情形）} \end{cases} \qquad [12-18(a)]$$

第三步,终拟合。由中期段特征曲线直线段的斜率 m 计算压力拟合值:

$$\left(\frac{p_D}{\Delta\psi(p)}\right)_M = \frac{1.151}{m}$$

再用它对初拟合进行修正,并计算各项参数。

同样,由图版拟合(双对数分析)和各种特征曲线分析所得到的各项参数,应当彼此大致相符;如果不相符,则解释过程中出了错误,必须重新检查。

如果用计算机进行解释,则还包括下列步骤(详见第五章):

(1)调整参数,产生理论曲线,与实测曲线相拟合;

(2)绘制无量纲 Horner 曲线,进行解释结果的检验(现在有的解释软件进行的是有量纲半对数曲线检验,其目的和实质是一样的);

(3)进行压力史拟合或拟压力史拟合,进一步检验解释结果的正确性和可靠性。

【例 12 - 3】❶ 四川威 34 井打开一白云岩气层,试气产量为 $q_g = 9.9 \times 10^4 \mathrm{m}^3/\mathrm{d}$。其压力和压力导数曲线以及它们所拟合的样板曲线如图 12 - 6 所示。这是很典型的双重孔隙介质气藏的曲线。解释结果如下:

$$K = 1.97 mD$$

$$S = -2.3$$

$$\omega = 0.06$$

$$\lambda = 9.6 \times 10^{-7}$$

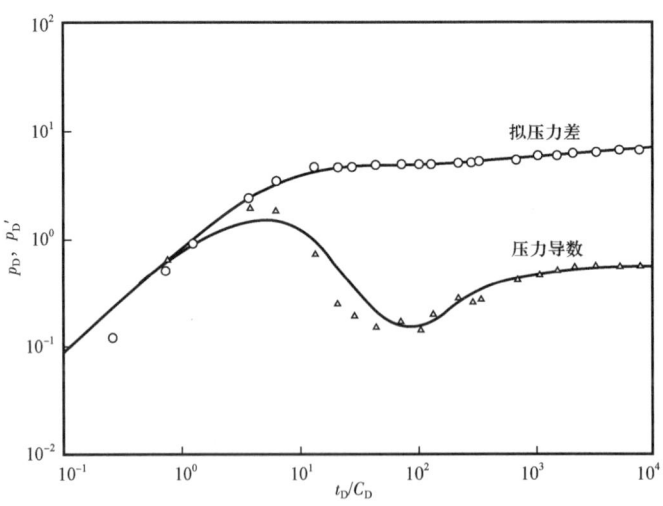

图 12 - 6 威 34 井压力和压力导数曲线及其拟合的样板曲线(酸化压裂前)(例 12 - 3)

---

❶ 本例引自参考文献[13]。

图 12-7 和图 12-8 分别是无量纲压力—时间叠加函数拟合检验和压力史拟合检验曲线图,拟合情况说明解释结果是可靠的。

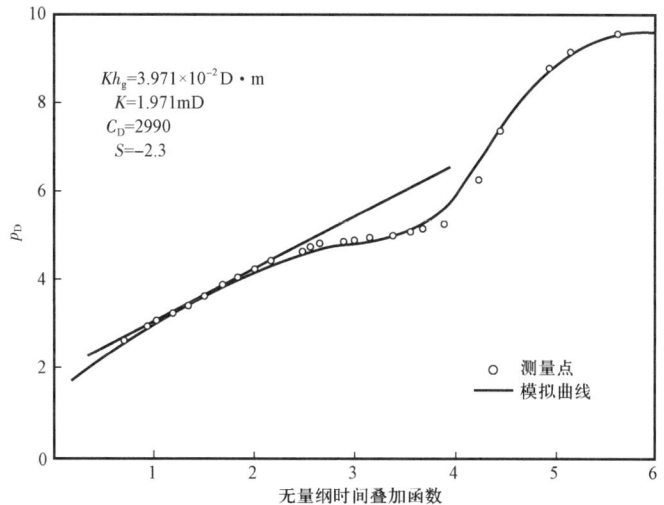

图 12-7 威 34 井无量纲 Horner 曲线检验图(酸化压裂前)(例 12-3)

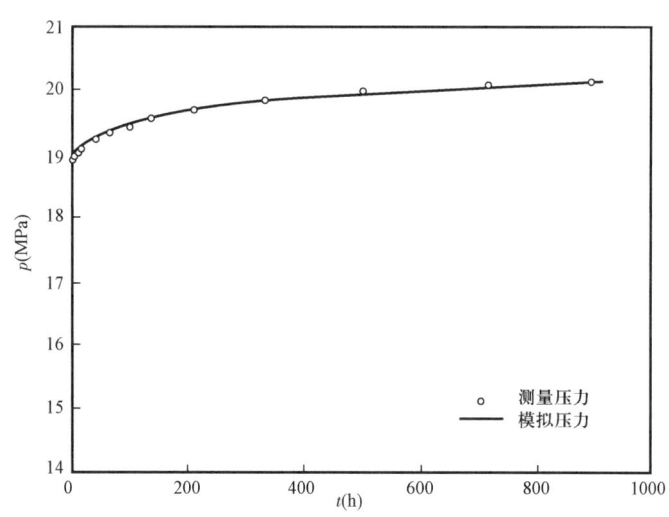

图 12-8 威 34 井压力史拟合检验图(酸化压裂前)(例 12-3)

后来该井进行了酸化压裂,施工后测得的压力和压力导数曲线及它们所拟合的样板曲线如图 12-9 所示,呈现出明显的线性流动特征,表明气层中出现了裂缝。其无量纲 Horner 曲线和压力史拟合曲线如图 12-10 和图 12-11 所示。压裂后产气量由原来的 $9.9 \times 10^4 m^3/d$ 增加到 $13 \times 10^4 m^3/d$,见到了明显的效果。

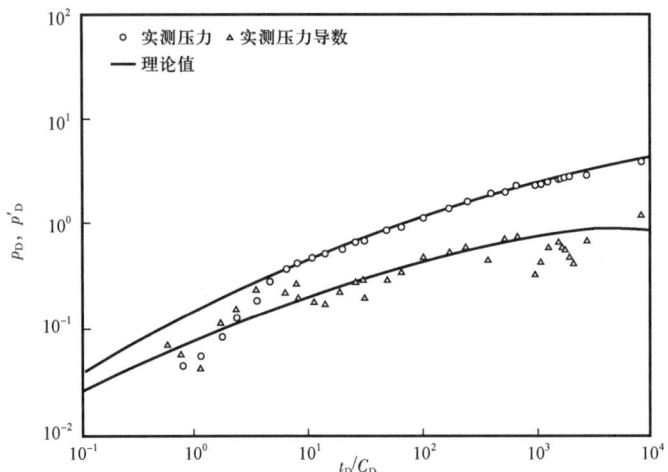

图 12-9 威 34 井压力和压力导数曲线及其拟合的样板曲线(酸化压裂后)(例 12-3)

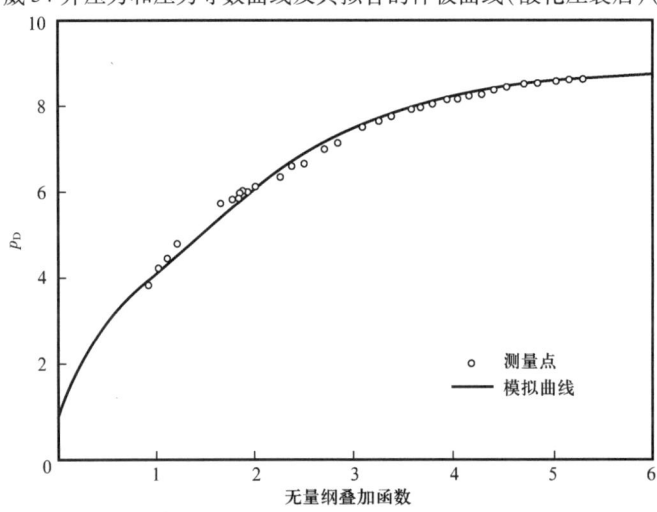

图 12-10 威 34 井无量纲 Horner 曲线检验图(酸化压裂后)(例 12-3)

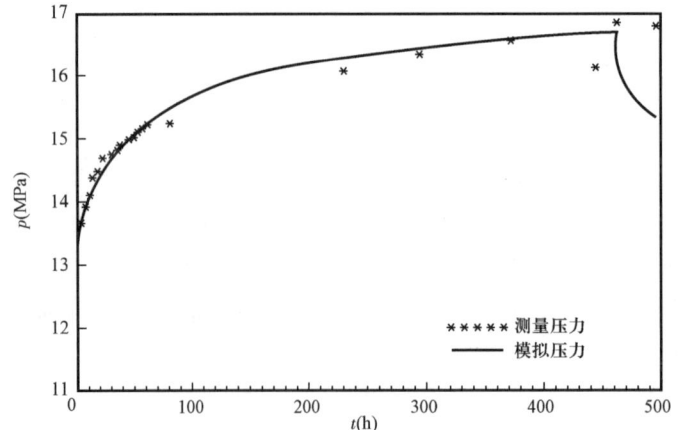

图 12-11 威 34 井压力史拟合检验图(酸化压裂后)(例 12-3)

【例12-4】 F-46井是某砂岩气田中的一口井,气层厚度为 $h=6.1\text{m}$,孔隙度 $\phi=20.6\%$,测试过程中用了4个工作制度,在每一个工作制度下,都产出天然气(q_g)和凝析油(q_c);解释时把凝析油折算成气,加到气产量中,得到总产气量产量(q_T),见表12-2。图12-12是其拟压力恢复双对数曲线。由于实施井底关井,所以井筒储集阶段非常短,大约只有7s。其导数曲线出现一个明显的水平直线段之后,上升一个台阶,接着出现第二个水平直线段。

表12-2 某井产量数据表

气嘴 (mm)	流压 p_{wf}(MPa)	气产量 q_g($10^4\text{m}^3/\text{d}$)	凝析油产量 q_c(m^3/d)	总产气量 $q_T = q_g + q_{ce}$($10^4\text{m}^3/\text{d}$)
3.175	17.46	2.1324	0.075	2.1337
7.938	17.39	13.9677	2.267	14.0079
11.113	17.23	25.3914	2.99	25.4444
13.494	17.05	33.8641	3.757	33.9307

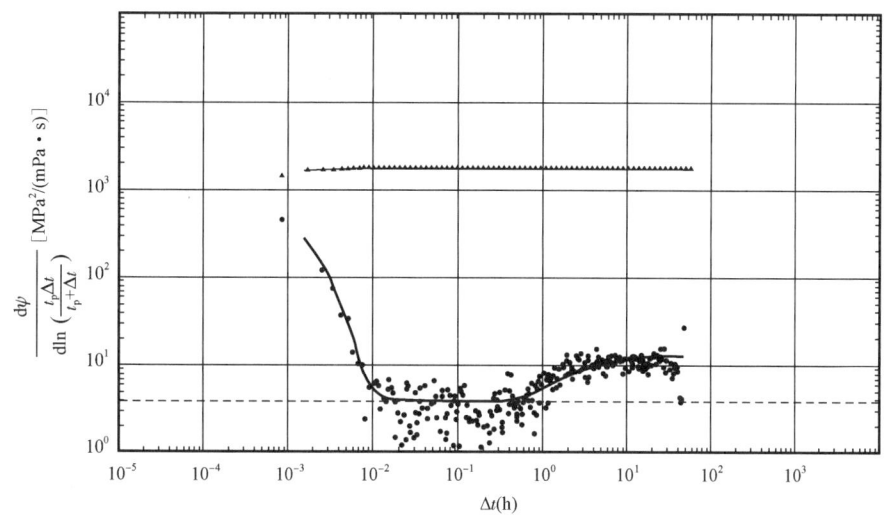

图12-12 F-46井拟压力恢复双对数曲线

图12-13和图12-14分别是F-46井的拟压力与时间叠加函数的关系曲线和Horner曲线,这两幅图都显示出明显的两条直线段。

选用径向复合气藏模型进行解释,得到的结果是:内区的渗透率为 $K_1 = 7178\text{mD}$,外区的渗透率为 $K_2 = 3034\text{mD}$,内区半径为 $r = 503\text{m}$;拟表皮系数 $S_a = 234$。

图12-15是F-46井的压力史拟合检验曲线,整个压力史的良好拟合说明:解释结果是可信的。

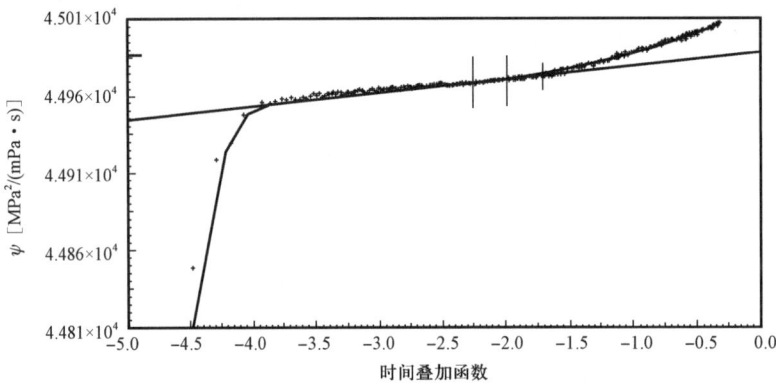

图 12-13 F-46 井拟压力—时间叠加函数曲线

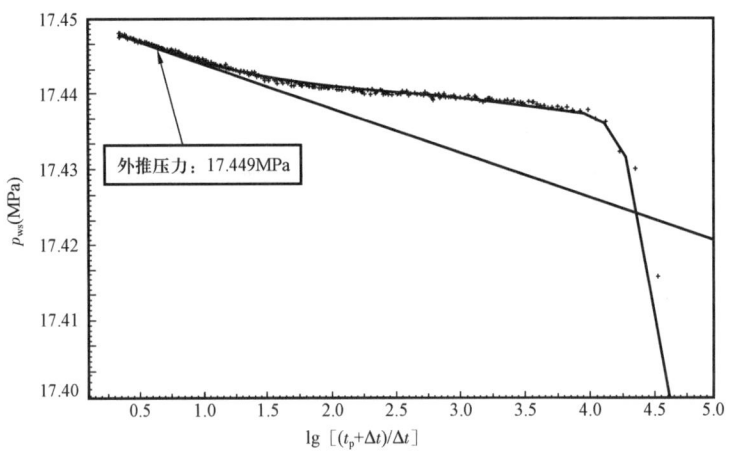

图 12-14 F-46 井 Horner 曲线

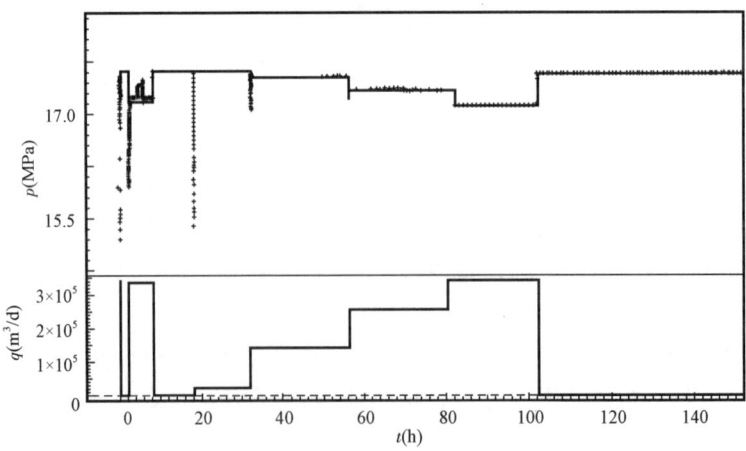

图 12-15 F-46 井压力史拟合检验曲线

第三节 拟压力的简化

在下列两种情形,拟压力 $\psi(p)$ 可以分别简化为压力平方 p^2 和压力 p,此时试井解释便因此而大大简化:

(1)在整个测试过程中,气井井底压力 $p_w < 13.8\text{MPa}$。此时气体的黏度 μ 与偏差系数 Z 的乘积 (μZ) 几乎是一个常数(图 12 – 16),即:

$$\mu Z = C_0 = 常数$$

于是拟压力可以写成:

$$\psi(p) = \int_0^p \frac{2p}{\mu Z}dp = \frac{1}{C_0}\int_0^p 2pdp = \frac{1}{C_0}p^2$$

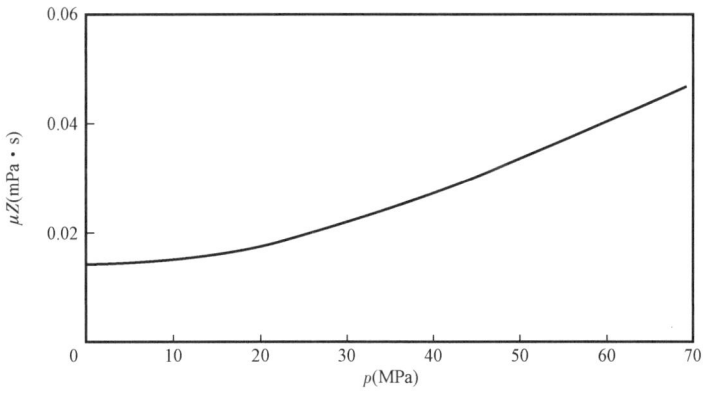

图 12 – 16 某气田的 μZ—p 关系曲线

压降方程式[(12 – 12(a)]、压力恢复的 Horner 方程式(12 – 13)和 MDH 方程式(12 – 14)因而可分别改写成:

$$p_{wf}^2 = p_i^2 - 42420\frac{C_0 p_{SC} q_g T_f}{T_{SC} Kh}\left(\lg\frac{Kt}{\phi\mu C_t r_w^2} - 2.0923 + 0.8686 S_a\right) \quad [12-12(b)]$$

$$p_{ws}^2 = p_i^2 - 42420\frac{C_0 p_{SC} q_g T_f}{T_{SC} Kh}\lg\frac{t_p + \Delta t}{\Delta t} \quad [12-13(b)]$$

$$p_{ws}^2 = p_{wf}^2 + 42420\frac{C_0 p_{SC} q_g T_f}{T_{SC} Kh}\left(\lg\frac{K\Delta t}{\phi\mu C_t r_w^2} - 2.0923 + 0.8686 S_a\right) \quad [12-14(b)]$$

因此,在这个条件下,可以用所谓"压力平方法",即用压力的平方 p^2 代替拟压力 $\psi(p)$ 来进行试井解释。此时,压降曲线是 p_{wf}^2—$\lg t$ 的关系曲线;压力恢复的 Horner 曲线是 p_{ws}^2—$\lg\dfrac{t_p + \Delta t}{\Delta t}$

的关系曲线，MDH 曲线是 p_{ws}^2—$\lg \Delta t$ 的关系曲线，由它们的直线段斜率的绝对值 m 计算地层系数、渗透率和表皮系数的公式是：

$$Kh = 42420 \frac{p_{SC}\bar{\mu}\bar{Z}q_g T_f}{T_{SC}m} = \frac{14.67\bar{\mu}\bar{Z}q_g T_f}{m} \qquad [12-16(b)]$$

$$K = 42420 \frac{p_{SC}\bar{\mu}\bar{Z}q_g T_f}{T_{SC}mh} = \frac{14.67\bar{\mu}\bar{Z}q_g T_f}{mh} \qquad [12-17(b)]$$

$$S_a = \begin{cases} 1.151 \left[\dfrac{p_i^2 - p_{wf}^2(1h)}{m} - \lg \dfrac{K}{\phi\mu C_t r_w^2} + 2.0923 \right] & \text{（压降情形）} \\ 1.151 \left[\dfrac{p_{ws}^2(1h) - p_{ws}^2(0)}{m} - \lg \dfrac{K}{\phi\mu C_t r_w^2} + 2.0923 \right] & \text{（恢复情形）} \end{cases} \qquad [12-18(b)]$$

在图版拟合分析中，无量纲压力定义为：

$$p_D = \frac{2.7143 \times 10^{-5} Kh}{q_g \bar{\mu}\bar{Z}} \frac{T_{SC}}{T_f p_{SC}} \Delta p^2 = \frac{0.07849 Kh}{q_g \bar{\mu}\bar{Z}T_f} \Delta p^2 \qquad [12-4(b)]$$

画出 $\Delta(p^2)$—t 或 $\Delta(p^2)$—Δt 的双对数曲线，与压力图版相拟合，由压力拟合值计算地层系数或渗透率的公式应为：

$$Kh = \frac{q_g \bar{\mu}\bar{Z}T_f}{0.07849} \left(\frac{p_D}{\Delta p^2} \right)_M \qquad [12-5(b)]$$

$$K = \frac{q_g \bar{\mu}\bar{Z}T_f}{0.07849 h} \left(\frac{p_D}{\Delta p^2} \right)_M \qquad [12-6(b)]$$

若绘制 $\dfrac{d\Delta p^2}{d\ln t}$—$t$ 或 $\dfrac{d\Delta p^2}{d\ln\left(\dfrac{t_p \Delta t}{t_p + \Delta t}\right)}$—$\Delta t$ 的双对数曲线，与压力导数图版相拟合，由压力导数拟合值计算地层系数或渗透率的公式应为：

$$Kh = \begin{cases} \dfrac{q_g \bar{\mu}\bar{Z}T_f}{0.07849} \left(\dfrac{p'_D}{d\Delta p^2/d\ln t} \right)_M & \text{（压降情形）} \\ \dfrac{q_g \bar{\mu}\bar{Z}T_f}{0.07849} \left[\dfrac{p'_D}{d\Delta p^2/d\ln\left(\dfrac{t_p \Delta t}{t_p + \Delta t}\right)} \right]_M & \text{（恢复情形）} \end{cases} \qquad [12-10(b)]$$

$$K = \begin{cases} \dfrac{q_g \bar{\mu}\bar{Z}T_f}{0.07849 h} \left(\dfrac{p'_D}{d\Delta p^2/d\ln t} \right)_M & \text{（压降情形）} \\ \dfrac{q_g \bar{\mu}\bar{Z}T_f}{0.07849 h} \left[\dfrac{p'_D}{d\Delta p^2/d\ln\left(\dfrac{t_p \Delta t}{t_p + \Delta t}\right)} \right]_M & \text{（恢复情形）} \end{cases} \qquad [12-11(b)]$$

上列式中 $\bar{\mu}$、$\bar{Z}$ 分别为黏度、偏差系数的平均值[也可取某一压力下的数值，如取 $\bar{\mu} = \mu(p_i)$，$\bar{Z} = Z(p_i)$]。

计算 C、C_D 和 S_a 的公式不变。

在实际解释中,也常使用复合图版,即同时进行压力图版和压力导数图版拟合。

(2)在整个测试过程中,气井井底压力 $p_w > 20.7$ MPa。此时 $\mu Z/p$ 几乎是一个常数(图 12-17),即:

$$\frac{\mu Z}{p} = C'_0 (常数)$$

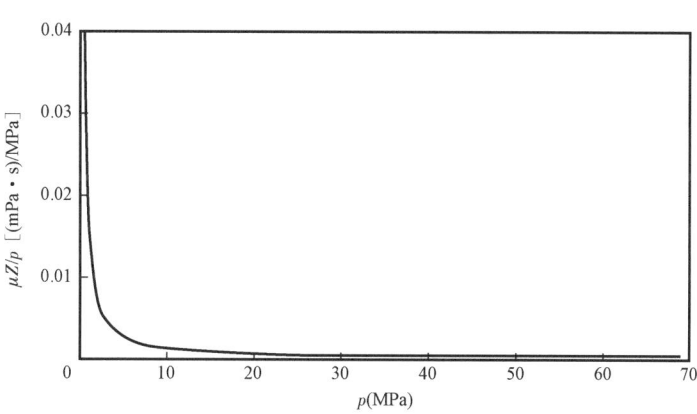

图 12-17 某气田的 $\mu Z/p$—p 关系曲线

于是拟压力可以写成

$$\psi(p) = \int_0^p \frac{2p}{\mu Z} dp = \frac{2}{C'_0} p$$

压降方程式(12-10)、压力恢复的 Horner 方程式(12-11)和 MDH 方程式(12-12)因而可改写成:

$$p_{wf} = p_i - 21210 \frac{C'_0 p_{SC} q_g T_f}{T_{SC} Kh} \left(\lg \frac{Kt}{\phi \mu C_t r_w^2} - 2.0923 + 0.8686 S_a \right) \quad [12-12(c)]$$

压力恢复的 Horner 方程为:

$$p_{ws} = p_i - 21210 \frac{C'_0 p_{SC} q_g T_f}{T_{SC} Kh} \lg \frac{t_p + \Delta t}{\Delta t} \quad [12-13(c)]$$

MDH 方程为:

$$p_{ws} = p_{wf} + 21210 \frac{C'_0 p_{SC} q_g T_f}{T_{SC} Kh} \left(\lg \frac{K \Delta t}{\phi \mu C_t r_w^2} - 2.0923 + 0.8686 S_a \right) \quad [12-14(c)]$$

因此,此时可以用压力本身代替拟压力 $\psi(p)$ 来进行试井解释(称作压力法),即像油井情形一样,压降曲线是 p_{wf}—$\lg t$ 的关系曲线,压力恢复的 Horner 曲线是 p_{ws}—$\lg \frac{t_p + \Delta t}{\Delta t}$ 的关系曲线,MDH 曲线是 p_{ws}—$\lg \Delta t$ 的关系曲线,由它们的直线段斜率的绝对值 m 计算地层系数、渗透率和表皮系数的公式是:

$$Kh = 21210\frac{\mu_i Z_i p_{SC} q_g T_f}{p_i T_{SC} m} = \frac{7.335\mu_i Z_i q_g T_f}{p_i m} \qquad [12-16(c)]$$

$$K = 21210\frac{\mu_i Z_i p_{SC} q_g T_f}{p_i T_{SC} mh} = \frac{7.335\mu_i Z_i q_g T_f}{p_i mh} \qquad [12-17(c)]$$

$$S_a = \begin{cases} 1.151\left[\dfrac{p_i - p_{wf}(1h)}{m} - \lg\dfrac{K}{\phi\mu C_t r_w^2} + 2.0923\right] & \text{（压降情形）} \\ 1.151\left[\dfrac{p_{ws}(1h) - p_{ws}(0)}{m} - \lg\dfrac{K}{\phi\mu C_t r_w^2} + 2.0923\right] & \text{（恢复情形）} \end{cases} \qquad [12-18(c)]$$

在图版拟合分析中，无量纲压力定义为：

$$p_D = \frac{5.4286 \times 10^{-5} Kh}{q_g}\frac{T_{SC}}{T_f}\frac{p_i}{p_{SC}\mu_i Z_i}\Delta p = \frac{0.157 Kh p_i}{q_g T_f \mu_i Z_i}\Delta p \qquad [12-4(c)]$$

画出 Δp—t 或 Δp—Δt 的双对数曲线，与压力图版相拟合，由压力拟合值计算地层系数和渗透率的公式为：

$$Kh = \frac{q_g \mu_i Z_i T_f}{0.157 p_i}\left(\frac{p_D}{\Delta p}\right)_M \qquad [12-5(c)]$$

$$K = \frac{q_g \mu_i Z_i T_f}{0.157 p_i h}\left(\frac{p_D}{\Delta p}\right)_M \qquad [12-6(c)]$$

式中 μ_i 和 Z_i 分别为原始压力下的 μ 值和 Z 值。

若绘制 $\dfrac{d\Delta p}{d\ln t}$—$t$ 或 $\dfrac{d\Delta p}{d\ln\left(\dfrac{t_p \Delta t}{t_p + \Delta t}\right)}$—$\Delta t$ 的双对数曲线，与压力导数图版相拟合，由压力导数拟合值计算地层系数和渗透率的公式为：

$$Kh = \begin{cases} \dfrac{q_g \mu_i Z_i T_f}{0.157 p_i}\left(\dfrac{p'_D}{d\Delta p/d\ln t}\right)_M & \text{（压降情形）} \\ \dfrac{q_g \mu_i Z_i T_f}{0.157 p_i}\left[\dfrac{p'_D}{d\Delta p/d\ln\left(\dfrac{t_p \Delta t}{t_p + \Delta t}\right)}\right]_M & \text{（恢复情形）} \end{cases} \qquad [12-10(c)]$$

$$K = \begin{cases} \dfrac{q_g \mu_i Z_i T_f}{0.157 p_i h}\left(\dfrac{p'_D}{d\Delta p/d\ln t}\right)_M & \text{（压降情形）} \\ \dfrac{q_g \mu_i Z_i T_f}{0.157 p_i h}\left[\dfrac{p'_D}{d\Delta p/d\ln\left(\dfrac{t_p \Delta t}{t_p + \Delta t}\right)}\right]_M & \text{（恢复情形）} \end{cases} \qquad [12-11(c)]$$

上列式中 $\mu_i = \mu(p_i)$，$Z_i = Z(p_i)$。计算 C、C_D 和 S_a 的公式也不变。

在实际解释中,也常使用复合图版,即同时进行压力图版和压力导数图版拟合。

但是,压力平方法和压力法都只不过是拟压力法在一定条件下的近似。这两种近似方法避免了计算积分,比较简单,当用手工解释时,在满足近似条件的前提下,还是可取的。但从图 12-16 和图 12-17 可以看到:就是在 $p_w < 13.8$MPa 时,μZ 也并不是绝对不随压力而变化,只是变化比较小而已;在 $p_w > 20.7$MPa 时,$\mu Z/p$ 也并不是绝对不变。因此,用这两种近似方法进行解释,势必增大所得结果的误差。在试井解释软件中,一般都采用拟压力法。由计算机计算拟压力,很容易实现。所以,压力平方法或压力法已经没有任何优越之处,现在可能已经没有人再使用它们,而只用拟压力方法进行气井试井解释了。

第十三章
井间干扰试井解释

为了弄清井间地层连通情况和地层在平面上不同方向的非均质情况,可以进行井间干扰试井(Interference Test between Wells)、脉冲试井(Pulse Test)或示踪剂试井(Tracer Test)。井间干扰试井和示踪剂试井都是多井试井。

井间干扰试井又称水文勘探试验。它是通过改变一口井的工作制度即改变产量(称为"激动"),使得油层中的压力发生变化(所产生的压力变化称为激动信号或压力干扰信号),在另外一口(或数口)井中下入高精度压力计,测量其井底压力的变化(图13-1)。前者称为激动井,后者称为观测井或观察井。从观测井能否接收到由于激动井改变工作制度所造成的压力变化(即激动信号或压力干扰信号),来判断它们之间是否互相连通;如果互相连通,由观测井接收到压力干扰信号的时间以及其他资料,可以计算地层的导压系数 η 等参数,从而了解连通性的好坏和差异。

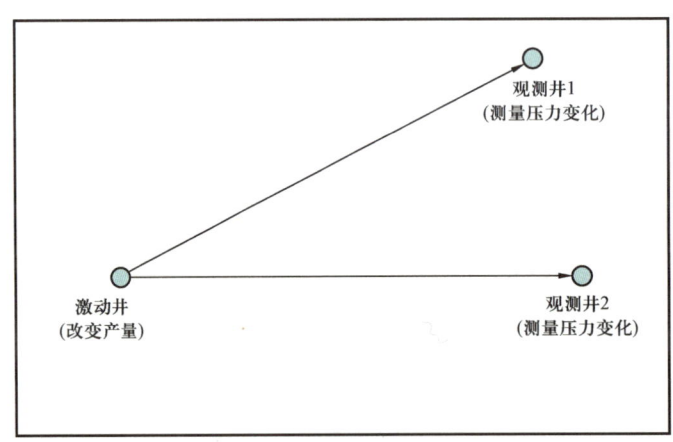

图 13-1 井间干扰试井示意图

具体来说,干扰试井的用途有如下几方面:

(1)落实断层的密封性,弄清储层的平面分布状态,落实储量评估结果。

有时地质研究确认的断层实际上并不密封,并不起阻隔作用,也不影响油气的连片分布。用井间干扰试井可以对此加以检验,落实井间地层的连通性。

在制订注采方案时,要弄清拟注水井与采油井之间的连通关系,用井间干扰试井也可以对此做出鉴定,以保证注水见效。

在计算储量时,要弄清井间的相应油(气)层是否连通,以确定油(气)层是否连片分布,能否按整装油(气)田对待。

(2)探查储层的各向异性。

采用多方位井间干扰试井,可以求出储层在各个方向上的连通系数,从而了解其各向异性的情况。

从系统分析的观点看,把地层和有关井视为一个系统,激动井的工作制度(产量)的改变就是输入信号,观测井的压力变化则是输出信号。井间干扰试井就是测量激动井的产量变化(输入信号I)和观测井的压力变化即压力干扰信号(输出信号O),从而识别系统(S)的特性(井间连通与否;如连通,导压系数有多大)。这也是个反问题。

一般来说,由于激动井的激动(改变产量),在观测井中造成的压力变化(压力干扰信号,也称为压力干扰值)是很小的,特别是在观测井和激动井之间的距离较大、导压系数较小的情况下,更是如此。因此,进行井间干扰试井必须使用高精度和高分辨率的压力计。为了使试井解释得以顺利进行,必需使得在观测井上能接收或测量到足够大的压力干扰信号,这信号必需大于潮汐的影响(约为 0.0034MPa),还必须大于地层的"噪声"信号(为 0.0014～0.0021MPa)。因此,一般来说,为了能够较容易地进行解释,要求观测井的压力响应需大于 0.007MPa。创造尽可能大的激动信号,除了选择合适的井对之外,只能是尽可能增大激动井的产量变化。

在实施井间干扰试井之前,必须做好试井设计,首先用现有资料(包括油藏类型、地层和流体物性参数、激动井和观测井之间的距离等)及激动井模拟产量计算观测井压力变化,从而选择合适的井对,确定合适的产量,预测测试必需持续的时间,以满足测试的要求,成功达到测试的目的。

第一节 均质油层干扰试井的极值点分析法

假设无限大均质地层中只有一口激动井和一口观测井,它们之间互相连通,相距$R(m)$;又设激动井自 $t=0$ 开井以产量 $q(m^3/d)$ 稳定生产,在生产 $t_p(h)$ 后关井[图13-2(a)];在激动井开井前,整个地层具有均一的原始压力 $p_i(MPa)$。因此,在 $(0, t_p)$ 时间内,观测井中的压力为{详见第三章第五节式[3-26(b)]}:

$$p_D = -\frac{1}{2}\mathrm{Ei}\left(-\frac{r_D^2}{4t_D}\right) \tag{13-1}$$

或{详见第三章第一节式[3-26(a)]}:

$$p(t) = p(R,t) = p_i + \frac{0.9210q\mu B}{Kh}\mathrm{Ei}\left(-\frac{R^2}{14.4\times 10^{-3}\eta t}\right) \tag{13-2}$$

而当 $t > t_p$ 时,由叠加原理可知:观测井中的压力为[详见第三章第二节式(3-50)]:

$$p(t) = p_i + \frac{0.9210q\mu B}{Kh}\left\{\mathrm{Ei}\left(-\frac{R^2}{14.4\times 10^{-3}\eta t}\right) - \mathrm{Ei}\left[-\frac{R^2}{14.4\times 10^{-3}\eta(t-t_p)}\right]\right\} \tag{13-3}$$

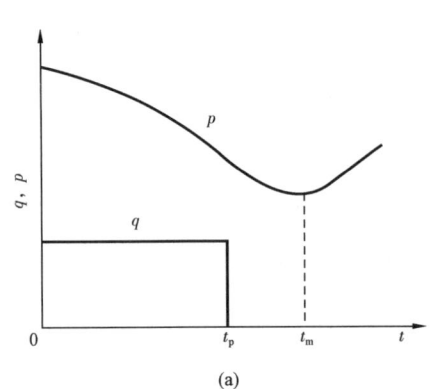 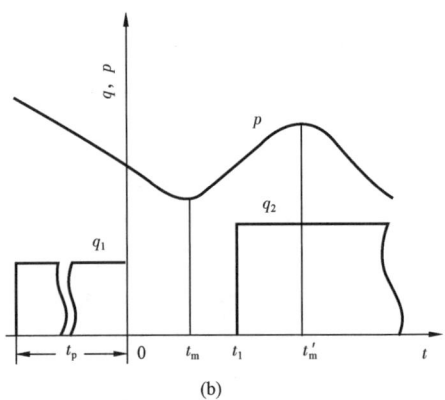

图 13-2 井间干扰试井曲线

在 $(0, t_p)$ 内有[式(13-2)]：

$$\frac{\mathrm{d}p(t)}{\mathrm{d}t} = -\frac{0.9210q\mu B}{Kht}\mathrm{e}^{-\frac{R^2}{14.4\times 10^{-3}\eta t}} < 0 \qquad (13-4)$$

故 $p(t)$ 是单调下降函数。而当 $t > t_p$ 时，有[式(13-3)]：

$$\frac{\mathrm{d}p(t)}{\mathrm{d}t} = \frac{0.9210q\mu B}{Kh}\left[-\frac{\mathrm{e}^{-\frac{R^2}{14.4\times 10^{-3}\eta t}}}{t} + \frac{\mathrm{e}^{-\frac{R^2}{14.4\times 10^{-3}\eta(t-t_p)}}}{t-t_p}\right] \qquad (13-5)$$

令：

$$f(x) = \frac{\mathrm{e}^{-\frac{R^2}{14.4\times 10^{-3}\eta x}}}{x}$$

式中 η 和 R 是正常数，故：

$$\frac{\mathrm{d}p}{\mathrm{d}t} = \frac{0.9210q\mu B}{Kh}[f(t-t_p) - f(t)]$$

而

$$\frac{\mathrm{d}f(x)}{\mathrm{d}x} = \frac{\mathrm{e}^{-\frac{R^2}{14.4\times 10^{-3}\eta x}}}{x^2}\left(\frac{R^2}{14.4\times 10^{-3}\eta x} - 1\right)$$

显然，当 $0 < x < \frac{R^2}{14.4\times 10^{-3}\eta}$ 时，$\frac{\mathrm{d}f(x)}{\mathrm{d}x} > 0$，$f(x)$ 单调上升；当 $x > \frac{R^2}{14.4\times 10^{-3}\eta}$ 时，$\frac{\mathrm{d}f(x)}{\mathrm{d}x} < 0$，$f(x)$ 单调下降。

因此，当 $t_p < t < \frac{R^2}{14.4\times 10^{-3}\eta}$ 时，$\frac{R^2}{14.4\times 10^{-3}\eta} > t_p$，且 $0 < t - t_p < \frac{R^2}{14.4\times 10^{-3}\eta}$，此时有 $\frac{\mathrm{d}p(t)}{\mathrm{d}t} < 0$，$p(t)$ 单调下降；而当 $t > t_p + \frac{R^2}{14.4\times 10^{-3}\eta}$ 时，$t > t - t_p > \frac{R^2}{14.4\times 10^{-3}\eta}$，此时有 $\frac{\mathrm{d}p(t)}{\mathrm{d}t} > 0$，$p(t)$ 单调上升。

$p(t)$是个连续可微的函数,它在$\left[0, \max\left(t_p, \dfrac{R^2}{14.4 \times 10^{-3}\eta}\right)\right]$单调下降,而在$t > t_p + \dfrac{R^2}{14.4 \times 10^{-3}\eta}$单调上升,所以必在某一点$t_m \in \left[\max\left(t_p, \dfrac{R^2}{14.4 \times 10^{-3}\eta}\right), t_p + \dfrac{R^2}{14.4 \times 10^{-3}\eta}\right]$取极小值。

由函数极值的必要条件可得:

$$\dfrac{\mathrm{d}p}{\mathrm{d}t}\bigg|_{t=t_m} = \dfrac{0.9210q\mu B}{Kh}\left[-\dfrac{\mathrm{e}^{-\frac{R^2}{14.4\times10^{-3}\eta t_m}}}{t_m} + \dfrac{\mathrm{e}^{-\frac{R^2}{14.4\times10^{-3}\eta(t_m-t_p)}}}{t_m - t_p}\right] = 0$$

由此可得如下极值点法公式:

$$\eta = \dfrac{R^2 t_p}{14.4 \times 10^{-3} t_m (t_m - t_p) \ln \dfrac{t_m}{t_m - t_p}} \tag{13-6}$$

这就是说:如果激动井和观测井之间是连通的,测得了观测井中的压力变化,并画出如图13-2(a)所示的井间干扰试井曲线,曲线上会有个极值点t_m;读出t_m的数值,便可用式(13-6)计算出测试层中激动井和观测井之间的条带状地带的导压系数η。

当然,如果激动井和观测井之间并不连通,则无论激动井的产量多大,观测井离它多近,测试时间多长,在观测井也测不到任何干扰压力。

如果激动井原来在开井生产,设产量为$q_1(\mathrm{m}^3/\mathrm{d})$,生产了$t_p(\mathrm{h})$时间,然后关井激动,关井$t_1(\mathrm{h})$时间后再次开井,产量为$q_2(\mathrm{m}^3/\mathrm{d})$,如图13-2(b)所示。则由叠加原理可知,再次开井后观测井的压力为:

$$p(t) = p_i + \dfrac{0.9210 q_1 \mu B}{Kh}\left\{\mathrm{Ei}\left[-\dfrac{R^2}{14.4 \times 10^{-3}\eta(\Delta t + t_p)}\right] - \mathrm{Ei}\left(-\dfrac{R^2}{14.4 \times 10^{-3}\eta \Delta t}\right) + \dfrac{q_2}{q_1}\mathrm{Ei}\left[-\dfrac{R^2}{14.4 \times 10^{-3}\eta(\Delta t - t_1)}\right]\right\} \quad (\Delta t > t_1)$$

$p(t)$将在某一点t'_m取得极大值。假设关井前生产时间t_p相当长,$t_p \gg t'_m$成立,则可推得这一情形下的极值点法公式:

$$\eta = \dfrac{R^2 t_1}{14.4 \times 10^{-3} t'_m (t'_m - t_1) \ln\left(\dfrac{q_2}{q_1} \dfrac{t'_m}{t'_m - t_1}\right)} \tag{13-7}$$

把自然对数换作常用对数,式(13-6)变为:

$$\eta = \dfrac{R^2 t_p}{33.16 \times 10^{-3} t_m (t_m - t_p) \lg \dfrac{t_m}{t_m - t_p}} \tag{13-8}$$

式(13-7)变为:

$$\eta = \frac{R^2 t_1}{33.16 \times 10^{-3} t'_m (t'_m - t_1) \lg\left(\dfrac{q_2}{q_1} \dfrac{t'_m}{t'_m - t_1}\right)} \quad (13-9)$$

最后,还必须指出:干扰试井中,有时测得的只是观测井井底压差的变化,而不是井底压力的变化。如用国产微差压力计测量时就是这样。但压差和压力的变化完全一致,所以本节的推导和得到的公式照样适用。

【例 13-1】 图 13-3 是江汉王场油田一个井间干扰试井的实例。J5 井是一口生产井,制订开发方案时拟将它转注。为了验证它与邻井 W23 井(相距 260m)和 W9-2 井(相距 505m)的连通性,以确保注水效果,进行了这次井间干扰试井。

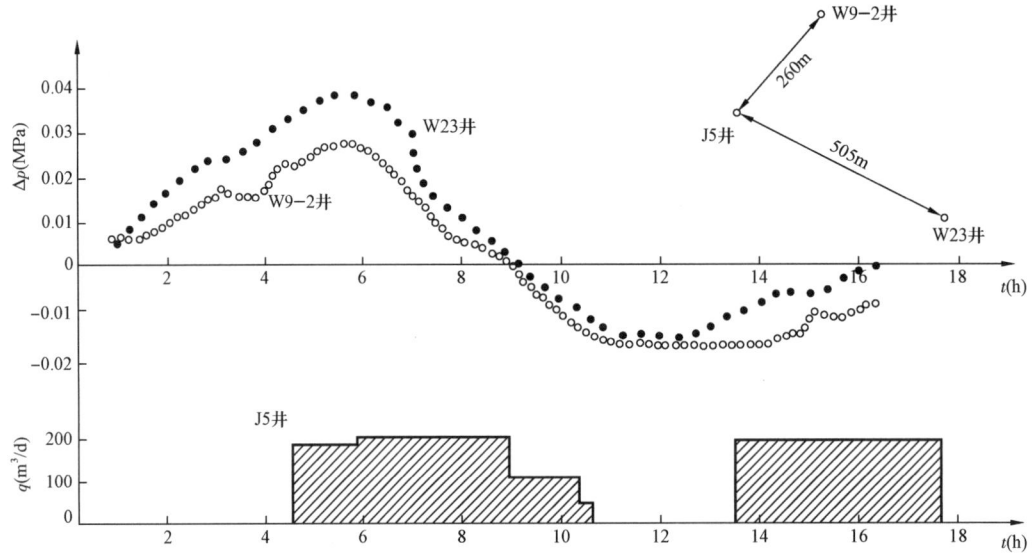

图 13-3 J5 井与 W23 井和 W9-2 井的井间干扰试井曲线

干扰试井以 J5 井为激动井,W23 井和 W9-2 井为观测井。J5 井的激动方式是:以产量 $q \approx 110 \text{m}^3/\text{d}$ 开井生产 2.5h,然后关井 1.3h,再开井生产。W23 井和 W9-2 井下入微差压力计,所测得的压力曲线明显显示出接收到了压力干扰讯号:J5 井第一次开井后约半个小时,W23 井和 W9-2 井的压力从原来缓慢上升转为缓慢下降;J5 井关井后约 0.6h,W23 井的压力又开始由缓慢下降转为缓慢上升,W9-2 井的压力曲线的极小值点则是在 J5 井关井后约 1h 出现。根据测试所得数据,用式(13-8)可估算出 J5 井与 W23 井之间条带状地带的导压系数为:

$$\eta_{J5-W23} = \frac{R^2 t_p}{33.16 \times 10^{-3} t_m (t_m - t_p) \lg \dfrac{t_m}{t_m - t_p}} = \frac{505^2 \times 2.5}{33.16 \times 10^{-3} \times 3.5 \times \lg \dfrac{3.5}{1}}$$

$$\approx 1.010 \times 10^7 \left(\frac{\text{mD} \cdot \text{MPa}}{\text{mPa} \cdot \text{s}}\right)$$

而 J5 井与 W9－2 井之间条带状地带的导压系数为：

$$\eta_{\text{J5-W9-2}} = \frac{R^2 t_p}{33.16 \times 10^{-3} t_m (t_m - t_p) \lg \frac{t_m}{t_m - t_p}} = \frac{260^2 \times 2.5}{33.16 \times 10^{-3} \times 3.5 \times \lg \frac{3.1}{0.6}}$$

$$\approx 2.042 \times 10 \left(\frac{\text{mD} \cdot \text{MPa}}{\text{mPa} \cdot \text{s}} \right)$$

由试井结果可知：W23 井和 W9－2 井与 J5 井之间连通性很好，由此推断：J5 井转注的方案是可行的；另外，在不同方向上，油层的连通性有明显的差别。

第二节　均质油层干扰试井的图版拟合分析法

对于井间干扰试井，可作如下两个假定：

（1）激动井没有井筒储集效应。事实上，如果具有井筒储集效应，这只影响到激动的开始时间，只需适当处理起始时间就行了。

（2）表皮效应可以忽略。这是因为在井间干扰试井过程中，只有极少原油流过观测井井壁，完全可以忽略。

在上述假定下，得到具如下特性的井间干扰试井的基本模型：

(1)无限大地层(没有外边界)；
(2)上下具不渗透隔层；
(3)激动井开井前整个地层保持均一的原始压力；
(4)激动井没有井筒储集效应；
(5)观测井没有表皮效应。

均质油藏在这些条件下的解，就是 Theis 早在 1936 年就给出了的指数积分函数解：

$$p_D = \text{Ei}\left(-\frac{1}{4t_D/r_D^2} \right)$$

式中的 p_D、t_D 和 r_D 分别由第三章第四节式(3-77)、式(3-78)或式(3-79)和式(3-81)定义，即：

$$p_D = \frac{Kh}{1.842 q \mu B} \Delta p$$

$$t_D = \begin{cases} \dfrac{3.6 \times 10^{-3} K}{\phi \mu C_t r_w^2} t & \text{（开井激动情形）} \\ \dfrac{3.6 \times 10^{-3} K}{\phi \mu C_t r_w^2} \Delta t & \text{（关井激动情形）} \end{cases}$$

$$r_D = \frac{R}{r_w}$$

式中　R——激动井和观测井之间的距离，m；

r_w——激动井半径，m。

其余各符号和单位同前文。

图 13-4 就是 Theis 指数积分函数曲线，也就是均质地层井间干扰试井的样板曲线，即解释图版。

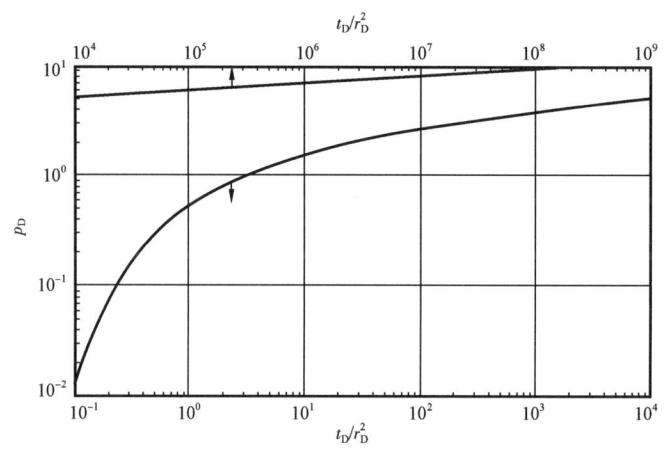

图 13-4　Theis 指数积分函数曲线（均质地层井间干扰试井的样板曲线）

画出井间干扰试井的 Δp—t 实测曲线，与这个 Theis 指数积分函数曲线进行拟合，从压力拟合得［详见第五章第一节式(5-1)至式(5-4)］：

$$\frac{Kh}{\mu} = 1.842qB\left(\frac{p_D}{\Delta p}\right)_M$$

$$Kh = 1.842q\mu B\left(\frac{p_D}{\Delta p}\right)_M$$

$$\frac{K}{\mu} = \frac{1.842qB}{h}\left(\frac{p_D}{\Delta p}\right)_M$$

$$K = 1.842\frac{q\mu B}{h}\left(\frac{p_D}{\Delta p}\right)_M$$

从时间拟合，得：

$$\phi h C_t = \frac{3.6 \times 10^{-3} Kh}{\mu R^2 \left(\frac{t_D/r_D^2}{t}\right)_M} \tag{13-10}$$

如果满足用对数近似表示指数积分函数的条件，即当

$$t > \frac{R^2}{1.44 \times 10^{-4}\eta}$$

时（详见第三章第二节），则可以画出半对数曲线，进行半对数分析。设半对数直线段的斜率

为 m（图 13-5），则由｛详见第三章第二节式[3-36(a)]｝

$$\Delta p = \frac{2.121 q \mu B}{Kh}\left(\lg\frac{Kt}{\phi \mu C_t R^2} - 2.0923\right) = m\left(\lg\frac{Kt}{\phi \mu C_t R^2} - 2.0923\right)$$

可得[详见第三章第二节式(3-38)至式(3-41)]：

$$\frac{Kh}{\mu} = \frac{2.121 qB}{m}$$

$$\frac{K}{\mu} = \frac{2.121 qB}{mh}$$

$$Kh = \frac{2.121 q\mu B}{m}$$

$$K = \frac{2.121 q\mu B}{mh}$$

$$\phi h C_t = \frac{Kh}{\mu R^2} \times 10^{-2.0923 - \frac{\Delta p_{1h}}{m}} \tag{13-11}$$

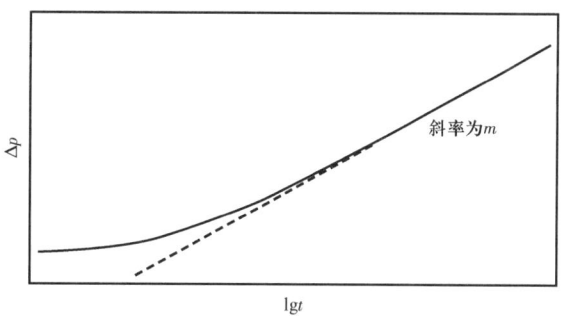

图 13-5 观测井的半对数曲线

由双对数曲线分析和半对数曲线分析所得的结果应当相符，如果相差很大，则需重新检查。

但由于半对数直线段往往很晚才能出现，所以一般很难测得。

第三节 双重孔隙介质油藏干扰试井的图版拟合分析法

一、介质间拟稳定流动模型

双重孔隙介质油藏介质间拟稳定流动模型的描述见第六章第一节和第二节。

这个模型干扰试井的解释图版如图 13-6 所示，解释用图是《现代试井解释图版》图 4，其纵坐标是无量纲压力 p_D，横坐标是 t_D/r_D^2。图版由两组样板曲线组成，其中一组是均质油

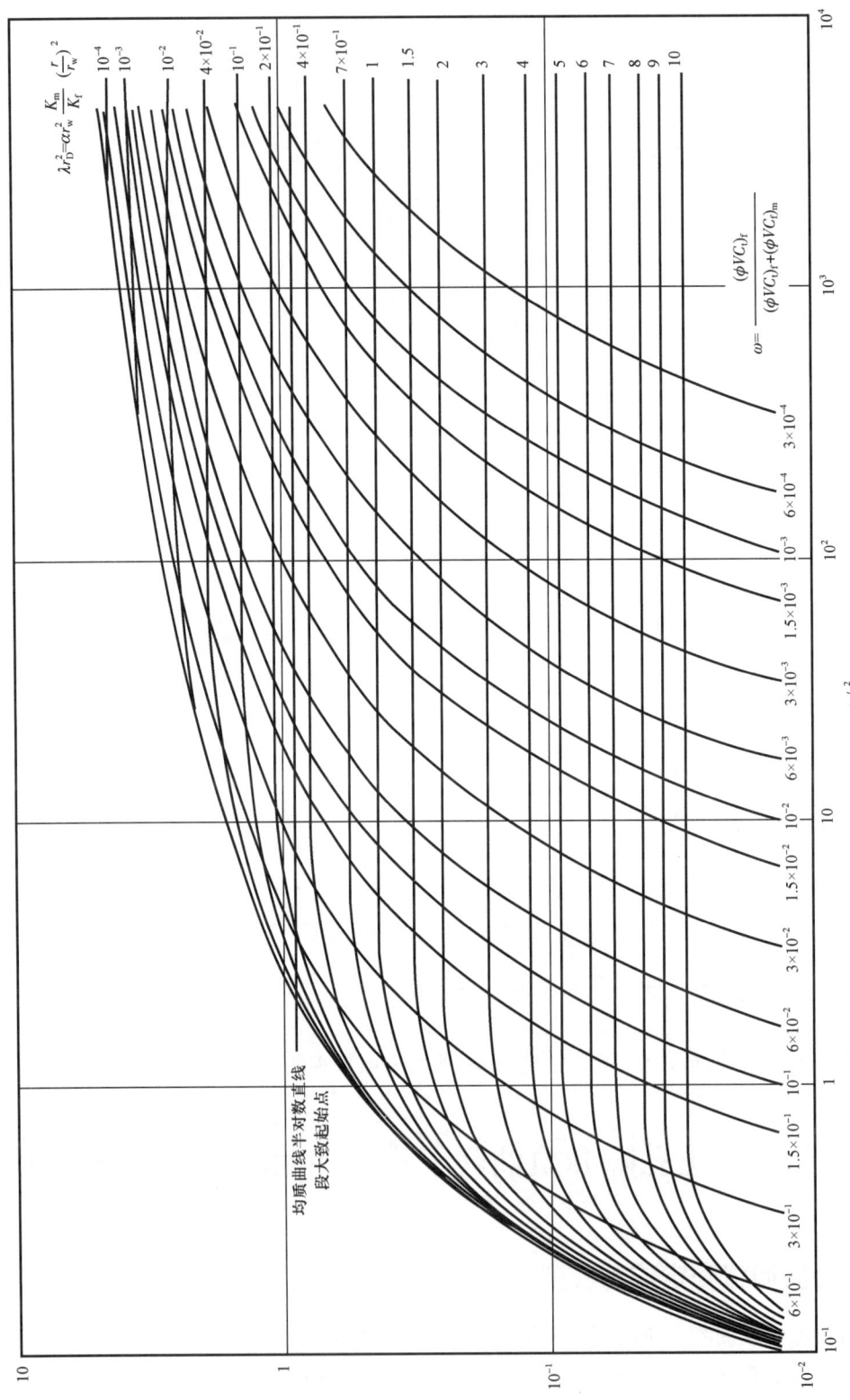

图13-6 双重孔隙介质油藏介质间拟稳定流动模型干扰试井解释图版

藏不稳定流动的样板曲线,即对应于不同 ω 值的一组 Theis 指数积分函数曲线(《现代试井解释图版》图 4 中的黑线);另一组是介质间拟稳定流动的样板曲线(《现代试井解释图版》图 4 中的橘黄线),每一条曲线对应一个 λr_D^2 值:

$$\lambda r_D^2 = \alpha r_w^2 \frac{K_m}{K_f} \left(\frac{R}{r_w}\right)^2$$

图版中有一条水平线(《现代试井解释图版》图 4 中的红线),标出均质油藏不稳定流动样板曲线上半对数直线段开始的大致时间。

观测井压力的双对数曲线拟合示意图如图 13-7 所示:开始段对应于裂缝系统的流动,拟合 $\omega=1$ 的 Theis 曲线(图 13-7 中的①);然后是过渡段,对应于介质间的拟稳定流动,拟合某一条 λr_D^2 曲线,图 13-7 中 $\lambda r_D^2 = 10^{-1}$(图中的②);最后进入整个系统(裂缝网络系统 + 基质岩块系统)的流动,拟合另外一条 $\omega < 1$ 的 Theis 曲线,图 13-7 中 $\omega = 10^{-2}$(图中的③)。

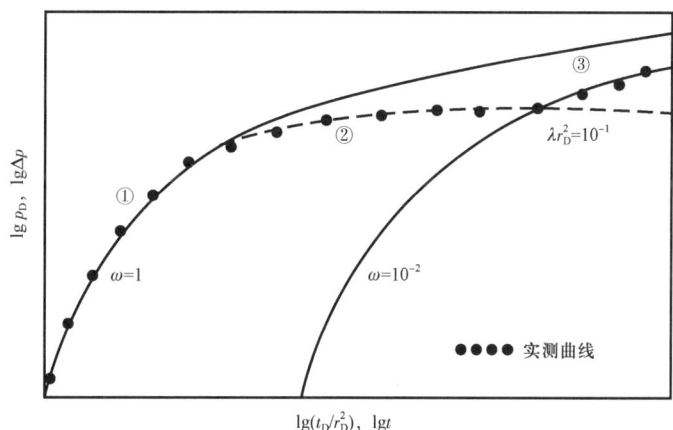

图 13-7　双重孔隙介质油藏(介质间拟稳定流动)的干扰曲线及所拟合的样板曲线

在坐标尺寸与解释图版相同的双对数坐标纸上,以压差 Δp 和时间 t 分别为纵坐标和横坐标,画出实测曲线,同解释图版相拟合。由压力拟合值可得:

$$\frac{K_f h}{\mu} = 1.842 qB \left(\frac{p_D}{\Delta p}\right)_M$$

$$K_f h = 1.842 q\mu B \left(\frac{p_D}{\Delta p}\right)_M$$

$$K_f = 1.842 \frac{q\mu B}{h} \left(\frac{p_D}{\Delta p}\right)_M$$

由时间拟合值可得:

$$(\phi C_t h)_f = \frac{3.6 \times 10^{-3} Kh}{\mu R^2 \left(\frac{t_D}{r_D^2}/t\right)_M}$$

由 Theis 曲线拟合值可得 ω 值（第二条 Theis 曲线所对应的 ω 值）；由 λr_D^2 曲线拟合值可得：

$$\lambda = \frac{(\lambda r_D^2)_M}{(R/r_w)^2}$$

上面已经提及，《现代试井解释图版》图 4 中的红线，标出了半对数直线段出现的大致时间，由此可以判断是否可进行半对数分析。如果可以进行，则可由直线段斜率 m 求得：

$$\frac{K_f h}{\mu} = \frac{2.121qB}{m}$$

$$K_f h = \frac{2.121q\mu B}{m}$$

$$K_f = \frac{2.121q\mu B}{mh}$$

$$(\phi C_t h)_f = \frac{K_f h}{\mu R^2} 10^{-2.0923 - \frac{\Delta p_{1h}}{m}} \tag{13-12}$$

当 $\lambda r_D^2 < 10^{-2}$ 时，半对数曲线可能呈现两条平行直线，此时还可算出：

$$\omega = 10^{-\frac{\delta p}{m}}$$

其中 m 为半对数直线段斜率的绝对值，δp 为两条平行直线在纵坐标（压差坐标）方向上的距离，详见第六章第二节。

但当 $\lambda r_D^2 > 10^{-2}$ 时，裂缝网络系统流动尚未达到径向流动就开始进入介质间流动的过渡段，半对数曲线不可能有两条平行直线段，只可能有一条反映整个系统（裂缝网络系统＋基质岩块系统）特性的直线段（如果这个阶段达到了径向流动的话）。这种情况无法由半对数分析得到 ω 值。

二、介质间不稳定流动模型

介质间不稳定流动模型的描述见第六章第一节和第三节。

介质间不稳定流动模型油藏干扰试井的解释图版如图 13-8 所示，解释用图为《现代试井解释图版》图 5。同拟稳定流动模型的解释图版相似，它也是由两组样板曲线组成，其中一组是均质油藏的 Theis 曲线，每一条曲线对应一个 ω 值（《现代试井解释图版》图 5 中的黑线）；另一组是介质间不稳定流动的样板曲线（《现代试井解释图版》图 5 中的橘黄线），每一条曲线对应一个 βr_D^2 值，其中 β 值为：

$$\beta = \begin{cases} \dfrac{1}{3}\dfrac{\lambda}{\omega} & \text{（平板状基质岩块）} \\ \dfrac{3}{5}\dfrac{\lambda}{\omega} & \text{（圆球状基质岩块）} \end{cases}$$

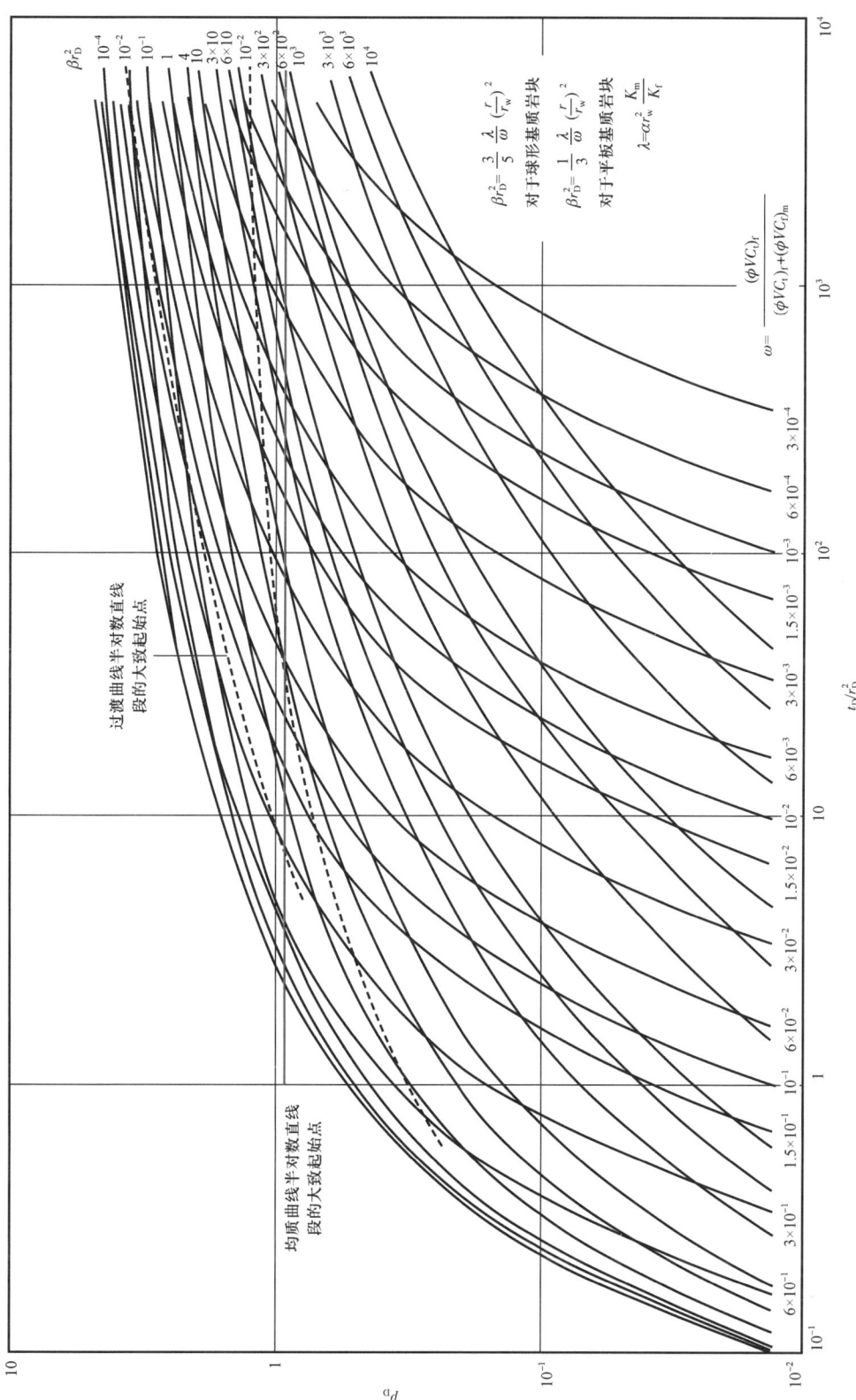

图13-8 双重孔隙介质油藏介质间不稳定流动模型干扰试井解释图版

如果在早期裂缝网络系统流动占主要地位,则压力首先沿着 $\omega=1$ 的 Theis 曲线(《现代试井解释图版》图 5 中最左边的一条黑线)变化,这是裂缝网络系统流动阶段;接着沿着某一条介质间不稳定流动样板曲线(即某一 βr_D^2 曲线,《现代试井解释图版》图 5 中的某一条橘黄线)变化,最后到达整个系统(裂缝网络系统+基质岩块系统)的流动,压力沿着另一 ω 值的 Theis 曲线变化。但实际上裂缝网络系统的流动历时极短,所以往往一开始就是介质间的不稳定流动。因此,压力变化曲线往往如图 13-9 所示,开始段并不落在 $\omega=1$ 的 Theis 曲线上,而是一开始就拟合某一条 βr_D^2 曲线(图 13-9 中为 $\beta r_D^2=0.1$),然后转而拟合某一条 ω 的 Theis 曲线(图 13-9 中为 $\omega=10^{-2}$ 曲线)。

图版中有一条水平线(《现代试井解释图版》图 5 中的红线),标出 Theis 曲线半对数直线段开始的大致时间;还有两条红虚线(图 13-8 中为两条点线),标出在介质间不稳定流动阶段过渡曲线的半对数直线段的大致起点。如果实测曲线的对应阶段超过了半对数直线段的大致起点,则可以进行半对数分析,即由整个系统的流动阶段的半对数直线段的斜率 m_2,(注意:不能用介质间不稳定流动阶段过渡曲线半对数直线段的斜率 m_1)计算:

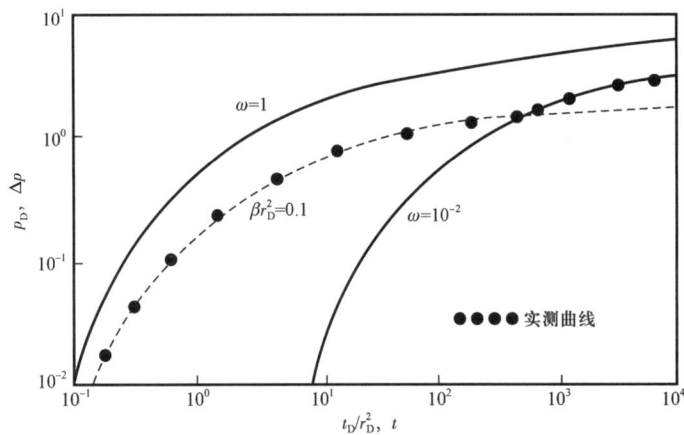

图 13-9　双重孔隙介质油藏(介质间不稳定流动)的干扰曲线及所拟合的样板曲线

$$\frac{K_f h}{\mu} = \frac{2.121qB}{m_2}$$

$$K_f h = \frac{2.121q\mu B}{m_2}$$

$$K_f = \frac{2.121q\mu B}{m_2 h}$$

详情请参看第六章第三节。

第四节 脉冲试井和示踪剂试井

一、脉冲试井

脉冲试井实质上是一种特别的井间干扰试井,差别只是激动方式有所不同。脉冲试井的激动井是以脉冲式的激动方式,如开井生产[时长 T_1(h)]—关井[时长 T_2(h)]—开井生产[时长 T_1(h)]—关井[时长 T_2(h)]—…;或注水[时长 T_1(h)]—关井[即停注,时长 T_2(h)]—注水[时长 T_1(h)]—关井[即停注,时长 T_2(h)]—…,如此等等,如果观测井与激动井互相连通,则测得的压力变化曲线(即脉冲试井曲线)将呈现脉冲式的变化。图 13 - 10 是注水激动的脉冲试井曲线,它清楚地说明激动井和观测井之间连通性很好。由脉冲试井曲线还可以算出测试层的流动系数和储能系数等参数,参考文献[10]的第六章中对此作了详细介绍,有兴趣的读者请参阅该文献。

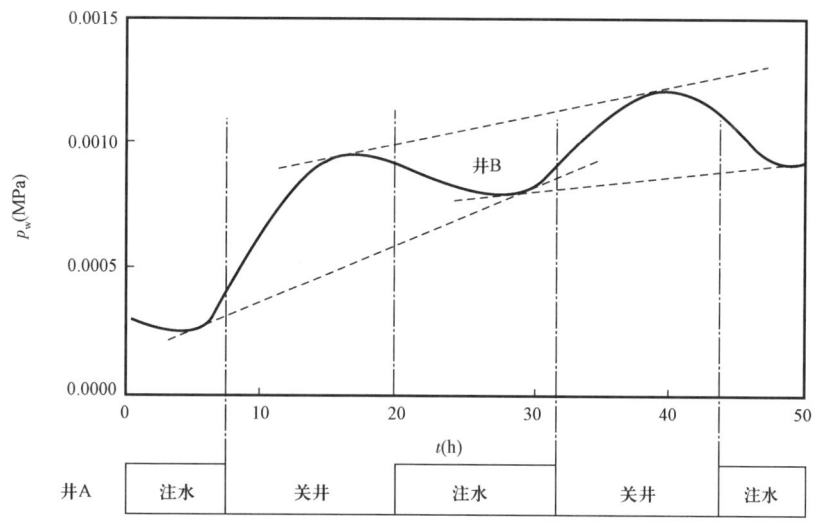

图 13 - 10 注水激动的脉冲试井曲线

二、示踪剂试井

示踪剂试井是向一口注水井(相当于激动井)注入某种油层中不存在的物质,即所谓示踪剂,并在其周围的多口生产井(相当于观测井)密切注意跟踪,不断检测产出流体中示踪剂的含量或浓度(图 13 - 11)。示踪剂试井从原来只根据生产井(采油井)是否能产出示踪剂,判断它和注入井(激动井)之间(甚至不同层之间)是否连通,发展到现在可以由各口生产井检测到的示踪剂浓度变化,了解油层开发动态,包括注入水的推进方向、推进速度以及井间主流通道参数等,计算注入井注入流体的平面分布状况及其波及体积,认识注入流体的分布及其运动规律,研究油层在各个方向上的不均质性和开采现状,进而在综合研究基础上制订调整措施,以改善开发效果、提高最终采收率。这项测试已在我国冀东等油田开展,取得了很好的效果和经验,显示出美好的应用前景。

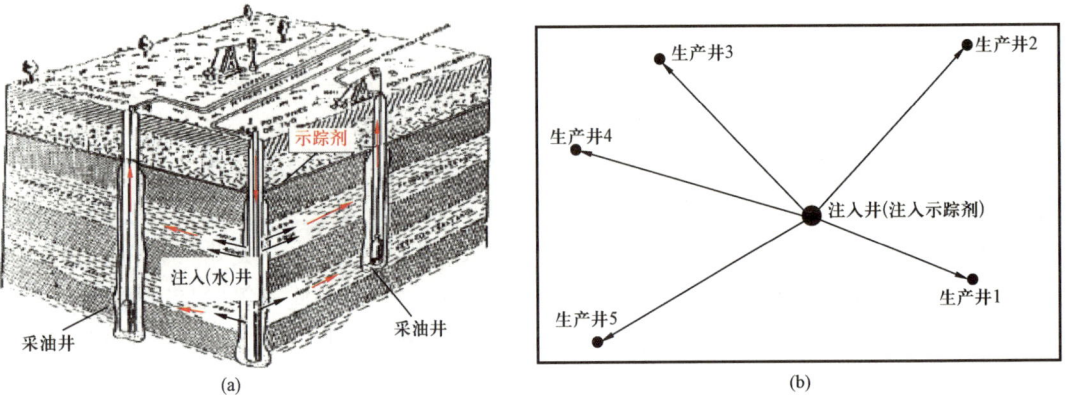

图13-11 示踪剂试井示意图

第十四章
数值试井简介

现在,各种试井解释软件都配置了许多解释模型,可供解释时选用。本书前面几章所介绍的均质油藏、双重孔隙介质油藏、双重渗透介质油藏、圆形或直线形复合油藏,斜井、水平井、部分射开井中的单相流都包括在内,但它们仅限于模拟一些简单的油藏形状(如外边界的形状都是规则的等)和流体特征(如流体是单相的等)。对于更复杂多变的油藏,如非均质性很严重的油藏、外边界形状不规则的油藏以及多相流动情形等,一般的模型因为做了太多的简化,就很难加以描述,很难得到令人满意的解释结果。

运用近年发展起来的数值试井方法,就可以解决这类复杂问题。

数值试井就是试井问题的数值求解,即直接用数值解的方法,即数值模拟的方法,去解决试井问题。可以说:数值试井并不是一般意义上的试井解释,而是名副其实的数值模拟。它并不是由实测试井资料去寻找合适的试井解释模型(即模型识别),而是根据地质研究成果和实测试井资料等去构造或产生更为符合实际的复杂模型(包括测试层的几何形状、大小、边界类型及离测试井的距离、测试层和流体特性参数的分布等),通过网格剖分,在油井到油藏及外部边界之间生成一系列大小不同的网格或单元,在离井越近处,网格越密,单元越小;对每个网格单元,可以赋以不同的厚度、孔隙度、含油饱和度、渗透率和流体的相态及黏度等参数数值;通过描述每个网格单元在不同时刻的瞬变压力响应,来实现对测试范围内每个单元的精细描述,模拟出无法用解析解表达的复杂油藏和流动状态,使得解释模型更加符合实际情况,使解释结果更加准确、更加可靠和更加令人满意。就外边界而言,数值试井能够根据试井曲线表现出的特征,建立各种类型及任意形状的多种外边界的组合,并通过不断调整、改善数值模型的结构、形状和相关参数来实现对外边界形态的精确描述。这对于勘探开发过程中的探边测试和综合评价具有重要意义。当然,它也可以用来检验用常规方法进行试井解释所得结果的可靠性。

数值试井所应用的描述渗流的基本数学模型,还是在第三章中所表述的,由达西定律、状态方程和连续性方程推导出来的基本微分方程(多相情形为多相渗流方程),加上符合实际情况的各种定解条件。所以,进行数值试井,第一步,要根据地质研究成果,建立或假设一个油藏模型,包括油藏结构(油藏的类型、外边界的类型和分布,即各边界的位置和距离等)、油藏参数(渗透率、孔隙度和厚度等)和流体参数(黏度和压缩系数等)及其分布等;还要定义测试井(如果必要,也包括周围的井)的位置及其产量。

第二步,数值试井必须进行离散化,为此要选用适合的网格。离散化方法有很多,KAPPA 公司的 Saphir 试井解释软件使用的是 Voronoi 网格,这是一种把局部细分网格与基

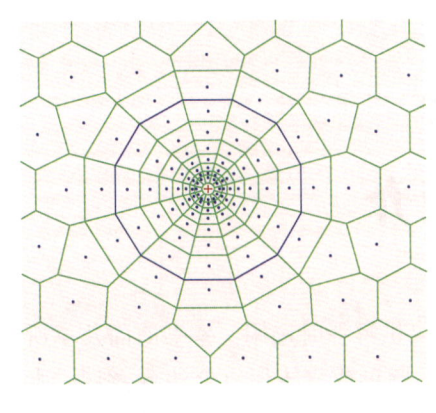

图 14-1 Voronoi 网格

本粗化网格连接在一起的一种常用方法,即在井筒附近使用加密的细分网格,而在离井较远处,使用较稀疏的基本网格(图 14-1)。

第三步,通过调整油藏结构(包括油藏的类型、外边界的类型和分布,即各边界的位置和距离等)、油藏参数(渗透率、孔隙度和厚度等)和流体参数(黏度和压缩系数等)及其分布,计算网格所有节点的压力变化,从而找出与实测压力变化相一致的油藏模型和参数分布,调整得到的最佳结果就是我们所寻求的解。

数值试井有着广泛的应用,例如:

(1)确定测试层参数的分布。

解析解模型仅限于模拟一些均质的或多重均质的简单油藏,如双重孔隙介质油藏、双重渗透介质油藏、圆形或直线形复合油藏等。在测试层非均质性很严重的情形,由于不满足解析解模型的假设条件,得到的解析解自然不能很好描述其压力性态。数值试井则可通过构造和调整测试层的参数场,确定测试层参数的分布情况。

(2)模拟不规则外边界。

解析解模型仅限于模拟一些简单的油藏形状,也就是说,其外边界是规则的,包括一条直线形不渗透边界、两条相交不渗透边界、两条平行不渗透边界(即条带状油藏)、不密封断层、一条直线形或圆形恒压边界,以及圆形或长方形封闭油藏等。对于外边界呈不规则形状的情形,就无能为力了。运用数值试井,在进行常规解释,对外边界的压力响应进行初步、定性的分析后,就可以构造出与之大致相匹配的边界形态,然后通过逐步调整和改善构造边界的相关参数达到与实测曲线的最佳拟合,并最终实现对测试油藏外部边界形态的准确描述。

(3)气井试井解释。

解析解模型用拟压力来处理(详见第十二章),这种方法在一定程度上可以满足工作需要,但局限性也日益突出。数值试井使用确切的气体扩散方程(非线性方程),并用 Forschemer 方程处理湍流(非达西流)。

(4)模拟多相流。

处理多相流问题,常用 Perrine 方法进行近似解释(详见第十一章)。这种方法假定饱和度不变。数值试井应用相对渗透率数据结合 PVT 数据进行多相流动的确切模拟。它也可以确切模拟注气井和注水井。

(5)注水测试解释。

注水井的压降可以用一个径向复合模型进行合理的解释(详见第十一章);但是,对于注入测试却不行,因为水油界面随着注水而在移动,所以处理的问题随着时间变化而变化。不同的相对渗透率和注入量,随着时间也会有不同的反应。只要有精确的相对渗透率数据,数值试井就可以对注入测试作出合理的解释。

下面是数值试井的几个例子。

【例 14 -1】 图 14 -2 是国外某砂岩油藏 X -1 井的双对数曲线,其导数曲线出现了两条水平直线段,其间有一个很大的台阶,第二条水平直线段的导数数值约为第一条水平直线段的 3.8 倍,显示出两条相交不渗透边界的压力响应,它们之间的夹角 θ 似应稍小于 90°。于是构造一个形态大致如图 14 -3 所示的模型,经反复调整边界的位置和夹角,最后得到图 14 -3,用它所示的模型所做的解释结果,两条不渗透边界的夹角约为 80°。双对数曲线拟合如图 14 -4 所示,压力史拟合检验如图 14 -5 所示,可见获得了很好的拟合效果。

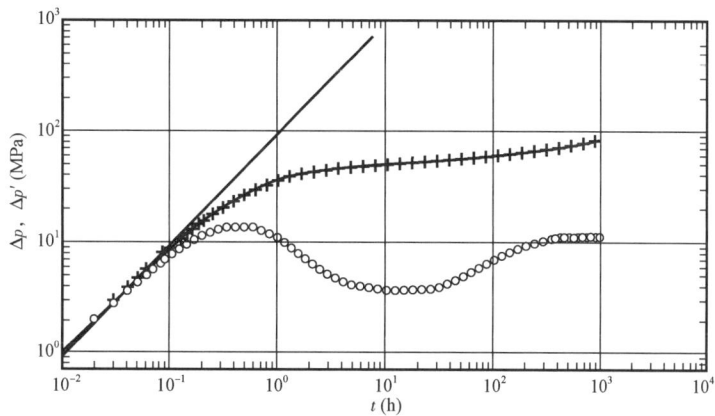

图 14 -2 国外某砂岩油藏 X -1 井的双对数曲线

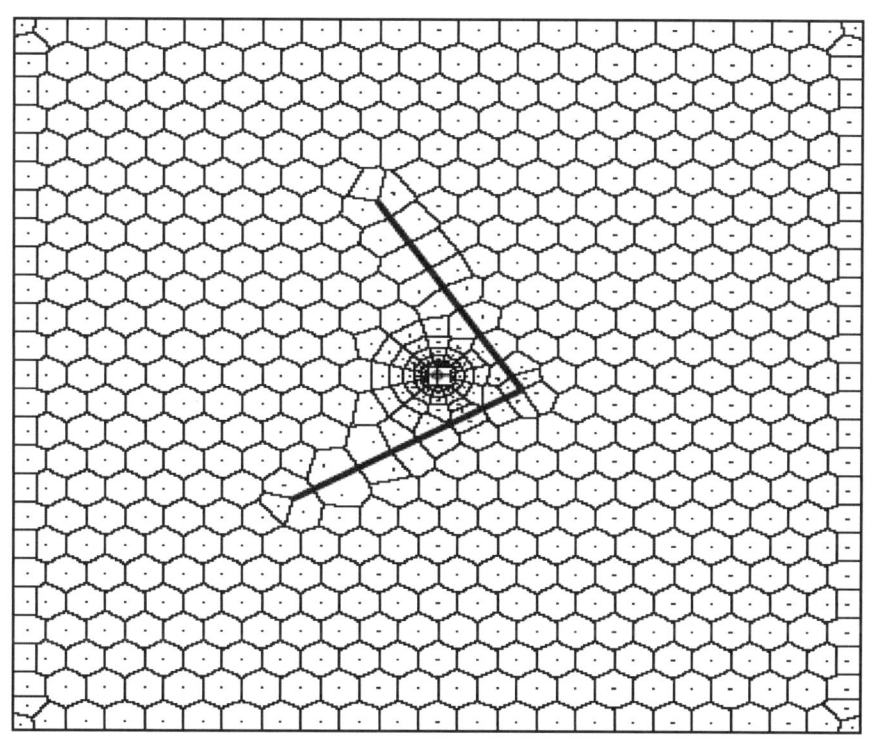

图 14 -3 根据压力响应特征建立的外边界形态及网格划分(国外某砂岩油藏 X -1 井)

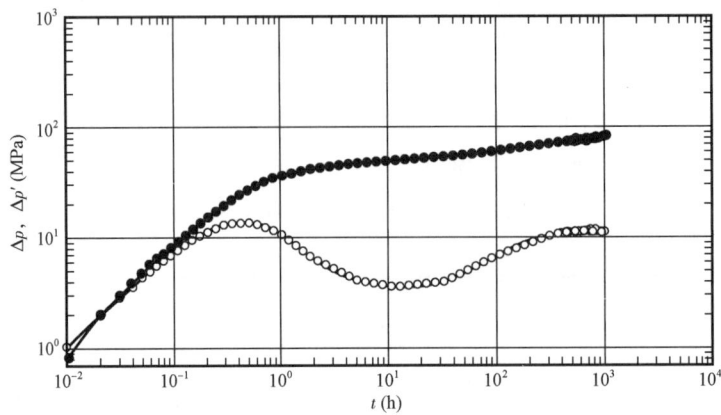

图 14-4　国外某砂岩油藏 X-1 井数值试井的双对数曲线拟合

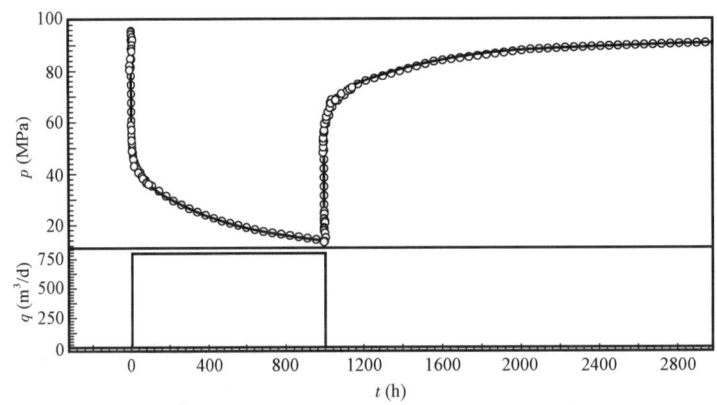

图 14-5　国外某砂岩油藏 X-1 井数值试井的压力史拟合检验

现在数值试井技术已由单纯的理论研究发展到了商业应用的阶段,许多试井解释软件,如 KAPPA 公司的 Saphir、EPS 公司的 PanSystem 和 Schlumberger 公司的 Welltest200 等,均已包含数值试井模块,并配有详细的操作说明。

我国试井技术人员在数值试井的理论和应用方面也已经做了很多工作,取得了很多成果,解决了不少疑难问题。下面是两个实例。

【例 14-2】　图 14-6 是国外某油田 X-2 井试油的压力恢复双对数曲线。一开始,由于无法了解该测试层构造特征,对该层的测试数据进行的解释始终得不到令人满意的拟合结果。仔细分析双对数曲线,它表现出明显的多条不渗透边界的压力响应特征(图 14-6),导数曲线出现了较明显的两个"台阶",且"台阶"高度(导数值)c_2、c_3 和 c_1 的比值分别为:

$$2 < \frac{c_2}{c_1} < 4 \qquad (14-1)$$

$$4 < \frac{c_3}{c_1} < 6 \qquad (14-2)$$

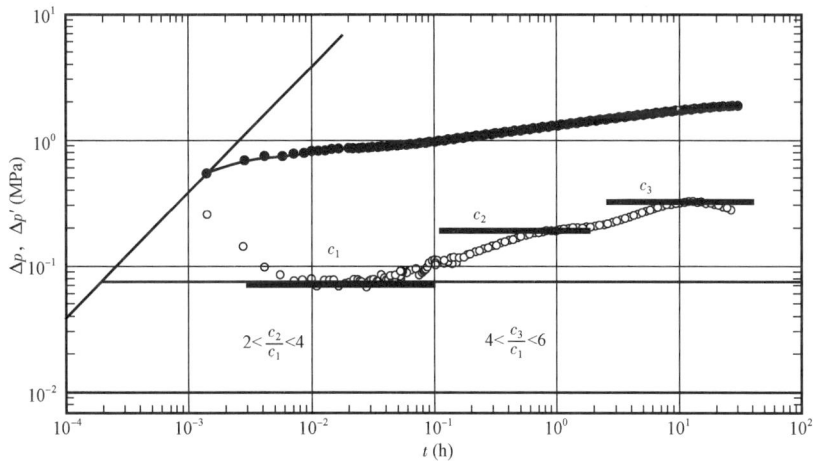

图 14-6　国外某油田 X-2 井试油的压力恢复双对数曲线

根据测试解释理论,在均质油藏中,两条相交不渗透边界(图 14-7)的压力导数曲线会出现两条不同高度的水平直线段(图 14-8),两个"台阶"高度的比值为 n;其对应的半对数曲线上会出现两条直线段(图 14-9),它们的斜率之比值也是 n,而 n 与该夹角角度 θ 有如下关系:

$$n = \frac{c_2}{c_1} = \frac{m_2}{m_1} = \frac{360}{\theta} \tag{14-3}$$

故由式(14-3)可估算出不渗透边界的夹角为:

$$\theta = \frac{360}{n} \tag{14-4}$$

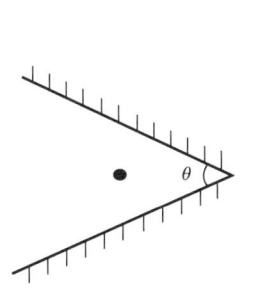

图 14-7　测试井附近有相交不渗透
边界的模型(国外某油田 X-2 井)

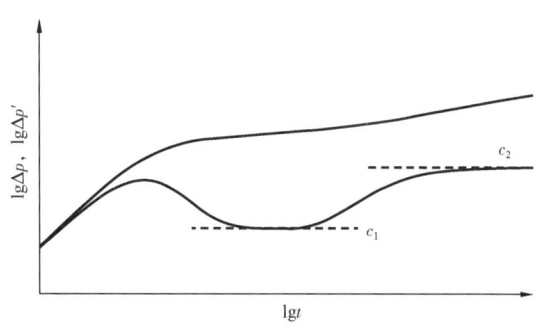

图 14-8　测试井附近有相交不渗透
边界情形的双对数曲线

因此,由"台阶"高度的比值关系式(14-1)和式(14-2)可大致判断:测试井附近可能有两条夹角分别为 60°~90° 和 90°~180° 的相交不渗透边界,而且夹角为 90°~180° 的不渗透边界离井较远。根据这样的认识,利用数值试井方法构造出了如图 14-10 所示的不渗透外边界,从双对数曲线拟合结果(图 14-11)和压力史拟合检验(图 14-12)可以看出,拟合效果很好。值得注意的是:当解释完成之后,甲方发现数值试井解释模型的不渗透边界分布与构造图基本吻合(图14-13),只是夹角 θ_2 的大小稍有出入,对解释结果非常满意。这也许是一种提示:此处还存在某些复杂的地质信息,值得进一步研究。

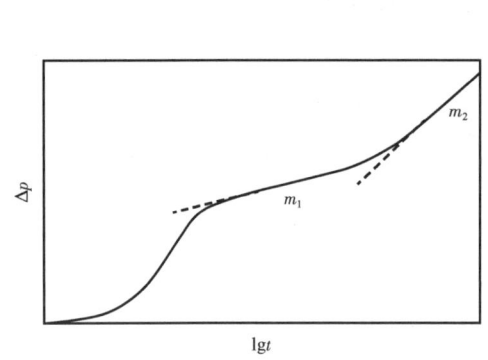

图14-9 测试井附近有相交不渗透
边界情形的半对数曲线

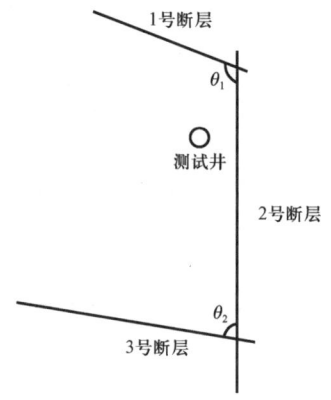

图14-10 X-2井数值试井边界模型

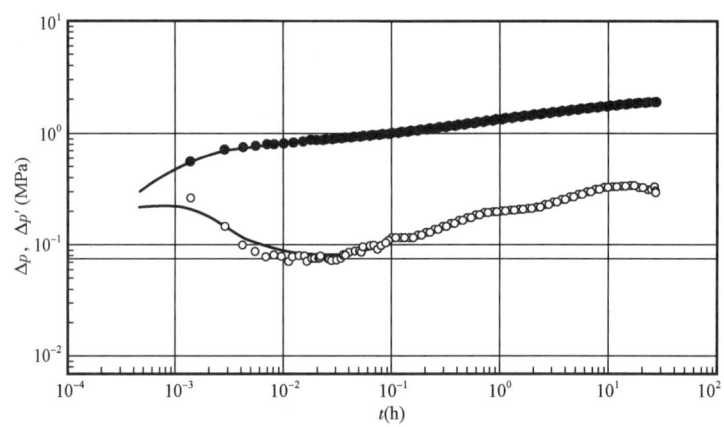

图14-11 X-2井数值试井双对数曲线拟合结果

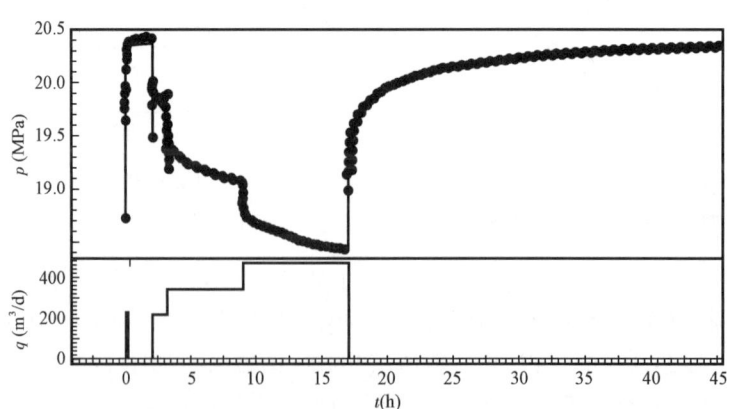

图14-12 X-2井数值试井压力史拟合检验

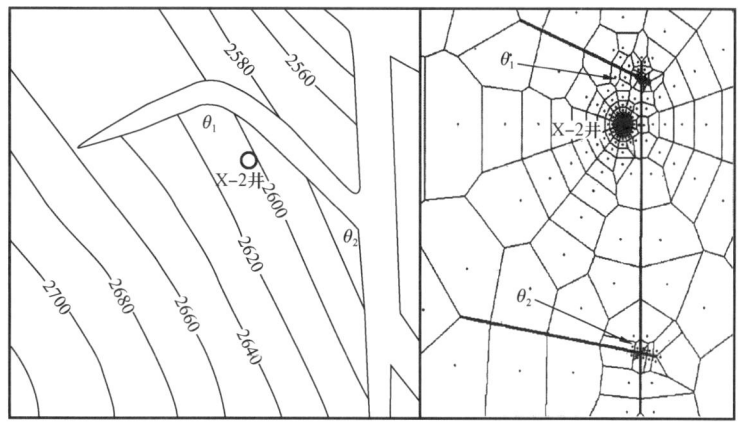

图 14-13　X-2 井数值试井模型的不渗透边界分布与构造图的比较

【**例 14-3**】　图 14-14 是某国 X-3 井试油的压力恢复双对数曲线。用封闭矩形边界模型对该层的测试数据进行解释,但得不到很好的拟合结果(图 14-15)。从其双对数曲线

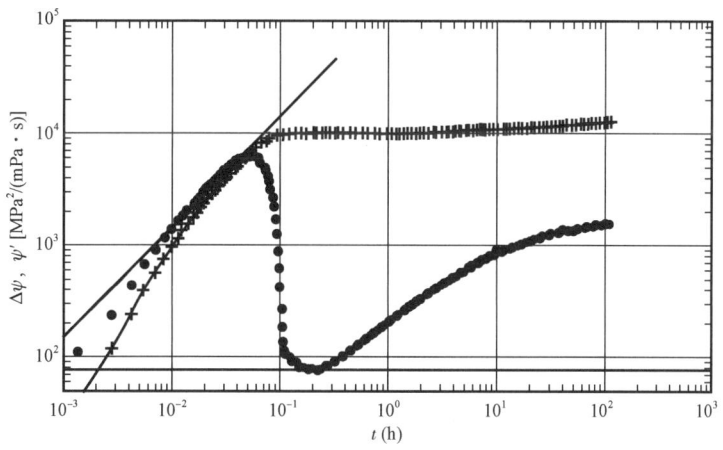

图 14-14　X-3 井试井的压力恢复双对数曲线

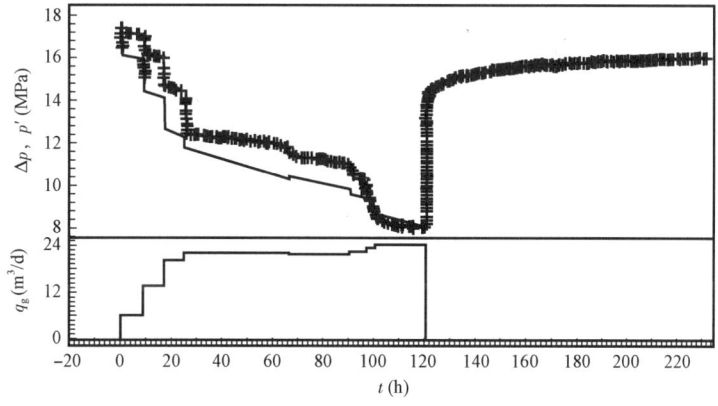

图 14-15　X-3 井压力史拟合检验结果(封闭矩形边界模型)

(图14-14)看,该井所在油藏并不完全封闭,于是构造一个长条状开口的模型,经反复调整井位和边界形状,最后得到如图14-16所示的数值试井模型,得到相当好的双对数曲线拟合(图14-17)和压力史检验(图14-18)。数值试井解释模型的不渗透边界分布,与构造图相当吻合(图14-19)。

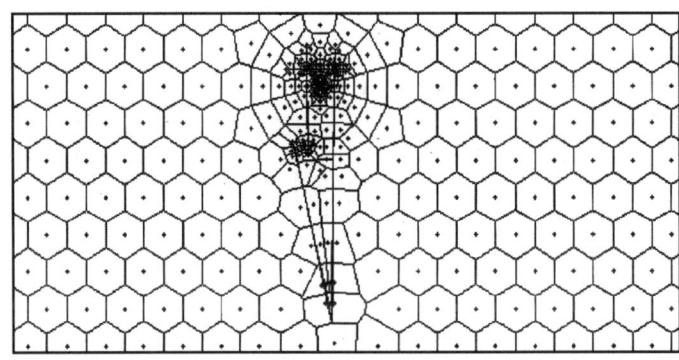

图14-16 X-3井数值试井模型

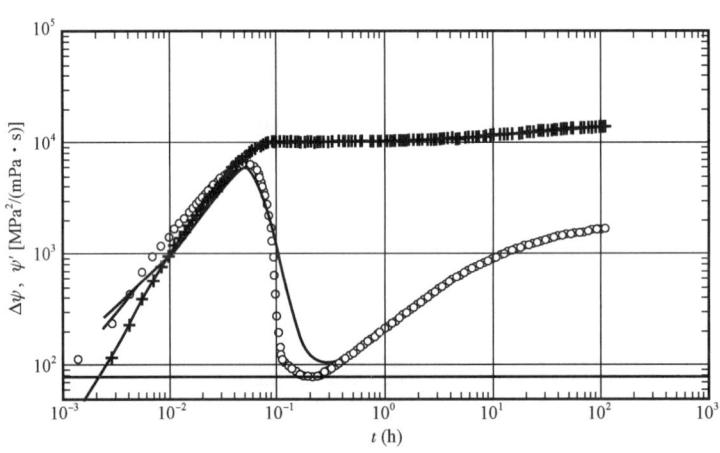

图14-17 X-3井双对数曲线拟合结果(数值试井模型)

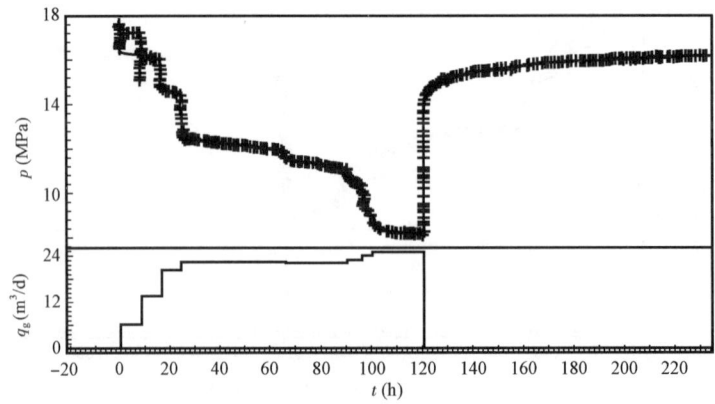

图14-18 X-3井数值试井压力史拟合检验(数值试井模型)

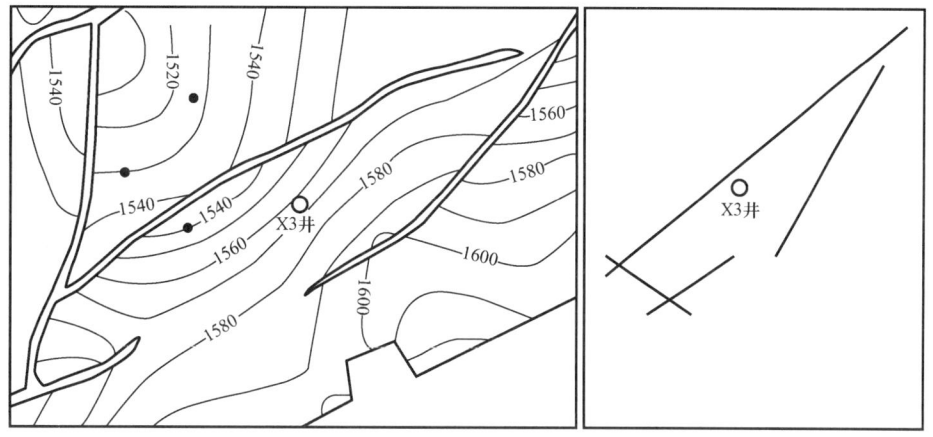

图 14-19 X-3 井数值试井模型的不渗透边界分布与构造图的比较

【**例 14-4**】 我国白 6-2 井 2005 年 3 月测试中出现了压力衰竭现象,恢复测试的双对数曲线(图 14-20)显示出封闭气藏的特征,用矩形封闭气藏模型解释,得到了很好的压力史拟合检验。为了进一步检验解释结果,又做了长时间的压力史拟合,结果(图 14-21)发现在测试之后的一个多月时间里,拟合计算的压力变化和实际相符,但在此之后,拟合计算的压力下降速度过快。这说明白 6-2 井所在气藏并不是完全封闭的,有部分能量补给。邻井白 6-8 井钻遇同一层,确实是气水同层,又为上述设想提供了佐证。于是用数值试井方法,构造一边为气水边界、其他为不渗透边界的模型,终于得到了很好的拟合(图 14-22),解释结果如下:

$$K = 98 \text{mD}$$
$$S = 2.1$$
$$p_i = 30.86 \text{MPa}$$
$$A = 0.56 \text{km}^2$$

含气面积 A 与后来地质研究圈定的面积(0.6km^2)相符。

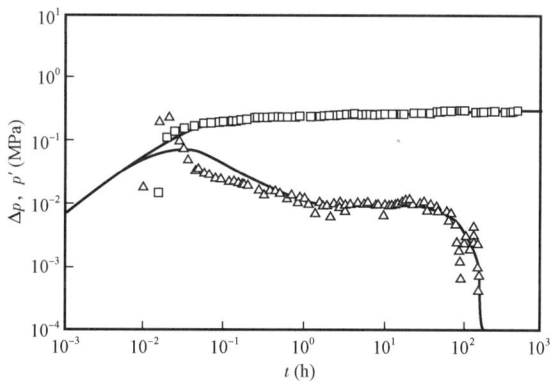

图 14-20 白 6-2 井试井的压力恢复双对数曲线

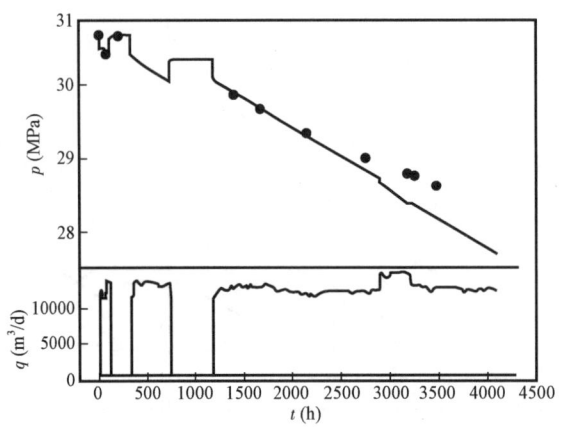

图 14-21　白 6-2 井压力史拟合（常规解释结果）

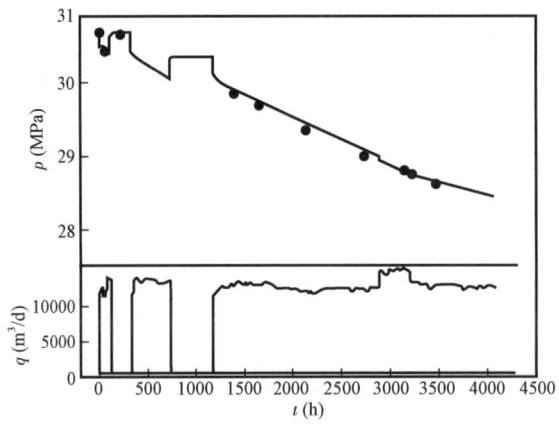

图 14-22　白 6-2 井压力史拟合检验（数值试井结果）

在这里我们看到，通过数值试井，把试井解释结果和试采的动态资料结合起来，进行综合分析，可以进一步检验试井解释结果，使得它更加符合实际，为油田开发提供更加有价值的资料。

第十五章
反褶积及其应用

褶积(Convolution,又名卷积)和反褶积(Deconvolution,又名反卷积),是一种积分变换的数学方法,在许多领域都得到了广泛的应用。用褶积解决试井解释中的问题,早就取得了很好的成果。例如,人们一直应用最简单的褶积方法处理变产量情形的压力变化问题,以及进行压力恢复早期段(续流段)的资料校正处理,以消除井筒储集效应的影响。而反褶积在试井解释中的应用是40多年来许多试井解释专家们所思考和研究的课题,但由于计算方法上的稳定性问题一直没有得到解决,致使人们总认为:尽管反褶积是个很好的方法,但在试井解释中却无法应用。直到21世纪初,Schroeter、Hollaender和Gringarten等解决了计算方法上的稳定性问题,这一课题终于取得了重大突破。于是,反褶积方法很快引起了全世界试井界的广泛注意。2006年底,试井解释软件Saphir的新版本4.02首家正式推出了反褶积方法,这一工具的应用成为试井解释的热门话题。有专家认为,反褶积的应用是试井解释方法发展史上的又一次重大飞跃,其意义甚至可以与压力导数曲线分析的应用相比拟。他们预言,随着测试新工具(特别是永置式井下压力计和井下流量计等)和新技术(如压力导数曲线分析方法和反褶积方法等)的研制成功和应用,以及与其他专业(如地质学、地球物理学、岩石学等)研究成果的更紧密结合,试井在油气藏描述和油气勘探开发中的作用和重要性必将继续不断增大。

第一节 应用反褶积方法的意义

在建造试井解释模型和研制试井解释图版时,总是假定测试井的产量自始至终是稳定的,恒等于一个常数。然而,事实上,井的产量却绝非如此,它总在随时间变化。在变化幅度较小时,可以近似地把它当作常数处理,得到足够精确的解释结果;但有时产量变化幅度很大,而井底流动压力对于产量的变化又非常敏感,结果就使流动压力资料因而变得杂乱而难以解释,以致于人们常常只好代之以仅仅解释压力恢复资料,并用叠加原理来处理变产量(多产量)的问题(详见第三章第三节),可是即便如此,也还是无法彻底摆脱变产量所造成的影响。

问题还远不止此。假定一口井以不同的产量生产了3100h(其中包括一次100h的关井);最后关井也是历时100h(图15-1)。最后关井压力恢复的双对数曲线如图15-2所示。在进行压力恢复分析时,尽管使用叠加方法,把关井前所有3100h变产量的影响都叠加上去,但在其压力恢复曲线上所能够反映的,还只是"关井100h所达到的探测范围内"或稍大些的测试层的导压特性,而常规试井解释能得到的只是这种特性,而且有时其中某些特性还有可能是被通过微分放大了的"测试噪声"或计算方法(如产量史的简化计算方法)造成的误差,以及由此造成的压力导数曲线发生的变形所掩盖,这正是常规试井解释局限性之所在。然而,事实上,由于测试井生产所造成的压力变化已经历时3200h(3100h+100h),在油层中压力恢复曲线所能够反映的"100h所达到的探测半径"之外很远、很远的地方,测试层压力也已经明显受到了其影响,有了明显的变化,并且这影响和变化应当已经"反映"到了测试井。所以,在采集到的测试资料中,一定包含了更多的有关信息,虽然在恢复资料中显示不明显或者没有显示出来,甚至被完全掩盖掉了,但在其他部分的压力资料之中应会有所反映。

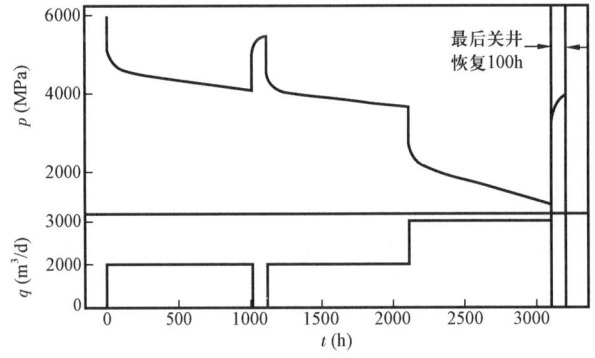

图 15-1 某井产量史和井底压力史

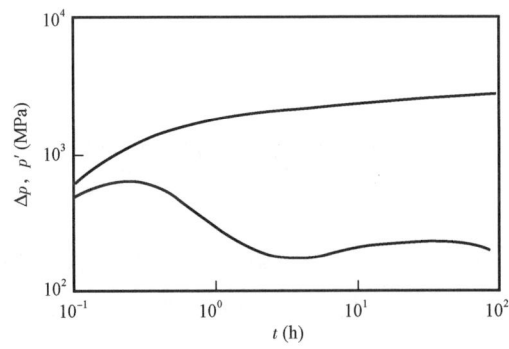

图 15-2 某井最后关井压力恢复双对数曲线

由实测资料(包括实测不稳定产量史,以及在产量不稳定条件下的实测井底压力史),通过最优化,消减井筒储存效应,恢复早期径向流特征,提取出与产量历史无关的单位压力响应,构造出理想的、等效的、对应于相同时间段内以恒定产量生产条件下的压力变化(即压力降落),由此得到测试全部历程的压力响应,其探测范围比任何一段压力恢复都要大得多,如在本例中包括前面3100h的流动和后来100h的恢复所反映的信息,这些信息比100h的恢复所反映的信息要多得多,其探测半径比100h恢复的探测半径大得多,而且不存在简化产量、叠加计算等所带来的影响,也不存在产量史的不完整而造成的误差;寻找到这些信息,便可获得比常规试井解释更多、更可靠的测试解释结果:这就是反褶积的理念和意义。

第二节 褶积和反褶积

一、褶积

如果有两个函数 $f(t)$ 和 $g(t)$,它们都满足

$$f(t) = g(t) = 0 \quad (t < 0)$$

则积分

$$\int_0^t f(\tau)g(t-\tau)\mathrm{d}\tau \tag{15-1}$$

称为 $f(t)$ 和 $g(t)$ 的褶积,记作 $f(t)*g(t)$ 或 $f(t)\otimes g(t)$。褶积在线性系统的分析中起着重要的作用,褶积问题的数学本质是正问题,解是唯一的。

在研究压力降落和压力恢复时,我们曾运用叠加原理研究和处理变产量的情形。实质上,那就是简化的褶积。

我们知道,如果测试井以稳定产量 q 生产,它引起井底压力 $p_{wf}(t)$ 的变化是[式(3-30)]:

$$p_{wf}(t) = p_i - \frac{0.9210q\mu B}{Kh}\left[-\mathrm{Ei}\left(-\frac{\phi\mu C_t r_w^2}{0.0144Kt}\right)\right] \tag{15-2}$$

式中 $p_{wf}(t)$——测试井底在开井生产 t(h)时刻的井底压力(MPa);

p_i——原始地层压力,MPa;

q——测试井的产量,m³/d;

μ——原油黏度,mPa·s;

B——原油体积系数,m³(地下)/m³(地面);

K——油层的渗透率,mD;

h——油层厚度,m;

ϕ——油层孔隙度;

C_t——综合弹性压缩系数,MPa^{-1};

r_w——测试井的半径,m;

t——测试井开井生产时间,h;

$\mathrm{Ei}(-x)$——指数积分函数。

如果产量一直在变化,且变化幅度相当大,则应通过叠加的方法进行处理:把变化的产量划分成若干个"台阶",即把生产过程分成若干个时间段,在每一个时间段中,产量变化不

大,近似地看作是个常数(图 15 – 3;详见第三章第三节)。设把生产过程分作 n 个时间段 $(\tau_i, \tau_{i+1})(i = 0, 1, 2, \cdots, n-1; \tau_0 = 0, \tau_n = t)$,也就是把产量简化成阶梯函数:在第 i 个时间段 (τ_i, τ_{i+1}) 的产量为 $q_i = q(\tau_{i, i+1})$:

$$q_i(\tau) = q(\tau_{i, i+1}) \quad (\tau_i \leq \tau < \tau_{i+1}, i = 0, 1, \cdots, n-2, n-1)$$

在第一个时间段$(0 = \tau_0 < t \leq \tau_1)$,产量为 $q_1(t) = q(\tau_{0,1})$,井底压力 $p_{wf}(t)$ 为:

$$p_{wf}(t) = p_i - \frac{0.9210 q(\tau_{0,1}) \mu B}{Kh} \left[-\text{Ei}\left(-\frac{\phi \mu C_t r_w^2}{0.0144 Kt} \right) \right]$$

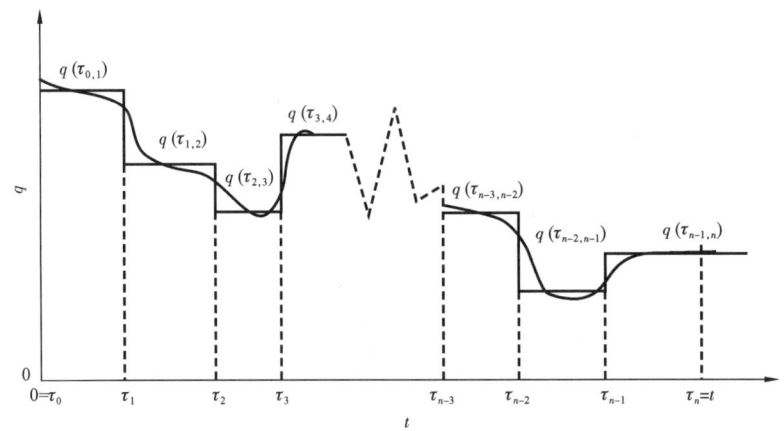

图 15 – 3 产量变化处理示意图

在第二个时间段$(\tau_1 < t \leq \tau_2)$,有:

$$p_{wf}(t) = p_i - \frac{0.9210 q(\tau_{0,1}) \mu B}{Kh} \left[-\text{Ei}\left(-\frac{\phi \mu C_t r_w^2}{0.0144 Kt} \right) \right] -$$

$$\frac{0.9210 [q(\tau_{1,2}) - q(\tau_{0,1})] \mu B}{Kh} \left\{ -\text{Ei}\left[-\frac{\phi \mu C_t r_w^2}{0.0144 K(t - \tau_1)} \right] \right\}$$

同理,在第三个时间段$(\tau_2 < t \leq \tau_3)$,有:

$$p_{wf}(t) = p_i - \frac{0.9210 q(\tau_{0,1}) \mu B}{Kh} \left[-\text{Ei}\left(-\frac{\phi \mu C_t r_w^2}{0.0144 Kt} \right) \right] -$$

$$\frac{0.9210 [q(\tau_{1,2}) - q(\tau_{0,1})] \mu B}{Kh} \left\{ -\text{Ei}\left[-\frac{\phi \mu C_t r_w^2}{0.0144 K(t - \tau_1)} \right] \right\} -$$

$$\frac{0.9210 [q(\tau_{2,3}) - q(\tau_{1,2})] \mu B}{Kh} \left\{ -\text{Ei}\left[-\frac{\phi \mu C_t r_w^2}{0.0144 K(t - \tau_2)} \right] \right\}$$

依此类推,在第 n 个时间段$(t > \tau_{n-1})$,有:

$$p_{wf}(t) = p_i - \frac{0.9210 q(\tau_{0,1})\mu B}{Kh}\left[-\text{Ei}\left(-\frac{\phi\mu C_t r_w^2}{0.0144 Kt}\right)\right] -$$

$$\frac{0.9210[q(\tau_{1,2}) - q(\tau_{0,1})]\mu B}{Kh}\left\{-\text{Ei}\left[-\frac{\phi\mu C_t r_w^2}{0.0144 K(t-\tau_1)}\right]\right\} -$$

$$\frac{0.9210[q(\tau_{2,3}) - q(\tau_{1,2})]\mu B}{Kh}\left\{-\text{Ei}\left[-\frac{\phi\mu C_t r_w^2}{0.0144 K(t-\tau_2)}\right]\right\} - \cdots -$$

$$\frac{0.9210[q(\tau_{n-1,n}) - q(\tau_{n-2,n-1})]\mu B}{Kh}\left\{-\text{Ei}\left[-\frac{\phi\mu C_t r_w^2}{0.0144 K(t-\tau_{n-1})}\right]\right\}$$

$$= p_i + \frac{0.9210\mu B}{Kh}\sum_{j=0}^{n-1}[q(\tau_{j,j+1}) - q(\tau_{j-1,j})]\text{Ei}\left[-\frac{\phi\mu C_t r_w^2}{0.0144 K(t-\tau_j)}\right]$$

$$= p_i + \frac{0.9210\mu B}{Kh}\sum_{j=0}^{n-2}q(\tau_{j,j+1})\left\{-\text{Ei}\left[-\frac{\phi\mu C_t r_w^2}{0.0144 K(t-\tau_j)}\right] - \text{Ei}\left[-\frac{\phi\mu C_t r^2}{0.0144 K(t-\tau_{j+1})}\right]\right\} +$$

$$\frac{0.9210\mu B}{Kh}q(\tau_{n-1,n})\text{Ei}\left[-\frac{\phi\mu C_t r_w^2}{0.0144 K(t-\tau_{n-1})}\right] \tag{15-3}$$

其中 $\tau_0 = 0, \quad q(\tau_{-1,0}) = 0$

这就是变产量情形的压力公式。现在进一步把式(15-3)写成为：

$$p_{wf}(t) = p_i + \frac{0.9210\mu B}{Kh}\sum_{j=0}^{n-2}q(\tau_{j,j+1})\left\{-\frac{d}{d\tau}\text{Ei}\left[-\frac{\phi\mu C_t r_w^2}{0.0144 K(t-\tau)}\right]\right\}\Delta\tau +$$

$$\frac{0.9210 q(\tau_{n-1,n})\mu B}{Kh}\text{Ei}\left[-\frac{\phi\mu C_t r_w^2}{0.0144 K(t-\tau_{n-1})}\right] \tag{15-4}$$

其中 $\Delta\tau = \tau_{j+1} - \tau_j$。令 $\max\Delta\tau \to 0, n \to \infty, \tau_{n-1} \to t$，便得：

$$p_{wf}(t) = p_i + \frac{0.9210\mu B}{Kh}\int_0^t q(\tau)\frac{d}{d\tau}\left\{-\text{Ei}\left[-\frac{\phi\mu C_t r_w^2}{0.0144 K(t-\tau)}\right]\right\}d\tau \quad (t > \tau_{n-1}) \tag{15-5}$$

即：

$$p_{wf}(t) = p_i - \frac{0.9210\mu B}{Kh}\int_0^t q(\tau)\left[\frac{1}{t-\tau}e^{-\frac{\phi\mu C_t r_w^2}{0.0144 K(t-\tau)}}\right]d\tau \quad (t > \tau_{n-1}) \tag{15-6}$$

或

$$\Delta p(t) = p_i - p(t) = \frac{0.9210\mu B}{Kh}\int_0^t q(\tau)\left[\frac{1}{t-\tau}e^{-\frac{\phi\mu C_t r_w^2}{0.0144 K(t-\tau)}}\right]d\tau \quad (t > \tau_{n-1}) \tag{15-7}$$

这就是著名的杜哈美(Duhamel)原理。杜哈美原理乃是试井解释的基础。

式(15-6)和式(15-7)中的积分就是一个褶积，构成这个褶积的两个函数 $f(t)$ 和 $g(t)$

分别为:

$$f(t) = \begin{cases} q(t) & (t > 0) \\ 0 & (t \leq 0) \end{cases} \quad (15-8)$$

和

$$g(t) = \begin{cases} \dfrac{1}{t} e^{-\frac{\phi\mu C_t r_w^2}{0.0144Kt}} & (t > 0) \\ 0 & (t \leq 0) \end{cases} \quad (15-9)$$

它们显然都满足构成褶积的函数的条件。所以,事实上,我们应用叠加原理处理变产量问题得到式(15-3)时,就运用了褶积,只不过我们把产量近似看成时间的阶梯函数,因此用有限项的和代替了积分(褶积),也就是说,使用了褶积的简化形式。至于产量恒定的情形,则可以看作是褶积的最简单情形,因为此时 $q(t) = q = $ 常数,式(15-3)中的和式只剩下 1 项

$$\sum_{j=0}^{n-1}\left[q(\tau_j) - q(\tau_{j-1})\right]\mathrm{Ei}\left[-\frac{\phi\mu C_t r_w^2}{0.0144K(t-\tau_j)}\right] = q\mathrm{Ei}\left(-\frac{\phi\mu C_t r_w^2}{0.0144Kt}\right)$$

因此:

$$p_{wf}(t) = p_i + \frac{0.9210\mu B}{Kh}\sum_{j=0}^{n-1}\left[q(\tau_j)-q(\tau_{j-1})\right]\mathrm{Ei}\left\{\left[-\frac{\phi\mu C_t r_w^2}{0.0144K(t-\tau_j)}\right]\right\}$$

$$= p_i + \frac{0.9210q\mu B}{Kh}\mathrm{Ei}\left(-\frac{\phi\mu C_t r_w^2}{0.0144Kt}\right)$$

这就是恒定产量条件下的压降公式[式(15-2)]。

现在再来看看函数 $g(t)$ 表示的是什么。式(15-2)可以改写为:

$$\frac{Kh}{0.9210q\mu B}\left[p_i - p_{wf}(t)\right] = -\mathrm{Ei}\left(-\frac{\phi\mu C_t r_w^2}{0.0144Kt}\right) \quad (15-10)$$

而

$$\frac{\mathrm{d}}{\mathrm{d}t}\left[-\mathrm{Ei}\left(-\frac{\phi\mu C_t r_w^2}{0.0144Kt}\right)\right] = \frac{\mathrm{d}}{\mathrm{d}t}\left(\frac{Kh}{0.9210q\mu B}\Delta p\right) = \frac{1}{t}e^{-\frac{\phi\mu C_t r_w^2}{0.0144Kt}} = g(t)$$

其中 $\Delta p = p_i - p_{wf}(t)$。

如果令:

$$\Delta p_u = \frac{Kh}{0.9210q\mu B}\Delta p$$

它表示的是以恒定的 1 个单位产量生产所造成的压力变化,称作单位产量情形下的重整压力响应(Pressure Response for a Unit Rate)或产量重整压力(Rate-normalized Pressure

Response),则：

$$\frac{\mathrm{d}\Delta p_\mathrm{u}}{\mathrm{d}t} = \Delta p_\mathrm{u}' = \frac{\mathrm{d}}{\mathrm{d}t}\left(\frac{Kh}{0.9210q\mu B}\Delta p\right) = g(t) \tag{15-11}$$

即：$g(t)$ 就是单位产量情形下的重整压力响应对时间的导数。

使用 $\Delta p_\mathrm{u}'$，式(15-6)和式(15-7)中的积分可以改写成函数 $q(t)$ 和 $\Delta p_\mathrm{u}'(t)$ 的褶积：

$$p(t) = p_\mathrm{i} - \int_0^t q(\tau)\frac{\partial \Delta p_\mathrm{u}(t-\tau)}{\partial(t-\tau)}\mathrm{d}\tau = p_\mathrm{i} - \int_0^t q(\tau)\Delta p_\mathrm{u}'(t-\tau)\mathrm{d}\tau \tag{15-12}$$

$$\Delta p(t) = p_\mathrm{i} - p(t) = \int_0^t q(\tau)\frac{\partial \Delta p_\mathrm{u}(t-\tau)}{\partial(t-\tau)}\mathrm{d}\tau = \int_0^t q(\tau)\Delta p_\mathrm{u}'(t-\tau)\mathrm{d}\tau \tag{15-13}$$

二、反褶积

由一个褶积和构成此褶积的一个函数，寻求构成此褶积的另一个函数，这是褶积的逆运算，就称为反褶积。就是说，如果已知 $f(t)*g(t)$ 和 $f(t)$，由它们反求 $g(t)$，就叫作反褶积。当然，由 $f(t)*g(t)$ 和 $g(t)$ 反求 $f(t)$ 同样也是反褶积。此类问题的数学本质是反问题，存在多解性。

我们从测试录取得到的资料是产量变化史 $q(t)$ 和压力变化史 $\Delta p(t)$，这就是试井解释的原始资料，而其任务就是从这些资料识别测试层和测试井的类型，并算出它们的各种参数。自从压力导数图版拟合分析方法问世以来，人们都是用压力导数曲线 $\left(\lg\frac{\mathrm{d}\Delta p(t)}{\mathrm{d}\ln t} = \lg\left[t\frac{\mathrm{d}\Delta p(t)}{\mathrm{d}t}\right] - \lg t \text{ 曲线}\right)$ 分析来识别油藏类型和计算参数，所以，实际上，解释过程中要用到的是 $\frac{\mathrm{d}\Delta p_\mathrm{u}}{\mathrm{d}\ln t} = t\Delta p_\mathrm{u}'$，由实测的压力变化和产量资料计算 $\frac{\mathrm{d}\Delta p_\mathrm{u}}{\mathrm{d}\ln t} = t\Delta p_\mathrm{u}'$，是解释过程中至关重要的一个步骤。因而我们千方百计想要得到的也就是它。

从式(15-13)可以看到：测试录取的两项资料，即压力变化史 $\Delta p(t)$ 和产量变化史 $q(t)$，其中压力变化史 $\Delta p(t)$ 是褶积，产量变化史 $q(t)$ 则是构成此褶积的一个函数。我们想通过解释得到构成此褶积的另一个函数 $\frac{\mathrm{d}\Delta p_\mathrm{u}}{\mathrm{d}t} = \Delta p'$（事实上想进一步得到 $\frac{\mathrm{d}\Delta p_\mathrm{u}}{\mathrm{d}\ln t} = t\Delta p_\mathrm{u}'$）。这就是说，解释过程中这一至关重要的步骤，即由实测的压力变化和产量资料计算 $\frac{\mathrm{d}\Delta p_\mathrm{u}}{\mathrm{d}\ln t} = t\Delta p_\mathrm{u}'$，就是反褶积。

第三节 Schroeter、Hollaender 和 Gringarten 的反褶积方法

Schroeter、Hollaender 和 Gringarten 的反褶积方法也简称为 Schroeter 方法。这里只能简单介绍此方法的梗概，至于计算方法的详细内容，涉及比较高深的数学知识，有兴趣的读者

可参阅文献[22]。

如前所述:通常是用试井解释诊断曲线——压力导数曲线$\left(\lg\dfrac{\mathrm{d}\Delta p(t)}{\mathrm{d}\ln t}=\lg\left[t\dfrac{\mathrm{d}\Delta p(t)}{\mathrm{d}t}\right]-\lg t\; 曲线\right)$来识别油藏类型,因而我们千方百计想要得到的是$\dfrac{\mathrm{d}\Delta p_{\mathrm{u}}}{\mathrm{d}\ln t}$。为此,Schroeter 等参照压力导数曲线,引进了如下变换,即定义了如下两个新变量:

$$\sigma = \ln\Delta t$$

$$z(\sigma) = \ln\left[\dfrac{\mathrm{d}\Delta p_{\mathrm{u}}(\Delta t)}{\mathrm{d}\ln\Delta t}\right] = \ln\left[\dfrac{\mathrm{d}\Delta p_{\mathrm{u}}(\sigma)}{\mathrm{d}\sigma}\right]$$

事实上,它们就是压力导数曲线的两个坐标。于是:

$$\Delta t = \mathrm{e}^{\sigma}$$

$$\mathrm{d}\Delta t = \mathrm{e}^{\sigma}\mathrm{d}\sigma$$

$$\dfrac{\mathrm{d}\Delta p_{\mathrm{u}}(\Delta t)}{\mathrm{d}\ln\Delta t} = \dfrac{\mathrm{d}\Delta p_{\mathrm{u}}(\sigma)}{\mathrm{d}\sigma} = \mathrm{e}^{z(\sigma)}$$

$$\dfrac{\mathrm{d}\Delta p_{\mathrm{u}}(\Delta t)}{\mathrm{d}(\Delta t)} = \dfrac{1}{\Delta t}\dfrac{\mathrm{d}\Delta p_{\mathrm{u}}(\Delta t)}{\mathrm{d}\ln(\Delta t)} = \dfrac{1}{\mathrm{e}^{\sigma}}\mathrm{e}^{z(\sigma)}$$

根据褶积的性质

$$f(t)*g(t) = g(t)*f(t)$$

褶积方程式(15-12)和式(15-13)可分别写成:

$$p(t) = p_{\mathrm{i}} - \int_{-\infty}^{\ln t} q(t-\mathrm{e}^{\sigma})\mathrm{e}^{z(\sigma)}\mathrm{d}\sigma \qquad (15-14)$$

和

$$\Delta p = \int_{-\infty}^{\ln t} q(t-\mathrm{e}^{\sigma})\mathrm{e}^{z(\sigma)}\mathrm{d}\sigma \qquad (15-15)$$

这里,构成褶积的两个函数是$q(t-\mathrm{e}^{\sigma})$和$\mathrm{e}^{z(\sigma)}$,它们都是复合函数。

现在要做的是:运用上述褶积公式和最优化过程(此处 Schroeter 方法是非线性回归方法),找出一个分段线性函数$z(\sigma)$,也就是一条$z(\sigma)$—σ曲线,要求它能很好地拟合实测的和理论的压力导数曲线,而拟合的时间范围是自生产开始直至最后一个数据录取点,如在前面所说情形,包括3100h 产量不稳定的生产期和100h 关井恢复期,共3200h;也可以只包括若干个实测压力可靠的时间段(值得特别注意的是:这里是直接找压力导数曲线,即$z(\sigma)$—

σ 曲线,与实测的压力导数曲线,即 $\Delta p' = \dfrac{\mathrm{d}\Delta p}{\mathrm{d}\ln\Delta t} - \Delta t$ 曲线相拟合)。这就是试井解释中的反褶积。

在这一反褶积中,最主要的"未知元"是 $z(\sigma)$—σ 曲线。此外,还有两个附加的可选"未知元":一个是原始地层压力 p_i(有时 p_i 的数值已经算出,但也常常还没有算出),另一个是产量史的容许误差限(在最优化过程中,我们需要用它控制其收敛)。最优化过程,就是通过不断调整这三个未知元,使目标函数达到最小的过程。

在目标函数最优化当中,首先是使褶积模型和实测压力数据之间的标准偏差达到最小。这就是说:选取褶积模型和实测压力数据之间的标准偏差最小者作为问题的解。如上所述,这里所说的压力数据,可以是自生产开始直至最后一个数据录取点的全程压力史,也可以只包括若干个实测压力可靠的时间段的数据。

在目标函数最优化当中,第二位的是压力导数曲线的总曲率。总曲率小,表示曲线比较光滑,与理论模型的解比较接近。如果有好几个褶积模型,即好几条压力导数曲线[$z(\sigma)$—σ 曲线],与实测压力数据都拟合得很好,也就是说,它们与实测压力数据之间的标准偏差都很小,那么就选取总曲率最小(即最光滑)的那一条作为问题的解。

目标函数最优化的最后一个是产量的修正。我们用阶梯函数来表示产量随时间的变化,为此必须进行必要的调整。产量的调整也是越小越好,即在得到同样质量的拟合条件下,应选取要求产量调整最小者作为问题的解。

由上述可见,反褶积计算的本质就是最优化。但它不是在解释结束时对模型的参数进行优化,而是选取一组有代表性的、离散的点,用以表示我们所要寻求的导数曲线,也就是要求寻求的导数曲线通过这些点,然后通过积分(由导数求得单位产量所引起的压力变化)和褶积(进一步把实际产量也考虑进去),进行选项和回归,不断地反复地移动和调整曲线,直至它与所选的所有实测压力离散点完全重合,实现最优化。

在得到了反褶积的结果之后,再通过积分把它变换成为压力响应,在双对数坐标图上绘制出压差曲线和压力导数曲线。必须注意的是:这已是变换作以恒定产量生产条件下的压力降落响应,所以它应当与恒定产量条件下的压降模型的解释图版相拟合,而不应与变产量条件下的叠加模型的解释图版相拟合。

第四节 反褶积在试井解释中的应用

这里举两个实例,来说明反褶积在试井解释中的应用。

【例 15-1】 这一实例引自 Kappa 公司的软件说明"Dynamic Flow Analysis"(参考文献[23])。

图 15-4 是某井 A 永置式电子压力计测得的压力史(上方)及其对应的产量史(下方),时间长达 3000h,包括了若干次的关井和长期的生产。其中时间最长的两次关井,分别称为关井 1 和关井 2,它们分别历时 200h 和 300h,其双对数曲线绘制在同一幅图中(分

别为"+"线和"○"线),如图15-5所示。显然它们彼此相当一致:在变井筒储集效应之后,出现了很短的径向流动阶段(压力导数的水平直线段),然后曲线上升了一个台阶,这很可能是不渗透边界或流度变差的复合油藏的反映。从历时较长的关井2的曲线的末端看,似乎还存在恒压边界的迹象(关井1在此相应时间之前已经结束,所以没有相应的数据)。选取这么一个模型进行解释,得到很好的双对数曲线拟合结果,如图15-6所示。用这一模型去解释关井1的资料,也可以得到类似的拟合结果。但是当进行全程压力史拟合检验时会发现,解释结果是不正确的(图15-7)。

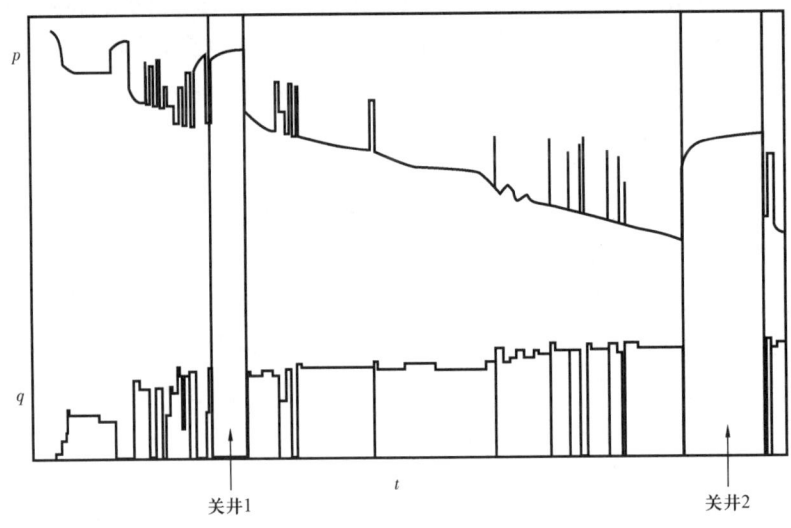

图 15-4 井 A 的压力史及其对应的产量史

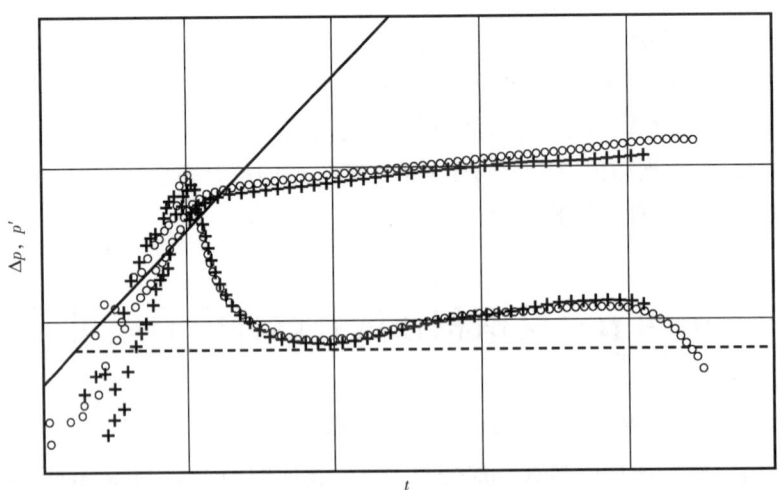

图 15-5 井 A 两次压力恢复的双对数曲线

压力的明显衰竭表明:不可能存在恒压边界。这个信息在短期的压力恢复阶段并没有显现出来,但在比压力恢复阶段长得多的动态资料中,一定存在某些与压力衰竭有关的信

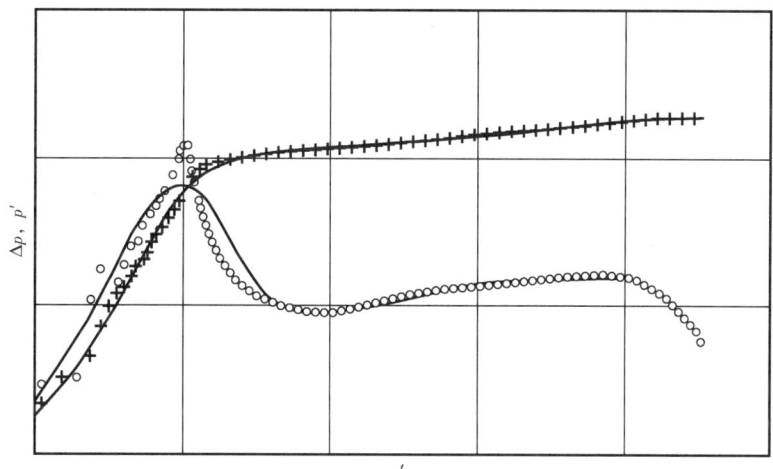

图 15-6　井 A 关井 2 的压力恢复双对数曲线拟合图

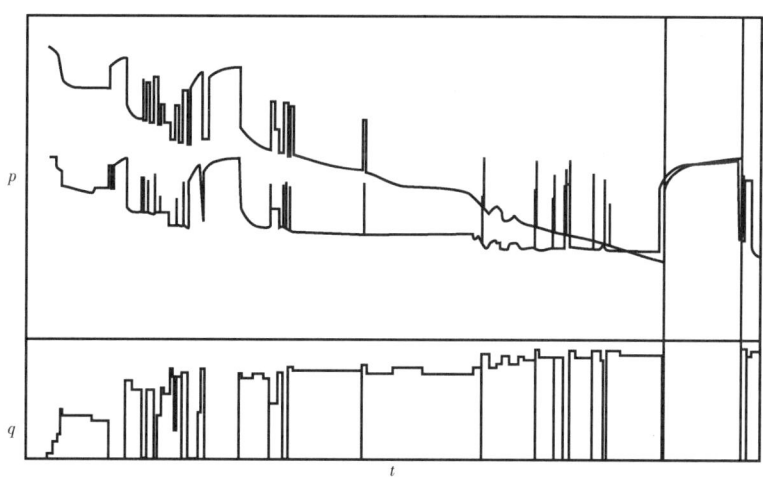

图 15-7　井 A 全程压力史拟合检验表明解释结果错误

息。于是,解释工程师应当会考虑另外的模型,比如封闭油藏的模型,它的压力动态不但能与实测压力恢复的早期和中期段相拟合,而且在恢复之前和之后,也都能与实测压力史相拟合。于是,可以在适当远处加上某种或某些边界(之所以"在适当远处"加边界,为的是在短期内不会影响到已经得到良好拟合的压力恢复),以使压力能发生衰竭。经过反复试验,最终得到可信、可靠的解释。这是非常正常的思路和做法。

运用反褶积就可以又好又快地完成此项任务。通过前述的回归过程,最后选取矩形封闭油藏模型,得到反褶积的结果,如图 15-8 所示(这个过程操作非常简单,只需依照软件操作说明按键,计算机就可自动执行和完成)。它与该模型在恒定产量条件下的压降图版的拟合结果如图 15-9 所示(注意:现在应与恒定产量条件下的压降图版相拟合),而压力史拟合检验结果如图 15-10 所示。就这样,我们选到了正确的模型,得到了令人满意的解释结果。

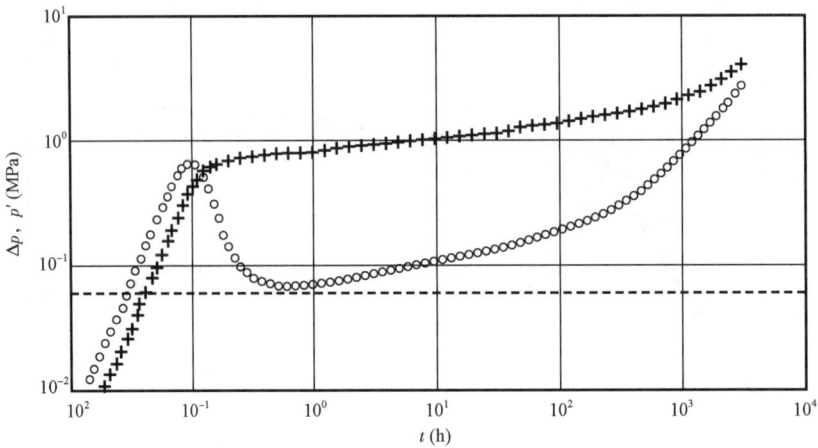

图 15-8 井 A 反褶积结果

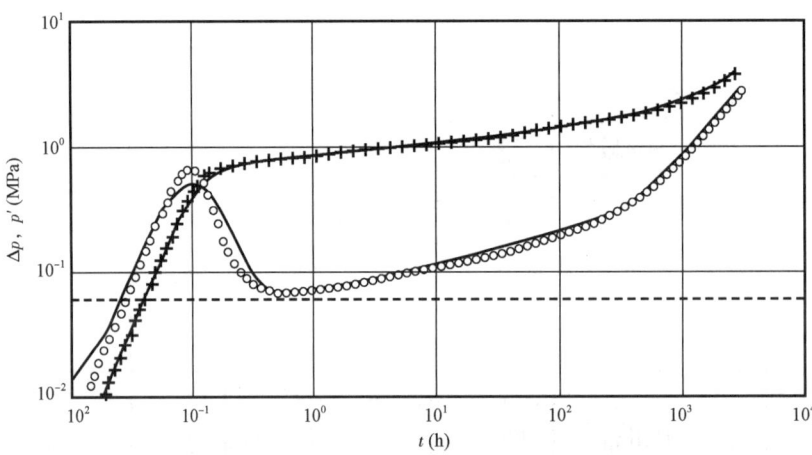

图 15-9 井 A 与所用模型在恒定产量下的压降图版拟合图

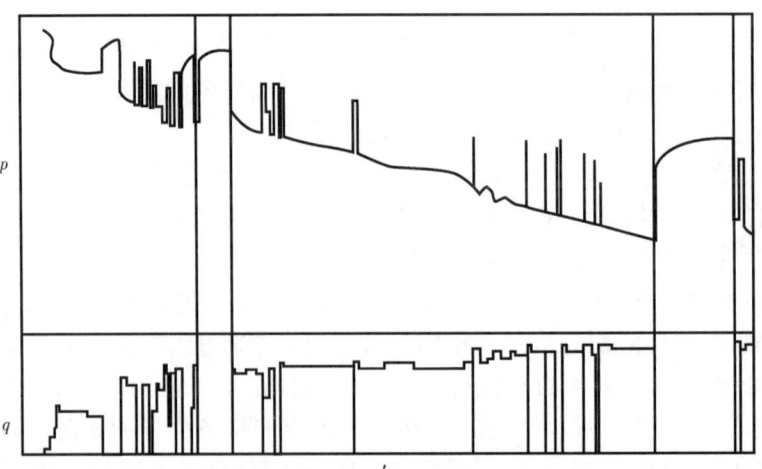

图 15-10 井 A 压力史拟合检验图

通过这个实例可知:反褶积的早期段受压力恢复资料的约束,即要求很好地拟合压力恢复阶段;而后头的"尾端"则受其他资料的约束,即要求被调整到能和其他阶段的压力变化(如例中的压力衰竭等)很好地拟合。要是某个部分没有任何约束条件,则反褶积就用"总曲率最小化"的原则,选用最光滑的曲线。

我们面对的另一个问题是:在关井 2 的双对数曲线图(图 15-5)中,压力导数曲线后期的下掉,误导我们作出恒压边界反映的判断;既然它与实际情况不符,那又是怎么回事?实际上它是叠加效应,即叠加所造成的后果,而根本不代表测试层的任何性质。这个问题,显然不靠反褶积是很难识别和解决的。消除叠加效应:这正是反褶积方法的优越性之一。

【例 15-2】 这是英国北海油田的一个实例(见参考文献[6])。

这个实例的特点是资料缺失。某井 B 在刚钻开时进行了一次 DST 测试,后来,在生产了一年半(约 12000h)之后,又进行了一次生产测试,这两次测试的开井生产时间都只有 10h,关井恢复时间也不超过 20h。而在那两次测试之间没有测量任何压力资料。图 15-11 是其产量和压力史。图 15-12 是那两次测试的重整压力恢复双对数曲线,由曲线可看出:径向流动显然都已经出现,但历时都很短,根本谈不上任何边界反映。然而,两次测试压力恢复的叠加函数分析(图 15-13)表明:地层压力已经明显下降,它明确提示该油藏是个"封闭系统"。图 15-14 是反褶积的结果,它从整个产量史和相隔一年半的两次压力测试资料(尽管其间没有任何压力资料)中,"提取"出油藏规模的信息,明显地显示出封闭系统的特征。

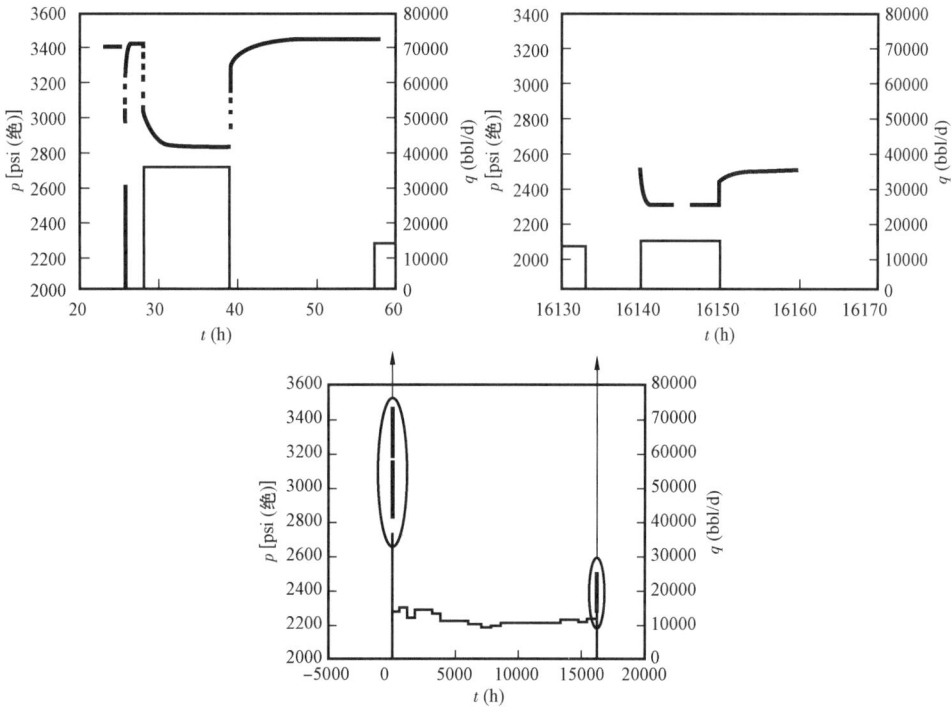

图 15-11 井 B 的产量和压力史

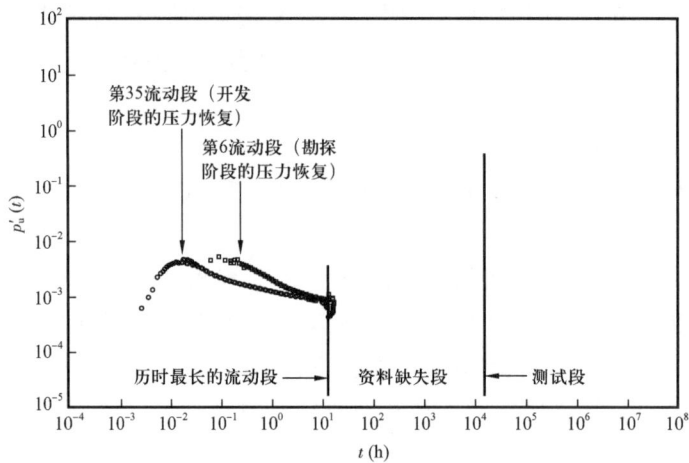

图 15-12 井 B DST 和生产测试的重整压力恢复双对数曲线

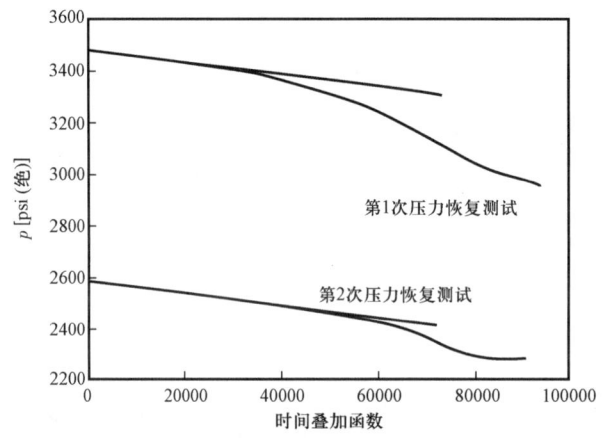

图 15-13 井 B 两次测试的叠加函数曲线显示出明显的压力衰竭

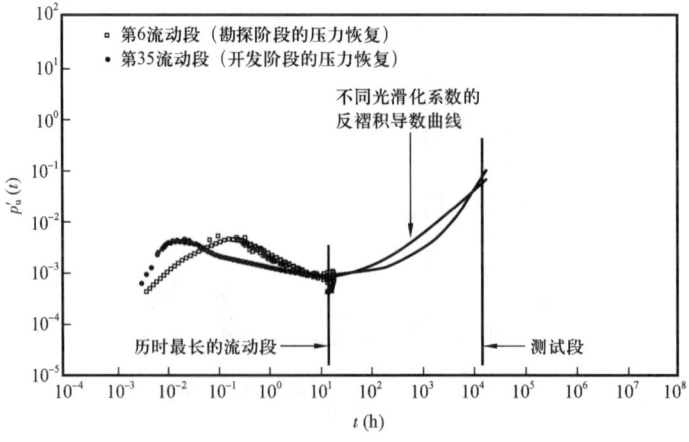

图 15-14 井 B 反褶积结果——油藏是个封闭系统

第五节 反褶积方法的优越性和局限性

如上所述,在试井解释中应用反褶积方法具有很强的优越性。它能"挖掘"出或"揭示"出测试全过程所探测到的信息,从而使我们能够正确确定解释模型,得出比常规解释更多、更可靠的解释结果。这里所说的"全过程",包括了所有各个流动阶段,包括以不同工作制度进行生产和关井,流动阶段数可多到几百个,哪怕是其中的若干阶段,压力资料缺失,也可全部包括在内;同时,也不论测试全程历时多长(如长达几个月甚至若干年),数据量有多大。因此它是一个很有用、很有效的新方法、新工具。

反褶积在试井解释中的应用,可以归结为:

(1)反褶积的第一个重要应用,是消减井筒储存效应的影响,揭示近井地带测试层特征,进而可用更短时间的试井数据,评价储层参数。

(2)反褶积的第二个重要应用,是从测试层长时期(不管测试井在此期间经历了多少个流动段和关井段,即便是其中某些流动阶段或关井阶段持续时间非常短暂)的压力响应,即该期间测试井压力不稳定测试资料,提取出在整个测试过程中均以稳定产量生产的单位产量压力响应(即压力降落)。

(3)用所确定的与产量历史无关的单位产量压力响应,完成识别储层类型、流动形态和其他试井解释任务。

反褶积方法还可将由测试层非均质性引起的压力响应与产量变化引起的压力响应区分开来,还可确定多层储层的分层参数等。

但是,尽管如此,反褶积方法也只不过是个非线性回归过程,而且是在模型未知的情况下,对其压力导数曲线进行的非线性回归(最优化),因此,也有其局限性:

第一,反褶积并不能当作黑箱使用,它只是个最优化过程。在反褶积过程中产生的任何误差,都将积累并影响随后的整个过程。反褶积是个反问题,而反问题总是多解的。其计算过程要求若干控制参数或约束条件,由解释者在解释过程中进行调整,因此,解释者必须具有相当的经验,在不同参数产生的不同反褶积导数曲线中,选出最合理者,作为问题的解。

第二,反褶积是以下面两个基本假设为前提的:(1)流动方程和边界条件满足线性条件,叠加原理适用,褶积方程成立。反褶积是建立在褶积方程基础上的,线性条件对于反褶积尤为重要。事实上,褶积和反褶积计算的原理就是叠加原理。如果流动问题的解不是线性的,如出现非达西流或多相流等情形,叠加原理就不能运用,反褶积计算也就不正确。(2)测试过程中解释模型自始至终不会改变,否则不能运用。例如,在测试过程中,出现地层压力低于露点后生产的反凝析气藏,或低于泡点后生产的油藏等,由单相流变为两相流;由于相分离等原因造成变井筒储存效应,由于非达西流动或增产措施等引起变表皮系数等,这些情形下,反褶积都不能运用。

第三,反褶积只是一种处理产量和压力的新工具,它使得可以应用短期的或长期的压力数据进行解释,从而得到更准确的结果。这种新技术是现代试井解释方法的一个很好的补充,但并不能替代现行的压力恢复分析。在资料解释当中,可以通过反褶积的综合分析,看看能得到哪些用常规方法进行短时资料分析得不到的"额外"信息,而在最后,解释结果还得用实际资料的双对数曲线拟合和全程压力史拟合进行检验。

第四,如果存在严重的邻井干扰,上述反褶积方法无法处理。但在这种情形,可考虑运用多井反褶积,即将褶积原理扩展到各口井,变成所有井的全局优化问题。假设共有 N 口井,则褶积方程可以表示为:

$$\Delta p_i(t) = p_{0i} - p_i(t) = \sum_{j=1}^{N} \int_0^t q_j(t-\tau)[\mathrm{d}p_u^{ij}(\tau)/\mathrm{d}\tau]\mathrm{d}\tau \quad (i = 1, 2, \cdots, N)$$

它可重建每口井定产压力响应,而且还能消除所有邻井的影响,以给出每个井单独位于储层中时的响应,并可给出连通井组面积的大小。这些附加信息可能提供对连通储层的全面描述。不过,大量的变量和多个控制因素使其成为一个更为复杂的数学问题,其结果可靠性尚需多方面验证。换句话说,在近期一段时间内,多井反褶积仍然仅仅是个重要的研究课题。

为了采集到高质量的测试资料,使得用反褶积方法解释顺利进行,建议测试时注意:
(1)采取井下关井测试,以消减井储效应;
(2)压力计下放到测试层的顶部以下,以避免受到流体密度变化的影响;
(3)至少进行两次压力恢复测试。

第十六章
试井资料的诊断方法
——压差对时间的导数检验法

前文介绍了压力导数解释图版,其中的导数 p'_D 是无量纲压力 p_D 对 t_D/C_D 的自然对数 $\ln(t_D/C_D)$ 的一阶导数:

$$p'_D = \frac{dp_D}{d\ln(t_D/C_D)}$$

用作压力导数图版拟合分析的实测压力导数曲线,其导数也是压力差 Δp 对时间 t 的自然对数的一阶导数:

$$\Delta p' = \frac{d\Delta p}{d\ln t}$$

已经看到,用压力导数进行试井解释具有很大的优越性,而且还将会看到,压差 Δp 对时间 t 的导数 $d\Delta p/dt$(Primary Pressure Derivative,PPD),在诊断均质油藏的压力资料方面,也有着很强的功能。

均质油藏压降测试过程中有各种流动阶段,如井筒储集阶段、线性流阶段、双线性流阶段、球形流阶段、平面径向流阶段、拟稳定流阶段和稳定流阶段等。下面分别讨论每一个流动阶段的 PPD 特征。

在压降情形:

$$PPD = \frac{d\Delta p_{wf}}{dt}$$

其中

$$\Delta p_{wf} = p_i - p_{wf}$$

在压力恢复情形:

$$PPD = \frac{d\Delta p_{ws}}{d\Delta t}$$

其中

$$\Delta p_w = p_{ws} - p_{ws}(\Delta t = 0)$$

式中 p_{wf}——开井生产的井底流压,MPa;

Δp_{wf}——开井生产的压差,MPa;

t——开井生产的时间,h;

p_{ws}——关井的井底压力,MPa;

Δp_{ws}——关井恢复的压力,MPa;

Δt——关井时间,h。

(1)纯井筒储集阶段。因为在这一阶段有[式(4-1)]:

$$\Delta p = \frac{qB}{24C} t$$

故:

$$PPD = \frac{qB}{24C} = 常数$$

即 PPD 为常数。

(2)线性流动阶段。在这一阶段有[式(4-6)]:

$$\Delta p = \frac{0.1959qB}{hx_f} \sqrt{\frac{\mu}{\phi C_t K}} \sqrt{t}$$

故:

$$PPD = \frac{0.1959qB}{hx_f} \sqrt{\frac{\mu}{\phi C_t K}} \frac{1}{2\sqrt{t}}$$

即 PPD 随时间 t 的增加而减小。

(3)双线性流动阶段。在这一阶段有[式(4-11)]:

$$\Delta p = \frac{1.1054q\mu B}{h \sqrt{K_f w} \sqrt[4]{\phi \mu C_t K}} \sqrt[4]{t}$$

故:

$$PPD = \frac{1.1054q\mu B}{h \sqrt{K_f w} \sqrt[4]{\phi \mu C_t K}} \frac{1}{4\sqrt[4]{t^3}}$$

PPD 也随时间 t 的增加而减小。

(4)球形流动阶段。在这一阶段有(详见第四章第三节中半球形流动和球形流动相关内容):

$$\Delta p = \frac{0.933q\mu B}{r_{SPH} K} - \frac{8.833q\mu B}{K} \sqrt{\frac{\phi \mu C_t}{K}} \frac{1}{\sqrt{t}}$$

故：

$$\text{PPD} = \frac{8.833q\mu B}{K}\sqrt{\frac{\phi\mu C_t}{K}}\frac{1}{2t\sqrt{t}}$$

PPD 也随时间 t 的增加而减小。

（5）平面径向流动阶段。在这一阶段有[式(3-36)]：

$$p_{\text{wf}}(t) = p_i - \frac{2.121q\mu B}{Kh}\left(\lg\frac{Kt}{\phi\mu C_t r_w^2} - 2.0923 + 0.8686S\right)$$

故：

$$\text{PPD} = \frac{0.9211q\mu B}{Kh}\frac{1}{t}$$

PPD 也随时间 t 的增加而减小。

（6）拟稳定流动阶段。在这一阶段有（详见第四章第三节）[式(4-25)]：

$$p_{\text{wf}}(t) = -\frac{qB}{24V_p C_t}t + \Delta p_{\text{int}}$$

故：

$$\text{PPD} = \frac{qB}{24V_p C_t} = 常数$$

即 PPD 为常数。

（7）稳定流动阶段。在这一阶段有：

$$p_{\text{wf}}(t) = C = 常数$$

故：

$$\text{PPD} = 0 = 常数$$

综上所述，在压降测试的整个过程中，不管在哪一个流动阶段，压差对时间的一阶导数（PPD），要么随时间的增加而减小，要么不随时间变化而保持常数，但它绝不会随时间增加而增大。

对于压力恢复情形，这一结论也成立。例如，在径向流动阶段，有[式(3-53)]：

$$p_{\text{ws}}(\Delta t) = p_{\text{wf}}(t_p) + \frac{2.121q\mu B}{Kh}\left[\lg\left(\frac{Kt_p}{\phi\mu C_t r_w^2}\frac{\Delta t}{t_p+\Delta t}\right) - 2.0923 + 0.8686S\right]$$

故：

$$\text{PPD} = \frac{dp_{\text{ws}}}{d\Delta t} = \frac{0.9211q\mu B}{Kh}\frac{t_p}{\Delta t(t_p+\Delta t)}$$

显然，PPD 也随时间 Δt 的增加而减小。

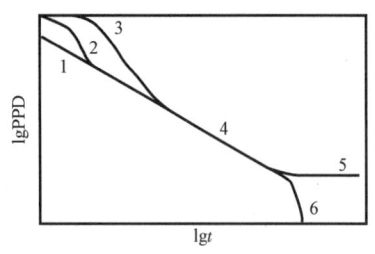

图 16-1　PPD 与时间的双对数曲线示意图

图 16-1 是 PPD 与时间的双对数曲线示意图,曲线 1 对应既无井筒储集效应也无表皮效应井;曲线 2 和曲线 3 则都是具井筒储集效应和表皮效应井,分别表示 $S=S_1$ 和 $S=S_2(S_1<S_2)$ 的情形,曲线 3 最早期的水平直线段是纯井筒储集阶段;曲线 4 是斜率为 -1 的直线,对应径向流动阶段;曲线 5 又是水平直线段,对应拟稳定流动阶段;曲线 6 则对应稳定流动段。

图 16-2 至图 16-4 是不同类型的实测压力 PPD 曲线。在图 16-2 和图 16-3 中,PPD 曲线从始至终都呈下降趋势,没有压力资料异常的显示。而在图 16-4 中,在虚线 a 和 b 之间,PPD 曲线却出现了明显上升的现象,明确表明压力资料出现了异常,或者说:这一段的数据点所反映的井底压力变化,并不是测试层的性质所引起的,而是别的原因所造成的。

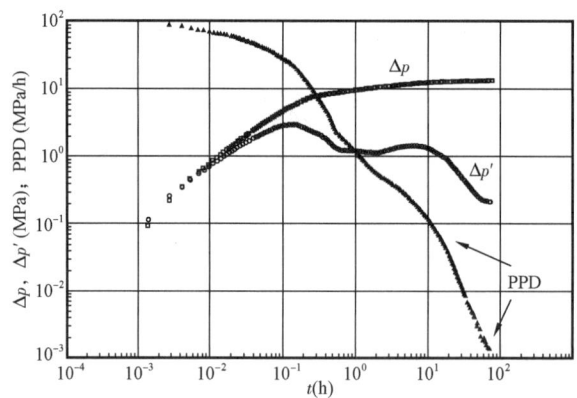

图 16-2　正常的实测压力及导数双对数曲线 1

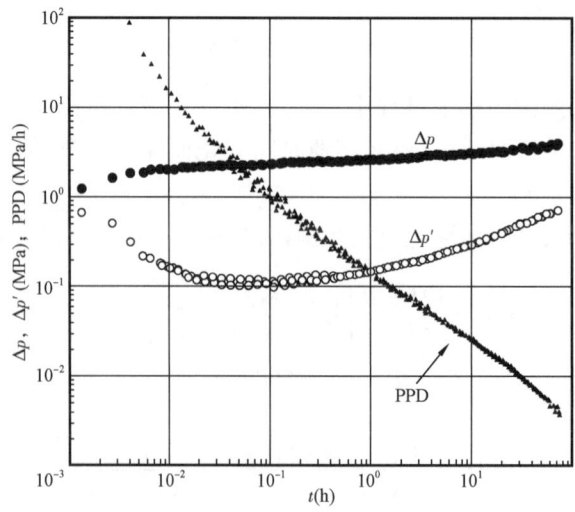

图 16-3　正常的实测压力差及导数双对数曲线 2

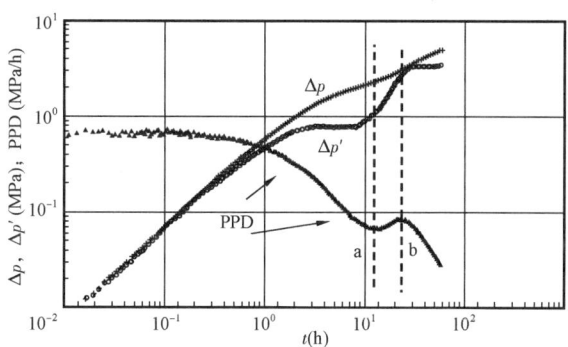

图 16-4　不正常的实测压力差及导数双对数曲线

如果实测压力资料的某一段,出现 PPD 随时间增加而增大的现象,那么,这一段数据所反映的不可能是均质测试层的特性,而是因为某种原因而产生了异常。此时应找出产生异常的原因。常见的可能原因有:

(1) 井筒中出现了相态的重新分布或变井储等现象;

(2) 压力计故障,工作不正常,以致测得的数据有误。

在图 16-4 的情形,测试井是一口抽油井,具有严重的变井储,很可能是由于变井储的原因,造成了资料的异常。

可以看到:PPD 曲线是一种非常有效而简单的诊断方法。有些试井解释软件(如 Saphir 软件)包含了这种诊断方法,很容易使用。

第十七章
试井资料在油(气)田勘探开发中的应用

前文中已经谈到,测试资料在油(气)田勘探和开发中有着重要的应用,并且举出了一些应用的实例,例如：

在勘探阶段,在探区内钻了探井,通过测井辨认了其油(气)层之后,就要进行试井,以判定这些层是否确实产油(气),并了解其地层压力和产能,估算测试井的无阻流量、合理产量(第二章),估算小封闭系统的面积、储量、测试井至少控制储量,以落实勘探成果,并为进一步勘探或布井提供依据(第三章)。

为了认识油气藏,常常要找出其各种下限值,如渗透率下限、孔隙度下限、有效厚度下限和含水饱和度下限等。这也只能通过单层测试才能确定和验证。

通过试井可以弄清油气藏的类型、特性和边界情况,计算有效渗透率 K、储能比 ω、介质间窜流系数 λ 等重要参数,为油气田开发设计和动态预测提供依据(第三章)。

通过试井可以测算表皮系数 S,从而评价井底污染情况和完井效率,为作出是否进行增产措施的决策提供依据,并可以评价增产措施的效果(第五章)。

在油气勘探开发过程中,常常遇到判定井间或层间是否连通的问题。干扰试井、脉冲试井和示踪剂试井可以解决这类问题(第十三章)。

在油(气)田开发过程中,还要经常监测油藏压力的变化,为修正或更准确地进行油藏描述、调整开发方案提供依据。

除了上述各项应用外,测试资料还有其他多方面的应用,下面是作者亲身实践的几个例子：

(1) 原始压力梯度曲线在油田开发的层系划分中的应用；
(2) 试井期间发生压力衰竭情形的启示；
(3) 用温度梯度曲线判断出气层段的实践；
(4) 靠天然能量开采可采储量的估算；
(5) 用累计产量—地层压力史估算阶段产量。

一、原始压力梯度曲线及其在油田开发的层系划分中的应用

一个油(气)田或油(气)区,在打最初几口或一批探井时,地层仍保持原始状态,此时进行测试,测得的压力是原始地层压力。用这些压力资料绘制成压力与油层深度的关系曲线,就是该油(气)田或油(气)区的原始地层压力梯度图。这种图对于油(气)田开发是很重要的,其主要应用有三个方面。

1. 确定油(气)田或油(气)区的压力系统并为划分开发层系提供依据

一个油(气)田或油(气)区中,属于同一个压力系统(或称水动力系统)的油(气)层,不

管位于该油（气）田或油（气）区的什么位置，也不管埋藏在什么深度，它们的地层压力与埋藏深度会具有很好的线性关系，而且直线的斜率恰与油（气）藏中的流体的密度相适配。也就是说，其原始地层压力梯度图应呈现一条斜率与其中流体的密度相适配的直线。例如一油田，其地层原油的密度为 $0.84g/cm^3$，原始地层压力梯度线的斜率大致就会是 $8.4kgf/cm^2/100m = 0.824MPa/100m$。当然，属于同一个压力系统的油（气）层，其中的油和气的性质也是相近的。

属于同一个压力系统的油（气）层，一般可用同一套开发层系进行开发，而不属于同一个压力系统的油（气）层，一般要用不同的开发层系进行开发。如果硬把它们用同一套层系开发，则将会由于压力的差异而发生层间干扰现象，即发生层间窜流，以致影响开发效果。原始地层压力梯度图对于压力系统的确定是至关重要的，因此，它对于划分开发层系也是至关重要的。

江汉油田的王场油田，其主要产层为潜江组Ⅲ段（简称为潜Ⅲ段）和潜江组Ⅳ段（简称为潜Ⅳ段）。在勘探初期测取了这两个层段的油层和水层的大批原始压力资料，画出了原始压力梯度图，如图 17-1 所示。实测压力明显地分成两组，形成①和②两条折线，它们分别是潜Ⅲ段和潜Ⅳ段的原始压力梯度线；油层的实测压力点构成了它们的上半部分，而水层的实测压力点则构成了它们的下半部分，而且各自的斜率均与相应的油和水的压力梯度相对应。潜Ⅲ段的原油的性质大致相同，潜Ⅳ段的也是如此。由此得出结论：

（1）潜Ⅲ段的各油层属同一个压力系统，潜Ⅳ段的各油层也属同一个压力系统。

（2）潜Ⅲ段和潜Ⅳ段属于不同的两个各自独立的压力系统。它们有各自不同的原始压力梯度曲线，有各自不同的油水界面。其油水界面深度分别是图 17-1 中的 A 点和 B 点所对应的深度。

（3）潜Ⅲ段和潜Ⅳ段应按不同层系进行开发。

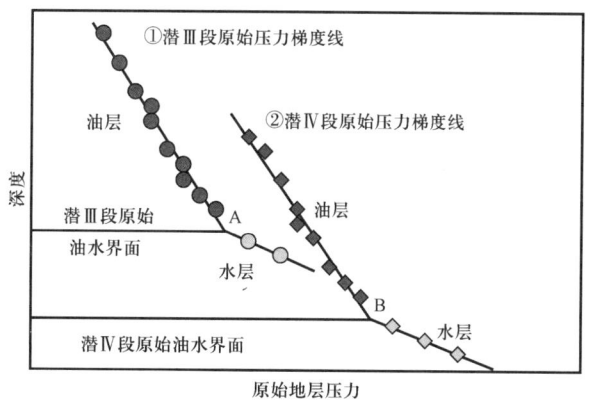

图 17-1　江汉王场油田原始地层压力梯度曲线示意图

于是，在该油田的开发中，部署了两套井网：一套开采潜Ⅲ段，另一套开采潜Ⅳ段。自 20 世纪 70 年代开始开发以来，取得了很好的开发效果。

如果若干油（气）层的原始地层压力与其埋藏深度呈良好的线性关系，但该直线的斜率（地层压力梯度）却并不与油（气）层中原油（天然气）的密度相适配，则这些层并不属于同一

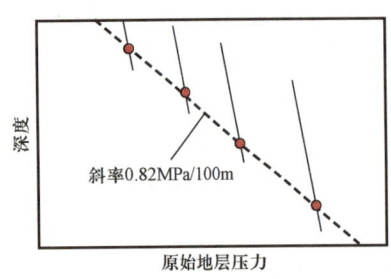

图 17-2 南海某气区原始地层压力与埋藏深度的关系曲线示意图

个压力系统,而是分属若干个不同的压力系统。图 17-2 是南海某气区的原始地层压力与埋藏深度的关系曲线示意图,可以看到原始地层压力与埋藏深度呈一条很好的直线(图中的虚线)。如果它们属同一个压力系统,其斜率应该为 0.23MPa/100m 左右(天然气的密度为 $0.23g/cm^3$)。但直线的斜率为 0.82MPa/100m,与天然气的密度不相对应,所以它们不属同一个压力系统。图中的虚线并不是气层的真正的原始地层压力梯度线,而各条实线才可能是各层所属压力系统的原始地层压力梯度线。

2. 确定油(气)田或油(气)区的油(气)水界面

如果在测试中不但测得了一批油(气)层的原始压力,而且还测得了一些水层的原始压力,画在原始压力梯度图上,则会出现两条相交的直线,其中一条是油(气)的梯度线,另一条是水的梯度线,而它们的交点所对应的深度就是油(气)水界面的深度。如上所述,图 17-1 中的两条实线是潜Ⅲ段和潜Ⅳ段的油的梯度线,而两条虚线则是它们的水的梯度线;实线和虚线的交点 A 和 B 的深度,就是各自的油水界面的深度。

3. 决定开发井的原始地层压力

在油(气)藏投入开发以后,整个油(气)藏的地层压力已经下降,新钻井已测不到其原始地层压力。此时,可用该层所属压力系统在勘探阶段获得的原始压力梯度曲线,确定其原始地层压力的数值,即从原始压力梯度曲线图上直接读出对应于该新井油(气)层深度的原始地层压力的数值;如果通过回归得出了原始地层压力与油(气)层深度的关系式:

$$p_i = aD + b$$

其原始地层压力的数值也可将新层的深度代入该关系式中而计算得到。如江汉油田的王场油田潜Ⅲ段,原始地层压力与油层深度的关系式为:

$$p_i = 0.00863D + 2.89 \tag{17-1}$$

式中　p_i——原始地层压力,MPa;
　　　D——深度,m。

图 17-3 是苏丹某区各探井各测试层在测试中测得的原始地层压力梯度图。从图上可以清楚地看到,其地层压力与深度有着良好的线性关系:

$$p_i = 0.009166D + 0.5514 \tag{17-2}$$

如果在该地区,在将来油藏的地层压力下降之后,钻了一口新井,其油层中部海拔 1196m,实测地层压力为 10.97MPa。必须注意的是:这已经不是其原始地层压力,原始地层压力应为[式(17-2)]:

$$p_i = 0.009166D + 0.5514 = 0.009166 \times 1196 + 0.5514 = 11.51\text{MPa}$$

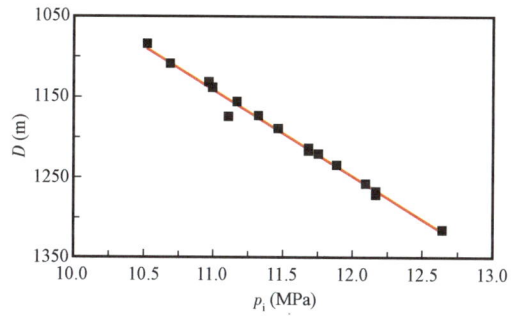

图 17-3 苏丹某区原始地层压力梯度图

即该区的地层压力已经下降了 0.54MPa(11.51 - 10.97)。

二、试井期间发生压力衰竭的启示

如果一个油(气)藏相当大,有相当大的储量,那么,在试井期间产出很少量的油(气),对于该油(气)藏,有如"九牛一毛",应该不致于导致其地层压力下降,也就是说其地层压力应保持不变。或者更严格地说:产出很少量的油(气)所引起的地层压力降非常小,小到根本测不出来。图 17-4 是某井测试期间的井底压力和产量变化曲线。该井既产油又产气。在开井生产前的井底压力为 16.333MPa,在一开(ϕ25.4mm 油嘴)的 11h 里,产油量约为 622m^3/d,产气量约为 57483m^3/d,共产出 238m^3 油和 $2 \times 10^4 m^3$ 气,一关的井底压力仍为 16.333MPa;二开分别用三种尺寸的油嘴生产,产量见表 17-1。

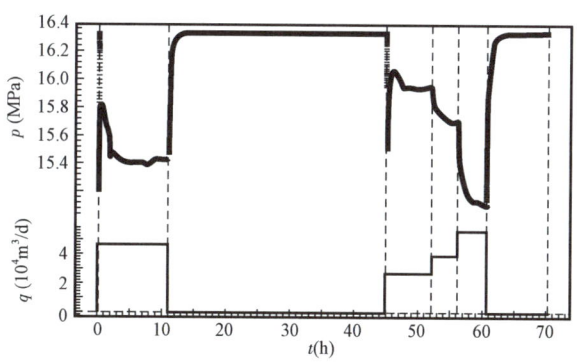

图 17-4 某井测试期间井底压力和气产量变化曲线图

表 17-1 某井二开产量数据表

序号	油嘴(mm)	产油量(m^3/d)	产气量(m^3/d)	阶段累计产油量(m^3)	阶段累计产气量(m^3)
1	19.05	390	32564	103	5350
2	22.23	542	46722	95	1400
3	28.58	746	71641	138	9500
总计				336	16250

在二开的 15h 里,共产出 336m³ 油和约 1.63 × 10⁴ m³ 气,二关的井底压力仍为 16.333MPa,丝毫没有降低。这是一个典型的例子。

反之,如果在试井期间产出很少量的那么一点油(气),就使得油(气)藏的地层压力有了明显的下降,即发生了所谓"压力衰竭"现象,则表明这个油(气)藏不大,其储量很有限。

图 17-5 是某国一口井在 2004 年初测试过程中的压力和产量变化史。在初关井测量原始地层压力后,以 372.78m³/d 的产量开井生产 12h(二开),然后关井测量压力恢复(二关);再以 389.40m³/d 的产量开井生产 6h(终开),最后关井测量压力恢复(终关)。三次压力恢复的外推压力分别为 21.47MPa、21.07MPa 和 20.87MPa。这就是说,在试井过程中地层压力已经明显下降。根据这些资料可以计算出其单位压降产量非常小,为 500.8m³/MPa,见表 17-2。

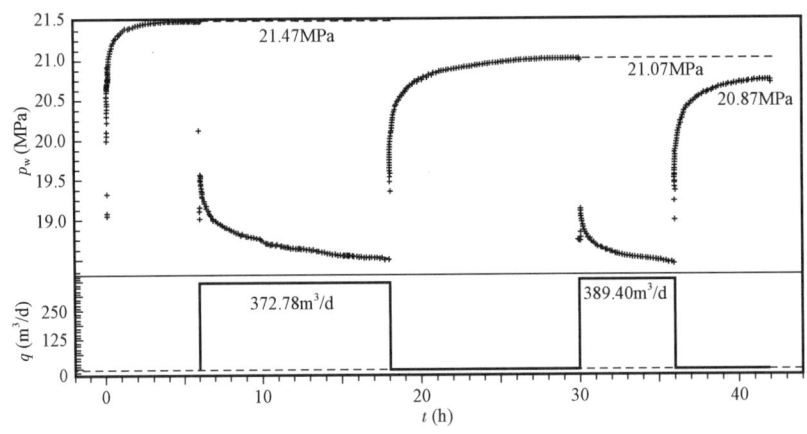

图 17-5 某井整个测试过程的压力和产量变化史

表 17-2 某井测试过程中的压力损失和单位压降产量

过程	外推压力(MPa)	阶段产油量(m³)	压力损失(MPa)	单位压降产量(m³/MPa)
初关	21.47			
二开		199.83		
二关	21.07		0.4000	499.6
三开		97.35		
终关	20.87		0.1944	500.8

由所测取的资料可以作出明确的判断:该井所处油藏面积不大,其储量有限。事实上,这确实是一个四周为断层所封闭的很小的断块。后来这个小断块只用这一口井单井开发,抽汲生产,其产量一直呈逐月直线下降的趋势,从 3 月的 408m³/d 降到 10 月的 98m³/d,平均月下降速度约为 10.85%,完全证实了试井资料分析的结论(图 17-6)。

下面是试井过程中压力衰竭更加严重的一个实例。那是我国某油田一口探井,进行了三开三关的测试,产量相当高,但地层压力却迅速下降,甚至每次关井的最高关井压力都比上一次流动的最低流压还要低(图 17-7)。由此可以非常清楚地知道:这口井所在的油藏肯定非常小,尽管产量相当高,但不可能维持稳产,只能是"高产而短命"。当时也有人对这一判断持不同意见,然而无情的事实是:这口井投产一个月之后,就丧失了生产能力。

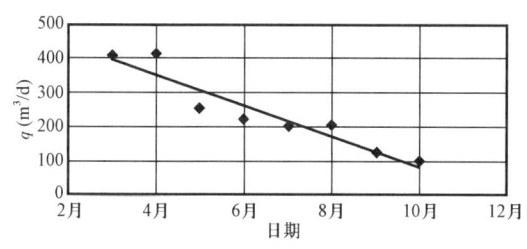

图 17-6 某井 2004 年月产量变化情况

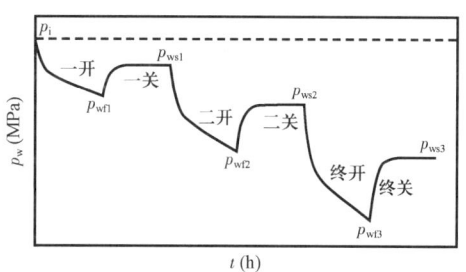

图 17-7 某井测试期间压力衰竭情况示意图

三、用温度梯度曲线判断出气层段的实践

沙 2 井是南方石油勘探开发公司在广东三水地区的一口探井,经试气证实产二氧化碳。当时射开了两个可能的产气层段:1371.0~1391.0m 层段和 1566.0~1574.0m 层段。为了弄清楚到底是两个层段都产气呢,还是只有其中的某一个层段产气,决定进行一次井温梯度测试。首先测得该井的静止温度(简称静温)梯度(图 17-8 中的虚线)作为参照或背景;然后测流动温度(简称流温)梯度。测试时在 1530m 处遇阻,温度计无法下入更深处测量,所得结果如图 17-8 中的实线。可幸的是,从图上可以看到,产气层段产气对井温的影响段很长,长达近 200m,所以,所得结果已足以说明:只有上部层段 1371.0~1391.0m 产气,下部层段 1566.0~1574.0m 并不产气。因为如果下部层段产气,1400~1530m 段的井温也应该受到影响而明显下降,但实际上却没有。就这样问题得到了圆满解决。

为什么产出气体时会使井底流温下降呢?这是因为,气体服从其状态方程,即波义尔-马略特定律:

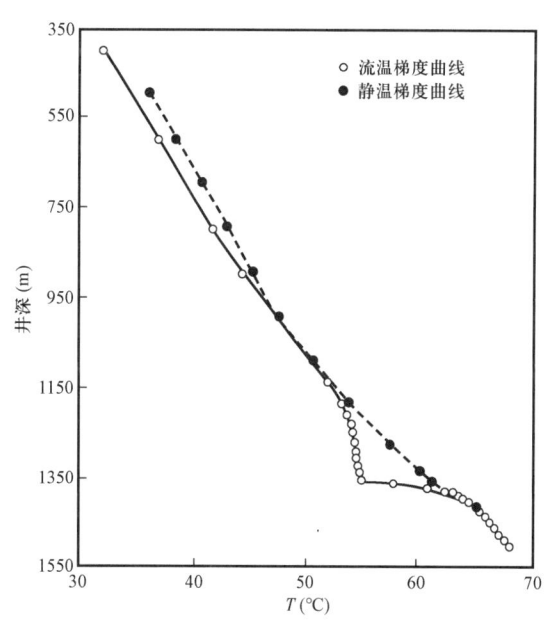

图 17-8 沙 2 井静温和流温梯度曲线

$$\frac{p_1 V_1}{T_1} = \frac{p_2 V_2}{T_2}$$

在测试过程中,当气体从气层产出流到井底时,其压力下降了,由地层压力 $p_1 = p_R$ 降到了流动压力 $p_2 = p_{wf}$;井筒的容积是固定不变的,即可以认为气体的体积基本不变:$V_1 = V_2$,因此必有 $T_1 > T_2$,即其温度必定要由地层温度(静温)T_1 降为 T_2(流温)。

四、靠天然能量开采可采储量的估算

位于海南省金凤气田金凤2断块的金凤2井钻穿流花港组3段,经过了多次试气,每次测试都测得该层的地层压力。在直角坐标图上画出 p/Z(地层压力 p 与偏差系数 Z 之比)和累计产量 Q 的关系曲线,如图17-9所示。由此曲线可以核实金凤2断块靠天然能量开采的极限可采储量。事实上,p/Z—Q 呈一直线,它与 $p/Z=0$(即 Q 轴)的交点所对应的 Q 就是该区块的极限可采储量。开采时间越长,累计产量越大,计算结果的准确度就越高。在本例中,虽仅有几次测试的数据,但仍可做出粗略的估算。由图17-9可得:

$$p/Z = 24.92 - 0.02735Q$$

式中　p——地层压力,MPa;

　　　Z——天然气的偏差系数;

　　　Q——累计产气量,10^4m^3。

由此算出该断块的极限可采储量为 $911 \times 10^4 \text{m}^3$。

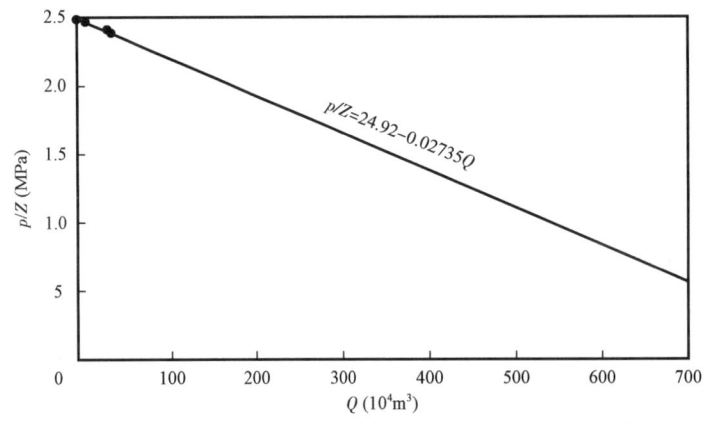

图17-9　金凤2井 p/Z—Q 关系图

五、用累计产量—地层压力史估算阶段产量

在每一个油田的开采过程中,其累计产出量 Q 和其油层压力 p 之间有着一定的关系,即变化规律。假定图17-10中的直线 I 和曲线 II 分别是油田 I 和油田 II 在长期开采过程中获得的 Q—p 关系曲线。要估算油田 I 在累计采出 Q_{13} 以后、油田 II 在累计采出 Q_{23} 以后,到某时(实测压力降到 p_4)采出了多少油。其实这和处理本章之四的问题,在理论和方法上是完全相同的:测量出现在的地层压力 p_4,在直线 I 和曲线 II 的延长线上,读出对应于压力 p_4 的累计产量 Q_{14} 和 Q_{24},然后就可算出油田 I 和油田 II 在该段时间的累计产油量:

油田 I

$$Q = Q_{14} - Q_{13}$$

油田 Ⅱ

$$Q = Q_{24} - Q_{23}$$

这样估算结果的准确程度有多高,主要取决于累计产量和压力史资料准不准确、足不足够多,以致由它们所导出的"累计产出量 Q 和其油层压力 p 之间的变化规律"(即 Q 和 p 关系曲线)准不准确。所以在油田开发过程中,取全取准资料极为重要。

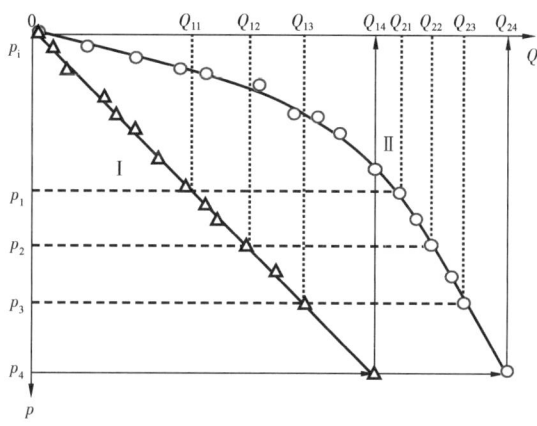

图 17-10　油田 Q—p 关系曲线示意图

我们处理的实例,是用这种方法,成功计算某两国共有的一个跨国界油田的阶段产量。其复杂的缘由和细节从略。

第十八章
试井解释软件的有关问题及试井解释注意事项

40多年来,国外研制了很多试井解释软件。从1985年开始,我国在引进若干试井解释软件的同时,自己也研制成功了多款试井解释软件。自此之后,国内外都普遍应用这些软件,用计算机辅助进行试井解释。

第一节 试井解释软件的有关问题

试井解释软件虽然各不相同,但大体均具有如下功能:

(1)数据处理功能。这包括数据的录入(如键盘输入、磁带、磁盘、光盘或其他介质的传输等)、数据的换算和运算(如各种代数运算、导数、积分的计算以及曲线的光滑化等)、数据的处理(如修改、插入、截断、合并、删除、抽稀等)和数据文件的建立、储存、调用、合并、删除等,有的软件还能对有关数据(如压力和时间)以表格或图形方式进行同步调整和编辑。如果缺少PVT数据,软件还可以根据提供的相关资料,用其内置经验公式算出,供解释时应用。

(2)图形处理功能。绘制、显示、储存、调用各种图幅,包括各种直角坐标图、半对数坐标图、双对数坐标图等。

(3)产生样版曲线或解释图板的功能。配备多种油气藏模型或试井解释模型,如均质油气藏、双重孔隙介质油气藏、双重渗透介质油气藏、复合油藏、压裂井、斜井、水平井的模型,加上了各种内边界条件(如井筒储集效应、表皮效应、部分射开所造成的球形流动等)和各种外边界条件(如无限大地层即无任何外边界、一条或多条不渗透边界、恒压边界、封闭系统等)的模型,以及多井模型等,按照解释工程师发出的指令,产生所要求的样板曲线,供图版拟合分析使用。

(4)试井解释功能。包括产能试井解释和不稳定试井解释。产能试井解释包括稳定试井、回压试井、等时试井和修正等时试井资料的解释,可进行C&n分析(指数式产能曲线分析)和LIT(Laminar - Iinertial - Turbulent)分析,画出产能曲线和IPR曲线,算出无阻流量。不稳定试井解释包括油气藏类型识别或诊断,常规试井解释[如绘制半对数曲线(MDH曲线、Horner曲线)或时间叠加函数曲线,画出直线段,量出其斜率,进而计算流动系数$\frac{Kh}{\mu}$、地层系数Kh、流度$\frac{K}{\mu}$、渗透率K和表皮系数S等各项参数],双对数曲线拟合分析(如作出最佳拟合、算出各项拟合值、进而计算各项参数,计算的参数除了上述各项之外,还包括井筒储集系数 C、储能比 ω、窜流系数 λ、裂缝半长 x_f 等)。现在许多软件,都具有根据双对数曲线形态提供可能合适的解释模型选项、全自动拟合和用户控制部分参数的自动拟合等功能,具有更高智能化水平的试井解释软件(专家系统)也正在研制之中。

(5)解释结果检验功能。包括进行半对数曲线拟合检验和压力史拟合检验等。

(6)数值试井分析功能。用数值模拟器构造各种各样的模型,划分网格,进行数值模拟,以实现对测试层和测试井的精确描述。

(7)解释结果输出功能。输出全部有关图幅、表格,以及试井解释报告的文本。

(8)试井设计功能。可以根据测试目的、已有地质资料和设定的产量,模拟产生试井期间压力的变化情况,使设计者能根据模拟结果,制订出合理、安全、稳妥的测试方案,以保证达到既定的测试目的。

(9)有的试井解释软件已经具有反褶积分析功能,用反褶积方法分析测试资料,获得更多、更可靠的解释结果。

功能齐全的试井解释软件,不但可以用来进行油井、气井、水井各种测试(如压降和压力恢复测试、变产量情形的压降和压力恢复测试、气井产能测试、井间干扰测试等)的资料解释,而且还可以用来进行各种试井的研究,包括产生新的试井解释图版等。

应用试井解释软件,可以借助计算机完成包括油气藏类型识别(诊断)、双对数曲线(压差曲线以及压力导数曲线)拟合分析、常规试井解释、半对数曲线拟合和压力史拟合检验的全部工作,并且绘制全部规格化的图件,打印出所有有关数据、表格以及解释结果,打印出试井解释报告,既使试井解释的结果更准确,又使工作效率提高几十倍甚至上百倍。

用试井解释软件进行图版拟合分析,与手工解释有所不同。手工解释时,是把绘制的实测曲线(有量纲量 Δp 和 $\Delta p'$ 与 t 或 Δt 的双对数曲线)放置在固定的解释图版(无量纲量 p_D 和 p'_D 与 t_D/C_D 的双对数曲线)上,通过上下、左右平移,使实测曲线与解释图版中的一条样板曲线相拟合;而用试井解释软件进行自动拟合分析时,计算机往往是固定实测曲线,用不同参数产生理论模型曲线(样板曲线)去拟合实测曲线。事实上,图版拟合的过程是图版和实测曲线两者的"相对平移",所以,手工拟合和计算机拟合的拟合"途径"或"手法"虽然不同,但其实质是完全一样的。

用试井解释软件进行解释,可以大大提高解释结果的精确度和可靠性,这正是用试井解释软件进行解释的一大优越性。

为什么用试井解释软件进行解释可以大大提高解释结果的精确度和可靠性呢?这是因为:第一,印制出版的试井解释图版中,只有对应于若干个参变量的有限条样板曲线,手工拟合时,如果那些有限条的样板曲线都不合适,虽然可以靠目测在样板曲线中间内插,但毕竟有很大的局限性,而计算机却可以用软件中的相应程序,产生输入的任意参变量的样板曲线供拟合分析,解释的精度因而大大提高;第二,印制出版的试井解释图版都是压降图版,而现场最经常进行的却是压力恢复测试,而且生产过程中产量往往不能保持稳定。在这些情形,使用压降图版进行解释,不免产生一些误差。而用试井解释软件,可由计算机根据实际产量和实际生产时间(即产量变化史),产生压力恢复或变产量情形的样板曲线(双对数曲线)供拟合分析,这也提高了解释的精度。实际上这也是一个双对数曲线拟合检验。第三,只有使用试井解释软件,用计算机进行解释时,才有可能进行试井解释结果的半对数曲线检验和压力史拟合检验(其实质就是数值模拟),而通过这些检验,可以大大提高解释结果的可靠性;特别是在没有测得完整的测试资料(如只测得早期段的数据)的情形,几乎无法用手工进行解释,而用计算机,却可以通过反复调整参数进行解释,再经上述检验,得出相对可靠的解释结果。21世纪初出现的用反褶积方法分析测试资料,则可更充分利用测试资料,进一步获得更多、更可靠的解释结果。

因此,试井解释软件的推广应用,使试井解释水平提高了一大步。

但是,目前世界上所有的试井解释软件,基本上都只是在计算机上重演手工操作的基础上,加上某些补充和改进。它们还不是可以使只具有一般试井解释常识的人能做出专家水平的解释的人工智能型专家系统。如果认为有了试井解释软件,解释人员就可以不必开动脑筋,只要依照软件操作说明一步一步地按键,计算机就会做出专家水平的准确可靠的解释,那就大错特错了。事实上,现在的试井解释软件,只能让计算机辅助解释工程师做好试井解释。要做出符合实际的、准确可靠的解释,还得靠解释工程师本人。譬如,油气藏的类型,虽然有的软件会提供一些选项供解释工程师选择时参考,甚至反褶积方法可以提供更符合地质实际模型的压力和压力导数曲线,但最终还得靠解释工程师,根据它们的形状和特征,以及地质研究的成果,进行判断和选择。在这项工作中,计算机起的作用,只是为解释工程师迅速处理数据、绘制并显示出压力曲线及压力导数曲线,做出更精准的拟合分析,使解释工程师从数据处理和绘图等繁琐工作中解放出来,把精力集中在准确地判断和选择解释模型上。在其他各项工作中也是如此。又如,当压力曲线和压力导数曲线与样板曲线的拟合不大理想时,在半对数曲线拟合或压力史拟合不大理想时,也得靠解释工程师根据所出现的情况作出判断,对样板曲线的参数或别的参数做出适当调整,以改进并最终获得令人满意的拟合,而这也是电脑无能为力的。在实际工作中,由于试井解释的多解性,也由于地层千差万别,影响压力变化和测量的因素又十分复杂,实测压力资料往往不象教科书上所说的那么标准、那么有规律,甚至出现千奇百怪的现象。遇到这种情形时,解释工程师做出每一个判断(如油气藏模型的选择、半对数直线段起始点的确定等),可能都要绞尽脑汁。因此,解释工程师必须掌握试井解释的基本理论和方法,必须懂得所用解释软件的功能和结构,以此指导实际操作,并不断总结和积累处理各种问题的经验。特别是当原始资料很不规则时,试井解释软件甚至毫无办法处理,只会按照操作手册按键的解释者将感到一筹莫展;但了解解释方法来龙去脉的、有经验的解释者,却还可以想别的办法解决。笔者就曾遇到过这样的情形:因为某些原因,要对多次改变产量的压降测试过程中的某几个流动段进行变产量叠加曲线的分析,解释软件却莫名其妙地怎么也做不出其叠加函数曲线;我和同事们便自己编个小程序进行计算,再画出叠加曲线,得出了解释结果。此外,还有一个问题必须注意,就是解释工程师必须向地质、地球物理、测井等专业的专家请教,了解测井和测试层的地质和测井研究成果,在解释时加以认真考虑,进行综合分析,特别是在油气藏类型诊断和外边界处理时,更是应当结合地质情况进行处置。例如,在无限大均质地层模型中加断层,应与地质情况相结合;同时,还必须知道加断层的处理方法,就是在原模型中叠加上一口镜像井,以造成等效的压力响应,压力曲线及导数曲线在加上断层后将会如何变化;若测试井附近有若干条断层,应在何处再加上多少口镜像井,如此等等。这样,在解释过程中,才能清楚地知道计算机在干什么,是怎么样干的,为了进一步改进解释结果,还应该叫计算机干些什么,而这又要通过哪些指令实现等,从而在整个解释过程中成为驾驭计算机的主人。

某些试井解释软件还给用户提供了充分发挥创造性的天地。如前面提到的产生新解释图版的功能,使用户可以按照实际的需要或所遇到的问题,产生新的解释模型,运用软件中的功能指令,产生新的符合需要的样板曲线或解释图版。要这样做,则要求解释工程师对试井解释理论和软件的指令及功能有更透彻的理解。有的软件允许用户自己编制宏文件(Macro),建立宏文件库。软件的数据处理和图形处理子程序,还可以用来处理其他非试井资料,即可以作为通用数据处理软件和绘图软件使用。

至于试井解释软件的操作方法,每个软件都不尽相同,但都配有操作说明书或使用手册加以详细说明,这里就不做介绍了。

第二节 试井解释注意事项

综上所述,进行不稳定试井解释,大致有如下几个步骤:

(1)了解测试井、层的基本情况和测试情况。例如测试层的岩性、测试层包含多少层、各层的测井解释结果、测试井的构造位置、附近的边界情况、测试井的类型(直井、斜井、水平井、部分射开井等)、完井方式、测试类型、测试过程(作业情况、开关井情况和生产情况等)、产出物情况、是否多相流动、测试工艺等。弄清这些情况对正确选择解释模型和认识、处理解释过程中出现的问题非常重要。

(2)录入数据。包括压力史数据、产量史数据、测试层和产出物的有关参数(如测试层厚度、孔隙度、测试井的半径等)和高压物性数据(产出物的体积系数、黏度、综合压缩系数等,气井情形还包括气体的偏差系数等)。

根据产量和流体性质化验分析资料(流体性质包括密度或相对密度、气油比、气体组分等)确定测试层属性(油层、气层还是水层);尤其在油气同出的情形,注意弄清产出流体的性质,根据有关标准,判定产出流体的类型,确定应该用油相、气相还是必须用两相流动模型进行解释。

准确可靠的测试资料是做出正确解释的前提。在得到从测试现场传来的资料,开始进行解释之前,首先要检查数据的可靠性和合理性。

通常测试时都会串联两支压力计下井(这两支压力计必须仍在标定合格的有效期内),它们所测得的资料应当一致;同时,压力曲线应当光滑,没有台阶状的、杂乱无序的或其他不正常的变化。要注意检查各流动阶段起始时刻的时间和压力数值。如有问题应分析其原因。

要仔细阅读测试日报等原始记录,把产量数据齐全、完整、准确无误地录入。在变产量情形,应把产量史适当细分成台阶状变化的序列,并验证其变化是否与压力史相符合。

这里要特别强调"认真""严细"的工作态度。处理资料是件很繁琐的事情,很容易出错。就是从测试日报统计产量(俗称"算油账")这么简单的事,计算无非是加减乘除,一点也不复杂,但稍不小心就会出错;可是,如前面所说,产量却是试井解释这一系统分析中最重要的输入信息,一旦出错,对解释过程和解释结果影响很大。

(3)划分测试阶段。查阅测试施工记录可以知道所有事件发生的时间,从而得到各个测试阶段(如二开、二关等)的起始时间;许多解释软件都会将压力史和产量史画在同一张图上,它们的变化应该互相对应或匹配;把压力史和产量史图适当放大,从放大图上可以更准确地确定各个测试阶段的起始时间和历时的长短。正确确定开关井时间也是很重要的,定得不准确会影响曲线的形状,对早期段的影响尤为严重。

(4)选择进行解释的测试阶段。一般情形只选择最好的(如延续时间最长、相关的产量最稳定、录取资料质量最高的)测试阶段进行解释。

但有条件时,应考虑将所有可以解释的测试阶段(如二关、三关等)都进行解释,以便互相验证,并有可能从不同测试阶段的资料解释结果得到更深入的认识。还可用重整压力 $\Delta p/q$ 及其导数 $\Delta p'/q$,把不同测试阶段的解释结果画在同一张双对数图上进行比较:它们的 $\Delta p'/q$—t 曲线的径向流动水平直线段应当互相重合;如果不能互相重合,则有必要对产量进行审核。如果不同测试阶段的 $\Delta p'/q$—t 曲线的径向流动段能互相重合,其他的差别则反映出井筒状况随流量的变化(如变井储、变表皮等)。

有时,由于某些原因,在某些阶段(如清井、产出物因故未进分离器等)未测得产量数据。此时可以根据测得的产量,通过对比井口压力或油嘴,来大致估算未测得的产量,但最有效且可靠的方法还是通过重整压力导数(即单位产量情形下的重整压力响应,见第十五章)来估算,用反褶积方法进行解释。

(5)绘制双对数图和半对数图。一旦选定了进行解释的测试阶段,解释软件就会在屏幕上显示出这个测试阶段的双对数曲线图和半对数曲线图。

(6)选择解释模型。根据双对数曲线图的形态和对测试井、层的基本情况的了解,可以初步确定应该选用的解释模型。有的软件还会提供若干个可能合适的模型,供用户选择。

(7)图版拟合。前面说过,在手工拟合情形,是将解释图版固定,将实测复合双对数曲线放置在解释图版上,在保持它们的坐标轴互相平行的前提下,通过上下、左右平移,让实测曲线与图版中的某一条样板曲线相拟合。但用计算机进行解释的情形,却并非如此。如 Kappa 公司的 Saphir 解释软件,是在画出实测曲线之后,根据用户选定的模型和输入的资料,产生一条样板曲线;并按用户确定的实测曲线径向流动段(实测导数曲线的水平直线段)和井筒储集效应段(实测压差曲线和压力导数曲线早期斜率为 1 的直线段,即 45°线)的位置,把用不同参数所产生的样板曲线叠合于其上,直至找到获得满意拟合结果的样板曲线。也就是说,在用计算机进行解释的情形,实质上是将实测曲线固定,而"平移"(实际是制作)解释图版,寻找能和实测曲线很好拟合的样板曲线,这就是最符合测试层和测试井实际情况的样板曲线。有的软件具有自动拟合的功能,也是固定了实测曲线,再根据所选模型和所输入高压物性参数,产生一条又一条样板曲线,一步一步地逼近实测曲线,直到获得最佳拟合。

(8)计算参数。图版拟合完毕,由拟合值计算的测试层和测试井的所有各项参数就已经得到了。在导数曲线上标出径向流动段,软件就会在半对数曲线上用该段的数据点画出直线段,并计算出所有各项参数。

(9)对比计算结果。由图版拟合解释和半对数分析以及其他方法算得的各项参数应当一致。如不一致应进行检查甚至重新解释。

(10)进行半对数曲线拟合检验和压力史(全程)拟合检验。用所选解释模型和解释结果产生的半对数曲线和压力史,应与实测半对数曲线和压力史相一致,如不一致应进行检查甚至重新解释。在过去,压力恢复的半对数曲线拟合检验用的是无量纲 Horner 曲线检验,现在有的软件(如 Saphir)直接用有量纲半对数曲线进行检验,但其道理或实质是完全一样的。

在解释过程中,应特别注意下列几个问题:

(1)慎重选择解释模型。这是至关重要的。因为如果模型选错了,得到的解释结果必定不符合实际,当然也不可能通过最后的半对数曲线拟合检验和压力史拟合检验,而不得不重新进行解释。为了能够较准确地选择解释模型,解释人员必须熟悉各种不同模型和不同流动阶段压力变化的形态特征,即各种不同模型和不同流动阶段的诊断曲线。

(2)在同时产出油气的情形,要特别注意产出流体的性质,根据有关标准,判定产出流体的类型,确定流动模型。

(3)与地质研究人员相结合,参考地质研究成果。试井解释是具有多解性的,很可能出现这样的情况:似乎有若干种模型都可用来解释,甚至结果都可以通过压力史拟合检验;但是测试层和测试井的实际情况只有一种。在这种情形,到底哪一个模型才符合实际,能得到地质研究结果的支持? 应参考地质研究成果,多听取地质研究人员的意见。笔者和中油测井技术服务有限责任公司的同事们在国外碰到这种情形时,总是先做出所有各种可能的解释,然后请教甲方(雇主)的地质工程师和油藏工程师,听取他们根据地质实际情况提出的意见,一起选定最符合地质实际的模型。我们的实践证明:这是一个很好的办法。

(4)尽可能多地了解测试情况。特别是当测试资料出现某些反常的情形时,要弄清楚原因,例如是否测试仪器有什么故障,井身井口出过什么问题,施工过程中有过什么情况(如出现何种误操作)等,以免把这些异常误认为是测试层(井)本身异常特性的反映,使解释误入歧途。

(5)准确划分测试阶段。上面已经说过:测试阶段(特别是进行解释的测试阶段)起始时间的确定是很重要的。如果定得不准确,会造成压差和压力导数计算的错误,使压力曲线及压力导数曲线变形、失真,使解释变得困难;在压力史和产量史图上,它们的变化应该互相对应或匹配,应据此准确地确定各个测试阶段的起始时间和结束时间。

有时会发生开关井并不是"瞬间完成"而是延续一个很短时间的问题。例如,如图 18-1 所示,假定从开始实施关井(时刻 A)到井完全关闭(时刻 B)持续了 20s(有人把这 20s 称为关井的"过渡期")。这时可试用如下两个办法,看哪个效果更好:

① 把关井时刻定在其前端时刻 A。这样显然增大了刚关井时的井筒储集效应,很可能要使用变井储的模型。

② 把关井时刻定在其后端时刻 B,则本应把关井前 20s 中的产量看作迅速降低,但因时间太短,叠加上一个低产量流动段又不好实现,或许可用"过渡期"前端时刻 A 的流动压力替换末端时刻 B 的实测压力,作为末端时刻 B 的流动压力(关井前流压),而不对产量加以任何处理。

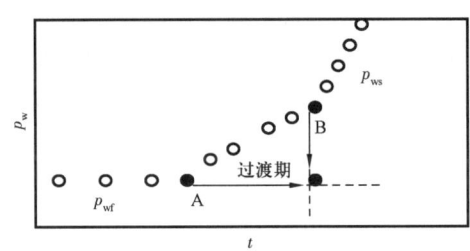

图 18-1　非瞬时关井情形下的压力取值

(6)多解释几个测试阶段进行对比。若有条件,应考虑将所有可以解释的测试阶段都进行解释,并进行比较,这样可对解释结果进行互相验证,使对解释结果的可靠性更有把握;同时还有可能从它们的差异中获得很有价值的信息。例如:表皮系数随着测试的进行逐步减小,这就给我们提供油层在不断解堵的信息;随着流动时间的增加,清井越来越彻底,近井地带的污染程度越来越降低。如果得到气井在不同产量下的拟表皮系数,还可以算出其真表皮系数等。

(7)适度使用"光滑化"方法。如果实测导数曲线的数据点很杂乱,可以考虑进行"光滑化"。但光滑化系数不要选得太高,以免使曲线失真(详见第五章第四节)。

(8)要注意曲线末端由于求导(特别是"光滑化")产生的"末端效应"。这是由于在移动窗口法计算导数时,使用了窗长范围内两端的数据点,当接近整个解释阶段的末端、离末端的距离小于窗长时,末端的数据点将被反复用以计算所有各点的导数,所以,如果末端的数据不准确,哪怕是只有最后一个点不准确,都会使得窗长内所有点的导数不准确,即所谓"影响一大片";特别是当"光滑化"系数选得较大时,末端效应可能使得末端相当长一段曲线严重变形或失真(见第五章第四节)。图 18-2(a)是最后几个点数值偏低的情形,图 18-2(b)是只有最后一个点数值偏高的情形,可以看到:其影响是多么大。若不注意,很可能把这种变形或失真当成外边界的反映加以解释。图 18-3(a)是末端效应造成的结果,而图 18-3(b)才是反映真实情况的曲线。所以,如果确认末端的数据有较大的误差,特别是计算导数时又进行了"光滑化"处理,对于末端出现的曲线异常,应当非常慎重地考虑和处理,不要把末端效应误解释为边界。

(9)检查解释结果的合理性。最后应将解释结果与所了解的各种情况相比较:与测试井井况、测试层情况相比较,与进行过测试的同层邻井情况相比较,与各参数的合理数值范围相比较,以保证解释结果的合理性。

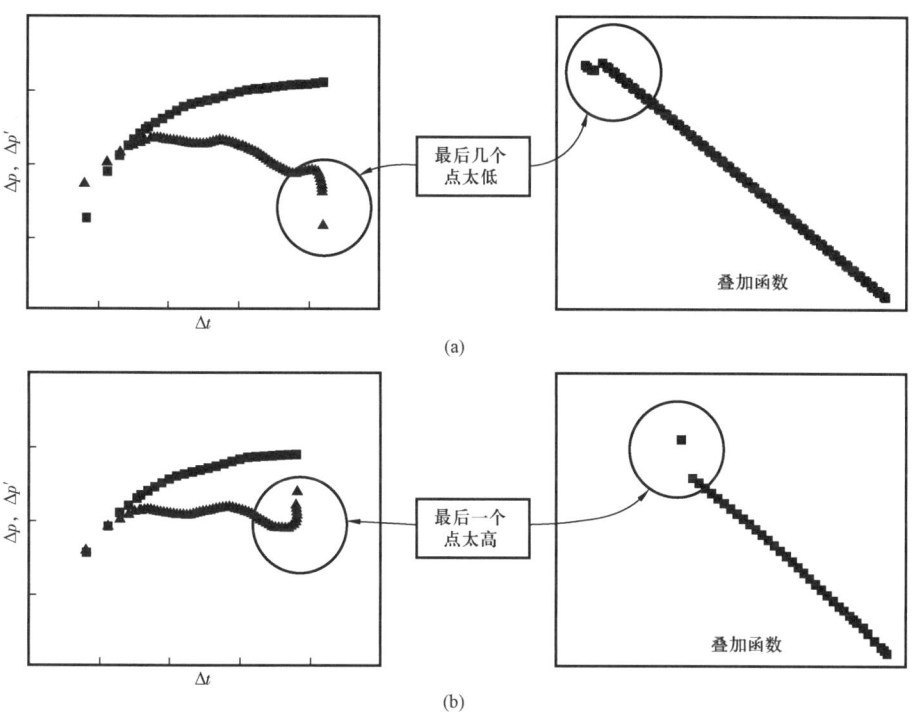

图 18-2 "末端效应"示意图

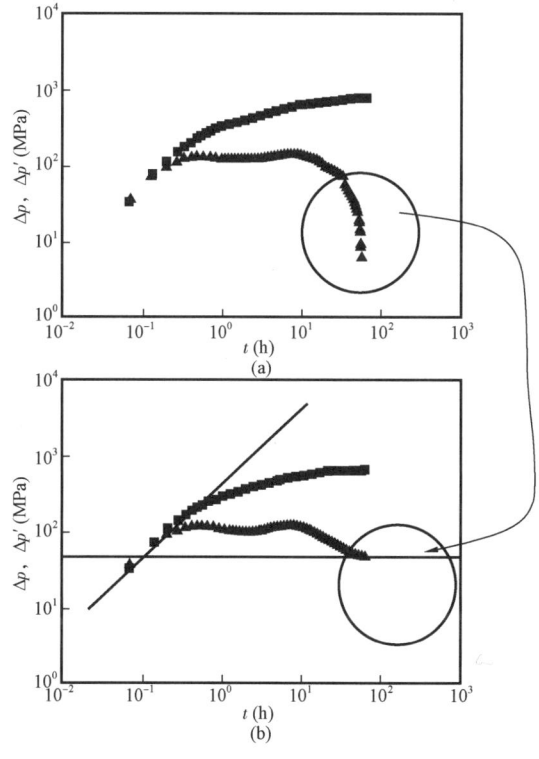

图 18-3 "末端效应"影响实例

第三节　试井解释报告内容提要

测试解释报告集中反映测试作业以及测试解释的成果,应按照有关行业标准或企业标准编制。试井解释报告一般包括下列几个部分:

(1)测试井层的基本数据。包括井号、井的类别、地理位置、构造位置、地面海拔高度、补心海拔高度、测试层位、层号、测试井段。钻井与录井的有关信息、完井日期、测井解释结果(岩性、有效厚度、孔隙度、渗透率、含水饱和度、解释结论等),测试井管柱结构、射孔资料(射孔时间、井段、孔密、总孔数、发射成功率等)。

(2)测试目的。

(3)测试简况及大事记。包括施工起止日期、施工工艺、封隔器位置、压力计下入深度、求产情况、测压测温情况以及测试过程的详细记录。

(4)解释结果。如前所述,我们现在所使用的现代试井解释方法,既包括了常规试井解释方法即半对数分析方法,也包括了双对数分析方法即图版拟合分析方法,以及其他多种方法。解释结果应该包括所有这些方法的结果,并且对用不同方法解释的结果做出比较,最后再作出压力史检验。

具体说来,结果分析除了对选择模型的考虑和根据之外,内容应包括:

① 对测试资料的评价;
② 测试井(层)产出物(油、气、水)及其性质;
③ 测试层的原始压力和压力系数(探井情形);
④ 测试层的渗透性(渗透率)和污染情况(表皮系数);
⑤ 测试层的储能比和孔隙内部流动因子(双重介质油气藏情形);
⑥ 井筒储集系数、探测半径和测试所探测到的边界情况;
⑦ 测试井(层)的产量和产能(PI 和 AOFP,产能试井情形)。

(5)结论和建议。在解释结果综合分析的基础上,对测试井和测试层作出评价,如果有可能,可对测试井(层)的其他重要特性(如测试层范围的大小、是否发生衰竭等)、对下一步的作业和投产应注意的问题,提出一些建设性意见。

(6)所有有关图幅和数据。根据测试类型不同,包含下列全部或部分图幅:

① 整个测试期间的压力、温度展开图;
② 各主要阶段的压力展开图;
③ 初关井压力恢复(Horner)曲线;
④ 进行解释的流动段的双对数曲线(含所拟合的理论曲线);
⑤ 进行解释的流动段的半对数曲线或叠加函数曲线;
⑥ 压力史拟合检验曲线;
⑦ 指示曲线和试井曲线(油井情形),产能曲线和 IPR 曲线(气井情形);
⑧ 其他,如压力或(和)温度梯度曲线[在测量压力或(和)温度梯度时]等。

数据表包括：

① 解释成果表；

② 压力温度数据表；

③ 原油分析报告(如果有的话)；

④ 其他。

为了提高工作效率,可以编制一份解释报告的"样板",预先构筑起解释报告的结构或"框架",包含所有解释报告应该包括的内容、表格甚至许多处处基本适用的文字描述,编写报告时只需按照当次测试的实际,选择样板中的某些部分(有时或许全部),有必要时在其基础上增添若干部分,把相应的内容(数据)往空表格里装填;对文字描述部分作适当的修改、删节和补充。

报告完稿后,一定要经过仔细检查、修改和审核,力求内容完整,数据准确,文字通顺,整洁美观,做到自己满意,力求让委托方满意。

参 考 文 献

[1] Dominique Bourdet. Well Test Analysis:The Use of Advanced Interpretation Models. Elsevier Science,2002.
[2] Matthews C S,Russell D G. Pressure Buildup and Flow Tests in Wells. The American Institute of Mining, Metallurgical, and Petroleum Engineers, Inc, 1967.
[3] Robert C Earlougher Jr. Advances in Well Test Analysis. The AmericanInstitute of Mining, Metallurgical, and Petroleum Engineers, Inc, 1977.
[4] Schlumberger Wireline & Testing. Modern Reservoir Testing. Schlumberger, 1994.
[5] Bourdet D, Whittle T M, Douglas A A, et al. A New Set of Type – Curves Simplified Well Test Analysis. World Oil, 1983(5).
[6] Alain C Gringarten. From Straight Lines to Deconvolution:the Evolution of the State of the Art in Well Test Analysis. SPE 102079,2006.
[7] Daungkaew S, Hollaender F, Gringarten A C. Frequently Asked Questions in Well Test Analysis. SPE 63077,2000.
[8] Bourdet D, Ayoub A, Pirard Y M. Use of Pressure Derivative in Well Test Interpretation. SPE 12777,1989.
[9] Alain C. Gringarten. Computer – aided Well Test Analysis. SPE 14099,1986.
[10] 庄惠农. 气藏动态描述和试井. 北京:石油工业出版社,2004.
[11] 姜礼尚,陈钟祥. 试井分析理论基础. 北京:石油工业出版社,1985.
[12] 童宪章. 压力恢复曲线在油、气田开发中的应用. 北京:石油工业出版社,1982.
[13] 《中国油气井测试资料解释范例》编写组. 中国油气井测试资料解释范例. 北京:石油工业出版社,1994.
[14] 刘能强,王崴. 试井解释诊断新方法试井解释诊断新方法——一阶压力导数(PPD). 油气井测试,2009,18(3):19 – 20,75 – 76.
[15] 陈元千著. 油气藏工程实践. 北京:石油工业出版社,2005.
[16] 朱亚东. 球形流试井分析方法. 油气井测试,1990(3):26 – 33.
[17] 黄登峰,刘能强. 数值试井在描述油气藏复杂边界中的应用. 油气井测试,2006(6):18 – 19,22,73.
[18] 朱亚东. 如何在公式中作单位换算. 古潜山,1991(1):页码不详.
[19] 柏松章,等. 碳酸盐岩潜山油田开发. 北京:石油工业出版社,1996.
[20] 王志愿,韩世庆,徐建平,等. 数值试井在白6 – 2井测试资料分析评价中的应用. 油气井测试,2006(3):19 – 20,22,76.
[21] 黄同珍. "一点法"试井在W气田的应用. 海上油气,1988,2(4):12.
[22] Thomas von Schroeter, Florian Hollaender, Alain C Gringarten:Deconvolution of Well Test Data as a Nonlinear Total Least Squares Problem. SPE 71574,2001.
[23] Alain C Gringarten, Manijeh Bozorgzadeh, Saifon Daungkaew, et al. Well Test Analysis in Lean Gas Condensate Reservoir:Theory and Practice. SPE 100993,2006.
[24] Spivey John P, Lee John W. 实用试井解释方法. 韩永新,孙贺东,等译. 北京:石油工业出版社,2016.
[25] Chaudhry A U. 油井试井手册. 张继红,张惠姝,等译. 北京:石油工业出版社,2008.
[26] Olivier Houzé, Didier Viturat, Ole S Fjaere. Dynamic Flow Analysis. KAPPA,2007.

附录 I
双对数复合曲线汇总

第五章详细介绍了 Gringarten(格林加登)压力图版 $\left(p_D - \dfrac{t_D}{C_D}\text{双对数曲线}\right)$ 和 Bourdet(布德)压力导数图版 $\left(p_D' - \dfrac{t_D}{C_D}\text{的双对数曲线}\right)$，以及把它们叠合在一起的复合图版 $\left(p_D \text{ 和 } p_D' - \dfrac{t_D}{C_D}\text{的双对数曲线}\right)$；在试井解释中，绘制出实测压力及其导数的复合曲线(Δp 和 $\Delta p' - \Delta t$ 的双对数曲线)，与复合图版进行拟合分析。因为不同类型模型的复合曲线，有其独特的形状，复合曲线和不同类型的模型之间几乎有"一一对应"的关系，因此这种双对数曲线被称为"诊断曲线"。一旦绘制出实测复合曲线，常常就可以从其形状大致判断出测试层和测试井的基本情况，识别其相应的试井解释模型，作为解释模型的首选，这就使得试井解释方向明确，更为简便。

下面是各种常见模型对应的复合曲线。把它们牢记于心，可在解释开始时绘制出实测压力及其导数的复合曲线后与之相比对，以迅速选择解释模型。

一、均质油气藏

1. 具井筒储集和表皮效应的井

早期的井筒储集阶段，两条曲线均呈斜率为 1 的直线，互相重合，由时间拟合值可算出井筒储集系数 C。

过渡段后呈现径向流动阶段，导数曲线成水平直线，拟合 0.5 线，立即得到唯一的拟合；由压力拟合值可算出 Kh，由曲线拟合值可算出 S。

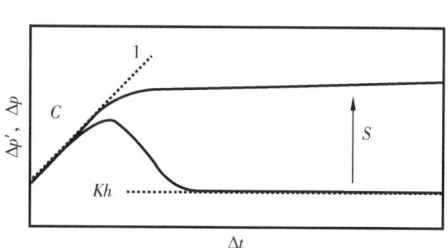

2. 具无限导流裂缝的井

早期的线性流动阶段，两条曲线均呈斜率为 1/2 的平行直线；拟径向流动阶段，导数曲线成水平直线，拟合 0.5 线。

由压力拟合值可算出 Kh，由时间拟合值可算出 x_f、C 和 S。

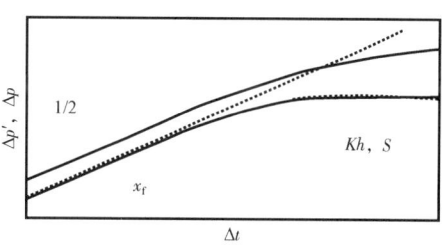

3. 具有限导流裂缝的井

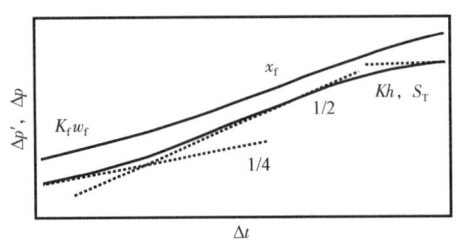

早期的双线性流动阶段,两条曲线均呈斜率为 1/4 的平行直线,它们之间的垂向距离为 lg4≈0.6021 个对数周期;由此段资料可算出 $h_f w_f$;然后可能出现线性流动阶段,两条曲线均呈斜率为 1/2 的平行直线,由此段资料可算出 x_f。

拟径向流动阶段,导数曲线呈水平直线,拟合 0.5 线,由压力拟合值可算出 Kh,由时间拟合值可算出 S。

4. 部分射开井

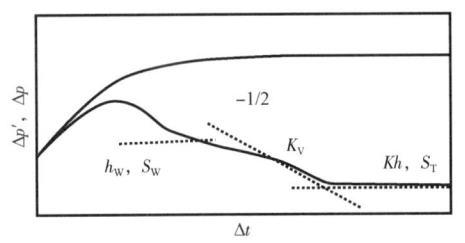

过渡段后出现(射开井段的)初始径向流动阶段,导数曲线应呈水平线,由此可算出射开厚度 h_w 和几何表皮系数 S_w。

然后出现球形流动阶段,流度增大,导数曲线呈斜率为 -1/2 的直线,由此可算出垂向渗透率 K_V。

最后是径向流动阶段,导数曲线成水平直线,拟合 0.5 水平直线,由此可算出测试层的 Kh 和总表皮系数 S_T。

5. 水平井

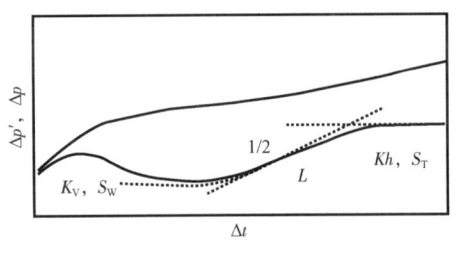

井筒储集阶段结束后,进入垂直径向流动阶段,导数曲线呈水平直线,拟合 $\dfrac{Kh}{2\sqrt{K_V K_H} L}$ 线,由压力拟合值和时间拟合值可算出 $\sqrt{K_V K_H}$ 和 K_V。

然后进入线性流动阶段,压力导数曲线呈斜率为 1/2 的直线。

最后进入后期拟径向流动阶段,导数曲线又呈水平直线,拟合 0.5 线,由压力拟合值可算出水平渗透率 K_H 和总表皮系数 S_T。

二、非均质油藏

1. 双重孔隙介质,介质间拟稳定窜流

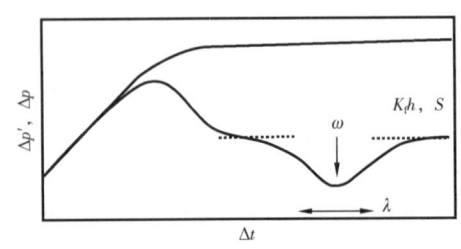

井筒储集结束后进入裂缝系统径向流动阶段,导数曲线呈水平直线,拟合 0.5 线,由压力拟合值可算出 $K_f h$;由时间拟合值可算出 C;接着是窜流段,储存系数增大,曲线呈一"凹子";由曲线拟合值可算出 S、ω 和 λ。

最后是总系统(基岩系统和裂缝网络系统)径向流动阶段,导数曲线又呈水平直线(与裂缝

网络系统径向流动阶段的水平直线同高)。

2. 双重孔隙介质,介质间不稳定窜流

井筒储集效应结束后进入过渡段,然后进入介质之间不稳定流动的径向流动阶段,导数曲线呈水平直线,拟合 0.25 线。

最后过渡到整个系统(基岩系统和裂缝网络系统)径向流动阶段,导数曲线爬升后再呈水平直线,拟合 0.5 线;由拟合值可算出 $K_t h$ 和 S。

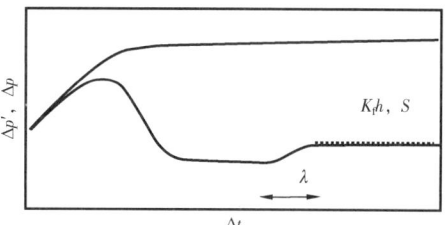

3. 双重渗透介质(双层油藏;$S_1 = S_2$;层间无窜流)

井筒储集效应结束后,出现一过渡段,即层间窜流阶段,储存系数增大,表现为一个小"凹子";由此可算出 ω、κ 和 λ。

最后进入整个系统的径向流动阶段,导数曲线呈水平直线,拟合 0.5 线,由压力拟合值可算出 $Kh_1 + Kh_2$,由时间拟合值可算出 C 和 S_T。

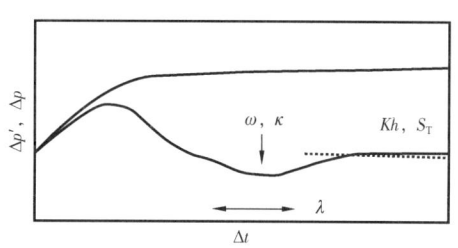

4. 双重渗透介质(部分射开井;$S_1 = \infty$)

井筒储集效应结束后,进入(射开部分)早期径向流动阶段,导数曲线呈近似的水平直线段,由此可算出射开部分产层的 $K_2 h_2$ 和 S_2。

然后进入过渡段,流动系数增大;由此可算出 λ。

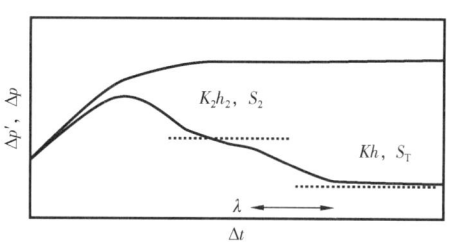

最后进入(整个油层)晚期径向流动阶段,导数曲线呈水平直线段,可拟合 0.5 线,算出 $Kh_1 + Kh_2$ 和 S_T。

5. 径向复合油气藏

井筒储集效应结束后,进入早期(内圆区 1)径向流动阶段,导数曲线呈水平直线,拟合 0.5 线,由拟合值可算出内圆区的 $K_1 h$ 和 S_W。

然后进入过渡段,随流动系数 $\dfrac{Kh}{\mu}$ 变小或变大而上升或下降;由其开始时间可估算出内圆区的半径 R。

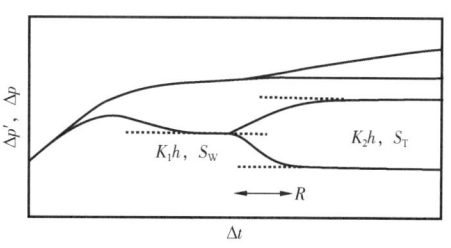

最后是晚期(外圆区 2)径向流动阶段,导数曲线呈水平直线,拟合 $0.5 M_{12}$ 线,由拟合值可算出外区的 $K_2 h$ 和 S_T。

6. 线性复合油气藏

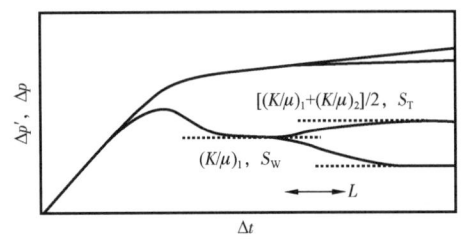

井筒储集效应结束后,进入早期(井所在一侧,区1)的径向流动阶段,导数曲线呈水平直线,拟合0.5线,可算出$\left(\dfrac{K}{\mu}\right)_1$和$S_W$。

然后进入过渡段,随流动系数$\dfrac{Kh}{\mu}$变小或变大而上升或下降;由其开始时间可估算出井到复合边界的距离L。

最后是晚期(全系统)径向流动阶段;由拟合值可算出$\left[\left(\dfrac{K}{\mu}\right)_1+\left(\dfrac{K}{\mu}\right)_2\right]/2$和$S_T$。

三、外边界

1. 一条不渗透边界

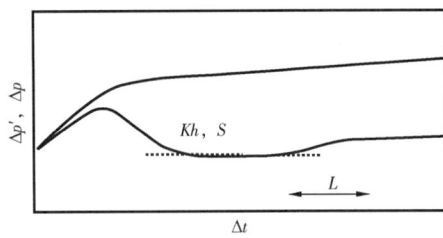

井筒储集效应结束后,进入径向流动阶段,导数曲线呈水平直线,拟合0.5线;由拟合值可算出Kh和S。

随后出现半径向流动,导数曲线上抬(过渡段,由此可算出L)呈另一水平直线,拟合1线。

2. 条带状油气藏

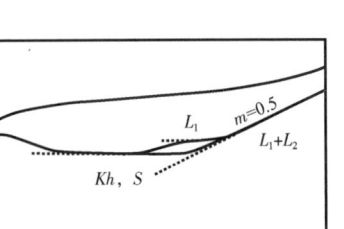

井筒储集效应结束后,进入径向流动阶段,导数曲线呈水平直线,拟合0.5线;由此可算出Kh和S。

当井不在中心时,将会呈现近处边界的反映,导数曲线上抬拟合1线(上),由此可算出L_1。

然后,进入线性流动阶段,导数曲线呈斜率为1/2的直线(下),可算出L_1+L_2。

3. 一端封闭的条带状油气藏(井位于正中间)

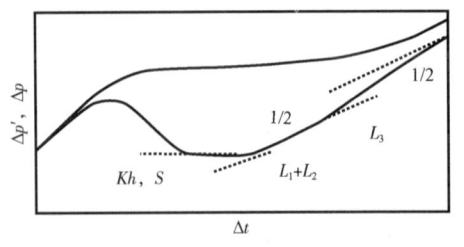

井筒储集效应结束后,进入径向流动阶段,导数曲线呈水平直线,拟合0.5线;由拟合值可算出Kh和S。

接着进入线性流动阶段,导数曲线呈斜率为1/2的直线,可算出L_1+L_2;然后会出现封闭端边界(L_3)的反映,最后出现半线性流动阶段,导数曲线又呈斜率为1/2的直线。

4. 两条相交直线断层(夹角为 θ)

井在角平分线上的情形:井筒储集效应结束后,进入径向流动阶段,导数曲线呈水平直线,拟合 0.5 线;由拟合值可算出 Kh 和 S;接着进入线性流动阶段,导数曲线呈斜率为 1/2 的直线;最后是外边界反映段,导数曲线抬高至 $180/\theta$ 的水平线,可算出夹角 θ 值。

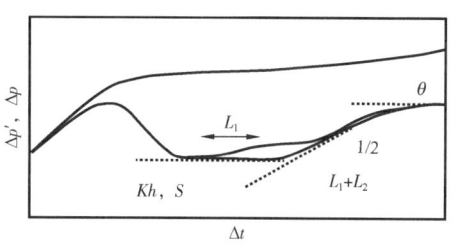

井不在角平分线上的情形:在径向流动阶段和线性流动阶段之间添加一半径向流动阶段(导数曲线添加一水平台阶),由此可算出离近处断层 L_1 的距离。

5. 封闭系统(井位于正中的情形)

井筒储集效应结束后,进入径向流动阶段,导数曲线呈水平直线,拟合 0.5 线,由拟合值可算出 Kh 和 S。

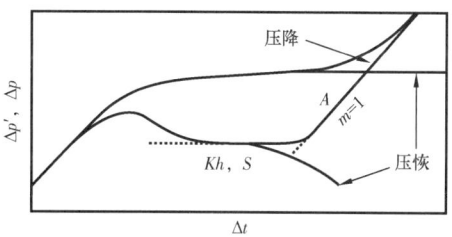

压降曲线:在所有外边界影响都到达之后,进入拟稳定流动阶段,导数曲线呈斜率为 1 的直线(上),由此可算出系统的面积 A 和储量 N。(若井不在正中,在径向流动阶段和拟稳定流动阶段之间,将出现一个或几个或隐或显的上升台阶。)

压力恢复曲线:没有拟稳定流动阶段。导数曲线迅速下滑(下)。

6. 长宽比很大的长方形封闭系统

井筒储集效应结束后,进入径向流动阶段,导数曲线呈水平直线,拟合 0.5 线,由拟合值可算出 Kh 和 S;然后进入线性流动阶段,导数曲线呈斜率为 1/2 的直线,可算出 $L_1 + L_2$。

压降曲线:线性流动阶段之后将进入拟稳定流动阶段,导数曲线呈斜率为 1 的直线(上),由此可算出系统的面积 A 和储量 N。如果长宽比不是特别大,在径向流动阶段和拟稳定流动阶段之间,可能隐约出现一个上升台阶。

压力恢复曲线:无拟稳定流动阶段。导数曲线迅速下滑(下)。

7. 在两条相交断层之间的封闭系统

井筒储集效应结束后,进入径向流动阶段,导数曲线呈水平直线,拟合 0.5 线,由拟合值可算出 Kh 和 S;接着进入相交断层的反映,导数曲线成值为 $180/\theta$ 的水平直线,可算出夹角 θ 值;然后出现线性流动阶段,导数曲线呈斜率为 1/2 的直线。

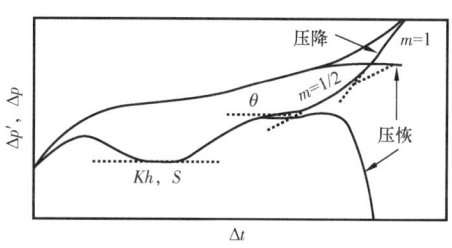

压降曲线:最后进入拟稳定流动阶段,导数曲线呈斜率为 1 的直线(上),由此可算出系统的面积 A 和储量 N。

压力恢复曲线：没有拟稳定流动阶段。导数曲线迅速下滑（下）。

8. 一条恒压边界

井筒储集效应结束后，进入径向流动阶段，导数曲线呈水平直线，拟合 0.5 线，由拟合值可算出 Kh 和 S；然后，在恒压边界影响下，导数曲线迅速下滑。

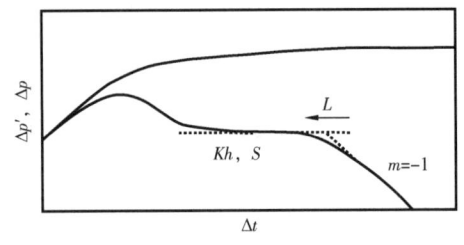

附录 Ⅱ
公式的单位变换

我们常常需要把某一单位制下的公式变换成另一单位制下的公式。在进行变换时,要把公式中的每一个物理量从原单位化成新单位。这里通过一个实例说明变换的方法。

使用基本物理单位时,压降公式{详见式[3-34(b)]}为:

$$p_{wf}(t) = p_i - \frac{q\mu B}{4\pi Kh}\left(2.302585\lg\frac{Kt}{\phi\mu C_t r_w^2} + 0.80907 + 2S\right) \quad (Ⅱ-1)$$

现在要把它换算成法定计量单位制下的公式。

式(Ⅱ-1)是在使用基本物理单位的情形(下称原单位制)下成立的,即式中所有物理量都必须使用达西混合单位:

$p_{wf}(t), p_i$——atm; $\quad\quad\quad\quad\quad q$——cm³/s;
μ——cP; $\quad\quad\quad\quad\quad\quad\quad B$——cm³/cm³(无量纲);
K——D; $\quad\quad\quad\quad\quad\quad\quad h, r_w$——cm;
T——s; $\quad\quad\quad\quad\quad\quad\quad \phi$——小数;
C_t——atm^{-1}; $\quad\quad\quad\quad\quad S$——无量纲。

在法定计量单位制(下称新原单位制)下,设流动压力为 p_{wf}(MPa)、原始压力为 p_i(MPa)、产量为 q(m³/d)、黏度为 μ(mPa·s)、体积系数为 Bcm³/cm³(无量纲)、渗透率为 K(mD)、生产时间为 t(h)、孔隙度为 ϕ(小数)、综合压缩系数为 C_t(MPa^{-1})、井径为 r_w(m)、表皮系数为 S(无量纲)。显然,要使式(Ⅱ-1)成立,这些量必须全部化成原单位:

$p_{wf}(\text{MPa}) = 9.86923 p_{wf}(\text{atm})$

$p_i(\text{MPa}) = 9.86923 p_i(\text{atm})$

$q(\text{m}^3/\text{d}) = (10^6/86400) q(\text{cm}^3/\text{s})$

$\mu(\text{mPa}\cdot\text{s}) = \mu(\text{cP})$

$B(\text{m}^3/\text{m}^3) = B(\text{cm}^3/\text{cm}^3)$

$K(\text{mD}) = 0.001 K(\text{D})$

$h(\text{m}) = 100 h(\text{cm})$

$t(\text{h}) = 3600 t(\text{s})$

$\phi(\text{小数}) = \phi(\text{小数})$

$C_t(\text{MPa}^{-1}) = C_t/9.86923(\text{atm}^{-1})$

$r_w(\text{m}) = 100 r_w(\text{cm})$

$S(\text{无量纲}) = S(\text{无量纲})$

现在把它们代入式(Ⅱ-1),得:

$$[9.86923 p_{wf}(t)] = (9.86923 p_i) - \frac{[(10^6/86400)q]\mu B}{4\pi(0.001K)(100h)}$$
$$\left(2.303 \lg \frac{(0.001K)(3600t)}{\phi\mu(C_t/9.86923)(100r_w)^2} + 0.80907 + 2S\right) \quad (\text{Ⅱ}-2)$$

化简得:

$$p_{wf}(t) = p_i - \frac{2.1489 q\mu B}{Kh}\left(\lg\frac{Kt}{\phi\mu C_t r_w^2} - 2.0977 + 0.8686S\right) \quad (\text{Ⅱ}-3)$$

式(Ⅱ-2)和式(Ⅱ-3)中的各个物理量都是用的新单位。这就是说,式(Ⅱ-3)在所有物理量都取新单位时成立。也就是说,它是新单位制下的公式[3-36(b)]。但我们现在使用的是式[3-36(a)]:

$$p_{wf}(t) = p_i - \frac{2.121 q\mu B}{Kh}\left(\lg\frac{Kt}{\phi\mu C_t r_w^2} - 2.0923 + 0.8686S\right) \quad (\text{Ⅱ}-4)$$

其原因是因为原来规定:渗透率的法定单位为二次方微米(μm^2),在此规定下,式(Ⅱ-3)写作:

$$p_{wf}(t) = p_i - \frac{2.121\times 10^{-3} q\mu B}{Kh}\left(\lg\frac{Kt}{\phi\mu C_t r_w^2} + 0.9077 + 0.8686S\right) \quad (\text{Ⅱ}-5)$$

后来在新行业标准 SY/T 6580—2004《石油天然气勘探开发常用量和单位》中,又重新规定:渗透率的法定单位为毫达西(mD),并规定使用近似式 $1mD = 0.001\mu m^2$,于是由式(Ⅱ-5)导出了式(Ⅱ-4)。

公式单位变换的具体做法可归纳如下:

(1) 列出公式中所有物理量的原单位和新单位,以及它们之间的换算关系。原单位和新单位之间的换算关系指的是把新单位表示成原单位的关系式,即以

$$1 \text{ 新单位} = ? \text{ 原单位}$$

的形式表示的关系式。如在本例中,可列出表Ⅱ-1。

表Ⅱ-1 原单位和新单位之间的关系

物理量	原单位	新单位	新单位和原单位之间的关系
$p_{wf}(t), p_i$	atm	MPa	$1MPa = 9.86923 atm$
q	cm^3/s	m^3/d	$1m^3/d = 10^6/86400 cm^3/s$
μ	cP	$mPa \cdot s$	$1mPa \cdot s = 1cP$
B	cm^3/cm^3	m^3/m^3	$1m^3/m^3 = 1cm^3/cm^3$
K	D	mD	$1mD = 0.001D$
h, r_w	cm	m	$1m = 100cm$
t	s	h	$1h = 3600s$

续表

物理量	原单位	新单位	新单位和原单位之间的关系
ϕ	小数	小数	保持不变
C_t	atm^{-1}	MPa^{-1}	1MPa^{-1} = 1/9.86923 atm^{-1}
S	无量纲	无量纲	保持不变

(2)在原公式中,保持所有的常系数不变,将每一个物理量乘以其新单位化成原单位的换算系数。如在本例中,保持原公式中的常系数 4π 和 2.302585 不变;$p_{wf}(t)$ 和 p_i 各乘以 9.86923;q 乘以 $10^6/86400$;μ 和 B 各乘以 1(即保持不变);K 乘以 0.001;h 和 r_w 各乘以 100;…,无量纲量应保持不变,见式(Ⅱ-2)。

(3)整理化简,就得到新单位制下的公式。

附录Ⅲ
符号及单位表

符号	代表的参数	法定单位	常用工程单位	英制单位	达西单位
a	气体二项式产能方程层流项系数	$MPa^2/(10^4 m^3/d)$	$(kg/cm^2)^2/(10^4 m^3/d)$	$psi^2/(10^3 ft^3/d)$	$atm^2/(cm^3/s)$
A	油(气)藏面积	m^2	m^2	ft^2	cm^2
A_{noise}	噪声最大值	MPa	kg/cm^2	psi	atm
b	气体二项式产能方程湍流项系数	$MPa^2/(10^4 m^3/d)^2$	$(kg/cm^2)^2/(10^4 m^3/d)^2$	$psi^2/(10^3 ft^3/d)^2$	$atm^2/(cm^3/s)^2$
B	体积系数	m^3/m^3	m^3/m^3	RB/STB	cm^3/cm^3
C	(弹性)压缩系数	MPa^{-1}	$(kg/cm^2)^{-1}$	psi^{-1}	atm^{-1}
C_g	气体的压缩系数	MPa^{-1}	$(kg/cm^2)^{-1}$	psi^{-1}	atm^{-1}
C_f	岩石的压缩系数	MPa^{-1}	$(kg/cm^2)^{-1}$	psi^{-1}	atm^{-1}
C_o	油的压缩系数	MPa^{-1}	$(kg/cm^2)^{-1}$	psi^{-1}	atm^{-1}
C_w	水的压缩系数	MPa^{-1}	$(kg/cm^2)^{-1}$	psi^{-1}	atm^{-1}
C_t	地层的总压缩系数	MPa^{-1}	$(kg/cm^2)^{-1}$	psi^{-1}	atm^{-1}
C_{tf}	裂缝系统的总压缩系数	MPa^{-1}	$(kg/cm^2)^{-1}$	psi^{-1}	atm^{-1}
C_{tm}	基质岩块系统的总压缩系数	MPa^{-1}	$(kg/cm^2)^{-1}$	psi^{-1}	atm^{-1}
C	(气体指数式)产能方程系数	$10^4 m^3/(d \cdot MPa^{2n})$	$10^4 m^3/[d \cdot (kg/cm^2)^{2n}]$	$10^3 ft^3/(d \cdot psi^{2n})$	$cm^3/(s \cdot atm^{2n})$
C	井筒储集系数	m^3/MPa	$m^3/(kg/cm^2)$	bbl/psi	cm^3/atm
C_D	无量纲井筒储集系数	无量纲	无量纲	无量纲	无量纲
C_{Df}	裂缝系统的无量纲井筒储集系数	无量纲	无量纲	无量纲	无量纲
C_{Df+m}	整个系统的无量纲井筒储集系数	无量纲	无量纲	无量纲	无量纲
C_{D1}	高渗透层的无量纲井筒储集系数	无量纲	无量纲	无量纲	无量纲
C_{D2}	低渗透层的无量纲井筒储集系数	无量纲	无量纲	无量纲	无量纲
D	非达西流系数	$(10^4 m^3/d)^{-1}$ $(m^3/d)^{-1}$	$(10^4 m^3/d)^{-1}$ $(m^3/d)^{-1}$	$(10^3 ft^3/d)^{-1}$ $(10^6 ft^3/d)^{-1}$	$(cm^3/s)^{-1}$
D	深度	m	m	ft	cm
DF	伤害系数	无量纲	无量纲	无量纲	无量纲

续表

符号	代表的参数	法定单位	常用工程单位	英制单位	达西单位
DR	堵塞比	无量纲	无量纲	无量纲	无量纲
e	自然对数的底：$e=2.7182818\cdots$				
Ei	指数积分函数				
F	复合油藏两个区的储能比	无量纲	无量纲	无量纲	无量纲
F_{CD}	无量纲裂缝传导系数	无量纲	无量纲	无量纲	无量纲
FE	流动效率	无量纲	无量纲	无量纲	无量纲
h	油(气)层有效厚度	m	m	ft	cm
h_1	高渗透层厚度	m	m	ft	cm
h_2	低渗透层厚度	m	m	ft	cm
J_o	采油指数(生产指数)	$m^3/(d \cdot MPa)$	$m^3/(d \cdot at)$	$bbl/(d \cdot psi)$	$cm^3/(s \cdot atm)$
K	(有效)渗透率	mD	mD	mD	D
K_f	裂缝系统(有效)渗透率	mD	mD	mD	D
K_m	基质岩块系统(有效)渗透率	mD	mD	mD	D
K_1	高渗透层(有效)渗透率	mD	mD	mD	D
K_2	低渗透层(有效)渗透率	mD	mD	mD	D
K_H	水平(方向)渗透率	mD	mD	mD	D
K_V	垂直(方向)渗透率	mD	mD	mD	D
K_g	多相流情形气相渗透率	mD	mD	mD	D
K_o	多相流情形油相渗透率	mD	mD	mD	D
K_w	多相流情形水相渗透率	mD	mD	mD	D
K_{fD}	无量纲裂缝系统渗透率	无量纲	无量纲	无量纲	无量纲
K_S, K_{wB}	井筒附近表皮区渗透率	mD	mD	mD	D
$\dfrac{Kh}{\mu}$	流动系数	$mD \cdot m/(mPa \cdot s)$	$mD \cdot m/cP$	$mD \cdot ft/cP$	$D \cdot cm/cP$
$\dfrac{K}{\mu}$	流度	$mD/(mPa \cdot s)$	mD/cP	mD/cP	D/cP
Kh	地层系数	$mD \cdot m$	$mD \cdot m$	$mD \cdot ft$	$D \cdot cm$
$\left(\dfrac{K}{\mu}\right)_t$	多相流情形的总流度	$mD/(mPa \cdot s)$	mD/cP	mD/cP	D/cP
$\left(\dfrac{K}{\mu}\right)_1$	复合油藏情形内区或1区的流度	$mD/(mPa \cdot s)$	mD/cP	mD/cP	D/cP
$\left(\dfrac{K}{\mu}\right)_2$	复合油藏情形外区或2区的流度	$mD/(mPa \cdot s)$	mD/cP	mD/cP	D/cP

续表

符号	代表的参数	法定单位	常用工程单位	英制单位	达西单位
$\left(\dfrac{K}{\mu}\right)_a$	线性复合油藏情形两区的平均流度	mD/(mPa·s)	mD/cP	mD/cP	D/cP
$\left(\dfrac{K}{\mu}\right)_o$	多相流情形油相的流度	mD/(mPa·s)	mD/cP	mD/cP	D/cP
$\left(\dfrac{K}{\mu}\right)_g$	多相流情形气相的流度	mD/(mPa·s)	mD/cP	mD/cP	D/cP
$\left(\dfrac{K}{\mu}\right)_w$	多相流情形水相的流度	mD/(mPa·s)	mD/cP	mD/cP	D/cP
l, L	长度	m	m	ft	cm
L, L_1, L_2	测试井到不渗透边界的距离	m	m	ft	cm
L_D	无量纲水平井段长度	无量纲	无量纲	无量纲	无量纲
lg	常用对数(以10为底的对数)				
ln	自然对数(以e为底的对数)				
m	质量	g, kg	g, kg	lb	g
M_c	凝析油的摩尔质量	g/mol, kg/kmol	g/mol, kg/kmol	lb/mol	g/mol
M	复合油藏两个区的流度比	无量纲	无量纲	无量纲	无量纲
m	压降和压力恢复曲线径向流动(包括水平井初始径向流动)半对数直线段斜率的绝对值	MPa/对数周期	(kg/cm²)/对数周期	psi/对数周期	atm/对数周期
m	纯井筒储集阶段 Δp—t 关系曲线的斜率	MPa/h	(kg/cm²)/h	psi/h	atm/s
m'	水平井第二初始径向流动半对数直线段斜率的绝对值	MPa/对数周期	(kg/cm²)/对数周期	psi/对数周期	atm/对数周期
m^*	拟稳定流动阶段 p_{wf}—t 关系曲线斜率的绝对值	MPa/h	(kg/cm²)/h	psi/h	atm/s
m_1	复合油藏情形第一直线段的斜率	MPa/对数周期	(kg/cm²)/对数周期	psi/对数周期	atm/对数周期
m_2	复合油藏情形第二直线段的斜率	MPa/对数周期	(kg/cm²)/对数周期	psi/对数周期	atm/对数周期
m''	无限导流垂直裂缝早期段 Δp—$\sqrt{t}$ 关系曲线斜率的绝对值	MPa/h$^{1/2}$	(kg/cm²)/h$^{1/2}$	psi/h$^{1/2}$	atm/s$^{1/2}$
m'''	有限导流垂直裂缝早期段 Δp—$\sqrt[4]{t}$ 关系曲线斜率的绝对值	MPa/h$^{1/4}$	(kg/cm²)/h$^{1/4}$	psi/h$^{1/4}$	atm/s$^{1/4}$
N	地质储量	m³, 10⁴m³	m³	bbl	cm³
N_R	可采储量	m³	m³	bbl	cm³
n	渗流指数(气体指数式产能方程的指数)	无量纲	无量纲	无量纲	无量纲

续表

符号	代表的参数	法定单位	常用工程单位	英制单位	达西单位
n	气体的摩尔数	无量纲	无量纲	无量纲	无量纲
p	压力	MPa	kg/cm²	psi	atm
p_b	饱和压力	MPa	kg/cm²	psi	atm
p_i	原始压力	MPa	kg/cm²	psi	atm
p_0	参考点压力	MPa	kg/cm²	psi	atm
p_R	地层压力	MPa	kg/cm²	psi	atm
p_{SC}	标准状态的压力	=0.101325MPa	=1.03323kg/cm²	=14.6959psi	=1atm
p_w	井底压力	MPa	kg/cm²	psi	atm
$\bar{p}$	平均压力	MPa	kg/cm²	psi	atm
p^*	外推压力	MPa	kg/cm²	psi	atm
$p(r,t)$	距离井 r 远处、在时刻 t 的压力	MPa	kg/cm²	psi	atm
$p_{wf}(t)$	(开井生产)t 时刻的井底流动压力	MPa	kg/cm²	psi	atm
$p_{ws}(\Delta t)$	(关井)Δt 时刻的关井井底压力	MPa	kg/cm²	psi	atm
p_D	无量纲压力	无量纲	无量纲	无量纲	无量纲
p'_D	无量纲压力 p_D 对 $\ln(t_D/C_D)$ 的导数	无量纲	无量纲	无量纲	无量纲
Δp	压(力)差、压(力)降	MPa	kg/cm²	psi	atm
Δp_s	由表皮效应造成的附加压降	MPa	kg/cm²	psi	atm
$\Delta p(1h)$	压降曲线、压力恢复曲线的直线段或其延长线上对应于1小时的压力	MPa	kg/cm²	psi	atm
$p', \Delta p'$	压差 Δp 对 $\ln t$ 或 $\ln\left(\dfrac{t_p\Delta t}{t_p+\Delta t}\right)$ 的导数	MPa	kg/cm²	psi	atm
q, q_o	油产量	m³/d	m³/d	bbl/d	cm³/s
q_g	气产量	10⁴m³/d	10⁴m³/d	10³ft³/d, 10⁶ft³/d	cm³/s
q_{ge}	凝析油折算气产量	10⁴m³/d	10⁴m³/d	10³ft³/d, 10⁶ft³/d	cm³/s
q_{AOF}	气井无阻流量	10⁴m³/d	10⁴m³/d	10⁶ft³/d	cm³/s
Q	累计产油(气)量	10⁴m³	10⁴m³	10³ft³, 10⁶ft³	cm³
r, R	距离	m	m	ft	cm
R	气体常数 [$R=0.008315$(MPa·m³)/(kmol·K)]	(MPa·m³)/(kmol·K)	(kg/cm²)·m³/(kmol·K)	psi·ft³/(lbmol·°R)	atm·cm³/(mol·K)
r_w	井的半径	m	m	ft	cm
r_D	无量纲距离	无量纲	无量纲	无量纲	无量纲
r_e	油井的供给半径	m	m	ft	cm
r_i	测试的调查半径(影响半径、探测半径)	m	m	ft	cm

续表

符号	代表的参数	法定单位	常用工程单位	英制单位	达西单位
r_{we}	井的有效半径（折算半径）	m	m	ft	cm
r_{wD}	无量纲井筒半径	无量纲	无量纲	无量纲	无量纲
S	表皮系数	无量纲	无量纲	无量纲	无量纲
S_a	拟表皮系数	无量纲	无量纲	无量纲	无量纲
S_W	井壁污染表皮系数	无量纲	无量纲	无量纲	无量纲
S_T	总表皮系数	无量纲	无量纲	无量纲	无量纲
S_o	含油饱和度	无量纲	无量纲	无量纲	无量纲
S_w	含水饱和度	无量纲	无量纲	无量纲	无量纲
S_g	含气饱和度	无量纲	无量纲	无量纲	无量纲
t	生产时间	h	h	h	s
t_p	关井前生产时间	h	h	h	s
t_m, t'_m	极值点对应的时间	h	h	h	s
T_1	（干扰试井）关井时间	h	h	h	s
t_D	无量纲时间	无量纲	无量纲	无量纲	无量纲
t_{De}	无量纲时间	无量纲	无量纲	无量纲	无量纲
t_{Df}	无量纲时间	无量纲	无量纲	无量纲	无量纲
t_{DA}	无量纲时间	无量纲	无量纲	无量纲	无量纲
Δt	关井时间	h	h	h	s
T_f	气体温度	℃，K	℃，K	℉，°R	℃，K
T_{SC}	标准状态的温度	=20℃ =293.15K	=20℃ =293.15K	=60℉ =288.71K	=20℃ =293.15K
V	井筒容积	m^3	m^3	ft^3	cm^3
v	流体渗流速度	m/h	m/h	ft/h	cm/s
V_p	油(气)藏孔隙体积	m^3	m^3	bbl	cm^3
V_f	双重孔隙介质油(气)藏中裂缝系统相对体积	无量纲	无量纲	无量纲	无量纲
V_m	双重孔隙介质油(气)藏中基质岩块系统相对体积	无量纲	无量纲	无量纲	无量纲
V_u	单位长度油管的容积	m^3/m	m^3/m	bbl/ft	cm^3/cm
w	裂缝宽度	m	m	ft	cm
w_{fD}	无量纲裂缝宽度	无量纲	无量纲	无量纲	无量纲
x	距离	m	m	ft	cm
x_f	裂缝半长	m	m	ft	cm
x_D	无量纲距离	无量纲	无量纲	无量纲	无量纲
y	距离	m	m	ft	cm

续表

符号	代表的参数	法定单位	常用工程单位	英制单位	达西单位
y_D	无量纲距离	无量纲	无量纲	无量纲	无量纲
z	距离	m	m	ft	cm
z_D	无量纲距离	无量纲	无量纲	无量纲	无量纲
z_w	水平井到油层底面的距离	m	m	ft	cm
z_{wD}	水平井到油层底面的无量纲距离	无量纲	无量纲	无量纲	无量纲
Z	气体的偏差系数	无量纲	无量纲	无量纲	无量纲
$\bar{Z}$	气体偏差系数的平均值	无量纲	无量纲	无量纲	无量纲
Z_i	气藏原始状态下（原始压力和气藏温度条件下）的气体偏差系数	无量纲	无量纲	无量纲	无量纲
β'	双重介质油（气）藏介质间不稳定流参数	无量纲	无量纲	无量纲	无量纲
η	导压系数	mD·MPa/(mPa·s)	mD·kg/(cm²·cP)	mD·psi/cP	D·atm/cP
η_V	垂向导压系数	mD·MPa/(mPa·s)	mD·kg/(cm²·cP)	mD·psi/cP	D·atm/cP
η_H	水平导压系数	mD·MPa/(mPa·s)	mD·kg/(cm²·cP)	mD·psi/cP	D·atm/cP
κ	双渗介质油（气）藏的地层系数比	无量纲	无量纲	无量纲	无量纲
λ	介质内部流动因子（窜流系数）	无量纲	无量纲	无量纲	无量纲
μ	流体的黏度	mPa·s	cP	cP	cP
μ_i	气藏原始状态下（原始压力和气藏温度条件下）气体的黏度	mPa·s	cP	cP	cP
μ_g	气相的黏度	mPa·s	cP	cP	cP
μ_o	油相的黏度	mPa·s	cP	cP	cP
μ_w	水相的黏度	mPa·s	cP	cP	cP
$\bar{\mu}$	气体黏度的平均值	mPa·s	cP	cP	cP
ρ	密度	kg/m³	g/cm³	lb/ft³	g/cm³
ϕ	孔隙度	无量纲	无量纲	无量纲	无量纲
ϕ_f	裂缝网络系统的孔隙度	无量纲	无量纲	无量纲	无量纲
ϕ_m	基质岩块系统的孔隙度	无量纲	无量纲	无量纲	无量纲
ψ	真实气体的拟压力	MPa²/(mPa·s)	(kg/cm²)²/cP	psi²/cP	atm²/cP
$\Delta\psi$	拟压力差	MPa²/(mPa·s)	(kg/cm²)²/cP	psi²/cP	atm²/cP
θ	不渗透边界之间的夹角	度(°)	度(°)	度(°)	弧度

续表

符号	代表的参数	法定单位	常用工程单位	英制单位	达西单位
ω	双重孔隙介质系统的弹性储能比(弹性容量比)	无量纲	无量纲	无量纲	无量纲
γ_g	气体的相对密度	无量纲	无量纲	无量纲	无量纲

注:A—面积;D—无量纲;e—有效;f—裂缝网络系统、地层;f+m—裂缝网络系统+基质岩块系统;g—气;H—水平;i—原始状态;m—基质岩块系统;M—拟合值;o—油;p—生产;S—表皮效应;t—总的,综合的;V—垂直;w—井(底);wb—井筒;wf—井底,流动状态下;ws—井底,关井状态下;1h—(开井或关井后)1小时处。

附录 Ⅳ
不同单位制下的试井解释常用公式

说明：(1) 本附录中所列 4 种单位制的单位见附录 Ⅲ。
(2) 本附录中公式的编号与正文中相应公式的编号一致。

第二章

1. 裘比依(Dupuit)公式

$$q_o = \frac{C_1 Kh}{B\mu\left(\ln\frac{r_e}{r_w} + S\right)}(p_R - p_{wf}) = \frac{C_1 Kh}{B\mu\left(\ln\frac{r_e}{r_w} + S\right)}\Delta p \qquad (2-1)$$

单位制	法定计量单位制	常用工程单位制❶	英制单位	达西单位制
C_1 取值	0.5358	0.05254	7.08×10^{-3}	2π

2. 圆形封闭边界油藏拟稳定流动公式

$$q_o = \frac{C_2 Kh}{B\mu\left(\ln\frac{r_e}{r_w} - \frac{1}{2} + S\right)}(p_e - p_{wf}) = \frac{C_2 Kh}{B\mu\left(\ln\frac{r_e}{r_w} - \frac{1}{2} + S\right)}\Delta p \qquad (2-2)$$

$$q_o = \frac{C_2 Kh}{B\mu\left(\ln\frac{r_e}{r_w} - \frac{3}{4} + S\right)}(\bar{p} - p_{wf}) = \frac{C_2 Kh}{B\mu\left(\ln\frac{r_e}{r_w} - \frac{3}{4} + S\right)}\Delta p \qquad (2-3)$$

单位制	法定计量单位制	常用工程单位制	英制单位	达西单位制
C_2 取值	0.5358	0.05254	7.08×10^{-3}	2π

3. 用裘比依(Dupuit)公式估算流动系数

$$\frac{Kh}{\mu} = \frac{q_o B}{C_3 \Delta p}\left(\ln\frac{r_e}{r_w} + S\right) \qquad (\text{稳定流}) \qquad (2-4)$$

---

❶ 过去也称为"矿场实用单位制"，但现在已很少应用了。

$$\frac{Kh}{\mu} = \frac{q_o B}{C_3 \Delta p}\left(\ln\frac{r_e}{r_w} - \frac{3}{4} + S\right) \quad (\text{拟稳定流}) \qquad (2-5)$$

单位制	法定计量单位制	常用工程单位制	英制单位	达西单位制
C_3 取值	0.5358	0.05254	7.08×10^{-3}	2π

4. 气井压降方程(压力平方形式)

$$p_{wf}^2 = p_i^2 - C_{4-1}\frac{\bar{\mu}\bar{Z}p_{SC}q_g T_f}{T_{SC}Kh}\left(\lg\frac{Kt}{\phi\mu C_t r_w^2} + C_{4-2} + 0.8686 S_a\right) \qquad (2-12)$$

单位制	法定计量单位制	常用工程单位制	英制单位	达西单位制
C_{4-1} 取值	42420	4.383×10^5	5.792×10^4	0.3665
C_{4-2} 取值	-2.0923	-3.106	-3.2275	0.3514

5. 非达西流动系数

$$D = C_5 \frac{\gamma_g}{K^{0.47}\phi^{0.53}h r_w \mu_g} \qquad (2-22)$$

单位制	法定计量单位制	常用工程单位制	英制单位	达西单位制
C_5 取值	1.350×10^{-7}	1.350×10^{-7}	4.115×10^{-8}	4.5378×10^{-6}

第三章~第十一章

6. 达西定律

$$q = v_r S = \frac{C_6 r h K}{\mu}\frac{dp}{dr} \qquad (3-2)$$

单位制	法定计量单位制	常用工程单位制	英制单位	达西单位制
C_6 取值	5.358×10^{-3}	5.254×10^{-4}	2.323×10^{-4}	2π

7. 基本微分方程

$$\frac{\partial^2 p}{\partial r^2} + \frac{1}{r}\frac{\partial p}{\partial r} = \frac{\phi\mu C_t}{C_7 K}\frac{\partial p}{\partial t} \qquad (3-15)$$

$$\frac{\partial^2 p}{\partial r^2} + \frac{1}{r}\frac{\partial p}{\partial r} = \frac{1}{C_7 \eta}\frac{\partial p}{\partial t} \qquad (3-16)$$

单位制	法定计量单位制	常用工程单位制	英制单位	达西单位制
C_7 取值	3.6×10^{-3}	3.484×10^{-4}	2.637×10^{-4}	1

8. 各种情形下的压降公式

$$p(r,t) = p_i - \frac{q\mu B}{C_{8-1}Kh}\left[-\text{Ei}\left(-\frac{\phi\mu C_t r^2}{C_{8-2}Kt}\right)\right] \quad [3-26(a)]$$

$$p_{wf}(t) = p(r_w,t) = p_i + \frac{q\mu B}{C_{8-1}Kh}\text{Ei}\left(-\frac{\phi\mu C_t r_w^2}{C_{8-2}Kt}\right) \quad (3-30)$$

单位制	法定计量单位制	常用工程单位制	英制单位	达西单位制
C_{8-1} 取值	$0.3456\pi = 1.0857$	0.10508	0.01416	4π
C_{8-2} 取值	0.0144	1.394×10^{-3}	0.001055	4

$$p_{wf}(t) = p_i - \frac{q\mu B}{C_{8-3}Kh}\left(\ln\frac{Kt}{\phi\mu C_t r_w^2} + C_{8-4}\right) \quad (3-31)$$

单位制	法定计量单位制	常用工程单位制	英制单位	达西单位制
C_{8-3} 取值	$0.3456\pi = 1.0857$	0.10508	0.01416	4π
C_{8-4} 取值	0.80907	-7.153	-7.432	0.80907

$$p_{wf}(t) = p_i - \frac{C_{8-5}q\mu B}{Kh}\left(\lg\frac{Kt}{\phi\mu C_t r_w^2} + C_{8-6} + 0.8686S\right) \quad (3-36a, 11-36)$$

$$\Delta p = \frac{C_{8-5}q\mu B}{\sqrt{K_V K_H}L}\left[\lg\frac{\sqrt{K_V K_H}}{\phi\mu C_t r_w^2}t + C_{8-6} + 0.8686(S_W + S_{ani})\right] \quad (9-4)$$

$$\Delta p = \frac{C_{8-5}q\mu B}{K_H h}\left(\lg\frac{K_H}{\phi\mu C_t L^2}t + C_{8-6} + 0.8686S_T\right) \quad (9-8)$$

$$\Delta p = \frac{C_{8-5}q\mu B}{\sqrt{K_V K_H}L}\left(\lg\frac{\sqrt{K_V K_H}}{\phi\mu C_t r_w^2}t + C_{8-6} + 0.8686S_T\right) \quad (9-15)$$

$$\Delta p = \frac{C_{8-5}q\mu B}{K_H h}\left(\lg\frac{K_H}{\phi\mu C_t L^2}t + C_{8-6} + 0.8686S'_T\right) \quad (9-19)$$

$$p_{wf}(t) = p_i - \frac{C_{8-5}q\mu_1 B}{K_1 h}\left(\lg\frac{K_1 t}{(\phi\mu C_t)_1 r_w^2} + C_{8-6} + 0.8686S_W\right) \quad (11-16)$$

$$p_{wf}(t) = p_i - \frac{C_{8-5}q\mu_2 B}{K_2 h}\left(\lg\frac{K_2 t}{(\phi\mu C_t)_2 r_w^2} + C_{8-6} + 0.8686S_T\right) \quad (11-20)$$

$$p_{wf}(t) = p_i - \frac{C_{8-5}q\mu B}{Kh}\left[\lg\frac{Kt}{(\phi\mu C_t)_1 r_w^2} + C_{8-6} + 0.8686S_W\right] \quad (11-25)$$

$$p_{wf}(t) = p_i - \frac{C_{8-5}q\mu B}{Kh}\left[\lg\frac{Kt}{(\phi\mu C_t)_2 r_w^2} + C_{8-6} + 0.8686 S_T\right] \quad (11-26)$$

$$p_{wf}(t) = p_i - \frac{C_{8-5}(qB)_t}{(K/\mu)_t h}\left[\lg\frac{(K/\mu)_t t}{\phi C_t r_w^2} + C_{8-6} + 0.8686 S\right] \quad (11-40)$$

单位制	法定计量单位制	常用工程单位制	英制单位	达西单位制
C_{8-5} 取值	2.121	21.91	162.6	0.1832
C_{8-6} 取值	−2.0923	−3.106	−3.2275	0.3514

9. 压力恢复公式

$$p_{ws}(\Delta t) = p_i + \frac{C_{9-1}q\mu B}{Kh}\left\{\mathrm{Ei}\left[-\frac{r_w^2}{C_{9-2}\eta(t_p+\Delta t)}\right] - \mathrm{Ei}\left(-\frac{r_w^2}{C_{9-2}\eta\Delta t}\right)\right\} \quad (3-49)$$

$$\Delta p = p_i - p_{ws}(\Delta t) = \frac{C_{9-1}q\mu B}{Kh}\left\{-\mathrm{Ei}\left[-\frac{r_w^2}{C_{9-2}\eta(t_p+\Delta t)}\right] + \mathrm{Ei}\left(-\frac{r_w^2}{C_{9-2}\eta\Delta t}\right)\right\} \quad (3-50)$$

单位制	法定计量单位制	常用工程单位制	英制单位	达西单位制
C_{9-1} 取值	0.9210	0.15108	0.01416	4π
C_{9-2} 取值	0.0144	1.394×10^{-3}	0.001055	4

$$p_{ws}(\Delta t) = p_i - \frac{C_{9-3}q\mu B}{Kh}\lg\frac{t_p + \Delta t}{\Delta t} \quad [3-51(a)]$$

$$\Delta p = p_i - p_{ws}(\Delta t) = \frac{C_{9-3}q\mu B}{Kh}\lg\frac{t_p + \Delta t}{\Delta t} \quad [3-52(a)]$$

$$p_{ws}(\Delta t) = p_{wf}(t_p) + \frac{C_{9-3}q\mu B}{Kh}\left[\lg\left(\frac{K\Delta t}{\phi\mu C_t r_w^2}\frac{t_p}{t_p+\Delta t}\right) + C_{9-4} + 0.8686 S\right] \quad (3-53)$$

$$p_{ws}(\Delta t) \approx p_{wf}(t_p) + \frac{C_{9-3}q\mu B}{Kh}\left(\lg\frac{K\Delta t}{\phi\mu C_t r_w^2} + C_{9-4} + 0.8686 S\right) \quad [3-54(a)]$$

单位制	法定计量单位制	常用工程单位制	英制单位	达西单位制
C_{9-3} 取值	2.121	21.91	162.6	0.1832
C_{9-4} 取值	−2.0923	−3.106	−3.2275	0.3514

10. 变流量测试压力公式

$$p_{wf}(\Delta t) = p_{wf}(t_N) - \frac{C_{10-1}q_N\mu B}{Kh}\Bigg[\sum_{j=1}^{N}\frac{q_j - q_{j-1}}{q_N}\lg\frac{t_N - t_{j-1} + \Delta t}{t_N - t_{j-1}} - \lg\Delta t -$$

$$\left(\lg\frac{K}{\phi\mu C_t r_w^2} + C_{10-2} + 0.8686 S\right)\Bigg] \quad (3-69)$$

单位制	法定计量单位制	常用工程单位制	英制单位	达西单位制
C_{10-1}取值	2.121	21.91	162.6	0.1832
C_{10-2}取值	−2.0923	−3.106	−3.2275	0.3514

11. 压降或压力恢复曲线斜率的绝对值

$$m = \frac{C_{11}q\mu B}{Kh} \qquad (3-37,3-55,11-27)$$

$$m' = \frac{C_{11}q_n\mu B}{Kh} \qquad (3-63)$$

$$m_1 = \frac{C_{11}q\mu B}{\sqrt{K_V K_H}L} \qquad (9-16)$$

$$m_2 = \frac{C_{11}q\mu B}{K_H h} \qquad (9-20)$$

$$m_1 = \frac{C_{11}q\mu_1 B}{K_1 h} \qquad (11-17)$$

$$m_2 = \frac{C_{11}q\mu_2 B}{K_2 h} \qquad (11-22)$$

$$m_1 = \frac{C_{11}qB}{(K/\mu)_1 h} \qquad (11-32)$$

$$m_2 = \frac{C_{11}qB}{(K/\mu)_a h} \qquad (11-33)$$

$$m = \frac{C_{11}(qB)_t}{(K/\mu)_t h} \qquad (11-41)$$

$$m = \frac{C_{11}q_t B_o}{(K/\mu)_t h} \qquad (11-50)$$

单位制	法定计量单位制	常用工程单位制	英制单位	达西单位制
C_{11}取值	2.121	21.91	162.6	0.1832

12. 由半对数直线段求流动系数、流度、地层系数和渗透率

$$\frac{Kh}{\mu} = \frac{C_{12}qB}{m} \qquad (3-38)$$

$$\frac{K}{\mu} = \frac{C_{12}qB}{mh} \qquad (3-39,11-28)$$

$$Kh = \frac{C_{12}q\mu B}{m} \tag{3-40}$$

$$K = \frac{C_{12}q\mu B}{mh} \tag{3-41}$$

$$\frac{Kh}{\mu} = \frac{C_{12}qB}{m} \tag{3-56}$$

$$\frac{K}{\mu} = \frac{C_{12}qB}{mh} \tag{3-57}$$

$$Kh = \frac{C_{12}q\mu B}{m} \tag{3-58}$$

$$K = \frac{C_{12}q\mu B}{mh} \tag{3-59}$$

$$\frac{Kh}{\mu} = \frac{C_{12}q_n B}{m'} \tag{3-65}$$

$$Kh = \frac{C_{12}q_{n+1}\mu B}{m'} \tag{3-66}$$

$$K = \frac{C_{12}q_{n+1}\mu B}{m'h} \tag{3-67}$$

$$\frac{K_i h_i}{\mu} = \frac{C_{12}qB}{m_1} \tag{8-36}$$

$$\frac{K_1 h_1 + K_2 h_2}{\mu} = \frac{C_{12}qB}{m_2} \tag{8-38}$$

$$\sqrt{K_V K_H} = \frac{C_{12}q\mu B}{m_1 L} \tag{9-17}$$

$$K_H = \frac{C_{12}q\mu B}{m_2 h} \tag{9-21}$$

单位制	法定计量单位制	常用工程单位制	英制单位	达西单位制
C_{12} 取值	2.121	21.91	162.6	0.1832

13. 由半对数直线段计算复合油藏的流度

$$\left(\frac{K}{\mu}\right)_1 = \frac{C_{13}qB}{m_1 h} \tag{11-18}$$

$$\left(\frac{K}{\mu}\right)_2 = \frac{C_{13}qB}{m_2 h} \tag{11-23}$$

$$\left(\frac{K}{\mu}\right)_1 = \frac{C_{13}qB}{m_1 h} \qquad (11-34)$$

$$\left(\frac{K}{\mu}\right)_a = \frac{C_{13}qB}{m_2 h} \qquad (11-35)$$

单位制	法定计量单位制	常用工程单位制	英制单位	达西单位制
C_{13} 取值	2.121	21.91	162.6	0.1832

14. 由半对数直线段计算多相流动情形各相的流度

$$\left(\frac{K}{\mu}\right)_o = \frac{C_{14}q_o B_o}{mh} \qquad (11-42)$$

$$\left(\frac{K}{\mu}\right)_g = \frac{C_{14}(q_g - q_o R_S - q_w R_{Sw})B_g}{mh} \qquad (11-43)$$

$$\left(\frac{K}{\mu}\right)_w = \frac{C_{14}q_w B_w}{mh} \qquad (11-44)$$

单位制	法定计量单位制	常用工程单位制	英制单位	达西单位制
C_{14} 取值	2.121	21.91	162.6	0.1832

15. 表皮系数计算公式

$$S = 1.1513\left[\frac{p_i - p_{wf}(t_0)}{m} - \lg\frac{Kt_0}{\phi\mu C_t r_w^2} + C_{15}\right] \qquad [3-42(a)]$$

$$S = 1.1513\left[\frac{p_i - p_{wf}(1h)}{m} - \lg\frac{K}{\phi\mu C_t r_w^2} + C_{15}\right] \qquad [3-42(b)]$$

$$S = 1.151\left[\frac{p_{ws}(\Delta t_0) - p_{wf}(t_p)}{m} - \lg\frac{K\Delta t_0}{\phi\mu C_t r_w^2} + C_{15}\right] \qquad [3-60(a)]$$

$$S = 1.151\left[\frac{p_{ws}(1h) - p_{wf}(t_p)}{m} - \lg\frac{K}{\phi\mu C_t r_w^2} + C_{15}\right] \qquad [3-60(b)]$$

$$S = 1.151\left(\frac{p_i - a}{m'} - \lg\frac{K}{\phi\mu C_t r_w^2} + C_{15}\right) \qquad (3-68)$$

$$S_i = 1.151\left[\frac{\Delta p(1h)}{m_1} - \lg\frac{K_i}{(\phi C_t)_i \mu r_w^2} + C_{15}\right] \qquad (8-37)$$

$$S_t = 1.151\left[\frac{\Delta p(1h)}{m_2} - \lg\frac{K_1 h_1 + K_2 h_2}{(\phi C_t h)_t \mu r_w^2} + C_{15}\right] \qquad (8-39)$$

$$S_{\mathrm{T}} = 1.151\left(\frac{\Delta p_{1\mathrm{h}}}{m_1} - \lg\frac{\sqrt{K_{\mathrm{V}}K_{\mathrm{H}}}}{\phi\mu C_{\mathrm{t}}r_{\mathrm{w}}^2} + C_{15}\right) \quad (9-18)$$

$$S_{\mathrm{T}}' = 1.151\left(\frac{\Delta p_{1\mathrm{h}}}{m_2} - \lg\frac{K_{\mathrm{H}}}{\phi\mu C_{\mathrm{t}}r_{\mathrm{w}}^2} + C_{15}\right) \quad (9-22)$$

$$S_{\mathrm{W}} = 1.151\left[\frac{p_{\mathrm{i}} - p_{\mathrm{wf}}(1\mathrm{h})}{m_1} - \lg\frac{K_1}{(\phi\mu C_{\mathrm{t}})_1 r_{\mathrm{w}}^2} + C_{15}\right] \quad (11-19)$$

$$S_{\mathrm{T}} = 1.151\left[\frac{p_{\mathrm{i}} - p_{\mathrm{wf}}(1\mathrm{h})}{m_2} - \lg\frac{K_2}{(\phi\mu C_{\mathrm{t}})_2 r_{\mathrm{w}}^2} + C_{15}\right] \quad (11-24)$$

单位制	法定计量单位制	常用工程单位制	英制单位	达西单位制
C_{15} 取值	2.0923	3.106	3.2275	-0.3514

16. 可靠作出解释的压力恢复时段长

$$\Delta t = t_{\mathrm{p}}\frac{\exp\left(2d - \dfrac{C_{16}A_{\mathrm{noise}}Kh}{q\mu B}\right) - 1}{\mathrm{e}^d\left[1 - \exp\left(-\dfrac{C_{16}A_{\mathrm{noise}}Kh}{q\mu B}\right)\right]} \quad [3-61(\mathrm{a})]$$

单位制	法定计量单位制	常用工程单位制	英制单位❶	达西单位制
C_{16} 取值	21.46	2.105	0.2833	76.61

17. 无量纲压力

$$p_{\mathrm{D}} = \frac{Kh}{C_{17}q\mu B}\Delta p \quad (3-77)$$

$$p_{\mathrm{D}} = \frac{K_{\mathrm{f}}h}{C_{17}q\mu B}\Delta p \quad (6-14)$$

$$p_{\mathrm{D}} = \frac{(Kh)_{\mathrm{t}}}{C_{17}q\mu B}\Delta p = \frac{K_1 h_1 + K_2 h_2}{C_{17}q\mu B}\Delta p \quad (8-9)$$

$$p_{\mathrm{D}} = \frac{K_i h_i}{C_{17}q\mu B}\Delta p \quad (8-29)$$

$$p_{\mathrm{DL}} = \frac{L\sqrt{K_{\mathrm{H}}K_{\mathrm{V}}}}{C_{17}q\mu B}\Delta p \quad [9-2(\mathrm{a})]$$

$$p_{\mathrm{Dh}} = \frac{K_{\mathrm{H}}h}{C_{17}q\mu B}\Delta p \quad [9-1(\mathrm{b})]$$

---

❶ 在英制单位下,产量 q 的单位是 bbl/d。

$$p_D = \frac{K_1 h}{C_{17} q \mu_1 B} \Delta p \qquad (11-1)$$

$$p_D = \frac{\left(\frac{K}{\mu}\right)_t h}{C_{17} q_t B_o} \Delta p \qquad (11-47)$$

单位制	法定计量单位制	常用工程单位制	英制单位	达西单位制
C_{17} 取值	1.842	19.033	141.2	$\frac{1}{2\pi} = 0.1592$

18. 无量纲时间

$$t_D = \frac{C_{18} K}{\phi \mu C_t r_w^2} t = \frac{C_{18} \eta}{r_w^2} t \qquad (3-78)$$

$$t_D = \frac{C_{18} K}{\phi \mu C_t r_w^2} \Delta t = \frac{C_{18} \eta}{r_w^2} \Delta t \qquad (3-79)$$

$$t_{De} = \frac{C_{18} K}{\phi \mu C_t r_{we}^2} t \qquad (3-83)$$

$$t_{DA} = \frac{C_{18} K}{\phi \mu C_t A} t \qquad (3-84)$$

$$t_{Df} = \frac{C_{18} K}{\phi \mu C_t x_f^2} t \qquad (3-85)$$

$$t_{DL} = \frac{C_{18} K t}{\phi \mu C_t (L_1 + L_2)^2} \qquad (5-38)$$

$$t_{Df+m} = \frac{C_{18} K_f}{(V\phi C_t)_{f+m} \mu r_w^2} t_{f+m} \qquad (6-15)$$

$$t_{Df} = \frac{C_{18} K_f}{(V\phi C_t)_f \mu r_w^2} t_f \qquad (6-16)$$

$$t_D = \frac{C_{18} (Kh)_t}{(\phi C_t h)_t \mu r_w^2} t = \frac{C_{18} (K_1 h_1 + K_2 h_2)}{[(\phi C_t h)_1 + (\phi C_t h)_2] \mu r_w^2} t \qquad (8-10)$$

$$t_D = \frac{C_{18} K_i h_i}{(\phi C_t h)_i \mu r_w^2} t \qquad (8-30)$$

$$t_D = \frac{C_{18} K_V}{\phi \mu C_t h^2} t \qquad (9-3)$$

$$t_D = \frac{C_{18} K_1 t}{(\phi \mu C_t)_1 h r_w^2} \qquad (11-2)$$

$$t_D = \frac{C_{18}\left(\dfrac{K}{\mu}\right)_t}{\phi C_t r_w^2} t \qquad (11-48)$$

单位制	法定计量单位制	常用工程单位制	英制单位	达西单位制
C_{18} 取值	3.6×10^{-3}	3.4842×10^{-4}	2.637×10^{-4}	1

19. 井筒储集系数的计算

$$C = \frac{qt}{C_{19-1}\Delta p} \qquad (3-87)$$

$$C = \frac{qB}{C_{19-1} m} \qquad (4-2)$$

$$C = \frac{\Delta V}{\Delta p} = \frac{V_u}{C_{19-2} \rho} \qquad (3-90)$$

单位制	法定计量单位制	常用工程单位制	英制单位❶	达西单位制
C_{19-1} 取值	24	24	24	1
C_{19-2} 取值	9.80665×10^{-3}	0.1	6.944×10^{-3}	9.67841×10^{-4}

20. 无量纲井筒储集系数

$$C_D = \frac{C}{C_{20} \phi C_t h r_w^2} \qquad (3-80)$$

$$C_{Df+m} = \frac{C}{C_{20}(V\phi C_t)_{f+m} h r_w^2} \qquad (6-17)$$

$$C_{Df} = \frac{C}{C_{20}(V\phi C_t)_f h r_w^2} \qquad (6-18)$$

$$C_{Df} = \frac{C}{C_{20} \phi C_t h x_f^2} \qquad (7-8)$$

$$C_{D1} = \frac{C}{C_{20}(\phi C_t h)_1 r_w^2} \qquad (8-11)$$

$$C_{D2} = \frac{C}{C_{20}(\phi C_t h)_2 r_w^2} \qquad (8-12)$$

$$C_D = \frac{C}{C_{20}(\phi C_t h)_t r_w^2} = \frac{C}{C_{20}[(\phi C_t h)_1 + (\phi C_t h)_2] r_w^2} \qquad (8-13)$$

---

❶ 在英制单位下，V_u 的单位是 bbl/ft，ρ 的单位是 lb/ft³。

$$C_D = \frac{C}{C_{20}[(\phi C_t h)_1 + (\phi C_t h)_2] r_w^2} \quad (8-22)$$

$$C_D = \frac{C}{C_{20}(\phi C_t h)_i r_w^2} \quad (8-31)$$

$$C_D = \frac{C}{C_{20}(\phi C_t)_1 h r_w^2} \quad (11-3)$$

单位制	法定计量单位制	常用工程单位制	英制单位	达西单位制
C_{20} 取值	2π	2π	1.1191	2π

21. 表皮系数(定义)

$$S = \frac{Kh}{C_{21} q \mu B} \Delta p_s \quad (3-91)$$

单位制	法定计量单位制	常用工程单位制	英制单位	达西单位制
C_{21} 取值	1.842	19.033	141.2	$\frac{1}{2\pi} = 0.1592$

22. 调查半径(老定义)

$$r_i = C_{22} \sqrt{\frac{Kt}{\phi \mu C_t}} \quad (3-96)$$

单位制	法定计量单位制	常用工程单位制	英制单位	达西单位制
C_{22} 取值	0.12	0.03857	0.03248	2

23. 调查半径(新定义)

$$r_i = C_{23-1} \sqrt{\frac{Kt}{\phi \mu C_t}} \quad (3-97)$$

$$r_i = C_{23-2} \sqrt{\frac{Kt}{\phi \mu C_t}} \quad (3-98)$$

单位制	法定计量单位制	常用工程单位制	英制单位	达西单位制
C_{23-2} 取值	0.0227	0.00731	0.006155	0.379
C_{23-1} 取值	0.0974	0.03130	0.02636	1.623

24. 线性流动阶段压力及裂缝半长计算公式

$$\Delta p = \frac{C_{24} q B}{h x_f} \sqrt{\frac{\mu}{\phi C_t K}} \sqrt{t} \quad [4-6(a)]$$

$$x_f = \frac{C_{24}qB}{hm''}\sqrt{\frac{\mu}{\phi C_t K}} \qquad (4-8)$$

$$p(\Delta t) = p_i - \frac{C_{24}qB}{hx_f}\sqrt{\frac{\mu}{\phi C_t K}}[(t_p+\Delta t)^{1/2}-(\Delta t)^{1/2}] \qquad [4-6(b)]$$

$$m'' = \frac{C_{24}qB}{hx_f}\sqrt{\frac{\mu}{\phi C_t K}} \qquad [4-8(b)]$$

单位制	法定计量单位制	常用工程单位制	英制单位	达西单位制
C_{24} 取值	0.1959	0.6297	4.0641	$1/(2\sqrt{\pi})=0.2821$

25. 双线性流动阶段压力及压力曲线的斜率

$$\Delta p = \frac{C_{25}qB}{h\sqrt{K_f w}\sqrt[4]{\phi\mu C_t K}}\sqrt[4]{t} \qquad [4-11(a)]$$

$$m'' = \frac{C_{25}qB}{h\sqrt{K_f w}\sqrt[4]{\phi\mu C_t K}}$$

$$p(\Delta t) = p_i - \frac{C_{25}qB}{h\sqrt{K_f w}\sqrt[4]{\phi\mu C_t K}}[(t_p+\Delta t)^{1/4}-(\Delta t)^{1/4}] \qquad [4-11(b)]$$

单位制	法定计量单位制	常用工程单位制	英制单位	达西单位制
C_{25} 取值	1.1054	6.3709	44.084	0.3900

26. 裂缝导流率

$$K_f w = \frac{C_{26}}{\sqrt{\phi\mu C_t K}}\left(\frac{q\mu B}{hm''}\right)^2 \qquad (4-13)$$

单位制	法定计量单位制	常用工程单位制	英制单位	达西单位制
C_{26} 取值	1.2219	40.558	1943.38	0.15205

27. 球形流压力、半对数直线斜率及渗透率计算公式

$$\Delta p(t) = p_i - p_{wf}(t) = \frac{C_{27-1}q\mu B}{r_{SPH}K} - C_{27-2}\frac{q\mu B}{K}\sqrt{\frac{\phi\mu C_t}{K}}t^{-\frac{1}{2}} \qquad (5-51)$$

$$p(\Delta t) = p_i - \frac{C_{27-1}q\mu B}{Kr} - \frac{C_{27-2}q\mu B}{K^{3/2}}\sqrt{\phi\mu C_t}[(\Delta t)^{-1/2}-(t_p+\Delta t)^{-1/2}] \qquad (5-52)$$

$$m = C_{27-2}\frac{q\mu B}{K}\sqrt{\frac{\phi\mu C_t}{K}}$$

$$K = \left(\frac{C_{27-2}q\mu B\sqrt{\phi\mu C_t}}{m}\right)^{2/3} = C_{27-3}\mu\left(\frac{qB}{m}\right)^{2/3}(\phi C_t)^{1/3}$$

单位制	法定计量单位制	常用工程单位制	英制单位	达西单位制
C_{27-1} 取值	0.933	9.516	70.6	0.07958
C_{27-2} 取值	8.833	287.6	2452.9	0.08261
C_{27-3} 取值	4.273	43.57	181.9	0.1897

28. 半球形流情形半对数直线斜率及渗透率计算公式（第四章第三节）

$$m = \frac{C_{28-1}}{2}\frac{q\mu B}{K}\sqrt{\frac{\phi\mu C_t}{K}} = C_{28-2}\frac{q\mu B}{K}\sqrt{\frac{\phi\mu C_t}{K}}$$

$$K = \left(\frac{C_{28-2}q\mu B\sqrt{\phi\mu C_t}}{m}\right)^{2/3} = C^{28-3}\mu\left(\frac{qB}{m}\right)^{2/3}(\phi C_t)^{1/3}$$

单位制	法定计量单位制	常用工程单位制	英制单位	达西单位制
C_{28-1} 取值	8.833	287.6	2452.9	0.08261
C_{28-2} 取值	4.417	143.8	1226.5	0.04131
C_{28-3} 取值	2.6919	27.45	114.6	0.1195

29. 断层距离

$$L = C_{29-1}\sqrt{\frac{Kt_x}{\phi\mu C_t}} \quad (4-19)$$

单位制	法定计量单位制	常用工程单位制	英制单位	达西单位制
C_{29-1} 取值	0.045	0.014	0.01218	0.75

$$2.303\lg\left(\frac{t_p+\Delta t}{\Delta t}\right)_x = -\text{Ei}\left(-\frac{L^2}{C_{29-2}\eta t_p}\right) \quad (4-20)$$

$$L = \sqrt{\left(\frac{L^2}{C_{29-2}\eta t_p}\right)\times C_{29-2}\eta t_p} = \sqrt{\left(\frac{L^2}{C_{29-2}\eta t_p}\right)\times \frac{C_{29-2}Kt_p}{\phi\mu C_t}} \quad (4-21)$$

单位制	法定计量单位制	常用工程单位制	英制单位	达西单位制
C_{29-2} 取值	0.0036	3.484×10^{-4}	2.637×10^{-4}	1

30. 拟稳定流动方程

$$p_{wf} = -\frac{qB}{C_{30}V_p C_t}t + p_{wfint} \quad (4-25)$$

$$\Delta p_{wf} = \frac{qB}{C_{30}V_p C_t} t + \Delta p_{int} = \frac{qB}{C_{30}Ah\phi C_t} t + \Delta p_{int} \qquad (4-26)$$

封闭系统地质储量

$$N = V_p S_o = \frac{qBS_o}{C_{30} m^* C_t} \qquad (4-27)$$

单位制	法定计量单位制	常用工程单位制	英制单位	达西单位制
C_{30} 取值	24	24	24	1

31. 由 Gringarten 图版和 Bourdet 图版拟合值计算油层流动系数、地层系数、流度和有效渗透率

$$\frac{Kh}{\mu} = C_{31} qB \left(\frac{p_D}{\Delta p}\right)_M \qquad (5-1)$$

$$Kh = C_{31} q\mu B \left(\frac{p_D}{\Delta p}\right)_M \qquad (5-2)$$

$$\frac{K}{\mu} = \frac{C_{31} qB}{h} \left(\frac{p_D}{\Delta p}\right)_M \qquad (5-3)$$

$$K = \frac{C_{31} q\mu B}{h} \left(\frac{p_D}{\Delta p}\right)_M \qquad (5-4)$$

$$\frac{Kh}{\mu} = C_{31} qB \left(\frac{p'_D}{\Delta p'}\right)_M \qquad (5-28)$$

$$Kh = C_{31} q\mu B \left(\frac{p'_D}{\Delta p'}\right)_M \qquad (5-29)$$

$$\frac{K}{\mu} = \frac{C_{31} qB}{h} \left(\frac{p'_D}{\Delta p'}\right)_M \qquad (5-30)$$

$$K = \frac{C_{31} q\mu B}{h} \left(\frac{p'_D}{\Delta p'}\right)_M \qquad (5-31)$$

$$\frac{Kh}{\mu} = C_{31} qB \left[\frac{p'_{D恢复} \frac{(t_p + \Delta t)_D}{(t_p)_D}}{\Delta p'_{恢复} \frac{t_p + \Delta t}{t_p}}\right]_M \qquad [5-33(a)]$$

$$Kh = C_{31} q\mu B \left[\frac{p'_{D恢复} \frac{(t_p + \Delta t)_D}{(t_p)_D}}{\Delta p'_{恢复} \frac{t_p + \Delta t}{t_p}}\right]_M \qquad [5-34(a)]$$

$$\frac{K}{\mu} = \frac{C_{31}qB}{h}\left[\frac{p_{\text{D恢复}}\dfrac{(t_p+\Delta t)_D}{(t_p)_D}}{\Delta p'_{\text{恢复}}\dfrac{t_p+\Delta t}{t_p}}\right]_M \qquad [5-35(\text{a})]$$

$$K = \frac{C_{31}q\mu B}{h}\left[\frac{p_{\text{D恢复}}\dfrac{(t_p+\Delta t)_D}{(t_p)_D}}{\Delta p'_{\text{恢复}}\dfrac{t_p+\Delta t}{t_p}}\right]_M \qquad [5-36(\text{a})]$$

$$\frac{Kh}{\mu} = C_{31}qB\left(\frac{p'_D}{\Delta p'}\right)_M \qquad [5-33(\text{b})]$$

$$Kh = C_{31}q\mu B\left(\frac{p'_D}{\Delta p'}\right)_M \qquad [5-34(\text{b})]$$

$$\frac{K}{\mu} = \frac{C_{31}qB}{h}\left(\frac{p'_D}{\Delta p'}\right)_M \qquad [5-35(\text{b})]$$

$$K = \frac{C_{31}q\mu B}{h}\left(\frac{p'_D}{\Delta p'}\right)_M \qquad [5-36(\text{b})]$$

$$\frac{K_f h}{\mu} = C_{31}qB\left(\frac{p_D}{\Delta p}\right)_M \qquad (6-19)$$

$$\frac{K_f}{\mu} = \frac{C_{31}qB}{h}\left(\frac{p_D}{\Delta p}\right)_M$$

$$K_f h = C_{31}q\mu B\left(\frac{p_D}{\Delta p}\right)_M$$

$$K_f = C_{31}\frac{q\mu B}{h}\left(\frac{p_D}{\Delta p}\right)_M \qquad (6-20)$$

$$\frac{K_1 h_1 + K_2 h_2}{\mu} = C_{31}qB\left(\frac{p_D}{\Delta p}\right)_M \qquad (8-16)$$

$$\frac{K_i h_i}{\mu} = C_{31}qB\left(\frac{p_D}{\Delta p}\right)_M \qquad (8-33)$$

$$\sqrt{K_V K_H} = \frac{C_{31}q\mu B}{L}\left(\frac{p'_D}{\Delta p'}\right)_M \qquad (9-11)$$

$$K_H = \frac{C_{31}q\mu B}{h}\left(\frac{p'_D}{\Delta p'}\right)_M \qquad (9-14)$$

$$\left(\frac{K}{\mu}\right)_1 = \frac{C_{31}qB}{h}p_M \qquad (11-8)$$

$$K_1 h = C_{31} q \mu_1 B p_M \qquad (11-9)$$

$$K_V = \frac{\phi \mu C_t h^2}{C_{31-1}} \left(\frac{t_D}{t}\right)_M \qquad (9-12)$$

单位制	法定计量单位制	常用工程单位制	英制单位	达西单位制
C_{31} 取值	1.842	19.033	141.2	$1/(2\pi) = 0.1592$
C_{31-1} 取值	3.6×10^{-3}	3.4842×10^{-4}	2.637×10^{-4}	1

32. 由图版拟合计算($\phi h C_t$)

$$\phi h C_t = \frac{C_{32} K h}{\mu r_w^2} \frac{1}{\left(\dfrac{t_D}{t}\right)_M} \qquad (5-5)$$

单位制	法定计量单位制	常用工程单位制	英制单位	达西单位制
C_{32} 取值	3.6×10^{-3}	3.4842×10^{-4}	2.637×10^{-4}	1

33. 由 Earlougher 图版拟合计算井筒储集系数

$$C = \frac{qB}{C_{33}} \left[\left(\frac{C_{33} C}{qB} \frac{\Delta p}{t}\right) \bigg/ \left(\frac{\Delta p}{t}\right) \right]_M \qquad (5-6)$$

单位制	法定计量单位制	常用工程单位制	英制单位	达西单位制
C_{33} 取值	24	24	24	1

34. 由 Earlougher 图版拟合计算流动系数、地层系数和有效渗透率

$$\frac{Kh}{\mu} = \frac{C}{C_{34}} \left(C_{34} \frac{Kh}{\mu} \frac{t}{C} \bigg/ t \right)_M \qquad (5-7)$$

$$Kh = \frac{Kh}{\mu} \mu = \frac{C\mu}{C_{34}} \left(C_{34} \frac{Kh}{\mu} \frac{t}{C} \bigg/ t \right)_M \qquad (5-8)$$

$$K = \frac{Kh}{\mu} \frac{\mu}{h} = \frac{C\mu}{C_{34} h} \left(C_{34} \frac{Kh}{\mu} \frac{t}{C} \bigg/ t \right)_M \qquad (5-9)$$

单位制	法定计量单位制	常用工程单位制	英制单位	达西单位制
C_{34} 取值	76.656	7.4191	1	21293

35. 均质油藏 Gringarten 图版和 Bourdet 图版的横坐标,由图版拟合计算井筒储集系数

$$\frac{t_D}{C_D} = C_{35-1} \frac{Kh}{\mu} \frac{t}{C} \qquad (5-15)$$

$$C = C_{35-1} \frac{Kh}{\mu} \frac{1}{\left(\dfrac{t_D/C_D}{t}\right)_M} \qquad$$

$$\frac{t_D}{C_D} = C_{35-1} \frac{(Kh)_t}{\mu C} t = C_{35-1} \frac{K_1 h_1 + K_2 h_2}{\mu C} t \qquad (8-14)$$

$$\frac{t_D}{C_D} = C_{35-1} \frac{K_i h_i}{\mu C} t \qquad (8-32)$$

$$\frac{t_D}{C_D} = \frac{C_{35-1} K_1 h t}{\mu_1 C} \qquad (11-4)$$

$$\frac{t_D}{C_D} = C_{35-1} \frac{\left(\dfrac{K}{\mu}\right)_t h}{C} \Delta t \qquad (11-49)$$

$$C = \frac{C_{35-1} K_f h}{\mu \left(\dfrac{t_D/C_D}{t}\right)_M} \qquad (6-21)$$

$$C = \frac{C_{35-1}(K_1 h_1 + K_2 h_2)}{\mu} \frac{1}{\left(\dfrac{t_D/C_D}{t}\right)_M} \qquad (8-21)$$

$$C = \frac{C_{35-1} K_i h_i}{\mu} \frac{1}{\left(\dfrac{t_D/C_D}{t}\right)_M} \qquad (8-34)$$

$$C = \frac{C_{35-1} K_1 h}{\mu_1 T_M} \qquad (11-13)$$

$$C = C_{35-2} \phi C_t h x_f^2 (C_{Df})_M \qquad (7-10)$$

单位制	法定计量单位制	常用工程单位制	英制单位	达西单位制
C_{35-1} 取值	$7.2 \times 10^{-3} \pi$	2.1892×10^{-3}	2.954×10^{-4}	2π
C_{35-2} 取值	2π	2π	1.1191	2π

36. 均质油藏 Gringarten 图版和 Bourdet 图版样板曲线的参变量 $C_D e^{2S}$

$$C_D e^{2S} = \frac{C e^{2S}}{C_{36} \phi C_t h r_w^2} \qquad (5-16)$$

单位制	法定计量单位制	常用工程单位制	英制单位	达西单位制
C_{36}取值	2π	2π	1.1191	2π

37. 由 Theis 样板曲线计算断层距离

$$L = C_{37}\sqrt{\frac{Kt_p}{\phi\mu C_t \left(\dfrac{t_D}{r_D^2}\right)_x}} \qquad (5-21)$$

单位制	法定计量单位制	常用工程单位制	英制单位	达西单位制
C_{37}取值	0.030	9.333×10^{-3}	8.119×10^{-3}	0.5

38. 由图版拟合分析计算无限导流性垂直裂缝半长

$$x_f = \sqrt{\frac{C_{38}K}{\phi\mu C_t}\frac{1}{\left(\dfrac{t_{Df}}{t}\right)_M}} \qquad (7-9,7-22)$$

由图版拟合分析计算有限导流性垂直裂缝井有效井径

$$r_{we} = \sqrt{\frac{C_{38}K}{\phi\mu C_t \left(\dfrac{t_{De}}{t}\right)_M}} \qquad (7-28)$$

单位制	法定计量单位制	常用工程单位制	英制单位	达西单位制
C_{38}取值	3.6×10^{-3}	3.4842×10^{-4}	2.637×10^{-4}	1

第十二章

39. 气井的无量纲压力(拟压力形式)

$$p_D = \frac{C_{39-1}Kh}{q_g}\frac{T_{SC}}{T_f p_{SC}}\Delta\psi(p) = C_{39-2}\frac{Kh}{q_g T_f}\Delta\psi(p) \qquad [12-4(a)]$$

单位制	法定计量单位制	常用工程单位制	英制单位	达西单位制
C_{39-1}取值	2.7143×10^{-5}	2.627×10^{-6}	$1/50300=1.9881\times10^{-5}$	π
C_{39-2}取值	0.07849	7.4534×10^{-4}	7.0346×10^{-4}	858.13

40. 由 Gringarten 图版和 Bourdet 图版压力拟合值计算气层地层系数和有效渗透率（拟压力形式）

$$Kh = \frac{q_g T_f}{C_{40}} \left[\frac{p_D}{\Delta\psi(p)}\right]_M \qquad (12-5)$$

$$K = \frac{q_g T_f}{C_{40} h} \left[\frac{p_D}{\Delta\psi(p)}\right]_M \qquad (12-6)$$

$$Kh = \begin{cases} \dfrac{q_g T_f}{C_{40}} \left[\dfrac{p'_D}{\mathrm{d}\Delta\psi[p(t)]/\mathrm{dln}t}\right]_M & \text{（压降情形）} \\ \dfrac{q_g T_f}{C_{40}} \left[\dfrac{p'_D}{\mathrm{d}\Delta\psi[p(t)]/\mathrm{dln}\left(\dfrac{t_p \Delta t}{t_p + \Delta t}\right)}\right]_M & \text{（恢复情形）} \end{cases} \qquad [12-10(a)]$$

$$K = \begin{cases} \dfrac{q_g T_f}{C_{40} h} \left[\dfrac{p'_D}{\mathrm{d}\Delta\psi[p(t)]/\mathrm{dln}t}\right]_M & \text{（压降情形）} \\ \dfrac{q_g T_f}{C_{40} h} \left[\dfrac{p'_D}{\mathrm{d}\Delta\psi[p(t)]/\mathrm{dln}\left(\dfrac{t_p \Delta t}{t_p + \Delta t}\right)}\right]_M & \text{（恢复情形）} \end{cases} \qquad [12-11(a)]$$

单位制	法定计量单位制	常用工程单位制	英制单位	达西单位制
C_{40} 取值	0.07849	7.4534×10^{-4}	7.0346×10^{-4}	858.13

41. 由 Gringarten 图版和 Bourdet 图版时间拟合值计算井筒储集系数（拟压力形式）

$$C = \begin{cases} C_{41} \dfrac{Kh}{\mu} \dfrac{1}{\left(\dfrac{t_D/C_D}{t}\right)_M} & \text{（压降情形）} \\ C_{41} \dfrac{Kh}{\mu} \dfrac{1}{\left(\dfrac{t_D/C_D}{\Delta t}\right)_M} & \text{（恢复情形）} \end{cases} \qquad (12-7)$$

单位制	法定计量单位制	常用工程单位制	英制单位	达西单位制
C_{41} 取值	$7.2 \times 10^{-3}\pi$	2.1892×10^{-3}	2.954×10^{-4}	2π

42. 气井的无量纲井筒储集系数

$$C_D = \frac{C}{C_{42} \phi C_t h r_w^2} \qquad (12-8)$$

单位制	法定计量单位制	常用工程单位制	英制单位	达西单位制
C_{42} 取值	2π	2π	1.1191	2π

43. 气井压降方程和压力恢复方程(拟压力形式)

$$\psi[p_{wf}(t)] = \psi(p_i) - C_{43-1}\frac{p_{SC}}{T_{SC}}\frac{q_g T_f}{Kh}\left(\lg\frac{Kt}{\phi\mu C_t r_w^2} + C_{43-2} + 0.8686 S_a\right) \quad [12-12(a)]$$

$$\psi[p_{ws}(\Delta t)] = \psi(p_i) - C_{43-1}\frac{p_{SC}}{T_{SC}}\frac{q_g T_f}{Kh}\lg\frac{t_p + \Delta t}{\Delta t} \quad [12-13(a)]$$

$$\psi[p_{ws}(\Delta t)] = \psi[p_{ws}(0)] + C_{43-1}\frac{p_{SC}}{T_{SC}}\frac{q_g T_f}{Kh}\left(\lg\frac{K\Delta t}{\phi\mu C_t r_w^2} + C_{43-2} + 0.8686 S_a\right) \quad [12-14(a)]$$

单位制	法定计量单位制	常用工程单位制	英制单位	达西单位制
C_{43-1} 取值	42420	4.383×10^5	5.792×10^4	0.3665
C_{43-2} 取值	-2.0923	-3.106	-3.2275	0.3514

44. 半对数直线段斜率(拟压力形式)

$$m = C_{44}\frac{p_{SC} q_g T_f}{T_{SC} Kh} \quad (12-15)$$

单位制	法定计量单位制	常用工程单位制	英制单位	达西单位制
C_{44} 取值	42420	4.383×10^5	5.792×10^4	0.3665

45. 由半对数直线段斜率计算地层系数和有效渗透率(拟压力形式)

$$Kh = C_{45-1}\frac{p_{SC} q_g T_f}{T_{SC} m} = \frac{C_{45-2} q_g T_f}{m} \quad [12-16(a)]$$

$$K = C_{45-1}\frac{p_{SC} q_g T_f}{T_{SC} m h} = \frac{C_{45-2} q_g T_f}{m h} \quad [12-17(a)]$$

单位制	法定计量单位制	常用工程单位制	英制单位	达西单位制
C_{45-1} 取值	42420	4.383×10^5	5.792×10^4	0.3665
C_{45-2} 取值	14.67	1545	1637	1.342×10^{-3}

46. 由半对数直线段斜率计算气层拟表皮系数(拟压力形式)

$$S_a = \begin{cases} 1.151\left[\dfrac{\psi(p_i) - \psi[p_{wf}(1h)]}{m} - \lg\dfrac{K}{\phi\mu C_t r_w^2} + C_{46}\right] & \text{(压降情形)} \\ 1.151\left[\dfrac{\psi[p_{ws}(1h)] - \psi[p_{ws}(0)]}{m} - \lg\dfrac{K}{\phi\mu C_t r_w^2} + C_{46}\right] & \text{(恢复情形)} \end{cases}$$

$$[12-18(a)]$$

单位制	法定计量单位制	常用工程单位制	英制单位	达西单位制
C_{46}取值	2.0923	3.106	3.2275	-0.3514

47. 气井压降方程和压力恢复方程(压力平方形式)

$$p_{wf}^2 = p_i^2 - C_{47-1}\frac{C_0 p_{SC} q_g T_f}{T_{SC} K h}\left(\lg\frac{Kt}{\phi\mu C_t r_w^2} + C_{47-2} + 0.8686 S_a\right) \quad [12-12(a)]$$

$$p_{ws}^2 = p_i^2 - C_{47-1}\frac{C_0 p_{SC} q_g T_f}{T_{SC} K h}\lg\frac{t_p + \Delta t}{\Delta t} \quad [12-13(b)]$$

$$p_{ws}^2 = p_{wf}^2 + C_{47-1}\frac{C_0 p_{SC} q_g T_f}{T_{SC} K h}\left(\lg\frac{K\Delta t}{\phi\mu C_t r_w^2} + C_{47-2} + 0.8686 S_a\right) \quad [12-14(b)]$$

单位制	法定计量单位制	常用工程单位制	英制单位	达西单位制
C_{47-1}取值	42420	4.383×10^5	5.792×10^4	0.3665
C_{47-2}取值	-2.0923	-3.106	-3.2275	0.3514

48. 由半对数直线段斜率计算地层系数和有效渗透率(压力平方形式)

$$Kh = C_{48-1}\frac{p_{SC}\bar{\mu}\bar{Z}q_g T_f}{T_{SC} m} = \frac{C_{48-2}\bar{\mu}\bar{Z}q_g T_f}{m} \quad [12-16(b)]$$

$$K = C_{48-1}\frac{p_{SC}\bar{\mu}\bar{Z}q_g T_f}{T_{SC} mh} = \frac{C_{48-2}\bar{\mu}\bar{Z}q_g T_f}{mh} \quad [12-17(b)]$$

单位制	法定计量单位制	常用工程单位制	英制单位	达西单位制
C_{48-1}取值	42420	4.383×10^5	5.792×10^4	0.3665
C_{48-2}取值	14.67	1545	1637	1.342×10^{-3}

49. 由半对数直线段斜率计算气层拟表皮系数(压力平方形式)

$$S_a = \begin{cases} 1.151\left[\dfrac{p_i^2 - p_{wf}^2(1h)}{m} - \lg\dfrac{K}{\phi\mu C_t r_w^2} + C_{49}\right] \\ 1.151\left[\dfrac{p_{ws}^2(1h) - p_{ws}^2(0)}{m} - \lg\dfrac{K}{\phi\mu C_t r_w^2} + C_{49}\right] \end{cases} \quad [12-18(b)]$$

单位制	法定计量单位制	常用工程单位制	英制单位	达西单位制
C_{49}取值	2.0923	3.106	3.2275	-0.3514

50. 气井的无量纲压力(压力平方形式)

$$p_D = \frac{C_{50-1}Kh}{q_g\bar{\mu}\bar{Z}}\frac{T_{SC}}{T_f p_{SC}}\Delta p^2 = \frac{C_{50-2}Kh}{q_g\bar{\mu}\bar{Z}T_f}\Delta p^2 \qquad [12-4(b)]$$

单位制	法定计量单位制	常用工程单位制	英制单位	达西单位制
C_{50-1} 取值	2.7143×10^{-5}	2.627×10^{-6}	$1/50300 = 1.9881 \times 10^{-5}$	π
C_{50-2} 取值	0.07849	7.4534×10^{-4}	7.0346×10^{-4}	858.13

51. 由 Gringarten 图版和 Bourdet 图版压力拟合值计算气层地层系数和有效渗透率(压力平方形式)

$$Kh = \frac{q_g\bar{\mu}\bar{Z}T_f}{C_{51}}\left(\frac{p_D}{\Delta p^2}\right)_M \qquad [12-5(b)]$$

$$K = \frac{q_g\bar{\mu}\bar{Z}T_f}{C_{51}h}\left(\frac{p_D}{\Delta p^2}\right)_M \qquad [12-6(b)]$$

$$Kh = \frac{q_g\bar{\mu}\bar{Z}T_f}{C_{51}}\left(\frac{p'_D}{d\Delta p^2/d\ln t}\right)_M \qquad [12-10(b)]$$

$$Kh = \frac{q_g\bar{\mu}\bar{Z}T_f}{C_{51}}\left[\frac{p'_D}{d\Delta p^2/d\ln\left(\frac{t_p\Delta t}{t_p+\Delta t}\right)}\right]_M \qquad [12-10(b)]$$

$$K = \frac{q_g\bar{\mu}\bar{Z}T_f}{C_{51}h}\left(\frac{p'_D}{d\Delta p^2/d\ln t}\right)_M \qquad [12-11(b)]$$

$$K = \frac{q_g\bar{\mu}\bar{Z}T_f}{C_{51}h}\left[\frac{p'_D}{d\Delta p^2/d\ln\left(\frac{t_p\Delta t}{t_p+\Delta t}\right)}\right]_M \qquad [12-11(b)]$$

单位制	法定计量单位制	常用工程单位制	英制单位	达西单位制
C_{51} 取值	0.07849	7.4534×10^{-4}	7.0346×10^{-4}	858.13

52. 气井压降方程和压力恢复方程(压力形式)

$$p_{wf} = p_i - C_{52-1}\frac{C'_0 p_{SC} q_g T_f}{T_{SC}Kh}\left(\lg\frac{Kt}{\phi\mu C_t r_w^2} + C_{52-2} + 0.8686S_a\right) \qquad [12-12(c)]$$

$$p_{ws} = p_i - C_{52-1}\frac{C'_0 p_{SC} q_g T_f}{T_{SC}Kh}\lg\frac{t_p+\Delta t}{\Delta t} \qquad [12-13(c)]$$

$$p_{ws} = p_{wf} + C_{52-1}\frac{C'_0 p_{SC} q_g T_f}{T_{SC}Kh}\left(\lg\frac{K\Delta t}{\phi\mu C_t r_w^2} + C_{52-2} + 0.8686S_a\right) \qquad [12-14(c)]$$

单位制	法定计量单位制	常用工程单位制	英制单位	达西单位制
C_{52-1} 取值	21210	2.192×10^5	2.896×10^4	0.1833
C_{52-2} 取值	-2.0923	-3.106	-3.2275	0.3514

53. 由半对数直线段斜率计算地层系数和有效渗透率(压力形式)

$$Kh = C_{53-1}\frac{\mu_i Z_i p_{SC} q_g T_f}{p_i T_{SC} m} = \frac{C_{53-2}\mu_i Z_i q_g T_f}{p_i m} \qquad [12-16(c)]$$

$$K = C_{53-1}\frac{\mu_i Z_i p_{SC} q_g T_f}{p_i T_{SC} mh} = \frac{C_{53-2}\mu_i Z_i q_g T_f}{p_i mh} \qquad [12-17(c)]$$

单位制	法定计量单位制	常用工程单位制	英制单位	达西单位制
C_{53-1} 取值	21210	2.192×10^5	2.896×10^4	0.1833
C_{53-2} 取值	7.335	773	818.4	6.709×10^{-4}

54. 由半对数直线段斜率计算气层拟表皮系数(压力形式)

$$S_a = \begin{cases} 1.151\left[\dfrac{p_i - p_{wf}(1h)}{m} - \lg\dfrac{K}{\phi\mu C_t r_w^2} + C_{54}\right] \\ 1.151\left[\dfrac{p_{ws}(1h) - p_{ws}(0)}{m} - \lg\dfrac{K}{\phi\mu C_t r_w^2} + C_{54}\right] \end{cases} \qquad [12-18(c)]$$

单位制	法定计量单位制	常用工程单位制	英制单位	达西单位制
C_{54} 取值	2.0923	3.106	3.2275	-0.3514

55. 气井的无量纲压力(压力形式)

$$p_D = \frac{C_{55-1}Kh}{q_g}\frac{T_{SC}}{T_f}\frac{p_i}{p_{SC}\mu_i Z_i}\Delta p = \frac{C_{55-2}Khp_i}{q_g T_f \mu_i Z_i}\Delta p \qquad [12-4(c)]$$

单位制	法定计量单位制	常用工程单位制	英制单位	达西单位制
C_{55-1} 取值	5.4286×10^{-5}	5.2541×10^{-6}	3.9762×10^{-3}	2π
C_{55-2} 取值	0.157	1.491×10^{-3}	1.4069×10^{-3}	1716

56. 由 Gringarten 图版和 Bourdet 图版压力拟合值计算气层地层系数和有效渗透率(压力形式)

$$Kh = \frac{q_g \mu_i Z_i T_f}{C_{56} p_i}\left(\frac{p_D}{\Delta p}\right)_M \qquad [12-5(c)]$$

$$K = \frac{q_g \mu_i Z_i T_f}{C_{56} p_i h}\left(\frac{p_D}{\Delta p}\right)_M \qquad [12-6(c)]$$

$$Kh = \begin{cases} \dfrac{q_g \mu_i Z_i T_f}{C_{56} p_i} \left(\dfrac{p'_D}{\mathrm{d}\Delta p/\mathrm{d}\ln t} \right)_M \\ \dfrac{q_g \mu_i Z_i T_f}{C_{56} p_i} \left[\dfrac{p'_D}{\mathrm{d}\Delta p/\mathrm{d}\ln \left(\dfrac{t_p \Delta t}{t_p + \Delta t} \right)} \right]_M \end{cases} \qquad [12-10(c)]$$

$$K = \begin{cases} \dfrac{q_g \mu_i Z_i T_f}{C_{56} p_i h} \left(\dfrac{p'_D}{\mathrm{d}\Delta p/\mathrm{d}\ln t} \right)_M \\ \dfrac{q_g \mu_i Z_i T_f}{C_{56} p_i h} \left[\dfrac{p'_D}{\mathrm{d}\Delta p/\mathrm{d}\ln \left(\dfrac{t_p \Delta t}{t_p + \Delta t} \right)} \right]_M \end{cases} \qquad [12-11(c)]$$

单位制	法定计量单位制	常用工程单位制	英制单位	达西单位制
C_{56} 取值	0.157	1.491×10^{-3}	1.4069×10^{-3}	1716

第十三章

57. 导压系数的极值点法公式

$$\eta = \dfrac{R^2 t_p}{C_{57-1} t_m (t_m - t_p) \ln \dfrac{t_m}{t_m - t_p}} \qquad (13-6)$$

$$\eta = \dfrac{R^2 t_1}{C_{57-1} t'_m (t'_m - t_1) \ln \left(\dfrac{q_2}{q_1} \dfrac{t'_m}{t'_m - t_p} \right)} \qquad (13-7)$$

$$\eta = \dfrac{R^2 t_p}{C_{57-2} t_m (t_m - t_p) \lg \dfrac{t_m}{t_m - t_p}} \qquad (13-8)$$

$$\eta = \dfrac{R^2 T_1}{C_{57-2} t'_m (t'_m - T_1) \lg \left(\dfrac{q_2}{q_1} \dfrac{t'_m}{t'_m - t_1} \right)} \qquad (13-9)$$

单位制	法定计量单位制	常用工程单位制	英制单位	达西单位制
C_{57-1} 取值	14.4×10^{-3}	1.394×10^{-3}	1.0547×10^{-3}	4
C_{57-2} 取值	33.16×10^{-3}	3.2098×10^{-3}	2.4285×10^{-3}	9.2103

58. 由图版拟合计算 $\phi h C_t$ 值

$$\phi h C_t = \frac{C_{58} K h}{\mu R^2 \left(\dfrac{t_D/r_D^2}{t}\right)_M} \qquad (13-10)$$

单位制	法定计量单位制	常用工程单位制	英制单位	达西单位制
C_{58} 取值	3.6×10^{-3}	3.4842×10^{-4}	2.6368×10^{-4}	1

59. 由半对数直线段斜率计算 $\phi h C_t$ 值

$$\phi h C_t = \frac{Kh}{\mu R^2} \times 10^{C_{59} - \frac{\Delta p_{1h}}{m}} \qquad (13-11)$$

$$(\phi C_t h)_f = \frac{K_f h}{\mu R^2} 10^{C_{59} - \frac{\Delta p_{1h}}{m}} \qquad (13-12)$$

单位制	法定计量单位制	常用工程单位制	英制单位	达西单位制
C_{59} 取值	-2.0923	-3.106	-3.2275	0.3514

附录 V
单位换算系数表

1. 长度单位换算系数表

单位	km	m	cm	mile	ft	in
1 千米(km)	1	1000	10^5	0.6214	3280.84	39370.08
1 米(m)	0.001	1	100	6.214×10^{-4}	3.28084	39.37008
1 厘米(cm)	10^{-5}	0.01	1	6.214×10^{-6}	0.0328084	0.393701
1 英里(mile)	1.60934	1609.34	1.60934×10^5	1	5280	63360
1 英尺(ft)	3.048×10^{-4}	0.3048	30.48	1.8939×10^{-4}	1	12
1 英寸(in)	2.54×10^{-5}	0.0254	2.54	1.5783×10^{-5}	0.08333	1

2. 面积单位换算系数表

单位	m^2	cm^2	ft^2	in^2
1 平方米(m^2)	1	10^4	10.7639	1550
1 平方厘米(cm^2)	10^{-4}	1	1.07639×10^{-3}	0.1550
1 平方英尺(ft^2)	0.092903	929.03	1	144
1 平方英寸(in^2)	6.4516×10^{-4}	6.4516	6.9444×10^{-3}	1

3. 体积、容积单位换算系数表

单位	m^3	cm^3	ft^3	bbl	L
1 立方米(m^3)	1	10^6	35.3147	6.28978	1000
1 立方厘米(cm^3)	10^{-6}	1	3.53147×10^{-5}	6.28978×10^{-6}	10^{-3}
1 立方英尺(ft^3 或 CF)	0.0283168	2.83168×10^4	1	0.17811	28.3168
1 桶(bbl)	0.158988	1.58988×10^5	5.6146	1	158.99
1 升(L)	10^{-3}	10^3	3.53147×10^{-2}	6.28978×10^{-3}	1

4. 压力单位换算系数表

单位	MPa	kPa	atm	bar	kg/cm²	psi
1 兆帕[斯卡](MPa)	1	1000	9.86923	10	10.1972	145.038
1 千帕[斯卡](kPa)	0.001	1	9.86923×10^{-3}	0.01	1.01972×10^{-2}	0.145038
1 标准大气压(atm)	0.101325	101.325	1	1.01325	1.03323	14.6959
1 巴(bar)	0.1	100	0.986923	1	1.01972	14.5038
1 千克每平方厘米(kg/cm²)①	0.0980665	98.0665	0.967841	0.980665	1	14.2233
1 磅每平方英寸(psi)	0.00689476	6.89476	0.068406	0.0689476	0.070307	1

① 千克每平方厘米(kg/cm²)又称作工程大气压,用 at 表示:1at = 1kg/cm²。

5. 温度单位换算系数表

单位	℃	K	°F	°R
t 摄氏度(℃)	t	$t + 273.15$	$\frac{9}{5}t + 32$	$\frac{9}{5}t + 491.67$
T 开(尔文)(K)	$T - 273.15$	T	$\frac{9}{5}T - 459.67$	$\frac{9}{5}T$
f 华氏度(°F)	$\frac{5}{9}(f - 32)$	$\frac{5}{9}(f + 459.67)$	f	$f + 459.67$
r 兰氏度(°R)	$\frac{5}{9}r - 273.15$	$\frac{5}{9}r$	$r - 459.67$	r

6. 油产量单位换算系数表

单位	m³/d	cm³/s	bbl/d
1 立方米每天(m³/d)	1	$10^4/864$	6.28978
1 立方厘米每秒(cm³/s)	0.0864	1	0.543437
1 桶每天(bbl/d)	0.158988	1.84014	1

7. 气产量单位换算系数表

单位	$10^4 \text{m}^3/\text{d}$	cm³/s	Mscf/d	MMscf/d
1 万立方米每天($10^4 \text{m}^3/\text{d}$)	1	$10^8/864$	353.147	0.353147
1 立方厘米每秒(cm³/s)	864×10^{-8}	1	3.05119×10^{-3}	3.05119×10^{-6}
1 千立方英尺每天(Mscf/d)	2.83168×10^{-3}	327.741	1	0.001
1 百万立方英尺每天(MMscf/d)	2.83168	327741	1000	1

8. 质量单位换算系数表

单位	g	kg	t	lb
1 克(g)	1	10^{-3}	10^{-6}	2.2046×10^{-3}
1 千克(kg)	1000	1	10^{-3}	2.2046
1 吨(t)	10^6	1000	1	2.2046×10^3
1 磅(lb)	453.592	0.453592	4.53592×10^{-4}	1

9. 密度单位换算系数表

单位	g/cm³	kg/m³	lb/ft³
1 克每立方厘米(g/cm³)	1	1000	62.428
1 千克每立方米(kg/m³)	10^{-3}	1	0.06243
1 磅每立方英尺(lb/ft³)	0.0160185	16.018	1

10. 地面原油相对密度单位换算系数表

单位	γ_o	°API
相对密度(γ_o)	1	$\dfrac{141.5}{\gamma_o} - 131.5$
美国石油学会单位(°API)	$\dfrac{141.5}{131.5 + °API}$	1

11. 渗透率单位换算系数表

单位	mD	D	μm²
1 毫达西(mD)	1	10^{-3}	9.86923×10^{-4} 注
1 达西(D)	1000	1	0.986923
1 二次方微米(μm²)	1013.25 注	1.01325	1

注：《石油天然气勘探开发常用量和单位》(行业标准)规定：$1mD = 10^{-3} \mu m^2$，即 $1 \mu m^2 = 1000 mD$。

12. 黏度单位换算系数表

单位	mPa·s	cP
1 毫帕秒(mPa·s)	1	1
1 厘泊(cP)	1	1

13. 压缩系数单位换算系数表

单位	1/MPa	1/atm	1/at	1/psi
每兆帕(斯卡)(1/MPa)	1	0.101325	0.0980665	0.00689476
每标准大气压(1/atm)	9.86923	1	0.967841	0.068406
每工程大气压(1/at)	10.1972	1.03323	1	0.070307
每 psi(1/psi)	145.038	14.6959	14.2233	1

14. 井筒储集系数单位换算系数表

单位	m³/MPa	m³/at	bbl/psi
1 立方米每兆帕(m³/MPa)	1	0.098068	0.043367
1 立方米每工程大气压(m³/at)	10.197	1	0.442204
1 桶每 psi(bbl/psi)	23.059	2.2614	1

15. 气油比单位换算系数表

单位	m³/m³	scf/STB
1 立方米每立方米(m³/m³)	1	5.615
1 标准立方英尺每标准地面桶(scf/STB)	0.1781	1

16. 力的单位换算系数表

单位	dyn	N	kgf	bf
1 达因(dyn)	1	10^{-5}	1.019716×10^{-6}	2.248089×10^{-6}
1 牛(顿)(N)	10^5	1	0.1019716	0.2248089
1 公斤力(kgf)	9.80665×10^{-5}	9.80665	1	2.204622
1 磅力(bf)	4.448222×10^5	4.44822	0.4535924	1